Découvrez l'histoire par les archives de presse

RETRONEWS

Le site de presse de la BnF

www.retronews.fr

BULLETIN

MENSUEL

DE LA SOCIÉTÉ IMPÉRIALE

ZOOLOGIQUE

D'ACCLIMATATION

PARIS. — IMPRIMERIE DE L. MARTINET, RUE MIGNON, 2

BULLETIN

DE LA SOCIÉTÉ IMPÉRIALE

ZOOLOGIQUE

D'ACCLIMATATION

FONDÉE LE 10 FÉVRIER 1854.

—

TOME CINQUIÈME.

—

PARIS

A LA LIBRAIRIE DE VICTOR MASSON,

PLACE DE L'ÉCOLE-DE-MÉDECINE,

ET AU SIÉGE DE LA SOCIÉTÉ,

HÔTEL LAURAGUAIS, RUE DE LILLE, 19.

—

1858

ORGANISATION POUR L'ANNÉE 1858,

LISTE DES SOCIÉTÉS AFFILIÉES ET AGRÉGÉES

ET DES COMITÉS RÉGIONAUX,

ET TROISIÈME LISTE SUPPLÉMENTAIRE DES MEMBRES.

S. M. L'EMPEREUR, protecteur.

BUREAU DE LA SOCIÉTÉ.

MM. Isidore GEOFFROY SAINT-HILAIRE, *président.*
Le prince Marc de BEAUVAU,
DROUYN DE LHUYS,
Antoine PASSY, } *vice-présidents.*
RICHARD (du Cantal),
Le comte d'ÉPRÉMESNIL, *secrétaire général.*
Auguste DUMÉRIL, *secrétaire des séances.*
E. DUPIN, *secrétaire pour la correspondance à l'intérieur.*
P. GAIMARD, *secrétaire pour la correspondance à l'étranger.*
GUÉRIN-MÉNEVILLE, *secrétaire du Conseil.*
Paul BLACQUE, *trésorier.*
COSSON, *archiviste.*

CONSEIL D'ADMINISTRATION.

Les Membres du Bureau et MM.

De QUATREFAGES,	Fréd. JACQUEMART,	Frédéric DAVIN,
RUFFIER,	MOQUIN-TANDON,	Jules DELON,
Le baron SÉGUIER,	Le marquis de SELVE,	POMME,
Le comte de SINETY.	Jacques VALSERRES.	Le marquis SÉGUIER,

Conseillers libres.

MM. le marquis AMELOT, le comte de COUESSIN, le baron de PONTALBA,
Émile TASTET.

DÉLÉGUÉS DU CONSEIL EN FRANCE.

Bordeaux. . . . . MM. BAZIN, professeur de zoologie à la Faculté des sciences.

Caen . . . . LE PRESTRE, chirurgien en chef de l'Hôtel-Dieu, professeur à l'École de médecine.

Cernay (Haut-Rhin). . . ZURCHER (A.), propriétaire.

Clermont-Ferrand . . . LECOQ (H.), professeur d'histoire naturelle à la Faculté des sciences.

Le Havre. . . . . DELAROCHE (H.), négociant.

Lyon . . . . LECOQ (F.), directeur de l'École impériale vétérinaire.

Marseille. . . . . HESSE (A.), banquier.

Mulhouse. . . . . ZUBER (F.), propriétaire, manufacturier.

Nancy. . . . . MONNIER, membre du Conseil général de la Meurthe.

Poitiers. . . . . HOLLARD, profes. à la Faculté des sciences.

Rouen. . . . . POUCHET, membre correspondant de l'Institut, directeur du Muséum d'hist. naturelle.

Toulon. . . . . AGUILLON, propriétaire, membre du Comice agricole de Toulon.

Toulouse. . . . . JOLY, professeur à la Faculté des sciences.

Wesserling (Haut-Rhin). SACC, ancien professeur à l'Académie de Neuchâtel (Suisse).

DÉLÉGUÉS DU CONSEIL A L'ÉTRANGER.

Alexandrie (Égypte). . . MM. SABATIER, consul général de France.

Batavia. . . . . WASSINK (G.), chef du service sanitaire dans les possessions néerlandaises aux Indes orientales.

Calcutta. . . . . PIDDINGTON, direct. du Musée de géologie.

Caracas (Venezuela). . . TOURREIL (de), consul de France.

Chang-Haï. . . . . . . MONTIGNY (de), ancien ministre plénipotentiaire, consul général de France.

Florence. . . . . DEMIDOFF (le prince A. de).

Francfort. . . . . BETHMANN (le baron Maurice de), consul général de Prusse.

Genève. . . . . GOSSE (le docteur).

Lausanne. . . . . CHAVANNES (le docteur).

Londres. . . . . MITCHELL, secrét. de la Société zoologique, chargé de la direction du Jardin zoologique.

Madrid. . . . . GRAELLS, directeur du Musée d'hist. natur.

Milan. . . . . BROT (Ch.), banquier.

Moscou. . . . . MM. KALINOWSKI (J.), conseiller de Cour, professeur d'agric. à l'Université impériale.
Neuchâtel. . . . . CARBONNIER, propriétaire.
Philadelphie. . . . . . . WILSON (T.), memb. de l'Acad. des sciences.
Rio-Janeiro. . . . . CAPANEMA (le capitaine de), professeur de physique à l'Académie impériale du génie.
Saint-Pétersbourg. . . . BRANDT, conseiller d'État actuel, membre de l'Académie impériale des sciences.
Sidney (Australie). . . . MAC ARTHUR, commissaire général de l'Australie près l'Exposition universelle de 1855.
Turin. . . . . BARUFFI (le chevalier), président de la Faculté des sciences.
Vienne. . . . . ARENSTEIN, commissaire de l'Autriche près l'Exposition universelle de 1855.

BUREAUX DES SECTIONS.

1re *Section.* — **Mammifères.**

MM. RICHARD (du Cantal), *délégué du Conseil et président.*
Frédéric DAVIN, *vice-président.*
DARESTE, *secrétaire.*
Albert GEOFFROY SAINT-HILAIRE, *vice-secrétaire.*

2e *Section.* — **Oiseaux** (Aviculture).

MM. Le comte d'ÉPRÉMESNIL, *délégué du Conseil.*
BERRIER-FONTAINE, *président.*
CHOUIPPE, *vice-président.*
DAVELOUIS, *secrétaire.*
HUBERT-BRIERRE, *vice-secrétaire.*

3e *Section.* — **Poissons, Crustacés, Annélides, Mollusques** (Pisciculture).

MM. PASSY, *délégué du Conseil et président.*
MILLET, *vice-président.*
LOBLIGEOIS, *secrétaire.*
Charles WALLUT, *vice-secrétaire.*

4e *Section.* — **Insectes** (Sériciculture et Apiculture).

MM. Le prince de BEAUVAU, *délégué du Conseil.*
GUÉRIN-MÉNEVILLE, *président.*
BIGOT, *vice-président.*
L. SOUBEIRAN, *secrétaire.*
A. PERROT, *vice-secrétaire.*

5e *Section.* — **Végétaux.**

MM. DROUYN DE LHUYS, *délégué du Conseil.*
MOQUIN-TANDON, *président.*
CHATIN, *vice-président.*
J. MICHON, *secrétaire.*
DUPUIS, *vice-secrétaire.*

COMMISSION PERMANENTE DE L'ALGÉRIE.

MM. RICHARD (du Cantal), *président;* le général DAUMAS, *président honoraire;* le prince Marc de BEAUVAU, BIGOT, CHATIN, COSSON, DARESTE, DAVIN, DELON, DUPRÉ DE SAINT-MAUR, DUVAL, FOCILLON, Victor FOUCHER, le vicomte GARBÉ, GUÉRIN-MÉNEVILLE, LAPERLIER, LOBLIGEOIS, J. MICHON, MILLET, de NABAT, PEUT, VALSERRES, et A. GEOFFROY SAINT-HILAIRE, *secrétaire.*

COMMISSION PERMANENTE DES COLONIES (1).

MM. A. PASSY, *président;* MESTRO, *président honoraire;* AUBRY-LECOMTE, BELLIET-MONTROSE, DAVID, le comte DESBASSAYNS DE RICHEMONT, DÉVILLE, DUTRONE, P. GAIMARD, LIÉNARD père, MALAVOIS, MENNET-POSSOZ, RAMON DE LA SAGRA, RUFZ DE LAVISON, et MONET, *secrétaire.*

COMMISSION PERMANENTE DE L'ÉTRANGER.

MM. DROUYN DE LHUYS, *président;* de QUATREFAGES, *vice-président;* J. CLOQUET, DAVID, DEBRAUZ, DUPERREY, FAUGÈRE, P. GAIMARD, JOMARD, PAYER, l'amiral PENAUD, POEY, RAMON DE LA SAGRA, ROSALES, TASTET, TAUNAY, Pierre de TCHIHATCHEF, Platon de TCHIHATCHEF, de VERNEUIL, WEDDELL, YVAN, et de CLERCQ, *secrétaire.*

Les ambassadeurs, ministres, chargés d'affaires et consuls étrangers, qui résident à Paris, et qui sont membres de la Société, font de droit partie de la Commission de l'Étranger.

---

(1) Le Conseil d'administration de la Société n'avait institué jusqu'à présent qu'une seule Commission pour l'examen des questions d'acclimatation relatives aux Colonies et à l'Étranger. Il a paru qu'il y aurait avantage à établir deux Commissions distinctes, l'une pour les Colonies, l'autre pour l'Étranger. Cette modification a été approuvée par la Société.

LISTE DES SOCIÉTÉS AFFILIÉES ET AGRÉGÉES [1]

A LA SOCIÉTÉ IMPÉRIALE ZOOLOGIQUE D'ACCLIMATATION

ET DE SES COMITÉS RÉGIONAUX (2).

SOCIÉTÉS AFFILIÉES

ET COMITÉS RÉGIONAUX FRANÇAIS.

La Société zoologique d'acclimatation pour la région des Alpes (Société zoologique des Alpes), à Grenoble.

La Société régionale d'acclimatation pour la zone du nord-est, à Nancy.

La Société du Jardin zoologique de Marseille.

Le Comité régional de la Société impériale d'acclimatation à Bordeaux.

Le Comité d'acclimatation de la Guyane française.

Le Comité d'acclimatation de l'île de la Réunion.

SOCIÉTÉS AFFILIÉES

ET COMITÉS RÉGIONAUX ÉTRANGERS.

Le Comité de la Société impériale d'acclimatation pour l'Égypte, à Alexandrie.

La Société d'acclimatation pour le royaume de Prusse (*Acclimatisations Verein für die Königlich-Preussischen Staaten*), à Berlin.

Le Comité zoologique d'acclimatation de Moscou.

Le Comité d'acclimatation des végétaux de Moscou.

SOCIÉTÉS AGRÉGÉES FRANÇAISES.

Le Comice agricole de Toulon.

La Société d'émulation, d'agriculture, sciences, lettres et arts du département de l'Ain, à Bourg.

La Société d'agriculture de Verdun (Meuse).

---

(1) Le titre de SOCIÉTÉS AFFILIÉES est spécialement réservé aux Sociétés fondées dans le but d'appliquer à une région déterminée les principes posés par la Société impériale d'acclimatation.

Le titre de SOCIÉTÉS AGRÉGÉES est donné à des Sociétés scientifiques, agricoles, industrielles ou de bien public, qui font entrer dans le cercle de leurs travaux l'application des principes posés par la Société.

(Pour les Sociétés affiliées et agrégées, voyez le Règlement, chapitre II (*Bulletin*, t. II, p. x et xi).

(2) Le titre de COMITÉ DE LA SOCIÉTÉ IMPÉRIALE D'ACCLIMATATION est accordé à des réunions locales de membres de la Société, désireux de concourir plus activement, et par des efforts communs, au but de la Société.

Les Comités d'acclimatation jouissent de tous les avantages attribués par le Règlement aux Sociétés affiliées.

La Société d'agriculture, belles-lettres, sciences et arts de Poitiers (Vienne).

La Société protectrice des animaux, à Lyon (Rhône).

La Société d'agriculture du département des Bouches-du-Rhône, à Marseille (Bouches-du-Rhône),

Le Comice agricole d'Aubigny-sur-Nerre (Cher).

La Société d'agriculture, arts et commerce du département de la Charente, à Angoulême (Charente).

La Société d'agriculture d'Alger.

La Société d'agriculture et de statistique de Roanne (Loire).

La Société d'agriculture, sciences, arts et belles-lettres de l'Eure, à Évreu.

La Société d'agriculture du Puy-de-Dôme, à Clermont-Ferrand.

La Société des sciences naturelles et archéologiques de la Creuse, à Guéret.

La Société d'horticulture de la Gironde, à Bordeaux.

La Société d'agriculture, sciences, arts et commerce de la Haute-Loire, au Puy.

La Société d'agriculture de l'arrondissement de Dôle (Jura).

La Société d'agriculture de la Haute-Garonne, à Toulouse.

Le Comice agricole de l'arrondissement d'Alais (Gard).

Le Comice agricole d'Épinal (Vosges).

La Société des sciences, agriculture et arts du Bas-Rhin, à Strasbourg.

La Société centrale de l'Yonne pour l'encouragement de l'agriculture, à Auxerre.

La Société d'agriculture de Seine-et-Marne, à Melun.

La Société d'agriculture de Provins (Seine-et-Marne).

La Société d'agriculture et de l'industrie de Tonnerre (Yonne).

La Société d'horticulture de l'Aube, à Troyes.

La Société d'agriculture, industrie, sciences et arts de la Lozère, à Mende.

SOCIÉTÉS AGRÉGÉES ÉTRANGÈRES.

La Société d'utilité publique de Lausanne (Suisse).

La Société agricole d'expertise mutuelle de Lausanne (Suisse).

L'Association agricole des États sardes (*Associazione agraria degli Stati Sardi*), à Turin.

La Société d'économie rurale de la Côte (canton de Vaud) (Suisse).

L'Académie royale d'agriculture de Turin (*Reale Accademia d'agricoltura di Torino*).

La Société du Cercle littéraire de Lausanne (Suisse).

La Classe d'agriculture de la Société des arts de Genève (Suisse).

La Section d'industrie et d'agriculture de l'Institut génevois (Suisse).

La Société impériale et royale d'agriculture de Vienne (*Die kaiserliche königliche Landwirthschafts-Gesellschaft in Wien*).

La Société séricicole de Pologne (*Spolka jedwabnicza polska*), à Varsovie.

La Société agronomique du Frioul (*Associazione agraria Friulana*), à Udine.

La Chambre d'agriculture de Port-Louis (île Maurice).

TROISIÈME LISTE SUPPLÉMENTAIRE

DES MEMBRES

DE LA SOCIÉTÉ IMPÉRIALE ZOOLOGIQUE D'ACCLIMATATION.

Membres admis du 13 mars 1857 au 23 avril 1858 (1).

S. M. LE ROI DES BELGES.
S. M. LA REINE D'ESPAGNE.
S. M. LE ROI DES PAYS-BAS.
S. M. LE ROI DE PORTUGAL.
S. M. LE ROI DE SAXE.
S. M. LE ROI DE WURTEMBERG.
S. A. R. le duc de PORTO, à Lisbonne.
S. A. le prince d'OLDENBOURG, à Saint-Pétersbourg.
S. A. le prince François de LICHTENSTEIN, à Vienne.
S. A. DATU TUMMONGGONG, Maharajah de Johore et ses dépendances, à Singapore (Indes orientales).
S. A. TUANVIN WAN ABOOBAKAR, BIN DATU TUMMONGGONG, DAING IBRAHIM SRI MAHARAJAH, à Singapore (Indes orientales).
S. A. TUANVIN WAN ABDULRAHMAN, BIN DATU TUMMONGGONG, DAING IBRAHIM SRI MAHARAJAH, à Singapore (Indes orientales).

MM.

ACAPULCO (le marquis de), sénateur espagnol, à Paris.
AGUADO (le comte Olympe), à Paris.
ALBON (le marquis d'), membre du Conseil général du département du Rhône, au château d'O, près Mortrée (Orne) et à Paris.
ALEXANDRE, pharmacien, à Bordeaux.
ALMEIDA (Joaquim d'), consul général de Portugal, à Singapore (Indes orientales).
ANGLÈS (le comte), ancien représentant, propriétaire, au château de Mably, près Roanne (Loire).
ARLÈS-DUFOUR, ancien secrétaire général de la Commission impériale de l'Exposition universelle de 1855, président du jury des soies et soieries, à Lyon (Rhône).
ARMET-DELILLE, procureur impérial près le tribunal de Melun (Seine-et-Marne).

(1) Pour les membres antérieurement admis, voyez la *Liste générale des membres*, t. II, p. XXIII à XLVII; la *Première liste supplémentaire*, t. III, p. XII à XIX; et la *Seconde liste supplémentaire*, t. IV, p. IX à XX.

ARNAUD-JEANTI, raffineur de sucres, à Paris.

ASHWORTH (Thomas) de Poynton en Stockport (Angleterre).

ASSELIN, receveur particulier des contributions, à Paris.

AUBIGNY (Arthur de), à Paris.

AVY (Maurice), propriétaire agriculteur, au château de Clau, près la Bastide Saint-Pierre, canton de Grisolles (Tarn-et-Garonne).

AYMEN, propriétaire, membre du Conseil général de la Gironde, à Castillon-sur-Dordogne (Gironde).

BALDÉ, propriétaire, à Louvres près Dammartin (Seine-et-Oise), à Paris.

BALLOT (Félix-Alphonse), propriétaire, à Taissy près Reims (Marne).

BAMBERT (Albert), docteur ès lettres de l'université de Gœttingue, à Paris.

BARADÈRE, consul général de France, à Barcelone (Espagne).

BARAGUEY D'HILLIERS (le maréchal comte), à Tours et à Paris.

BARBEY (Théodore), armateur, au château de Saulcy près Saint-Dié (Vosges) et à Paris.

BARDY, avocat général à la Cour impériale de Poitiers (Vienne).

BARGOIN, pharmacien, à Clermont (Puy-de-Dôme).

BARILLET-DESCHAMPS, architecte paysagiste, jardinier en chef du bois de Boulogne, à Paris.

BARROT (Adolphe), ministre de France, à Bruxelles (Belgique).

BARTHE (le docteur), chirurgien de la marine, à Toulon (Var).

BARTHÉLEMY (le marquis de), à Paris.

BAUZON (Eugène), négociant, à la Chapelle-Saint-Denis (Seine).

BAYE (le baron de), propriétaire, à Paris.

BAYVET, membre du Conseil municipal de Paris, censeur à la Banque de France, à Paris.

BEALE (T. C.), chef de la maison anglaise Dent-Beale, consul de Portugal et vice-consul de Hollande, à Chang-Haï (Chine).

BÉARN (le comte Henri de), à Paris.

BEAURY (Camille), négociant, à Barcelone (Espagne).

BÉCLARD (Jules), agrégé à la Faculté de médecine, à Paris.

BECQUEREL, membre de l'Académie des sciences, professeur-administrateur au Muséum d'histoire naturelle, à Paris.

BELLIGNY (G. de), à Paris.

BÉJOT (Edmond), à Paris.

BÉNÉDETTI, directeur des affaires politiques au Ministère des affaires étrangères, à Paris.

BÉOST (Ferdinand de), membre du Conseil général de l'Ain, au château de Béost, par Châtillon-les-Dombes (Ain), et à Paris.

BERNUS, membre du Sénat, à Francfort (Allemagne).

BERTHOIS (le général baron de), à Paris.

BERTRAND (Joseph), membre de l'Institut, à Paris.

BERTRAND, ancien membre du Corps législatif, à Antony (Seine) et à Paris.

BETHMANN (le baron A. de), à Francfort (Allemagne).

BETHMANN (le baron M. de), consul général de Prusse, à Francfort (Allemagne).

BÉVILLE (le général baron de), aide de camp de l'empereur, à Paris.

BIZAT (Henri), armateur, à Bordeaux (Gironde).

BLANCHÉ, ancien juge au tribunal de Nevers, à Saint-Fargeau (Yonne).

BOISSY D'ANGLAS (le comte), député de l'Ardèche, à Paris.

BOIVIN (Édouard), auditeur au Conseil d'État, à Paris.

BONAMY (aîné), horticulteur, à Toulouse (Haute-Garonne).

BONFORT (Charles), fondateur et propriétaire des bergeries de Ten Salmet, colon à Oran (Algérie).

BONNAFONT (le docteur), médecin principal de l'École d'État-major, à Paris.

BOREL (Charles), inspecteur général de la cavalerie des omnibus, à Paris.

BORSENKOW (Jacques), membre fondateur du Comité d'acclimatation de Moscou, magistrat de l'université, à Moscou (Russie).

BOSE (le comte Charles), propriétaire, président honoraire du Jardin zoologique, à Francfort (Allemagne).

BOUCHARDAT, professeur à la Faculté de médecine, à Paris.

BOULAY, membre de l'Académie impériale de médecine, à Paris.

BOURCIER (Jules), ancien négociant en soies, ancien consul de France à Quito, à Batignolles (Seine).

BOURGOING (le baron Paul de), sénateur, à Paris.

BOURGOING (de), préfet de Seine-et-Marne, à Melun.

BOURGOING (de), écuyer de S. M. l'Empereur, à Paris.

BOURLON DE SARTY, ancien préfet, membre du Conseil général de Seine-et-Oise, au château de Gif, par Orsay (Seine-et-Oise) et à Paris.

BOWRING (S. E. Sir John), ministre plénipotentiaire de S. M. B. en Chine, gouverneur de Hong-Kong (Chine).

BRANDOIS (Paul de), propriétaire, à Paris.

BRÉDA (le comte Félix de), lieutenant-colonel du 1er régiment de chasseurs à cheval, à Paris.

BRETEUIL (le comte de), au château de Breteuil près Chevreuse (Seine-et-Oise), et à Paris.

BRETON (François-Augustin), architecte, à Paris.

BRICE-LABURTHE, propriétaire, à la Grange-Rouge de Candé (Loir-et-Cher).

BRIVAZAC (Léon de), à Bordeaux (Gironde).

BUA-GRECO (Gaetano), propriétaire, à Patti, province de Messine (Sicile).

BUENDIA (le docteur J. M.), à Bogota (Nouvelle-Grenade), et à Paris.

BULCAO (le chevalier Joao), chimiste, à Bahia (Brésil), et à Paris.

BURE (de), adjoint au maire de Moulins (Allier).

BURGGRAFF (Oscar de), à Paris.

CAGNOLA (Jean-Baptiste de), propriétaire, à Milan (Lombardie).

CAILLAUD (René), naturaliste, à Paris.

CAILLAULT (le docteur), à Paris.

CAIRON (de), au château d'Amblie, par Creully (Calvados).

CAMPANA, interne des hôpitaux, à Paris.

CAMUS, propriétaire, au château de la Couarde, à la Queue près Montfort-l'Amaury (Seine-et-Oise) et à Paris.

CARINI (le prince de), envoyé extraordinaire, ministre plénipotentiaire de S. M. le roi des Deux-Siciles près la Cour de Londres

CAROLI (le comte Louis de), à Paris.

CARRERAS Y FERRER, professeur à l'université de Barcelone (Espagne).

CASTEJA, membre du Conseil général de la Gironde, à Bordeaux (Gironde).

CASTILLON (Armand), armateur, à Bordeaux (Gironde).

CASY (l'amiral), sénateur, membre du Conseil d'amirauté, à Paris.

CAUSANS (le comte Maxime de), au Puy (Haute-Loire).

CAUSSE (Jacques), négociant, à Bordeaux (Gironde).

CAZENAVETTE (B.), directeur de l'École communale, à Bordeaux (Gironde).

CHABROL (le baron de), à Paris.

CHABROL-CHAMEANE (le vicomte de), à Paris.

CHAGOT (Jules), directeur des mines de Blanzy, à Paris.

CHAPERON (Charles), négociant, à Bordeaux (Gironde).

CHARDON, régisseur du domaine de Ferrières près Lagny (Seine-et-Marne).

CHARLEUF, propriétaire, au château de la Bussière, près Luzy (Nièvre).

CHASSEVAL (le comte de), propriétaire, à Louvigny (Sarthe) et à Paris.

CHASTEIGNER (le comte Alexis de), ancien officier des haras impériaux, à Bordeaux (Gironde).

CHAUVIÈRE (Alexandre), horticulteur, à Pantin (Seine).

CHENELETTE (de), au château de Chenelette près les Echarmeaux (Rhône), et à Paris.

CHEVEIGNÉ (Alexandre de), ancien maître des requêtes, à Paris.

CHEZELLES (Arthur de), à Paris.

CISTERNE (le prince de la), à Paris.

CIVIALE (le docteur), membre de l'Institut et de l'Académie impériale de médecine, à Paris.

CLAYE, propriétaire-agriculteur, à Maintenon, et à Paris.

CLERCQ (Louis de), propriétaire, à Paris.

CLERCQ (Louis de), publiciste du Ministère des affaires étrangères, à Paris.

COCCHI (Igino), géologue, à Florence (Toscane).

COCHET, pépiniériste, à Suine près Brie-Comte-Robert (Seine-et-Marne).

COCTEAU, notaire honoraire, à Paris.

COLOMBIER (Charles du), à Paris.

COMME (J.), employé au Jardin des plantes, à Bordeaux (Gironde).

CONNOLLY (Andrew), négociant, à Chang-Haï (Chine).

CORDEVIOLLA, de la Nouvelle-Orléans, propriétaire, au château de Marcouville près Pontoise (Seine-et-Oise), et à Paris.

CORDIER (Adolphe), propriétaire-agriculteur, à Lizieux (Calvados).

CORTESI (J.-B.), propriétaire, à Chiari, province de Brescia (Lombardie).

COSSÉ-BRISSAC (le comte Arthur de), attaché au ministère des affaires étrangères, à Paris.

COSTE-LOREILHE, propriétaire, à Sainte-Foy (Gironde).

COTTA DE COTTENDORF (le baron), chambellan, propriétaire de la Gazette universelle d'Augsbourg, à Stuttgart (Wurtemberg).

COTTU (le baron), à Paris.

COURTHIAL (du), vice-consul de France à Saint-Thomas (Antilles danoises).

CRESPEL-LECREUX, propriétaire, à Lille (Nord).

CROOKENDEN (Henry), propriétaire, à Montfleury près Cannes (Var).

CUNNINGHAM (Edwards), associé de la maison américaine Rosselt et Compagnie, à Chang-Haï (Chine).

CZARTORYSKI (le prince Ladislas), à Paris.

CZARTORYSKI (le prince Witold), à Paris.

DALGLEISH (John James), à Édimbourg (Écosse).

DALIMIER, directeur de l'École normale primaire du département du Bas-Rhin, à Strasbourg (Bas-Rhin).

DARBLAY (Jules), à Chevilly (Loiret).

DARRAS (l'abbé J.-E.), chanoine honoraire d'Ajaccio, au château de Brienne (Aube), et à Paris.

DARRICAU, capitaine de vaisseau, gouverneur de l'île de la Réunion.

DAUGER (le baron Gustave), à Caen (Calvados).

DAULLÉ, membre de la Société zoologique de la Réunion, chirurgien de la marine impériale, à Mayotte (Madagascar).

DAVID, ancien ministre plénipotentiaire, à Paris.

DAVID (Charles), manufacturier, à la Chartreuse, près Strasbourg (Bas-Rhin).

DAVID (F.), membre du Conseil municipal, à Bordeaux (Gironde).

DAVIES, propriétaire, à Madère.

DAVILA (le docteur), médecin inspecteur en chef de la milice valaque, à Bucharest (Valachie).

DELBRUCK, homme de lettres, à Paris.

DELCOUR, propriétaire, à Bordeaux (Gironde).

DELISSE (Thomas), propriétaire, à Bordeaux (Gironde).

DESVAUX (Gustave), propriétaire, à Mondoubleau (Loir-et-Cher).

DIEUDONNÉ, juge honoraire au tribunal de première instance de la Seine, à Paris.

DISSE, propriétaire, à Moissac (Tarn-et-Garonne).

DOLISIE, ancien officier d'administration, à Strasbourg (Haut-Rhin).

DONON, consul général de Turquie, à Paris.

DONOVAN (John Clarke), propriétaire-agriculteur, à Graaff-Keenet, par le cap de Bonne-Espérance (Afrique australe).

DOULCET (Jules), archiviste du Corps législatif, à Paris.

DOURNAY (Joseph), propriétaire, aux mines de Lobsann, par Soultz-sous-Forêts (Bas-Rhin).

DUBIED (Constant), propriétaire, à Couvet, canton de Neuchâtel (Suisse).

DULUC (Hippolyte), médecin-vétérinaire, à Bordeaux (Gironde).

DUMÉRIL, ingénieur en chef des ponts et chaussées, à Alençon (Orne).

DUPERREY, membre de l'Institut, à Paris.

DUPRÉ DE SAINT-MAUR (Édouard), propriétaire, à Paris.

Durieu de Maisonneuve (honoraire), à Bordeaux (Gironde).

Duvergier (Paul), à Bordeaux (Gironde).

Edan (B.), chancelier du consulat de France, à Chang-Haï (Chine).

Edward-Lewien (Jacobsen), à Rotterdam (Pays-Bas).

Edwardes, secrétaire de la légation britannique, à Francfort (Allemagne).

Escherny (le comte Gustave d'), propriétaire, à Paris.

Espeuilles (le marquis d'), sénateur, à Paris.

Estoille (le comte Max de l'), propriétaire, président de la Société d'émulation de l'Allier, à Moulins (Allier).

Falcou, membre du Conseil général de Seine-et-Marne, à Paris.

Faraguet (Henry), ancien élève de l'École polytechnique, ancien officier de marine de l'*Astrolabe*, à Paris.

Faussat (Justin), négociant, à Bordeaux (Gironde).

Favard (Eugène), propriétaire, à Paris.

Faye (Armand), avocat, à Bordeaux (Gironde).

Ferrer (Léon), étudiant en pharmacie, à Perpignan (Pyrénées-Orientales).

Ferruck-Khan (S. Exc.), ambassadeur du shah de Perse.

Fleury (le docteur Louis), agrégé à la Faculté de médecine de Paris, médecin en chef de l'établissement hydrothérapique de Bellevue (Seine).

Follin (Eugène), agrégé à la Faculté de médecine, à Paris.

Fontan (le docteur), à Bagnères-de-Luchon (Haute-Garonne).

Forbes (Paul), consul général de Suède et Norwége, chef de la maison américaine Rosselt et Compagnie, à Chang-Haï (Chine).

Fouché (Victor), conseiller à la Cour de cassation, à Paris.

Foucher, président honoraire de la Chambre des notaires, à Paris.

Fourchy, notaire, à Paris.

Gabillot, propriétaire, à Paris.

Gabriac (le comte de), attaché au Ministère des affaires étrangères, à Paris.

Galbert (le comte de), à la Buisse près Voiron (Isère).

Galimart (Eugène), à Chang-Haï (Chine).

Ganneron, ingénieur civil, à Paris.

Gantes (le vicomte de), sous-préfet de l'arrondissement de Bône (Algérie).

Gardane (le comte), à la Grande-Fuste près Valensolles (Basses-Alpes).

Gaschet (Auguste), propriétaire, à Martillac près Bordeaux (Gironde).

Gastu (le général), commandant la province de Constantine (Algérie).

Gaudin, sous-directeur au Ministère des affaires étrangères, à Paris.

Geoffroy (Charles), conservateur des hypothèques, à Verdun (Meuse).

Geoffroy (François-Auguste), propriétaire, à Saint-Denis-en-Val (Loiret).

Gérard (Charles), négociant, à Toulon (Var).

Gérès (H. de), négociant, à Bordeaux (Gironde).

Gévaudan (le comte de), propriétaire agriculteur, au château de Conclaye près la Roche-Millay (Nièvre).

Ghirlanda-Silva (Charles de), propriétaire, à Milan (Lombardie).

Gibert (Achille), propriétaire, à Beauvais (Oise).

Gillet (Léonce), propriétaire, à Castillon-sur-Dordogne (Gironde).

GIOT, propriétaire et fermier, à Chevry (Seine-et-Marne).

GOBLEY, pharmacien, à Paris.

GONSALVES-MARTINS (le chevalier D.), ingénieur, à Bahia (Brésil), et à Paris.

GOSSIN, professeur d'agriculture, à Beauvais (Oise).

GOURSSIES, propriétaire, à Beaussugan par Castillon-sur-Dordogne (Gironde).

GOURY DU ROSLAN, ministre plénipotentiaire de France près la république de la Nouvelle-Grenade.

GOUT-DESMARTRES, membre du Conseil général de la Gironde, à Bordeaux.

GRAFFENRIED-VILLARS (le baron), propriétaire, à Paris.

GRAINDORGE (Denis), horticulteur, à Bagnolet (Seine).

GRAMONT D'ASTÉ (le comte de), à Paris.

GRANT (Thomas-Macpherson), Esq., à Craigo-House près Montrose, et à Édimbourg (Écosse).

GRECO (P.), propriétaire et receveur du district, à Patti, près Messine (Sicile).

GREGORY (W. B.), ingénieur, directeur de la Cie du gaz, à Bordeaux (Gironde).

GRIMAUD DE CAUX (Gabriel), propriétaire, à Paris.

GRILLOT (le docteur Édouard-Jean-Marie), à Lagny (Seine-et-Marne).

GROTKOWSKI (Ferdinand de), propriétaire, au château de Surwilisky par Berlin-Stalupinen-Kowno-Uciana (Pologne).

GUERCHEVILLE (le comte Léonce-Marie-Gaston de), à Caen (Calvados).

GUILLAUME-REY, propriétaire, à Bazoches-les-Hautes (Eure-et-Loir) et à Paris.

GUILLEMIN (S. Gr. Mgr), évêque de la province de Canton.

GUILLEMOT (Antoine), propriétaire, membre de la Société entomologique de France, à Thiers (Puy-de-Dôme).

GUILLOT (Natalis), professeur à la Faculté de médecine, à Paris.

GUILLOUX, ancien négociant, à Paris.

GUTZENBERG, propriétaire, à Paris.

HACHETTE, éditeur-libraire, à Paris.

HAENTJENS, au château de la Perrine à Savigné-l'Évêque (Sarthe).

HALLEZ-CLAPARÈDE (le baron), à Paris.

HARLÉ, ancien conseiller général et député, à Aizecourt-le-Haut près Péronne (Somme).

HASSAN-BEY (le général), à Paris.

HATZFELD (le comte de), ministre de S. M. le roi de Prusse, à Paris.

HAUMAN (A.), consul de Venezuela, membre de la commission administrative du Conservatoire royal de musique de Belgique, etc., à Vaux-les-Chênes, par Neufchâteaux, province de Luxembourg (Belgique).

HAUT (Marc de), président du Comice agricole de l'arrondissement de Provins (Seine-et-Marne), à Paris.

HAWKE (Pierre-Thomas), propriétaire-agriculteur aux Conbournaires, par Dinan (Côtes-du-Nord).

HAYS (Charles du), propriétaire, à Montagne (Orne).

HECHT (E.), consul de S. M. le roi de Wurtemberg, à Strasbourg (Bas-Rhin).

HEECKEREN (le baron de), sénateur, vice-président du Conseil général du Haut-Rhin, à Paris.

HEECKEREN (le baron de), envoyé extraordinaire et ministre plénipotentiaire de S. M. le roi des Pays-Bas près la cour d'Autriche, à Vienne (Autriche).

HESSE (Ernest), à Marseille (Bouches-du-Rhône).

HIRIGOYEN (le docteur), à Bordeaux (Gironde).

HOLMFELD (le baron Dirching de), envoyé extraordinaire et ministre plénipotentiaire de S. M. le roi de Danemark, à Paris.

HORSON, propriétaire, à Versailles (Seine-et-Oise).

HOUDETOT (le général comte d'), au château de Charlepont (Oise), et à Paris.

HUBERT-DELISLE, sénateur, ancien gouverneur de la Réunion, à Paris.

HUGH LOW (Sir), membre du Conseil législatif, doyen des magistrats, et trésorier colonial de l'île de Labuan (Indes orientales).

HUREAU DE VILLENEUVE fils (Abel), à Paris.

ILLIER (d'), propriétaire, à Orléans (Loiret).

JAMESON (Conrad), banquier, à Paris.

JAUBERT (le comte), ancien ministre des travaux publics, à Paris.

JOBERT DE LAMBALLE, membre de l'Institut, professeur à la Faculté de médecine, chirurgien de S. M. l'Empereur, à Paris.

KALINOWSKI (Jacques), professeur d'agriculture à l'Université impériale, à Moscou (Russie).

KEET, directeur du Jardin zoologique, à Anvers (Belgique).

KESSLER (Louis), manufacturier, à Metz (Moselle).

KHÉRÉDINE (S. Exc. le général), ministre de la marine du bey de Tunis.

KISSELEFF (S. Exc. M. le comte de), ambassadeur de Russie près de la cour de France, à Paris.

KOECHLIN (Napoléon), manufacturier, à Massevaux (Haut-Rhin).

KREUTER (Franz), ingénieur en chef pour l'agriculture, attaché au Ministère de l'intérieur, à Vienne (Autriche).

LABORDE (P. A.), capitaine au long cours, propriétaire et membre du Comice agricole de Bayonne (Basses-Pyrénées).

LA CHAPELLE, propriétaire, à Varennes (Seine-et-Marne), et à Paris.

LACROZE (Jules), propriétaire, à Buenos-Ayres, et à Paris.

LACROZE (le Dr P.-E.), directeur de la maison de santé de Picpus, à Paris.

LAFOND (Narcisse), ancien pair de France, à Paris.

LAGUÉRIE (Villetard de), secrétaire-adjoint de la grande maîtrise des cérémonies de S. M. l'Empereur, à Paris.

LA LAURENTIE (le marquis de), propriétaire, à Paris.

LAMIRAL (Eugène), un des promoteurs de la navigation sous-marine, à Paris.

LA MORANDIÈRE (de), à Blois (Loir-et-Cher).

LAMOTHE (Adolphe), propriétaire, à Poitiers (Vienne).

LAMOTHE (Martial), pharmacien, membre de la Société botanique de France, à Riom (Puy-de-Dôme).

LAPAINE (Benoît), secrétaire général du gouvernement de l'Algérie, à Alger.

LA PANOUSE (le vicomte de), à Paris.

LA PLAIGNE (le docteur comte de), propriétaire, à Jouenna, commune de Bassussarry (Basses-Pyrénées).

LARANGEIRAS (le baron das), pair du royaume de Portugal, à l'île Saint-Michel (Açores).

LAS CASES (le comte de), membre du Conseil général de Maine-et-Loire, ancien officier de marine, à Chalonne (Maine-et-Loire), et à Paris.

LASSERRE (Georges), avocat, propriétaire, à Saint-Nicolas de la Grave (Tarn-et-Garonne).

LATOUCHE (le baron de), membre du Conseil général du Bas-Rhin, maire de Saverne (Bas-Rhin).

LAURENT (Joseph-Victor), propriétaire, à Paris.

LAVERGNE (le docteur Jean), à Condom (Gers).

LAZERME, agriculteur, membre du Conseil général des Pyrénées-Orientales, à Perpignan.

LEBLANC (Louis-Camille), vétérinaire, à Paris.

LECOQ (H.), professeur d'histoire naturelle à la Faculté des sciences et président de la Chambre de commerce, à Clermont-Ferrand (Puy-de-Dôme).

LEJEUNE DE LAMOTTE, lieutenant de vaisseau, à Paris.

LELIÈVRE (Auguste), ancien banquier, à Paris.

LEMAÎTRE (le révérend père), supérieur des missionnaires de la Compagnie de Jésus en Chine, à Chang-Haï.

LE MAROIS (le comte), sénateur, à Paris.

LÉNARDIÈRE (de), député, propriétaire, à Paris.

LENOIR (Benjamin), à Nantoco, près Copiapo (Chili).

LEROY, membre de plusieurs Sociétés savantes, à Cany (Seine-Inférieure).

LESPINASSE (Gustave), propriétaire à Bordeaux.

LESSEPS (le comte de), ministre plénipotentiaire, directeur des affaires commerciales, au ministère des affaires étrangères, à Paris.

LETRONE (Paul), membre correspondant de la Société d'agriculture, sciences et arts de la Sarthe, à Ceton (Orne).

LEVIEUX (le docteur Ch.), secrétaire général du conseil d'hygiène et de salubrité de la Gironde, à Bordeaux (Gironde).

LÉVY (Michel), inspecteur général du service de santé militaire, directeur de l'école de médecine et de pharmacie militaire, au Val-de-Grâce.

LEWIS, résident anglais de Pinang, à Singapore.

LEWSHINE, conseiller privé, adjoint du ministre de l'intérieur, vice-président de la Société économique, à Saint-Pétersbourg.

LOBEL (H. de), négociant, administrateur de la Banque, à Amiens (Somme).

LOBGEOIS, propriétaire, à Paris.

LOCKART (le docteur), directeur de l'hôpital chinois de Chang-Haï, membre de la Société de géographie de Londres, à Chang-Haï (Chine).

LOPEZ (le général José Hilario), sénateur, ancien président de la république de la Nouvelle-Grenade, à Santa-Fé-de-Bogota.

LORGES (le comte de), à Paris.

LOUREIRO (P.), vice-consul d'Espagne, à Chang-Haï (Chine).

LOUVIGNY (le comte de), propriétaire, à Paris.

LOWENTHAL (de), à Paris.

LUARD (le marquis du), à Paris.

LUITJENS (le baron de), à Fremersberg, près Baden-Baden (grand-duché de Bade).

MACEDO-PIMENTEL (Raimundo de), ancien élève de Grignon, à Crato, province du Ceara (Brésil), et à Paris.

MACGOWAN (le docteur D.), directeur de l'hôpital chinois de Ning-Po, membre de la Société médicale et chirurgicale de New-York, à Ning-Po (Chine).

MAGNE (S. Exc. M.), ministre des finances, à Paris.

MAGNE (le docteur Alexandre), à Paris.

MAISSIAT (le général).

MAISONNEUVE (le capitaine de vaisseau Simonnet de), à Paris.

MALLEVAL, propriétaire, à Paris.

MANDELL D'ÉCOSSE (le baron de), à Paris.

MANDERSTROEM (S. Exc. le baron de), ministre des affaires étrangères de S. M. le roi de Suède et Norwége, à Stockholm (Suède).

MANZONI (Alexandre), propriétaire, à Milan (Lombardie).

MANZONI (Pierre-Louis), propriétaire, à Milan (Lombardie).

MARCHANT, conseiller d'État, à Paris.

MARCHANT (le docteur Léon), à Bordeaux (Gironde).

MARCHANT (le docteur Louis), à Dijon (Côte-d'Or).

MARCO DEL PONT, consul général du Chili et du Pérou, à Paris.

MARCOTTE, directeur général des douanes, à Strasbourg (Bas-Rhin).

MARDIÈRE (de la), officier de marine, à Madagascar.

MARÈS (Henri), à Montpellier (Hérault).

MARONE (Allezio), à Naples.

MASSLOW (S. E. M.), conseiller d'État actuel, secrétaire perpétuel de la Société impériale d'agriculture, à Moscou (Russie) (*Honoraire*).

MATTHEY (Jules), pharmacien, à Neuchâtel (Suisse).

MAUDE (de), à Paris.

MAUDUIT (le marquis Gabriel de), propriétaire, à Nevers (Nièvre), et à Paris.

MAUPASSANT (de), propriétaire, à Paris.

MAUPETIT (Alexandre), négociant, à Paris.

MAUREL, fabricant de produits chimiques, à Aubervilliers-les-Vertus (Seine).

MAURICE (Ovide), avoué, à Poitiers (Vienne).

MELOIZES (le vicomte des), ministre de France, à Weimar.

MESGRIGNY (le vicomte de), à Paris.

METTERNICH (S. Exc. M. le prince de), à Vienne (Autriche).

MEYNARD, propriétaire, à Sainte-Radegonde, par Castillon-sur-Dordogne (Gironde).

MIALHE, pharmacien de S. M. l'Empereur, à Paris.

MICHAELSEN, consul de Prusse, à Bordeaux (Gironde).

MICHAUD (Édouard), propriétaire, à Beaune (Côte-d'Or).

MILLET, agent de change, à Paris.

MILLON, pharmacien principal de l'hôpital du Dey, à Alger.

MONICAULT (A. de), ancien préfet de Seine-et-Marne, à Paris.

MONTALEMBERT D'ESSÉ (le marquis A.), au château de Vaudreuil (Eure).

MONTAUD (Alfred), conseiller d'État, à Paris.

MONTBLANC (le comte de), baron d'Ingelmunster, propriétaire, à Paris.

MONTESQUIOU-FEZENSAC (le comte Henri de), à Paris.

MONTGON (le marquis Adhémar de), au château de Montagne, par Mareingues (Puy-de-Dôme).

MONTLAUR (le marquis de), membre du conseil général de l'Allier, au château de Lyonne, près Gannat (Allier), et à Paris.

MONY, propriétaire, à Paris.

MOREAU (de la Seine) (Jean-Baptiste), propriétaire, ancien député, notaire honoraire, à Paris.

MOREAU (Thomas-Frédéric), ancien négociant, à Paris.

MORTAIN (le docteur de), pharmacien en chef à l'hôpital militaire, à Versailles.

MOURAVIEFF-APOSTOL, à Mirgorod, gouvernement de Poltava (Russie).

MOYSANT (le docteur L.), interne à l'hôpital Saint-Louis, à Paris.

MUMM, consul général de Danemark, à Francfort (Allemagne).

MURAT (le marquis de), au château de Moidières, près la Verpillière (Isère).

MYLIUS (le général de brigade Frédéric de), à Paris.

NATTES-VILLECOMTAL (le comte Louis de), au château de Poussan, près Béziers (Hérault).

NÉDONCHEL (le comte Henri de), au Jolimetz, près le Quesnoy (Nord).

NERVILLE (de), régent de la banque de France, à Paris.

NESSELRODE (S. Exc. le comte de), chancelier de l'Empire de Russie, à Saint-Pétersbourg (Russie).

NEY, duc D'ELCHINGEN (Michel), sous-lieutenant au premier régiment de chasseurs d'Afrique, à Alger.

NOUH BEY EFFENDI, à Constantinople.

O'RORKE (le docteur), à Paris.

OSUNA (S. E. le duc de), à Madrid.

OUSSOW (Serge), membre fondateur du Comité d'acclimatation de Moscou, membre de la Société des naturalistes à Moscou (Russie).

PAJOL (le comte Eugène), lieutenant-colonel au 1er carabiniers, à Paris.

PAQUERÉE (A.), propriétaire, à Castillon-sur-Dordogne (Gironde).

PARASKEVAIDES (Photius), propriétaire, à Aivali (Asie Mineure).

PARSEVAL GRANDMAISON (J. de), membre de la Société botanique, président de l'Académie de Mâcon, aux Perrières, près Mâcon (Saône-et-Loire).

PASSY (Félix), conseiller-maître à la Cour des comptes, à Paris.

PAULZE D'IVOI, préfet de la Vienne, à Poitiers (Vienne).

PAVY (S. G. Mgr), évêque du diocèse d'Alger.

PELLETAN DE KINKELIN fils (Jules), professeur de chimie, à Paris.

PELON (Hippolyte), à Paris.

PELUSO (François de), propriétaire, à Milan (Lombardie).

PENENT, propriétaire agronome, à Toulouse, (Haute-Garonne).

PERALES (S. E. le marquis de), à Madrid (Espagne).

PÉRIER (Joseph), à Paris.

PERRAULT (J.), secrétaire de la chambre d'agriculture du bas Canada, directeur de l'*Agriculteur*, ancien élève de Grignon, à Montréal (Canada).

PERRON, chef de section du ministre d'État, à Paris.

PÉTÉTIN (A.), propriét.-agriculteur, à Colombier, par Pont-de-Cherni (Isère).

PLANCHAT, notaire à Paris.

POIRAULT (Jules), pharmacien, préparateur à la Faculté des sciences, à Poitiers (Vienne).

POLLIATTI (Henri), à Turin (Piémont).

POMMERET DES VARENNES, maire d'Étampes (Seine-et-Oise).

PONT DU CHAMBON (le marquis du), au Vigier, près Sainte-Foy (Gironde).

POURTALÈS-GORGIER (le comte de), à Paris.

PRAIA (le vicomte da), pair du royaume de Portugal, conseiller de S. M. T. F., à l'île Saint-Michel (Açores).

PRAMPERO (Antonin de), propriétaire, à Udine (Frioul).

PROM, propriétaire agriculteur, à Saint-Caprais (Gironde).

PUIBERNEAU (Henri de), membre du Conseil général, président de la Société d'émulation de la Vendée, au château de Buchignon (Vendée).

RACOTTA, propriétaire en Hongrie.

RANCY (le comte de), à Paris.

READ, consul de Suède et Norwége, à Singapore (Indes orientales).

REDON DE BEAUPRÉAU (le vicomte), maître des requêtes au Conseil d'État, à Paris.

REGO-BARROS (le chevalier Affonso do), agriculteur, à Pernambuco (Brésil).

REMI (Dominique), chef de la maison française Remi, Schmidt et compagnie, vice-consul de France à Amoy, à Chang-Haï (Chine).

RENOUX (le lieutenant-colonel), directeur de l'arsenal du génie, à Alger.

RÉVEIL (le docteur), professeur agrégé à la Faculté de médecine et à l'École de pharmacie, à Paris.

RICHARD (J.-B.), ancien banquier, à Tournon (Ardèche), et à Paris.

RICHARD-BÉRENGER, propriétaire, à Paris.

RIEMBAULT (Gustave), à Bernay (Eure).

RIO DE LOZA (Léopold), docteur en médecine, en chirurgie et en pharmacie, directeur de l'École nationale d'agriculture, etc., etc., à Mexico (Mexique).

RITTER (le capitaine), chef du bureau arabe de Médéah (Algérie).

RIVAS (S. E. M. le duc de), ambassadeur d'Espagne, à Paris.

ROBERTSON (D.-B.), consul d'Angleterre, à Chang-Haï (Chine).

ROBILLARD DE LA VAUDELLE, propriétaire agriculteur dans le département de la Mayenne, à Paris.

ROBILLARD (Napoléon-Louis), négociant, à Paris.

ROCHAS (Aimé), directeur des cultures chez madame de Rosnovant, née Callimaki, à Jassy (Moldavie).

ROCHE DES ESCURES (le docteur), à Versailles (Seine-et-Oise), et à Paris.

ROCHUSSEN (S. E. M.), ministre d'État, ancien gouverneur de Java, à la Haye (Pays-Bas).

ROCQUEMAUREL, capitaine de vaisseau, à Toulon (Var). (*Honoraire.*)

RODRIGUES-HENRIQUES (Abraham-Édouard), propriétaire, au château de Beaupréau, à Rueil (Seine-et-Oise), et à Paris.

ROLAND-GOSSELIN, à Chatenay, près Sceaux (Seine), et à Paris.

ROSALES, ancien chargé d'affaires du Chili, à Paris.

ose (le docteur), chef du service médical des possessions anglaises dans les détroits, à Singapore (Indes orientales).

ROSSEY (Henri), avocat, à Paris.

ROTHSCHILD (le baron Charles de), consul général de Bavière, à Francfort.

ROTHSCHILD (le baron Guillaume de), consul général d'Autriche, à Francfort.

ROTHSCHILD (le baron James de), consul général d'Autriche à Paris.

ROZAN, archiviste de la commune, à Tonneins (Lot-et-Garonne).

ROUX, entrepreneur de charpente, à Paris.

RUFZ DE LAVISON, ancien maire de Saint-Pierre et président du conseil général de la Martinique, professeur agrégé de la Faculté de médecine de Paris, membre correspondant de l'Académie de médecine, à Paris.

SABATIER (l'abbé), professeur à la Faculté de théologie de Bordeaux (Gironde).

SAINT-AIGNAN (le comte de), au château de Saint-Aignan, près Bonnétable (Sarthe), et à Paris.

SAINT-MARC, propriétaire, à la Rochelle (Charente-Inférieure).

SAINT-QUENTIN (de), receveur général des finances, à Chartres.

SAINT-SIMON (Alfred de), à Toulouse (Haute-Garonne).

SAMAZEUILH (Henri), banquier, à Bordeaux (Gironde).

SARCHI, agent de change honoraire à Paris.

SCHELL (Théodore), négociant, à Drammen (Norwége).

SCHLUMBERGER (Oscar), négociant, à Bâle (Suisse).

SCHMIDT (Édouard), associé de la maison française Remi, Schmidt et C^{le}, à Chang-Haï (Chine),

SCHOENEFELD, secrétaire de la Société botanique, à Saint-Germain en Laye (Seine-et-Oise), et à Paris.

SCHULTZ (Joseph), agronome, à Blotzheim (Haut-Rhin).

SCIACCA (le baron), à Patti, province de Messine (Sicile).

SEEBACH (le baron de), envoyé extraordinaire et ministre plénipotentiaire de S. M. le Roi de Saxe, à Paris.

SEVRET (René de), ancien magistrat, à Saint-Georges-du-Puy-de-la-Garde, par Chemillé (Maine-et-Loire), et à Paris.

SINA (le baron), à Vienne (Autriche).

SOUBEYRAN (de), préfet de Loir-et-Cher, à Blois (Loir-et-Cher).

SOURDEVAL (Alfred de), à Paris.

SUE (le baron Joseph), à Paris.

SUIN (l'amiral de), membre du Conseil d'amirauté, à Paris.

TALAMAN (Félix), propriétaire, à Saint-Priest (Haute-Vienne), et à Paris.

TANDOU (Pierre-Noël), maire de la Villette, à Paris.

TASSY (le docteur), à Paris.

TASSY, propriétaire-agriculteur, à Saint-Flour (Cantal).

TCHIHATCHEF (Platon de), à Paris.

TEISSIER DU CROS, à Paris.

TESSIER (Hippolyte), à Bordeaux (Gironde).

THINUS (Léon), secrétaire général de la caisse Franco-Suisse, à Paris.

TIBIRICA-PIRATININGA (Joao), à Itu, province de San-Paulo (Brésil).

TODARO (A.), directeur par intérim du Jardin botanique, à Palerme (Sicile).

TOIRAC (le docteur), de Saint-Domingue, propriétaire, à Paris.

TORINO (le docteur), à Salta (confédération Argentine).

TORRES DE ROBLEDO (Gilberto,, capitaine du génie dans l'armée mexicaine,
à Oaxaco (Mexique).

TOURANGIN, sénateur, à Paris.

TROTTIER, propriétaire, maire de la Rassauta, près Alger.

USSEL (le comte Alfred d'), membre du Conseil général de la Corrèze, directeur de la ferme-école, à Neuvic (Corrèze).

VALDAN (de), lieutenant-colonel d'état-major, chef d'état-major de la province, à Constantine (Algérie).

VANDERMARQ, propriétaire, à Paris.

VASQUEZ-QUEIPO (Don Vincent), sénateur du royaume d'Espagne, membre
de l'Académie royale des sciences, à Madrid (Espagne).

VAVASSEUR (le docteur), à Paris.

VEILLECHEZE DE LA MARDIÈRE (Joseph-Antonin de), sous-lieutenant d'artillerie de marine, à Brest (Finistère).

VELARD (le comte de), au château de Condé (Loir-et-Cher).

VERNEUIL (Édouard de), membre de l'Académie des sciences, à Paris.

VERNON (lord), à Sudbury-Park (Derby), Angleterre.

VIALARD (le baron de), propriétaire à Alger.

VIGIER (le comte de), ancien pair de France, à Paris.

VIGIER (le vicomte), à Paris.

VILLE (Georges), professeur de physique végétale au Muséum d'histoire
naturelle, à Paris.

VILLENEUVE (le marquis L. de), au château d'Auterive, près Castres (Tarn).

VIVÈS (le général A. de), commandant l'artillerie d'Afrique, à Alger.

VRY (le docteur de), inspecteur pour les recherches chimiques aux Indes
néerlandaises, à Java.

WAGRAM (le prince de), au château de Gros-Bois (Seine-et-Oise), et à Paris.

WALSH (le docteur de), au château de Chaumont (Loir-et-Cher).

WASSINK (le colonel G.), chef du service sanitaire dans les possessions
néerlandaises aux Indes orientales, à Batavia.

WEDDELL (le docteur Hugues), à Paris.

WILSON (James), membre du parlement britannique, à Londres.

WITZ (Édouard), manufacturier, à Sainte-Marie-aux-Mines (Haut-Rhin).

WITZ (Émile), manufacturier, à Cernay (Haut-Rhin).

YVER, notaire, à Paris.

DEUXIÈME SÉANCE PUBLIQUE ANNUELLE

DE

LA SOCIÉTÉ IMPÉRIALE ZOOLOGIQUE D'ACCLIMATATION.

———

PROCÈS-VERBAL.

Cette séance a été tenue à l'Hôtel de ville, le 10 février 1858, quatrième anniversaire de la fondation de la Société.

S. A. I. Mgr le prince Napoléon et S. Exc. M. le maréchal Vaillant, ministre de la guerre, que la Société a l'honneur de compter l'un et l'autre au nombre de ses membres, assistaient à la séance, et avaient bien voulu prendre place au bureau où siégeaient aussi, avec M. Isid. Geoffroy Saint-Hilaire, président, MM. Drouyn de Lhuys et A. Passy, vice-présidents ; le comte d'Éprémesnil, secrétaire général ; Auguste Duméril et Guérin-Méneville, secrétaires, et Moquin-Tandon, membre du Conseil d'administration.

Sur l'estrade se trouvaient placés le Conseil, les Présidents, Vice-Présidents et Secrétaires des Sections, la Commission des récompenses et un grand nombre de membres de la Société.

La disposition de la salle avait été confiée, comme l'année dernière, aux soins de MM. E. Dupin, Frédéric Jacquemart et le comte de Sinéty, membres du Conseil. Un autre conseiller, M. le marquis de Selve, avait bien voulu encore se charger d'en faire les honneurs avec plusieurs commissaires qu'il avait désignés à cet effet.

— La séance a été ouverte par un discours de M. Drouyn de Lhuys, vice-président.

— M. Aug. Duméril, secrétaire des séances, a présenté un Rapport sur les travaux de la Société pendant l'année 1857.

— M. Moquin-Tandon, membre du Conseil, a lu une Notice

sur l'Igname de Chine (*Dioscorea batatas*), importée en France par l'un des membres de la Société, M. de Montigny.

— M. le comte d'Éprémesnil, secrétaire général, a rappelé les prix extraordinaires, proposés par la Société dans sa séance publique du 10 février 1857, et annoncé la fondation d'un nouveau prix extraordinaire, fondé par M. Chagot aîné, négociant, membre de la Société. Ce prix, qui consistera en une médaille de 2000 francs, est relatif à la *Domestication de l'Autruche en France, en Algérie ou au Sénégal*.

Le programme des prix extraordinaires présentement proposés est, en conséquence, le suivant :

PRIX EXTRAORDINAIRES PROPOSÉS PAR LA SOCIÉTÉ.

Prix proposés par la Société dans la séance publique du 10 février 1857.

I. Introduction dans les montagnes de l'Europe ou de l'Algérie d'un troupeau d'Alpacas (*Auchenia paco*) de race pure.

Ce troupeau devra se composer au *minimum* de 3 mâles et de 9 femelles.
Concours ouvert jusqu'au 1ᵉʳ décembre 1861.
PRIX. — Une médaille de 2000 francs.

II. Domestication complète, application à l'agriculture, ou emploi dans les villes, de l'Hémione (*Equus hemionus*) ou du Dauw (*E. Burchellii*).

La domestication suppose nécessairement la reproduction en captivité.
Concours ouvert jusqu'au 1ᵉʳ décembre 1862.
PRIX. — Une médaille de 1000 francs.

III. Domestication et multiplication d'une grande espèce de Kangurou (*Macropus giganteus, M. fuliginosus*, ou autre espèce de même taille).

On devra posséder six individus au moins et avoir obtenu deux générations en domesticité.
Concours ouvert jusqu'au 1ᵉʳ décembre 1862.
PRIX. — Une médaille de 1000 francs.

IV. Introduction et domestication du Dromée (Casoar de la Nouvelle-Hollande, *Dromaius Novæ Hollandiæ*), ou du Nandou (Autruche d'Amérique, *Rhea americana*).

Mêmes conditions et délais que pour le prix précédent.
PRIX. — Une médaille de 1500 francs.

V. Domestication de la grande Outarde (*Otis tarda*).

Ce prix serait également accordé pour la domestication du Houbara ou de toute autre espèce d'une taille supérieure à celle de la Cannepetière.
On devra justifier de la possession, au moins, de six individus adultes nés en domesticité.
Concours ouvert jusqu'au 1ᵉʳ décembre 1859.
PRIX. — Une médaille de 1000 francs.

VI. Introduction et acclimatation d'un nouveau gibier pris dans la classe des Oiseaux.

Sont exceptées les espèces qui pourraient ravager les cultures.
Concours ouvert jusqu'au 1ᵉʳ décembre 1859.
PRIX. — Une médaille de 500 francs.

VII. Introduction d'un Poisson alimentaire dans les eaux douces ou saumâtres de l'Algérie.

Concours ouvert jusqu'au 1ᵉʳ décembre 1860.
PRIX. — Une médaille de 500 francs.

VIII. Acclimatation accomplie d'une nouvelle espèce de Ver à soie, produi-
sant de la soie bonne à filer.

Concours ouvert jusqu'au 1ᵉʳ décembre 1860.
PRIX. — Une médaille de 1000 francs.

IX. Acclimatation en Europe ou en Algérie d'un Insecte producteur de
cire, autre que l'Abeille.

Concours ouvert jusqu'au 1ᵉʳ décembre 1859.
PRIX. — Une médaille de 500 francs.

X. Création de nouvelles variétés d'Ignames de la Chine (*Dioscorea batatas*), supérieures à celles qu'on possède déjà, et notamment plus
faciles à cultiver.

Concours ouvert jusqu'au 1ᵉʳ décembre 1861.
PRIX. — Une médaille de 500 francs.

XI. Introduction, culture et acclimatation du Quinquina dans le midi de
l'Europe ou dans une des Colonies européennes.

Concours ouvert jusqu'au 1ᵉʳ décembre 1860.
PRIX. — Une médaille de 1500 francs.

Prix fondé par M. CHAGOT *aîné, négociant, membre de la Société, et proposé par la Société, dans la séance publique du 10 février* 1858.

Domestication de l'Autruche d'Afrique (*Struthio camelus*) en France, en
Algérie ou au Sénégal.

On devra avoir obtenu, de deux ou plusieurs Autruches privées, deux générations au
moins, justifier de la possession actuelle de six individus produits à l'état domestique,
et faire connaître les moyens employés pour faire reproduire ces oiseaux comme ceux
de nos basses-cours (1).
Concours ouvert jusqu'au 1ᵉʳ décembre 1863.
PRIX. — Une médaille de 2000 francs.

N. B. Dans le cas où un ou plusieurs de ces prix seraient gagnés avant les
termes indiqués pour la clôture des concours, ils seraient décernés
dans la séance publique du 10 février suivant pourvu que les pièces
constatant les droits des concurrents eussent été envoyées à la Société
avant le 1ᵉʳ *décembre*, terme de rigueur.

La Société se réserve, s'il y a lieu, de décerner des seconds prix ou d'accorder des encouragements.

(1) Pour le prix fondé par M. Chagot, voyez la lettre de notre honorable
confrère, numéro de janvier, page 45. A cette lettre sont ajoutées quelques
indications auxquelles doivent aussi recourir les personnes désireuses de
concourir au prix de M. Chagot.   (R.)

— Après les communications relatives au prix, M. le Secrétaire général a présenté des détails sur la prochaine organisation du jardin d'expériences de la Société, qui sera situé au bois de Boulogne.

— S. A. I. le prince Napoléon a bien voulu ensuite prendre la parole, et a prononcé l'allocution suivante :

« Je tiens, Messieurs, à dire quelques mots pour témoigner » de toute ma sympathie pour notre Société et pour l'assurer » de tout mon appui.

» Déjà les hommes les plus intelligents et les plus dévoués » sont venus se joindre à nous. Aujourd'hui nous voulons » sortir du domaine de la théorie pour entrer dans celui de la » pratique, et mettre les résultats de nos efforts sous les yeux » de tous, par la fondation d'un jardin d'acclimatation d'abord, » puis par celle d'un grand dépôt de reproducteurs.

» Quel but plus noble et plus utile que celui de notre » Société ! Améliorer la condition de tous, des classes souf- » frantes en particulier, par le développement de l'agricul- » ture, cette vraie richesse de la France, celle dans laquelle » elle n'a pas de rivale, parce que son admirable position la » fait, au point de vue agricole, la prédestinée parmi les » nations européennes. Voilà ce que nous voulons.

» Notre Société a cela de remarquable, qu'elle provient » d'un effort fait dans une voie nouvelle et féconde : celle de » l'initiative individuelle.

» Nous avons la sympathie et l'appui du Gouvernement, » mais nous sommes indépendants à côté de lui. Nous voulons » obtenir des résultats par nous-mêmes ; nous le pourrons si » notre idée est comprise, et si l'opinion publique nous vient » en aide.

» Alors, en développant la Société d'acclimatation, le public » français aura fait une chose bonne et utile, et nous pourrons » nous féliciter d'avoir donné un bon exemple. »

Cette allocution a été accueillie avec la plus vive sympathie par la Société et par l'assemblée tout entière.

— M. Isid. Geoffroy Saint-Hilaire, président de la Société, présente le Rapport sur les travaux de la Commission des récompenses (1); puis il est procédé à la distribution des médailles, mentions honorables et récompenses pécuniaires.

Les récompenses décernées cette année sont les suivantes :

PRIX EXTRAORDINAIRE.

Une grande médaille d'or est décernée à Sa Majesté le Roi d'Espagne, pour le premier des prix extraordinaires proposés par la Société dans sa séance annuelle du 10 février 1857 : *Introduction dans les montagnes de l'Europe ou de l'Algérie d'un troupeau d'Alpacas.*

CONCOURS ANNUEL.

La Société a accordé :

1° Trois titres de membres honoraires ;

2° Trois grandes médailles d'or, récompenses hors classe ;

3° Vingt-six médailles d'argent, médailles de première classe ;

4° Vingt-huit médailles de bronze, médailles de seconde classe ;

5° Dix-neuf mentions honorables ;

6° Cinq récompenses pécuniaires.

Les titres de membres honoraires ont été conférés à :

S. Exc. M. Masslow, conseiller d'État actuel, secrétaire perpétuel de la Société impériale d'agriculture, à Moscou ;

M. Richard (du Cantal), agriculteur, ancien directeur de l'École des haras, ancien représentant, qui a eu l'honneur de recevoir son diplôme des mains de S. A. I. le prince Napoléon ;

M. Rocquemaurel, capitaine de vaisseau.

---

(1) La Commission des récompenses était ainsi composée :
Membres de droit. — Le président (M. Is. Geoffroy Saint-Hilaire), et le secrétaire général (M. le comte d'Éprémesnil).
Membres élus par le Conseil. — MM. Drouyn de Lhuys, Auguste Duméril, Guérin-Méneville et Frédéric Jacquemart.
Membres élus par les cinq Sections. — MM. Bigot, Chatin, Dareste, Davelouis et Léo d'Ounous.

Les trois grandes médailles d'or ont été décernées :

La *première* à M. Louis VILMORIN, membre de la Société impériale et centrale d'agriculture ;

La *deuxième* à M. N. ANNENKOW, conseiller d'État, directeur du Comité botanique d'acclimatation de Moscou ;

La *troisième* à M. le docteur Sacc, ancien professeur à la Faculté des sciences de Neufchatel (Suisse).

(Pour les autres récompenses accordées par la Société, voyez, ci-après, le Rapport de M. le Président.)

— Parmi les lauréats, presque tous ceux qui habitent Paris ou ses environs, et plusieurs habitant des départements éloignés sont venus recevoir les récompenses qui leur avaient été attribuées, et qui leur ont été remises par S. A. I. le prince Napoléon, par S. Exc. le Ministre de la guerre, par M. le Président et par MM. les Vice-Présidents.

Le Secrétaire des séances,

AUG. DUMÉRIL.

Le Conseil a arrêté que toutes les pièces lues dans la séance publique du 10 février seraient imprimées *in extenso* dans le *Bulletin*, et placées en tête du volume en cours d'impression.

Il a été aussi décidé qu'il serait inséré une Note relative au témoignage de reconnaissance et de sympathie que la Société a offert à son illustre Président, en lui décernant une médaille d'honneur. (Voir cette Note, page CI, à la suite du *Rapport sur les récompenses*).

A. D.

DISCOURS D'OUVERTURE

PAR

Par M. DROUYN DE LHUYS,

Vice-Président de la Société.

MONSEIGNEUR, MESSIEURS,

J'éprouve un double embarras en abordant un auditoire si imposant et une matière pour moi si nouvelle. J'ai hâte de laisser la parole à des voix plus autorisées que la mienne. Je me bornerai donc à dire quelques mots sur l'origine de la Société d'acclimatation et à rechercher dans le passé la justification de ses espérances.

Buffon disait en 1764 : « Nous n'usons pas, à beaucoup près,
» de toutes les richesses que la nature nous offre.... Elle nous
» a donné le Cheval, le Bœuf, la Brebis, tous nos autres ani-
» maux domestiques, pour nous servir, nous nourrir, nous
» vêtir, et elle a encore des espèces de réserve qui pourraient
» suppléer à leur défaut, et qu'il ne tiendrait qu'à nous d'assu-
» jettir et de faire servir à nos besoins. L'homme ne sait pas
» assez ce que peut la nature et ce qu'il peut sur elle : au lieu
» de la rechercher dans ce qu'il ne connaît pas, il aime mieux
» en abuser dans ce qu'il en connaît. »

Ce n'était pas assez d'avoir signalé ces lacunes; il fallait trouver le moyen de les remplir. Lorsqu'en 1739, Buffon fut appelé à la direction du Jardin des Plantes, cet établissement était un simple jardin botanique, exclusivement réservé à la culture des plantes médicinales. Depuis cent ans, personne n'avait songé à lui donner une autre destination. Mais ce grand génie ne pouvait se renfermer dans un cadre aussi étroit. Sans méconnaître les services rendus à la médecine par le *Jardin royal des Plantes médicinales* (tel était, à cette époque, le nom du Muséum d'Histoire naturelle), il voulut que cet établissement fût consacré à l'étude théorique et pratique de toutes les productions de la nature. Toutefois il sentait que si sa vaste intelligence pouvait en embrasser l'ensemble, il lui était impossible d'entrer dans les détails qu'exigeait la description de chacun des corps qui composent le monde. Il choisit donc, pour le seconder, deux hommes qui répondirent admirablement à ses intentions : Daubenton s'occupa du Règne animal ; André Thouin se livra à l'étude des Végétaux (1).

Daubenton créa, en France, le Mouton à laine fine, avec nos espèces indigènes, par d'heureux croisements ; puis il enseigna la manière d'élever et de propager les types obtenus du Roi d'Espagne en 1785. Ce naturaliste-agriculteur ne se serait pas borné à l'acclimatation et au perfectionnement du Mérinos, si la mort n'était pas venue le surprendre au milieu de ses travaux (31 décembre 1799). Sa profonde érudition, associée à une méthode éminemment pratique, eût sans doute épargné à notre agriculture bien des déceptions et des pertes dans les essais qu'elle a entrepris pour améliorer d'autres espèces.

C'est à cette science de la nature, si bien interprétée et si judicieusement appliquée par André Thouin, que nous devons les beaux fruits, les beaux légumes que nous admirons sur nos marchés, et qui augmentent dans une proportion si considérable nos ressources alimentaires. C'est à cette science que nous devons l'acclimatation et le perfectionnement de tant d'arbres, d'arbustes et de fleurs si variés, qui décorent nos promenades publiques, nos parcs, nos jardins et nos parterres. Plus heureux que Daubenton, auquel il survécut vingt-quatre ans, André Thouin put compléter son enseignement par ses leçons pratiques, par ses écrits et par ses cours. Peut-être doit-on attribuer en partie à cette circonstance l'inégalité des améliorations obtenues dans les deux Règnes et le succès plus marqué des tentatives qui ont été faites pour acclimater et perfectionner les Végétaux.

Le nom de Daubenton en rappelle un autre que j'aime à prononcer dans cette enceinte, parce qu'il y est dignement re-

____

(1) Voyez Richard, *Dictionnaire raisonné d'agriculture.*

présenté. Remarquez, je vous prie, Messieurs, cette heureuse coïncidence ; suivez en quelque sorte la filiation d'une grande pensée. En 1793, le collaborateur de Buffon adoptait le jeune Étienne Geoffroy Saint-Hilaire et le traitait comme son fils. L'élève créait alors, au Jardin des Plantes, la ménagerie d'acclimatation, pendant que le maître dotait la France de la précieuse race des Mérinos, et, soixante ans plus tard, M. Isidore Geoffroy Saint-Hilaire inaugure la Société d'acclimatation, corollaire naturel du principe posé par son illustre père et par Daubenton.

L'ambition de notre Société est d'ajouter, dans le Règne animal et dans le Règne végétal, des nouveautés utiles à nos anciennes richesses. Notre force et notre confiance se fondent sur une expérience presque aussi vieille que le monde. On peut espérer des conquêtes, quand on y marche par des voies sûres et avec des moyens d'action éprouvés. Jetons, en effet, les yeux autour de nous, et distinguons, parmi les choses appropriées à nos besoins les plus vulgaires, à notre alimentation, à notre vêtement, celles que produit spontanément notre sol et celles qui proviennent de l'acclimatation : nous verrons que, réduits aux premières, nous péririons en quelques jours de misère et de faim. Les animaux qui composent le grand cheptel que l'homme a pour ainsi dire attaché à l'exploitation de son domaine sont presque tous originaires de l'Orient, et particulièrement de l'Asie. Le Blé lui-même n'est point un produit naturel de nos contrées. Le gland du Chêne, quelques fruits âpres, quelques légumes insipides, peuvent seuls prétendre à l'indigénat. L'homme, en Europe, ne vivrait donc que du produit de la chasse, et la population n'aurait jamais pu s'y développer, si elle n'eût emprunté à d'autres régions un large supplément d'animaux et de plantes.

Sans remonter au delà des temps historiques, la Vigne, qui tient, après les Céréales, la plus grande et la plus belle place parmi nos cultures, nous est venue de l'Asie Mineure avec les premières émigrations des Phocéens. Au bout de sept cents ans, elle n'était pas tellement multipliée dans les Gaules, que Domitien n'ait pu se flatter de l'y détruire, et que, deux siècles plus tard, l'empereur Probus n'ait été dans le cas d'en faire l'objet d'une nouvelle acclimatation. Le profit net de beaucoup de conquêtes des Romains a été l'importation d'arbres et de plantes qui satisfont depuis deux mille ans aux besoins et aux jouissances du monde occidental. Ils transplantèrent du Pont en Italie la Cerise; de la Perse, la Pêche et l'Abricot, et nous usons, sans nous souvenir d'eux, des légumes qu'ils ont fait entrer dans notre alimentation. La centralisation puissante qui faisait de Rome l'entrepôt du monde servait aux progrès de l'acclimatation. Rangeant toute la Méditerranée sous une loi commune, elle rassemblait dans les mêmes jardins les plantes et les arbres de l'Asie, de l'Afrique et de l'Europe. Une des dernières et des plus heureuses acquisitions de cette époque fut celle du Mûrier et du Ver à soie que Justinien fit venir de l'Inde.

Bientôt les ténèbres du moyen âge envahissent le monde romain à la suite de l'irruption des barbares, et les conquêtes de la culture et de la zoologie s'arrêtent, si même elles ne perdent du terrain. Mais, tandis que cette nuit profonde s'étend sur l'Europe, les Arabes et les Berbères, alors en possession d'une civilisation qui leur était propre, s'établissent en Espagne et pénètrent dans les provinces méridionales de la France. Ils dotent ces deux pays de la plupart des plantes tinctoriales et médicinales qu'ils cultivent encore, donnent à l'Andalousie, d'où elle passera plus tard en Amérique (1), la Canne à sucre, qui n'avait été pour les Romains que l'objet d'une curiosité stérile (2) et le Coton, cette toison végétale destinée à couvrir la nudité de la moitié du genre humain. L'Amérique est découverte par Christophe Colomb à la fin du xvᵉ siècle (1492): l'ancien monde lui porte la Canne à sucre, le Coton, le Cheval, et, parmi les produits qu'il reçoit d'elle en retour, il suffit de nommer le Coq d'Inde et la Pomme de terre.

(1) Voyez l'*Agriculture nabathéenne de Ebn-el-Awam*, écrite en Andalousie, vers la fin du xiiᵉ siècle.

(2) « Saccharum et Arabia fert, sed laudatius India. Est autem mel in » arundinibus collectum, gummium modo candidum, dentibus fragile, am- » plissimum nucis avellanæ magnitudine; ad medicinæ tantum usum. » (C. Plinii *Hist. nat.*, lib. XII, c. 17.)

Il serait facile de prolonger cette nomenclature ; le monde vit de choses acclimatées, et, pour en dresser l'inventaire, il faudrait embrasser presque tout ce qui distingue les sociétés policées des peuples à l'état sauvage. Aussi le tableau complet de l'acclimatation des plantes et des animaux utiles sur la surface du globe serait-il, si ce n'est l'histoire de la civilisation, du moins la mesure la plus exacte de sa marche et la détermination des époques où elle avance, s'arrête ou rétrograde. Dès que les hommes se rapprochent, ils échangent entre eux les produits de la terre, et jamais il n'y eut d'allégorie plus juste que celle qui a mis à la main des négociateurs de la paix des palmes et des branches d'olivier.

La Société d'acclimatation ne veut que poursuivre une route marquée par de si nombreux succès, et son avenir est écrit dans les exemples que lui ont légués ses devanciers. Quand on jette un coup d'œil rapide sur l'étendue et l'importance des résultats obtenus, on est tenté de croire que la moisson est faite ; mais un examen plus attentif démontre bientôt qu'elle est à peine commencée et qu'elle n'a pas plus de limites que la variété féconde des œuvres de la nature. D'ailleurs il ne s'agit pas seulement de trouver des choses nouvelles, de chercher dans des régions lointaines des végétaux ou des animaux à naturaliser sous notre ciel, de les faire passer, par la culture et par des soins, de l'état sauvage à l'état de domesticité : il faut avant tout vulgariser les choses dont l'utilité est constatée, et en faire descendre l'usage dans les couches de la société auxquelles elles ne sont point encore parvenues. Le mérite de l'abondance l'emporte de beaucoup sur celui de la rareté. Les véritables amis des peuples sont ceux qui mettent à la portée de tous les biens dont la jouissance ne semblait être que l'apanage de la richesse.

Il n'est pas nécessaire de remonter très haut pour mesurer le chemin que nous avons déjà parcouru. « Si l'on veut, disait » Buffon, des exemples de la puissance de l'homme sur la » nature des Végétaux, il n'y a qu'à comparer nos légumes, » nos fleurs et nos fruits avec les mêmes espèces, telles qu'elles » étaient il y a cent cinquante ans : cette comparaison peut se

» faire immédiatement et très précisément, en parcourant des
» yeux la grande collection des dessins coloriés commencée
» dès le temps de Gaston d'Orléans et qui se continue encore
» aujourd'hui : on y verra peut-être avec surprise que les plus
» belles fleurs de ce temps seraient rejetées aujourd'hui, je ne
» dis pas par nos fleuristes, mais par les jardiniers de village...;
» dans les plantes potagères, une seule espèce de Chicorée et
» deux sortes de Laitue, toutes deux assez mauvaises, tandis
» qu'aujourd'hui plus de cinquante, toutes très bonnes au goût...
» Nous pouvons de même donner la date très moderne de nos
» meilleurs fruits à pepins et à noyaux, tous différents de ceux
» des anciens, auxquels ils ne ressemblent que de nom. »

Le contraste, Messieurs, nous semblerait encore bien plus
frappant, si nous comparions le riche inventaire de notre horticulture avec le modeste catalogue des plantes que l'empereur
Charlemagne possédait dans ses domaines. On trouve ce curieux
renseignement au chapitre X des Capitulaires, intitulé *De
villis*, dont la traduction et le commentaire font partie d'un
mémoire publié récemment par l'Académie des inscriptions et
belles-lettres. Ces témoignages sont confirmés par un document officiel de 1698. Un mémoire adressé à Louis XIV par
l'intendant de la basse Normandie signalait, comme un fait
rare et curieux, l'existence d'Abricots, de Pêches et de
Poires dans le voisinage de Coutances. Si la contrée de France
la plus riche en arbres fruitiers en était là il y a cent soixante
ans, que doit-on penser des autres ! De semblables transformations s'opèrent sous nos yeux. L'introduction de nouvelles variétés de fruits rouges a mis à la portée des plus pauvres mé-
nages de Paris des aliments agréables et salubres qui jadis ne
paraissaient que sur les tables opulentes.

En faisant des vœux pour la diffusion des bienfaits de l'acclimatation sur toute la surface de notre pays, il est impossible
de ne pas remarquer combien la douceur de sa température et
la variété de ses aspects se prêtent à la naturalisation des
espèces empruntées aux latitudes les plus diverses. La France,
avec l'ardeur des étés sur les bords de la Méditerranée, la
moiteur des hivers sur les côtes de l'Océan, l'âpreté des pentes

des Alpes, des Pyrénées et des Cévennes, semble être un terrain sur lequel sont appelés à se rencontrer les produits des zones entre lesquelles se partage le globe. Les bois précieux du Nord seront à peine dépaysés au milieu des neiges de nos montagnes, et, si l'espace est plus difficile à franchir pour les animaux et les végétaux nés sous le soleil des tropiques, les plus rebelles à notre température trouveront sur les côtes méridionales de la Méditerranée une autre France qui les recevra. Le zèle et l'intelligence avec lesquels tous les faits relatifs à l'acclimatation y sont étudiés sont une garantie que, dans les cas les plus défavorables, le succès ne ferait que changer de place.

Les moyens d'action de notre Société se sont accrus sensiblement pendant l'année 1857, et, en présence de l'immensité de sa tâche, des nombreux besoins de l'avenir, cette circonstance est de bon augure. Si elle a perdu par le cours naturel des choses plusieurs de ses membres, elle en a gagné plus de quatre cents, et, dans le nombre de ses nouveaux associés, elle est fière de compter plusieurs têtes couronnées : LL. MM. le Roi des Belges, le Roi des Pays-Bas, la Reine d'Espagne, le Roi de Portugal, le Roi de Wurtemberg, S. A. le Prince souverain d'Oldenbourg, n'ont pas dédaigné de faire inscrire leurs noms sur ses listes. Il lui est permis, dans l'intérêt de sa mission et dans un juste sentiment de reconnaissance, de proclamer ces illustres patronages, ainsi que le concours non moins utile qu'honorable de LL. AA. RR. le Prince Albert en Angleterre, le Prince Frédéric-Guillaume en Prusse, le duc d'Oporto en Portugal.

En France, nos travaux sont couverts de la haute protection de l'Empereur que seconde puissamment la bienveillance de l'auguste Prince devant qui j'ai l'honneur de parler. Nous devons à Sa Majesté l'acclimatation de la Perdrix *Gambra*, originaire de nos possessions d'Afrique, l'exploration de nos côtes de l'Océan pour la formation de nouveaux bancs d'Huîtres et le vaste établissement d'Huningue consacré à la pisciculture. Dans leurs missions lointaines, nos marins recueillent, pour enrichir la mère patrie, les productions dont ils constatent la supériorité, et l'escadre qui va venger nos missionnaires en Chine rapportera dans notre pays les pacifiques trophées de l'acclimatation. Les missionnaires eux-mêmes, en répandant parmi les peuples barbares les notions civilisatrices du christianisme, recueillent et répandent, chemin faisant, d'autres semences. Nous recevions naguère du fond de la Mantchourie l'assurance qu'un de leurs chefs les plus vénérés s'y associait à nos travaux. Enfin, dans le courant de l'année, M. dé Montigny introduisait dans un traité conclu avec les Rois de Siam, membres de notre Société, une clause en vertu de laquelle toute expédition scientifique entreprise dans ces contrées peu connues jouira d'une complète liberté et sera l'objet d'une protection spéciale.

Le Ministère de la marine a échelonné dans toutes nos colonies des jardins d'acclimatation pour nos plantes exotiques; le département de la guerre les accueille en Algérie dans ses magnifiques établissements; la Russie, dont les possessions s'étendent de l'Arménie aux rives de la mer Glaciale, nous offre son hospitalité; l'Angleterre nous ouvre ses jardins de Malte et de l'Inde; S. M. la Reine d'Espagne accorde aux hôtes des deux Règnes un asile vraiment royal, aux portes de son propre palais. Ainsi, par cet heureux concours de volontés puissantes, nous marchons vers l'époque où l'homme le plus éloigné de sa patrie pourra retrouver partout un souvenir du sol natal, en voyant des végétaux dont les fleurs et les fruits ont charmé ses premiers regards.

S. M. le Roi de Wurtemberg a bien voulu accueillir dans ses riches domaines quelques-unes des Chèvres d'Angora, dont l'introduction en France coïncide d'une manière si opportune avec les nouveaux perfectionnements de la mécanique des tissus. Ce prince ne se contente pas de pousser l'agriculture au plus haut degré de perfection par les encouragements qu'il lui prodigue; il place l'exemple à côté du précepte. Ses haras sont les mieux entendus de l'Europe, et toutes les améliorations auxquelles il a mis la main ont été jusqu'à présent couronnées de succès. Il n'est pas le seul souverain qui prenne part aux travaux de la Société. S. M. l'Empereur du Brésil nous a demandé notre avis sur l'introduction du Chameau dans ses États. Cette étude est terminée, et le Brésil sera prochainement en possession du moyen de transport le mieux approprié à la nature du sol et à la température de plusieurs de ses principales provinces.

Vous le voyez, Messieurs, nous sommes nés d'hier, et déjà nous avons acquis partout le droit de cité ; partout nous rencontrons un bon accueil, un concours actif et les témoignages de confiance les plus flatteurs. Londres, Vienne, Berlin, Pétersbourg, Stuttgart, Turin, Naples, Madrid, Rio-Janeiro, mêlent leurs couleurs à notre drapeau; Lisbonne, la Haye, Lausanne, Bruxelles, Canton, Alexandrie, Calcutta, nous ouvrent leurs portes. Mais, lorsque après avoir parcouru par la pensée ces nombreuses et lointaines conquêtes, nous rentrons dans notre modeste logis de la rue de Lille, il faut bien l'avouer, l'exiguïté de notre berceau gêne un peu le développement de notre robuste adolescence. Que trouvons-nous en effet dans cet humble réduit? Quelques salles, quelques étagères, un étroit jardin où les rayons du soleil ne pénètrent qu'à regret, où la bêche peut à peine se mouvoir et où la charrue ne pourrait tourner. Avec d'aussi faibles ressources, que faire des graines, des plantes, des animaux qui nous viennent de toutes parts? Notre Société se voit contrainte d'envoyer en nourrice ces enfants de sa prédilection, et quelle que soit la tendre sollicitude des personnes qui veulent bien accepter ce dépôt, ce n'est pas sans une pénible émotion que son cœur maternel se résigne aux rigueurs d'un sevrage prématuré.

Grâce à la protection Impériale et au bienveillant appui du Prince qui daigne honorer de sa présence cette réunion ; grâce à l'inépuisable munificence de la ville de Paris, des jours meilleurs se préparent, un vaste terrain nous est concédé dans le bois de Boulogne, afin d'y établir un parc d'acclimatation pour les produits des deux Règnes. Désormais notre Société pourra donc rendre chez elle l'hospitalité qui lui est offerte sous tous les climats, et la splendeur de sa métropole répondra à la richesse de ses innombrables colonies.

RAPPORT

SUR LES TRAVAUX

DE LA SOCIÉTÉ IMPÉRIALE ZOOLOGIQUE D'ACCLIMATATION

PENDANT L'ANNÉE 1857,

Par M. Auguste DUMÉRIL,

Secrétaire des séances.

MONSEIGNEUR, MESSIEURS,

Pour la troisième fois, je suis appelé à l'honneur de vous apporter le récit de nos travaux, et, je suis heureux de le dire, le témoignage des progrès remarquables de notre œuvre.

Il n'est pas sans intérêt d'en tracer ainsi une histoire rapide, à chacune de nos grandes réunions solennelles, devant l'auditoire d'élite rassemblé dans cette enceinte.

L'accueil sympathique fait sur toutes les parties du globe aux idées généreuses qui ont été le point de départ de notre Association (1), l'empressement des hommes les plus haut placés à se joindre à nous, la prompte adhésion d'un grand nombre de Sociétés françaises et étrangères (2), et les résultats obtenus dans un si court espace de temps : voilà surtout ce que l'on remarquera dans ces tableaux annuels. On y trouvera consignés les succès de nos efforts pendant cette première période, dont l'origine ne remonte qu'au 10 février 1854.

Quatre ans seulement se sont écoulés depuis le jour où les fondateurs de la Société, guidés par la savante expérience de notre illustre Président, se sont réunis afin de travailler en commun à l'exécution du projet qu'ils avaient formé de multiplier pour l'homme les ressources que la nature peut lui fournir. Or, ne doivent-ils pas se réjouir d'avoir été si bien compris ?

(1) Voir dans le *Bulletin*, 1857, page XXXVI, la liste des pays étrangers où la Société possède des membres.

(2) *Idem.*, pour la liste des Sociétés affiliées et agrégées.

Et ce mouvement des idées ne s'arrêtera point : communiqué de proche en proche, il a déjà fait le tour du monde. Moins rapide, il est vrai, que dans les deux premières années, et l'on pouvait s'y attendre, il se continue et enrichit si bien notre liste d'adhérents, que nous comptons aujourd'hui plus de quinze cents membres.

De toutes parts, la Société reçoit les assurances de la plus vive sympathie. Cette année, plus encore que les années précédentes, des offres de service lui ont été adressées par des voyageurs. Au moment de partir pour des expéditions lointaines, ils expriment le désir d'être munis d'instructions propres à les guider dans le choix des espèces dont ils veulent tenter l'introduction en Europe. Le zèle des Sections qui ne fait jamais défaut, ou des Commissions spéciales, ne laisse pas sans réponses de semblables appels (1). Plus ils se multiplieront, plus s'étendra le cercle de notre activité.

De grandes précautions, au reste, sont nécessaires pour réussir dans les échanges de produits originaires de pays situés sous des latitudes différentes. Souvent, leur acclimatation devra être faite, en quelque sorte, par étapes successives. A ce point de vue, nos relations avec l'Égypte où un Comité s'est formé sous la présidence de M. le Consul général Sabatier, ont une très haute importance, car ce pays fertile, qui peut nous faire de riches présents est, en outre, appelé à devenir une précieuse station intermédiaire entre les régions plus chaudes et l'Europe tempérée. Nous recevrons avec moins de chances d'insuccès des plantes et des animaux soumis graduellement et quelquefois pendant plusieurs années aux effets d'une transition, dont la lenteur même éloignera les dangers.

C'est ainsi que l'heureuse situation de Madère favorisera des essais d'acclimatation sur notre sol de divers végétaux brésiliens, qui viennent d'être reçus. Ils avaient été confiés, dans cette île, par notre confrère M. John Le Long aux soins éclairés

____

(1) Le *Bulletin*, 1857, page 215, contient une de ces réponses. Elle est due à M. Joseph Michon qui, à l'occasion des végétaux chinois dont l'importation serait désirable, a rédigé des instructions sur les moyens d'envoyer en France les plantes vivantes et les graines.

d'un autre de nos confrères, M. Davies, durant deux années consécutives (*Bulletin*, 1857, p. 589).

De semblables services nous seront rendus sur quelques points de la France exceptionnels en raison de leur altitude ou de leur climat, mais surtout par nos provinces algériennes. On n'en saurait douter, puisqu'on rencontre dans cette magnifique possession de l'Empire les meilleures conditions climatériques pour des cultures transitoires qui, plus d'une fois sans doute, y deviendront définitives, et par suite augmenteront les richesses du continent européen.

Que n'avons-nous pas le droit, d'ailleurs, d'attendre, sous tous les rapports, de cette vaste colonie, qui est l'objet de la sollicitude si éclairée de notre illustre confrère, M. le maréchal Vaillant.

Ainsi, Messieurs, vous le voyez par tout ce qui précède, notre Association tend à devenir universelle, mais félicitons-nous de ce que l'initiative de cette œuvre appartient à la France et de ce que tant d'efforts sont dirigés vers le même but. Nous parviendrons ainsi, d'année en année, à accroître le nombre de nos conquêtes sur la nature, qui nous offre tant de richesses dont, peu à peu, nous apprendrons à nous rendre maîtres.

Pour les végétaux utiles, par exemple, des acquisitions précieuses sont déjà faites. Ainsi, sans m'arrêter à vous entretenir de l'Igname de Chine, dont l'histoire va vous être tracée dans quelques instants par un professeur également habile à traiter des questions les plus délicates de la botanique et de la zoologie (1), que de tentatives n'ai-je pas à vous rappeler!

Parlerai-je d'abord du Sorgho (*Holcus saccharatus*), cette remarquable Canne à sucre du nord de la Chine? mais son introduction en Europe et dans l'Afrique septentrionale est maintenant un fait accompli.

Dans la Kabylie, dans la Provence, dans l'Isère, les produits en sont considérables, et il me suffit de reporter vos souvenirs

(1) Voir plus loin la Notice de M. Moquin-Tandon, page LXII et suivantes.

sur les détails qui vous été transmis par M. Hardy, l'habile directeur du jardin d'expériences à Alger, par M. le docteur Sicard, par M. le comte David de Beauregard, par M. d'Ivernois, par M. le professeur J. Cloquet, par le Comice agricole de Toulon et par M. le comte de Galbert. Il réussit également bien dans le Loiret, dans le Maine-et-Loire et même aux environs de Paris. Nous en avons eu la preuve par les cultures des Sociétés d'agriculture et d'horticulture de Melun présidées par notre confrère, M. le vicomte de Valmer, par celles du vénérable doyen de l'ancien Institut d'Égypte et l'un des doyens de l'Institut de France, M. Jomard, et par celles enfin de notre confrère, M. Fréd. Jacquemart, et de l'un de nos vice-présidents, M. le prince Marc de Beauvau, dont le jardinier, M. Fouchez, vous a présenté de magnifiques échantillons.

Faut-il cependant se borner à ce simple énoncé, quand de nouveaux résultats sont venus montrer toutes les ressources que cette plante promet aux applications agricoles et industrielles? Non certainement, et le récit sommaire des faits qui vous ont été soumis dans le cours de notre dernière session doit occuper sa place dans l'exposé de nos travaux, car il en montre le côté essentiellement pratique. Ainsi, M. le docteur Sicard a obtenu de la graine une farine de bonne qualité ; avec la paille, il fabrique des tresses fines et élégantes ; celle qui ne peut servir à cet usage, il la transforme en papier, et, de plus, il extrait de cette plante un grand nombre de matières tinctoriales (*Bulletin*, 1857, p. 117).

Le sucre contenu dans la tige, soumis à la fermentation, donne une boisson agréable, et de la culture de deux ares, M. le comte de Galbert a tiré six hectolitres d'un vin de bonne qualité. La distillation entreprise en grand sur les quantités abondantes récoltées par M. le comte David de Beauregard et par d'autres agriculteurs dans le midi de la France, montre quels secours cette gigantesque graminée apportera à une industrie si vivement atteinte par la rareté et le prix élevé des vins.

Enfin, à l'époque de sa première pousse, le Sorgho constitue un excellent fourrage, dont les bons effets viennent d'être constatés cette année dans le Loiret par M. Nouël, qui a consacré à cet usage le produit tout entier de 8 hectares.

Nous voici donc en possession complète, il faut le reconnaître, de l'un des présents de M. de Montigny.

Le nouveau séjour de ce zélé et dévoué confrère à Shang-Haï sera certainement utilisé, comme vient de l'être son passage dans le royaume de Siam, où il s'est rendu comme envoyé plénipotentiaire de France. Sans cesse préoccupé du succès de notre œuvre, il n'a pas voulu quitter ces contrées lointaines, sans nous en laisser un souvenir, et nous avons reçu de lui diverses Patates, ainsi que des tubercules propres au sol des forêts du Laos et du Camboge (*Bulletin*, 1857, p. 55).

C'est à lui encore que nous devons le Pois oléagineux de la Chine ; sa culture est maintenant en pleine voie de prospérité et particulièrement chez M. Lachaume, aux environs de Paris. (Voy. le *Rapport des récompenses*.)

Des tentatives assez nombreuses déjà permettent d'espérer qu'il en sera de même pour le Riz sec, dont quatorze variétés de Java sont essayées en Égypte par les soins de notre confrère Kœnig-Bey. (Voy. une note de M. Teysman sur les cultures de Riz sec à Java, *Bulletin*, 1857, p. 46.)

Parmi les plantes que l'Asie Mineure peut céder à l'Algérie, il convient de signaler les différentes espèces d'Astragales (*A. verus* et *A. creticus*) qui fournissent la Gomme adragante. Ce serait, comme l'a indiqué M. Sacc (*Bulletin*, 1857, p. 537), un moyen de s'affranchir d'un tribut annuel de 150 000 francs que la France paye à l'étranger afin d'obtenir cette substance si utile pour l'apprêt des tissus.

C'est encore dans cette colonie qu'il faudrait transporter quelques-uns des végétaux chinois qui produisent des laques et dont la liste se trouve dans un travail précédemment cité de M. J. Michon (*Bulletin*, 1857, p. 222) mais surtout l'Euphorbiacée connu sous le nom de Croton porte-laque (*Croton lacciferum*) (1).

(1) M. le général Daumas se propose d'y introduire deux végétaux du Pérou et des Antilles à fruits excellents : le Cherimolia (*Anona cherimolia*, Lam.) et le Corossol ou Pomme cannelle (*Anona muricata*, Lin.) (*Bull.* 1857, p. 587).

On y trouve déjà, par suite d'heureuses introductions faites dans la Pépinière centrale, des Bambous de Madagascar, de diverses îles d'Afrique, de l'Inde et de la Chine, ces derniers dus en partie à M. de Montigny. D'après les renseignements donnés par M. Hardy sur les douze ou quinze espèces dès maintenant cultivées (*Bulletin*, 1857, p. 487), il y a lieu de supposer, avec cet habile confrère, qu'il sera possible, comme l'a proposé M. Richard (du Cantal) (*Id*. p. 358 et 369), d'utiliser les tiges de ces énormes et robustes Graminées. Par suite de la pénurie des bois de charpente, elles pourront servir à l'édification de bâtiments ruraux, de hangars, de bergeries et à divers autres usages.

Les côtes de Syrie, grâce au commandant Barral, ont donné à la vallée de l'Isère un Pêcher à fruits excellents. Vingt noyaux à peine rapportés par cet officier au retour de la campagne d'Égypte ont suffi pour une abondante propagation. De Tullins, qui doit surtout à Michal la culture de cet arbre, M. Chatin a voulu généreusement le répandre au loin. A la suite de la lecture d'une intéressante Notice sur ce sujet (*Bulletin*, 1857, p. 233), notre confrère a fait une première distribution de noyaux. On en a beaucoup reçu depuis cette époque par les soins de M. Bertrand, et de nouveaux envois sont promis. Très limitée d'abord, cette introduction encore assez récente va donc bientôt devenir générale.

C'est au Brésil enfin, ajouterai-je en terminant cette énumération de quelques-unes des productions végétales étrangères dont la Société s'occupe avec activité, que nous devons un magnifique arbre vert, l'Araucaria (*Araucaria brasiliensis*). La générosité de M. le major Taunay nous a permis de distribuer cette année un grand nombre de pignons (*Bulletin*, 1857, p. 502). Une extension considérable semble promise à son acclimatation déjà entreprise avec succès en France.

Parmi les plantes alimentaires de notre pays trop négligées, j'indiquerai une Crucifère à racine tuberculeuse, le Terrenoix (*Bunium bulbo-castanum*), sur laquelle M. Bourgeois a appelé votre attention (*Bulletin*, 1857, p. 285); le Cerfeuil bulbeux (*Chœrephyllum bulbosum*) qui reprend entre des mains habiles et en particulier dans celles de M. Vivet, une importance qu'il n'aurait jamais dû perdre (1), puis enfin, le Chervis (*Sium sisarium*). M. Sacc, après avoir publié sur cette utile Ombellifère une intéressante notice en 1855 (*Bulletin*, t. II, p. 561), vous en a encore entretenus cette année (*Id.*, p. 179). Un autre de nos confrères, M. David Richard, en obtient aussi d'excellents résultats (*Id.*, p. 298).

Dans le but de conserver à l'alimentation une des ressources les plus précieuses, la Pomme de terre, qu'une grave altération tendait à faire disparaître de notre sol, M. V. Chatel, qui a déjà contribué à l'introduction de tubercules de Sibérie, propage aujourd'hui une variété australienne (*Id.*, p. 596). Le plus sûr moyen, au reste, de combattre le fléau est de régénérer nos plants. Il faut, comme l'a conseillé M. d'Ivernois (*Id.*, p. 146), redemander aux plateaux élevés de l'Amérique du Sud cette précieuse Solanée. Aussi, notre honorable vice-président, qui vous parlait tout à l'heure en termes si vivement sentis de l'utilité de nos travaux, a-t-il adressé un pressant appel à M. du Courthial représentant de la France à Sainte-Marthe. Dans son obligeant désir d'y répondre, notre Consul a pu déjà, non sans quelques difficultés, confier à deux navires des quantités assez considérables de tubercules que la Société vient de recevoir. D'autres envois nous seront faits par M. le général Lopez (*Id.*, p. 549). Par les soins de M. Ramon de la Sagra, les feuilles périodiques de l'Amérique du Sud porteront sur presque tous les points de ce vaste pays l'expression de nos vœux, et, nous ne saurions en douter, on s'empressera d'y satisfaire (*Id.*, p. 596).

Voilà, Messieurs, le résumé rapide des principales questions relatives aux végétaux, qui se sont agitées devant vous (2). Ce n'est là, cependant, qu'une portion restreinte du cercle de nos travaux.

---

(1) Voyez sur la culture de ce végétal, sur les avantages qu'elle présente et sur les résultats obtenus par M. Vivet, une note détaillée de M. Laffiley (*Bulletin* 1857, page 170).

(2) Je dois mentionner ici une Notice intéressante de M. Ch. Raymond,

Amenée peu à peu, et elle ne saurait trop s'en réjouir, à agrandir ce cercle, la Société n'oublie pas que l'acclimatation des espèces animales utiles est son but principal. Aussi, ne laisse-t-elle échapper aucune occasion de marcher dans cette voie. Les nouveaux pas qu'elle y a faits cette année y laisseront des traces profondes.

L'introduction en Europe, en Algérie, en Égypte, et jusque dans la province de Fernambouc au Brésil, ainsi que l'acclimatation maintenant accomplie sur un grand nombre de points du précieux Ver à soie de l'Inde, qui vit sur le Ricin, est un des succès les plus remarquables que nous ayons à proclamer.

Rappeler une à une les phases diverses de cette conquête, ce serait reprendre devant vous le récit intéressant que vous a présenté, il y a quelques semaines, notre Président avec cette lucidité et cette savante précision qui lui sont habituelles. C'est donc dans ce document inséré au *Bulletin* (1857, p. 526), qu'il faut en chercher l'historique complet. Ce qui frappe surtout dans ce récit, c'est que la dispersion de ce Ver à soie dans les contrées les plus éloignées est due uniquement à l'innombrable multitude des produits que la Société a obtenus par les soins intelligents de l'un de ses lauréats de l'an dernier, M. Vallée, dont le zèle a triomphé de toutes les difficultés (1). Elle a pu ainsi les répandre en abondance.

sur le *Quillay*, du Chili, dernier arbre de haute futaie que l'on rencontre dans les régions élevées de la chaîne des Cordilières et dont l'écorce sert à divers usages (*Bulletin*, 1857, page 349).

Il faut, en outre, indiquer à l'occasion des avantages que semble présenter l'Olivier de Crimée, en raison de sa rusticité, un travail consciencieux de M. O. Tuyssuzian. Ce confrère a montré par un relevé précis des observations auxquelles diverses plantations de cet arbre ont donné lieu, combien il serait heureux que nos provinces méridionales de la France où les autres variétés, à l'exception de l'Olivier Palma, souffrent tant de la rigueur des hivers, pussent posséder en abondance celle de Crimée (*Bulletin*, 1856, page 313, et 1857, page 443).

Je rappelle enfin les beaux résultats que l'incision annulaire de la Vigne a donnés à M. Bourgeois, qui a obtenu par l'emploi de ce procédé des fruits magnifiques (*Bulletin*, 1857, page 582).

(1) On trouve le relevé des nombreux envois d'œufs du *Bombyx Cynthia* que les abondantes récoltes obtenues à la ménagerie du Muséum par

Les essais actuels de M. Henri Schlumberger sur le dévidage de la soie, sur sa transformation en fils ouvrables et sur le tissage donnent lieu d'espérer le succès. Cet espoir ne nous est-il pas permis en présence des beaux résultats que la soie du Ver sauvage de la Chine, qui vit sur le Chêne (*Bombyx Permyi*) a fournis à M. Albin Gros. Il en a fabriqué, vous le savez, une solide étoffe, dont une pièce volumineuse a été placée récemment sous vos yeux. Comment ne pas hâter de nos vœux le moment peu éloigné sans doute, d'après les promesses qui nous sont faites, où nous posséderons également ce papillon dont la larve peut plus facilement encore que celle du *Bombyx Cynthia* se nourrir sous des climats divers, car le Chêne vit mieux que le Ricin sous des températures variées. On sait, d'ailleurs, par les observations directes de MM. Guérin-Méneville et Chavannes (*Bulletin*, 1857, p. 268) que l'acclimatation de cette espèce peut être tentée en Europe.

Les étoffes faites avec le tissu des cocons de ces espèces originaires de l'Inde et de la Chine seront très utilement employées. A l'exemple des peuples de ces pays, nous nous en servirons pour en confectionner des vêtements simples mais d'un long usage. De plus, M. le maréchal Vaillant, consulté à ce sujet par M. Sacc, désire qu'on les essaye pour la voilure des navires et pour la construction des tentes légères de nos armées.

En dehors de l'emploi de cette soie plus commune, et d'une nature toute spéciale, il restera toujours pour nos étoffes de luxe celui des magnifiques produits du Ver à soie du Mûrier. Or, notre Société, comprenant dans le sens le plus large toute l'étendue des devoirs qu'elle s'est imposés, ne veut pas seule-

---

M. Vallée, ont permis de faire cet été (*Id.*, page 405, 495, 505 et 543). Deux rapports sur les éducations faites par suite de ces envois, ont été insérés au *Bulletin*. L'un est adressé de Palerme par M. le baron Anca (page 395), et l'autre est dû à M. le colonel Gazan (page 492).

C'est ici le lieu de constater les secours que les Ricins nouvellement introduits et cultivés avec succès par M. Année (*Ricinus viridis* et *sanguineus*) ont fournis comme moyen d'alimentation pour ce Ver à soie (*Id.*, p. 590 et 1858, à la liste des récompenses).

ment doter d'espèces nouvelles les pays où elles pourront être acclimatées ; elle s'efforce, en outre, par tous les moyens mis en son pouvoir, d'améliorer les races que l'on possède déjà. Or, nulle autre, plus que celle du Ver à soie ordinaire, ne réclame une régénérescence. Elle a eu particulièrement en vue cette question dont la solution intéresse à un si haut degré l'importante industrie séricicole.

A la suite d'un rapport pressant sur les mesures à prendre contre les ravages des maladies des Vers à soie, fait par M. Bigot (*Bullet.* 1857, p. 202) au nom d'une Commission spéciale, elle a résolu de combattre énergiquement le fléau (1). Aidée par la Caisse franco-suisse de l'agriculture, qui lui est venue généreusement en aide, elle a chargé l'un de ses membres les plus habiles et le plus versé sans contredit, dans la connaissance de tout ce qui se rattache à cette industrie, M. Guérin-Méneville, d'aller recueillir des œufs de Bombyx là où les magnaneries ne sont pas encore attaquées. Notre zélé confrère a parcouru la Suisse, les régions séricicoles et élevées de l'Italie, de la France et de l'Espagne. Grâce à l'expérience qu'il a acquise par sa longue pratique, il a pu faire un choix d'œufs de bonne provenance, dans quelques rares localités de nos Alpes, où des éducations de races depuis longtemps acclimatées ont admirablement réussi. Espérons que les éleveurs qui auront profité des avantages offerts par ces récoltes faites avec tant de soins auront la joie de voir disparaître la cause de leurs insuccès.

Les faits dont je viens de vous parler, Messieurs, se rapportent à une industrie si considérable, non-seulement en France, mais en Italie et dans d'autres États de l'Europe, que vous m'excuserez, je l'espère, d'y avoir autant insisté (2).

---

(1) M. Guérin-Méneville a lu un travail sur la maladie des Vers à soie, ayant pour titre : *Des véritables causes de l'épizootie actuelle et moyens pratiques d'en arrêter ou d'en atténuer les dangereux effets* (*Bulletin*, 1857, page 38).

(2) On peut espérer l'introduction en Europe ou dans nos colonies de beaucoup d'autres papillons, dont les larves sécrètent une soie propre à être utilisée. Tels seront, sans doute, pour ne citer que les Vers à soie dont

D'autres travaux nous arrêteront moins longtemps.

Ainsi, j'ai peu de détails nouveaux à ajouter à ceux que j'ai eu l'honneur de vous présenter, l'an passé, sur notre participation active à ce qui se fait en vue de conserver et d'étendre les richesses de nos côtes et de nos cours d'eau. Cependant nous voyons se propager la pratique de l'ensemencement des rivières dans lesquelles le poisson manque ou menace de disparaître (1).

L'établissement de Huningue, dirigé par des ingénieurs du corps impérial des ponts et chaussées, continue ses abondantes distributions d'œufs fécondés et de frai de poisson.

L'Espagne, à notre exemple, entre dans cette voie (2). Enfin, nous sommes témoins de tentatives heureuses de pisciculture marine sur les côtes de l'Océan, dans le bassin d'Arcachon.

Il est permis, dès à présent, de prévoir que cet établissement et ceux de la Méditerranée sont appelés à augmenter

il a été fait mention cette année, celui de la Louisiane, suivi dans son développement par M. Blanchard (*Bulletin*, 1857, p. XLIII); les Vers du Brésil et celui du Liban, signalés par MM. John Le Long et le comte de Galbert (*Id.*, p. 542 et 186). Il serait possible d'acclimater dans notre colonie de l'île de la Réunion le *Bombyx radama* de Madagascar étudié et décrit par M. Coquerel, savant chirurgien de la marine (*Id.*, 1855, p. 28). L'immense poche ou cocon formé par un nombre plus ou moins considérable de larves de cette espèce a été présenté, cette année, dans une de nos assemblées (*Bulletin*, 1857, p. 588 et 552). Au Mexique enfin, on trouve des Vers à soie dont il importerait de tenter l'introduction. On le sait par les communications de M. le baron de Müller (p. 187) et par les recherches de M. Sallé (p. 552) qui, l'un et l'autre, ont exploré cette vaste région de l'Amérique septentrionale.

(1) Un Questionnaire de pisciculture dressé par les soins de M. Millet (*Bulletin* 1857, page 344) est destiné à provoquer l'envoi de documents qui jetteront un grand jour sur toutes les questions relatives à ce sujet. On a déjà reçu une réponse très détaillée de M. Brierre, membre de la Société à Riez (Vendée) (p. 591), qui envoie de fréquents rapports sur la culture des végétaux qui lui sont confiés (*Bulletin*, 1858, *Rapport sur les récompenses*).

(2) Voyez un intéressant *Rapport* de M. Ramon de la Sagra fait au Conseil royal d'agriculture de Madrid sur l'introduction de la pisciculture en Espagne (*Bulletin*, 1857, page 438) et dans le présent volume, au *Rapport*, les récompenses accordées à MM. O'ryan de Acuna et D. Juan Lecaros.

abondamment, dans un temps plus ou moins rapproché, les ressources de notre alimentation.

Notre institution est heureuse de s'associer à ces utiles entreprises en accordant quelques-unes de ses récompenses aux hommes intelligents et habiles dont les noms vont être bientôt proclamés devant vous.

Dans ses travaux, elle embrasse, vous le savez, toutes les questions qui se rattachent à l'accroissement des richesses que l'homme est en droit d'attendre de l'introduction et de l'acclimatation d'animaux utiles dans les pays où ils ne se rencontrent pas encore.

A ce point de vue, que d'emprunts à faire parmi les espèces si variées de mammifères et d'oiseaux ! Ces dernières, par exemple, ne peuvent-elles pas nous donner de nouveaux gibiers et augmenter le nombre de nos races domestiques? Plusieurs faits assez récents nous en apportent la preuve et montrent que, dans plus d'une circonstance, le succès serait sinon toujours certain, du moins très probable.

Voyez, en effet, ce qui vient d'être accompli pour le Gambra ou Perdrix de roche (*Perdix rupestris*).

Par la volonté de S. M. l'Empereur qui, après avoir daigné se faire le protecteur de notre œuvre, montre aujourd'hui, sous un nouvel aspect, les ressources que l'Algérie peut fournir à la France, ce précieux oiseau est maintenant répandu dans nos forêts. Près de vingt mille œufs transportés sur notre territoire, ont donné naissance à de nombreuses compagnies. Leur multiplication est désormais assurée, grâce aux soins de nos confrères, M. le baron de Lâge, officier de la vénerie impériale, et M. Fouquier de Mazières, inspecteur des forêts de la couronne (*Bullet.*, 1857, p. 459).

D'autres membres de l'administration des forêts, MM. de La Bégassière et Galmiche, et particulièrement M. Millet, ont été frappés des avantages qui résulteraient pour la chasse de la dispersion du grand Coq de bruyère (*Tetras urogallus*) dans les localités privées de cet excellent et beau gibier. Ils sont parvenus avec beaucoup de précautions, les plus grands soins étant nécessaires pour le transport des œufs, à le répandre dans certains cantons du Jura et des Ardennes où il avait été jusqu'alors inconnu (*Bullet.*, 1857, p. 266).

Parmi les oiseaux de basse-cour, il faut mentionner la Bernache d'Europe.

Les efforts longtemps continués de M. le prince Berthier, duc de Wagram, l'ont mis maintenant en possession complète de cette espèce, et une nouvelle race domestique nous est acquise.

En sera-t-il de même pour l'Autruche (*Struthio camelus*), ce gigantesque oiseau du continent africain? Quelques résultats déjà obtenus, mais incomplets (voyez en particulier une Note de M. Hardy, *Bullet.*, 1857, p. 524), donnent lieu de penser que l'offre généreuse de notre confrère M. Chagot, ne restera pas stérile et que le prix de 2000 francs, dont la Société lui doit la fondation, pourra être décerné à quelque intelligent éducateur. (Voyez pour les conditions de ce prix, *Id.*, 1858, page 45, et plus haut, page xxvii.)

Le Rapport fait cette année par M. le docteur Gosse sur les nombreux documents envoyés de l'Algérie en réponse à son Questionnaire, a, de nouveau, appelé votre attention sur l'utilité des plumes, des œufs et de la chair de cette belle espèce (*Id.*, 1857, p. 334, 391, 482). Sa domestication, d'ailleurs, est d'autant plus désirable que, si elle reste à l'état sauvage, sa disparition ne serait malheureusement pas impossible.

Il convient d'en dire autant du Casoar ou Dromée, originaire de la Nouvelle-Hollande, cette région du monde qui, offrant, comme l'Amérique du Nord, les conditions climatériques les plus analogues aux nôtres, est le mieux située pour nous céder ses animaux et ses plantes. Cet oiseau, de très grande taille, qui devient promptement familier, donnerait, comme le premier, une nouvelle viande de boucherie, et ses œufs volumineux ont une saveur excellente. Ici encore, des essais heureux, dus à la persévérance de M. Florent Prévost, lèvent toute incertitude (*Bullet.*, 1857, p. 571). La reproduction du Casoar a eu lieu sous notre climat, à Paris même, où l'on a pu admirer, pendant des hivers rigoureux, son extrême rusticité. Ce collègue, dès longtemps dévoué au succès de notre cause, a donc

montré tout l'intérêt qui s'attache à de semblables tentatives (1).
Les oiseaux si précieux de l'ordre des Gallinacés ont été également l'objet de votre sollicitude. Vous avez compris que tout d'abord il importait de maintenir dans leur état de pureté primitive les belles races de poules cochinchinoises ou Bramah-Poutrah et autres acclimatées en Europe depuis un plus ou moins grand nombre d'années.

En nous efforçant d'y parvenir, et alors même que nous ne cherchons pas à tirer des pays étrangers des espèces propres à la domestication, nous restons fidèles à cette belle devise *Utilitati*, devise dont Étienne Geoffroy Saint-Hilaire, devançant la réalisation de notre œuvre, avait orné le frontispice de l'un de ses plus importants ouvrages (*Philosophie anatomique* (2).

C'est encore s'y conformer que de s'occuper de la conservation dans nos campagnes des oiseaux insectivores. En présence des ravages toujours plus nombreux que les insectes causent à l'agriculture, on ne saurait trop déplorer l'incroyable ardeur apportée sur tant de points de la France à la destruction de leurs ennemis les plus acharnés. Faire disparaître de nos vergers et de nos champs sous prétexte d'une chasse qui, en réalité, est sans valeur, les oiseaux dont ces innombrables dévastateurs de nos récoltes doivent être la pâture, c'est s'exposer à laisser se tarir quelques-unes des sources les plus abondantes de notre alimentation. Aussi les utiles communications de MM. de Jonquières-Antonelle (*Bullet.*, 1857, p. 79) et

______

(1) Voir, pour les autres essais de M. Florent Prévost (*Bulletin* 1857, page LXIX, à l'occasion de la médaille d'argent, qui lui a été décernée).

(2) La Société sait si bien tout ce que la cause de l'acclimatation doit à Étienne Geoffroy Saint-Hilaire que, à la suite de la lecture d'un Rapport fait au nom du Conseil, par M. Moquin-Tandon, sur une proposition de M. Jomard relative au monument à élever à cet illustre naturaliste, elle a décidé par un vote unanime qu'elle prendrait part à la souscription. (*Bulletin* 1857, page 301 et 273). Elle a été officiellement représentée le 11 octobre, à l'inauguration de la statue à Étampes, par M. Drouyn-de-Lhuys. Beaucoup de membres y ont également assisté, et M. Moquin-Tandon a présenté un Rapport verbal sur la cérémonie (*Idem,* page 553).

Girou de Buzareingues (*Id.*, p. 263) ont-elles vivement excité votre intérêt (1).

Dans votre désir de donner toute l'extension possible aux bienfaits de notre Association et de ne négliger aucun des services que les animaux peuvent rendre à l'homme, vous avez favorablement accueilli l'appel qui vous a été adressé au nom de notre belle colonie de la Martinique par M. de Chasteignier (*Bulletin*, 1857, p. 296 et 407) et par M. le docteur Rufz (*Id.*, 1858, p. 1) dans le Rapport qu'il vous a présenté à cette occasion. Il serait digne, en effet, de notre œuvre de concourir, d'une façon efficace, à l'accomplissement du vœu que forment depuis si longtemps les habitants de cette île de posséder une espèce animale qui, poussée par ses instincts à combattre les serpents, et à s'en nourrir, les délivrât de la Vipère fer-de-lance (*Bothrops lanceolatus*), leur plus redoutable ennemi.

L'histoire saisissante des innombrables accidents que produit la piqûre presque toujours mortelle de ce terrible serpent montre combien il serait urgent de tenter l'introduction à la Martinique soit du Hérisson, comme l'a proposé M. Chavannes (*Bullet.*, 1857, p. 187 et 407), soit plutôt de la Mangouste (*Viverra ichneumon*), ou bien encore de l'oiseau de l'Afrique du Sud connu sous le nom de Secrétaire (*Serpentarius reptilivorus*) ou Messager.

Nous pouvons donc être utiles à nos colonies, mais de combien de produits précieux ne nous doteront-elles pas un jour !

Nous recevrons sans doute de la Guyane le Tapir, que déjà Daubenton signalait comme utile accroissement de nos races

---

(1) Une Commission spéciale doit s'occuper de ce sujet en même temps qu'une Commission choisie dans le sein de la *Société protectrice des animaux*. Elles sont composées en partie, l'une et l'autre, de membres appartenant aux deux Sociétés.

Le *Bulletin de la Société protectrice*, pour 1857, contient d'intéressants travaux sur cette matière dus à nos confrères, MM. V. Chatel, de Jonquières-Antonelle et Florent Prévost ; d'autres membres de cette Société y ont également fait insérer des notes ou mémoires. De toutes ces publications jointes à celles que notre Recueil renferme, il résulte un ensemble de documents importants pour la question dont il s'agit.

porcines, et dont l'introduction, suivant les nouveaux renseignements fournis par M. Bataille, de Cayenne (*Bullet.*, 1857, p. 1), semblerait offrir des chances de succès. Il y a moins de doutes encore sur la possibilité de l'acclimatation en Europe de deux rongeurs alimentaires : l'Agouti et l'Acouchi. Nous devons, du reste, pour tout ce qui concerne les espèces utiles, avoir confiance dans le zèle du Comité d'acclimatation fondé à la Guyane (*Id.*, p. 362) par les soins de M. le Ministre de la marine, qui veut bien comme MM. les Ministres, de l'agriculture, de la guerre et de l'instruction publique, porter à notre œuvre le plus vif intérêt (1).

De même que la France, le Brésil veut s'enrichir d'espèces utiles, et le Dromadaire va être introduit dans les vastes et arides régions sablonneuses de cet empire (2).

Quant à nous, qui le possédons dans notre colonie algérienne, nous savons maintenant le parti que l'industrie peut tirer de sa toison, grâce aux persévérants efforts de M. Davin (*Bullet.*, 1857, p. 253, et 1858, séance du 22 janvier). Après nous avoir déjà montré de remarquables produits obtenus avec la belle race ovine fondée à Mauchamps par M. Graux, notre habile confrère est parvenu à préparer pour le tissage, avec le poil du Dromadaire africain mélangé à celui de la race asiatique, un fil dont on a pu fabriquer une étoffe douce, souple, chaude et légère tout à la fois : c'est une sorte de velours d'une nuance naturelle agréable et d'une valeur qui en permettra facilement l'usage.

(1) M. le Ministre de la marine a transmis un Rapport intéressant de la Chambre d'agriculture des dépendances de la Guadeloupe contenant une nomenclature de plantes et d'animaux dont il serait convenable de tenter l'acclimatation en France ou en Algérie (*Bulletin*, 1857, page 457).

La Société doit beaucoup de reconnaissance à l'un de ses membres, M. Mestro, Conseiller d'État, qui veut bien ne laisser échapper aucune occasion de faire servir aux intérêts de notre œuvre la haute position qu'il occupe au Ministère de la marine, comme directeur des colonies.

(2) La première Section, au nom de laquelle M. Dareste a présenté un savant rapport (*Bulletin* 1857, pages 61, 125 et 189), puis une Commission spéciale (*Idem*, page 593 et 1858, séance du 22 janvier), se sont occupées avec une scrupuleuse attention de cette affaire délicate.

Bientôt, on n'en saurait douter, nous arriverons en France à utiliser également le poil de la Chèvre d'Angora. La grande extension de nos petits troupeaux, dont la concentration sur deux ou trois points bien choisis de nos régions montagneuses aura lieu prochainement, montre que l'acclimatation de cette espèce en France est possible. Néanmoins de grandes précautions seront nécessaires. Aussi, avez-vous entendu avec un vif intérêt les sages observations présentées l'an passé, à pareil jour, par M. de Quatrefages dans la savante Notice qui fut si favorablement accueillie (*Bullet.*, 1857, p. LV). Vous n'avez pas oublié non plus l'important travail de l'ardent et zélé promoteur de cette introduction parmi nous, M. Sacc, dont le nom, déjà célèbre dans la science, à plus d'un titre, se rattache à la plupart de nos travaux (*Bullet.*, 1856, p. 444, 513, 561, et 1857, p. 3, 137 et 227, *Essai sur les chèvres d'Angora*) (1).

Je dois aussi vous rappeler les indications fournies sur ce sujet par M. Bourlier (*Bullet.*, 1857, p. 557 et p. 598). Comme madame la princesse Trivulce de Belgiojoso, qui porte dans l'étude des questions d'histoire naturelle la justesse de son esprit fin et observateur, ainsi que vous l'a prouvé sa Note sur la chèvre d'Angora lue dans une de nos dernières séances (*Id.*, 1858), et comme le savant voyageur, M. de Tchihatchef (*Id.*, 1856, p. 305 et 411), M. Bourlier a parcouru les plateaux élevés et arides de l'Asie Mineure. Il a donc pu étudier cette précieuse race au milieu des conditions climatériques qui lui sont propres (2).

Pour cet utile producteur d'une magnifique laine et pour les Yacks, dont les services multiples vous ont été également signalés par M. de Quatrefages (*Bullet.*, 1857, p. LI), la Société suivra le glorieux exemple que lui a laissé l'illustre Dau-

___

(1) La Société possède maintenant en assez grand nombre une Chèvre excellente laitière, la Chèvre de Nubie, dite aussi Chèvre de la haute Égypte. Elle se reproduit abondamment et donne jusqu'à six litres de lait par jour. Son acclimatation sur notre territoire semble, dès maintenant, être assurée (*Bulletin* 1857, page 16-18, 104 et 355).

(2) Il importe de noter ici qu'il y a lieu d'espérer une double portée de Chèvres, chaque année, la mise-bas se faisant aujourd'hui trois mois plus

benton, lorsqu'à la fin du siècle dernier, il a doté notre pays de la race ovine connue sous le nom de *Mérinos*. Comme cet homme célèbre, elle pourra faire des emprunts à des pays voisins. C'est ainsi que l'Algérie viendra puissamment en aide à l'enrichissement de notre bétail et au perfectionnement de la race chevaline. Nous en avons presque la certitude, maintenant que nous connaissons les études approfondies auxquelles se sont livrés, pendant leur longue et fructueuse tournée d'exploration, MM. Richard (du Cantal) et Albert Geoffroy Saint-Hilaire. Ils nous ont présenté, au retour de leur voyage, de lumineux rapports (*Bullet.*, 1857, p. 303, 365 et 413), où vous avez pu apprécier toute l'étendue du savoir de notre honorable vice-président, si versé dans l'étude des questions délicates et difficiles de la production animale, et la justesse, ainsi que la précision de l'esprit observateur de notre jeune confrère.

Si nous y cherchons ce qui se rapporte aux haras d'Afrique, nous y voyons que deux illustres membres de notre Société, M. le maréchal Vaillant et M. le maréchal Randon, ont admirablement compris et appliqué les moyens raisonnés de multiplier et de perfectionner le cheval de guerre dans notre colonie. Ils ont fondé des dépôts d'étalons bien choisis dans la race indigène, qui est la race barbe, et avec le concours intelligent et dévoué de notre confrère M. le colonel Vallot, directeur des établissements hippiques de l'Algérie, cette province arrivera a fournir à nos éleveurs des reproducteurs excellents et des chevaux d'escadron pour nos remontes. Dans les distributions de primes, données chaque année aux poulains de deux ans, il y a lieu de les accorder à de nombreux sujets d'élite doués

tôt qu'à l'époque de l'arrivée de notre premier petit troupeau (*Bulletin*, 1857, page 181). De plus, une lettre récente de M. Sacc annonce que l'on offre maintenant onze francs du kilogramme de laine provenant d'individus indigènes, tandis qu'on ne paye que six francs celle des parents nés en Asie Mineure. Cette augmentation de prix tient à ce que la toison a doublé de poids et de finesse. Grâce aux efforts persévérants de M. H. Schlumberger, nous arriverons à filer et à tisser cette laine avec autant de succès que l'Angleterre.

des caractères zoologiques de race. On acquiert donc ainsi la preuve des soins apportés par l'administration militaire pour éviter des mélanges qui pourraient altérer la pureté de l'une des plus précieuses races de chevaux de guerre. Par leurs savants travaux, nos honorables collègues, MM. les généraux Daumas (*Bullet.*, 1856, p. 461, ainsi que des publications spéciales) et Morris ont contribué à faire connaître ces animaux. Ce qu'ils en ont dit comme types de chevaux de cavalerie est confirmé par les faits observés à l'armée d'Afrique. Dans la grande lutte dont l'Orient a été le théâtre, il y a peu de temps encore, on a pu voir que les chevaux de l'ancienne cavalerie numide sont toujours dignes de la réputation qu'ils ont eue il y a vingt siècles (1).

M. le ministre de la guerre et M. le gouverneur général de l'Algérie ne se sont pas bornés au perfectionnement du cheval barbe, celui de l'espèce ovine de ces contrées les occupe également. Notre confrère, M. Bernis, vétérinaire principal de l'armée, est venu faire en France des acquisitions de Mérinos, et les études poursuivies par les ordres du gouvernement sur l'acclimatation de ces animaux prouvent toute sa sollicitude pour les progrès de la production des laines que la colonie doit donner à notre commerce et à notre industrie.

Tels sont, Messieurs, les principaux faits dont j'ai cru nécessaire de vous entretenir dans cet exposé de nos études. D'autres questions encore ont occupé votre attention, mais je dois m'arrêter. Il est cependant indispensable de vous rappeler que M. le docteur Aubé, dans une étude sur la propagation des espèces animales, a insisté devant vous, avec raison, sur les inconvénients de la consanguinité (*Bullet.*, 1857, p. 509); que M. Dutrône vous a fait connaître les heureux résultats qu'il a enfin obtenus après de longues tentatives, en instituant une race bovine sans cornes avec la conservation intacte des caractères de la belle et bonne race cotentine (*Bullet.*, 1857, p. 258 et le *Rapport* fait par M. Leblanc au nom d'une Commission

______

(1) MM. les généraux Jusuf et Maissiat portent, ainsi que M. Bernis, le plus vif intérêt au perfectionnement de la race chevaline de l'Algérie.

spéciale, p. 598); de plus, que M. Davelouis, dans un savant travail zoologique sur le Buffle, a montré quels avantages présenteraient pour l'acclimatation plusieurs espèces de ce genre important (*Id.*, p. 461 et 519).

Enfin, réjouissons-nous de l'heureuse issue des nouvelles démarches de M. Huet, Consul général et Chargé d'affaires au Pérou. Le gouvernement de Lima, voulant donner une preuve de sa déférence envers celui de S. M. l'Empereur, et prenant en considération l'objet que la Société se propose, a levé une prohibition inscrite dans une loi de l'État. Grâce à cet acte de générosité, nous pourrons posséder douze Alpacas et douze Lamas, animaux d'un prix inestimable pour l'industrie des laines (*Bullet.*, 1857, p. 498 et 460). Nous prions M. le ministre des affaires étrangères et son honorable prédécesseur qui occupe un des fauteuils de la vice-présidence (1), d'agréer l'expression de notre vive gratitude pour le témoignage de bienveillant intérêt dont ils ont donné une preuve si manifeste à notre institution en poursuivant cette affaire importante (2).

Avant que je termine ce Rapport, vous voudrez certainement, Messieurs, vous joindre à moi pour payer un tribut d'hommages et de regrets à la mémoire des collègues dont la mort nous a séparés.

Jamais encore des vides aussi nombreux ne s'étaient produits parmi nous dans l'espace d'une année.

Nous avons vu succomber, cet hiver, l'un des fondateurs de notre œuvre, M. Saulnier, depuis longtemps éloigné de nos travaux par la maladie, mais que ses persévérants et heureux efforts pour l'acclimatation de différents oiseaux utiles et d'ornement avaient placé parmi nos lauréats de l'année dernière. Cette perte récente et si regrettable a été bientôt suivie de celles

(1) On trouve au *Bulletin*, 1857, page 498, l'indication de la part que M. Drouyn de Lhuys a prise à ces négociations.

(2) Une Commission composée de MM. Richard (du Cantal) président, le marquis Amelot, Davin, le comte d'Éprémesnil, Fréd. Jacquemart, le baron de Pontalba, le marquis de Séguier, le marquis de Selve, le comte de Sinéty et le baron de Tocqueville, a été chargée d'étudier les moyens de profiter de l'autorisation accordée par le gouvernement péruvien (*Bulletin*, 1857, page 540).

du brave général Leboul, de M. Pécoul, ancien représentant de la Martinique, fondateur et président de la Société d'agriculture de cette île, d'un très habile et très honorable industriel, M. Jacques Javal père, membre du Conseil général de l'agriculture, du commerce et des travaux publics, et enfin, du vénérable M. de Rainneville qui, mù par les sentiments de la plus haute philanthropie, avait créé la colonie du Petit Mettray.

Dès le commencement de cette session, nous avons été privés du concours de l'un de nos collègues les plus dévoués, M. le baron de Montgaudry, petit-neveu de Buffon.

Au nombre des anciens membres que nous avions eu le bonheur de compter parmi nous, presque dès l'origine de la Société, je dois rappeler M. le vicomte de Curzay, M. Guénin et M. de Jonquoy membre du conseil général du Calvados.

Le corps médical, qui nous a donné tant de confrères distingués, a été frappé à Saint-Remy près Montbard, à Laon et à Paris où pratiquaient M. le docteur Carre, M. le docteur Chambert chirurgien en chef des hospices, un éminent inspecteur général du service de santé des armées, M. le docteur Baudens, et M. le docteur Gustave Richard, fils et petit-fils d'illustres botanistes. Mort avant l'âge, il avait fait partie de l'expédition à la recherche des sources du Nil dirigée par un autre de nos confrères, M. le comte d'Escayrac de Lauture.

Nous avons perdu, en outre, MM. Delaronde, Jars, Manès, de Saulty et un ancien membre du Corps législatif, M. Guyet-Desfontaines.

Cette liste, déjà si longue, n'est malheureusement pas épuisée. Je dois vous rappeler encore deux illustres doyens de l'Institut, M. Dureau de la Malle, fils du traducteur de Tacite et non moins célèbre lui-même par la variété de son immense érudition et par les applications heureuses qu'il en avait faites à l'étude des sciences naturelles ; puis M. le baron Thenard dont le nom ne rappelle pas seulement de nombreux et importants travaux de chimie, mais un des hommes les plus généreux. Profondément attristé vers la fin de sa longue et brillante carrière de malheurs qui ne l'avaient jamais trouvé insensible, il a fondé l'Association des amis des sciences, qu'il a richement dotée, voulant ainsi, par le concours de tant d'hommes voués aux études scientifiques, assurer un appui aux travailleurs atteints par l'infortune (1).

Enfin, pour achever cette triste énumération, il me reste à rappeler à vos souvenirs trois autres de nos collègues qui étaient membres correspondants de l'Académie des sciences : M. le baron d'Hombres-Firmas, agriculteur et météorologiste habile ; un zoologiste hollandais, M. de Temminck, protecteur généreux et éclairé des sciences naturelles ; et S. A. Mgr le prince Charles Bonaparte qu'il ne m'appartient pas de louer ici, mais dont je puis du moins signaler les beaux travaux de zoologie, aussi remarquables par leur précision que par leur variété et leur nombre. Une mort prématurée est venue les interrompre avant que nous ayons pu voir s'achever le magnifique et savant ouvrage qu'il consacrait à l'histoire naturelle des Oiseaux (2).

(1) La Société s'est empressée de prendre part à la souscription ouverte par la *Société de secours des amis des sciences*, pour répondre à l'appel chaleureux que le vénérable fondateur de cette œuvre utile lui avait adressé très peu de temps avant sa mort, par une lettre dont un extrait est inséré au *Bulletin*, 1857, p. 300. (Voyez en outre, p. 299.)

(2) On trouve un témoignage flatteur de l'intérêt que le prince portait aux travaux de la Société dans ce fait que pendant la maladie qui l'a enlevé à la Science, il avait préparé pour notre Recueil une notice sur tous les animaux acclimatés en Europe (*Bulletin* 1857, page 454).

ACCLIMATATION DE L'IGNAME PATATE

Par M. MOQUIN-TANDON,

Membre du Conseil d'administration.

***

Monseigneur, Messieurs,

Tout le monde connaît la *Pomme de terre* (1), la *Patate* (2) et le *Topinambour* (3), la *Pomme de terre* surtout, l'une des plus saines, des plus abondantes, des plus utiles productions du règne végétal. C'est un riche tribut qui nous a été payé par l'Amérique (le pays des mines d'or!) et « presque le seul qu'il n'a pas fallu arracher à ses habitants le fer et le feu à la main » (4); admirable conquête, à la fois paisible, durable et féconde, qui diminue nos chances de disette, varie nos éléments de nourriture et répand ses bienfaits jusque sur les animaux acclimatés autour de nous !

Le genre *Morelle* ou *Solanum*, dont la *Pomme de terre* fait partie, présente aujourd'hui 581 espèces suffisamment caractérisées et 69 imparfaitement connues : en tout 920 espèces, sans compter les variétés !... Dans ce nombre, d'après le professeur Dunal, il n'en est guère que cinq ou six qui puissent donner des tubercules ; et, parmi ces dernières, nous n'en cultivons, en Europe, qu'une seule, c'est la *Pomme de terre commune* ou *Morelle tubéreuse*, ou *Solanum tuberosum* (5).

A diverses époques, on a cherché en dehors des *Morelles*,

(1) *Solanum tuberosum* Linn.

(2) *Batatas edulis* Choisy (*Convolvulus Batatas* Linn.).

(3) *Helianthus tuberosus* Linn.

(4) Poiret, *Histoire philosophique des plantes de l'Europe*, t. V, p. 10.

(5) On a essayé, il y a quelques années, de naturaliser en France une autre espèce de ce genre, le *Solanum verrucosum* Schlecht., qui croît dans les forêts du Mexique. Un colon de cette dernière contrée, originaire du pays de Gex, en envoya des tubercules à un de ses parents, domicilié à Fénières, petit village du Jura. On les cultiva, pendant trois ans de suite, et ils se développèrent *sans maladie*, quoique toutes les *Pommes de terre* ordinaires fussent attaquées dans la commune. Ces tubercules sont petits, nombreux et d'un goût excellent, mais peu farineux. Ils mûrissent tard, au moins dans le Jura. Les baies de cette espèce ne sont pas *verruqueuses*, comme on pour-

et de leur famille (les *Solanées*), dans les tubercules, rhizomes ou racines, de différentes plantes, des succédanés ou des auxiliaires du *Solanum tuberosum*. On a proposé tour à tour des *Aroïdées* (1), des *Oxalidées* (2), des *Basellacées* (3), des *Lé-*

rait le croire d'après son nom (très mal choisi), mais couvertes de petits points blancs (DC., *Prodr.*, t. XIII, 1, p. 32 et 677).

En 1852, M. Alphonse de Candolle voulut bien m'adresser à Toulouse une trentaine de tubercules de *Solanum verrucosum*. Les plus gros avaient 35 millimètres de grand diamètre, et les plus petits seulement 20. Je les distribuai à plusieurs amateurs de la Haute-Garonne. Ils réussirent assez bien, mais ne prirent pas beaucoup de volume.

J'avais gardé cinq de ces tubercules pour le Jardin des Plantes de Toulouse. Je les plantai dans une plate-bande. Voici le résultat de mon expérience. Ces tubercules produisirent 5 pieds médiocrement vigoureux. Arrachés le 21 octobre suivant, ces pieds donnèrent : le n° 1, dix petits tubercules et quatre gros (c'est-à-dire du volume d'un abricot moyen); le n° 2, quatre moyens et un très gros (comme un abricot de forte taille) ; le n° 3, un petit et un gros ; le n° 4, cinq très petits ; et le n° 5, huit petits, deux moyens et trois gros : en tout, 24 petits, 6 moyens et 9 gros (39 tubercules).

La même année, un de mes parents, M. Jules Gleizes, planta un tubercule de *Solanum verrucosum*, assez petit (de 25 millimètres environ de grand diamètre), à Lavelanet (Haute-Garonne), dans un jardin potager, à l'ombre, sous un pêcher, près d'un *Solanum tuberosum*. Ce tubercule produisit un pied vigoureux, qui fleurit le 1ᵉʳ juillet. On l'arracha le 9 août (peut-être un peu trop tôt). Il donna 19 tubercules, savoir : neuf de 12 à 20 millimètres de diamètre, quatre de 20 à 25 et six de 30 à 35. Ces 19 tubercules pesaient ensemble un peu plus d'un hectogramme ; ils étaient lisses, rougeâtres et d'un tissu très serré. Les paysans trouvèrent ces *Pommes de terre* de bonne qualité. Elles n'offraient aucune trace de maladie, quoique le pied de *Solanum tuberosum*, situé dans le voisinage, fût attaqué. La plante porta un fruit (voyez Alph. DC., *Revue horticole*, 1ᵉʳ juin 1852, p. 211, et mars 1853, p. 101. — *Géographie botanique*, t. II, p. 815).

Depuis 1853, le jardin de la Faculté de médecine de Paris possède le *Solanum verrucosum*. Ses tubercules n'ont pas beaucoup grossi ; ils résistent parfaitement à la gelée (voyez Pargues, *Revue horticole*, 1854, p. 182, et Decaisne, *loc. cit.*, p. 184).

(1) L'*Arum esculentum* Forst., le *Caladium esculentum* Willd. (*Arum esculentum* Linn.), le *Colocasia antiquorum* Schott. (*Arum Colocasia* Linn.), le *Tacca pinnatifida* Forst.

(2) Les *Oxalis crenata* Jacq., *tuberosa* Sav., *Deppei* Lodd. (*O. tetraphylla* Link et Otto, non Cav.).

(3) L'*Ullucus tuberosus* Lozano (*Melloca Peruviana* Moq.), le *Boussingaultia baselloides* Kunth.

gumineuses (1). On a préconisé une *Tropéolée* (2), une *Nym-phéacée* (3), plusieurs *Ombellifères* (4)... Mais, hélas ! il faut le dire, malgré les conseils des botanistes, les efforts des culti-vateurs et... les promesses des journaux, toutes ces nouvelles tentatives, fort louables sans doute, n'ont pas répondu aux espérances dont on s'était bercé, et n'ont presque servi, en définitive, qu'à faire ressortir de plus en plus les immenses avantages de la précieuse *Solanée.*

Cependant, parmi les plantes alimentaires récemment accli-matées, il en est une qui mérite de fixer particulièrement votre attention. Je veux parler de l'*Igname de la Chine.*

En 1846, le vice-amiral Cécille, que nous sommes heureux de compter parmi nos membres honoraires, rapporta de son voyage dans les Indes une racine tubéreuse allongée, qu'il remit à M. de Mirbel, professeur au Muséum d'histoire natu-relle. Cette racine donna naissance à une plante qui fut con-servée en pot et en serre, sans offrir rien de remarquable jusqu'en 1850.

Au mois d'avril de cette dernière année, notre infatigable confrère M. de Montigny, consul de France à Chang-haï, adressa au ministre de l'agriculture et du commerce un cer-tain nombre de renflements radiciformes, très estimés en Chine et dans le royaume de Siam (5). Plusieurs de ces ren-flements furent confiés au Muséum d'histoire naturelle (6) ; ils étaient malheureusement fermentés et altérés. Cependant, malgré ces conditions défavorables (7), on réussit parfaite-

(1) L'*Apios tuberosa* Mœnch (*Glycine apios* Linn.), le *Psoralea esculenta* Pursh.

(2) Le *Tropæolum tuberosum* Ruiz et Pav.

(3) Le *Nelumbium luteum* Willd.

(4) Le *Carum bulbocastanum* Koch (*Bunium bulbocastanum* Linn.), le *Conopodium denudatum* DC., le *Chœrophyllum bulbosum* Willd., l'*Arra-cacha esculenta* Bancroft.

(5) Ils étaient longs de 25 à 30 centimètres et larges de 3 ou 4.

(6) Les autres furent remis au potager de Versailles et à M. Vilmorin.

(7) M. Duchartre a publié, tout récemment, dans le *Bulletin de la So-ciété botanique de France* (t. IV, p. 700), une Note très intéressante sur la vitalité remarquable des parties souterraines de cette même plante. J'ai fait des observations analogues sur une espèce voisine.

ment dans leur culture. Il est vrai qu'ils se trouvaient en bonnes mains ! On découvrit qu'ils appartenaient au genre *Igname* (1) ou *Dioscorea.* On eut d'abord l'idée de les rapporter au *Dioscorea Japonica* de Thunberg ; mais M. Decaisne fit voir, dans un excellent mémoire, qu'ils devaient constituer une nouvelle espèce, qu'il désigna sous le nom d'*Igname Patate (Dioscorea Batatas* (2). Il reconnut en même temps leur identité avec la racine tubéreuse communiquée par le vice-amiral Cécille.

Convaincu des avantages de la nouvelle *Igname* (3) et

(1) Les botanistes ne désignent, sous le nom d'*Igname*, que les *Dioscorées* du genre *Dioscorea.* Il paraît que, dans les Indes, en Afrique et en Amérique, on applique souvent ce même nom à des renflements souterrains gorgés de fécule, de nature différente et produits par des plantes très diverses. Parmi les *Ignames* reçues dans ces derniers temps par la Société d'acclimatation, nous avons vu des *Aroïdées (Caladium, Arum),* des *Convolvulacées (Batatas, Convolvulus)* et même des *Composées (Helianthus).* On appelle aussi *Igname indigène,* le *Tame* ou *Sceau de Notre-Dame (Tamus communis* Linn.) que l'on rencontre fréquemment sur la lisière de nos forêts, et qui appartient à la même famille que les *Dioscorea* ou vraies *Ignames.*

(2) Les Chinois l'appellent *Saïn-in* suivant M. de Montigny et *Saya* selon quelques voyageurs. Dans les livres chinois, elle porte les noms de *Chou-yu, Tschou-yu, Tou-tchou, Chan-yo, Chan-yu* (Stanislas Julien). M. Jomard a proposé de la nommer *Dioscorée de Montigny.*

(3) Le mot *Igname* est-il masculin ou féminin ? Beaucoup de personnes, même des botanistes distingués, le font du premier genre. Cette opinion a été généralement adoptée dans notre Bulletin.

Le mot français *Igname* vient du mot indien *Inhame* ou *Yam,* lequel est d'origine africaine suivant Hughes (*Hist. nat. Barb.*, p. 226). *Yam* signifie *manger,* dans les idiomes de plusieurs des nègres de la côte de Guinée. Il est vrai que deux voyageurs plus rapprochés de la découverte de l'Amérique, cités par M. de Humboldt (*Nouv. Esp.*, 2ᵉ édit., t. II, p. 468), auraient entendu prononcer le nom d'*Igname* sur le continent américain ; ce sont Vespucci, sur la côte de Paria, en 1497, et Cabral, au Brésil, en 1500 (Alph. de Candolle, *Géographie botanique,* t. II, p. 820). Quoi qu'il en soit, Burmann, dans son *Thesaurus Zeylanicus* (p. 206, 1737), désigne le *Dioscorea alata* de Linné sous les noms de *Rizophora Indica, sive Inhame rubra.* On trouve encore, dans plusieurs anciens botanistes, l'*Inhame Malabarica,* l'*Inhame Javanica,* l'*Inhame Curassavica,* l'*Inhame Maderaspatana.....,* *Inhame* est donc du genre féminin !

D'un autre côté, Lamarck regarde, comme du même genre, le mot fran-

voulant activer autant que possible son acclimatation et sa multiplication, M. de Montigny vous a fait plusieurs envois considérables de racines et de bulbilles (1). En 1855, il vous a expédié, pour être distribués gratuitement, 143 litres (2) de ces espèces de bourgeons, lesquels, d'après un calcul approximatif, devaient atteindre le chiffre énorme de cent soixante mille (3) ! Vous avez tous applaudi aux efforts généreux et bien entendus de notre éminent confrère.

Je ne m'arrêterai pas à vous décrire la *Dioscorée chinoise*. Je vous rappellerai seulement qu'elle donne des *racines* (4) allongées, en forme de massue, à tissu charnu, compacte, friable, féculent, d'un blanc à peu près opalin et pénétré d'une humeur un peu laiteuse et mucilagineuse (5). Sa surface, d'un brun fauve, offre des radicelles plus ou moins courtes et des yeux analogues à ceux de la *Patate*. Ses racines s'enfoncent perpendiculairement jusqu'à 1 mètre et plus de profondeur. Chaque pied peut en donner cinq ou six, bien qu'il n'en produise souvent que deux ou trois.

L'*Igname Patate* (6) doit être regardée comme une excel-

çais *Igname* (*Dict. encyl.*, t. III, p. 230, 1789). Il en est de même d'Achille Richard, dans le *Dictionnaire classique d'histoire naturelle* (t. VIII, p. 514, 1825). C'est enfin le sentiment du *Dictionnaire de l'Académie française* (sixième édition, t. II, p. 3, 1835).

(1) Ce sont des bourgeons à axe court et à feuilles charnues, de la grosseur d'un pois, que la plante produit à l'aisselle des feuilles, pendant sa première période de végétation. M. Germain de Saint-Pierre les appelle *Faux bulbilles*. Dans ces derniers temps, la culture a obtenu des bulbilles presque aussi gros que des noix (Rémont, Chatin).

(2) 120 litres d'une variété, environ 15 d'une seconde et à peu près 8 d'une troisième.

(3) En 1856, M. de Montigny nous a adressé de Bangkok (Siam) deux caisses de racines. En 1857, il nous a expédié deux autres caisses.

(4) On désigne, assez généralement, les renflements souterrains de cette plante, tantôt sous le nom de *Tubercules*, tantôt sous celui de *Rhizomes*. MM. Duchartre et Germain de Saint-Pierre ont fait voir que c'étaient de véritables *Racines*, pivotantes, renflées, gorgées de fécule et d'une forme particulière.

(5) Cette humeur est un peu âcre ; elle disparaît entièrement par la cuisson.

(6) On ne doit pas adopter, relativement aux avantages du *Dioscorea*

lente acquisition. Crue, cette racine présente un goût qui n'est pas désagréable et qui semble rappeler celui de la noisette. Cuite, elle est grasse, succulente, moelleuse, fondante, moins fine que la *Patate*, mais un peu plus que la *Pomme de terre*. Elle n'a rien d'amer, ni d'herbacé, ni de sucré.

Notre confrère M. Chevet, juge si compétent, a déclaré qu'elle pouvait être employée comme pâte dans les potages de luxe, comme garniture dans certains ragoûts de viande et comme base dans plusieurs entremets sucrés (il a persuadé facilement vos commissions en procédant par voie d'expérience). Mais ce qui est bien plus important encore, c'est que la nouvelle racine peut entrer dans la cuisine économique et venir en aide aux pauvres comme aux riches. M. Chevet fait remarquer que sa cuisson s'obtient en quelques minutes, à l'eau sel, au four ou sous la cendre.

N'oublions pas d'ajouter que sa substance est nourrissante (1) et d'une facile digestion, et que les animaux domestiques la mangent avec plaisir et profit, fraîche ou desséchée, crue ou cuite, jeune ou vieille.

On ne peut pas dire que l'*Igname* soit meilleure que la *Pomme de terre*, elle est autre ; elle ne la remplace pas, elle s'y ajoute ; mais son système souterrain acquiert plus de volume, et il jouit, du moins jusqu'à présent, d'une santé irréprochable.

Sa constitution robuste s'accommode de nos divers climats et de nos différents terrains ; elle résiste à nos hivers du nord mieux que la *Pomme de terre*, mais bien moins peut-être que le *Topinambour* (2).

Batatas, les exagérations de quelques amateurs un peu trop enthousiastes ; mais il ne faut pas dire, non plus, avec un horticulteur distingué, « que c'est un simple légume *d'agrément*, dont la culture n'est possible que dans un jardin. » Les plantations de M. Rémont, de Versailles, dont je parle plus loin, réfutent victorieusement cette assertion, à laquelle, du reste, les grandes cultures des Chinois avaient déjà répondu.

(1) Elle est moins farineuse que la *Pomme de terre*, du moins jusqu'à présent. Elle ne contient que 16 pour 100 de fécule, tandis que cette dernière en donne 20. M. Frémy assure que l'*Igname* renferme un *principe azoté* qui doit la rendre plus nutritive que la *Pomme de terre*.

(2) Quelques observations semblaient établir que notre plante pourrait

On peut multiplier l'*Igname* par tronçons de racines, par fragments de tiges, par bulbilles et même par semis. Les colons chinois ne réservent pour planter que la partie supérieure et amincie du renflement souterrain ; ils livrent tout le reste à la consommation.

Les premiers succès relatifs à la nouvelle plante sont dus à M. Pépin, jardinier en chef du Muséum d'histoire naturelle, qui s'est livré à sa culture sous la direction de M. Decaisne, professeur dans cet établissement. En 1852 et 1853, M. Pépin a mis, sous les yeux de la Société impériale et centrale d'horticulture, des *Ignames* qui atteignaient jusqu'à 1 mètre de longueur et qui pesaient jusqu'à 1 kilogramme et demi. En 1855, M. Decaisne a présenté à l'Académie des sciences une racine encore plus grosse et plus pesante (1).

Notre confrère M. Paillet, dont vous connaissez l'ardeur intelligente, entreprit de son côté la culture en grand de la *Dioscorée chinoise.* Déjà en 1854, on voyait chez lui plusieurs milliers de pieds qui semblaient promettre à notre plante, et dans un avenir prochain, le droit de nationalité avec tous ses avantages.

En même temps, M. Vilmorin, à Verrières, et M. Hardy, en Algérie, essayaient divers terrains, combinaient d'ingénieux procédés et obtenaient de beaux produits qui, plusieurs fois, ont fixé votre attention et mérité toujours vos éloges (2).

résister aux hivers les plus rigoureux (Duchartre). On a vu, en effet, des racines supporter, à Paris, jusqu'à 14° de froid (Pépin), et, à Nancy, jusqu'à 15° (Godron), sans souffrir la moindre altération. Des expériences plus récentes paraissent établir qu'elle gèle quelquefois (*Revue hort.*, t. V, p. 172, 1855).

(1) Certaines espèces de *Dioscorea* ont des racines qui peuvent acquérir des dimensions extraordinaires. M. Buyn, Résident de Bantam, a montré à la Société de Physique de Batavia, une racine de *Dioscorea spiculata*, qui ne pesait pas moins de 70 kilogrammes ! L'*Igname géante* (*Inhame gigante*), qui nous a été envoyée, en 1856, de Rio-Janeiro, par M. Praxedes Pacheco, était un énorme Rhizome d'*Aroïdée* (long de 2 mètres 51 centimètres), appartenant au *Caladium esculentum*. Il pesait 86 kilogrammes (voyez la note 16).

(2) L'*Igname Patate* offre des sexes séparés portés par des pieds distincts (*unisexuée-dioïque*). Jusqu'en 1856, nous n'avons élevé, en France,

Mais c'est surtout à notre confrère M. Rémont, habile pépiniériste à Versailles, que nous devons les plantations les plus
étendues, les efforts les plus persévérants et les résultats les
plus heureux. M. Rémont a commencé la culture du *Dioscorea
Batatas*, en 1853, avec un seul fragment de racine assez petit.
En 1854, il avait 10 000 plants, et en 1855, 85 000. En 1856,
vous estimiez à 3 millions le nombre des pieds qui couvraient
ses champs d'expériences, et notre confrère en possédait à peu
près autant dans la Drôme et dans les Landes. On pouvait évaluer la récolte de ses bulbilles, pour la fin de 1857, à 10 millions d'individus. Calculez maintenant ce que ces bulbilles ont
dû fournir en 1857 (1) !

Il serait trop long de vous rappeler les noms de tous ceux de
nos zélés confrères qui se sont occupés avec empressement et
réussite, en France (2) ou à l'étranger, de la culture de
l'*Igname*. Les conseils les plus éclairés, hâtons-nous de le
reconnaître, avaient dirigé nos expérimentateurs. Après
MM. Decaisne, Pépin, Vilmorin et Paillet, qui leur avaient
donné les premières instructions, étaient arrivées les observations ou les notices de MM. Richard (du Cantal), de Montgaudry, Robert, Hardy, Hérincq, Duchartre, Germain de Saint-
Pierre, Carrière, de Lacoste.....

Il est peu d'exemples, dans l'histoire des cultures, d'un vé-

que des pieds mâles. Notre confrère, M. Hardy, nous a fait connaître l'autre
sexe; il en a même retiré des graines fécondes qu'il s'est empressé de nous
communiquer. En 1857, M. Année est arrivé, à Paris, au même résultat.
On nous assure que d'autres cultivateurs ont vu aussi fructifier chez eux
des pieds d'*Igname* femelle.

(1) En 1857, M. Rémont a bien voulu nous donner, pour nos distributions, 500 racines et 3,500 bulbilles.

(2) Nous nous bornerons à citer, à Paris, ou autour de Paris, MM. Aubé,
Blacque père, Bossin et Louesse, Dupuis, Fouchez (chez le prince de Beau-
veau), Gernelle (sous la direction du professeur Chatin), Jacquemart, Jo-
mard, Lhomme, etc., et, dans les départements, MM. Agron de Germigny,
Alexandre, Barbière, Braguier, Brierre, Darblay aîné et jeune, Godron,
Guyet-Desfontaines, de Lacoste, Lemaire, Le Prestre, Leseble, madame veuve
Panckoucke, MM. Paris, de Rainneville, Richard (David), Sacc, Teyssier des
Farges, Theillier Desjardins, A. d'Eicthal, Lemonnier, le docteur Michon,
Turrel, le comte d'Ussel, Vandercolme, le marquis de Vibraye, etc.

gétal multiplié et répandu avec autant de rapidité et de succès!
Sans doute l'*Igname Patate* a rencontré et rencontre encore
quelques esprits mal disposés ou prévenus ; mais quelle différence entre la légère opposition qu'on lui a faite et la répulsion
à peu près générale qui accueillit jadis la *Pomme de terre*, la
protégée de Parmentier ! Les uns lui reprochaient de ne pas
nourrir, de fatiguer l'estomac, de contenir un principe
vénéneux, voire même de *propager la lèpre* (1) ! D'autres la
croyaient bonne tout au plus..... pour nos pachydermes les
moins délicats ! Voltaire la regardait comme un *colifichet de
la nature !!...* Cependant le précieux tubercule s'est répandu dans toutes les contrées (2), a pénétré dans toutes les
sociétés, a été honoré sur toutes les tables. Et nous avons été
témoins naguère des justes alarmes qu'avait fait naître son état
maladif, considéré avec raison comme un malheur public !
Bénissons la Providence ! avant que les *intérioristes* et les *exté-
rioristes* (passez-moi ces mots barbares) se fussent mis d'accord
sur la nature de l'altération et sur le genre de remède, le fléau
s'est ralenti tout seul et tout à coup (3)..... et l'*Igname* a été
acclimatée !

Dans ce moment, la *Dioscorée de Chine* est acquise à la
petite et à la moyenne culture. Faisons des vœux pour qu'elle
arrive dans la grande !...

D'après les résultats obtenus en Algérie par M. Hardy,
cette précieuse racine pourrait donner de 34 à 35 000 kilogrammes par hectare (4). M. Vilmorin en promet de 42

(1) Un arrêt du parlement de Franche-Comté, daté de 1630, défend la
culture de la *Pomme de terre* « attendu que c'est une substance *pernicieuse*
et que son usage *peut donner la lèpre.* »
La culture de ce tubercule a aussi été défendue en Bourgogne.
Les efforts continus de Parmentier ont surmonté tous les obstacles et détruit toutes les préventions. L'illustre philanthrope fut puissamment secondé
par Cadet de Vaux, Mustel, Turgot et Louis XVI.
(2) Sa culture occupe aujourd'hui, en France seulement, une étendue de
921 973 hectares ou 466 lieues carrées moyennes. La production totale,
dans notre pays, est estimée à 96 233 985 hectolitres, qui représentent une
somme de 202,105,866 francs.
(3) Il a entièrement disparu dans certaines localités.
(4) On sait qu'un hectare produit, terme moyen, 25000 kilogrammes de

à 45 000 ; M. Decaisne en assure jusqu'à 60 000 (1).

M. Rémont nous écrivait tout récemment : « L'*Igname de la Chine*, il y a quelques années à peine, était rare comme le diamant. En 1854, on l'achetait encore, pour ainsi dire, au poids de l'or ; en 1855, sa valeur est descendue au prix de l'argent ; en 1856, à celui du cuivre ; en 1857, à celui du fer. Aujourd'hui, les 100 kilogrammes se vendent en gros 8 ou 10 francs ! »

Mais rien n'est parfait dans ce bas monde ! les racines de la *Dioscorée chinoise* deviennent très longues, trop longues, et s'enfoncent verticalement... Tout au contraire de nos racines fusiformes, elles sont dilatées en bas et retrécies en haut. D'où il résulte une grande, une très grande difficulté dans l'arrachage.

Voilà le principal reproche adressé à la nouvelle plante ; et, nous en convenons, c'est un reproche mérité. Cependant ces obstacles n'empêchent pas les Chinois de la cultiver sur une grande échelle !... Pourquoi décourageraient-ils nos agronomes ? Les cultivateurs de l'Europe seraient-ils moins éclairés et moins actifs que les colons du Céleste Empire ? craindraient-ils, en suivant leur exemple, d'aller trop loin dans le progrès ?

L'arrachage de l'*Igname* oblige de remuer profondément le sol. Or la défonce des terres est, comme on sait, un des plus puissants et des meilleurs agents de la culture !

D'ailleurs on peut planter l'*Igname* en longues lignes parallèles, sur des tertres élevés, séparés par des fossés artificiels.

On nous assure que les racines de la *Dioscorée Patate* serpen-

Pommes de terre, qui contiennent en substance alimentaire 8000 kilogrammes, et en fécule sèche 6000 kilogrammes, desquels on pourrait retirer 3000 litres d'alcool à 22 degrés. Le marc peut être employé à la nourriture des animaux.

(1) M. Dupuis croit que la moyenne serait seulement de 30 000.

M. Rémont pense que le rendement est très variable ; il dépend de la nature du terrain, et des soins donnés aux plantations. Sur des détritus de végétaux (particulièrement de feuilles), en culture petite et très soignée, notre habile confrère a obtenu 63 000 kilogrammes ; en culture moyenne, mais très soignée aussi, il n'en a eu que 45 000 ; en grande culture, avec des soins très ordinaires, il n'est arrivé qu'à 34 000 ; enfin, dans des conditions inférieures de qualité de sol et de culture, il est descendu à 18 000 : moyenne, 40,000 kilogrammes.

tent quelquefois obliquement à 15 ou 20 centimètres seulement au-dessous du sol (Pépin). Pourquoi n'essayerait-on pas d'obtenir une race qui offrirait d'une manière permanente cette autre direction du système souterrain? Pourquoi l'industrie ne produirait-elle pas quelque variété à racines plus larges et plus courtes, et par conséquent moins enfoncées?

Déjà nous avons vu deux échantillons en partie transformés Le premier devait au hasard sa modification; il s'était aplati contre un sous-sol caillouteux et résistant. Le second s'était développé dans le jardin d'un cultivateur habile, qui avait glissé une plaque d'ardoise à une certaine profondeur, et forcé l'extrémité radiculaire à revêtir une autre forme et à prendre une autre direction (1). Mais c'est plutôt par des semis successifs et par des choix intelligents, qu'on obtiendra le raccourcissement si désiré. Malheureusement l'*Igname* est encore trop jeune d'acclimatation, pour qu'on ait eu le temps indispensable à ces essais d'expériences.

L'industrie opère chaque jour des transformations plus extraordinaires; et nous avons parfaitement le droit de tenter et d'espérer! Quand on jette les yeux sur les *Pommes de terre* figurées (2) vers la fin du XVIᵉ siècle par le célèbre botaniste Charles de l'Écluse (3), on a peine à concevoir comment ces modestes tubercules, de la grosseur d'une petite prune, ont pu produire la grosse variété Rohan dilatée comme un melon (4) et la longue variété cylindroïde rétrécie comme un navet.

C'est le sort de toute plante expatriée de subir des modifications, et plus une espèce s'éloigne de son aire naturelle, plus

(1) M. Rémont a présenté, l'année dernière, à l'exposition d'agriculture, une certaine quantité de racines, qui offraient seulement de 15 à 20 centimètres de longueur. Elles étaient *presque rondes.*

(2) La plus grande présente 28 millimètres de grand diamètre, et seulement 19 de diamètre transversal.

(3) Clusius, *Hist. Plant.*, lib. IV, pl. LXXIX, fig., 1591. — Il en avait reçu deux tubercules de Philippe de Sivry, seigneur de Waldheim.

(4) Bien entendu, comme un petit melon. Le docteur Richard, de Rodez, m'a donné, il y a quelques années, un tubercule de cette variété, long de 22 centimètres et large de 14.

les modifications dont il s'agit deviennent certaines et profondes ; nous trouvons, par conséquent, la raison d'une espérance légitime dans la distance énorme qui existe entre le sol natal de la *Dioscorée chinoise* et les divers pays où nous l'avons acclimatée. La Société a donc suivi une très heureuse inspiration, lorsqu'elle a offert une médaille d'or à celui qui créerait une nouvelle variété d'une forme différente et d'une culture plus facile.

En résumé, la Société impériale d'acclimatation a répandu l'*Igname Patate*, par racines, par bulbilles ou par graines, sur tous les points de notre territoire ; elle en a envoyé en Suisse, en Allemagne, en Italie, en Angleterre et en Espagne.... Elle se propose, cette année, d'en expédier dans le nouveau monde. Presque partout la nouvelle plante a levé rapidement, poussé avec vigueur et donné les résultats les plus satisfaisants : elle est aujourd'hui tout à fait acclimatée ; ses racines se vendent déjà sur les marchés.

Vous aviez donc raison, l'année dernière, d'applaudir notre illustre Président, lorsqu'il vous disait avec l'autorité qui accompagne ses paroles : « La Chine avait donné l'*Igname* à la France ; la France l'a donnée à l'Europe ; elle va la donner à l'Amérique ! » Dieu soit loué (1) !

(1) On a importé en France plusieurs autres espèces d'*Ignames*, par exemple : l'*Igname violette* (*Dioscorea alata* Linn.), l'*Igname des Moluques* ou *nummulaire* (*Dioscorea nummularia* Linn.), l'*Igname de Cliffort* (*Dioscorea Cliffortiana* Lam.), l'*Igname deltoïde* (*Dioscorea deltoïdes* Wall., confondue par Linné avec la précédente sous le nom de *Dioscorea sativa*), l'*Igname géante* (*Dioscorea altissima* Lam.), l'*Igname porte-bulbes* (*Dioscorea bulbifera* Linn., *Helmia bulbifera* Kunth), l'*Igname porte-aiguillons* (*Dioscorea aculeata* Linn.), l'*Igname d'Amboine* (*Dioscorea pentaphylla* Linn., *Ubium quinquefolium* Rumph.), etc. Toutes ces plantes n'ont bien végété qu'en serre chaude.

On a cru, un moment, que l'espèce envoyée de Calcutta par M. Piddington, et désignée sous le nom d'*Igname de la Nouvelle-Zélande* ou de *Piddington* (*Dioscorea Piddingtoni* Moq.), pourrait être acclimatée. Cette *Igname* paraissait assez rustique, et produisait des *tubercules arrondis* (!) ; mais, au bout de deux années de culture (au Jardin des Plantes de la Faculté de médecine, dans celui de l'École de Pharmacie, chez M. Paillet et chez M. Rémont), elle a complétement dégénéré. On assure que les essais tentés en Algérie ont réussi parfaitement.

SUR LES

PRIX EXTRAORDINAIRES PROPOSÉS PAR LA SOCIÉTÉ

ET SUR LA PROCHAINE CRÉATION

D'UN JARDIN D'ACCLIMATATION AU BOIS DE BOULOGNE

Par M. le comte d'ÉPRÉMESNIL,

Secrétaire général de la Société.

———

Monseigneur, Messieurs,

Lorsque l'année dernière, à pareil jour, notre honorable vice-président, M. Passy, proclamait dans cette enceinte les divers sujets de prix extraordinaires fondés par notre Société, nous n'osions espérer qu'après moins d'une année, nous verrions la plupart des questions proposées, sinon résolues définitivement, du moins traitées de manière à nous faire prévoir le succès dans un temps peu éloigné. L'année prochaine, sans doute, la liste des prix que nous maintenons aujourd'hui sera notablement diminuée, et nous devrons offrir de nouveaux objets aux recherches des amis de l'acclimatation.

Nous sommes heureux, à cette occasion, de vous annoncer qu'un de nos honorables confrères, M. Chagot aîné, négociant, s'inspirant de la pensée de la Société, a fondé un prix extraordinaire de 2000 francs pour la domestication accomplie de l'Autruche en France, en Algérie ou au Sénégal (1). Il est inutile de vous faire remarquer combien la Société doit éprouver de reconnaissance envers l'honorable auteur de cette généreuse initiative. Les savants et consciencieux rapports de

(1) Voyez le procès-verbal de la séance publique annuelle, programme des prix proposés, page XXVI. Voyez aussi le tome V du *Bulletin*, pages 45 et 46.

notre confrère, M. le docteur Gosse (de Genève), vous ont en effet démontré toute l'importance pour notre industrie du succès que ce nouveau prix doit récompenser. Ici, encore, nous avons de sérieuses raisons de compter sur une réussite prochaine en Algérie.

Cette expérience est une de celles qui ne peuvent se faire sous nos yeux, mais combien en est-il d'autres, et des plus intéressantes, que nous pourrions réunir autour de nous ! La Société d'acclimatation ne doit plus se contenter maintenant d'encourager les efforts particuliers, il faut qu'elle entre elle-même dans la voie de la pratique. Le projet d'établir un jardin d'application remonte à 1851, et nous devons presque nous féliciter qu'il n'ait pas été accompli à ce moment, aujourd'hui que nous avons obtenu de la munificence éclairée de la ville de Paris une vaste concession de terrains au milieu de toutes les créations merveilleuses du bois de Boulogne ; aujourd'hui que les encouragements les plus flatteurs sont venus saluer notre œuvre de tous les points du globe.

Notre jardin s'étendra dans un espace de treize hectares et demi compris entre les portes des Sablons et de Neuilly et les routes de Madrid à la porte Maillot, de Saint-James et de Neuilly. Nous ne pouvions désirer une position plus favorable. Nous serons à la fois assez près pour être facilement visités, assez loin pour éviter le fracas et le bruit qui nuiraient à nos expériences.

Dans cet établissement, qui sera l'école d'une science nouvelle, nous réunirons tous les moyens de mener à bien un grand nombre de nos études d'acclimatation pratique. Parcs et écuries pour les grands animaux ; volières, pièces d'eau, basses-cours, magnanerie, rucher expérimental, jardin d'essai pour les végé-taux, seront distribués de la manière la plus favorable. Nous ne négligerons rien pour que les yeux du savant et ceux du visiteur habitué aux magnificences du bois de Boulogne, soient également satisfaits.

Nous eussions voulu que l'administration pût être confiée directement à la Société. Mais après avoir consulté les auto-rités les plus compétentes en cette matière, nous avons été convaincus que la législation, et aussi nos statuts, s'opposent absolument à une combinaison de ce genre. Toutefois, l'influence légitime de notre Société sera sauvegardée par des dispositions qui permettront à chacun de nos confrères de suivre dans la mesure qui lui conviendra les expériences qui l'intéresseront.

Messieurs, la France a fondé la première en Europe une ménagerie d'histoire naturelle (1) ; elle sera la première aussi à fonder un jardin consacré uniquement à l'acclimatation. Nous ne voulons pas douter de son avenir, lorsque, dès son début, nous la voyons encouragée par de si augustes sympathies, soutenue par le concours si bienveillant et si éclairé de S. A. I. le Prince Napoléon, et lorsqu'il s'agit pour nous d'ajouter une nouvelle gloire aux gloires scientifiques de la France.

(1) La création d'une ménagerie au Jardin des Plantes, avait été demandée, en 1792, par Bernardin de Saint-Pierre : elle fut, en novembre 1793, l'œuvre d'Étienne Geoffroy Saint-Hilaire.

RAPPORT

AU NOM DE LA COMMISSION DES RÉCOMPENSES (1)

Par M. Is. GEOFFROY SAINT-HILAIRE,

Président de la Société.

———

Monseigneur, Messieurs,

Il est des œuvres qu'un seul homme peut accomplir ; il en est d'autres impossibles sans le concours des volontés et l'association des efforts. Tel est, entre toutes, le caractère de celle qu'entreprenait, il y a quatre ans à pareil jour, une humble réunion de quelques agriculteurs, industriels, naturalistes, et surtout d'amis du bien public, devenue aujourd'hui une des plus vastes associations scientifiques et pratiques de la France et de l'Europe.

Pourquoi ces rapides développements? D'où vient la faveur qui s'est attachée, dès le premier jour en France, et bientôt dans tous les pays civilisés, à notre institution, saluée déjà par l'opinion comme un progrès, quand elle n'était encore qu'une espérance? Pourquoi notre Société, à peine une année accomplie, était-elle déclarée établissement d'utilité publique, adoptée par l'Empereur et placée sous sa haute protection? Comment a-t-elle l'honneur, jusque-là sans exemple, de compter à la tête de ses quinze cents membres répandus sur toutes les parties du globe, dix souverains et les princes impériaux ou royaux de presque tous les grands États de l'Europe? Et comment, à peine

———

(1) Cette Commission se compose chaque année :

1° Pour le concours annuel, du président et du secrétaire général, de quatre délégués du Conseil élus par lui, et de cinq délégués des Sections, choisis par elles parmi les membres qui ne font pas partie du Conseil. (Pour la composition de la Commission de 1858, voyez page XXIX.)

2° Pour chacun des prix extraordinaires, des onze mêmes membres et du bureau de la Section compétente.

émise, l'idée autour de laquelle vous vous êtes ralliés, avait-elle déjà le pouvoir de faire surgir partout, jusqu'en Russie, jusqu'en Égypte, jusque par delà l'Océan, d'autres Sociétés d'acclimatation organisées sur le même modèle et dans le même but? si bien que la nôtre, presque naissante encore, se voyait déjà mère de nombreux rejetons !

C'est que la Société impériale d'acclimatation est venue en son temps ; c'est que la pensée dont elle est sortie, et qui a présidé à sa rapide évolution, est selon l'esprit de la grande époque où nous vivons, et où toutes les intelligences, disons mieux, tous les cœurs sont entraînés vers les applications des sciences et de l'industrie au bien-être des hommes et des peuples. C'est là, Messieurs, le grand fait qui domine aujourd'hui tous les autres ; et j'oserai dire que notre époque s'est calomniée elle-même lorsqu'elle s'est dite celle des passions égoïstes et avides, du lucre et des intérêts matériels, de l'oubli de tout ce qui ennoblit l'homme. Non, il n'est pas vrai qu'après le grand siècle des lettres et le siècle de la philosophie, soit venu le siècle de l'étroit et ignoble culte de l'individu par lui-même. Ne faisons pas des fautes de quelques-uns les crimes de tous. Comme dans la statue de Persépolis où Voltaire personnifiait son époque, s'il y a dans la nôtre de l'argile, beaucoup trop d'argile je l'avoue, sachons y voir aussi le pur métal que verra surtout la postérité.

Le vrai, le suprême caractère de ce siècle ; du siècle de la navigation à vapeur et des chemins de fer qui abrégent toutes les distances, et du télégraphe qui les annule; du siècle des Expositions universelles ; c'est l'union de tous les hommes, la fusion de tous les intérêts, la solidarité de tous les peuples, par les merveilles de la science et de l'industrie que vivifient l'association et le crédit. L'œuvre de notre époque, c'est, par excellence, le rapprochement des hommes, l'abaissement, la chute de toutes les barrières qui les séparent ou les isolent ; la libre circulation sur le globe entier. Si ce n'étaient là les nobles aspirations non-seulement des hommes les plus éclairés, mais, sans qu'elle s'en rende bien compte, de la foule elle-même, suivrions-nous tous avec une si vive sympathie les efforts de notre généreux et persévérant Lesseps contre cet isthme de Suez qui va s'ouvrir enfin devant le flot montant de notre civilisation? Et aurions-nous salué comme deux des plus grands jours d'une époque qui a vu tant de grandes choses, celui où le câble électrique a atteint la terre africaine, et celui où commençaient, inaugurés au nom de l'Italie par le roi de Sardaigne, et de la France par le prince Napoléon, les gigantesques travaux qui doivent abaisser devant le génie moderne jusqu'aux Alpes elles-mêmes? Plus de Méditerranée, plus d'Alpes !

Notre œuvre, Messieurs, est loin d'avoir ce caractère grandiose : *non nostrûm tanta!* Mais si elle n'est pas du même ordre, elle s'inspire du même esprit, elle poursuit le même but. Quel est le nôtre? et que voulons-nous? Créer entre les peuples des relations d'un nouveau genre. Nous voulons que ce que la nature a donné à l'un d'eux, l'art fécond de l'acclimatation le donne aux autres, dans les limites de leurs besoins et des lois des climats. La pensée de notre Société, c'est, entre tous les pays, l'échange réciproquement bienfaisant de leurs productions utiles, et notre œuvre est universelle en même temps que française, internationale en même temps que civique.

Vous le rappeler, Messieurs, c'est vous dire dans quel esprit ont été institués et jugés les concours dont nous avons à vous faire connaître les résultats pour l'année qui vient de s'écouler. Notre Société veut, non-seulement le progrès en France, mais le progrès partout ; et c'est pourquoi elle le récompense partout. Et au fond, dans l'ordre de nos travaux, un progrès accompli, une conquête faite sur un point du globe, n'est jamais un service rendu au seul peuple qui en jouit d'abord. Il n'y a pas de frontière pour l'acclimatation.

C'est parce que les concours de la Société d'acclimatation ont ce caractère d'utilité générale, c'est aussi parce qu'ils intéressent à la fois l'agriculture, l'industrie, l'économie domestique, la médecine, toutes les sciences et tous les arts les plus bienfaisants, qu'on veut bien attacher à nos modestes récompenses un prix que n'ont pas toujours de plus brillantes : tellement qu'il n'est si haut qu'elles ne puissent monter, comme il n'est pas non plus de rang si humble où elles ne sachent aller chercher le mérite qui s'y cache. Sur cette même liste où figuraient l'an dernier, les noms salués par vos applaudissements, de simples cultivateurs, de simples ouvriers, brillaient plusieurs des plus grands noms de l'Europe. Il en sera de même cette année, et toujours, sans nul doute, tant que vivra notre institution. Après avoir, en 1857, décerné notre première médaille d'or à un illustre maréchal de France qui a voulu la recevoir lui-même, dans cette enceinte, des mains de votre président, il nous est permis de la déposer cette année au pied du trône d'Espagne.

PRIX EXTRAORDINAIRE POUR L'INTRODUCTION DE L'ALPACA EN EUROPE OU EN ALGÉRIE (1).

Grande médaille d'or décernée à Sa Majesté le **ROI D'ESPAGNE**.

Il est peu de contrées aussi favorisées, au point de vue des travaux de l'acclimatation, que le midi de l'Europe et, entre toutes, que l'Espagne. Sous le beau ciel, sous le soleil ardent de l'Andalousie, elle est déjà l'Afrique : sur ses plateaux et ses sierras, elle a tous les climats de l'Europe. Et les deux mers qui baignent ses côtes, lui ouvrent la route, ici de l'Orient, là de cet autre monde découvert, pour elle, par Colomb.

Vous étonnerez-vous, Messieurs, si j'ajoute qu'une contrée si privilégiée est de celles où, dans tous les temps, s'est le plus heureusement poursuivi cet échange utile des productions du globe, qui est l'objet même de notre institution? Dans l'antiquité, c'est à l'Espagne que l'Europe a dû l'introduction et la domestication du Lapin, celle du Furet, et en grande partie la possession du Ver à soie, qu'elle cultivait plusieurs siècles avant nous. Et dans les temps modernes, quand l'Espagne

(1) Ont été adjoints, pour ce prix, à la Commission des récompenses, les membres du bureau de la première Section (voyez p. LXXVII, note), savoir : MM. Richard (du Cantal), président, Davin, vice-président, et Albert Geoffroy-Saint-Hilaire, vice-secrétaire. M. Dareste, secrétaire, faisait déjà partie, à un autre titre, de la Commission des récompenses.

régne par delà les mers, quand le soleil ne se couche plus dans son empire, elle accomplit la plus grande œuvre d'acclimatation dont le monde ait été le théâtre depuis les temps historiques : tous nos animaux domestiques, le Cheval et le Bœuf, le Mouton et la Chèvre, le Porc, la Poule, ces premières richesses de notre agriculture, comme les a si justement appelées M. Richard, c'est l'Espagne qui les introduit, qui les acclimate en Amérique, comme ils avaient été, à une époque qui se perd dans la nuit des temps, amenés d'Asie et successivement naturalisés dans tout l'Occident. Et à qui devons-nous, en retour, ces animaux de l'Amérique, qui depuis deux siècles sont venus se placer dans nos fermes à côté de ceux de l'Asie? à l'Espagne encore.

Les souverains actuels de l'Espagne ont suivi les nobles traditions de leur couronne. Quand, voulant, il y a deux ans, nous rendre un compte exact de l'état de l'acclimatation en Europe, nous demandions partout : qui a le plus fait pour ses progrès? toutes les voix nous faisaient en Espagne la même réponse : La Reine! Et son auguste nom était le premier que nous prononcions ici-même, il y a un an, avec une respectueuse gratitude. Aujourd'hui, nous devons un semblable hommage à son royal époux. S. M. le Roi d'Espagne vient de réaliser, en grande partie, le vœu que nous émettions l'an dernier, et dont nous avions voulu hâter la réalisation par la fondation du premier de nos prix spéciaux : Introduction en Europe ou en Algérie d'un troupeau d'Alpacas. Puisse le troupeau de Lamas et d'Alpacas, arrivé il y a quelques mois en Espagne, par les ordres et les soins du Roi, et qui se compose aujourd'hui de treize individus (1), s'accroître rapidement et se faire des montagnes de l'Espagne une nouvelle patrie! Puisse se réaliser enfin un progrès successivement voulu

______

(1) On compte parmi ces individus, quatre femelles pleines.

La Société a été informée de l'arrivée de ce troupeau en Espagne, par notre honorable délégué à Madrid, M. Graells, qui lui transmettait en même temps les indications qu'il jugeait propres à éclairer la Commission des récompenses. La Commission, avant de statuer, a demandé à M. Graells quelques renseignements complémentaires, et l'a prié de lui faire parvenir

et tenté par plusieurs autres souverains de l'Espagne, et en dernier lieu par le roi Charles IV ! voulu aussi, de ce côté des Pyrénées, et avec le même sentiment du bien public, à quarante années de distance, par l'Impératrice Joséphine et par le duc d'Orléans, deux noms augustes que l'abîme creusé entre eux par le temps et les événements ne saurait nous empêcher d'associer ici dans un commun témoignage de respect et de reconnaissance ! Souvenirs après lesquels j'ai à peine besoin de rappeler, car vous la connaissez tous, la récente tentative faite sous le ministère de notre honorable confrère M. Lanjuinais, par ordre de l'Empereur, alors que Président de la République, il demandait au développement de l'agriculture et des arts de la paix, la guérison des maux que laissent si long-temps après elles les agitations populaires et les révolutions politiques.

CONCOURS ANNUEL.

Du prix spécial extraordinairement fondé pour l'importation d'un troupeau d'Alpacas, nous venons au concours annuel, institué par la Société pour tous les progrès accomplis dans la ligne de ses travaux, et qui peuvent se rapporter à trois ordres :

L'introduction d'espèces ou races utiles ;

Leur acclimatation, domestication ou amélioration ;

Leur emploi agricole, industriel, médicinal.

La pensée de la Société est, comme on le voit, de suivre, pour ainsi dire, les espèces ou races dont le pays s'enrichit, depuis le moment où elles y arrivent pour la première fois, jusqu'à celui où elles ont conquis leur place dans l'agriculture, dans l'industrie, dans le commerce.

Le mouvement est devenu, dans ces divers ordres de travaux,

des photographies des animaux composant le troupeau, et des échantillons de leurs laines.

M. Graells s'est empressé de faire faire ces photographies, de recueillir des échantillons bien choisis, et de les adresser à la Commission des récompenses ; c'est d'après ces documents qu'elle a pris à l'unanimité la décision dont nous rendons compte.

si actif, si rapide, qu'il a fallu à votre Commission de longs et persévérants efforts pour s'en rendre exactement compte, et pour remplir dignement la mission de confiance et de justice dont vous l'aviez investie. Les résultats de ses délibérations sont les suivants :

Elle a jugé qu'il y a lieu, pour la Société :

Premièrement, d'adresser des témoignages de sa gratitude :

A S. A. le Prince HALIM-PACHA, au Caire ;

A MM. JOMARD, Stanislas JULIEN et Antoine PASSY, membres de l'Institut, à Paris ;

Au Prince AN. de DÉMIDOFF, à San-Donato près Florence ;

Et à M. l'abbé BERTRAND, missionnaire apostolique, au Sut-Chuen (Chine).

En second lieu, de conférer le titre de membres honoraires :

A S. Exc. M. MASSLOW, conseiller d'État actuel en Russie ;

A M. RICHARD (du Cantal), ancien représentant et ancien directeur de l'École des haras ;

Et à M. le capitaine de vaisseau ROCQUEMAUREL.

En troisième lieu, de décerner à M. Louis VILMORIN, à Paris, à M. ANNENKOW, conseiller d'État en Russie, et à M. SACC, ancien professeur à la Faculté des sciences de Neuchâtel (Suisse), des médailles hors classe.

M. le Ministre de l'agriculture a bien voulu offrir à la Société une de ces médailles d'or, comme un nouveau témoignage d'une bienveillance déjà tant de fois éprouvée.

Toutes les propositions de la Commission, soumises selon leur nature, ou au Conseil ou à la Société tout entière, ont été admises.

La Commission, usant des pouvoirs que vous lui aviez confiés, a, en outre, décerné 26 médailles de première classe, 28 de seconde, 19 mentions honorables, et 5 récompenses pécuniaires.

Mentions hors ligne.

C'est à S. A. le Prince HALIM-PACHA, membre de la Société, que nous devons notre premier témoignage de gratitude. Ami du progrès, et, par conséquent, ami de la France et des idées françaises, le prince Halim a, dès l'origine de la Société, accueilli et propagé en Égypte les vues qui président à notre institution. Gouverneur du Soudan pour son frère le Vice-Roi, il a formé à Kharthoum, à mille lieues au sud d'Alexandrie, un Comité d'acclimatation, centre de communications avec notre Société et avec l'Europe entière ; et si le retour du Prince en Égypte l'a empêché de développer sa pensée, il lui a fourni lui-même une autre occasion de servir la Société, et de témoigner les sentiments dont il est animé pour elle. Vous avez, Messieurs, à Marseille et à Paris, des représentants des races bovines et ovines du Soudan : vous devez à la générosité du prince Halim, secondé par notre dévoué confrère, S. Exc. Kœnig-Bey, la possession de ces animaux de l'Afrique intérieure, et, par elle, la connaissance exacte de types jusqu'alors presque ignorés.

Nous ne devons pas une moindre gratitude au Prince A. de Démidoff et à MM. Jomard et A. Passy, pour les services d'un autre genre qu'ils rendent sans cesse à notre cause. Les résultats, chaque année plus importants, obtenus par le Prince A. de Démidoff dans son magnifique Jardin d'acclimatation de San-Donato ; les cultures de végétaux faites depuis plusieurs années par M. Jomard et par M. Passy avec de si remarquables succès, les eussent placés de droit au premier rang de nos lauréats, si notre règlement, par une juste déférence pour le plus illustre de nos corps savants, ne plaçait en dehors et au-dessus du concours les membres et les correspondants de l'Institut.

Par la même raison, nous nous bornons aussi à citer le nom de M. Stanislas Julien, auquel la Société a dû, à plusieurs reprises, de précieux documents sur les procédés agricoles et industriels des Chinois. La guerre vient d'ouvrir à l'Europe les portes de la Chine (1) : depuis bien des années, M. Julien se les était ouvertes à l'avance par le pouvoir de l'étude et de la science.

M. l'abbé Bertrand, missionnaire apostolique en Chine, membre honoraire de la Société, et auquel ce titre nous interdit

____

(1) Par la prise de Canton, dont la nouvelle télégraphique avait été reçue une heure avant la séance, et venait d'être communiquée aux membres du bureau de la Société par M. le maréchal ministre de la guerre.

aussi de décerner une médaille, nous a envoyé du Sut-Chuen des documents pleins d'intérêt sur la culture du Ver à soie du Chêne et de l'Ortie blanche. Nous ne nous permettrons pas de louer un de ces hommes dont la modestie n'est la seconde vertu que parce que la charité est la première : mais qu'il trouve du moins ici un témoignage de notre gratitude, si toutefois ces paroles doivent lui parvenir dans ces régions lointaines, d'où son précieux travail a mis dix-huit mois à nous venir, au milieu de mille hasards!

Nominations de membres honoraires.

L'unanimité avec laquelle vos suffrages ont conféré, dans votre séance du 6, le titre de Membre honoraire à MM. Maslow, Richard (du Cantal) et Rocquemaurel, montre combien la Commission a été heureusement inspirée en vous proposant cet hommage à de nombreux services, rendus dans des carrières et des pays divers, avec le même dévouement au bien public. Aussi, la Commision s'est-elle abstenue ici de tout classement, et c'est selon leur ordre alphabétique qu'elle a placé trois noms qu'elle juge également dignes de votre estime et de votre gratitude.

M. Maslow a surtout consacré ses efforts, continués depuis un grand nombre d'années, à l'introduction, à la propagation en Russie de la sériciculture. Grâce à lui, elle est devenue pour plusieurs provinces une richesse. On en enseigne la pratique dans un grand nombre d'établissements, dans les séminaires eux-mêmes; et il existe une école spéciale où l'élève peut assister au dévidage, au filé, au tissage de la soie des mêmes insectes qu'il a vus quelques semaines auparavant naître, vivre et mourir.

M. Richard est un de ces hommes qu'il suffit de nommer pour rappeler de longues études théoriques et pratiques sur l'agriculture et l'acclimatation, des ouvrages tous consacrés aux progrès de la science et de l'art de la production animale. Membre de nos Assemblées législatives, organe, en plusieurs circonstances importantes, du Comité d'agriculture, M. Richard est le premier qui ait, dans des actes officiels, proclamé, défendu les idées au développement desquelles s'est vouée notre Société (1). Aussi en a-t-il été un des premiers fondateurs, comme il en est un des membres les plus dévoués ; j'ajouterai, et vous ne me démentirez pas, un de ceux qui nous sont le plus chers ; et vous le lui avez prouvé, en même temps que vous témoigniez de votre justice et de votre sentiment des vrais intérêts de la Société, en le réélisant quatre fois votre Vice-Président.

M. le capitaine de vaisseau ROCQUEMAUREL, ancien élève de l'École polytechnique, compagnon de d'Urville dans une de nos grandes expéditions autour du monde, puis investi de commandements importants dans l'Orient et en Amérique, a recherché, dans toutes les contrées où il portait et faisait honorer notre pavillon, les espèces utiles d'animaux et surtout de plantes, pour en enrichir, selon leurs régions natales et selon les circonstances, ou la France ou ses colonies. Le Gutta-Percha qu'on essaye d'acclimater en Algérie, par ordre de M. le maréchal ministre de la guerre et de M. le maréchal Randon, est déjà acquis à une autre de nos colonies africaines, grâce aux dons de M. Rocquemaurel qui a importé à la Réunion, en un seul voyage, jusqu'à 300 pieds de ce précieux végétal. La Société pouvait-elle hésiter à inscrire M. le capitaine Rocquemaurel au nombre de ses membres honoraires ? N'avait-il pas sa place marquée à côté des amiraux Cécille et Penaud, sur cette liste où brillait aussi le nom d'un autre amiral, M. de Mackau, qui fut une des lumières comme un des ornements de notre Société, et dont elle gardera pieusement le souvenir !

Médailles hors classe.

C'est à des services d'un autre ordre, mais qui ont aussi paru hors ligne, que la Commission a décerné, comme récompenses hors classe, trois grandes médailles d'or.

Il est, Messieurs, une famille qui, depuis plus d'un siècle et

(1) Rapport fait à l'Assemblée constituante (21 août 1848), au nom du Comité d'agriculture et de Crédit foncier, sur l'organisation de l'enseignement professionnel de l'agriculture en France.

depuis cinq générations, s'est donné pour mission la conquête, la multiplication, l'amélioration de tous les végétaux utiles et d'ornement. Les pépinières, les cultures d'arbres et des plantes indigènes des Andrieux étaient déjà hors ligne en 1768. Vers 1780, le premier des Vilmorin, un des hommes qu'estimait le plus Malesherbes, a commencé à leur associer de nombreuses espèces exotiques, aujourd'hui devenues à leur tour européennes : œuvre continuée après lui par deux successeurs qui unissent à la plus intelligente activité l'esprit d'initiative et de progrès, et qui n'ont cessé, ou d'ajouter encore aux richesses de nos champs, de nos forêts, de nos jardins, ou de propager, d'améliorer les plantes déjà acquises à la culture. Ces deux dignes continuateurs de Philippe Vilmorin sont, le premier, son fils, le second, son petit-fils. C'est à celui-ci, car l'Académie des sciences a depuis longtemps décerné à M. Vilmorin père, en se l'associant comme correspondant, une juste et plus haute récompense, c'est à M. Louis VILMORIN que la Commission a décerné sa première médaille hors classe. Suivant lui, c'est son vénérable père qui seul l'a méritée ; selon nous et selon vous, il en est aussi digne que son père, et c'est le plus bel éloge que nous puissions faire de lui.

M. Nicolas ANNENKOW, conseiller d'État en Russie, auquel est décernée la seconde grande médaille d'or, lutte, pour une œuvre semblable, contre les difficultés du rude climat du Nord, et son habileté pratique, sa science, en ont souvent triomphé. M. Annenkow dirige à Moscou un jardin public d'acclimatation dont il est le créateur, et où déjà ont pris pied un grand nombre de végétaux qu'on pouvait croire réservés à des climats plus favorisés. La liste en est insérée dans notre *Bulletin* et dans celui du Comité d'acclimatation de Moscou, dont M. Annenkow est un des fondateurs et un des membres les plus actifs. Il est depuis longtemps en possession de l'estime et de la reconnaissance de ses compatriotes ; il avait droit à un témoignage de celles de la Société.

M. SACC, ancien professeur à la Faculté des sciences de Neuchâtel (Suisse), dont nous avons associé le nom à ceux de MM. Louis Vilmorin et Annenkow, s'est occupé à la fois et utilement de presque toutes les branches de l'acclimatation, de l'éducation de la Chèvre d'Angora, introduite par la Société sur l'initiative de notre dévoué confrère ; de celles des races gallines, des insectes producteurs de la soie ; de l'emploi industriel des nouvelles soies ; de la culture de végétaux alimentaires encore peu répandus. Quatre médailles d'argent de première classe eussent pu être accordées à tant de travaux utiles ; la Commission les réunit en une seule hors classe ; elle décerne à M. Sacc une de ses grandes médailles d'or. Il n'était pas possible de la placer en de plus dignes mains.

Le jour même où la Commission la lui décernait, S. M. le roi de Wurtemberg, voulant honorer la Société dans la personne d'un de ses membres, conférait à M. Sacc un de ses ordres. Les insignes viennent de parvenir au Président de la Société ; ils seront remis à M. Sacc avec sa médaille. Le jugement de la Commission ne pouvait être confirmé par un juge plus compétent en même temps que plus auguste : le roi de Wurtemberg est le premier agriculteur de son royaume.

Médailles de première et de seconde classe, Mentions honorables et Récompenses pécuniaires.

Notre savant et dévoué secrétaire, M. Auguste Duméril, vient de vous faire connaître à l'avance les principaux résultats des travaux que nous avons jugés dignes de vos récompenses. Il me sera permis d'être ici très bref.

PREMIÈRE SECTION. — *Mammifères.*

1° Introduction et Acclimatation.

Médailles de 1re classe.	Médailles de 2e classe.	Mentions honorables.
S. A. le prince de Schwarzenberg (Autriche).	MM. Dausse.	MM. Joseph Michon.
MM. Le marquis de Peralès (Espagne).	Don Victor Serrano (Espagne).	Le Pelletier de Glatigny.
Allier.	Alvier.	Zuber.
Le baron Sina (Autriche).	Bataille (Guyane).	
Le général Serrano (Espagne).		
Graells (Espagne).		

Récompenses pécuniaires. { Mme Chopelin   100 fr.
{ M. Sivry   50

2° Application agricole.

Médailles de 1re classe.

MM. Trottier (Algérie).
Letheule (Algérie).
Dupré de Saint-Maur (Algérie).
Bonfort (Algérie).

3° Application industrielle.

Médaille de 1re classe.

M. Davin.

Nous avons été heureux d'avoir à décerner, dans cette section, de nombreuses récompenses pour des services importants rendus à l'Allemagne, à la France, à l'Espagne.

En Allemagne, S. A. le prince de SCHWARZENBERG et M le baron de SINA on t généreusement mis à profit pour leur pays les immenses ressources de leurs situations privilégiées : on leur doit de nombreuses introductions de races bovines, ovines, porcines perfectionnées, dans diverses parties du vaste empire autrichien. M. le prince de Schwarzenberg, président de la Société d'agriculture de la Bohême, a particulièrement enrichi ce royaume ; nous devons ajouter que ses belles écuries et étables servent de modèles à toute l'Autriche. C'est également en Bohême, et aussi sur divers points de la Hongrie et de la Moravie, que M. le baron Sina a fait ses utiles introductions de bestiaux. Il essaye, en outre, en ce moment même, d'y acclimater le Colin de Californie.

Entre ces deux noms éminents, nous avons placé, selon l'ordre d'ancienneté des titres, notre compatriote M. ALLIER, qui rend à notre agriculture des services analogues, trop connus pour qu'il y ait lieu d'insister ici sur eux. Les produits des éducations de M. Allier, les heureux croisements qu'il a souvent faits, ont depuis longtemps le privilége de fixer, dans nos expositions, l'attention du public aussi bien que des juges les plus compétents. M. Allier a fait de Petit-Bourg un centre de progrès agricole.

En Espagne, M. le marquis de PERALES et M. le général SERRANO s'occupent activement et heureusement de l'acclimatation de la Chèvre d'Angora, introduite en ce pays par ordre de la

Reine. Chacun d'eux a, non pas seulement quelques individus de cette belle race, mais un véritable troupeau. Celui de M. le marquis de Perales ne se compose pas de moins de 38 têtes.

M. GRAELLS, directeur du Musée d'histoire naturelle de Madrid, s'occupe aussi, toutefois sur une moindre échelle, de l'éducation de la Chèvre d'Angora, et il se livre en même temps à des travaux variés sur d'autres espèces utiles. La Commission lui a décerné à l'unanimité une *médaille de première classe*, comme à ses éminents compatriotes MM. de Perales et Serrano, comme à M. le prince de Schwarzenberg, à M. le baron Sina et à M. Allier.

Quatre autres *médailles de première classe* sont aussi décernées pour d'importantes applications agricoles faites en Algérie. MM. TROTTIER et LETHEULE, près d'Alger, et MM. DUPRÉ DE SAINT-MAUR et BONFORT, aux environs d'Oran, se sont livrés, avec la plus louable persévérance et avec un remarquable succès, à l'introduction, à l'amélioration, à l'éducation, sur une grande échelle, des animaux domestiques. Les deux premiers se sont particulièrement occupés de l'espèce bovine, MM. de Saint-Maur et Bonfort, de l'espèce ovine. Ils ont formé ces beaux troupeaux, richesse présente et surtout richesse future de l'Algérie, dont MM. Richard (du Cantal) et Albert Geoffroy Saint-Hilaire vous ont fait connaître, dans leurs rapports récents sur les races domestiques de l'Algérie, les progrès successifs et l'état actuel (1).

M. le secrétaire vous a dit, dans son intéressant rapport sur les travaux de 1857, les résultats obtenus par M. DAVIN, qui a réussi à faire, du poil fin du chameau, une nouvelle laine industrielle. Nous avons décerné l'an dernier à cet habile manufacturier, dont l'initiative a déjà été tant de fois heureuse, une *médaille de première classe* pour ses beaux filés de Mauchamp ; nous lui en décernons une cette année pour ses beaux filés de chameau.

Les autres récompenses pour la première section sont les suivantes :

______

(1) *Bulletin*, t. IV, numéros de juillet, août et septembre 1857.

Médailles de seconde classe : M. Bataille, propriétaire et négociant à Cayenne, également empressé de se rendre utile à cette colonie et à la métropole, par l'envoi à la Société d'animaux et de documents utiles ;

M. Dausse, placé ici au premier rang, parce qu'il a d'autres titres accessoires ;

Don Victor Serrano et M. Alvier, pour des éducations de Chèvres d'Angora, faites par le premier dans le Jura, par le second en Espagne, par le troisième dans les Alpes françaises.

Mentions honorables : M. Zuber, pour de semblables services, mais de moins longue durée ; c'est à Mulhouse qu'il élève et fait multiplier la Chèvre d'Angora ;

MM. Lepelletier de Glatigny et Joseph Michon, pour les beaux mulets d'Hémione qu'ils ont obtenus et fait dresser.

Récompenses pécuniaires. Madame Copelin se rend, à Grenoble, très utile à la Société d'acclimatation des Alpes ; on lui doit en partie le bon état actuel des Yaks confiés par nous à notre Société affiliée. Elle s'occupe aussi habilement et avec zèle de l'éducation des races gallines de la Société. La Commission lui a alloué une récompense de 100 fr.

Une autre, de 50 fr., est accordée à M. Sivry, employé au Muséum d'histoire naturelle, aussi pour des soins donnés aux Yaks. Nous aimons à rappeler à cette occasion que des douze individus amenés en France, en mars 1854, par M. de Montigny, *pas un seul* n'a encore péri ; de nombreuses naissances ont eu lieu.

Seconde Section. — *Oiseaux.*

Introduction et Acclimatation.

Médailles de 1re classe.	Médailles de 2e classe.	Mention honorable.
MM. De Souancé.	MM. Rouilleir (Russie).	MM. Labégassière.
Millet.	OEttel (Prusse).	Galmiche.
Mme Passy.	Chouippe.	Ferrein (Russie).
M. le prince de Wagram.	L. Mège.	

M. de Souancé, en même temps qu'il exécute, malheureusement seul maintenant, l'ouvrage ornithologique qu'il avait commencé avec notre illustre et regretté confrère, le prince Ch. Bonaparte, s'occupe très assidûment et très habilement de l'éducation des animaux utiles et d'ornement. Comme M. Le Prestre, à Caen, M. de Souancé a créé, à la Commanderie (Indre-et-Loire), un véritable jardin zoologique où il a réuni un grand nombre d'oiseaux, et aussi des mammifères, et où plusieurs espèces utiles ou d'ornement, des gallinacés, des perruches, des oiseaux d'eau, s'acclimatent et se multiplient, grâce aux excellents soins qu'ils reçoivent sous l'habile direction de M. de Souancé.

M. MILLET, inspecteur des forêts, qui, dans ces dernières années, a rendu tant de services à la pisciculture, s'occupait en même temps des plaisirs des chasseurs. Il a réussi à introduire et à multiplier le Coq de bruyère et un autre Tétras dans quelques parties de la chaîne du Jura et des Ardennes ; et déjà les chasseurs ont pu tuer un grand nombre d'individus dans des localités où la nature n'en avait jamais amené un seul.

Madame A. PASSY met habilement en pratique, pour l'amélioration, la multiplication, le perfectionnement des nouvelles races gallines, les préceptes, si appréciés des éducateurs d'oiseaux utiles, dont elle a bien voulu enrichir le premier volume de notre recueil. Ces préceptes, fruits d'une observation aussi fine que patiente, et présentés sous une forme si élégante dans sa simplicité, sont, aujourd'hui, partout suivis et appliqués ; et il est vrai de dire qu'après tous les progrès que madame Passy accomplit par elle-même, il lui revient une part dans ceux que l'on fait partout d'après ses conseils et à son exemple.

M. le prince BERTHIER, duc de WAGRAM, a, depuis plusieurs années, réussi à domestiquer la Bernache aux environs de Paris : ce palmipède se reproduit chaque année sur les belles eaux de Grosbois et sur les rivières et les lacs de plusieurs autres localités ; car M. le prince de Wagram a généreusement distribué et répandu les produits des premières éducations faites à Grosbois. Le nombre des espèces domestiques, c'est-à-dire asservies au point de se reproduire habituellement dans nos demeures, excède à peine 40 ; c'est assez dire de quel intérêt est le résultat obtenu à Grosbois. Aussi, bien qu'il s'agisse ici d'un oiseau jusqu'à présent de simple agrément, la Commission n'a pas hésité à décerner une *médaille de première classe* à M. le prince de Wagram, comme elle en décerne une à madame Passy, une à M. de Souancé et une à M. Millet.

Elle a, en outre, accordé des *médailles de seconde classe* à MM. ROUILLEIR et ŒTTEL, pour l'introduction et l'éducation de diverses races de gallinacés, par l'un en Russie, par l'autre en Prusse ; à M. CHOUIPPE pour ses belles races d'oiseaux de basse-cour, élevées et améliorées avec une habileté pratique toujours dirigée par les lumières de la science ; et à M. MÉGE, pour des essais d'éducation et d'acclimatation qu'il poursuit heureusement sur diverses espèces d'oiseaux, en même temps qu'il s'occupe utilement de pisciculture et de culture végétale

La Commission mentionne honorablement M. FERREIN pour l'introduction et l'acclimatation de races gallines en Russie, et MM. DE LA BÉGASSIÈRE et GALMICHE, le premier conservateur, le second inspecteur des forêts dans les ;Vosges, pour la mul tiplication du Coq de bruyère qu'ils ont aussi essayé de domestiquer.

TROISIÈME SECTION. — *Poissons, Mollusques, Annélides.*

1° Pisciculture fluviatile.

Médaille de 1ʳᵉ classe.	Médaille de 2ᵉ classe.	Mentions honorables.
M. le comte de Galbert.	M. Barbier.	MM. Modesse-Berquet.
		Lefèvre.
		Millet-Leclerc.
		Oryan de Acuna (Espagne).
		D. J. Lecaroz (Espagne).
		Causse.

Récompenses pécuniaires.	MM. Dropsy	100 fr.
	Marchand	50
	Millon	50

2° Pisciculture marine.

Médailles de 1ʳᵉ classe.	Médaille de 2ᵉ classe.
MM. Boissière.	M. Festugières.
Douillard.	

3° Hirudiculture.

Médaille de 2ᵉ classe.	Mention honorable.
M. Pétel.	M. Borne.

La Commission a donné pour la pisciculture fluviatile, sa *première médaille* à M. le comte DE GALBERT, auquel on doit, outre tout ce qu'il a fait pour la pisciculture dans l'Isère, des travaux importants sur la culture et l'emploi industriel du Sorgho.

La Commission décerne de plus :

En France, une *médaille de seconde classe* à M. BARBIER, pour des travaux qui lui ont paru offrir aussi un grand intérêt, et des *mentions honorables* à MM. MODESSE-BERQUET, LEFÈVRE, MILLET-LECLERC et CAUSSE, qui ont appliqué avec succès sur divers points les méthodes pratiques dont M. Millet a plusieurs fois entretenu la Société;

Et en Espagne, des *mentions honorables* à MM. ORYAN DE ACUNA et LECAROZ, pour leurs efforts tendant à introduire dans leur patrie les procédés de la pisciculture. Ces mentions ne sont, pour MM. Oryan de Acuna et Lecaroz, que de premiers témoignages de l'intérêt que porte la Société à l'œuvre qu'ils poursuivent au milieu de mille difficultés, devant lesquelles se seraient peut-être arrêtés de moins persévérants et de moins zélés.

La Commission a pensé que la pisciculture marine devait avoir aussi, cette année, sa part dans les encouragements de la Société. Avec le concours de M. Millet, MM. BOISSIÈRE et DOUILLARD, et sur un autre point et sur une moindre échelle, M. FESTUGIÈRES, ont organisé, dans le bassin d'Arcachon, de beaux viviers à poissons marins et établi des parcs à huîtres et à moules. MM. Boissière et Douillard ont aussi fait d'utiles expériences sur la fécondation artificielle de divers poissons de mer. La Commission décerne à chacun d'eux une *médaille de première classe*, et une de *seconde* à M. Festugières.

M. PÉTEL, attaché aux piscines de M. le baron de Tocqueville, n'a pas seulement secondé notre confrère dans les importants travaux que la Société a récompensés l'année dernière, et heureusement organisé des frayères de poissons fluviatiles : il a aussi établi des marais à sangsues bien disposés et heureusement productifs. La Commission lui a accordé une *médaille de seconde classe*, à la fois pour la pisciculture fluviatile et pour l'hirudiculture.

Une *mention honorable* est, en outre, accordée pour l'hirudiculture à M. Borne, pour l'établissement d'un marais à sangsues et pour les réponses qu'il a adressées, en homme consommé dans la pratique d'un art encore nouveau, aux questions de notre savant collègue M. de Quatrefages.

La troisième section a signalé à la Commission l'activité intelligente et les services de M. Dropsy, garde forestier à Wattigny (Aisne) et de deux pêcheurs, MM. Marchand, à Saint-Paër (Eure), et Millon, à Charavine (Isère). Par de nombreuses productions et distributions de poissons ou d'œufs, tous trois, et surtout M. Dropsy, qui compte dix ans ininterrompus de travaux piscicoles, ont utilement contribué à la propagation des bonnes espèces. La Commission leur a accordé des *récompenses pécuniaires*, de 100 fr. pour M. Dropsy, de 50 pour M. Marchand et pour M. Millon.

Quatrième Section. — *Insectes.*

1° Introduction et Acclimatation.

Médailles de 1re classe.	Médailles de 2e classe.	Mention honorable.
MM. E. Cornalia (Lombardie).	MM. Fintelmann (Prusse).	M. Kamphausen (Prusse).
Brunet (Brésil).	E. Kaufmann (Prusse).	
	Kalinsky (Russie).	
	Tœpffer (Prusse).	

2° Application industrielle.

Médaille de 2e classe.
M. Albin Gros.

Notre *première médaille* est due à M. Cornalia (de Milan). La Commission la lui a votée par acclamation, pour l'ensemble de ses travaux sur la sériciculture, et particulièrement pour ses travaux relatifs aux Vers à soie nouvellement introduits, et à ceux qu'il pourrait être utile d'y introduire, et aussi pour ses essais de dévidage du cocon du Ver à soie du Ricin, dont il a le premier fait connaître la structure.

Une autre *médaille de première classe* est décernée à M. Brunet, professeur d'histoire naturelle à Fernambouc. Au moyen de graines que lui avait adressées notre zélé confrère, M. Le Long, M. Brunet vient d'introduire au Brésil le Bombyx du Ricin. Il a obtenu déjà plusieurs générations de ce nouveau Ver à soie, élevées dans des circonstances très difficiles, et même en grande partie à dos de cheval : obligé de faire de longs voyages à travers l'Amérique, M. Brunet n'avait pas voulu laisser ses élèves en des mains étrangères. Les soins de M. Brunet ont triomphé de toutes les difficultés : il a réussi à faire vivre et reproduire ses vers, et il en avait déjà obtenu, il y a six mois, cinq générations. Voici donc une espèce qui, sortie de l'Inde depuis quelques années à peine, est devenue presque au même moment européenne et africaine, et devient maintenant américaine. La nature l'avait faite exclusivement asiatique, l'acclimatation l'a faite cosmopolite.

La Commission a, en outre, décerné à MM. FINTELMANN, KAUFMANN et TOEPFFER, des *médailles de seconde classe*, pour divers travaux faits en Prusse sur les Vers à soie, et particulièrement sur le Ver à soie du Ricin. M. Fintelmann, jardinier du Roi, est le premier qui ait cultivé avec succès cet insecte dans ce pays. M. Kaufmann a poussé le dévidage du cocon plus loin que personne ne l'avait encore fait. M. Tœpffer a propagé très activement la sériciculture en Poméranie.

Les travaux, très importants, de M. KAMPHHAUSEN, nous ont paru moins rentrer, par leur nature, dans le cercle des travaux que devait récompenser la Commission : mais elle n'a pas pour eux une moindre estime, et elle a voulu que son rapport en renfermât l'expression, et que M. Kamphausen y fût honorablement mentionné.

Après les médailles données à la sériciculture, la Commission en a accordé une de *seconde classe*, pour l'apiculture, à M. KALINSKY : on lui doit l'introduction en Russie d'une race d'Abeilles, qui offre quelques avantages sur celles qu'on possédait déjà dans ce vaste empire.

Dans la même section, mais dans un autre ordre de services, l'application industrielle, une *médaille de seconde classe* a été décernée à M. ALBIN GROS, qui a fait parvenir à la Société une belle pièce d'étoffe faite avec des cocons de Bombyce du Chêne.

Quand les soies des nouveaux insectes séricigènes auront pris place dans l'industrie, la Société n'oubliera pas ce qu'elle doit de reconnaissance aux essais faits par nos industrieux et dévoués confrères d'Alsace, et particulièrement à M. Henri Schlumberger et à M. Albin Gros. Nous sommes heureux de pouvoir, à son tour, décerner une médaille à M. Gros, déjà mentionné honorablement par la Commission de 1857.

Cinquième Section. — *Végétaux.*

1° Introduction et Acclimatation.

Médailles de 1re classe.	Médailles de 2e classe.	Mentions honorables.
MM. Pépin.	MM. Lachaume.	MM. Bertrand.
Kreuter (Autriche).	Davies (Madère).	Demond.
le marquis de Vibraye	Année.	Major Taunay (Brésil).
Kalinowski (Russie).	Agron de Germigny.	De Calanjan.
Constant Salles.	Gernelle.	
	Brierre.	
	Braguier.	

2° Application agricole.

Médaille de 1re classe.	Médailles de 2e classe.	Mention honorable.
M. le comte de David de Beauregard.	MM. David Richard.	MM. Baltet frères.
	Lesèble.	
	Vivet.	
	Fouchez.	

3° Application industrielle.

Médaille de 2e classe.
M. De Luca (Toscane).

Dans l'intéressante notice que vous venez d'entendre et d'applaudir, notre savant confrère M. Moquin-Tandon vous a rappelé la part qu'a prise M. Pépin, jardinier en chef du Muséum d'histoire naturelle, aux premières cultures de l'Igname de la Chine. Ce titre, et plusieurs autres de ceux qui recommandent M. Pépin, échappent, par leur date déjà ancienne, à l'appréciation de votre Commission. Mais M. Pépin, à ses services anciens, en ajoute sans cesse de nouveaux, et vous avez pu voir, par le Mémoire qu'il a récemment présenté à la Société, combien de végétaux utiles, combien d'arbres surtout il a cultivés et multipliés, combien il en a acquis ou contribué à acquérir à notre pays.

M. le marquis de Vibraye, auquel vous avez donné l'an dernier une médaille pour ses travaux de pisciculture, cultive aussi très habilement les végétaux, et surtout les arbres forestiers, dont ses propriétés renferment de riches collections. A ceux qu'on trouve partout, mais qui sont représentés chez M. de Vibraye par de magnifiques individus, s'ajoutent, dans le parc de Chiverny, des arbres qu'on ne trouverait que là, sans la générosité avec laquelle M. de Vibraye propage ce qu'il crée.

La Commission a unanimement décerné des *médailles de première classe* à M. Pépin et à M. le marquis de Vibraye.

Un autre de nos compatriotes, M. CONSTANT SALLES, capitaine au long cours, nous a paru en mériter une troisième. La *Coralie* qu'il commande, était, lorsqu'elle est arrivée à Marseille, une véritable serre mouvante, peuplée surtout de végétaux utiles de l'Amérique du Sud, que M. Salles a distribués, avec une générosité sans égale, à tous les établissements publics, et même à toutes les personnes capables de lui prêter un concours utile (1). Vous ne connaîtriez pas, Messieurs, tout ce que nous devons d'estime et de gratitude à M. Salles, si nous n'ajoutions quelques mots de plus ; nous les emprunterons à une lettre de M. Salles : « Ces plantes ont soixante-sept jours de mer, par un temps » épouvantable ; je compte treize coups de vent furieux ; je suis » revenu sans mes officiers, tous morts de la fièvre jaune à » Haïti : je suis exténué et fatigué : mais mon faible équipage » réduit aux deux tiers ne m'a jamais fait défaut. Honneur à » lui ! » Oui, honneur à lui, et surtout honneur au brave et généreux capitaine auquel nous sommes heureux d'offrir une de nos premières récompenses !

Deux autres *médailles de première classe* ont été décernées : l'une, en Russie, à M. KALINOWSKI, conseiller de cour, professeur d'agriculture à l'Université de Moscou, pour l'introduction dans la Russie méridionale de diverses plantes utiles, et en particulier du Sorgho à sucre ; l'autre, en Allemagne, à M. KREUTER, ingénieur de l'agriculture, pour l'introduction en Hongrie d'un grand nombre d'arbres fruitiers de France et d'Angleterre, d'arbres forestiers de l'Amérique du Nord, et aussi de diverses races gallines et du Colin de la Californie :

---

(1) La Société a reçu sur les plantes rapportées par M. Salles, une communication très intéressante de M. Lucy. Plusieurs de ces plantes sont cultivées et réussissent dans les serres si bien dirigées de notre honorable confrère.

cette dernière acclimatation a été entreprise en commun par M. le baron Sina et par M. Kreuter.

Sept *médailles de seconde classe*, pour l'acclimatation et la propagation de végétaux utiles ou d'ornement sont en outre décernées : à M. Lachaume, qui a fait réussir aux environs de Paris le Pois oléagineux, envoyé à la Société par M. de Montigny ; à M. Davies, qui naturalise à Madère plusieurs végétaux utiles ou d'ornement rapportés du Brésil par M. Le Long ; à MM. Année, Agron de Germigny, Gernelle, Brierre et Braguier, qui, sur divers points de la France, s'occupent avec autant d'habileté que de zèle, et avec succès, de la culture de divers végétaux nouvellement introduits.

M. Henri de Calanjan, pour de semblables services ; M. Bertrand, pour la propagation du Pêcher dit de Tullins, dont M. Chatin vous a fait l'intéressante histoire ; M. le major Taunay, pour le riche envoi de graines d'Araucaria, qu'il a bien voulu nous faire du Brésil, nous ont paru avoir droit à des *mentions honorables*, ainsi qu'un de nos plus zélés instituteurs M. Demond, directeur de l'École communale d'Orléans. M. Demond a fait du jardin de cet établissement un vrai jardin de culture, et des mieux tenus ; de ceux que les élèves visitent avec le plus de fruit, et les maîtres avec le plus d'estime pour l'homme d'intelligence et de cœur qui l'a créé. Nous lui décernons, pour les variétés nouvelles qu'il cultive, une mention honorable ; s'il eût été dans notre mission de le récompenser pour l'ensemble de ses travaux, c'est une de nos premières médailles que nous lui aurions décernée.

Dans la même Section, pour les applications agricoles, la Commission s'est empressée de décerner sa *première médaille* à M. le comte de David de Beauregard, pour les nombreux services qu'il a rendus à l'agriculture, et particulièrement pour ses belles cultures de Sorgho à sucre, dans le département du Var. M. de Beauregard est le principal auteur de la vive impulsion donnée dans le Midi à la culture du Sorgho, et comme c'est en grande partie du midi de la France qu'elle s'est répandue partout, le nom de M. de Beauregard est un de ceux qui doivent ici rester associés, dans la reconnaissance des agriculteurs, au nom, si cher à la Société, du premier introducteur du Sorgho et de l'Igname, notre dévoué confrère M. de Montigny.

Pour de semblables services, mais relatifs surtout à l'Igname de la Chine, des médailles de seconde classe sont décernées à M. Lesèble, si habile aussi dans l'art de l'éducation des Oiseaux ; à M. Fouchez pour les belles cultures qu'il a faites à Sainte-Assise dans les propriétés de notre honorable vice-président, M. le prince Marc de Beauvau, et à M. David Richard, directeur de l'asile des aliénés de Stephansfeld (Bas-Rhin), ou plutôt à M. et à madame Richard, qui portent le même intérêt et concourent ensemble, à l'acclimatation de nos plantes nouvelles, comme ensemble ils soulagent les maux les plus cruels dont souffre l'humanité.

La Commission a enfin accordé une *médaille de seconde classe* à M. Vivet, pour ses cultures de Cerfeuil bulbeux amélioré, dont M. Laffiley a fait l'objet d'une notice très intéressante ; une autre *médaille*, aussi *de seconde classe*, à M. le professeur De Luca, à Pise, pour ses recherches chimiques sur divers végétaux dont il a extrait des produits propres à divers usages ; et une *mention honorable* à MM. Baltet frères, horticulteurs à Troyes, pour les soins qu'ils ont donnés à la culture de plusieurs plantes nouvelles ou peu connues.

Vous le voyez, Messieurs, notre liste n'est pas moins riche, moins belle que celle de l'an dernier. L'acclimatation est en progrès dans toutes ses branches ; elle l'est presque dans tous les pays. Puissiez-vous, Messieurs, avoir à distribuer, dans un an, devant une assemblée aussi illustre et aussi brillante, des récompenses aussi nombreuses et aussi bien méritées !

ANNEXE

AU

COMPTE RENDU DE LA SÉANCE PUBLIQUE ANNUELLE.

—

MÉDAILLE OFFERTE A M. LE PRÉSIDENT
DE LA SOCIÉTÉ IMPÉRIALE ZOOLOGIQUE D'ACCLIMATATION.

—

La Société d'acclimatation, en se fondant, avait prévu le cas où il serait donné des récompenses à ceux qui les auraient méritées par des travaux sur les sujets dont elle s'occupe ; dans ses statuts, le mode relatif à ces marques de distinction a été déterminé. Le développement rapide de la Société et ses ressources n'ont pas tardé à lui permettre l'application de son idée, et le 10 février 1857, il était accordé quatre titres de membres honoraires, deux grandes médailles d'or, vingt-quatre médailles d'argent, médailles de première classe, vingt-sept médailles de bronze, vingt-trois mentions honorables et trois récompenses pécuniaires.

Toutefois, avant même qu'une Commission nommée à cet effet étudiât la question de savoir comment les récompenses seraient données, quelques membres de la Société pensèrent que si quelqu'un avait mérité un témoignage exceptionnel de sympathie, c'était leur Président qui, depuis vingt ans, se dévoue à l'étude de l'acclimatation. Ses travaux théoriques et pratiques, ses expériences à la ménagerie du Muséum d'histoire naturelle, ont surtout contribué à faire accepter en France l'idée qui a présidé à la fondation de la Société d'acclimatation. Cette idée était restée oubliée depuis la mort de Daubenton jusqu'au moment où M. Isidore Geoffroy Saint-Hilaire l'a reprise pour la faire triompher. La proposition de faire frapper une médaille à son effigie fut émise et acceptée d'acclamation par les diverses sections de la Société. Chacune d'elles nomma un délégué pour former un Comité, avec mission de s'occuper des moyens d'exécution. Une liste de souscription fut ouverte, et les adhésions ne se firent pas attendre. Des souscriptions arrivèrent avec des lettres de félicitation, non-seulement de divers points de la France et de l'Algérie, mais de toute l'Europe, de l'Asie, de l'Afrique et de l'Amérique. Des membres de la Société de dix-sept États différents écrivirent pour se faire inscrire sur la liste des adhérents. Ces États furent : l'Angleterre, la Russie, l'Autriche, la Prusse, l'Espagne, le Wurtemberg, la Belgique, les Pays-Bas, les États romains, la Suisse, la Toscane, divers États d'Allemagne, les États sardes, la Lombardie, la Turquie d'Asie, l'Égypte, le Brésil et les États-Unis.

Un artiste éminent, M. Albert Barre, graveur général de la Monnaie de Paris, fut choisi pour l'exécution de la médaille. Cette œuvre d'art, exécutée par un talent hors ligne, porte d'un côté le portrait de M. Isidore Geoffroy Saint-Hilaire ; sur le revers est inscrite la date de la fondation de la Société, et l'inscription suivante : La Société d'acclimatation a son Président, au digne fils d'Étienne Geoffroy Saint-Hilaire. Il fut arrêté que la veille de la séance publique annuelle de 1858, les membres de la Société iraient, le Conseil d'administration en tête, chez leur Président, pour lui offrir la médaille.

Le 9 février, la Société se rendit chez M. le Président, et M. A. Passy, membre de l'Institut, Vice-Président de la Société, prononça le discours suivant :

« Monsieur le Président,

» La Société d'acclimatation compte quatre années d'exis-
» tence à peine, et déjà elle a pris une attitude qui frappe tous
» les yeux. L'empressement à se faire inscrire au nombre de
» ses membres ne se ralentit pas. Elle a de fervents mission-
» naires sur tous les points du globe. Des personnes augustes
» ont voulu que leurs noms vinssent se confondre parmi les
» nôtres ; plusieurs même ont daigné faire valoir leurs titres
» aux modestes récompenses que nous décernons.

» Ces succès, nous les devons à la savante, habile et sage
» direction que vous imprimez à nos travaux et à notre zèle ;

» nous les devons à ce que vous avez compris que le temps
» était venu de féconder, par la pratique, les idées de Buffon,
» de Linné et de Daubenton sur l'application des principes de
» l'histoire naturelle aux progrès de l'agriculture.

» Rien ne pouvait mieux remplir le but que des cœurs hon-
» nêtes se proposent, que de travailler au bien-être de tous les
» hommes sous tous les climats, et à quelque degré de civili-
» sation qu'ils soient parvenus ; c'est ce que nous tentons de
» faire en vous prenant pour guide, et la France pour centre
» d'expansion.

» En vous offrant cette médaille, nous voulons vous expri-
» mer notre reconnaissance pour les heures que vous enlevez
» aux études d'une science qui doit tant à vos travaux et à
» ceux de votre illustre père, pour les consacrer à notre œuvre
» commune ; nous avons voulu constater les services que vous
» rendez à cette association qui doit son existence à l'autorité
» de votre nom, et son développement à l'impulsion qu'elle
» reçoit de vous ; car vous êtes le plus assidu de nos confrères.

» Recevez donc, cher Président, un hommage que tous ceux
» qui connaissent votre amour pour le bien public, votre dé-
» vouement au progrès des sciences et à leur application utile
» vous rendent avec nous. »

Après M. Passy, le vénérable M. Jomard, membre de l'Institut, ami et compagnon de voyage d'Étienne Geoffroy Saint-
Hilaire, prit la parole au nom des anciens membres de l'Institut
d'Égypte, dont le chef de l'école de l'Unité de composition fut
une des gloires : « Je demande à dire deux mots, dit M. Jomard,
» au nom des rares survivants de cette légion de savants illustres
» qui accompagnèrent le général Bonaparte en Égypte sous la
» République française. La fête à laquelle je suis heureux d'as-
» sister aujourd'hui est le corollaire de la fête d'Étampes que
» j'ai eu le bonheur de voir (1). Je remarque ici, autour d'une
» famille aimée et honorée, l'expression des mêmes sentiments

____

(1) Inauguration, faite le 11 octobre dernier, de la statue d'Étienne
Geoffroy Saint-Hilaire. La Société impériale d'acclimatation s'était fait
représenter à cette belle solennité.

» d'affection et de reconnaissance pour des services rendus à la
» patrie et à la science. Dans cette touchante cérémonie, qui
» a pour origine le bien public, tout respire la franche cordia-
» lité, l'estime qui nous attache à notre savant et illustre Prési-
» dent et à sa digne et respectable famille. »

Ces courtes paroles, prononcées avec une expression de sin-
cérité qui n'étonnera pas ceux qui connaissent M. Jomard, furent
applaudies avec la plus vive sympathie.

M. E. Kaufmann dit quelques mots heureux au nom de la
Société d'acclimatation de Berlin, dont il est un des principaux
fondateurs et le vice-président, et M. le vicomte de Valmer,
président de la Société protectrice des animaux, imite l'exemple
de ses deux collègues, au nom de la réunion qu'il préside avec
autant de zèle que de talent.

La Société d'acclimatation, en faisant frapper la médaille de
son Président, n'avait pas oublié la digne et vertueuse com-
pagne d'Étienne Geoffroy Saint-Hilaire. Elle avait voulu non-
seulement que madame Geoffroy Saint-Hilaire fût témoin des
marques de sympathie données à son fils, mais elle avait désiré
qu'un exemplaire de la médaille lui fût donné. M. Passy fut
aussi chargé d'interpréter et de traduire cette attention délicate de la Société.

Ainsi se termina, dans le local même où la Société d'acclimatation avait pris naissance dans les premiers jours de
1854 (1), la fête de famille dont nous venons de rendre compte.

(1) C'est dans la maison habitée par M. Isidore Geoffroy Saint-Hilaire,
que se réunirent, vers la fin de 1853, les sept à huit premiers fondateurs de
la Société d'acclimatation, pour délibérer sur les moyens de la former (voy.
le *Bulletin*, t. I, p. V).

Le Secrétaire du Conseil,

GUÉRIN-MÉNEVILLE.

BULLETIN

MENSUEL

DE LA SOCIÉTÉ IMPÉRIALE

ZOOLOGIQUE

D'ACCLIMATATION

Fondée le 10 Février 1854.

I. TRAVAUX DES MEMBRES DE LA SOCIÉTÉ.

RAPPORT SUR LES ANIMAUX DESTRUCTEURS

DU

SERPENT FER-DE-LANCE DES ANTILLES

Par une Commission composée de :

MM. Ant. Passy, Dareste, Duméril, Lobligeois, Pécoul, F. Prévost,
et RUFZ, rapporteur.

(Séance du 26 juin 1857.)

Messieurs,

Il vous a été lu, dans la séance du 28 mai, un très intéressant mémoire de M. le comte de Chastaignez, membre de la Société, résidant à Bordeaux, sur l'introduction aux Antilles de diverses espèces d'animaux destructeurs des Serpents. Propriétaire d'une habitation à la Martinique, M. de Chastaignez est à même d'apprécier quel fléau est pour cette colonie le Bothrops lancéolé. De tous les reptiles venimeux c'est le plus redoutable; sa morsure fait périr à la Martinique plus de cinquante personnes par an, sans compter un grand nombre d'autres qui restent estropiées à la suite de cet accident. Sa fécondité ajoute encore à la terreur qu'il inspire, car ses portées sont souvent de cinquante à soixante petits. M. de Chastaignez a pensé avec raison qu'il pouvait ranger ce terrible reptile dans la classe des animaux nuisibles, contre lesquels l'article 2 de nos statuts recommande l'acclimatation des espèces qui en sont dans la nature les antagonistes. Parmi ces espèces, M. de Chastaignez vous propose l'Ichneumon d'Égypte, les Mangoustes de l'Inde, le Hérisson et l'oiseau appelé Secrétaire du Cap.

La commission que vous avez nommée pour examiner ce travail, et dont j'ai l'honneur d'être le rapporteur, est d'avis d'accueillir la proposition de M. de Chastaignez, et la porte à la connaissance des membres de la Société qui habitent les pays où se trouvent les espèces qui peuvent servir d'auxiliaire contre le Bothrops lancéolé, avec prière de le faire parvenir à la Martinique. La commission pense que la destruction d'un aussi dangereux animal est digne d'être mise au nombre des prix de la Société, et qu'une somme de 500 fr devrait être accordée à l'acclimatation à la Martinique soit de l'Ichneumon d'Égypte, des Mangoustes de l'Inde ou du Secrétaire du Cap, s'ils sont destructeurs du Bothrops lancéolé.

M. Rufz a fait suivre son rapport des renseignements suivants que nous donnons à l'appui, vous allez, Messieurs, en juger :

Pour avoir une idée de la mortalité qu'occasionne la piqûre du Serpent, j'ai essayé d'une statistique approximative. Mes renseignements ont été pris auprès de quelques habitants éclairés, et surtout de MM. les curés, toujours assez bien au fait de ces sortes d'accidents qui excitent une sorte d'émotion publique ; il est résulté que pour toute la colonie, dont la population s'élève à 125 000 âmes, la mortalité de la piqûre du Serpent, portée à cinquante personnes par an, n'est pas au-dessus de la vérité. Cette mortalité a lieu principalement parmi les travailleurs des champs, hommes adultes en plein rapport pour la société coloniale. On peut, toujours approximativement, l'évaluer à un vingtième des personnes piquées. Chaque personne piquée est mise hors de travail pendant quinze jours ou trois semaines au moins, et un très grand nombre de ces dernières restent estropiées pour le reste de leur vie. Car la piqûre du Serpent n'entraîne pas seulement la mort, elle laisse bien d'autres infirmités, de vastes abcès, origine d'ulcères incurables, des cancers, des nécroses des os, des gangrènes, des engorgements du tissu cellulaire, principe chez le noir du mal appelé éléphantiasis, des céphalées opiniâtres, des paralysies, des amauroses et même la perte de la parole. Nommé médecin de l'hôpital civil, créé en 1850 après l'émancipation, j'ai eu en moyenne pendant six ans à faire trois amputations de membres par an, par suite de la piqûre du Serpent, sans compter d'autres opérations de moindre gravité.

Vous voyez, d'après ce tableau, que j'ai appuyé dans mon enquête de preuves plus détaillées, de quelle conséquence est pour la Martinique la piqûre du Serpent. Aussi M. le docteur Guyon, qui s'est occupé du même sujet que moi, a-t-il raison de s'écrier « que le Fer-de-Lance était une véritable calamité » pour les îles qui en étaient affligées, car il ne se passait pas de » jour qu'il ne fît des victimes et que sa destruction serait pour » ces contrées, un bienfait, non moins grand que la découverte » de Jenner pour le monde entier. »

Il semble qu'un pays en proie à un pareil fléau ne devrait avoir rien de plus à cœur que de s'en affranchir. Cependant, je dois le dire, l'insouciance, l'apathie de notre population, à cet égard, est incroyable. C'est presque, j'oserai le dire, la stupide résignation du désespoir. Ce que j'écrivais en 1840, ce qu'écrivait M. Guyon en 1844, est encore vrai aujourd'hui. « L'ha» bitant de la Martinique s'est résigné à vivre avec son en» nemi ; depuis longtemps il n'entreprend plus rien contre lui. » On lui a fait sa part : à lui les halliers, les bois, tout ce qui » n'est point habité par l'homme ; on ne le recherche que lors» qu'il se montre sur les terrains cultivés. »

Ce n'est point, Messieurs, qu'on ne songe point au Serpent à la Martinique. On peut dire, au contraire, qu'il est toujours et partout présent. Il entre dans la combinaison de toutes nos pensées et de toutes nos actions. Sous la hutte du noir, dans ces contes et fabliaux où se plaît l'imagination des hommes primitifs, le Serpent, le compère Serpent joue toujours le principal rôle. On dirait la continuation de celui qu'il a joué auprés de nos premiers parents. A la table du riche habitant, et dans son salon, le Serpent a toujours sa part dans la conversation et fournit l'anecdote du jour, et nous tient lieu des incendies, vols et assassinats qui font les faits divers de vos journaux ; mais ni la crainte du voleur ou de l'assassin qui menacent vos rentes, ni la préoccupation de vous sauvegarder du heurt en voiture et de ces mille accidents qui encombrent les rues d'une grande ville, n'égalent la préoccupation du Serpent pour l'habitant de nos campagnes. S'il marche dans les champs, ses yeux sont sans cesse aux aguets ; il les porte à droite, à gauche, en haut, en bas. Cela est devenu une sorte d'acte instinctif. Au moindre frôlement des herbes, ce n'est pas au vent, ce n'est pas à l'oiseau, ce n'est à tout autre insecte qu'il songe, c'est au Serpent. Cette pensée nous entre dans la tête avec le jour qui ouvre nos yeux ; que dis-je ? elle assaille notre sommeil et nous suscite les plus affreux cauchemars ; vient-on à poser le pied par terre, au milieu de la nuit, on croit toujours sentir l'impression du froid que fait sentir le reptile. Dernièrement, aux portes de la ville de Saint-Pierre, une négresse s'éveille aux cris de son enfant malade ; elle enflamme une allumette, et tout aussitôt d'entendre le bruit d'un jet ou d'un ressort qui se débande ; la malheureuse enlève son enfant, se précipite par la fenêtre et crie : « au Serpent! » On accourt ; c'était en effet un Bothrops lancéolé de 4 pieds qui, levé sur une étagère, s'était, au bruit et à l'éclat du feu, lancé au hasard. Je pourrais multiplier de pareils récits à l'infini.

Je dirai tout en un mot. Le Serpent Fer-de-Lance, à la Martinique, est appendu sur la colonie comme l'épée sur la tête du Sicilien Damoclès. Mais, triste effet de l'habitude ou plutôt, comme l'appelle M. de Chastaignez, de la *routine*, cette rouille de l'esprit dont votre Société a entrepris de débarrasser l'esprit humain, le Martinicain, je le répète, s'est habitué au Serpent. Ce qui fait penser que Damoclès lui-même se serait habitué à son épée, et aurait achevé sans souci le festin du tyran de Sicile, si l'expérience qu'avait imaginée Denis s'était prolongée seulement quelques minutes.

J'ai insisté, Messieurs, sur cette obsession qu'exerce le Serpent, pour vous donner une idée du service que vous rendrez à la Martinique, si jamais vous parveniez à la délivrer d'une pareille tyrannie.

Ce n'est point ici le temps d'entrer dans les détails de l'histoire naturelle de cet animal. J'ai longuement exposé dans mon enquête avec l'aide de la colonie entière, dont je n'ai été que le secrétaire, les mœurs du Bothrops lancéolé, son anatomie, sa physiologie, et surtout la pathologie qu'entraîne sa piqûre et les moyens thérapeutiques qu'on lui peut opposer. Je m'occupe, en ce moment, avec l'aide et l'encouragement de votre savant secrétaire, M. Auguste Duméril, de publier une nouvelle édition de ce travail.

Je dois pourtant, pour achever de vous édifier sur le compte de ce monstre, car je ne puis l'appeler autrement, rappeler que votre Vipère de 2 pieds à 2 pieds 1/2 au plus, n'est que la miniature de notre Bothrops ; que le plus grand nombre de ceux que l'on rencontre ont de 4 à 5 pieds ; qu'il n'est pas rare d'en trouver de 6 : le plus long que j'ai vu avait 6 pieds 1/2.

Mais les premiers historiens des Antilles, Dutertre et Labat, parlent d'individus de 8 à 9 pieds de long et de 3 à 4 pouces de diamètre. La tradition raconte que les premiers Européens qui tentèrent la colonisation de la Martinique, furent obligés de se rembarquer par l'horreur que leur inspiraient les Serpents dont l'île était alors infectée. Permettez-moi, enfin, par une sorte d'artifice oratoire pour achever de gagner votre conviction et votre intérêt, de produire ici un individu de la terrible tribu dont nous parlons, un Bothrops lancéolé, pris au hasard dans le cabinet du Muséum. Considérez ce hideux animal, voyez cette couleur sombre et cette forme ronde qui le rendent d'autant plus perfide que c'est la forme des branches d'arbres ou la couleur de la terre sur lesquels il repose souvent, et dont l'œil ne saurait le distinguer. Voyez cette large gueule et les longs crocs plus rapides et plus mortels qu'un pistolet à double détente, et lisez surtout cette terrible inscription : « Serpent qui a tué deux hommes. »

La pullulation de ce monstre n'est pas moins effroyable que

son aspect; tous ceux qui l'ont étudié lui ont attribué des portées de cinquante à soixante petits. J'en ai trouvé une de
soixante-cinq. Aussi le rencontre-t-on par centaines. L'un de
nos collègues, qui lui aussi avait déjà appelé votre attention
sur ce sujet, l'honorable M. Pécoul, peut vous attester que
dans le nettoyage des savanes de son habitation, environ quelques hectares de terre, on en a tué trois cents.

Je n'ai parlé jusqu'à présent que des dangers que le Serpent
fait courir à l'homme. Je dois ajouter qu'il n'est pas moins
redoutable aux autres animaux. Il est carnivore et se nourrit
de tous ceux dont les dimensions lui permettent d'en faire sa
proie. On a retiré de son ventre des poules et leurs couvées,
et jusqu'à de jeunes chevreaux. Aussi le trouve-t-on souvent
dans les poulaillers, où il fait autant de ravages que votre renard. Il est le fléau des oiseaux, dont il envahit les nids et dont
les cris souvent révèlent sa présence et semblent appeler
l'homme à leur secours. Le cheval se cabre à son aspect et tombe
sous son venin; j'ai vu le bœuf lui tendre des cornes impuissantes. Toute la nature animée l'a en horreur. Mais s'il est
l'ennemi de tout le monde, par un juste retour tout le monde
lui est hostile.

La poule elle-même si craintive, en attendant qu'elle soit
mangée par les gros Bothrops, écrase de son bec et mange les
petits Bothrops; le chien l'attaque résolument : on a vu jusqu'au
rat se défendre contre lui. En 1842, pendant que j'écrivais
mon enquête, et qu'en face de ce terrible animal, j'agitais, en
moi-même, comme bien d'autres sans doute, cette téméraire
question : « De quelle utilité le Serpent et ses semblables, si
funestes à l'homme, peuvent-ils être dans la création ? » je vis
un jeune chat entrer dans mon cabinet, tenant en sa gueule un
petit Serpent qui se débattait contre lui. Je reçus ce petit accident comme un avertissement, comme une leçon qui m'était
donnée par cette providence divine, dont la sagesse infinie
est pour nous un point de repère si sûr dans nos embarras
d'esprit. Je compris que le Serpent, les insectes et leurs congénères ne sont qu'une circonstance de ce grand problème,
du bien et du mal sur la terre, destiné à exercer la liberté et

la sagacité de l'homme, et sans lequel nous ne saurions concevoir cette liberté.

Il n'est pas probable que Dieu, ce grand donneur, comme l'appelle Montaigne, qui nous a donné tant de choses et tant de choses superflues, nous ait laissé désarmés contre les surprises d'un aussi vil animal que le Serpent. S'il s'est réservé, comme le dit fort bien M. de Chastaignez, à lui seul le pouvoir de créer, il a donné à l'homme celui de modifier la création, qui est après la plus grande puissance donnée sur la matière (1).

Or l'acclimatation, telle que vous l'avez conçue, est l'une des plus grandes et des plus belles applications de cette puissance ! C'est à l'occasion du Bothrops lancéolé, et en considérant le secours que l'acclimatation de certains animaux pouvait nous apporter contre lui, que j'écrivis ces mots que M. votre secrétaire a bien voulu rappeler, comme une recommandation pour moi, lorsque vous m'avez fait l'honneur de me recevoir :

« C'est une des belles parties de notre histoire, que cet échange
» géographique des ressources de la terre, ces colonisations de
» plantes, d'arbres, d'hommes et d'animaux : cela agrandit
» l'existence humaine ; que de belles branches de commerce
» pourraient en sortir ! »

En effet, je recherchai alors dans les trois règnes de la nature, tous les moyens, tous les auxiliaires, animés ou inanimés, minéral, plante ou animal qui pourraient nous servir contre le Serpent. Ce serait trop abuser de la bienveillance avec laquelle vous avez bien voulu m'écouter, que de reproduire cette longue étude qui ne contient pas moins de quinze à vingt pages de l'enquête.

Je me bornerai à examiner les nouveaux animaux qui nous sont proposés aujourd'hui, et que nous devons au généreux esprit qui anime la Société d'acclimatation : ce sont les Mangoustes, les Hérissons et l'oiseau appelé Secrétaire ou Serpentaire du Cap.

Les Mangoustes sont de petits quadrupèdes de la grosseur

(1) Linné, parlant de la morsure du Serpent, s'exprime ainsi : « Imperans
» beneficus homine dedit Indis echneumonem cum ophiorrhiza ; Ameri-
» canis suem cum Senega ; Europæis ciconiam, cum ollo et alcali. »

environ d'un chat et placé par les naturalistes dans l'ordre des carnassiers. On en compte au Muséum (*Catalogue* de M. Geoffroy Saint-Hilaire) huit espèces. Deux de ces espèces ont paru à M. de Chastaignez propres à l'office que nous leur destinons.

La première est la Mangouste d'Égypte (*Viverra Ichneumon*); elle n'est autre en effet que l'ancien Ichneumon, que les souvenirs classiques recommandent à notre génération comme l'ennemi des Crocodiles. Cet animal avait gardé toujours quelque chose de fabuleux, que lui fait perdre l'observation réelle et *de visu* de M. Geoffroy Saint-Hilaire, dans son *Mémoire sur les mammifères de l'Égypte*. Nous ne saurions trouver ailleurs de plus sains renseignements. En effet, d'après Buffon, tous les naturalistes avaient répété que la Mangouste ou Ichneumon est domestique en Égypte, comme le chat l'est en Europe. Les paysans, suivant Buffon, en apportaient de jeunes dans les marchés; on s'en servait pour détruire les rats et les souris, et les Égyptiens s'amusaient, dit-il, de leur douceur et de leur aimable familiarité.

« La vérité, dit M. Geoffroy Saint-Hilaire, est qu'on n'est » dans aucun temps parvenu; en Égypte, à rendre l'Ichneu- » mon domestique; l'espèce y est partout à l'état sauvage : on » n'en apporte de jeunes individus aux marchés que quand par » hasard on en trouve d'égarés dans les champs, et si, parce » qu'on en tire quelques services, on les souffre dans les mai- » sons, ils s'y rendent bientôt à charge en étendant leurs ra- » vages sur les animaux de basse-cour. »

Le même auteur nous montre l'Ichneumon comme ayant cinquante centimètres de long et peu élevé sur ses pattes. Il est d'une grande défiance et d'une extrême timidité ; aussi est-il assez rare de l'apercevoir et bien difficile de l'approcher. Il a un ennemi très acharné à sa destruction, c'est un petit Lézard qui vit des mêmes proies, qui use des mêmes artifices pour se les procurer. Il n'est guère plus gros que l'Ichneumon, mais comme il est plus courageux et surtout plus agile, il en vient facilement à bout.

On reconnaît généralement qu'il ne détruit pas le Crocodile à la façon que raconte Hérodote, c'est-à-dire en s'introduisant par sa gueule dans son corps durant le sommeil et lui rongeant les entrailles, mais il mange ses œufs déposés dans les sables du bord du Nil. M. Geoffroy Saint-Hilaire fait observer que ce n'est pas par une antipathie particulière qu'il se jette avec tant d'ardeur sur les œufs de Crocodiles, mais parce que les œufs de tous les animaux indistinctement sont la nourriture qu'il recherche.

Tous les auteurs anciens, il est vrai, disent que l'Ichneumon détruit les Serpents. Aristote ajoute qu'à cause de sa grande timidité il ne combattrait jamais avec les gros Serpents qu'en appelant d'autres Ichneumons à son secours. Aussi, au dire d'Horapollon, sa figure dans le langage hiéroglyphyque servait-elle à exprimer un homme faible qui ne peut se passer du secours de ses semblables. Élien rapporte que l'Ichneumon se livre seul à la chasse des Serpents, mais c'était en usant de toutes sortes d'artifices et de précautions : il se roulait dans la vase, qu'il séchait ensuite au soleil, dans cet équipage de guerre et sous la protection de cette espèce de cuirasse ainsi que l'appelle Plutarque, il se jetait sur les plus grands Serpents, en ayant soin toutefois de préserver son museau par sa queue qu'il repliait autour.

Après de pareils renseignements, on se demande de quel secours ce petit animal de cinquante centimètres de long, sans aucune arme défensive particulière, si timide, si lâche qu'un petit Lézard de moindre dimension que lui en vient facilement à bout, pourrait être contre nos Bothrops de six à sept pieds, contre leurs crocs si affilés et surtout contre leur venin. Que pourraient leurs prétendus artifices dont parlent Élien et Plutarque ? Ajoutez que l'Ichneumon n'a pas la ressource de s'attaquer aux œufs, car le *Bothrops* est ovo-vivipare, et son œuf, si on peut appeler ainsi les enveloppes membraneuses de son fœtus, se déchire à la sortie du cloaque et laisse échapper le petit qui tout aussitôt animé par sa méchante nature se lève et paraît prêt à guerroyer.

Enfin, l'inconvénient qui le rend si incommode aux habitants de la haute Égypte dont il dévore les poules et les pigeons, ne rendrait pas l'Ichneumon très sympathique à une partie de notre population, pour parler des nègres dont ce petit bétail forme la fortune et qui la plupart du temps ne le nourrit qu'en le laissant errer dans la campagne.

L'autre Mangouste proposée est la Mangouste *Viverra Mungo*, dont Buffon a fait le genre *Mangouste;* il paraît en avoir eu un individu en sa possession. Mais tout ce qu'il dit de ses mœurs et de son hostilité contre les Serpents est puisé dans les *Amœnitates exoticæ* de Kempfer. Kempfer a écrit en voyageur curieux plutôt qu'en naturaliste, à l'occasion de l'*Ophiorrhiza Mungo*, herbe très amère qu'il offre comme antidote contre la morsure des Serpents, il dit que le nom de *Mungo* lui vient d'une sorte de petite belette : « Mustela quædam seu Viverra Indis *Mun-* » *gutia*, Lusitanis ibidem *Mungo* appellata. » Cette Mangouste, dans les combats qu'elle livre aux Serpents, lorsqu'elle se sent blessée va se frotter sur l'*Ophiorrhiza Mungo*, et revient ensuite au combat sans craindre les effets du venin. C'est ainsi qu'elle en a appris l'usage aux hommes.

Je ne m'arrêterai pas à vous faire observer que ce que Kempfer dit de l'*Ophiorrhiza Mungo* a été dit de presque toutes les innombrables plantes préconisées contre la piqûre des Serpents.

Je n'ai malheureusement pu trouver dans les voyageurs et les naturalistes plus modernes que Kempfer et Buffon d'autres détails sur le Mangouste de l'Inde.

Mais comme Kempfer écrit que ce petit animal s'apprivoise facilement, *facilè mansuescit*, et qu'il en a eu un qui le suivait à la ville et à la campagne, à l'instar d'un petit chien, *instar caniculi*, et qu'enfin il ne l'accuse d'aucun inconvénient, nous vous serions reconnaissant d'en demander quelques individus à nos correspondants de l'Inde, et particulièrement à M. de Montigny.

J'en dirai autant d'une Mangouste, originaire de Madagascar, et que je vois signalée dans les catalogues de la science comme ayant été naturalisée aux îles de France et de la Réunion. (Geoffroy Saint-Hilaire, *Catalogue du Muséum.*)

J'arrive maintenant aux Hérissons, qui sont les seconds animaux recommandés par M. de Chastagnez, comme pouvant servir à la destruction des Serpents.

Le Hérisson (*Erinaceus Europœus*) est ce singulier petit animal devant lequel nous nous sommes tous plus d'une fois arrêtés avec admiration. Du museau à la queue il a de six à huit pouces, n'est pas plus gros qu'un gros rat, il a surtout un pelage qui lui est particulier, qui offre en guise de poils de fortes épines qu'on ne peut toucher impunément. Le Hérisson craint-il quelque attaque, il se ramasse et se roule en un globe qui présente de tous côtés ces redoutables épines.

Le Hérisson est rangé au nombre des *Insectivores*. Dans tous les livres d'histoire naturelle il est annoncé comme se nourrissant de hannetons, de scarabées, de grillons, de vers et de *Serpents*.

Un journal de la Martinique, *le Propagateur*, a eu l'idée de réclamer son assistance contre le *Bothrops lancéolé*, car nous sommes disposés à appeler toute la nature à notre secours! Voici, je crois, le fait qui a donné lieu à l'article du *Propagateur* :

Le *Journal zoologique de Londres* raconte que le professeur Buckland, soupçonnant que le Hérisson pouvait manger les Serpents, mit dans une cage une petite couleuvre anglaise, *Snake British*, de l'espèce, dit-il, la plus inoffensive. Le Hérisson se met d'abord en boule sur la défensive, mais M. Buckland ayant poussé les deux adversaires l'un contre l'autre, le Hérisson donne à la couleuvre un premier coup de dent qui fut suivi d'un second. Puis il lui cassa l'échine, lui broya les os et se mit à la manger en commençant par la queue, en avala la moitié et acheva le reste le lendemain ; après chaque botte portée au reptile, le Hérisson avait soin de se mettre sur ses gardes en se roulant en boule et présentant les pointes de son armure.

Ce fait a été répété par M. Bell et par M. Fennelle dans leur *Histoire sur les quadrupèdes de la Grande-Bretagne* qui sont les écrits les plus récents sur la matière. M. Bell le qualifie de combat raconté à la manière antique.

Assurément, ce fait est considérable. Nous l'acceptons comme une précieuse indication; mais il est à regretter que l'adversaire du Hérisson ait été une couleuvre de la plus innocente espèce ? Au dire même de l'historien du combat, le

Hérisson serait aussi hardi, aussi fort contre le *Trigono-céphale*. Vous connaissez les deux adversaires, jugez si vous l'osez.

Soit comme médecin, soit comme maire de la ville de Saint-Pierre, j'ai été plus d'une fois appelé à juger de ce prétendu antagonisme dont on nous offrait l'espérance, et le peu de succès de ces épreuves vous expliquera peut-être mon scepticisme. On parle d'abord beaucoup dans le pays de l'antagonisme de la couleuvre indigène, appelée Couresse, contre le serpent. J'ai longuement examiné cette question dans mon enquête ; il existe des faits incontestables. On a trouvé des Couresses qui renfermaient des serpents qu'elles avaient avalés, mais ces serpents étaient toujours des individus beaucoup plus petits que la Couresse. Et la Couresse n'ayant que deux pieds et demi dans sa plus grande longueur et étant très fluette, je me suis toujours demandé comment elle pouvait avaler des Bothrops de quatre à six pieds de long et d'un pouce et plus de diamètre. Le contenant peut-il être moindre que le contenu ? Ce prétendu antagonisme de la Couresse et du Bothrops, rentrerait donc dans la loi générale que tous les êtres animés, chien, chat, poule, cochon, etc., dévorent les petits serpents, en attendant qu'ils en soient un jour à leur tour dévorés.

On parlait beaucoup d'une Couleuvre bien plus grosse que la Couresse, que l'on nomme Clibot ou Tête de Chien ; elle est, en effet, aussi grosse que les plus gros Trigonocéphales. On attribuait à sa présence dans l'île Saint-Dominique, qui n'est séparée de la Martinique que par un bras de mer de 7 lieues, l'absence du Bothrops, qui, cependant, est très bon nageur. Je décidai M. le maréchal Vaillant, gouverneur de la Martinique, à faire venir quelques Clibots, et en présence de la population de Saint-Pierre, invitée à ce spectacle, je mis dans une cage deux Clibots contre un Bothrops de même dimension. Ils parurent vivre d'abord en assez bonne intelligence ; les Clibots paraissaient plutôt disposés à fuir qu'à attaquer le Bothrops qui tournant sur lui-même, ne perdant jamais ses adversaires de vue, semblait les viser en duelliste consommé.

Enfin, les ayant poussés les uns contre les autres pour les exciter, le Bothrops mordit l'un des Clibots jusqu'au sang. Mais cette blessure quoique venimeuse n'eut aucune suite. Non-seulement le Clibot n'en mourut pas, mais laissés ensemble dans la cage pendant plusieurs jours, ils ne se firent aucun mal, et nous parurent mener véritablement une vie de famille. Le récit de cette expérience a été publié dans le journal *la France d'outre-mer*, en mars 1853.

Pour en revenir au Hérisson, je dois faire observer que cette singulière armure qui paraît le rendre formidable, est plus à redouter en apparence qu'en réalité; elle est purement défensive. « Le Renard sait beaucoup de choses, le Hérisson n'en sait qu'une grande, disaient proverbialement les anciens : il sait se défendre sans combattre et blesser sans attaquer. C'est par cette phrase que Buffon commence son article du Hérisson. Ajoutons que cette cuirasse n'est pas impénétrable, qu'elle n'enveloppe pas tout son corps; son museau, ses oreilles, ses pattes, ses flancs, le dessous de son ventre n'ont point d'épines. Aussi le Renard et le Chien terrier, au prix de quelques égratignures, en viennent-ils à bout. Pensez-vous que le Bothrops serait moins hardi et moins adroit et ne trouverait pas le défaut de cette cuirasse pour y glisser ses dards venimeux?

Quoique le Hérisson soit un animal assez commun et qui se rencontre même dans les jardins, ses mœurs ne sont pas très bien connues ; les naturalistes ne sont pas d'accord sur les aliments dont il se nourrit ; il n'est pas sûr qu'il mange les Rats, Mulots et Souris. Suivant M. Fennelle, il peut avaler de jeunes Lapins et de petits Chiens. Quelques-uns le rangent parmi les frugivores, mais il ne pourrait manger que les fruits qui tombent des arbres ou ceux qui sont à sa portée, car il n'est pas grimpeur. Enfin, M. White le représente comme mangeant les racines : « La manière dont il se prend pour couper la racine du Plantain, dit M. White, est vraiment curieuse. Comme sa mâchoire supérieure proémine sur l'inférieure, il fait tourner la plante jusqu'à ce qu'il l'ait saisie par le bout de la racine et la mange jusqu'aux feuilles. »

Ce dernier fait m'a paru devoir être pris en grande considération dans l'introduction du Hérisson à la Martinique. Vous savez tous que la Canne à sucre fait la richesse de nos colonies; elle est sucrée au ras de la terre, pour ainsi dire, dès le collet de la racine. Tous les animaux en sont très friands, particulièrement les Rats qui en font de grands dégâts, car il suffit qu'ils lui impriment la dent pour que la Canne soit perdue; elle fermente, rougit et se dessèche. Le nombre des Cannes ainsi *ratées* sur certaines habitations est considérable et forme une partie de la récolte. Aussi nos habitants exposés à ce dommage en sont-ils très touchés; ils vont jusqu'à préférer dans leurs Cannes la présence du Bothrops à celle des Rats, car il est reconnu que le Bothrops est un grand destructeur de Rats, qu'il n'attaque jamais l'homme, que bien qu'il soit trop multiplié, il ne l'est pas encore autant que le Rat, et que, si jusqu'à un certain point on peut se préserver des uns, on ne saurait se garantir des autres.

Que serait-ce si le Hérisson, qui mange les fruits et la racine du Plantain, venait à prendre goût pour la Canne et à faire concurrence aux Rats? Nos habitants ne trouveraient-ils pas le remède pire que le mal. C'est pourquoi je pense qu'avant d'admettre le Hérisson dans notre société coloniale, il serait convenable de le tenter et de le mettre en rapport avec la Canne, pour voir comment il se comporterait envers elle. Cette expérience serait des plus faciles.

Il en est une autre qui peut être faite ici et là-bas : ici chacun de nous peut mettre le Hérisson en présence de la Vipère, et là bas en présence du Trigonocéphale.

Pardonnez-moi, Messieurs, de répondre à tout ce qu'il y a de bienveillant dans cette offre d'animaux destructeurs du Serpent par ces quelques critiques, et de ne pas les accueillir avec un reconnaissant enthousiasme. Ce que j'en dis ici, ce n'est pas pour décourager l'expérimentation et la repousser par une de ces *fins de non-recevoir*, si funestes aux découvertes et si chères à la paresse. Je sais qu'il faut laisser à l'expérimentation une grande latitude, qu'il faut même compter sur ses imprévus, que tel est l'esprit de la Société d'acclimatation. Cependant, je crois qu'une autre sorte de découragement pourrait naître d'essais trop infructueux en trompant notre attente, que ce n'est pas aller contre nos statuts, que de consulter, pour faire des essais, de prudentes analogies, et qu'il ne faut pas abdiquer les données de la raison, même en faveur des promesses du hasard.

Enfin, nous avons à la Martinique un animal qui me paraît un *succédané indigène* des Mangoustes et des Hérissons, c'est le Manicou ou Marmose de Buffon, de qui nous pouvons apprendre quel serait le sort de ces nouveaux auxiliaires. Le Manicou a le groin du porc; il a une puissante dentelure, des ongles longs et aigus, un cuir épais; il grimpe aux arbres. Des faits notoires apprennent qu'il se défend vaillamment contre le Bothrops et leur vend chèrement sa vie. Mais, plus souvent encore, on trouve des Manicous dans le ventre du Bothrops.

Il nous reste maintenant à parler du dernier des animaux proposés par M. de Chastaignez, et qu'il considère comme spécifiques contre les reptiles, de l'oiseau appelé Secrétaire du Cap (*Serpentarius reptilivorus*).

Le Serpentaire reptilivore est un bel oiseau, dont M. Jules Verreaux vous a déjà entretenus : son travail a été publié dans le tome III de vos *Bulletins*. Entre autres détails intéressants sur ses mœurs, M. Verreaux nous apprend qu'au Cap, cet oiseau est protégé par la loi, à cause du grand nombre d'insectes et de serpents venimeux qu'il détruit. M. Verreaux émet le souhait que cet animal soit introduit à la Martinique pour combattre le Bothrops lancéolé; il ignorait sans doute que l'essai eût été déjà tenté, car il n'en parle pas; mais dès l'année 1817, M. Moreau de Jonnès avait donné le même conseil. En 1825, M. l'amiral de Mackau introduisit à la Martinique deux Serpentaires, l'un d'eux mourut malheureusement dès son arrivée. « On les avait déposés, dit M. le doc-
» teur Guyon, au Jardin botanique où les curieux allaient les
» visiter; là j'ai été souvent témoin de la manière dont l'ani-
» mal se défait du reptile : d'abord, par des coups de pattes
» lancés perpendiculairement sur la tête avec une précision et
» une vigueur incroyables, il a bientôt étourdi son adversaire;

» après quoi, tandis que d'une patte il l'assujettit sur le sol en
» le serrant avec force, le saisissant avec le bec derrière la
» nuque, par un mouvement rapide de torsion, il lui luxe les
» vertèbres. J'ajoute que rien n'est beau comme l'animal,
» lorsque apercevant sa proie, son œil s'anime, brille, et que
» tout son corps frémit. »

Songez, Messieurs, qu'il s'agit ici du Serpentaire aux prises
avec le Bothrops lancéolé lui-même. Nous ne sommes plus
dans les analogies. Croirait-on qu'on n'ait point donné suite à
une aussi heureuse expérience ; le Serpentaire est mort dans
l'isolement.

Mais en sera-t-il ainsi, Messieurs, lorsque par votre entremise, la colonie pourra se procurer des Serpentaires en
assez grand nombre et faire l'expérience en grand et de manière à obtenir l'acclimatation de ce précieux oiseau. Je suis
assuré du contraire. Le Martinicain n'a été arrêté que par la
rareté des communications qu'il lui est possible d'avoir avec le
cap de Bonne-Espérance ; mais si vous voulez nous procurer le
concours de votre correspondant, je ne doute pas que nous ne
profitions des facilités que nous peuvent offrir nos nouveaux
rapports avec l'Inde pour l'émigration des Coolies, et qu'en
passant au Cap, nous n'ajoutions, avec le plus grand empressement, aux Coolies indiens, le Serpentaire du Cap.

Enfin, Messieurs, contre un ennemi comme le Bothrops lancéolé, il ne me paraît pas assez sûr de nous reposer du soin de
notre défense sur un seul moyen, sur ces alliés naturels que
nous offre la nature ! Ces préservatifs uniques, commodes, tout
faits, une fois trouvés, sur la confiance desquels nous pouvons
nous endormir, qui nous dispensent de tout autre soin, peuvent
convenir à l'homme sauvage et suffisent à sa paresse. L'homme
civilisé ne s'abandonne jamais à la garde des animaux, il saura
trouver dans les ressources de son industrie bien d'autres défenses : je voudrais voir rétablir ces primes et encouragements que d'autres habitants et moi-même avons plus d'une
fois réclamés dans les conseils publics de la colonie, mais que
nous n'avons pu jamais obtenir qu'à la somme bien insuffisante
de quelques centaines de francs. Le conseil général de Seine-

et-Marne a voté, l'an dernier, près de 8000 francs contre la Vipère de Fontainebleau, qui n'est certainement pas le Bothrops lancéolé ! Je voudrais voir à la Martinique une brigade de chasseurs de Serpents, en exercice permanent, sous l'excitation et le contrôle de l'autorité supérieure.

Je profiterai aussi de l'occasion pour vous dire quelques mots du pansement de la piqûre du Bothrops, ce redoutable accident contre lequel il semble que l'habitant de la Martinique aurait dû appliquer toutes les forces de son intelligence. Ce pansement est le plus ordinairement abandonné et même réservé à quelques vieux nègres, rebut de notre société coloniale; ils nous tiennent lieu de ces sorciers et de ces guérisseurs dont vos tribunaux font justice. Je ne saurais vous dire le découragement et l'indignation dont j'ai été souvent saisi à la vue des pratiques insensées dont les panseurs se rendent coupables

Le panseur est souvent logé au loin, à une heure et plus, il faut l'aller quérir; il se fait attendre, perd un temps considérable à broyer des herbes et marmotter des paroles d'incantation; souvent il arrive que son pansement n'est appliqué que plusieurs heures après la piqûre. Ce sont, pour la plupart du temps, des herbes insignifiantes dont j'ai pu recueillir plus de trente formules ; on perd ainsi le bon moment du pansement.

Car l'absorption du venin, ainsi que le prouvent toutes les expériences, se faisant au bout de quelques minutes, il importe de l'empêcher le plus promptement possible, et il est prouvé que par la ligature, par la succion, par le lavage avec un liquide convenable et surtout par la cautérisation, on peut étouffer ce venin dans les chairs, de même qu'on étouffe un incendie en plaçant le pied sur l'étincelle qui le peut allumer.

Toute personne donc doit être en ce pays panseur de la piqûre du Serpent, afin de pouvoir se secourir à temps, soi et les siens.

Pour arriver à ce résultat si désirable, il faudrait répandre dans les campagnes de sages instructions, et surtout laisser toujours à la portée de ceux qui sont exposés à être piqués par le Serpent les moyens de pansement reconnus les plus efficaces ;

de ce nombre et en première ligne, se trouve l'ammoniaque, alcali volatil.

Lorsque les négresses travaillent en atelier, à la coupe des Cannes ou au défrichement des terres, car c'est dans ces occasions qu'arrivent le plus souvent des accidents, tout habitant, ce qui ne se fait jamais, car l'incurie, je le répète, est incroyable, tout habitant devrait être tenu d'avoir entre les mains de son homme de confiance, chargé de surveiller le travail, économe ou commandeur, un flacon d'alcali ou de tout autre liquide reconnu bon pour le pansement. Ce liquide servirait au premier pansement des hommes piqués, lequel serait fait le plus promptement possible. Je voudrais que l'omission de cette précaution fût suivie d'une pénalité, et que le travailleur qui n'aurait pas trouvé le remède qui lui serait dû aux termes de la loi, fût admis à réclamer contre le propriétaire. C'est une gêne sans doute, mais de pareilles gênes ne sont-elles pas imposées ici à bien des usiniers dont l'industrie est réputée malsaine sans l'observance de certaines conditions.

Je ne doute pas, Messieurs, que ces différents moyens contre le Bothrops et l'introduction des animaux qui peuvent le combattre, et les primes pour sa destruction, et les précautions pour diminuer la gravité de ses piqûres ; je ne doute pas, dis-je, que ces moyens recommandés à la bienveillance de notre collègue, M. Mestro, directeur des colonies, ne soient pris par lui en considération, et que la sollicitude paternelle qu'il porte naturellement aux colonies ne soit encore en cette occasion augmentée par les obligations de son titre de membre de la Société d'acclimatation.

C'est ainsi, Messieurs, que vous répondrez à la proposition qui vous est faite : le seul fait, je peux vous l'assurer, d'avoir pris intérêt à cette question, va être pour nos compatriotes d'outre-mer une consolation et un encouragement, et votre initiative sera un bienfait pour ces beaux pays, qui, suivant l'expression si vraie de M. de Chastaignez, sont aussi la France.

SUR L'ÉDUCATION

DE

PLUSIEURS OISEAUX D'AGRÉMENT

RÉCEMMENT INTRODUITS EN FRANCE.

LETTRE ADRESSÉE A M. LE PRÉSIDENT DE LA SOCIÉTÉ IMPÉRIALE ZOOLOGIQUE D'ACCLIMATATION

Par M. A. LAURENCÉ fils.

———

(Séance du 18 décembre 1857.)

Monsieur le Président,

Je viens, comme membre de la Société impériale d'acclimatation, vous apporter le tribut de mes observations sur l'éducation de certains Oiseaux d'agrément qui ont, depuis quelque temps en France, une véritable vogue. Je veux parler des Colins de la Californie, du Canard de la Caroline, et de la Sarcelle de Chine, ou Canard mandarin.

Depuis trois ans j'élève de ces jolies Sarcelles de Chine, et je n'ai bien réussi que cette année ; cela tient à une cause que je crois devoir soumettre à notre Société, afin que ceux qui ont, comme moi, quelque loisir à donner à l'étude de ces oiseaux, puissent éviter les difficultés que j'ai toujours rencontrées, au moment où je me croyais le plus sûr du succès.

Au mois de février 1854, je me procurai un couple de Sarcelles de Chine. Le mâle était vraiment magnifique, sa riche parure faisait plaisir à voir ; la femelle, moins brillante, se distinguait par l'élégance de ses formes ; son œil était vif, intelligent et d'une grande douceur ; elle ne cherchait pas, comme le mâle, à se mettre en évidence, ni à faire parade de ses attraits ; toujours à ses côtés, ou derrière lui, elle ne le quittait pas une seconde, et semblait sans cesse lui demander aide et protection. Cette timidité ne dura pas longtemps ; quinze jours, un mois après leur arrivée, les rôles étaient changés. La femelle, enhardie, semblait la maîtresse du logis, elle allait et venait en tous sens, voltigeant avec une grande légèreté d'un arbre à l'autre, et, comme une bonne ménagère, elle semblait se préoccuper infiniment de son intérieur : c'est que déjà elle pressentait les espérances de l'avenir, et son instinct de mère lui révélait un monde de choses que je ne faisais qu'entrevoir. Un beau jour toute cette activité cessa, et le calme le plus parfait régna dans la volière. L'arbre qui devait renfermer son trésor était choisi, et, pour le cacher à tous les regards, pour empêcher le plus petit soupçon de naître, elle affectait une indifférence complète sur tout ce qui se passait autour d'elle. Je respectai longtemps un secret qui n'en était pas un pour moi, et quand je jugeai le moment favorable pour m'emparer de la couvée, j'entrai avec soin dans la volière et je pris toutes espèces de précautions pour m'approcher de l'arbre qui renfermait le précieux dépôt. Je m'attendais à beaucoup de bruit, beaucoup de tapage ; mais rien de tout cela n'eut lieu. Avais-je trompé la vigilance de la femelle, ou bien était-ce indifférence de sa part ? je ne puis le croire ; j'aime mieux penser que vivant facilement à l'état domestique par l'influence de cette espèce de captivité qui transforme la nature de tous les êtres, il y a déjà eu dans l'organisation de ces oiseaux de profondes modifications. Je suis d'autant plus porté à le croire, que l'expérience que j'ai faite cette année, dans l'éducation d'une couvée de Mandarins, m'a donné la preuve que leur tempérament vigoureux pouvait se soumettre à toute espèce de régime.

Jusqu'à ce jour j'élevais ces oiseaux avec un soin extrême ; je les tenais en boîte trois semaines au moins, leur donnant des œufs de fourmis, des œufs de poule tant qu'ils en voulaient. De la boîte je les faisais passer dans une grande volière bien exposée, où ils trouvaient beaucoup d'eau et d'espace. Je continuais de leur donner des œufs de fourmis, du cœur de bœuf et des graines de toutes sortes ; aussi c'était merveille que de les voir vivre et grossir à vue d'œil. Tout marchait bien jusqu'à l'âge où ils commençaient à voler ; alors une certaine faiblesse se déclarait dans leurs jambes, et, malgré tous mes soins, malgré la nourriture animale que je leur donnais, cette faiblesse augmentait sans cesse et finissait par dégénérer en une goutte horrible qui leur contournait les pattes. Les oiseaux ne pouvaient plus se soutenir et rampaient comme des couleuvres ; c'était pitié à voir. Quelquefois j'ai combattu les progrès de la maladie, en leur donnant pour nourriture bon nombre de vers de terre roulés dans des poudres très échauffantes, et comme ils sont très friands de ces vers, ils avalaient tout sans difficulté ; mais ces oiseaux restaient toujours malingres et les premiers froids les faisaient mourir.

Cette année, ne sachant plus que faire, j'ai eu l'idée de les mettre en liberté dans une petite pièce d'eau que j'ai dans un jardin clos de murs. Il y avait à peine dix ou douze jours qu'ils étaient nés ; mon inquiétude était grande, qu'allaient-ils devenir ? Je me décidai cependant ; mais à peine avaient-ils pris l'eau, que mes petits Canards se précipitent dans tous les sens ; en vain la poule les appelle ; captive au fond d'une boîte, elle pousse des cris de détresse, ils restent sourds à sa voix : c'est une fourmilière qui s'agite dans l'eau, un pêle-mêle indescriptible, et mes efforts pour les ramener ne font qu'accroître leur délire ; ils plongent sans cesse, paraissent à peine, plongent encore et finissent par disparaître dans les herbes. Il y avait là, comme spectateurs de cette scène, des Canards de la Caroline, des Canards sauvages, des Sarcelles, etc., etc. Ces vieux habitants de ma pièce d'eau verraient-ils d'un bon œil ces jeunes brouillons qui semblaient venir si inopportunément troubler leur paisible demeure ? c'était là une question délicate ; aussi commençais-je déjà à gémir de ma témérité et j'aurais bien voulu ramener sous l'aile de la mère tous ces petits étourdis, mais où les prendre maintenant ; ils étaient si bien cachés, qu'il n'y avait plus moyen de les voir. Pendant que je réfléchissais à ma mésaventure et que je promenais un regard inquiet dans les réduits les plus sombres de ma pièce d'eau, je vis les herbes, doucement agitées, s'entr'ouvrir, et donner passage à un petit canard, le plus hardi sans doute ;

puis un second est apparu, puis un troisième, puis un quatrième, toute la couvée enfin ; la mère appelait toujours et jetait les hauts cris. Mes petits Canards, plus calmes cette fois,
semblaient prêter une oreille attentive à ses cris de désespoir;
leurs regards, moins agités, faisaient prévoir une soumission
prochaine. Mais que de terreurs, que d'obstacles ils avaient
à vaincre avant d'en arriver là; ils avaient une longue distance
à parcourir, et, chemin faisant, que de rencontres imprévues
ne pouvaient-ils pas faire ! Cependant la crainte ou l'instinct
les rassemble ; une longue colonne de marche s'organise, elle
s'agite, elle part ; cette fois la tranquillité règne dans les rangs;
ils nagent dans un profond silence, tous dans la même direction, vers la mère. Tout à coup un gros Canard sauvage vient
leur barrer le passage. Mes petits Canards intimidés s'arrêtent,
babillent entre eux ; mais ils reprennent courage, ils s'avan-
cent, timidement d'abord, puis s'enhardissant tout à fait, ils
entourent le gros sauvage et semblent lui faire les plus chaudes
avances : le canard ne fut pas en reste avec eux; il y eut bien
quelques coups de bec distribués à droite, à gauche, mais tout
cela était fait avec tant de bienveillance, qu'il était clair que
la colère n'y entrait pour rien. Au bruit, au mouvement qui
avait eu lieu, tous les autres Canards, poussés par la curiosité
sans doute, étaient venus pour voir ce dont il s'agissait; l'occasion était bonne pour se défaire de cet essaim bruyant, et
je n'étais pas encore très rassuré, mais heureusement tous
mes Canards restèrent calmes et ne manifestèrent aucun mauvais vouloir. A dater de ce moment, la paix était signée, et
mes petits Mandarins avaient droit de cité. Pendant ce temps,
la mère appelait toujours et semblait se perdre en efforts inutiles pour ramener son petit monde au bercail ; mais bientôt
ses cris cessèrent : guidés par cette voix amie, ses petits Canards se précipitèrent dans la boîte et le silence se rétablit.

Je ne vous dissimulerai pas, Monsieur le Président, que
j'étais fort aise de voir se terminer ainsi une expérience qui
pouvait avoir de grands inconvénients pour mes petits Canards.
En les mettant si jeunes encore dans une pièce d'eau remplie
de vieux oiseaux, j'avais à redouter bien des choses : le froid

de l'eau d'abord, si préjudiciable à leur santé, mais que les jeunes Mandarins supportent plus facilement que les Canards de la Caroline, puis enfin la lutte mortelle que pouvaient engager les vieux Canards ; rien de tout cela n'a eu lieu. La chaleur de l'été leur a été des plus propices, et ils ont trouvé dans les habitants de ma douve de vrais amis prêts à les protéger et à leur servir d'exemple. Tout allait donc pour le mieux ; il ne me restait plus qu'à pourvoir à leurs besoins et à leur donner la nourriture la plus conforme à leurs goûts. Trois fois par jour je leur apportais des œufs de fourmis, des œufs de poules que je plaçais sous une mue afin de les mettre à l'abri de toute convoitise ; mais quel a été mon étonnement de voir qu'au bout de huit à dix jours ces œufs, dont ils sont ordinairement si friands, n'avaient plus d'attraits pour eux ; je voulus en connaître la cause. Mes Canards étaient si jeunes encore, trois semaines au plus, que je ne pouvais croire qu'ils pussent impunément se passer de cette nourriture ; je me mis en observation, et voici ce que j'ai découvert :

Je vous ai dit, Monsieur le Président, que mes vieux Canards avaient montré une bienveillance toute particulière à mes jeunes Mandarins ; mais, hélas ! cette bienveillance ne fut pas de longue durée, car je vis bientôt que s'ils ne leur avaient fait aucun mal, c'est qu'ils avaient cru voir dans ces nouveaux venus des êtres parfaitement inoffensifs, incapables de nuire à leurs intérêts ; ils les ont acceptés, parce qu'ils n'avaient rien à craindre d'eux. A l'état de nature, l'instinct de la conservation est tout : il n'y a que les animaux vivant en société, et qui ont besoin de réunir leurs efforts pour subsister, qui consentent à des concessions mutuelles ; aussi du jour où mes jeunes Mandarins voulurent marcher sur les brisées de mes vieux Canards et participer aux reliefs de leur festin, aussitôt la guerre a commencé ; mais, de part et d'autre, il y avait affaire à forte partie. Les Mandarins sont doués d'une agilité extrême, ils étaient insaisissables et échappaient toujours à leurs ennemis, revenaient sans cesse à l'assaut, sans se dégoûter jamais des nombreuses sorties qu'on faisait contre eux ; ce n'était que de guerre lasse, et quand enfin chaque Canard avait à tour de rôle apaisé sa faim, que les jeunes Mandarins pouvaient venir, tout tremblants, toucher le but de leur désir. C'était cependant un bien triste régal, et qui ne méritait pas pour l'obtenir tant d'efforts persévérants. Mais il a suffi à mes jeunes Mandarins de voir de vieux Canards se nourrir de son et de farine d'avoine, mélangés par égale portion, pour vouloir se nourrir comme eux, et parce qu'ils avaient trouvé de la résistance à l'accomplissement de leurs désirs, il n'en fallait pas davantage pour les exciter à tenir bon, jusqu'à ce qu'ils aient été satisfaits. L'exemple que leur donnaient des oiseaux de leur espèce a donc suffi pour les entraîner au point de modifier si profondément leurs goûts, qu'ils recherchaient, de préférence aux œufs de fourmis, une nourriture dont ils n'eussent fait aucun cas dans toute autre circonstance.

Voilà donc, à mes yeux, un grand problème résolu : il est constant aujourd'hui que l'on peut habituer des oiseaux délicats à prendre, dès leur premier âge, la nourriture la plus ordinaire, en les mettant en contact avec des oiseaux déjà soumis à ce régime. Ce moyen si simple, que tout le monde peut expérimenter, suffira, j'ai lieu de l'espérer, pour lever une partie des difficultés que l'on rencontre toujours dans l'éducation de ces oiseaux d'agrément. Il ne s'agit pas seulement d'élever à grands frais, avec un soin extrême, certaines espèces, ce qui ne peut être que le privilége de quelques personnes, il faut, selon moi, arriver à un résultat pratique et à la portée de tous. Nos oiseaux domestiques, tels que les Poules, les Canards, n'ont pas seulement le mérite d'une chair bien succulente, mais on les désire et on les trouve partout, parce qu'ils naissent, s'élèvent et vivent sans exiger aucun soin sérieux. Si j'ai bien compris le but de notre Société, elle ne veut pas seulement faire venir de loin et introduire dans notre pays des oiseaux qui ne peuvent servir qu'à l'agrément d'un petit nombre, elle veut encore que ces oiseaux prospèrent dans les conditions les plus faciles pour tous. J'espère avoir atteint en partie ce but, et je crois que tout le monde y arrivera comme moi en usant des mêmes procédés.

J'ai donc aujourd'hui, dans ma pièce d'eau, une couvée de

Mandarins qui se sont élevés pour ainsi dire tout seuls et qui n'ont eu, pour toute nourriture, que des œufs de fourmis pendant une quinzaine de jours, et du son et de la farine d'avoine pendant le reste du temps. Ces canards sont très beaux et très vigoureux, n'ont jamais eu la moindre maladie : toutefois je pense que ce régime n'a de chances de succès que dans des conditions pareilles à celles où j'avais placé mes oiseaux. En volière, l'eau et l'espace leur manquent toujours, et ils ne sont pas à même, comme dans une pièce d'eau, de faire la chasse à ces myriades de petites mouches qui voltigent à la surface, et dont la capture leur procure le précieux avantage d'un exercice salutaire et d'une bonne nourriture.

Pardonnez-moi, monsieur le Président, la longueur de cette lettre ; je crains d'avoir été indiscret en vous entretenant d'un sujet qui n'a sans doute aucun mérite sérieux.

Agréez, etc.

AIMÉ LAURENCE fils.

SUR LES RÉSULTATS

DE LA

CULTURE DE DIVERSES ESPÈCES D'IGNAMES

Par Ad. CHATIN.

(Séance du 8 janvier 1858.)

Je viens faire connaître à la Société quelques résultats relatifs à la culture de l'Igname de la Nouvelle-Zélande, de l'Igname violette des Indes, de l'Igname des Moluques et de l'Igname de Chine.

IGNAME DE LA NOUVELLE-ZÉLANDE.

(*Dioscorea Piddingtoni*, Moq.) (1).

L'Igname que la Société d'acclimatation a reçue de Calcutta, par les soins de M. Piddington et de M. le chevalier Baruffi, avait fourni l'an dernier, à l'aide de bouturages successifs, un grand nombre de tubercules presque tous fort petits. Plusieurs de ces derniers sont morts pendant l'hiver. Les autres, mis à végéter en terre, dès le premier printemps, ont donné des pousses dont la force et la vigueur étaient généralement en rapport avec le volume des tubercules mères. La plante produite par l'un des moins petits (il avait le volume d'une noix) de ces tubercules a été mise, le 15 mai, en plein air, contre un mur exposé au midi, où elle a pris sensiblement plus de force que les plantes provenant de tubercules semblables, mais laissées en serre tempérée. Il ne faut pas oublier que l'été de 1857 a été exceptionnellement chaud.

La végétation des divers individus s'étant successivement arrêtée, j'ai constaté les résultats suivants le 15 novembre.

(1) Quoique nous ne connaissions ni les fleurs ni les fruits de cette plante, nous ne pouvons guère douter que ce ne soit un vrai *Dioscorea*. Cette espèce n'ayant pas été décrite, du moins à ma connaissance, j'ai cru devoir adopter le nom de *Dioscorea Piddingtoni*, sous lequel notre confrère M. Moquin-Tandon l'a désignée.

a. La plante mise en plein air avait produit un tubercule presque aussi gros que le tubercule mère.

b. Des plantes de la serre, au nombre de vingt environ, deux seulement avaient produit chacune un tubercule-racine de la grosseur d'une noisette; les autres avaient développé de nombreuses fibres radicales, mais de tubercules, point.

Je dois dire que, vers le 15 octobre, reconnaissant à la couleur jaune des feuilles et à la dessiccation des pousses terminales que l'individu mère, en pleine terre, se rapprochait du terme de sa végétation, je fis pratiquer sur lui des boutures (au nombre de 47) dont chacune a produit, de l'aisselle de la feuille, un bubille de la grosseur d'un pois.

La végétation de l'Igname de la Nouvelle-Zélande a donc été moins satisfaisante encore en 1857 qu'en 1856 ; la plante a de plus en plus dégénéré depuis son arrivée en Europe. Le résultat général, qu'il faut bien voir tel qu'il est, détruit les illusions auxquelles nous avions pu nous abandonner sur la possibilité d'acclimater en France l'Igname envoyée de Calcutta par M. Piddington. Espérons que les très beaux produits donnés en Afrique par cette Igname, dont M. Hardy aurait obtenu l'an passé des tubercules du poids de 10 kilogrammes, se confirmeront du moins.

La Société se rappelle que deux des trois gros tubercules dirigés sur Paris par M. le chevalier Baruffi avaient été confiés à MM. Moquin-Tandon et Paillet. Or, chez nos collègues aussi, la dégénérescence des produits a été malheureusement complète. M. Rémond, de Versailles, à qui j'avais confié, en 1857, quelques boutures dont les produits avaient été d'abord satisfaisants, n'a obtenu, cette année, que deux tubercules dont le volume ne dépasse pas celui d'une graine d'orange.

IGNAME VIOLETTE DES INDES (*Dioscorea alata*, L.).

Les racines grosses et assez courtes de cette espèce (le *Katsjit-Kelengu* de Rheede), originaire des Indes, nous sont arrivées de plusieurs de nos colonies. La plante pousse bien dans nos serres, où elle donne de petits tubercules que j'ai comptés au nombre de deux, de trois et même de six sur le même pied. Ce dernier fait est intéressant, mais il n'est que trop certain que l'espèce à laquelle il se rapporte exige, pour sa culture, un climat infiniment plus chaud que celui de la France. Elle prospère dans la mer du Sud et dans l'Afrique australe. Réussira-t-elle en Algérie ? A notre confrère M. Hardy de nous l'apprendre.

IGNAME DES MOLUQUES (*Dioscorea nummularia*, Lam.)

C'est à l'Igname des Moluques que je crois devoir rapporter un Igname (envoyé, je crois, de Bourbon) dont la Société m'a confié des tronçons de racine desquels s'est élevée une tige couverte à sa base de nombreux aiguillons et portant des feuilles cordiformes à trois ou cinq nervures. Des trois pousses que j'ai obtenues, deux ont donné un seul tubercule-racine, la troisième en a produit deux. Ces tubercules sont de formes elliptiques et de la grosseur d'une petite noix.

Nous n'avons encore rien à attendre, si ce n'est peut-être en Algérie, de l'Igname des Moluques.

IGNAME DE LA CHINE (*Dioscorea Batatas*, D. ; *Dioscorea Japonica*, Pepin, non Thunberg).

Ce que j'ai à dire de l'Igname de Chine ou du Japon, j'allais dire de notre Igname, tant la Société aura des droits à l'acclimatation en Europe, grâce aux riches envois de notre confrère, M. de Montigny, de cette espèce, est aussi satisfaisant que ce que je viens de rapporter des Ignames de l'Inde, des Moluques, etc., l'est peu.

Une visite que j'ai faite, il y a quelques jours, aux cultures de M. Rémond m'a permis de constater des résultats tels, en ce qui touche l'Igname de Chine, que je dois les faire connaître à la Société comme marquant une époque nouvelle pour l'acclimatation de cette plante. Ces résultats sont de deux sortes, les uns se rapportant aux bulbilles, les autres aux tubercules-racines.

Les *bulbilles* que j'ai l'honneur de mettre sous vos yeux vous étonneront sans doute par leur grosseur, comme ils m'ont étonné moi-même. Beaucoup sont du poids de 8^{gr},15; l'un d'eux, de la grosseur d'un petit œuf, pèse 25 grammes; je resterai au-dessous de la vérité, en disant que les bulbilles envoyés de Chine par M. de Montigny n'égalaient pas en grosseur les bulbilles produits par M. Rémond. Et ici je ne compare pas les premiers à cette sorte d'échantillon monstre du poids de 25 grammes; c'est le quart au moins de la récolte de Versailles qui surpasse en volume tous les produits de la récolte faite en Chine. N'est-ce pas là une très bonne preuve que le climat de la France convient à l'Igname de Chine au moins autant que ce dernier pays lui-même? Bien que les bulbilles qui se développent à l'aisselle des feuilles ne soient qu'un produit accessoire de la culture de l'Igname, ce n'est pas à dire qu'ils représentent un produit sans importance : soit qu'on le considère comme matière alimentaire ou comme destinée à la plantation, les 4 ou 5 *hectolitres* de bulbilles que j'ai vus dans les greniers de M. Rémond représentent une valeur réelle. Il ne saurait être indifférent aux personnes qui cultiveront l'Igname de récolter sur la partie aérienne de la plante, en attendant qu'elles en arrachent la racine, de vingt à cent bulbilles bien féculents, dont plusieurs peuvent atteindre au volume de ces petites pommes de terre hâtives auxquelles M. Marjolin, presque aussi zélé horticulteur que célèbre chirurgien, a donné son nom.

Les qualités de l'Igname de Chine seront, on ne saurait guère en douter, améliorées par la culture européenne, et les améliorations porteront essentiellement sur la racine charnue. Mais serait-il sans intérêt de perfectionner aussi la plante par les bulbilles en cherchant à rendre ceux-ci à la fois plus gros et plus hâtifs? On peut, en considérant les produits de la récolte de cette année chez M. Rémond, concevoir que, dans cette direction aussi, quelque chose pourrait être fait. Des sélections successives, faites avec soin et intelligence, conduiraient peut-être au but à atteindre.

Le volume des racines de la culture d'Igname de M. Rémond est en parfait rapport avec celui des bulbilles. Un lot que j'aperçus dans l'un des magasins, et qui représentait à peu près un poids de 200 kilogrammes, était entièrement composé de racines si grosses, que les plus petites ne pesaient pas moins de 1 kilogramme, tandis que les plus grosses atteignaient au poids de 2^{kil},300. Elles étaient, il est vrai, le produit de plantes de deux ans, mais de plantes troublées dans leur végétation de la première année, par le bouturage de leurs pousses.

Les racines récoltées à Versailles établissent donc (et ce point est confirmé par la racine très grosse aussi, déposée aujourd'hui sur le bureau de la Société, par notre illustre confrère, M. Jomard), comme les bulbilles de même provenance, que notre climat convient, au moins aussi bien que celui de la Chine, à la culture du *Dioscorea Batatas.*

La question d'acclimatation étant hors de discussion, il reste :

1° A déterminer si la plante devra être traitée en culture, comme plante annuelle ou comme plante bisannuelle.

2° A reconnaître le sol qui doit être préféré.

3° A produire des races à racines plus courtes ou plus trapues.

Quant au premier point, quelques faits portent à penser qu'il recevra des solutions différentes, suivant que la plante sera venue dans un bon ou dans un mauvais sol, et suivant qu'on sera dans une année d'abondance ou dans une année de disette. Traitée comme plante bisannuelle, l'Igname pourrait bien être un jour notre meilleur *grenier de réserve*, notre grenier de Pharaon.

Comme tendant à éclairer la question (qui ne saurait tarder beaucoup d'être résolue) relative au sol, je présente à la Société, de la part de M. Choplin, chef des cultures de M. Rémond, une belle racine du poids de 650 grammes obtenue d'un bulbille, après quatre mois seulement de végétation, sur des terres basses et tourbeuses de Sacy-le-Grand, appartenant à M. le docteur Léonart. Cette racine n'est pas, d'ailleurs, un produit accidentel, car à côté d'elle s'en trouvaient de semblables, provenant aussi de bulbilles donnés par M. Choplin à M. Léonart. Les terres tourbeuses, si connues dans nos départements de l'Oise et de l'Aisne, paraissent donc convenir beaucoup à l'Igname.

Les résultats obtenus dans les tourbes de Sacy-le-Grand (Oise) doivent être rapprochés de ceux en tout pareils auxquels est arrivé, ainsi qu'il vient de me l'apprendre, notre confrère, M. le docteur C. Aubé, en cultivant l'Igname dans des fosses remplies de terre mélangée à beaucoup de détritus organiques.

Quant à de nouvelles races à racine plus courte, plus ramassée, c'est surtout aux semis qu'on devra les demander. Quelques graines, envoyées d'Alger par M. Hardy, ont bien levé; quelques-unes des racines produites semblent devoir offrir une forme assez avantageuse, mais il serait prématuré toutefois de porter sur elle un jugement définitif. Peut-être aussi arrivera-t-on à améliorer, par sélection, la forme des racines, mais ici encore la persévérance sera nécessaire, les racines accidentellement, quoique spontanément courtes, reproduisant habituellement des plantes à racines longues.

Quant à la méthode imitée de celle qui donna à M. de Gasparin de si magnifiques résultats aux environs d'Orange, quant à la Patate, méthode consistant à cultiver l'Igname dans une terre à sous-sol dur et peu profond, qui s'oppose à l'élongation des racines, elle pourra rendre les *produits* plus trapus, mais c'est inutilement, sans doute, qu'on lui demanderait de fixer les qualités de ces produits dans des *races*.

On peut résumer tout ce qui précède en disant qu'en France, où l'Igname de Chine passe très bien l'hiver en terre, et donne de magnifiques produits, son acclimatation et sa culture sont utiles aujourd'hui, choses réalisées, mais qu'il faut probablement y abandonner tout espoir de cultiver l'Igname dit de la Nouvelle-Zélande, l'Igname des Indes et l'Igname des Moluques, espèce dont la première donne pour l'Algérie, et peut-être pour tout le bassin méditerranéen, de sérieuses espérances.

Il reste toutefois, pour l'Igname de Chine, à rechercher la meilleure méthode de culture, à déterminer le sol le plus convenable et l'engrais le plus utile, à produire enfin des races à racines plus trapues et, accessoirement du moins, à bulbilles plus gros.

II. TRAVAUX ADRESSÉS
ET COMMUNICATIONS FAITES A LA SOCIÉTÉ.

SUR L'YAK SAUVAGE
ET SUR QUELQUES ANIMAUX DU THIBET ET DE L'INDE.

LETTRE ADRESSÉE A M. DARESTE,
Secrétaire de la première section de la Société.

ET NOTE PAR M. ROBERT SCHLAGINTWEIT.

(Séance du 8 janvier 1858.)

Messieurs,

Ce m'est un grand plaisir de répondre à quelques-unes des questions que vous nous avez adressées ; mais quoique je sois tout prêt à vous offrir les notes les plus complètes, il me faut, pour le moment, vous prier de vous contenter du peu, que je vous offre, mes observations n'étant pas encore terminées. L'état hygrométrique du Thibet varie, mais peu avec l'élévation. Portons une élévation moyenne de 3900 mètres, au mois de septembre, comme une moyenne annuelle approchée, la température de l'air varie à neuf heures du matin de 14 à 16 degrés, le psychromètre variant en même temps de 6°,8 à 8 degrés.

En hiver, la sécheresse est un peu moins grande. C'est dans cette région et dans les vallées un peu moins élevées de 2500 à 3000 mètres que les Chèvres à duvet normal se trouvent; la diminution de température d'un degré centigrade correspondant à une différence de hauteur de 180 à 190 mètres, l'état hygrométrique varie très peu.

Les Yaks de race pure, qui ne sont pas, comme les Dehoubous, croisés avec le Zébu de l'Inde, montent dans l'état sauvage jusqu'à 6000 mètres.

Le Yak est un des animaux les plus acclimatés au froid et à

une pression atmosphérique très réduite. Les Yaks purs descendent dans le Bantlin dans la saison fraîche jusqu'à 1500 mètres, mais pour quelques semaines seulement.

Les Yaks ne peuvent exister dans les parties humides de l'Himalaya ; bien des expériences faites à Simla, Dant, Jiling, etc., ont toujours manqué de résultats.

La sécheresse des régions des Yaks sauvages est extrême, même plus grande que celle des régions des Chèvres à duvet.

Les Dehoubous, le croisement toujours fécond des Yaks et des Bœufs à bosse, ou Zébus de l'Inde, existent dans des régions bien plus chaudes, mais aussi souffrent beaucoup d'une humidité qui dépasse celle des régions tempérées de la France. On le trouve en Chine, où l'humidité, à élévation égale, est bien moins grande jusqu'à 1000 mètres d'élévation ; mais ils ne peuvent exister dans les parties de l'Himalaya de température égale, mais d'humidité bien plus grande.

Je prends la liberté de vous envoyer une petite Note, sur quelques animaux du Thibet, que j'ai communiquée à Dublin (p. 1156).

Votre très dévoué,
Robert Schlagintweit.

Note sur quelques animaux du Thibet et de l'Inde.

L'existence du Yak, ou Bœuf du Thibet, dans l'état sauvage, a été souvent mise en doute, mais nous avons fréquemment trouvé des Yaks sauvages. Les principales localités où nous les avons rencontrés sont ces deux pentes de chaînes qui séparent l'Indus du Sutledges près de la source de l'Indus, et dans les environs de Gastok ; mais le plus grand nombre se trouve au pied du versant septentrional de la chaîne du Karakoram, aussi bien qu'au midi du Kuenluen dans le Turkestan. Dans le Thibet occidental, particulièrement dans le Hadak, car il n'y a plus à présent de Yaks à l'état sauvage, quoique je ne doute point qu'il y en ait jadis existé. Il semble qu'ils y aient été détruits; la population y était, quoique très clair-semée, un peu plus nombreuse qu'au Thibet en général. Comme il s'est trouvé que le Ludak a été beaucoup plus visité par les voyageurs qu'aucune autre partie du Thibet, l'absence du Yak en cet endroit a probablement donné lieu à l'idée qu'ils se trouvent formés plus à l'état sauvage. De tous les quadrupèdes le Yak est celui que l'on trouve à la plus grande hauteur, qui supporte mieux le froid des montagnes couvertes de neige et qui est le moins incommodé par l'air raréfié. Mais en même temps le degré de température dans lequel un Yak peut vivre est très limité; le vrai Yak peut à peine exister en été à la hauteur de 8000 pieds. Nous avons trouvé souvent de grands troupeaux de Yaks sauvages, de trente à quarante, à la hauteur de 18600 à 18900 pieds anglais; et dans une circonstance nous avons suivi leurs traces à la hauteur de 19500 pieds, très remarquable élévation, puisqu'elle est beaucoup au-dessus des limites de la végétation, même plus de 1000 pieds au-dessus de la neige.

L'hybride entre le Yak et la Vache indienne est appelé Choobou. Il est très remarquable que les Choobous, qui sont les animaux domestiques les plus utiles aux habitants de l'Himalaya, soient élevés dans les parties les plus basses; conséquemment ils ne peuvent s'unir ni avec les Yaks, ni avec les Vaches indiennes. Nous avons eu occasion de voir et d'examiner la descendance des Choobous jusqu'à la septième génération, et dans tous les cas nous avons trouvé que les dernières générations n'étaient ni altérées, ni détériorées. Nous nous sommes de plus informés que l'on ne trouvait jamais de limites au nombre des générations.

Le Kiang, ou Cheval sauvage, a été souvent confondu avec le Gorkhar, ou l'Ane sauvage, quoiqu'ils diffèrent considérablement dans leur aspect et qu'ils habitent des contrées et des climats très différents. Le Kiang existe dans les hautes régions froides et les montagnes du Thibet; l'Ane, dans les chaudes plaines de sable du Sind et du Béloutchistan. Le Kiang se trouve en grand nombre à peu près dans les mêmes localités

que le Yak ; il ne peut cependant atteindre les montagnes aussi
élevées que le Yak, mais l'espace qu'il habite est plus grand
que celui du Yak. La plus grande élévation où nous ayons
trouvé les Kiangs était de 18 600 pieds anglais, tandis que nous
avons trouvé des Yaks à une hauteur de 19 500 pieds.

La région où l'on trouve le Yak et le Kiang est, au point de
vue zoologique, une des plus remarquables et des plus intéressantes de notre globe. Ces plateaux et ces régions vastes et
élevés, quoique libres de neiges et de glaces dans l'été, sont un
désert pendant toute l'année ; leur végétation y est moindre
encore que celle du désert entre Suez et le Caire en Égypte.
Néanmoins ces régions élevées et stériles sont habitées par
de nombreux troupeaux de grands quadrupèdes ; en outre
de ceux qui ont été déjà mentionnés, on y trouve en abondance
de nombreuses espèces de Moutons sauvages, des Antilopes, un
petit nombre d'animaux de la race des Chiens, principalement
des Renards et aussi des Lièvres. Les animaux herbivores y
trouvent leur nourriture seulement en voyageant de jour sur
de vastes espaces où ils ne rencontrent qu'un très petit nombre
de places fertiles, la plus grande partie étant complétement
stérile.

Le Gorkhar, ou Ane sauvage, animal qui, comme je l'ai déjà
dit, a été souvent confondu avec le Kiang, habite principalement les régions montagneuses du Béloutchistan et une partie
des plaines sablonneuses du Sind, et on le retrouve, si j'ai été
bien renseigné, à l'ouest du Béloutchistan, en Perse où il est
appelé Koulan. Le docteur Barth m'a dit récemment que d'après
la description que je lui en ai faite, il considère les Anes qu'il a
vus en Afrique comme identiques avec les Gorkhars ou Anes
sauvages du Sind et du Béloutchistan.

Je veux maintenant essayer de donner une explication de
la fabuleuse Licorne, ou de l'animal que l'on dit n'avoir qu'une
seule corne. Cet animal a été décrit par les célèbres voyageurs
dans le Thibet oriental, MM. Plue et Gabet, d'après les renseignements qu'ils ont pu recueillir, comme une espèce d'Antilope avec une seule corne placée non symétriquement sur
sa tète. Lorsque mon frère Hermann était dans le Népaul, il

se procura des spécimens de cornes d'un Mouton sauvage et non d'une Antilope d'un aspect très curieux. A première vue, il semble qu'il n'y ait qu'une seule corne placée sur le centre de la tête. Mais par un examen plus attentif et après avoir fait une section horizontale de la corne, on trouve qu'elle consiste en deux parties distinctes enfermées dans une enveloppe cornée exactement comme deux doigts qui seraient enfermés dans un même doigt de gant. L'animal dans sa jeunesse a deux cornes distinctes qui sont toutefois placées si près l'une de l'autre que leurs bords intérieurs se touchent à leur origine. Plus tard, par l'effet d'une légère irritation, la matière cornée forme une masse non interrompue, et les deux cornes sont entourées de telle sorte qu'elles semblent à première vue n'en faire qu'une.

III. EXTRAIT DES PROCÈS-VERBAUX
DES SÉANCES GÉNÉRALES DE LA SOCIÉTÉ.

SÉANCE DU 8 JANVIER 1858.

Présidence de M. RICHARD (du Cantal), vice-président, et de M. Is. GEOFFROY
SAINT-HILAIRE, président.

A l'ouverture de la séance, et avant l'arrivée de M. Geoffroy
Saint-Hilaire, M. Richard (du Cantal) informe la Société, au
nom du Conseil d'administration, qui en a été lui-même instruit
dans sa dernière réunion, que le Comité de souscription pour
la médaille d'honneur à offrir, au nom de la Société, à notre
illustre Président, a terminé ses travaux. Il présente un résumé
rapide du rapport de ce Comité, et annonce qu'il a été approuvé
par le Conseil, le soumet ensuite à l'approbation de l'assemblée; les conclusions en sont adoptées à l'unanimité.

— La séance est alors levée, et après quelques moments
d'interruption, elle est ouverte de nouveau.

— M. le Président proclame les noms des membres nouvellement admis :

MM. BOURLON DE SARTY, ancien préfet, membre du Conseil
général de Seine-et-Oise, au château de Gif par Orsay
(Seine-et-Oise).

BRICE LABURTHE, à la Grange-Rouge de Candé près Blois
(Loir-et-Cher).

FLEURY (le docteur Louis), agrégé à la Faculté de médecine de Paris, médecin de l'Empereur, médecin en chef
de l'établissement hydrothérapique de Bellevue, à
Bellevue (Seine).

LORGES (le comte de), à Paris.

MALLEVAL, propriétaire, à Paris.

MAUDE (de), à Paris.

MOREAU (Frédéric-Thomas), négociant, à Paris.

NATTES-VILLESOMTAL (le comte Louis de), au château de
Poussan, près Béziers (Hérault).

RÉVEIL (le docteur), agrégé à la Faculté de médecine et à
l'École de pharmacie, à Paris.

MM. RICHARD-BÉRENGER, propriétaire, à Paris.

ROCHAS (Aimé), directeur des cultures chez madame de Rosnovant née Callimaki, à Jassy (Moldavie).

THINUS (Léon), secrétaire général de la caisse franco-suisse de l'agriculture, à Paris.

— M. Guérin-Méneville, secrétaire du Conseil, fait connaître le résultat des élections faites le 5 janvier par les Sections pour l'organisation de leurs bureaux spéciaux pour l'année 1858, ainsi que pour la Commission des récompenses, et le 6 janvier par le Conseil afin de compléter cette Commission.

1re SECTION. — MAMMIFÈRES.

MM.	MM.
RICHARD (du Cantal), président.	C. DARESTE, secrétaire.
Frédéric DAVIN, vice-président.	A. GEOFFROY St-HILAIRE, vice-secrét.

M. LEO D'OUNOUS, délégué dans la Commission des récompenses.

2e SECTION. — OISEAUX.

MM.	MM.
BERRIER-FONTAINE, président.	DAVELOUIS, secrétaire.
CHOUIPPE, vice-président.	HUBERT-BRIERRE, vice-secrétaire.

M. DAVELOUIS, délégué dans la Commission des récompenses.

3e SECTION. — POISSONS, ANNÉLIDES, MOLLUSQUES, ZOOPHYTES.

MM.	MM.
A. PASSY, président.	Ch. LOBLIGEOIS, secrétaire.
MILLET, vice-président.	Ch. WALLUT, vice-secrétaire.

M. MILLET, délégué dans la Commission des récompenses.

4e SECTION. — INSECTES.

MM.	MM.
GUÉRIN-MÉNEVILLE, président.	L. SOUBEIRAN, secrétaire.
BIGOT, vice-président.	A. PERROT, vice-secrétaire.

M. BIGOT, délégué dans la Commission des récompenses.

5e SECTION. — VÉGÉTAUX.

MM.	MM.
MOQUIN-TANDON, président.	Joseph MICHON, secrétaire.
CHATIN, vice-président.	DUPUIS, vice-secrétaire.

M. CHATIN, délégué dans la Commission des récompenses.

CONSEIL.

Délégués dans la Commission des récompenses :
MM. DROUYN DE LHUYS, A. DUMÉRIL, GUÉRIN-MÉNEVILLE et F. JACQUEMART.

Toutes les Sections ont fait connaître leur intention de conserver, pour leurs réunions, les mêmes jours et heures qu'en 1857.

— M. Millet, délégué de la 3e section, demande à être remplacé par un autre membre, en raison d'affaires urgentes et tout à fait imprévues, qui ne lui permettraient pas de suivre les travaux de la Commission. En conséquence, la 3e section, invitée à procéder immédiatement à une nouvelle élection, se retire dans une salle voisine et désigne, à l'unanimité, M. Dareste comme son délégué.

— M. le Président annonce que la Société vient d'avoir la douleur de perdre récemment cinq de ses membres : MM. le docteur Baudens, Javal père, le général Leboul, Pécoul (de la Martinique), et de Rainneville.

— Un rapport de notre confrère, M. Braguier, de Saint-Genest, sur la culture des végétaux que la Société lui a confiés, est renvoyé à l'examen de la 5e section.

— M. le marquis de Vibraye, membre de la Société, adresse un compte rendu détaillé sur ses cultures d'arbres exotiques (renvoi à la 5e section). Il demande qu'on lui confie des Cochons chinois.

— M. Piddington, membre honoraire, remercie du titre de délégué de la Société, à Calcutta, que lui a décerné le Conseil. Il donne de nouveaux détails sur les effets thérapeutiques contre la lèpre de l'huile obtenue des graines du *Chaulmoogra odorata*, Roxburgh (*Gymnocardia odorata*, Rob. Brown), dont il a déjà été question l'année dernière (*Bulletin*, 1857, p. 178). Il rappelle que, de concert avec M. le docteur F.-J. Mouat, inspecteur des hôpitaux des provinces méridionales de l'Inde anglaise, il a expédié dans une caisse à la Ward, et pour être partagés entre le jardin de Kew près Londres et la Société d'acclimatation, plusieurs pieds de cette plante. De plus, ils vont adresser en France, dit-il, une certaine quantité de cette huile, afin que des essais sur ses propriétés puissent être tentés à l'hôpital Saint-Louis, d'après les indications contenues dans une Note imprimée jointe à sa lettre.

Enfin, notre confrère adresse un échantillon de graines de *Dracocephalum Royleanum* qui fournissent une matière mucilagineuse abondante.

— M. le professeur Chatin signale un nouvel envoi de

325 noyaux de pêches de Tullins qui, ajoutés aux 500 précédemment reçus, portent à 825 le chiffre de ceux que la Société
aura pu distribuer cette année.

— Ce même membre présente un rapport sur la culture des
Ignames étrangers qui lui avaient été confiés.

— M. Jomard fait parvenir un rapport sur sa culture
d'Ignames à Lozerre, près Paris, qui a donné de beaux résultats, comme on en peut juger par un spécimen qu'il a fait placer sur le bureau. Quant au Sorgho, la graine, cette année, n'a
pas suffisamment mûri, mais les cannes ont été livrées à une
distillerie.

Notre confrère transmet, en même temps, une lettre que
le docteur Figari-Bey, membre de la Société et directeur du
jardin botanique du Caire lui a écrite pour lui exprimer le
désir qu'il éprouve de recevoir par la Société des graines
d'arbres forestiers des régions intertropicales, afin de pouvoir
mettre à exécution le projet qu'il a formé de faire des essais de
boisement sur la lisière du désert, voulant par ce moyen coopé-
rer à la richesse de l'Égypte et à l'amélioration de l'état hygiénique de cette contrée.

Les éducations du Bombyx du Ricin entreprises par le docteur Figari-Bey, grâce aux envois faits par la Société, ont
parfaitement réussi.

— M. Olivier de Lalande adresse un rapport détaillé sur les
résultats obtenus au Brésil par M. Brunet avec le Bombyx du
Ricin, dont le développement a eu lieu dans le cours d'un
voyage pendant la durée duquel M. Brunet a transporté d'a-
bord les graines, puis les larves qui en sont sorties, dans des
mannes fixées à la selle d'un cheval. Malgré ces conditions si
défavorables, le succès, ainsi que le rapporte notre correspondant, qui revient du Brésil, a été complet à Fernambouc, où
au bout de huit mois on en était à la cinquième éducation.

Il insiste sur l'importance que peut avoir, à un autre point
de vue, l'introduction de ce Lépidoptère séricigène dans un
pays où le Ricin croît avec une extrême facilité. Il pense, en
effet, qu'une plus grande quantité d'huile pouvant être fournie, son prix en Europe arriverait sans doute à être assez

abaissé pour qu'il fût permis à l'industrie d'en extraire l'acide sébacique au moyen duquel on obtiendrait une bougie de qualité supérieure à celle de stéarine et entrant en fusion à une température plus élevée.

— Sept hectares et demi ont été ensemencés en Sorgho M. Noüel, à la ferme de l'Isle, commune de Saint-Denis-en-Val (Loiret), pendant l'année 1857.

L'ensemencement s'est fait, partie à la volée, partie sur billons, etc. Le produit d'un hectare pesé à la balance-bascule, a été reconnu être de 73 000 kilogrammes. Le reste du produit n'a pas été pesé, mais la quantité indiquée ci-dessus doit être considérée comme une moyenne faible. Si l'on eût choisi certaines veines, le pesage eût pu accuser 100 000 kilogrammes à l'hectare.

Le produit haché a été presque exclusivement consommé par des bêtes à cornes à l'engrais. Toutefois les Moutons ont pâturé en vert un champ semé tardivement à la volée, et le Sorgho a été donné aux Chevaux, comme fourrage, avec d'autres nourritures. Les bêtes à cornes à l'engrais, au nombre de 80, l'ont mangé haché, depuis le 2 septembre jusqu'au 10 novembre, et, pendant les six premières semaines, elles n'ont pas mangé autre chose. Il est à remarquer que les farineux et les tourteaux ont été supprimé lorsque le Sorgho a commencé à leur être donné, pendant les six premières semaines, et que les progrès de l'engraissement n'en ont pas été retardés. Il est à remarquer encore que les Vaches laitières, entretenues pour la consommation de la ferme, ont donné plus de lait lorsqu'elles en ont mangé, et que l'augmentation a été considérable. Les Chevaux, au nombre de 10, ont bien mangé le Sorgho, concurremment avec d'autres aliments. Les 3 Juments entretenues en outre dans la ferme pour les mêmes ouvrages n'ont pas reçu autre chose, tant que la consommation a duré. On n'a pas remarqué, chez les Moutons, la même avidité que chez les Vaches et les Chevaux. Il fallait que les bêtes à laine fussent pressées par la faim pour manger le Sorgho semé à la volée, et surtout les rejetons qui ont repoussé, lorsque les champs ont été dépouillés des grandes tiges.

Ces détails ont été transmis, à la demande de M. Drouyn de Lhuys, par M. Bosseli, Préfet du Loiret et membre de la Société.

— Un rapport favorable sur les résultats qu'il a obtenus à Bordeaux avec le Bombyx du Mûrier est transmis par notre confrère M. le comte de Kercado.

— M. Kaufmann écrit pour signaler à l'attention de la Société quelques tentatives qu'il a faites : 1° pour se procurer des œufs de *Bombyx Cynthia* de bonne qualité en ne laissant pas se prolonger l'accouplement des papillons qu'il a soin de séparer presque aussitôt après la première réunion des deux sexes, et 2° pour obtenir le croisement de cette race avec celle du Bombyx du Mûrier. (Renvoi à la 4° section.)

Le même membre donne de vive voix quelques détails sur la séance anniversaire de la fondation de notre Société affiliée des États royaux de Prusse. Cette séance, qui a eu lieu à Berlin le 1ᵉʳ août, a témoigné des progrès que fait en Allemagne la cause de l'acclimatation.

— Notre confrère, M. le docteur Sicard, envoie de Marseille des échantillons de soie fournie par le *Bombyx Cynthia* qu'il a teinte avec succès en différentes nuances au moyen des matières colorantes qu'il a obtenues du Sorgho.

On reçoit, en outre, de M. Sicard, un échantillon de soie qu'il a extraite des poches qui servent d'habitation aux Chenilles processionnaires du pin. A cet envoi, il est joint une Note sur ce sujet.

— Un autre travail relatif à l'utilisation de cette soie est adressé de Tournon-sur-Rhône (Ardèche), par M. Fournier, inspecteur de l'instruction primaire, qui a fait parvenir quelques-unes de ces poches soyeuses. Ce travail sera soumis à la 4° section, ainsi que celui de M. Sicard.

— M. Sacc communique quelques détails sur les heureux essais faits par M. Werder fils pour le dévidage des cocons du *Bombyx Cynthia* dont la soie, comme il en a acquis la certitude, n'est pas coupée, contrairement à ce qui avait été supposé dans l'origine.

Ce même confrère fait parvenir une pièce d'étoffe longue de

37 mètres, fabriquée avec de la soie provenant de cocons du Ver à soie sauvage de Chine qui vit sur le Chêne. Cette soie, acquise par la Société, a été filée chez M. Weber-Blech, à Guebwiller, et tissée mécaniquement sur un métier à tisser le coton, tant elle est forte et résistante, par les soins de M. Werder père, à Wesserling, dans les ateliers de M. Albin Gros, sous la direction de M. Sacc.

Sur la demande de ce dernier, un échantillon de l'étoffe a été transmis à M. le Maréchal Vaillant. Notre illustre confrère, dans une lettre à M. le Président, annonce que, suivant le désir qu'on lui en exprime, il placera ce tissu sous les yeux de S. M. l'Empereur, qui prend, dit-il, un si réel intérêt à tout ce qui a une utilité pratique. M. le maréchal le montrera ensuite à S. Exc. le Ministre de la marine, et lui parlera de la possibilité de l'employer plus tard pour les voiles de navires, et enfin il fera examiner par l'intendance les avantages de cette étoffe pour la confection des petites tentes-abris de nos soldats. M. le Maréchal termine en priant M. le Président de transmettre ses remerciments à M. Sacc, pour cet envoi.

— M. le baron Anca adresse, de Palerme, un reçu des animaux qui lui ont été confiés par la Société; il annonce, en même temps, qu'il apportera les plus grands soins aux tentatives d'acclimatation de Chèvres d'Angora et de Chèvres d'Égypte qu'il est maintenant en mesure d'entreprendre.

— On lit, par extraits, un rapport de M. Bouteille, secrétaire général de notre Société affiliée des Alpes, sur le bon état actuel des Yaks qui lui ont été confiés et qu'elle a maintenant placés dans les meilleures conditions. Il donne des détails sur les services qu'ils peuvent, dès aujourd'hui, rendre chez les dépositaires, M. Basset, à Vaujany, et M. Faresse à Saint-Martin-en-Vercors, où ils sont soumis à de bons traitements et exercés à d'utiles travaux comme bêtes de somme. (Voy. pour les détails relatifs au placement de ces animaux, *Bulletin*, 1857, p. 500.)

— M. Clet, qui a vu récemment ces animaux, fait remarquer à l'assemblée combien est important ce résultat obtenu par l'éducation, en raison du peu de valeur qu'on avait paru, jusqu'alors, attacher dans le pays à la possession de ces précieux animaux. Il pense, comme M. Bouteille, que c'est une grande victoire remportée sur les préjugés des habitants du canton populeux où vit actuellement cette portion de notre troupeau.

— Quant aux Chèvres d'Angora, dit M. le secrétaire général de la Société régionale des Alpes, elles sont acclimatées en Dauphiné; le fait paraît certain à tout le monde dans ce pays. Il s'agit maintenant, ajoute-t-il, d'appeler l'attention de l'agriculteur et de l'industriel sur cette utile race. Il termine en informant que M. Alvier, de Die (Drôme), membre de cette Société, lui a communiqué dans une de ses dernières séances un travail intéressant sur les produits de ces Chèvres, et comme il propose de transmettre le mémoire dont il s'agit, l'assemblée accepte cette offre. (Voy. pour quelques renseignements sur ce sujet précédemment donnés par M. Alvier, p. 408.)

Selon M. Bouteille, c'est surtout pour sa toison et pour sa chair que la Chèvre d'Angora doit être recherchée.

— M. Dareste lit une lettre que lui a adressée, en son nom et au nom de son frère Hermann, M. Robert Schlagintweit, et qui est relative à quelques-uns des animaux du Thibet et de l'Inde (voyez ci-dessus, page 32).

— A la suite de cette lecture, dans laquelle il est question de l'Ane sauvage, M. Kaufmann informe des tentatives faites par notre Société affiliée des États royaux de Prusse pour la régénération de la race asine au moyen d'étalons asiatiques pur sang, tentatives qui n'ont jusqu'ici échoué que par suite de circonstances indépendantes de la volonté du Conseil de cette Société.

A cette occasion, M. Davelouis rappelle à l'assemblée que M. de Rainneville, dont la Société déplore la perte toute récente, avait été, toute sa vie, préoccupé du désir d'obtenir cette régénération si désirable.

Le Secrétaire des séances,

A. DUMÉRIL.

IV. FAITS DIVERS ET EXTRAITS DE CORRESPONDANCES.

M. le Président de la Société lui a annoncé, dans la séance du 5 février, qu'il y a lieu d'espérer la très prochaine concession, au bois de Boulogne, de vastes terrains destinés à l'établissement d'un Jardin d'acclimatation et de culture, pour les espèces animales et végétales nouvellement introduites.

Dans la même séance, M. Jacquemart, rapporteur de la Commission de comptabilité, a indiqué sur quelles bases sera établi le Jardin zoologique et botanique d'acclimatation. Le rapport de M. Jacquemart sera très prochainement publié.

— Notre confrère, M. Chagot aîné, négociant, membre de la Commission des valeurs au Ministère du commerce, vient de réaliser sa généreuse intention, déjà annoncée à la Société, de fonder un prix pour la *Domestication de l'Autruche, soit en France, soit en Algérie, soit au Sénégal :* prix qui sera décerné par la Société à celui qui aura le premier obtenu six individus au moins d'une troisième génération.

M. Paul Blacque, trésorier de la Société, a informé M. le Président, par une lettre en date du 5 février, que M. Chagot venait de faire verser dans la caisse de la Société la somme de *deux mille francs,* affectée par lui à ce prix ; et M. le Président s'est fait aussitôt l'interprète de la gratitude de la Société envers notre honorable confrère.

Le lendemain, M. Chagot a adressé à M. Auguste Duméril, secrétaire des séances, la lettre suivante que nous nous empressons d'insérer dans le numéro sous presse de notre *Bulletin :*

A M. le Professeur AUGUSTE DUMÉRIL, *secrétaire des séances de la Société impériale zoologique d'acclimatation.*

« Paris, 6 février 1858.

» Monsieur,

» Depuis assez longtemps, j'avais pris la liberté d'offrir à la Société impériale d'acclimatation une somme de 2000 francs pour qu'elle pût fonder un prix à la personne qui démontrera, d'une manière irrécusable, le moyen d'élever et faire reproduire les Autruches en France, en Algérie ou au Sénégal, à l'instar des oiseaux de basse-cour ; désirant que le fait, s'il se produit, soit acquis à la science, je mettais pour condition qu'il ne pût donner lieu à aucun doute, et fût authentiquement démontré par la production de six Autruches vivantes représentant une troisième génération à l'état privé. Ces essais exigeant un certain nombre d'années, je ne voulais point verser cette somme sans chercher à savoir s'ils avaient une certaine chance de réussite ; aussi avais-je pris des informations dans bien des contrées ; de là la lettre que m'a adressée notre collègue, M. Hardy, d'Hamma (Algérie), et qui a été publiée dans tous les journaux (1), ainsi que celle que je viens de recevoir de

(1) Notre honorable confrère, M. Hardy, a aussi adressé à M. le Président de la Société, sur l'incubation de l'Autruche à Alger, une lettre intéressante qui a été publiée dans le *Bulletin,* tome IV (1857), pages 524 et 525.

Dans le même volume se trouve le Rapport de M. le docteur Gosse, sur les documents adressés d'Algérie, en réponse au questionnaire sur l'Autruche, ainsi que plusieurs articles du même auteur sur le même sujet.

Tous ces documents, et l'ouvrage que notre confrère M. Gosse vient de publier sur l'Autruche seront consultés avec fruit par les personnes qui voudraient concourir pour le prix fondé par M. Chagot. (R.)

M. le baron Aucapitaine, également notre collègue à Blidah, et que je vous prie de vouloir bien communiquer à la Société ; lettre dans laquelle il affirme qu'il existe dans les Kssours du Sud des Autruches à l'état privé qui *pondent et couvent*. Ces documents ont levé mes dernières incertitudes, et je m'empresse de vous prévenir qu'édifié par ces communications, je viens de déposer les susdits 2000 francs à la caisse de la Société, vous priant de vouloir bien faire rédiger le programme des conditions à remplir, afin qu'il soit bien constaté pour les concurrents que la Société seule décidera si elles ont été scrupuleusement remplies.

» Pour arriver à l'exécution de ce projet, dont la réalisation serait d'une si grande utilité pour l'industrie des plumes, qui occupe à Paris plusieurs milliers d'ouvriers, je vais, d'après les conseils de M. Aucapitaine, donner connaissance de ce prix dans les cercles de Biskara, Laghouat, etc., et aussi dans le journal arabe *Mobacher*, pour arriver à la plus grande publicité. Je me permettrai même d'en informer M. le Maréchal Randon, gouverneur général ; ce qui ne m'empêchera pas d'entretenir, comme je le fais depuis trois ans, un agent au Sénégal qui s'occupe sérieusement de ces essais, et a déjà réuni un troupeau de dix Autruches tellement privées, qu'elles viennent manger dans sa main. A ce sujet, je crois qu'il serait bon de rappeler dans les programmes de notre Société, que son but est d'acclimater tous les produits du globe non-seulement en France, mais aussi dans nos Colonies, et même aussi dans les pays étrangers, où la différence de climat amènerait d'excellents résultats.

» Si je ne m'abuse, Monsieur, bien des membres de notre Société, dont les noms figurent près de ceux des princes de la science, des arts et de l'industrie, et de tant de notabilités, rendraient de très grands services en employant leurs capacités, en tendant leur esprit, leurs idées vers les recherches ou améliorations, but de notre Société. Nul doute que, dans l'avenir, elle ne devînt aussi une des gloires impérissables de la France, d'où viennent toutes les grandes idées de l'humanité. Pour moi, qui ne puis apporter à ses travaux que ma bonne volonté, je verrai avec plaisir décerner le prix que j'ai offert, et ferai toujours mes efforts pour contribuer aux améliorations qu'elle se propose d'atteindre.

» Recevez, Monsieur, etc.

» CHAGOT aîné. »

A cette lettre était jointe celle plus haut citée de M. le baron Henri Aucapitaine, sergent au 1er régiment des tirailleurs algériens, membre de la Société. Cette lettre est ainsi conçue :

« Blidah, 29 décembre 1857.

» Monsieur,

» De retour de la Kabylie, je viens tardivement répondre à la lettre que vous m'avez fait l'honneur de m'écrire au sujet des Autruches.

» J'ai écrit : « ..... Dans le Sud, auprès des douars des grands chefs ou plus » fréquemment encore dans les Kssours, on trouve des Autruches privées ; elles » *pondent et couvent...* »

» Ce renseignement n'a malheureusement pas la portée que j'aurais voulu, de même que vous, Monsieur, y attacher. Ce sont des Autruches prises à la chasse, et *non pas les descendants d'animaux privés*. Il n'y a, à ma connaissance, aucun fait qui puisse mériter votre attention dans le sens que vous désirez. Je dois maintenant, Monsieur, ajouter que, d'après les renseignements que je recueille chaque jour, la domestication complète de l'Autruche, c'est-à-dire sa reproduction à l'état privé, serait un fait facile à obtenir. Je ne doute pas qu'en faisant connaître à Laghouat (province d'Alger), à Biskara (province de Constantine) et à Géryville (province d'Oran), l'intention que vous avez de décerner un prix de 2000 francs, on n'arrive sous peu à un excellent résultat.

» En vous adressant aux commandants supérieurs que je viens de vous nommer, ces officiers feraient connaître la récompense promise.

Une insertion dans le même sens au *Mobacher*, journal arabe de l'Algérie, serait d'un excellent effet.

» Je regrette vivement, Monsieur, de ne pouvoir répondre plus efficacement aux questions que vous avez bien voulu m'adresser.

» Croyez, Monsieur, que je serai heureux de trouver une occasion de vous être utile ; j'espère que vous voudrez bien me la fournir.

» Recevez, Monsieur, etc.

» Baron Henri AUCAPITAINE. »

Le programme du prix fondé par M. Chagot sera publié dans le *Bulletin*, et annoncé dans la séance publique annuelle du 10 février, à la suite de ceux qu'a fondés la Société elle-même.

— Notre honorable confrère, M. Barbey, armateur, vient de faire venir du Pérou quatre très beaux Lamas. Deux d'entre eux ont été aussitôt offerts à la Société, avec plusieurs vases antiques d'une belle conservation. Les deux Lamas ont été déposés, pour quelques semaines, à la Ménagerie du Muséum d'histoire naturelle.

— Le Conseil d'administration de la Société avait décidé, en février 1857, sur la proposition de M. Drouyn de Lhuys, l'acquisition immédiate d'une caisse de Pommes de terre d'Amérique, qui serait, à son arrivée, répartie, contre simple remboursement des frais, aux membres désireux de faire des essais sur la culture de cette Pomme de terre. M. Drouyn de Lhuys, auteur de la proposition, chargé par le Conseil de prendre les mesures nécessaires pour la réaliser, s'est adressé, à cet effet, à M. Ducourthial, agent consulaire du gouvernement français à Sainte-Marthe (Nouvelle-Grenade).

M. Ducourthial a bien voulu envoyer aussitôt un exprès à la Sierra-Nevada, et la Société a été informée par lui, dans sa séance du 18 décembre (voyez le *Bulletin*, t. IV, p. 595), qu'une caisse serait prochainement expédiée en France, avec toutes les précautions nécessaires.

Elle vient, en effet, d'arriver au siége de la Société, et l'envoi de M. Ducourthial s'est heureusement trouvé dans un état satisfaisant de conservation. Une Commission composée de M. Drouyn de Lhuys, Vice-Président de la Société et délégué du Conseil près la section des Végétaux, de M. Moquin-Tandon, Président de cette section, et de MM. Ch. de Belleyme, A. Passy et le comte de Sinety, a été chargée de procéder dans le plus bref délai à la répartition de l'envoi entre les membres qui ont adressé des demandes.

Le Secrétaire du Conseil,

GUÉRIN-MÉNEVILLE.

OUVRAGES OFFERTS A LA SOCIÉTÉ.

Séance du 4 décembre 1857.

ANNALES DE LA SOCIÉTÉ ENTOMOLOGIQUE DE FRANCE. (Années 1856 et 1857, 1er et 2e semestre.)

BULLETIN DE LA SOCIÉTÉ D'AGRICULTURE D'ALGER. (1857, N° 3.)

COMICE COMMUNAL AGRICOLE ET HORTICOLE DE VALCONGRAIN. (Concours du 18 octobre 1857.) Fondé par M. Victor Chatel (de Vire).

CONCESSION ET VENTE DES TERRES DE COLONISATION. (Extrait du *Journal des économistes*, 1857, par M. J. Duval.) Offert par l'auteur.

DESCRIPTION DE L'AQUARIUM DU MUSÉUM D'HISTOIRE NATURELLE DE PARIS, par Louis Neumann et J.-L. Soubeiran.

NOTE sur les éducations automnales pour graines, et sur le traitement de l'étisie, par le soufre et le charbon, des Vers à soie, par M. le comte de Retz.

PROCEEDINGS OF THE ACAD. OF NATURAL SCIENCES OF PHILADELPHIA, 1857.

ACT OF INCORPORATION AND BY-LAWS OF THE ACADEMY OF NATURAL SCIENCES OF PHILADELPHIA, 1857.

THE JOURNAL OF THE NEW-YORK STATE AGRICULTURAL SOCIETY. Albany, octobre 1857.

AN ACCOUNT OF THE SMITHSONIAN INSTITUTION, ITS FOUNDER, BUILDING, OPERATIONS, etc., prepared from the Reports of prof. Henry to the Regents, and other Authentic Sources. By William J. Rhees.

THE TRANSACTIONS OF THE ACADEMY OF SCIENCE OF SAINT-LOUIS. Vol. 1er.

THE JOURNAL OF THE UNITED STATES AGRICULTURAL SOCIETY. Volume the first Number one, August 1852.

JOURNAL OF THE UNITED STATES AGRICULTURAL SOCIETY. Published Quarterly.

FIRST AND SECOND REPORT ON THE NOXIOUS, BENEFICIAL AND OTHER INSECTES, OF THE STATE OF NEW-YORK. Made to the State Agricultural Society, pursuant to an Appropriation for this Purpose from the Legislature of the State. By Asa Fitch, M. D.

TRANSACTIONS OF THE N. P. STATE AGRICULTURAL SOCIETY. Vol. XV, 1855.

TENTH ANNUAL REPORT OF THE BOARD OF AGRICULTURE OF THE STATE OF OHIO, TO THE GOVERNOR. Pour 1855.

ENUMERATIO PLANTARUM HORTI BOTANICI VALENTINI. Anno 1856.

TRICHOLOGIA MAMMALIUM, OR A TREATISE ON THE ORGANISATION, PROPERTIES AND USES OF HAIR AND WOOL. Par Peter A. Browne. (2 vol.)

I. TRAVAUX DES MEMBRES DE LA SOCIÉTÉ.

NOTICE

SUR LA PISCICULTURE EN FRANCE

PENDANT L'ANNÉE 1857,

Par M. le professeur Jules CLOQUET,

Membre de l'Académie des sciences.

(Séance du 5 février 1858.)

Plusieurs entreprises d'une grande portée économique se développent ou se préparent en dehors des travaux de la Société d'acclimatation, par les soins de l'État, sous la direction scientifique de M. Coste, membre de l'Institut, soit pour le repeuplement des eaux douces, soit pour le repeuplement des eaux salées.

L'établissement de pisciculture d'Huningue, ce vaste laboratoire, d'abord destiné à l'étude et au perfectionnement des méthodes de fécondation artificielle, a été incorporé dans l'administration des Ponts et chaussées, et en passant aux mains de cette puissante administration, il a pris un tel essor, qu'il est déjà un instrument, en quelque sorte universel, de propagation de la nouvelle industrie, et qu'il fait en ce moment des approvisionnements pour commencer, sur une grande échelle, le repeuplement des fleuves.

D'après les documents officiels, cet établissement, pendant la campagne de 1856 à 1857, a livré des produits à 191 destinataires, répartis dans 59 départements, à 30 établissements ou Sociétés françaises ou étrangères de pisciculture ou d'agriculture, et à 9 États. A la fin de la campagne de 1857 à 1858, il aura expédié à 490 destinataires, répartis sur 66 départements, l'Algérie comprise ; à 32 Sociétés ou établissements de pisciculture et à 10 États. Les approvisionnements d'œufs embryonnés y sont assez considérables pour suffire à toutes ces demandes, et l'administration se met en mesure de les proportionner à des besoins nouveaux, en élevant, dans ses viviers, un grand nombre de reproducteurs.

Depuis que l'administration des Ponts et chaussées a pris possession de l'établissement de pisciculture d'Huningue, elle a pu, sans créer un seul nouveau fonctionnaire, et toujours sur la proposition de M. Coste, entreprendre au moyen de ses nombreux agents le transport du frai d'Anguille, de l'embouchure de nos fleuves dans les eaux de la France. L'année dernière, d'après un rapport de l'un des ingénieurs chargés de ce soin, 1 500 000 jeunes Anguilles ont été déposées, par les procédés recommandés par M. Coste, dans les eaux de la Sologne, où l'on commence déjà à constater l'heureux résultat de cette grande expérience, qui sera continuée en 1858.

Au moment où je parle, l'administration des Ponts et chaussées, encouragée par la reconnaissance des populations, a déjà donné l'ordre à ses ingénieurs de faire les préparatifs nécessaires pour que, à partir de ce mois, la montée d'Anguilles soit récoltée à l'embouchure de tous nos fleuves à la fois. En conséquence la récolte du Rhône sera introduite dans l'étang de Berre, et dans les marécages de la Camargue ; celle de la Loire, dans les eaux de la Sologne, du Berry, de la Vendée ; celle de la Seine et de l'Orne, dans les eaux de la Normandie ; celle de la Somme dans les tourbières de la Picardie ; celle de l'Hérault et de l'Aude, dans les étangs de Thau, de Leucate, de Mauguio ; celle de la Gironde et de l'Adour, dans les nombreux étangs compris entre les embouchures de ces fleuves.

Parmi les causes qui concourent le plus activement au dépeuplement des cours d'eau, il faut placer au premier rang les barrages. Ces obstacles empêchent les poissons voyageurs de remonter vers les lieux où ils doivent se reproduire et tendent à faire disparaître les espèces qui ont besoin de certaines conditions pour l'éclosion de leurs œufs. On remédiera à ce grave inconvénient en adaptant à chacun de ces barrages, comme on le fait en Angleterre, un appareil spécial (échelle à Saumon) qui permettra à ces espèces de faire leur ascension. C'est ce que M. Coste a déjà proposé au gouvernement, après avoir visité, dans ce but, les pêcheries d'Écosse et d'Irlande ; et sa proposition, maintenant que la pisciculture rentre dans les attributions des Ponts et chaussées, sera d'autant plus facile à mettre en œuvre, que les ingénieurs hydrauliques, chargés de la construction ou de la réglementation des barrages, font partie de cette administration. Ces mêmes ingénieurs pourront donc, à l'avenir, présider à l'aménagement des cours d'eau au point de vue de la pisciculture en général.

Le domaine des mers peut être mis en culture comme la terre ; mais ce domaine étant une propriété sociale, c'est à l'État qu'il appartient d'accomplir ce grand dessein, et de livrer ensuite aux populations les récoltes préparées par ses soins. Telle est la pensée que M. Coste a mise en lumière dans la relation de son *Voyage sur le littoral de la France et de l'Italie*, ouvrage publié par le gouvernement il y a déjà quatre ans.

L'Empereur, dont la haute bienveillance est toujours acquise aux entreprises d'utilité publique, a voulu que M. Coste fût mis en mesure de formuler toutes les propositions qui lui sembleraient propres à améliorer les pêches maritimes, et d'indiquer les moyens d'en rendre l'application facile. En conséquence, ce savant a été autorisé par M. le Ministre de la Marine à se rendre, quand il le jugera opportun, sur tous les points du littoral où il y a quelques renseignements à recueillir ou quelque expérience à tenter dans l'intérêt de sa mission, et à se faire accompagner par M. Gerbe, aide-naturaliste, attaché à sa chaire du Collége de France. Les bâtiments de l'État affectés à la police de la pêche sont mis à sa disposition, et les agents de l'administration de la Marine invités à faciliter ses recherches.

Dans ces conditions exceptionnelles, M. Coste a déjà exploré presque tout le littoral de l'Océan, étudiant avec soin toutes les industries, et préparant sur chacune d'elles un travail spécial. La première sur laquelle il a appelé l'attention du gouvernement, est l'*industrie huîtrière*.

Frappé du dépérissement de cette industrie, M. Coste propose les moyens de reconstituer les bancs ruinés, de relever ceux qui s'éteignent, d'en créer de nouveaux partout où les fonds seront propices, de manière à transformer le littoral de la France en une longue chaîne d'huîtrières interrompue seulement sur les points où les vases ne permettent pas d'en établir.

Pour réaliser cette grande entreprise, il y a trois sources où l'on peut puiser :

1° La mer commune, où l'on pourra s'approvisionner sans toucher aux bancs déjà existants sur nos côtes ;

2° Les Huîtres dites *de rejet*, qu'au temps des pêches on a coutume de séparer des Huîtres réglementaires ;

3° Les myriades d'embryons qui, pendant le frai, sortent des valves de chaque mère, comme des essaims d'abeilles de leurs ruches; embryons presque tous perdus en l'état actuel de l'industrie, faute d'un obstacle qui les arrête au passage, et où ils puissent s'attacher.

Chaque Huître, en effet, ne produit pas moins de un à deux millions de petits. Or si, sur ce nombre, dix ou douze des embryons qui se sont fixés aux coquilles de la mère prospèrent, c'est le plus qu'on puisse espérer dans les années d'abondance. Tout le reste se disperse entraîné par les flots, périt enseveli sous la vase ou dévoré par d'autres animaux marins. Le problème consiste donc à trouver un artifice qui permette de recueillir cette inépuisable semence, et de la porter sur les fonds à peupler.

On n'aura, pour la recevoir, qu'à faire descendre sur les bancs naturels des fascines, des clayonnages formés de branchages, retenus au fond par des poids et couchés à plat de manière à n'être point un obstacle à la navigation. Les jeunes Huîtres trouvant dans ces appareils des points solides s'y attacheront, y grandiront, et l'on pourra après un certain degré de développement, les transporter, fixées à ces bâtis de bois, sur des fonds appropriés, où elles deviendront la souche de nouvelles générations, de nouveaux bancs.

La possibilité de recueillir la progéniture des Huîtres est un fait qui ne se démontre pas seulement par les résultats obtenus de temps immémorial sur les bancs artificiels du lac Fusaro, industrie dont M. Coste a décrit les pratiques dans son *Voyage sur le littoral de la France et de l'Italie*, mais qui ressort maintenant d'expériences entreprises dans l'Océan même. Des branchages, posés sur des bancs de la Bretagne par M. Mallet, commandant du *Moustique;* sur les bancs de Marennes par M. Ackerman, ancien commissaire de la Marine, en ont été retirés, après plusieurs mois de séjour, garnis de semence. On peut les voir dans la collection de M. Coste. Il n'y a donc plus, pour retirer de cette méthode d'incalculables bénéfices, qu'à opérer sur une grande échelle.

Mais ce n'est pas tout d'avoir créé de nouvelles richesses ; il faut encore, pour les perpétuer, régler leur mode d'exploitation.

L'expérience d'un siècle a déjà donné, dans les baies de Cancale et de Granville, la solution de cet important problème : les coupes réglées sont le meilleur moyen de retirer des champs producteurs le plus grand nombre de fruits, sans porter atteinte à leur fécondité. C'est donc, conformément aux prescriptions de cette méthode généralisée, que M. Coste propose d'exploiter les huîtrières. On les diviserait par zones, de manière à ne revenir sur chacune d'elles que tous les deux ou trois ans, laissant reposer les unes pendant qu'on prendrait la récolte des autres.

Dans l'état actuel des choses, les règlements de la pêche côtière prescrivent la mise en exploitation des bancs pour le mois de septembre, parce qu'à cette époque de l'année, le coquillage ayant déjà frayé, on n'est plus exposé à retirer des eaux les mères portant encore leur progéniture dans leur sein. Mais cette progéniture qui, avant la ponte, forme à l'intérieur de chaque Huître *laitée* une innombrable famille, vient, après la parturition, se répandre à l'extérieur des valves, s'y incruste, et crée une population nouvelle à la surface de l'ancienne. Or, si au moment où ce repeuplement est accompli, on livre les bancs à l'exploitation, le dommage y sera presque aussi considérable qu'en opérant pendant la gestation, car on enlèvera avec les Huîtres adultes les générations naissantes qu'elles portent.

Pour remédier à ce mal, M. Coste propose de déplacer l'ouverture des pêches et de la porter en février ou en mars, au lieu de la maintenir en septembre. Alors la plupart des jeunes de l'année auront acquis les dimensions des Huîtres dites *de rejet*, et celles qui adhéreront aux valves des mères en seront facilement détachées, soit pour être rendues au gisement producteur, comme le veut le règlement, soit pour être conservées dans des étalages, comme cela se pratique à Cancale.

Telles sont, autant qu'une analyse rapide peut en donner une idée, les moyens à l'aide desquels M. Coste propose de relever l'industrie huîtrière, et d'en mettre les produits au niveau des besoins de la consommation.

RAPPORT

A LA SOCIÉTÉ IMPÉRIALE D'ACCLIMATATION

SUR LES TRAVAUX ENTREPRIS SOUS SON INSPIRATION,
AVEC L'AIDE DE LA CAISSE FRANCO-SUISSE DE L'AGRICULTURE,
POUR APPLIQUER SUR UNE GRANDE ÉCHELLE

DES MOYENS PRATIQUES ET RATIONNELS

DE RESTAURER LA GRAINE DE VERS A SOIE

Par M. F.-E. GUÉRIN-MÉNEVILLE.

(Séance du 19 févriér 1858.)

En faisant étudier par une Commission spéciale cette grave question de l'épidémie des Vers à soie, en recommandant les vues pratiques émises par cette Commission, la Société Impériale d'acclimatation a cherché, comme toujours, à se rendre utile, et elle y a réussi, puisque ses prescriptions ont été mises à exécution par l'administration de la *Caisse franco-suisse de l'agriculture*, dont le but est de développer et d'améliorer la production agricole.

Chargé de cette délicate mission en ma qualité de vice-président de la Commission séricicole de la Société, de membre du conseil d'administration de la Caisse franco-suisse de l'agriculture, et surtout à cause de mes longs travaux pratiques sur les Vers à soie, j'ai pu enfin réaliser ce que je proposais depuis longtemps à qui de droit, j'ai été mis en position de chercher les localités où la maladie ne s'est pas montrée pour y faire de la graine avec toutes les précautions convenables.

J'ai d'abord entrepris le voyage d'exploration dont je vais exposer succinctement le but et les résultats.

Mon but était d'obtenir de la graine réunissant les conditions de bonne provenance et toutes les garanties possibles d'origine, exempte même du soupçon de maladie. A ces conditions de provenance et d'origine devait se joindre une autre condition de premier ordre : c'est l'observation attentive des lois de la reproduction, consacrée par les données de la science et par une expérience de quinze ans dans la première magnanerie expérimentale de France, à Sainte-Tulle, avec le concours si dévoué de M. Eugène Robert. Il ne suffit pas, en effet, pour avoir de bonne graine, de choisir une chambrée exempte de maladie ; il faut encore choisir les reproducteurs, les placer dans des conditions convenables et surveiller avec l'attention la plus scrupuleuse toutes les phases de l'accomplissement régulier de leur fonction de reproduction.

Mon premier soin a donc été de parcourir les lieux où j'avais l'espérance de trouver des éducations parfaitement saines.

Je suis allé pour cela en Suisse, à Genève d'abord, puis à Morges, à Lausanne, à Monthey. J'ai parcouru la vallée du Rhône, traversé les Alpes par le Simplon ; j'ai visité Domodossola, Pallanza, Locarno, Bellinzona ; j'ai remonté la vallée du Tessin jusqu'au Saint-Gothard, où j'ai signalé, à Faido, la limite de la culture du Mûrier ; j'ai touché à la Lombardie, exploré Lugano, Luino, Arona, Novare, les environs de Turin, et j'ai observé en passant les ravages faits par la maladie sur les plantations et les éducations. Revenu par la vallée de Suze, j'ai traversé le mont Genèvre, visité les hautes et basses Alpes, confirmant partout l'exactitude de ce fait capital que j'ai le premier signalé et qui est aujourd'hui reconnu de tout le monde, savoir : que, *dans les localités élevées où les vignes et les mûriers ne sont pas malades, la gattine ne se présente jamais épidémiquement dans les éducations faites avec des graines de provenance indigène absolue,* c'est-à-dire acclimatées depuis plusieurs années dans des lieux semblables ou placées sous les mêmes conditions climatériques, provenant de races dites *de pays*, et n'ayant pas été mêlées avec des graines d'origine inconnue ou suspecte.

Dans le Tessin, j'ai vu beaucoup d'éducations dans un magnifique état de santé ; mais comme, malheureusement, un certain nombre d'éducateurs avaient fait venir de la graine d'Italie et même d'Orient, j'y ai vu des chambrées plus ou moins atteintes de la gattine, ce qui m'a engagé à m'abstenir de faire faire de la graine dont je n'aurais pu surveiller la confection. J'ai su depuis que, dans toute cette région, comme dans nos Alpes françaises, les éducations faites avec des races de pays avaient parfaitement réussi, et je crois que beaucoup de graines provenant de ces localités seraient bonnes, si le commerce ne les mêlait pas, comme cela a eu lieu l'année dernière, avec des graines provenant d'éducations plus ou moins atteintes de gattine, et faites avec des races introduites. Il aurait fallu rester dans le pays pour éviter cette fraude, surveiller les opérations et empêcher qu'une avidité provoquée par le haut prix de la graine n'engageât les éducateurs à faire grainer les cocons des races étrangères et maladives pour augmenter leurs produits et leurs bénéfices.

Quant à la Lombardie et au Piémont, il est universellement admis aujourd'hui que, dans les régions montagneuses, les Vers à soie ont été plus ou moins épargnés, et l'on cite principalement, comme ayant donné de bons résultats en Piémont, les graines de Tende et de Millesimo, qui se vendent de 7 à 800 francs le kilogramme.

Ainsi fixé sur les lieux où je pouvais raisonnablement espérer de recueillir de la bonne graine, j'ai profité du temps que me laissait la suite des éducations pour aller m'informer *de visu* de l'état des cultures séricicoles du Midi de la France et des parties limitrophes de l'Espagne. J'ai ainsi visité Arles, Nîmes, Lunel, Montpellier, Cette, Narbonne, Perpignan, poussant jusqu'en Espagne par Figuières. Là partout la maladie, et par conséquent, dans ces régions, nul espoir de faire graine avec quelque chance de succès.

A la suite de ces excursions, j'ai acquis la conviction que, si je ne pouvais pas diriger moi-même, ou me faire remplacer dans cette direction par des personnes d'une intelligence scientifique suffisante et d'une intégrité à l'épreuve des entraînements de la spéculation commerciale, je devais renoncer à avoir des produits dont je pusse garantir l'authenticité et la bonne confection.

Mais j'ai eu le bonheur de trouver à Lausanne, dans un de nos confrères les plus distingués, M. Chavannes, délégué de la Société, un collaborateur dévoué, instruit et disposé à marcher d'accord avec moi, dans l'exécution du programme de la Société d'acclimatation. M. Chavannes m'a montré, dans sa propriété de Pontfarbel près Nyons, des Vers à soie d'une race italienne (de Brianza) qu'il a acclimatés depuis cinq à six ans et qu'il améliore par elle-même en faisant, chaque année, de la graine avec ses meilleurs cocons sans se préoccuper de la *consanguinité*, et j'ai été frappé de leur beauté et de leur bonne santé. Avec ce dévouement à notre Société dont il a déjà donné tant de preuves, M. Chavannes a bien voulu se charger de la pénible et fatigante mission de convertir pour moi toute sa récolte de cocons en graine, ce qu'il a fait après avoir éliminé les sujets défectueux, et il m'a envoyé cette graine, dont je fais passer un échantillon sous les yeux de la Société.

Dans nos montagnes des hautes et basses Alpes, que j'ai parcourues à plusieurs reprises dans leurs replis les plus reculés, j'ai trouvé des villages entiers qui ont eu des réussites complètes toutes les fois que les éducateurs se sont obstinés, par une routine heureuse, dans ce cas, à n'élever que des Vers à soie de la race du pays, d'une race qui y est acclimatée depuis longtemps. Résistant à tous ceux qui leur apportaient des races de l'Italie, du Piémont, de l'Orient; en résistant le plus souvent sans savoir pourquoi, par esprit de routine, ils ont eu la chance de faire une bonne chose, dans ces temps d'épidémie, et j'en ai profité en leur achetant les produits de ces éducations, qui m'ont donné des reproducteurs excellents, des papillons vigoureux et pondant beaucoup de graine.

Je me suis moi-même chargé de diriger la reproduction de toutes ces éducations ; après m'être assuré qu'elles provenaient bien de races de pays et qu'elles n'avaient pas montré de traces de la gattine, j'en ai fait transporter les produits à Sainte-Tulle, en les faisant voyager la nuit, enfermés dans de larges paniers, et c'est là que je les ai mis en œuvre.

Voici, d'après une expérience de quinze ans, quels sont les

principaux signes qui m'ont toujours démontré que la reproduction était normale :

1° Éclosion des papillons ayant presque toute lieu le matin,
de trois à sept heures, et sortie de ceux-ci franche et rapide,
sans trop salir l'ouverture des cocons par un méconium lancé
pendant les angoisses d'une sortie longue et pénible. Les résultats des éclosions qui se prolongeraient durant le cours d'une
journée doivent être mis au rebut.

2° Ailes des individus des deux sexes se développant promptement, grandes et bien conformées.

3° Papillons agiles et remuants, cherchant toujours à monter; mâles vifs, ardents, s'accouplant tout de suite; femelles
promptes à accepter les mâles.

4° Les paires ne se séparant qu'après douze à quinze heures
et plus, si on les laisse libres. Mâles très vifs après la séparation, courant en s'aidant de leurs ailes, et s'enlevant même un
peu au-dessus du sol, sans voler cependant, sans rendre la fer-
meture des fenêtres nécessaire, comme le prétendait l'auteur
d'expériences d'éducations en plein air, dans une note adressée à l'Institut (séance du 9 mars 1857). Femelles déposant
presque tous leurs œufs pendant la nuit et le matin suivant, les
collant bien les uns auprès des autres, en agitant vivement
leurs ailes, ce qui les fait ressembler à des mâles lorsqu'elles
sont vidées de tous leurs œufs.

5° Œufs bien pleins, prenant la couleur de plus en plus rousse
et vineuse au bout de vingt-quatre à trente heures, atteignant
le ton normal gris ardoisé le troisième jour après la ponte.

6° Femelles susceptibles de vivre encore sept à huit jours
sur les toiles, si on ne les jetait pas; mourant enfin entièrement
vides, comme je m'en suis assuré en en ouvrant un grand
nombre.

7° Enfin, toiles de pontes n'offrant aucunes taches autres
que celles du *méconium* rougeâtre que rejettent les femelles
saines avant de pondre, comme on le voit sur toutes les toiles
couvertes d'œufs que j'ai apportées à Paris, et dont plusieurs
sont mises sous les yeux de la Société.

Parmi les signes de maladie que j'ai observés chaque année,

en faisant de la graine avec des cocons provenant de races piémontaises, lombardes ou d'Orient ; signes que j'ai eus sous les yeux cette année encore, puisque j'ai fait grainer, comme expérimentation, quelques kilogrammes de cocons provenant de ces éducations, il en est surtout qui se sont montrés avec une grande intensité dans diverses magnaneries que je visitais journellement. Dans ces races plus ou moins maladives, outre une grande lenteur dans l'accouplement, et même une tendance à le refuser, des désunions spontanées fréquentes au bout d'une heure ou deux et beaucoup d'autres signes qu'il serait trop long d'énumérer ici, j'ai remarqué que les femelles ne pondaient que la moitié, le tiers ou le quart de leurs œufs, qu'elles moûraient promptement sur les toiles, s'y ramollissaient en se disloquant, laissant tomber leurs ailes et leurs pattes. Leur volumineux ventre, encore plein d'œufs, se détachait en formant par son poids une sorte de grosse larme qui finissait par fluer en une sanie noire, visqueuse et fétide, infectant et tachant de noir le linge et le peu de mauvais œufs qui y avaient été déposés par ces êtres débiles.

Pour arriver aux résultats que j'ai obtenus au milieu d'une telle épidémie, j'ai dû faire de grands sacrifices. En effet, le prix déjà si élevé des cocons était considérablement augmenté par les éducateurs qui possédaient des races de pays exempts de gattine, et à qui on les demandait pour faire de la graine. En outre, comme il fallait en retrancher les défectueux et que ceux-ci ne pouvaient être vendus aux filateurs qu'à un prix très inférieur, il en résultait une grande augmentation dans la valeur de ceux qui étaient définitivement réservés pour la graine. Que l'on ajoute à ces causes de renchérissement la perte de beaucoup de papillons mal éclos qu'il faut jeter, et celle, encore plus grande, occasionnée par la prédominance des mâles qui ont été généralement plus nombreux que les femelles, cette année, et l'on comprendra pourquoi les graines sont partout à un si haut prix (de 6 à 800 francs le kilogramme), et pourquoi il n'en peut être autrement pour celles qui ont été faites dans les conditions où je me suis placé.

Outre ces dépenses exceptionnelles, la confection de ces

graines a nécessité d'autres sacrifices, et l'on jugera combien cette opération est pénible, pendant près d'un mois, pour ceux qui veulent la faire en conscience, en lisant le passage suivant de mon journal d'observations :

« La connaissance de l'organisation des papillons de Vers à soie, et surtout de l'appareil reproducteur, montre que la nature a voulu que les sexes restent réunis pendant un temps donné, puisqu'elle a armé les mâles de puissants crochets pour se fixer à leurs femelles. J'avais déjà fait de nombreuses expériences sur les résultats que l'on obtient quand on contrarie ce vœu, et je savais qu'il convient de changer les habitudes des éducateurs, qui ne laissent les couples réunis que pendant cinq à six heures.

» J'ai donc continué, comme les années précédentes, de laisser les sexes réunis pendant plus longtemps, au moins pendant douze heures, temps après lequel les couples se séparent généralement dans beaucoup d'espèces sauvages, ainsi que dans les papillons de Vers à soie abandonnés à eux-mêmes, et j'ai, en conséquence, organisé mon service des ateliers de la manière suivante :

» De cinq à sept heures du matin, séparation des couples nés la veille au soir et qui sont restés une nuit entière réunis.

» De sept à neuf heures, choix des couples nés le matin et qui se sont réunis immédiatement.

» De neuf à dix, enlèvement des individus restés isolés et qui s'accouplent dès que l'on rapproche les sexes.

» De dix à douze, déjeuner et repos s'il y a lieu.

» De douze à quatre, surveillance des pontes des jours précédents ; enlèvement des individus qui ont donné tous leurs œufs ; suppression des cocons vides et leur pesée ; entretien de la propreté des ateliers, arrosage pour conserver la fraîcheur et le degré d'hygrométrie convenable, ainsi qu'une température de 23 à 25 degrés centigrades, etc.

» De quatre à huit, on désaccouple les mariages du matin ; on jette les mâles qui ont servi, on porte les femelles fécondées sur les toiles de pontes, et on les y range une à une, après le sacrifice de celles qui sont mal conformées. On dîne à la hâte et l'on revient.

» De neuf à dix ou onze heures, on désaccouple les papillons qui se sont réunis de neuf à dix heures du matin ; on enlève les couples de papillons nés le soir.

» Pendant tous ces exercices, qui se font toujours en toussant, à cause des myriades d'écailles d'ailes de papillons que l'on respire, je reste là, donnant le coup d'œil indispensable du maître et prenant part au travail et à la toux. Dans les intervalles, je fais peser les pièces de calicot destinées à recevoir les pontes, pour être à même de connaître le poids de la graine que j'aurai, en connaissant la tare. Je porte au compte ouvert de chaque division la mention des faits que j'observe, afin de constater l'état journalier de mes reproducteurs ; je soigne des expériences de cabinet, ayant pour objet de me faire connaître comparativement l'état de santé de mes reproducteurs et de ceux que j'observe chez divers magnaniers ; je fais, à cet effet, de nombreuses autopsies, et j'arrive ainsi à onze heures ou minuit sans avoir eu le temps de faire autre chose. »

Ainsi, après avoir uni l'exemple au précepte, la pratique à la théorie, et c'est là le complément de la mission de haute confiance dont m'avait honoré la Société d'acclimatation, je suis en mesure d'offrir désormais à toutes les personnes désireuses de commencer une nouvelle série d'éducations, tant pour graine que pour soie, un point de départ, aussi certain qu'il est permis de l'espérer aujourd'hui, pour la restauration d'une industrie que les circonstances climatériques et les erreurs des novateurs avaient en quelque sorte anéantie dans leurs mains. Cette industrie se développera surtout, si l'on reste fidèle à l'observation de ces règles séculaires d'hygiène un instant oubliées, que l'épidémie actuelle a rappelées, au prix des plus ruineuses épreuves, à l'attention des grands praticiens, et si l'on a soin, ainsi que je l'ai établi dans mon opuscule sur la production de la soie (1), de se garantir des entraînements

(1) *Production de la soie.* — *Situation.* — *Maladies et amélioration des races du Ver à soie,* in-8. Paris, Bouchard-Huzard, rue de l'Éperon, 5. Librairie agricole, rue Jacob, 28. Prix : 1 franc. Dans cette brochure, la

funestes de ces théories erronées qui, bien loin de conjurer le fléau, ont tant contribué à l'extension de ses ravages.

Les graines que j'ai fait faire en Suisse et dans nos Alpes françaises, en suivant les principes qui précèdent, et qui ont été approuvés par la Société impériale d'acclimatation, par le Congrès des délégués des Sociétés savantes des départements, et par tous les sériciculteurs sérieux de France et d'Italie, sont aujourd'hui distribuées directement aux éducateurs, avec la garantie de la Caisse franco-suisse de l'agriculture, garantie contre-signée par moi et constatant la véritable provenance de ces graines, faites, ainsi qu'il a été dit, sous mes yeux ou par notre savant confrère M. Chavannes. Sans prétendre répondre des résultats qu'elles donneront, ce que personne se respectant ne voudrait faire, même dans des temps où il n'y a pas d'épidémies, je réponds d'*une manière absolue* qu'elles proviennent des éducations dont j'ai parlé dans ce Rapport, et qu'elles donneront des cocons semblables à ceux que je dépose sur le bureau de la Société, cocons dont quelques-uns sont joints à la graine envoyée aux personnes qui en demandent à notre confrère M. Dussard, administrateur délégué de la Caisse franco-suisse de l'agriculture.

Avec ces graines, les chances de réussite sont infiniment plus nombreuses qu'avec la plupart de celles répandues par le grand commerce, qui les tient presque toujours de diverses sources, et ne saurait, par conséquent, offrir de garanties sérieuses. En effet, on sait que les marchands de second et troisième ordre sont obligés de ramasser ces graines partout, mélant les races et les provenances pour arriver à ces quantités de 40 000, de 100 000 onces si promptement annoncées ; et il est certain qu'ils ne pourraient y joindre les cocons qui ont servi à les faire, car il arriverait, comme on le remarque chaque année, que des éducations faites avec ces graines donneraient des cocons tout différents de forme et de couleur, ce qui décèlerait la fraude.

Dans ces temps d'épidémie, où l'on ne peut compter avec

fameuse méthode André-Jean et Bronsky est jugée avec impartialité, ainsi que dans le journal *l'Union* des 24 septembre 1857 et 9 février 1858.

certitude sur aucune graine, il faut plus que jamais que l'on agisse comme l'ont fait, depuis quatre ou cinq ans surtout, les éducateurs habiles qui, en se procurant des graines de diverses provenances, en ne mettant pas, comme on dit, *tous leurs œufs dans le même panier*, se sont ménagé plus de chances d'en rencontrer de bonnes. En agissant ainsi, ces éducateurs ont toujours une récolte de cocons, leur feuille donne toujours son produit annuel, et la plus-value des cocons paye largement les graines qu'ils ont achetées en plus, pour être en mesure de sacrifier immédiatement les Vers qui se montrent atteints de la maladie; ce qu'un magnanier habile reconnaît dès les premiers âges, alors que les Vers n'ont pas eu le temps de faire une consommation sérieuse de feuille.

Du reste, depuis que l'épidémie sévit, ce procédé est tout le secret de ceux dont on admire chaque année la réussite, et qui ont toujours *chambrée complète*, comme on dit dans le Midi.

P. S. Quand j'ai eu terminé la graine dans les hautes et basses Alpes, la saison était trop avancée pour que je pusse me rendre en Prusse, en Pologne, et y faire moi-même de la graine. J'ai donc remis cette opération à l'année prochaine, me bornant à accepter quelques onces qui m'ont été envoyées de Lubeck, avec un certificat d'origine délivré par le Président, le Secrétaire et le Caissier de la Société séricicole de cette ville, contre-signé par le Vice-Président de la Société d'acclimatation des États royaux de Prusse (1).

(1) Par suite d'arrangements faits avec la Caisse franco-suisse de l'agriculture, quarante onces de la graine faite par M. Guérin-Méneville viennent d'être acquises (mars 1858) par le Conseil d'administration de la Société. Ces graines seront distribuées gratuitement aux sériciculteurs membres de la Société, par les soins d'une Commission composée de MM. J. Delon, Guérin-Méneville et Moquin-Tandon. Les membres qui auront part à cette distribution devront réserver pour la Société une partie des graines qui en proviendront. Ils devront aussi faire connaître les résultats qu'ils auront obtenus.   R.

DE LA CULTURE DU DATTIER EN ALGÉRIE,

Par M. HARDY,

Directeur de la Pépinière centrale du gouvernement en Algérie.

(TRANSMIS A LA SOCIÉTÉ PAR M. LE MARÉCHAL MINISTRE DE LA GUERRE.)

———

Le Dattier (*Phœnix dactylifera*, **L.**) est l'arbre caractéristique des régions sahariennes. Sa constitution, sa structure, son tempérament, ses habitudes, semblent parfaitement appropriés aux exigences particulières du climat de la plus grande surface du continent africain, qui est principalement caractérisé par la rareté des pluies et par des écarts considérables de température.

Son fruit, sous le nom de Dattes, est la base de la nourriture des peuplades nomades ou sédentaires, de races blanche ou noire, qui sont disséminées dans ces immenses contrées. Le chiffre des individus composant ces peuplades est peut-être le double plus élevé que celui de la population de France.

La culture du Dattier étant prédominante dans ces contrées qui s'ouvrent chaque jour davantage à nos investigations, acquiert une véritable importance. Il m'a paru utile de faire quelques recherches sur les conditions dans lesquelles elle s'opère.

1° Somme de chaleur qu'il faut au Dattier pour développer et mûrir ses fruits.

La région du Ziban, au sud de l'Aurés, dans la province de Constantine, est le point de nos possessions du nord de l'Afrique où la culture du Dattier occupe le plus de surface, où elle est le mieux entendue, et où ses produits ont le plus de qualité. Cette région comprend dix-neuf oasis, dont Biskra est la capitale.

A Biskra (lat. 34° 57' 42", alt. 111 mètres), la température moyenne de l'année est de 22°,9, d'après les relevés des trois années 1853 à 1855.

Pendant cette période, le maxima extrême observé a été de 46° (juillet 1855), et le minima extrême + 3° (février 1854 et janvier 1855). Il gèle souvent sous l'influence du rayonnement nocturne, et il n'est pas rare de voir, sur les ruisseaux dont les eaux sont stagnantes, de la glace de plusieurs millimètres d'épaisseur.

A Laghouat (lat. 33° 50', alt. 750 mètres), les fruits du Dattier ne mûrissent qu'imparfaitement. La température moyenne de l'année est de 19°,1. Le maxima extrême observé a été de 44°, le minima de − 3°. On a observé, pendant le mois de février, seize jours de gelée blanche, cinq jours de glace, un jour de neige tout entier.

A Alger (Pépinière centrale, lat. 36° 45', alt. 10 à 100 mètres du rivage de la Méditerranée), des Dattiers dont la fécondation a été favorisée et surveillée donnent des régimes aussi abondants et aussi fournis que dans les régions sahariennes, mais dont les fruits, qui atteignent à peine un commencement de maturité, demeurent semi-sucrés et semi-acerbes, et ne sont pour la plupart pas mangeables. Cependant ils peuvent être utilisés. Broyés et mêlés à une quantité suffisante d'eau, j'en ai obtenu un cidre délicieux. La pulpe de ces fruits, soumise à une fermentation convenable, m'a donné 30 pour 100 d'alcool à 85°.

Ces Dattiers que j'ai semés en 1843, et mis à demeure en 1847, sont plantés en avenue et alternés avec des Lataniers. Leur tronc a de 4 à 5 mètres d'élévation. Cette plantation attire toujours l'attention des voyageurs.

Les observations thermométriques faites à l'établissement et correspondant à celles faites à Biskra pendant les années 1853, 1854 et 1855, par M. Seroka, commandant supérieur, qui a eu l'obligeance de me les communiquer, donnent une moyenne de 17°,5. Le maxima extrême observé a été de 35°,5, et le minima de + 0°,5. Cet abaissement, toutefois, ne s'est présenté qu'un seul matin.

Au Caire, où le Dattier est cultivé, ainsi que dans toute l'Égypte, et où il se trouve dans les conditions réputées les meilleures, le maxima observé a été de 40°,86, et le minima de + 2°,56 (1).

Je résume dans le tableau suivant les températures maxima et minima observées dans ces quatre localités :

LOCALITÉS.	TEMPÉRATURE maxima.	TEMPÉRATURE minima.
Biskra.	46°,0	3°,0
Laghouat.	44°,0	— 3°,0
Alger, Pépinière centrale. . .	35°,5	— 0°,5
Le Caire	40°,8	2°,5

Ces observations tendent à démontrer que le Dattier peut supporter en effet des abaissements de température assez considérables, puisqu'il croît à des latitudes plus élevées que celle d'Alger, à Toulon, à Hyères, à Valence en Espagne, à Gênes, etc., partout où peut vivre l'oranger en pleine terre. Dans ces latitudes, où il sort évidemment de son aire naturelle, il ne produit pas de fruit et il n'est cultivé que pour l'ornement qu'il donne et ses palmes dont on fait commerce.

Dans le centre du Sahara, les écarts de la température qu'il subit sont assez considérables. Pendant le dernier hiver, la colonne militaire qui opérait dans le Sud, vers Ouargla (lat. 32°), a éprouvé un refroidissement de 8 à 10 degrés au-dessous de zéro.

On peut conclure que le Dattier subit une sorte d'hivernage dans son aire véritable ; que son évolution florale est soumise à la périodicité, et que, comme nos arbres du Nord, ses organes de la fructification ne se montrent que lorsque la température a repris une moyenne assez élevée.

Les Dattiers commencent à montrer leurs fleurs, chaque printemps, lorsque la température moyenne est d'environ 18°. Cette moyenne arrive à Biskra vers la fin de mars ; à Laghouat, vers la mi-avril ; à Alger, Pépinière centrale, vers la fin d'avril. D'après Delile, les Dattiers montrent leurs fleurs au

(1) *Observations météorologiques au Caire*, par J. Coutelle, 1800.

Caire vers le commencement de mars. La température moyenne, dans cette contrée, est alors de 18° environ (1).

La fécondation s'effectue au fur et à . mesure de l'anthèse des fleurs, sous l'influence d'une température moyenne diurne de 20° à 25°.

La maturité des Dattes doit être achevée à l'automne, lorsque la température moyenne retombe au-dessous de 18°, ce qui arrive à la fin d'octobre. A une température plus basse la saccharification s'arrête ou devient à peine sensible. En novembre, la température moyenne descend à Biskra à + 16°,9; à Laghouat, à 13°,9 ; à Alger, Pépinière centrale, à 15°,1.

Prenant le 31 octobre pour limite extrême, à Biskra, ces fruits ont mis, à partir du commencement de la floraison jusqu'à la maturité complète deux cent quatorze jours, pendant lesquels ils ont reçu une somme de chaleur de 6362°,9. Ces chiffres, qui sont extraits d'une moyenne de trois années, et d'observations faites dans une région qui est regardée comme très favorable à la production des Dattes, donnent aussi approximativement que possible la mesure de la chaleur nécessaire pour faire mûrir complétement les fruits du Dattier (2).

Pendant les sept mois que dure le développement des fruits à Biskra, du 1er avril au 31 octobre, le mois de juillet, occupant le milieu de l'évolution, est le plus chaud : il distribue 1116° de chaleur.

A Laghouat, la fructification, à partir de la floraison jusqu'au moment où l'on récolte les fruits, dure cent quatre-vingt-dix-neuf jours (du 15 avril au 31 octobre), et reçoit une somme de chaleur moindre de 1143°,3 qu'à Biskra. Aussi les Dattes que produit l'oasis de Laghouat n'ont pas atteint une saccharification complète lorsqu'on les cueille, et elles sont bien inférieures en qualité à celles qui se récoltent à Biskra.

A Alger, Pépinière centrale, la fructification annuelle, à partir de la floraison jusqu'au moment où il n'est plus utile de laisser les fruits sur les arbres (31 octobre), dure cent quatre-

(1) *Tableau météorologique du Caire*, J. Coutelle, 1800.

(2) Il y a des variétés précoces qui mûrissent leurs fruits dix ou quinze jours plus tôt que les variétés ordinaires.

vingt-quatre jours, et reçoit 4090°,9 de chaleur, en moins qu'à
Biskra, 30 jours et 2272° de chaleur. Les Dattes récoltées
à la Pépinière centrale n'ont qu'un commencement de saccharification, et ne sont que tout à fait exceptionnellement mangeables en nature ; elles sont supportables après la cuisson, et
peuvent être employées industriellement, ainsi que j'ai déjà eu
occasion de le dire.

Ce n'est pas, ainsi qu'on l'a avancé, à l'absence de la fécondation qu'il faut attribuer le peu de qualité des Dattes sur les
Palmiers que l'on rencontre sur la bande de terre comprise
entre la Méditerranée et les premiers contre-forts du Sahara,
mais bien à ce que ces fruits du Dattier sont bien loin d'y recevoir la somme de chaleur nécessaire pour le mûrir complétement.

Delile, dans sa *Flore d'Égypte*, dit que les fruits du Dattier
mûrissent au Caire à la fin de juillet, et qu'à cette époque les
marchés de cette place en sont garnis. Il faut que les Dattes
que l'on voit en vente à cette époque proviennent de
latitudes beaucoup plus basses, ou qu'elles soient conservées
de l'année précédente. Au mois de juillet, au Caire, les fruits du
Dattier n'ont encore reçu que 3753°,4 de chaleur. On a vu
plus haut qu'à Alger, ces fruits sont loin d'être mûrs avec
4090°,9 de chaleur. Au Caire, les Dattes ne doivent pas mûrir
plus tôt qu'à Biskra, bien que les fleurs des Dattiers s'y voient
un mois avant. Au 31 octobre, les Dattes du Caire n'ont reçu
que 6186°,4 de chaleur, 176°,5 de moins qu'à Biskra à la
même époque. Le mois le plus chaud au Caire, celui de juillet,
donne 939°,3 de chaleur, tandis que le même mois à Biskra
donne 1116°. Le maxima de chaleur, moins élevé au Caire
qu'à Biskra, surtout au milieu de l'été où le fruit doit prendre
le plus d'accroissement, pourrait bien donner la raison de l'infériorité des Dattes de la basse et de la moyenne Égypte à
celles du Sahara.

2° *Quantité d'eau nécessaire à l'arrosage du Dattier.*

Les localités où le Dattier mûrit le mieux ses fruits sont ca-
ractérisés par l'absence presque complète des pluies. Connais-

sant la haute température de ces contrées, on sait d'avance que l'atmosphère y est d'une excessive sécheresse. Cependant le Dattier n'y donne ses fruits qu'à la condition qu'une abondante irrigation baigne ses racines. C'est ce qui justifie le proverbe des indigènes, qui dit que : « Le Dattier veut avoir sa » tête dans le feu et son pied dans l'eau. »

D'où il suit que la culture du Dattier est une culture à irrigation, au plus haut degré.

Les régions dattifères sont presque toutes dominées, à des distances plus ou moins grandes, par de hauts massifs de montagnes. Ce sont les réservoirs de la nature qui débitent lentement l'eau nécessaire à ces cultures. A défaut de ces cours d'eau naturels, on y pourvoit, dans beaucoup de localités du Sahara, par des forages, faits à bras d'homme, qui ont mis, partout où cela été praticable, la couche aquifère en communication avec la surface. Dans certaines localités, notamment dans l'Oued R'ir, l'eau a une force ascensionnelle jusqu'au-dessus de la surface du sol ; dans d'autres, elle n'arrive qu'à quelques mètres de la surface d'où elle est élevée à bras d'homme au moyen de seaux de cuir manœuvrés avec une bascule (1). Dans les oasis du Fouat, où l'eau se trouve à une plus grande profondeur, des indigènes affirment que l'on se sert de norias pour l'élever.

La quantité de pluie qui tombe dans une période annuelle et en moyenne à Biskra, est de 0^m,137.

Les Dattiers y sont arrosés toute l'année. Cependant on distingue deux saisons ou périodes d'arrosage : celle d'hiver et celle d'été. La période d'hiver, pendant laquelle les Dattiers ne sont arrosés que tous les quinze jours, commence après la ré-

(1) Les travaux des indigènes, exécutés avec leur seule force musculaire et sans intervention d'aucune machine, d'aucun engin, sont surprenants et dangereux, là où la couche d'eau est artésienne. Cette dernière circonstance donne lieu à une profession célèbre dans le désert, celle du plongeur. L'introduction de la sonde par l'administration de la guerre tend à supprimer cette profession dangereuse et à multiplier les moyens d'arrosement ; c'est un commencement de transformation du désert au profit de la civilisation dont il n'est guère possible de prévoir en ce moment les conséquences.

colte des fruits et dure cent dix jours. La période d'été commence un mois avant l'apparition des fleurs, et dure deux cent quarante-cinq jours.

Les eaux qui fournissent à l'irrigation de l'oasis de Biskra proviennent de plusieurs affluents qui prennent naissance dans un massif de hautes montagnes situées au nord de l'oasis, et connues sous le nom de Djebel-Aurès. Ces divers cours d'eau se réunissent en un seul qui prend le nom d'Oued-Biskra, ou Raz-el-Ma (la tête de l'eau).

En avant de l'oasis, à un endroit nommé le fort Turc, est établi un épi en maçonnerie pour servir à la dérivation des eaux. C'est de ce point que les anciens dominateurs réduisaient les habitants de l'oasis, lorsqu'ils se refusaient à payer l'impôt, en interceptant l'eau nécessaire à l'arrosage des Dattiers.

Ce cours d'eau donne un débit régulier pendant l'été, c'est-à-dire à l'étiage, de 632 litres à la seconde, qui sont employés à l'irrigation de 1290 hectares complantés en Palmiers, surface que représente l'oasis de Biskra et ses annexes.

Le nombre de Palmiers plantés sur cette surface est de 130 155 ; il sont distribués sans ordre.

Leur répartition, pour l'ensemble des terrains occupés, est à raison de 100 arbres environ par hectare.

Pendant la période d'été, les arrosages, qui se répètent tous les cinq jours, se donnent quarante-neuf fois.

La somme d'eau employée pendant cette saison est de 10 378 mètres cubes par hectare. Chaque Palmier reçoit $103^m,78$ cubes d'eau pendant le même temps.

Pendant la période d'hiver, les arrosages, qui se répètent tous les quinze jours, se donnent sept fois environ dans le courant de l'hiver, et distribuent une somme d'eau de 1482 mètres cubes à l'hectare, et $14^m,82$ par Palmier.

Pendant l'hiver, l'arrosage des Palmiers n'emploie pas toute l'eau que débite l'Oued-Biskra ; le surplus est employé à l'irrigation des céréales.

D'après ces données, la culture du Dattier à Biskra absorbe dans le courant d'une année 11 860 mètres cubes d'eau par hectare, et $118^m,60$ cubes par arbre.

La terre végétale de l'oasis de Biskra est argilo-calcaire, un peu ferrugineuse, à molécules très ténues, peu perméables. Elle est due aux alluvions anciennes de l'Oued-Biskra ; sous l'alternative de l'humidité et de la sécheresse, elle a une force de cohésion extrême. On en fait des briques séchées au soleil, dont sont exclusivement construites les habitations des indigènes. Tout le fumier que les indigènes peuvent se procurer entre dans la préparation de la terre de ces briques, pour lui donner plus de cohésion. Dans les murs de ces habitations, il se forme une grande quantité de nitrate de potasse, qui est utilisée sur les lieux pour la fabrication du salpêtre.

Voici la composition chimique de ce terrain, d'après M. Dubocq, ingénieur des mines.

Silice.	28,02
Alumine. . . . . ⎫	8,19
Phosphate de chaux. ⎭	
Carbonate de chaux.	18,61
Peroxyde de fer	9,78
Sulfate de chaux.	5,55
Chlorure de magnésium	1,60
Chlorures alcalins.	1,27
Eau, humine et débris organiques. . .	26,98
	100,00

On peut admettre que, plus au sud et où la terre offre moins de compacité, la quantité d'eau employée pour l'arrosage d'un hectare de Dattiers est de 12000 mètres cubes par an, et de 120 mètres cubes par arbre.

L'eau n'est pas répandue sur toute la surface du terrain. Chaque pied de Palmier est arrosé individuellement : on creuse, à peu de distance du tronc, une fosse à peu près circulaire ; la terre extraite est déposée en partie en dedans, et sert à butter l'arbre et à recouvrir les racines adventives, qu'il développe à sa base en grande abondance. Chacune de ces fosses peut contenir environ 2 mètres cubes d'eau ; elles sont remplies au moyen de rigoles qui les mettent en communication.

Dans les régions moins chaudes, les arrosages sont moins

abondants. A Laghouat, les irrigations d'hiver sont totalement supprimées, et la période d'été est beaucoup moins prolongée qu'à Biskra. A la Pépinière centrale, les Dattiers n'ont besoin que de quelques arrosages pendant le milieu de l'été.

Le Dattier paraît indifférent à la nature de l'eau; il prospère également bien étant arrosé avec de l'eau saumâtre, avec des eaux thermales à un degré assez élevé, et avec l'eau douce.

On avait avancé que les Dattiers arrosés avec de l'eau saumâtre donnaient les meilleurs fruits. En Égypte, où beaucoup de Palmiers sont arrosés à l'eau saumâtre, les fruits n'y sont que plus estimés.

A Laghouat, les eaux sont douces; à Biskra, elles sont saumâtres, et M. Dubocq en donne la composition suivante :

Chlorure de sodium.	0,878
Chlorure de magnésium.	0,474
Sulfate de soude.	0,280
Sulfate de chaux.	0,484
Carbonate de chaux	0,156
Eau et matières organiques.	991,764
	1000,000

A Tuggurt, l'eau est beaucoup moins saumâtre qu'à Biskra; à Fouat, les indigènes affirment que l'eau y est douce.

La qualité des Dattes paraît plutôt dépendre de la somme de chaleur que reçoit l'arbre que de la nature des eaux qui l'arrosent.

Les sels alcalins que contiennent en notable proportion les eaux d'arrosage, dans les Zibans et dans l'Oued R'ir, pourraient bien être un stimulant actif à la végétation du Dattier. Cette circonstance expliquerait l'absence complète de l'emploi du fumier et d'engrais d'aucune sorte pour cette culture dans ces deux régions. Cependant, dans le pays du Fouat, où les eaux sont douces, non-seulement on consacre à la culture du Dattier tout le fumier que l'on peut se procurer, mais, au dire d'habitants du pays venus récemment à Alger, on y emploierait des vidanges converties en engrais liquides.

3° *Produits du Dattier*.

Dans le Sahara, comme du reste dans toutes les régions où il est cultivé pour son fruit, le Dattier est multiplié par les drageons qui se développent sur les troncs adultes. Par ce moyen, on perpétue, sans aucune chance de variation, les variétés dont les propriétés sont connues ; tandis que les semis, dont les effets sont plus lents à se produire, laissent dans l'inconnu quant à la qualité du fruit à venir.

Les sujets multipliés par drageons, ce qui en définitive n'est qu'un mode de bouturer par organes axiles, commencent à donner des fruits après cinq à six ans de plantation ; mais ce n'est guère qu'à vingt ou vingt-cinq ans que l'arbre est en plein rapport. Il se maintient ainsi pendant cent cinquante ans environ, puis sa vigueur décroît sensiblement.

Chaque arbre produit, dans sa plus grande force, de huit à dix régimes par an, donnant chacun 6 à 10 kilogrammes de Dattes ; ce qui fait en moyenne 72 kilogrammes de dattes par arbre, soit 7200 kilogrammes par hectare.

Considérées en masse, les Dattes valent, dans le désert, au moment de la récolte, une fois moins que le blé, c'est-à-dire que, dans l'échange, on a deux de Dattes pour un de blé. Dans le Tell, au contraire, au moment de la moisson, les Dattes valent deux fois le blé, c'est-à-dire que l'on a deux de blé pour un de Dattes : d'où il suit que la valeur du blé et celle des Dattes est la même ; la différence qui peut exister s'établit par les frais de transport, de conservation et de magasinage.

La culture du blé produit aux indigènes du Tell 6 quintaux à l'hectare dans les bonnes récoltes. La culture du Dattier, dans le Sahara, produit un poids de Dattes douze fois supérieur, à surface égale.

Outre les Dattes destinées à la consommation régulière, on récolte encore des Dattes de luxe, qui sont préparées avec des soins spéciaux pour l'exportation, et qui se vendent beaucoup plus cher.

Le Dattier, cultivé et observé depuis un temps immémorial, n'a pas produit, entre les mains des indigènes, moins de variétés que nos arbres fruitiers les mieux cultivés. On compte soixante-dix variétés de Dattes dans les Zibans.

Dans l'oasis de Sidi-Okba, une variété de Dattes, nommée Halloua, reçoit une préparation particulière et est offerte en cadeau comme aphrodisiaque. Ce produit est très rare et en haute estime parmi les indigènes du Sud.

Le Dattier offre encore quelques autres ressources, qui sont utilisées sur place par les indigènes.

Les rachis, que les indigènes nomment *djérid*, servent à faire des toitures, des plafonds, des clôtures. Les folioles servent à tresser des nattes, des paniers, des coussins. Les troncs refendus font les charpentes des maisons; mais ils fléchissent facilement et l'on ne peut leur donner une grande portée : cette circonstance oblige à faire les habitations très étroites. Ces troncs servent encore à boiser les puits, à établir des ponts sur les canaux d'irrigation.

Lorsque les Dattiers sont vieux et près d'être sacrifiés, on en extrait la sève pour en faire du vin de palmier. D'autres fois, la partie cellulaire et naissante du bourgeon est enlevée, et donne alors un mets dont les indigènes font grand cas.

Les fruits peuvent donner un alcool d'excellente qualité, mais on les emploie peu pour cet objet. En Égypte, selon Delile, on en retire tout le vinaigre qui se consomme dans le pays, et il est excellent. Les noyaux de ces fruits, ramollis dans l'eau, sont souvent donnés au bétail.

Enfin, le Dattier, par sa convenance parfaite au climat saharien, par les services multipliés qu'il rend aux populations du Sud, peut être considéré à bon droit comme l'arbre providentiel de ces régions ; et l'on conçoit dès lors les soins, l'espèce de culte dont il est l'objet, car c'est par lui qu'elles sont rendues habitables. L'étendue de sa culture est limitée par la possibilité des arrosements, et il est probable qu'elle s'accroîtrait beaucoup si des travaux appropriés augmentaient le volume des eaux d'arrosage.

Dans le Tell, le Dattier ne peut être qu'un arbre d'ornement. A ce seul titre, on devrait encore être encouragé à en
planter beaucoup. Mais dans les localités rapprochées de la
mer et abritées, qui se trouvent dans des conditions analogues
à celles de la Pépinière centrale, cet arbre magnifique, convenablement soigné, donnera par ses fruits un produit qui ne
sera pas sans valeur.

Nous avons reconnu, en effet, sur le littoral, qu'un Dattier âgé d'une vingtaine d'années peut donner annuellement
40 kilogrammes de Dattes, desquelles on pourrait tirer 15 litres
d'alcool, ou 120 litres d'excellent cidre. Au point de vue industriel, ces deux produits devraient engager à cultiver le
Dattier partout où les conditions de sol et d'abri le permettent.

Il nous reste à comparer la valeur nutritive des diverses
variétés de Dattes normalement mûres avec celle du blé. Ce
sera l'objet d'un travail particulier.

SUR LA

CULTURE DES ORANGERS DANS LE CENTRE DE LA FRANCE

ET SUR LES

MOYENS D'Y OBTENIR DES FRUITS MURS DANS L'ANNÉE.

LETTRE ADRESSÉE A M. LE PRÉSIDENT
DE LA SOCIÉTÉ IMPÉRIALE ZOOLOGIQUE D'ACCLIMATATION

Par M. BECQUEREL,

Membre de l'Académie des sciences.

(Séance du 19 février 1858.)

Monsieur le Président,

Je m'occupe depuis déjà un certain temps de la culture des Orangers, et, depuis quelques années seulement, de leur acclimatation dans l'un des départements du centre de la France, le Loiret. Désirant ne pas être induit en erreur sur les espèces que je voulais cultiver et dont j'aurais pu me procurer des greffes dans les orangeries françaises, je fis venir directement ces espèces du midi de la France, du Portugal, de l'Espagne et de l'Algérie, j'en attends aussi de Sicile et de Malte. Ces espèces sont l'Oranger à fruit doux, le Citronnier ou Cédratier, le Limonier et le Bigaradier, et en outre le Pampelmous, ainsi que le Poirier du Commandeur, qui constituent des types à part de l'Oranger, et le plus de variétés possibles de ces espèces. Chaque sujet ayant $0^m,12$ environ de tour et $1^m,33$ de tiges, j'ai pu avoir des fruits dès la seconde année. Le nombre des sujets que je possède est d'environ 150.

Sous notre latitude, où l'on ne sort les Orangers des serres que vers le 10 mai pour les rentrer un peu avant la mi-octobre, la floraison, sauf quelques exceptions, a lieu en juin et juillet, en sorte que le fruit en octobre, lors de la rentrée dans les serres, n'a en moyenne que la grosseur d'une noix. Le développement du fruit continue lentement pendant l'hiver, à cause du manque de chaleur et de lumière, et, s'il n'arrive aucun accident, la maturité s'effectue à la fin de l'été de l'année suivante. Ces accidents, qui résultent du défaut d'arrosage, de la présence de la fumée et de l'absence du soleil, ont pour effet assez ordinaire de faire tomber les fruits. Les fruits à leur maturité n'ont jamais le goût et le parfum de ceux qui sont venus dans les conditions normales. Ce mode d'acclimatation, qui est vicieux, est connu depuis longtemps ; je l'ai abandonné pour en prendre un autre plus rationnel et dont j'ai lieu d'être satisfait. Voici les principes qui m'ont servi de règles et que l'on doit suivre dans toute acclimatation de végétaux.

Lorsque l'on veut chercher à acclimater un végétal, il faut commencer par déterminer le nombre de degrés de chaleur diffuse et solaire nécessaire dans la contrée où il croît naturellement, pour effectuer toutes les phases de la végétation, et voir ensuite si, dans le pays où l'on veut l'introduire, on peut obtenir ce même nombre de degrés dans le même temps, par des moyens artificiels ; toute autre méthode est empirique.

C'est en supputant ce nombre de degrés, que M. de Gasparin a reconnu, par exemple, que le Blé d'hiver exigeait depuis la végétation printanière (température moyenne de 6 degrés) jusqu'à sa maturité, 2450 degrés ; ce nombre indique sur-le-champ la limite septentrionale de la culture du Froment.

Le Maïs exige une température de 2500 degrés.

Le Raisin, à Paris, cultivé pour vin, exige .   2677 degrés.

A Bruxelles, pendant le même temps, on ne peut réunir que.   2533

Différence . . . .   144 degrés.

Une différence de 144 degrés de chaleur suffit donc pour empêcher que le Raisin ne soit cultivé pour vin, à Bruxelles.

Faute d'observations directes, nous ignorons au juste la quantité de chaleur qu'exige l'Oranger depuis la floraison jusqu'à la maturation du fruit ; on peut y parvenir néanmoins indirectement.

La limite de culture de l'Oranger est à peu près la même que celle de l'Olivier ; seulement, suivant Schouw, elle s'élève un peu plus au nord que celle de ce dernier. Elle traverse la partie nord de l'Espagne, l'extrême sud de la Provence, traverse l'Italie un peu au-dessus de Florence, descend vers la Grèce sans l'atteindre, se dirige vers l'île de Chypre, entre en Asie.

En France, cette limite traverse une contrée dont la température moyenne est de 14 degrés ; la température printanière, 12°,5 ; la température estivale, environ 21 degrés ; la température automnale 14 degrés.

D'un autre côté, la culture de l'Olivier n'est fructueuse, suivant M. de Gasparin, qu'autant que depuis le moment de la floraison jusqu'avant la gelée, la quantité de chaleur diffuse et solaire de l'air atteint 3978 degrés. Or, la limite de culture de l'Oranger étant à peu près la même, on peut admettre, sans commettre une erreur bien sensible, qu'il faut au moins 3900 degrés à l'Oranger depuis la floraison jusqu'à la maturité du fruit.

Je vais indiquer maintenant comment j'ai disposé ma culture pour atteindre cette quantité de chaleur et même la dépasser.

Les Orangers sont placés dans une serre vitrée, faisant face au midi et appuyée du côté du nord sur un ancien mur de ville de 2 mètres d'épaisseur et de 10 mètres de hauteur ; ils profitent ainsi de tous les rayons solaires. En janvier et février, on maintient la température à 10 degrés au moins, afin de les faire fleurir au plus tard au commencement de mars. La température en mars, avril et mai, jusqu'au moment de la sortie, est d'à peu près 12 degrés, encore souvent est-elle dépassée, à cause du soleil qui s'élève dans son mouvement apparent. En juin, juillet et août, les Orangers reçoivent une chaleur estivale qui est de 19°,5. En septembre, octobre et novembre, la température revient à 10 degrés. Cela posé, voici comment on suppute les quantités de chaleur acquises : on multiplie le nombre de degrés de chaleur de chaque jour par le nombre de joursdont se compose chaque mois, et l'on additionne toutes les sommes.

On a alors :

	de jours.	de degrés de chaleur.
Mars	31	372
Avril	30	585
Mai	31	360
Juin	30	585
Juillet	31	604
Août	31	604
Septembre	30	360
Octobre et novembre	61	610
Total de la quantité de jours et de chaleur	275 jours.	3867 degrés.

On voit donc que pendant la période de la fructification, on atteint les 3900 degrés nécessaires pour qu'elle s'effectue. Si l'été est favorable, comme en 1857, ce chiffre est dépassé. On le dépasse encore, en ne faisant la cueillette qu'en janvier. La loi de la somme du nombre des degrés nécessaires à la fructification se trouve donc vérifiée.

C'est en suivant cette méthode de culture que les Orangers de Portugal, variétés rouge et jaune, et la variété mandarine, ainsi que les Orangers dits de Valence, cultivés à Châtillon-sur-Loing (Loiret), à 32 lieues de Paris, donnent des fruits qui arrivent à une maturité parfaite dans l'année, et possèdent toutes les qualités désirables sous le rapport de la saveur et du parfum. Je dois y comprendre également la Pomme d'Adam des Parisiens, que l'on cultive ordinairement dans les serres de France et qui est précoce. Cette dernière variété présente une particularité remarquable : elle n'est comestible qu'au moment de la maturité ; si l'on attend, l'écorce s'accroît en épaisseur aux dépens de la pulpe, et le fruit se sèche intérieurement. On lui a donné ce nom, parce que l'écorce comme la pulpe sont agréables au goût.

Cette méthode est en même temps scientifique et pratique, et doit être suivie dans l'acclimatation des végétaux, si l'on ne veut pas faire des essais inutiles et éprouver des mécomptes. C'est dans le but de la répandre que l'administration du Muséum d'histoire naturelle, sur ma demande, vient d'autoriser, dans un terrain dépendant du Jardin des Plantes, l'établissement d'un observatoire météorologique, qui fournira les documents relatifs à la température diffuse et solaire de l'air et du sol, aux quantités d'eaux tombées et évaporées, etc., et aux éléments météorologiques dont on a besoin pour l'acclimatation.

Il serait à désirer que de semblables observatoires, qui existent partout à l'étranger, et dont les frais de premier établissement sont très bornés, fussent formés sur différents points de la France. La Société d'acclimatation, par l'étendue de ses relations, serait plus à même que toute autre corporation de provoquer de toutes parts en France de semblables établissements qui relèveraient d'elle, et dont elle retirerait de grands avantages pour l'acclimatation non-seulement des végétaux, mais encore des animaux, puisqu'elle serait guidée constamment dans ses essais par des données scientifiques.

SUR LE LUPIN JAUNE.

LETTRE ADRESSÉE
A M. LE PRÉSIDENT DE LA SOCIÉTÉ IMPÉRIALE ZOOLOGIQUE D'ACCLIMATATION

Par M. SACC,
Délégué de la Société à Wesserling.

(Séance du 5 mars 1858.)

Je me fais un plaisir de vous offrir dix litres du fameux Lupin jaune (1) qui paraît devoir totalement changer la culture des terres sablonneuses, parce qu'il s'y développe vigoureusement sans aucun engrais, et qu'enfoui en vert, il constitue une fumure assez intense pour qu'on puisse semer ensuite avec avantage du seigle ou du froment. Mon attention a été appelée sur cette plante par un article qui a paru l'année dernière dans l'excellent *Journal d'Agriculture pratique* rédigé par notre savant confrère M. Barral. Trouvant vraiment merveilleux les faits énoncés dans cet article, je m'empressai de demander à MM. Vilmorin, Andrieux et Cⁱᵉ, quelques litres de Lupin jaune que notre confrère M. Alphonse Zurcher eut la bonté de semer dans la partie la plus stérile de la vaste plaine sablonneuse qui s'étend des Vosges au Jura, tout le long du Rhin, dont elle est une alluvion. La récolte a bien dépassé nos espérances. Aussi ai-je hâte de répandre cette plante intéressante pour toutes les terres arides et sablonneuses, dont elle va permettre la mise en culture à fort peu de frais. On sème le Lupin quand les gelées ne sont plus à craindre, et on l'enfouit en vert. Quand on veut en recueillir les graines, on coupe la plante lorsque les gousses du haut de la tige sont mûres; on la sèche à l'air, et on la bat comme les Pois. L'herbe est rebutée par le bétail, qui mange volontiers les graines telles quelles ou concassées.

(1) L'envoi annoncé par M. Sacc est parvenu à la Société, et est, dès ce moment, en distribution pour MM. les Membres.　　　　　R.

RAPPORT

FAIT AU NOM DE LA COMMISSION DE COMPTABILITÉ

DE LA SOCIÉTÉ ZOOLOGIQUE D'ACCLIMATATION.

Membres de la Commission : MM. PASSY, DUPIN,

et Frédéric JACQUEMART, rapporteur.

(Séance du 5 février 1858.)

Messieurs,

Votre Commission de comptabilité, chargée de vérifier l'état de vos recettes et de vos dépenses pendant l'année 1857, vient vous rendre compte de son examen, et vous faire connaître votre situation financière au 1er janvier 1858. Elle vous soumettra en même temps un aperçu des recettes et des dépenses probables pour l'année 1858.

Ainsi éclairés, vous serez disposés non-seulement à accueillir, mais à rechercher vous-mêmes, dans les limites de vos ressources, les moyens de rendre plus grands et plus rapides les progrès de l'acclimatation.

L'ordre et la clarté avec lesquels M. le Trésorier a établi votre comptabilité ont rendu très facile le travail de votre Commission. Un examen attentif des pièces lui a démontré la régularité de tous les comptes.

Votre Commission croit donc faire un acte de justice en vous proposant de voter des remercîments à M. le Trésorier.

Pour ne pas fatiguer inutilement votre attention, nous vous exposerons seulement les résultats généraux et dignes de votre intérêt, et nous réunirons dans des tableaux joints à ce rapport la copie détaillée des écritures :

Il y avait en caisse au 31 décembre 1856. . . . . 21,769 81

Les recettes pendant l'année 1857 se sont élevées, conformément au tableau n° 1, à. 42,124 35

Les sommes disponibles pendant l'année 1857 ont donc été de. 63,894 16

Les dépenses de la Société pendant cette même année ont
atteint, d'après le tableau n° 2, le chiffre de. . .   58,036 50
dans lequel est comprise l'acquisition de bons du
Trésor pour une somme de.   25,000   »

Les dépenses proprement dites sont donc de. .   33,036 50
A cette somme il faut ajouter. 3,342 80
qui sont dus à M. Masson pour solde de ses travaux faits en 1857.

Le total des dépenses est donc de. 36,379 30   36,379 30

D'où il reste en caisse, et en bons du Trésor au 1er jan-
vier 1858. . . . .   27,514 86
Mais à cette somme il faut ajouter :
1° Les intérêts à échoir des bons du Trésor.   1,350   »
2° Ce qui reste dû à la Société pour 336 cotisations arriérées,
savoir :

Pour 1854 et 1855. . .   40 cotisations   1,014   »
Pour 1856.   96   —   2,408   »
Pour 1857.   200   —   6,321   »

Total. . . . . . .   336 cotisations   9,743   »

Nous sommes loin de compter sur le recouvrement des
9,743 francs ci-dessus ; nous pensons, d'après les antécédents,
que nous pouvons, sans crainte d'erreurs sensibles, évaluer
les rentrées probables au minimum de 4,000 francs, ci. . . .   4,000   »

Ce qui porte à. 32,864 86
net la somme dont la Société peut disposer au 1er janvier 1858,
toutes ses dépenses étant payées ; c'est-à-dire que votre réserve
s'est augmentée de 11,095 francs pendant 1857.

Nous vous proposerons, Messieurs, d'annuler les souscriptions impayées de 1854, de 1855 et de 1856, et de faire
rayer les noms de leurs auteurs de la liste de la Société, après
leur avoir donné toutefois un dernier avertissement motivé.

L'envoi du Bulletin sera provisoirement suspendu.

Nous vous ferons remarquer, Messieurs, que dans vos re-
cettes, dont le total s'élève à. 42,124 35

il y a 3,030 francs de dons faits à la Société, savoir :
Par M. le Ministre du commerce.   1,500
Par S. A. R. le Prince Albert et M. le baron de Sina.   1,440

33,406 85 De cotisations;

3,310 » De cotisations définitives qui améliorent l'année courante au détriment des suivantes. Il y a aujourd'hui 34 cotisations définitives.

864 » Pour vente du Bulletin des premières années;

1,104 85 Pour remboursement de vos avances, pour graines, Chèvres, etc.

411 65 Intérêts de votre réserve.

42,124 35

Si vous examinez la liste de vos dépenses, dont le total s'élève, pour 1857, à . . . . 36,379 30 vous verrez qu'elle se compose des articles suivants :

Solde des frais d'installation dans l'hôtel de la Société 4,497 20

(Le total de ces frais d'installation est de 7,867 fr. 70 c. — Nous nous plaisons à reconnaître que ces travaux ont été exécutés avec le concours de notre zélé confrère M. Alf. Perrot, architecte.)

Solde du Bulletin et impressions de 1856. . . 4,191 30

Bulletin de 1857 (1617 exemplaires, dont 96 gratis) . . . . 8,779 »

Ce qui donne le prix moyen de 5 fr. 43 c.

Le Bulletin est ainsi distribué :

A Paris. . . . . 829 ⎫
Hors Paris . . . . 788 ⎬ 1617
                                    ⎭

Imprimés de 1857. . . . . 563 80

Loyer et imposition. 3,162 05

Personnel. . . . . 4,397 »

Encaissement, chauffage (323) et diverses dépenses 3,679 60

Transports d'animaux, soins aux Yaks, aux Chèvres d'Angora, etc., et frais d'entretien alloués aux détenteurs des Yaks, s'élevant à 1,314 66

Vers à soie, cocons du Chêne et soins à Sainte-Tulle. . . . . 903 »

Les graines de Vers ordinaires de Chine, que la Société avait fait venir pour contribuer à renouveler l'espèce française, si malade, nous sont parvenues dans un état déplorable, ainsi que les cocons du Ver du Chêne, parce que les expéditeurs n'avaient pas suivi les recommandations de votre Conseil. — Si nous signalons cette circonstance, c'est que, faute de prendre des précau-

A reporter. 31,487 61   36,379 30

Report.	31,487 61	36,379 30

tions convenables, les expéditeurs créent un des
plus grands obstacles contre lesquels nous ayons
à lutter.

Achat et transport de graines et bocaux. . . .	2,863 69	
Première distribution des récompenses. . . .	1,488 »	
Avances pour la concession du bois de Boulogne	140 »	
Souscriptions.	400 »	

Ce sont vos souscriptions pour les statues de
deux hommes illustres :

L'un, surnommé le père de l'agriculture, représentant la pratique la plus savante et la plus
habile ;

L'autre, le naturaliste le plus profond de notre
siècle, représentant la science la plus élevée.

36,379 30	36,379 30

Dans vos dépenses vous aurez remarqué une somme de
140 francs, avancée pour le compte de la Société du bois de
Boulogne ; elle vous sera sans doute remboursée dans l'avenir
par la Société du bois de Boulogne.

Cette entreprise dans laquelle les dépenses se compteront
par plusieurs centaines de mille francs, ne pouvait convenir à
nos modestes finances ; d'ailleurs, ni son but scientifique, ni
votre désintéressement n'auraient pu, aux yeux de la loi, lui
ôter son caractère commercial, et soustraire votre Président à
toute la responsabilité et à toutes les conséquences qu'en-
traînent avec elles les opérations commerciales.

Des jurisconsultes éminents ont donc décidé que la Société
zoologique devait se former à côté et en dehors de notre Société,
mais sous votre patronage, en vous conservant une grande
influence sur sa direction, et en réservant certains priviléges
en faveur de notre Société.

C'est par ces raisons qu'on a soumis au Conseil d'État un
projet de *Société anonyme* ayant pour objet la création d'un
jardin d'acclimatation au bois de Boulogne, société dans
laquelle chacun de vous pourra individuellement prendre la
part qu'il jugera convenable.

Pour compléter le tableau de votre situation, nous ajouterons, qu'au 1er janvier 1858, la Société d'acclimatation possédait :

10 Yaks ;
58 Chèvres d'Angora ;
11 Chèvres d'Égypte ;
12 Moutons Caramanlis ;
Porcs de Chine ;
Porcs d'Angleterre ;
Poules, etc.

Le bétail s'est donc augmenté, dans l'année, de 2 Yacs, de 16 Chèvres d'Angora et de plusieurs autres individus.

Tout nous porte à croire, Messieurs, que l'année 1858 ne sera pas moins prospère que celle qui finit, car le nombre des membres de la Société, qui s'est augmenté de 305, et a atteint le chiffre de 1470 en 1857, s'accroît chaque jour.

Nous allons vous présenter un aperçu des recettes et des dépenses probables pour 1858 :

Aperçu des recettes.

En caisse au 1er janvier et recouvrements.			32,864 86
1300 souscriptions renouvelées sur 1470, déduction faite de celles à annuler et des 34 cotisat. définitives.	32,500		
220 souscriptions nouvelles.	7,700		
Allocation du Ministre.	1,800		
Revenu des capitaux placés.	1,500		
Total des recettes probables pour 1858.	42,500	42,500 »	
Total des sommes disponibles.			76,364 86

Aperçu des dépenses.

Loyer.	3,162		
Bulletin (1620 exemplaires à 5 fr. 40 c.).	8,800		
Impressions.	1,800		
Appointements	5,000		
Divers, encaissement, chauffage.	3,600		
Récompenses.	1,800		
Total des dépenses indispensables.	24,162	24,162 »	
D'où la différence entre les recettes et les dépenses sera environ de.			52,202 86

Vous pourrez donc, Messieurs, pendant la présente année, en outre des récompenses que vous allez distribuer prochainement, consacrer aux progrès de l'acclimatation, et dans les limites d'une sage prudence, une partie de ces 52,202 fr. 86 c.

S'il est nécessaire de conserver toujours un fonds de réserve ; si nous devons nous féliciter de voir figurer dans le budget de nos recettes, *les rentes* que nous avons acquises, nous ne devons pas oublier cependant que nous n'avons pas été créés uniquement pour faire des économies, mais bien pour faire des choses utiles. Vous êtes tellement convaincus de cette vérité, Messieurs, que vous avez toujours approuvé toutes les dépenses votées par votre Conseil d'administration, soit pour distribuer annuellement, aux plus dignes, des médailles pour une valeur de 1500 francs, soit pour proposer sur onze sujets d'un grand intérêt onze prix d'une valeur totale de 11 000 francs, soit pour faire venir de toutes les parties du monde des animaux ou des végétaux utiles, soit pour répéter avec persévérance des expériences auxquelles un premier échec ne doit pas faire renoncer.

Connaissant l'esprit qui vous anime, Messieurs, nous sommes convaincus que, d'accord avec votre Conseil d'administration, vous ne voudrez pas, après avoir introduit des animaux ou des végétaux dans une contrée, vous donner le déplorable spectacle de les y voir inutiles par votre incurie et dépérir dans l'abandon. Vous jugerez utile que vos animaux soient réunis en certains groupes, soignés par des personnes à vous, inspectés souvent par un homme éclairé qui, sous une haute direction, veillera à la bonne exécution des ordres donnés, étudiera les effets du régime adopté, ses avantages ou ses inconvénients, les mœurs et les habitudes des animaux, les meilleurs moyens de les utiliser et de les améliorer, et les croisements heureux qu'ils pourraient produire.

Pour réussir dans ces questions qui présentent de si grandes difficultés, il faut de l'argent, beaucoup de persévérance et beaucoup de lumières.

Vous réunissez toutes ces conditions à un trop haut degré pour qu'on puisse douter du succès.

Les nombreuses et illustres adhésions que vous ne cessez de recevoir de toutes les régions du globe sont la preuve des espérances qu'a fait naître la Société zoologique d'acclimatation.

Nous avons la conviction que vous les réaliserez.

II. TRAVAUX ADRESSÉS

ET COMMUNICATIONS FAITES A LA SOCIÉTÉ.

SUR LA CHÈVRE D'ANGORA.

LETTRE ADRESSÉE A M. DE QUATREFAGES, DE L'INSTITUT,
Membre du Conseil d'administration de la Société,

Par Mme la princesse C. TRIVULCE DE BELGIOJOSO.

(Séance du 18 décembre 1857.)

Monsieur,

Vous m'avez demandé des renseignements sur le régime le plus convenable pour favoriser la conservation et la propagation des Chèvres d'Angora, et voici ce que, après avoir interrogé mes souvenirs et ceux de mon domestique qui est lui-même d'Angora, je crois pouvoir vous conseiller.

Pourquoi les Chèvres d'Angora sont-elles si extraordinairement belles, et n'ont-elles aucun rapport avec les Chèvres du reste de l'Asie Mineure, à l'exception de celles de Koniale, qui en approchent? C'est une question qui vaudrait la peine d'être étudiée, mais sur laquelle je ne suis pas parvenue à acquérir la moindre donnée. Lorsque je m'établis dans l'Asie Mineure (ma ferme est à la distance de trois journées de marche d'Angora), j'y trouvai ce préjugé profondément enraciné : que les Chèvres d'Angora dégénéraient immédiatement si on les transportait dans cette contrée. On en donnait pour motif : 1° que c'étaient des Chèvres d'Angora, et non pas des Chèvres de *Tiag Mag Agton* (ma ferme); 2° que les nombreux buissons de genévriers et d'autres arbustes épineux leur enlevaient leur beau poil. Mais lorsque j'allai moi-même à Angora, je reconnus que la végétation y était la même qu'à ma ferme, et je me promis de tenter l'épreuve.

J'achetai deux magnifiques Boucs et quelques belles Chèvres

d'Angora, et à l'époque du rut, j'écartai de mon troupeau tous les autres Boucs. J'eus pour résultat : quelques Chevreaux de race très pure provenant des belles Chèvres, et un grand nombre de jolis Métis. Ces Métis accouplés l'année d'ensuite aux Boucs, leurs pères, me donnèrent d'autres Métis qu'un œil peu exercé aurait pris pour des Angoras purs, mais qui portaient encore le signe du croisement, à savoir, une raie de poils lisses couvrant l'épine dorsale dans toute sa longueur, séparés sur le milieu comme le sont nos cheveux, à partir du front jusqu'au sommet de la tête. A la troisième génération, cette raie disparaît, et j'eus la satisfaction de me voir en possession d'un beau troupeau de Chèvres d'Angora nées dans ma ferme. Mes voisins suivirent mon exemple, et quand je quittai l'Asie, l'émulation s'était emparée de plusieurs d'entre eux.

Les Chèvres d'Angora sont très délicates et demandent de grands soins, ainsi qu'un régime particulier. Elles sont exposées à s'empoisonner en mangeant de certaines herbes, et il ne paraît pas que l'instinct les en préserve, car j'en ai vu plus d'une tomber morte sur les prés, qui se portait très bien en allant au pâturage. La Ciguë, qui abonde dans ce pays, semble ne leur faire aucun mal. Elles sont sujettes aux maladies vermineuses, et l'on trouve presque dans toutes celles qui ont succombé une multitude de vers plats établis dans le foie. Une autre maladie qui attaque les Chèvres aussi bien que les Brebis, et que les gens du pays attribuent aussi (je ne sais si c'est à tort ou à raison) aux vers, se manifeste par une grosseur sous la mâchoire inférieure. L'animal tombe aussitôt dans la tristesse, refuse de boire et de manger, se couche en appuyant son museau sur le sol, et meurt en peu de jours. J'ai essayé avec succès de percer la grosseur; il en est sorti beaucoup d'eau, point épaisse ni jaunâtre, ni puante ; j'introduisais dans la petite blessure un tampon qui la maintînt ouverte, et pendant plusieurs jours je pressais autour de la piqûre jusqu'à ce que rien n'en sortît plus. J'en ai guéri quelques-unes par ce moyen si simple (1). Les Chèvres d'Angora sont sujettes à de

---

(1) Celles qui sont mortes de cette maladie, et que je fis ouvrir, avaient en effet quelques vers ; mais quelques-unes de celles qui mouraient victimes

fréquents avortements, surtout si la saison étant rigoureuse, elles ne se nourrissent pas suffisamment. Il faut pourtant mettre beaucoup de parcimonie et de précaution à les nourrir d'autre chose que d'herbe et de feuilles, car nulle autre nourriture ne vaut celle-là pour elles. Le foin ne leur convient pas non plus, et la seule nourriture qu'on puisse substituer à l'herbe fraîche, ce sont les feuilles, et surtout les feuilles de Chêne. Il est bon de s'approvisionner de branches de Chêne au commencement de l'hiver pour les avoir sous la main et les faire manger aux Chèvres les jours où la neige couvre la terre. Mais ce qui est plus important que tout le reste, c'est l'habitation. Le plancher sur lequel elles couchent doit être de terre battue ou de planches, et très propre, surtout très sec. Dans la saison froide, la saison des pluies et des neiges, il faut qu'elles passent les nuits à couvert, c'est-à-dire sous un toit ; il est bon aussi que l'espèce de hangar qui leur sert d'étable soit fermé de deux ou de trois côtés, des côtés d'où soufflent les vents les plus froids ; mais s'il était ouvert des quatre côtés, le mal serait moins grand que si le hangar était complétement fermé. Ces animaux ont surtout besoin d'air pur, et l'air vicié d'une étable fermée leur est extrêmement nuisible. Leur santé en souffre aussitôt, et le poil des Chèvres d'Angora ne conserve toute sa beauté que sur les Chèvres bien portantes. Vous me direz que la Société en possède un assez grand nombre dans diverses parties de la France, qu'elles sont enfermées dans des étables bien closes, et qu'elles se nourrissent de foin pendant tout l'hiver, et qu'elles ne s'en portent pas plus mal. Vous n'avez qu'à comparer la quantité de laine que chacune d'elles vous donne, avec ce qu'en donne une Chèvre d'Angora dans son pays ; je doute aussi que la qualité de la laine soit la même.

Les Chèvres d'Angora sont tondues en mai, si je m'en souviens bien. Il faut attendre que les chaleurs soient arrivées, et

d'un accident en avaient aussi, tant elles sont sujettes à ces affreux parasites. L'expérience n'a pas été faite sur une grande échelle, car, grâce à Dieu, je n'en perdis qu'un très petit nombre de cette tumeur, pour me convaincre que les vers étaient en effet la cause de la tumeur sous le menton.

éviter de les tondre dans la quinzaine qui précède et dans celle qui suit le part. On prend des précautions en automne, et on les accouple de façon que le part ait lieu au commencement de la belle saison, et avant les très grandes chaleurs. On les tond comme on tond les Brebis, avec de grands ciseaux. Les tondeurs habiles enlèvent le poil par quartiers, sans le démêler, si bien que l'on reconnaît à la première inspection à quelle partie de l'animal appartenait tel ou tel paquet. Le poil ainsi détaché de l'animal est peigné ensuite pour en enlever les corps étrangers qui s'y trouvent retenus et comme noués; après cela on le file. Lorsqu'il est filé, on l'envide à plat sur une planche, en ayant soin de le tendre autant que cela se peut ; mais ce poil ainsi filé, étant très élastique, on passe un petit bâton entre le fil et la planche, pour le tendre davantage momentanément, puis on donne à la planche une inclinaison verticale, et l'on fait couler de l'eau pure et fraîche du haut en bas sur la planche et le fil, en frottant légèrement et avec la main sur ce fil. On le laisse sécher ensuite, et l'on tisse, ou bien on le teint. On n'emploie pour ce lavage ni savon, ni substances chimiques, rien que de l'eau fraîche.

Les gens du pays disent qu'une très belle Chèvre ou un très beau Bouc donne de 3 à 4 ocques de poil chaque fois qu'on le tond, c'est-à-dire une fois l'an (l'ocque, mesure turque, correspond à environ 400 grammes, ou à 44 onces). Je n'ai jamais vu de mes propres yeux pareille toison ; mais les plus beaux animaux de mon troupeau m'ont donné un peu moins de 3 ocques. Il est vrai que mes Boucs n'étaient peut-être pas très jeunes, tandis que les pur-sang nés chez moi n'étaient pas encore arrivés à leur maturité.

Ces belles Chèvres sont parfois de très mauvaises mères, et si on ne les surveille pas, elles laissent mourir leurs petits de faim, ou bien elles les nourrissent d'une manière insuffisante. Parmi les Chèvres d'Angora, il en est de noires, de grises et de rouges ou fauves; mais les blanches sont les plus nombreuses et les plus recherchées.

III. EXTRAIT DES PROCÈS-VERBAUX

DES SÉANCES GÉNÉRALES DE LA SOCIÉTÉ.

SÉANCE DU 22 JANVIER 1858.

Présidence de M. Is. GEOFFROY SAINT-HILAIRE.

M. le Président proclame les noms des membres nouvellement admis :

MM. BARBEY (Théodore), armateur, au château de Saulcy, près Saint-Dié (Vosges), à Paris et au Havre.

DOURNAY (Joseph), propriétaire aux Mines de Lobsann, par Soultz-sous-Forêts (Bas-Rhin).

FOURCHY, notaire, à Paris.

GRIMAUD DE CAUX (Gabriel), propriétaire, à Paris.

LA CHAPELLE (René de), propriétaire, à Varennes (Seine-et-Marne).

LA LAURENCIE (le marquis de), propriétaire, à Paris.

LASSERRE (Georges), avocat, propriétaire, à Saint-Nicolas-de-la-Grave (Tarn-et-Garonne).

MONTLAUR (le marquis de), membre du Conseil général de l'Allier, au château de Lyonne près Gannat (Allier).

MONY, propriétaire, à Paris.

PLANCHAT, notaire, à Paris.

VELARD (le comte de), au château de Candé (Loir-et-Cher).

— L'agrégation de la *Société d'agriculture, industrie, sciences et arts du département de la Lozère*, siégeant à Mende, présidée par M. le docteur Théophile Roussel, est mise aux voix et prononcée par un vote unanime.

— M. le Président annonce à l'Assemblée la prochaine conclusion de l'affaire relative à la concession, par la ville de Paris, d'un terrain dépendant du bois de Boulogne, et destiné à l'établissement de notre jardin d'expériences. La Société a rencontré la plus grande bienveillance dans le sein du Conseil municipal ainsi qu'au Conseil d'État, et le retard éprouvé jusqu'ici était dû seulement à quelques difficultés de rédaction complétement levées aujourd'hui. On peut donc espérer que, sous un très bref délai, un décret sera soumis à l'approbation de S. M. l'Empereur.

— M. Wassink écrit pour remercier du choix que la Société a fait de lui comme son délégué à Batavia.

— M. de Maude adresse des remerciments pour son admission.

— Une demande de noyaux de Pêches de Tullins, transmise par notre délégué à Toulouse, M. le professeur Joly, est renvoyée à la Commission.

— M. Galland, marchand grainier, à Ruffec (Charente), fait parvenir sous le nom d'*Igname indigène* un pied de la plante nommée Tami vulgaire, ou *Sceau-de-Notre-Dame* (*Tamus communis*), de la famille des Dioscorées, qui est commune aux environs de Paris. Ses rapports d'aspect général avec les *Dioscorea* lui font donner, par quelques horticulteurs, la dénomination sous laquelle on l'a reçue.

— M. Frédéric Jacquemart place sous les yeux de l'assemblée des racines d'Ignames cultivées à Paris, longues d'un mètre et d'un diamètre de $0^m,05$ à $0^m,06$. Elles proviennent de rondelles de racines plantées au printemps de 1857.

— M. le vicomte de Valmer, en sa qualité de Président des Sociétés d'agriculture et d'horticulture de Melun, présente des échantillons de Sorgho de Chine, de Kabylie et de Provence, dus aux soins de ces Sociétés. Il fait observer que le premier semble être celui qui fournit le plus, et le dernier, selon lui, demande moins de soins que les deux autres dans sa culture. Il pense que les beaux résultats obtenus cette année doivent être surtout attribués aux grandes chaleurs de l'été passé, et il ne croit pas qu'on puisse en espérer de semblables chaque année.

— M. Leroy, membre de la Société, écrit de Marseille pour remercier d'un envoi de noyaux de Pêches de Tullins et de fruits de l'Araucaria du Brésil.

— M. Lachaume, en déposant sur le bureau une Note relative à ses succès dans la culture du Pois oléagineux de la Chine, donne, à ce sujet, quelques explications verbales, et montre

un certain nombre de tiges, qui portent un grand nombre
de gousses. Cette Note est renvoyée à l'examen de la 5e section.

— A la suite de cette communication, M. Léo d'Ounous fait
connaître qu'il a réussi dans le Midi à cultiver différentes
espèces de Haricots étrangers.

— M. Bourlier met sous les yeux de l'assemblée des Noix de
Bancoul, originaires du Gabon, qui lui ont été remises par
notre confrère M. Aubry-Lecomte, ainsi que de l'huile qu'il a
extraite de ces Noix et du savon fabriqué avec l'huile. Il donne
en même temps lecture d'une Note où sont résumées ses recherches scientifiques sur ce sujet.

— M. le comte de Galbert adresse de la Buisse par Voiron
(Isère) un Rapport sur sa culture d'Ignames. Renvoi à la
5e section.

— M. Jullien Desbordes remercie d'un envoi d'œufs de
Bombyx du Ricin qui lui a été fait récemment.

— M. le comte de Kercado fait parvenir pour nos collections
un cadre renfermant, comme spécimen, deux papillons de
cette espèce, plusieurs cocons, des œufs et un échantillon de
soie. Des remercîments seront adressés à notre confrère.

— M. Kaufmann donne quelques détails sur la structure
du cocon du Bombyx du Ricin, et sur le procédé à l'aide
duquel il en pratique le dévidage qu'il opère sous les yeux de
l'assemblée.

— M. Sacc adresse des échantillons d'étoffe fabriquée avec
la soie du Bombyx du Chêne, et auxquels il a donné des
teintes diverses, mais toutes plus ou moins foncées. Il a joint
à ces échantillons une indication complète des opérations chimiques nécessitées par ce travail.

A cette occasion, M. Guérin-Méneville rappelle que des
essais heureux de teinture sur cette soie ont été faits, il y a
plusieurs années, par un industriel de Paris, et il montre des
échantillons qu'il a conservés depuis cette époque.

— M. Millet, en sa qualité de vice-président de la 5e section,
lit une Note contenant l'énoncé de divers vœux formulés par
cette section. L'examen de la Note est renvoyé au Conseil
d'administration.

Le même membre présente ensuite des détails sur les travaux de pisciculture marine entrepris dans le bassin d'Arcachon. Il décrit un appareil particulier qu'il a proposé pour le transport des Poissons vivants, et construit de telle façon que l'eau peut être chargée d'air, chaque fois que cela est nécessaire.

Après cette communication, il montre des produits des bassins à Huîtres établis par M. Caillaud, à Chatelaillon (Charente-Inférieure), et dans lesquels l'eau douce pénètre dans une certaine proportion. Les produits dont il s'agit sont : 1° une Huître mère ; 2° de très jeunes Huîtres fixées sur un morceau de roc et dont quelques-unes égalent à peu près le diamètre d'une pièce d'un franc ; 3° des coquilles couvertes de Serpules dont l'enveloppe calcaire, en se fixant sur l'une et l'autre valve, nuit au développement de l'Huître. Il rappelle, en outre, que certains mollusques, en s'introduisant entre les valves des Huîtres, amènent la mort d'un grand nombre de ces animaux.

Quelques observations sont présentées par M. Clet, sur la difficulté qu'il doit y avoir, selon lui, à obtenir dans les bassins de Chatelaillon et la reproduction et l'engraissement, puisque, pour cet engraissement, il paraît convenable de pratiquer un mélange d'eau douce et d'eau de mer, lequel, au contraire, est défavorable à la formation et au développement du frai.

M. le baron Travot, parlant dans le même sens, insiste également sur la nécessité de l'arrivée d'une certaine quantité d'eau non salée dans les bassins maritimes où les Huîtres sont parquées.

M. Chatin dit que ce mélange, dont il ignore les effets sur les phénomènes de la reproduction, est en réalité nécessaire pour l'engraissement, et que la proportion d'eau douce doit varier suivant la qualité de l'Huître que l'on veut obtenir. Il cite une observation personnelle par laquelle il a constaté que, dans un parc qu'il a visité, les Huîtres devenaient vertes seulement aux abords d'une source qui venait s'y ouvrir.

M. J. Cloquet rappelle, à cette occasion, les observations recueillies par M. Coste sur les parcs à Huîtres du lac Fusaro, situé dans le fond du golfe de Baïa près Cumes, et qui ont fait connaître dans tous leurs détails les procédés qui y sont employés pour favoriser la reproduction de ces mollusques. Notre confrère mentionne également l'opinion émise par le même observateur (*Rapport* à S. Exc. le Ministre de l'agriculture sur son voyage d'exploration sur le littoral de la France et de l'Italie, 1855) relativement aux conditions dans lesquelles se trouvent dans les bassins de Marennes les Huîtres si renommées de cette localité, et qui sont telles que leur *viridité*, suivant l'expression de M. Coste, semble surtout due à la nature même du sol des parcs où elles sont conservées.

M. Chatin, sans nier complétement cette cause, fait observer que, même à Fusaro, quoique les eaux douces soient exclues des parcs, l'action de la rosée des nuits sur les Huîtres fréquemment sorties du liquide salé, doit produire un effet analogue à celui qui résulte du mélange d'eau douce et d'eau de mer.

M. Guérin-Méneville signale les efforts déjà faits pour créer, sur notre littoral, des bancs d'Huîtres.

— M. Millet donne de nouveaux détails sur les tentatives heureuses qu'il a faites pour arriver à répandre et à propager le Coq de Bruyère dans des parties de la France où cet oiseau était en quelque sorte inconnu.

— Une demande de Yaks, adressée par notre nouveau confrère, M. le marquis de Montlaur, est renvoyée au Conseil.

— La Commission nommée pour étudier les questions relatives à l'introduction du Dromadaire au Brésil (*Bulletin*, 1857, page 593) ayant présenté au Conseil un Rapport sur ce sujet, il en a été donné communication à M. Marques Lisboa, envoyé du Brésil, et ce Rapport faisant connaître le montant très élevé des frais d'acquisition et surtout de transport, le Conseil a demandé s'il fallait passer outre et conclure, ou s'il n'y avait pas lieu, au contraire, de consulter le gouvernement brésilien, afin de savoir s'il ne trouverait pas plus convenable d'envoyer un navire de l'État. La Commission a donc rempli son mandat, et M. l'Envoyé du Brésil a répondu, en termes très obligeants, qu'il n'avait pas d'observations à faire sur les conclusions du Rapport, car elles ont toute son approbation. Néanmoins, en présence des indications qui y sont

données sur le chiffre des dépenses jugées nécessaires, il croit, dit-il, devoir en référer à son gouvernement. Dès qu'une réponse lui sera parvenue, il s'empressera de la transmettre au Conseil.

— Notre confrère, M. Davin, qui, au printemps dernier, avait présenté à la Société des échantillons de poils de Chameaux peignés, filés et tissés, et avait lu sur ce sujet une notice industrielle insérée au *Bulletin* (1857, p. 253), met aujourd'hui sous les yeux de l'assemblée des coupons de diverses pièces d'étoffe, savoir : du drap velours de trois qualités, l'une d'une finesse et d'une douceur extrême ; une seconde, également très belle, mais d'une qualité moins exceptionnelle, et qui sera principalement le type que l'industrie pourra donner au commerce, et la troisième encore très douce, mais plus commune et pouvant servir pour les vêtements d'homme et de femme ; puis des tissus plus légers ; l'un de ces derniers, en particulier, est tramé en poil de Chameau sur une chaîne de coton. M. Davin fait observer qu'il se sert d'un mélange de poil de Chameau d'Asie et de Chameau d'Afrique, pour obtenir les plus beaux résultats, et que nulle teinture n'est appliquée sur ces étoffes, dont la couleur naturelle est un brun légèrement jaunâtre, d'une nuance agréable.

Il est ensuite donné lecture d'une lettre de M. le maréchal Randon où S. Exc. témoigne hautement de l'intérêt que lui inspirent ces heureux essais d'utilisation du poil de Chameau, dont l'Algérie peut fournir d'importantes quantités.

— Notre nouveau confrère, M. Th. Barbey, armateur au Havre, donne connaissance des efforts qu'il a faits pour importer en France le Lama, dont la sortie du Pérou est défendue, et dont il n'a pu se procurer encore que deux mâles actuellement déposés au Muséum.

Il annonce, en même temps, qu'il met à la disposition de la Société ses nombreux navires, et il adresse plusieurs affiches faisant connaître les lieux de destination de ces navires, et montrant combien sont étendues ses relations d'outre-mer.

SÉANCE DU 5 FÉVRIER 1858.

Présidence de M. Is. Geoffroy Saint-Hilaire.

— A l'occasion du passage du procès-verbal de la séance du 22 janvier, où il est question des causes de la viridité des Huîtres, M. le docteur Aubé fait observer que l'abaissement de la température exerçant une influence sur la production de la coloration, puisqu'elle n'a lieu qu'après la saison des grandes chaleurs, depuis la fin d'août jusqu'au mois de mai, on pourrait peut-être attribuer le rôle de l'eau de source que certains parcs reçoivent et dont M. Chatin a parlé, à ce fait que ces sources sont plus froides que l'eau de mer à laquelle elles viennent se mélanger.

— Également à l'occasion du passage de ce même procès-verbal où sont mentionnées les indications fournies par M. Millet, sur les travaux de Pisciculture et d'*Ostréoculture*, entrepris dans le bassin d'Arcachon, M. le professeur J. Cloquet, dans le but d'appeler l'attention de la Société sur la part que le gouvernement prend au développement de cette source importante d'alimentation publique, lit une Note *sur la Pisciculture en France pendant l'année* 1857 (voy. au *Bulletin*).

— M. le Président proclame les noms des membres nouvellement admis :

S. A. le prince François de Lichtenstein, lieutenant général au service de S. M. l'Empereur d'Autriche.

MM. Borsenkow (Jacques), membre fondateur du Comité d'acclimatation de Moscou, magistrat de l'Université, à Moscou.

Bourgoing (de), écuyer de l'Empereur, à Paris.

Caroli (le comte Louis de), à Paris.

Darricau, capitaine de vaisseau, gouverneur de l'île de la Réunion.

Davies, propriétaire, à Madère.

Espeuilles (le marquis de), sénateur, à Paris.

Foucher, président honoraire de la Chambre des notaires, à Paris.

MM. Gardanne (le comte), à la Grande-Fuste, près Valensolles (Basses-Alpes).

Gibert (Achille), propriétaire, à Beauvais (Oise).

Hachette, éditeur-libraire, à Paris.

Hassan-Bey (le général), à Paris.

Kalinowsky (Jacques), professeur d'agriculture à l'Université impériale de Moscou.

La Mardière (de), officier de marine, à Madagascar.

Osuna (S. Exc. le duc de), à Madrid.

Oussow (Serge), membre fondateur du Comité d'acclimatation de Moscou, membre de la Société des naturalistes, à Moscou.

Paulze d'Ivoi, préfet de la Vienne, à Poitiers.

Perales (S. Exc. le marquis de), à Madrid.

Perrault (J.) secrétaire de la Chambre d'agriculture du Bas-Canada, directeur du journal *l'Agriculteur*, ancien élève de Grignon.

— Sur la proposition de M. le Président, faite au nom de la Commission des récompenses et du Conseil d'administration, et conformément aux dispositions de l'article 4 de ses Statuts constitutifs, la Société admet, à l'unanimité, au nombre de ses membres honoraires :

S. Exc. M. Masslow, conseiller d'État actuel, secrétaire perpétuel de la Société impériale d'agriculture, à Moscou ;

M. Richard (du Cantal), agriculteur, ancien directeur de l'École des haras, ancien représentant, et l'un des quatre vice-présidents de la Société, à Paris ;

M. Rocquemaurel, capitaine de vaisseau, à Toulon.

— S. Exc. le Ministre de l'agriculture, du commerce et des travaux publics, transmet la médaille d'or qu'il a accordée à notre Société et qui sera décernée dans la séance publique annuelle. Des remerciments seront adressés à M. le Ministre.

— M. le Président informe que cette séance, la deuxième depuis la fondation de la Société, aura lieu à l'Hôtel de Ville, le 10 février, jour anniversaire de cette fondation. On y distribuera les récompenses et médailles accordées par la Société.

— M. le Président annonce que, par une lettre de notre confrère, M. Redon, maître des requêtes au Conseil d'État, il a appris que l'affaire relative à la concession d'un terrain au bois de Boulogne pour notre jardin d'expérimentation est maintenant terminée devant le Conseil d'État.

— M. Fréd. Jacquemart, au nom de la Commission de comptabilité, lit un Rapport sur l'état des recettes et des dépenses de la Société pendant l'année 1857. Sur les conclusions de ce Rapport, l'Assemblée : 1° approuve les comptes de M. le Trésorier, à qui elle vote, à l'unanimité, des remercîments ; 2° renvoie à l'examen du Conseil la proposition de prononcer la radiation de quelques membres qui n'ont pas payé leurs cotisations depuis 1855. (Voy. ce Rapport, p. 83.)

— M. G. Lasserre écrit pour remercier de son admission.

— Des rapports sur des cultures d'Igname et de Riz sec sont adressés par M. H. de Calanjan et par le Comice agricole de Lille. Ce dernier rapport est transmis par M. le Préfet du Nord.

— M. Lachaume place sous les yeux de l'Assemblée une nombreuse collection de variétés de Maïs cultivées à Vitry-sur-Seine, il dépose sur le Bureau une Notice relative à cette culture et qui est renvoyée à l'examen de la 5ᵉ section.

— M. Denis Graindorge informe la Société qu'il met à la disposition de nos confrères qui pourraient en désirer, des pieds de Cassis blanc ; il en a obtenu une liqueur de couleur claire, dont il présente un échantillon.

— M. Ch. Lemonnier fait parvenir un rapport sur diverses cultures heureuses de Sorgho sucré, dans le Tarn, dans l'Oise et dans le Calvados ; il y a joint un échantillon de graines obtenues dans ce dernier département.

— M. le Président informe que la Société a reçu de Sainte-Marthe (Nouvelle-Grenade) des Pommes de terre dont il sera fait une distribution contre remboursement de frais.

— M. Sacc expédie une paire de gants et une paire de bas tricotés avec la soie de la Chenille du Chêne de la Chine. A la suite du lavage, le retrait a été absolument nul. « Ainsi, dit notre confrère, les vêtements confectionnés avec cette précieuse matière textile pourront être lavés sans subir la moindre déformation, ce qui procurera une économie considérable sur ceux en laine. »

— M. le Président informe que la Société vient de recevoir, après de longs retards, de M. l'abbé Bertrand, missionnaire apostolique au Su-Tchuen (Chine), membre honoraire de la Société, deux Mémoires, l'un sur le Ver à soie du Chêne et l'autre sur l'Ortie blanche.

— M. le comte de Causans, propriétaire au Puy (Haute-Loire), adresse une Notice sur ses travaux de pisciculture dans ce département. Elle est renvoyée à l'examen de la 3ᵉ section.

— M. le docteur Chapuis, président du Comité zoologique d'acclimatation de la Guyane et médecin en chef de la marine, à Cayenne, annonce l'envoi d'animaux vivants pour la Société.

— M. le Président renvoie à la 2ᵉ section une lettre par laquelle M. Jorand, propriétaire, à Auxonne (Côte-d'Or), demande des instructions relativement aux conditions du prix extraordinaire proposé par la Société pour la domestication de la grande Outarde (*Otis tarda*).

— M. Dareste lit un extrait d'un Mémoire où sont consignés les résultats de ses recherches relatives à l'influence que l'application totale d'un vernis ou d'un enduit oléagineux sur la coquille de l'œuf exerce sur le développement de l'embryon.

— Une lettre de M. Paul Blacque, trésorier, donne avis que M. Chagot a versé dans la caisse de la Société une somme de 2000 francs, destinée à être donnée en prix à celui qui, dans la domestication de l'Autruche, en France, en Algérie ou au Sénégal, aura obtenu au moins six individus d'une troisième génération. Les intérêts de cette somme seront servis à notre confrère jusqu'à l'époque à laquelle elle sera décernée en prix, ou restituée au fondateur si les conditions exigées pour ce prix n'ont pas été remplies (voyez relativement à ce prix, *Bulletin* 1858, p. 45).

— M. le docteur Berrier-Fontaine met à la disposition de ceux de nos collègues qui pourraient en désirer, de jeunes chiens nouvellement nés, issus d'une chienne braque de la race pure dite *Pointer écossais*.

— M. Albert Geoffroy Saint-Hilaire lit une Note sur un lainier dont il fait hommage à la Société et qui contient une collection de laines d'Algérie, que M. Bernis, vétérinaire principal de l'armée d'Afrique, lui a donnée. Il y a joint beaucoup d'échantillons qu'il a lui-même recueillis pendant son voyage dans notre colonie. Des remercîments sont adressés à M. A. Geoffroy Saint-Hilaire, pour ce présent, qui est un complément très utile du rapport qu'il a présenté l'année dernière sur les races ovines de l'Algérie (*Bulletin*, 1857, p. 413).

— MM. Bouteille, secrétaire général de notre Société affiliée des Alpes, Cuënot, Dauban, Dausse, Jobez, Parade et Fréd. Zuber adressent de Grenoble, de la Malcôte, à Besançon, de Campnac (Aveyron), de Lons-le-Saulnier (Jura), de Siam, près Champagnole (*Id.*), de Nancy et de Mulhouse, un état effectif du nombre de boucs ou chèvres adultes et de jeunes animaux mâles ou femelles de la race caprine d'Angora, qu'ils ont en dépôt en ce moment. Outre ces indications, nos confrères, en remplissant les cases préparées d'avance sur les tableaux qu'on leur avait fait parvenir, ont pu mentionner le nombre des naissances et des morts survenues pendant chacune des années 1855, 1856 et 1857.

De ces rapports il résulte que la Société possède actuellement un troupeau de 53 têtes, sur divers points de la France, comprenant 16 Boucs et 37 Chèvres; parmi les 53 animaux, il y en a 38 adultes et 15 jeunes. Dans ces nombres ne sont comprises ni les Chèvres d'Angora que la Société a fait venir avec les siennes pour plusieurs de ses membres et pour divers établissements, ni celles qu'elle a envoyées en Algérie, en Wurtemberg et en Sicile.

— M. Th. Barbey, membre de la Société, lui fait don de deux Lamas mâles récemment arrivés du Pérou. A ce don précieux, M. Barbey a joint celui de deux vases en terre trouvés dans les fouilles faites sur les montagnes d'Arica (Pérou), qui longent le rivage. Ils se trouvaient placés à côté des corps des Incas auprès desquels ils avaient été posés par les parents et les amis des défunts. Des remercîments seront adressés à M. Barbey pour ce double présent.

SÉANCE DU 19 FÉVRIER 1858.

Présidence de M. Is. GEOFFROY SAINT-HILAIRE.

— M. le Président proclame les noms des membres nouvellement admis :

MM. ASSELIN, receveur particulier des contributions, à Paris.

AYMEN, propriétaire, membre du Conseil général de la Gironde, à Castillon-sur-Dordogne (Gironde).

CAUSSE (Jacques), négociant, à Bordeaux (Gironde).

CHABROL-CHAMÉANE (le vicomte de), à Paris.

COCTEAU, notaire honoraire, à Paris.

CORDEVIOLLA, de la Nouvelle-Orléans, propriétaire, au château de Marconville près Pontoise (Seine-et-Oise) et à Paris.

COSTE-LOREILHE, propriétaire, à Sainte-Foy (Gironde).

DELBRUCK, homme de lettres, à Paris.

DOULCET (Jules), archiviste du Corps législatif, à Paris.

GOURSIES, propriétaire, à Beausjugan, par Castillon-sur-Dordogne (Gironde).

GOURY DU ROSLAN, ministre plénipotentiaire de France près la République de la Nouvelle-Grenade.

LACROZE (le docteur Pierre-Ernest), directeur de la maison de santé de Picpus, à Paris.

LAMOTHE (Adolphe), propriétaire, à Poitiers (Vienne).

LÉNARDIÈRE (de), député, propriétaire, à Paris.

LESSEPS (le comte de), ministre plénipotentiaire, directeur des affaires commerciales au ministère des affaires étrangères, à Paris.

MAUPASSANT, propriétaire, à Paris.

MAURICE (Ovide), avoué, à Poitiers (Vienne).

MICHEL LÉVY, inspecteur général du service de santé militaire, directeur de l'École de médecine et de pharmacie militaire du Val-de-Grâce, à Paris.

MOURAVIEFF APOSTOL, à Mirgorod, gouvernement de Pultava (Russie).

MM. Poirault (Jules), pharmacien, préparateur à la Faculté
des sciences, à Poitiers (Vienne).

Polliotti, à Turin (Piémont).

Pont du Chambon (du), propriétaire, au Vivier, près
Sainte-Foix (Gironde).

Rancy (le comte de), à Paris.

Sarchi, agent de change honoraire, à Paris.

— S. Exc. M. le duc de Rivas, ambassadeur d'Espagne,
écrit pour exprimer ses regrets de n'avoir pu, contrairement
à son désir, assister à la séance solennelle du 10 février.

— Des lettres de remercîments, à l'occasion des récompenses décernées dans cette séance, sont adressées par M. Sacc,
pour sa médaille d'or, par M. Allier, par M. Berthier, prince
de Wagram, M. le comte de Galbert et madame Antoine
Passy pour leurs médailles de première classe; par MM. Agron
de Germigny, Alvier, Braguier, Brierre, Dausse, Albin Gros,
Mège, David Richard, le major Taunay, pour leurs médailles
de deuxième classe. Dans sa lettre, M. Alvier dit : « La
Chèvre d'Angora est peut-être destinée par ses belles toisons
à dédommager le Dauphiné, et particulièrement le département
de la Drôme, de l'anéantissement de ses produits séricicoles.
L'essentiel serait de la faire substituer, en raison de sa plus
grande utilité, à la Chèvre indigène, qui est beaucoup plus
nuisible aux bois qu'elle broute avec avidité; tandis que la
Chèvre d'Angora, ayant de nombreux rapports avec la race
ovine, se contente de brouter toute espèce de pâturage. »

— Une lettre de M. le baron de Waechter, ministre de Wurtemberg, informe M. le Président que S. M. le roi de Wurtemberg, voulant honorer la Société dans la personne de l'un
de ses membres les plus distingués, a daigné accorder à M. Sacc
la croix de chevalier de l'Ordre de Frédéric. M. le Président a
été chargé d'en transmettre les insignes à notre confrère.

— MM. E. Cordeviolla et de Gévaudan remercient de leur
admission dans la Société.

— Il est donné lecture, par extraits, du procès-verbal
de la séance tenue par notre Comité régional de Bordeaux, le
3 décembre 1857, et en particulier des passages relatifs à

une communication de Mgr l'évêque de Grenoble à Mgr le cardinal-archevêque de Bordeaux, touchant les Pêches de Tullins, d'après un horticulteur très compétent. Les détails contenus dans ce passage montrent tous les avantages que cet arbre peut offrir en ce qu'il se reproduit de noyaux sans avoir besoin de la greffe, se cultive également bien en espalier, ce qui donne un plus beau fruit et en plein vent, d'où il résulte un fruit meilleur. Dès le commencement de la troisième année de la plantation, il commence à produire et dure dix ans, et même plus, si on le rabat chaque année, sur le nouveau bois, en enlevant le bois mort. A la suite d'indications sur le terrain, il est dit que le meilleur moment pour le semis des noyaux est l'époque de la maturité. A cette occasion, M. le docteur Aubé fait observer qu'ils peuvent être plantés avec succès, à d'autres époques, si l'on a pris le soin de les stratifier à une température de 15 ou 18 degrés, dans une serre ou dans une vacherie.

— Notre confrère, M. A. de la Roquette, transmet copie d'un Rapport adressé par M. Hardy à M. le préfet d'Alger sur les résultats heureux obtenus du semis des graines qui lui ont été adressées de l'Amérique du Sud par M. de Bonpland, et qu'il ne doute pas de voir parfaitement réussir.

— S. Exc. Kœnig-Bey fait parvenir un Rapport satisfaisant sur ses cultures, à Alexandrie, du Sorgho, du Pois oléagineux et du Riz sec qui lui avaient été envoyés par la Société. Il informe, en outre, des succès qu'il obtient avec divers végétaux du Bombay.

— M. le marquis de Vibraye fait connaître de vive voix les principaux résultats obtenus par lui dans ses vastes cultures forestières de la Sologne. Ces résultats sont consignés dans une Notice dont l'examen a été soumis à la Commission des récompenses, qui les a jugés dignes d'une médaille de première classe. Notre confrère signale, en outre, la continuité de ses succès en pisciculture et la nécessité d'une température qui ne dépasse pas 4 degrés pour que la fraie des Truites ait lieu.

— Notre confrère M. de Caumont, directeur de l'Association normande pour les progrès de l'agriculture, de l'industrie et des arts, transmet un Rapport sur la culture du Riz sec, qui a peu réussi, jusqu'à présent, en Normandie. Il rappelle que de semblables essais ont déjà eu lieu à Nantes, il y a une trentaine d'années environ.

— Notre confrère, M. Edmond Becquerel, lit un travail de M. Becquerel père qui fait connaître les résultats heureux auxquels l'ont conduit ses tentatives pour l'acclimatation des Orangers dans les départements du centre de la France, en obtenant dans la serre pendant la période de fructification, depuis mars jusqu'à fin de novembre ou de décembre, la somme totale de 3900 degrés de chaleur qui est indispensable pour l'accomplissement de la maturation. Des fruits parfaitement mûrs sont goûtés par divers membres de l'Assemblée (voyez au *Bulletin*, p. 77).

— M. Sacc propose des plantes des Antilles, ainsi que des graines de Cerfeuil bulbeux (*Chærophyllum bulbosum*) et de Terre-noix (*Bunium bulbo-castanum*). Il donne des détails sur la possibilité de l'emploi de la racine de Sorgho, comme succédané du Chiendent.

— M. Nicolas de Annenkoff fait présent, de la part du Comité botanique d'acclimatation de Moscou, d'une collection de graines de la Sibérie orientale, du Caucase et de la Chine.

— Des demandes de divers végétaux adressées par MM. Cumenge, Duvarnet, Lelièvre et H. Crookenden sont renvoyées à la 5e section, ainsi qu'une lettre par laquelle M. Joly (de Toulouse) sollicite des noyaux de Pêches de Tullins que M. le préfet de Lot-et-Garonne désire répandre dans le département.

En même temps, notre confrère adresse une Note sur le soufrage appliqué aux Vers à soie atteints de gattine et de muscardine. Cette Note est renvoyée à l'examen de la 4e section.

— M. Guérin-Méneville présente un Rapport sur les résultats de l'exploration qu'il a faite, cette année, de la Suisse, ainsi que des régions séricicoles et élevées de la France, de l'Italie et de l'Espagne, afin d'y recueillir, selon le vœu de la Société, et au moyen de l'aide généreuse de la Caisse franco-suisse de l'agriculture, de la graine de Vers à soie de provenance indigène absolue et non atteints par la maladie. Il a, dans ce voyage récent, acquis de nouveau la preuve de ce fait sur lequel il avait déjà précédemment appelé l'attention, savoir : que, dans les localités élevées, où les vignes et les mûriers ne sont pas malades, la gattine ne se présente jamais épidémiquement, lorsque les éducations sont faites avec des graines acclimatées depuis plusieurs années dans des lieux semblables et placées sous les mêmes conditions climatériques, et quand elle proviennent de races dites *de pays* et n'ayant pas été mêlées avec des graines d'origine inconnue ou suspecte.

— M. Guérin-Méneville ayant dit dans ce Rapport quelques mots des fraudes commises dans la récolte des œufs de Vers à soie dont on n'indique pas toujours la véritable provenance, M. Kaufmann donne des explications, qui ont pour but de montrer que les graines frauduleusement vendues comme recueillies en Prusse et qui n'ont produit que de mauvais résultats, ont été achetées à des hommes étrangers à ce pays, où il a été reconnu que les œufs répandus en France sous la fausse dénomination de graine prussienne ont, de beaucoup, dépassé les quantités que la Prusse peut produire en une année. Il proteste donc contre les reproches que ces actes de déloyauté ont pu attirer, bien à tort, comme on le voit, à ceux de ses compatriotes qui se livrent à l'industrie de la sériciculture.

M. Guérin-Méneville confirme les faits énoncés par M. Kaufmann. Il a même été prié par quelques éducateurs du Midi de s'informer auprès de qui de droit, des quantités de graines qui avaient pu être livrées en Prusse à des marchands français, afin qu'on eût un moyen de prouver que ces marchands avaient considérablement augmenté leur approvisionnement, en mêlant à la vraie graine de Prusse de la graine de Lombardie ou d'Orient viciée par la maladie régnante.

— M. Mestro, directeur des Colonies au ministère de la marine, écrit à l'occasion du *Bombyx radama*, Coq., dont il avait adressé un cocon, afin que la détermination en fût faite par la Société, que déjà le département de la marine, dès juillet 1855, et sur notre demande, a signalé aux administrations de l'Inde et de la Réunion l'intérêt qu'il y aurait à tenter, dans l'une et dans l'autre colonie, l'acclimatation de cette larve précieuse.

— La *Société industrielle* de Mulhouse fait parvenir une

addition au programme des prix proposés par elle pour être décernés, s'il y a lieu, dans sa séance générale de mai 1858 ou dans celle de mai 1859. Cette addition consiste en *une médaille d'or* pour la production par un seul éleveur de 100 kilogrammes de cocons du *Bombyx Cynthia* ou Ver à soie du Ricin, et en *trois médailles d'argent* pour les producteurs de quantités inférieures, mais dépassant 25 kilogrammes (voyez page 111).

— M. Girard, capitaine de grenadiers au 100e régiment de ligne, fait parvenir une boîte contenant des cocons d'une Araignée fileuse qu'il a introduite avec succès dans différentes localités où elle ne se rencontrait pas. Cette Araignée, outre qu'elle donne une soie dont l'industrie peut tirer parti, détruit beaucoup d'insectes nuisibles aux végétaux. Un Mémoire est joint à ces échantillons. Renvoi à la 4e section.

— Une demande d'œufs ou de frai de Truite, adressée par M. le général Jusuf, est renvoyée à la 3e section. Cette demande est faite par notre confrère, pour un colon, qui voudrait ensemencer un cours d'eau dit *Ruisseau des Singes*, situé dans les gorges de Chiffa, et près duquel se trouve son exploitation.

— M. le comte de Bourcier de Villiers, membre de la Société, et président du Comice agricole d'Épinal (Vosges) transmet un Rapport de M. Noel (de Bussang) sur son voyage en Afrique, où il a transporté une certaine quantité de poissons vivants appartenant à diverses espèces. Dans ce rapport adressé à M. le Président, ce pisciculteur fait connaître qu'il a pu transporter de France à Tiaret, en Algérie, 34 poissons vivants, et qu'il les a déposés à la source de la Mina, sous une cascade, à Aim-da-li-di-ha. L'examen du procédé d'aération de l'eau mis en usage par M. Noel devra être fait par la 3e section.

— M. Millet place sous les yeux de l'Assemblée des Ombres chevaliers longs de 0^m,35 à 0^m,40 et pêchés dans différents cours d'eau de l'Aisne et des Ardennes, tels que le Thon et l'Artoise. Ces poissons proviennent de fécondations artificielles opérées en février 1855, sur les bords des lacs Paladru, du Bourget et de Genève.

— M. Kaufmann, à l'occasion du grand Coq de Bruyère dont il a été question à la dernière séance, dit que cet oiseau est rare en Allemagne, mais qu'il l'est moins en Norwége. C'est dans ce dernier pays qu'il serait le plus facile de se procurer des œufs. Quant au petit Coq de Bruyère, on pourra en obtenir par l'entremise de notre Société affiliée de Berlin.

— Notre confrère, M. H. Delaroche, négociant au Havre, annonce qu'il a pris tous les soins nécessaires pour le transport des deux Lamas, dont M. Th. Barbey a fait présent à la Société. Ces animaux sont arrivés en bon état, et sont provisoirement déposés à la ménagerie du Muséum d'histoire naturelle. Des remercîments seront transmis à M. Delaroche.

— M. Dutrône informe qu'une Commission composée du syndicat de la boucherie et des administrateurs qui président aux approvisionnements de Paris, vient, suivant les expressions mêmes de notre confrère, « de donner une seconde sanction à l'acclimatation des types écossais et de Suffolk, qui lui ont servi pour constituer la race cotentine sans cornes, en choisissant son Bœuf *Sarlabot* II pour Bœuf gras. » Sur la demande de M. Dutrône, l'examen de ce second Bœuf est renvoyé à la 1re section dans le sein de laquelle une Commission, qui fut choisie l'an passé, a présenté un Rapport sur le premier spécimen de cette nouvelle race cotentine.

— M. Macé, membre de la Société à Beblenheim (Haut-Rhin), fait parvenir une peau tannée de cochon de Chine remarquable par sa résistance qui surpasse, suivant l'opinion du tanneur dans les ateliers duquel elle a été préparée, les plus forts cuirs de taureau. Il en résulterait pour cette dépouille une valeur vénale supérieure à celle de la moitié d'un cuir de Bœuf. Sa grande force pourrait donc rendre ce cuir très utile pour certains usages spéciaux.

— M. Suquet écrit de Marseille que la Vache Zébu donnée à la Société par S. A. le prince Halim, et qui a été confiée au Jardin zoologique de cette ville avec d'autres individus de la même espèce, a mis bas tout récemment. La Société, en comptant ces animaux, ainsi que le magnifique Taureau déposé à la ménagerie du Muséum, possède donc maintenant cinq sujets de cette espèce remarquable.

Le Secrétaire des séances,
AUG. DUMÉRIL.

IV. FAITS DIVERS ET EXTRAITS DE CORRESPONDANCE.

Les lecteurs du *Bulletin* savent déjà (voyez t. IV, page 542) qu'une proposition avait été faite par M. Sacc à la Société industrielle de Mulhouse, afin que cette Société encourageât par la création d'un prix la culture du Ver à soie du Ricin. Ce prix vient d'être fondé. Il sera décerné par la Société industrielle, s'il y a lieu, dans sa séance générale de mai 1858 ou dans celle de mai 1859. Nous jugeons utile de reproduire le programme de ce concours, afin d'en porter les conditions à la connaissance de tous ceux de nos confrères qui se livrent à la culture du Ver à soie du Ricin.

Programme du prix proposé par la Société industrielle de Mulhouse.

MÉDAILLE D'OR, pour la production, par un seul éleveur, de 100 kilogrammes de cocons du *Bombyx Cynthia* (Ver à soir du Ricin). TROIS MÉDAILLES D'ARGENT, aux producteurs de quantités inférieures, mais dépassant 25 kilogrammes.

Depuis que le prix des soies menace d'aller toujours en s'élevant, malgré la baisse momentanée sur ce produit, parce que d'une part la consommation augmente toujours, et que d'un autre côté l'élève des Vers à soie s'entoure de plus d'entraves, il est naturel de se retourner vers d'autres insectes du même ordre, pour chercher à remplacer le déficit de la production séricicole.

Le *Bombyx Cynthia*, qui se nourrit des feuilles du Ricin, paraît être dans cette condition, bien que sa soie soit inférieure en qualité à celle du Ver ordinaire. Le Ricin croissant facilement dans toute l'Algérie, et dans une grande partie de la France, on peut espérer que les cultivateurs se tourneront vers ce genre de production, pour peu qu'ils en trouvent le débit. Pour les encourager dans cette voie, la Société industrielle de Mulhouse offre une médaille d'or à l'éleveur d'Algérie ou de France, qui aura obtenu, dans la campagne de 1858, 100 kilogrammes de cocons du *Bombyx Cynthia*, et trois médailles d'argent à ceux qui en auront obtenu des quantités inférieures, mais dépassant 25 kilogrammes.

Les certificats et pièces justificatives devront être adressés au Président de la Société industrielle de Mulhouse.

— La Société vient de recevoir d'un de ses membres honoraires, M. l'abbé Perny, vicaire apostolique en Chine, des dons très précieux. Momentanément de retour en France, après un long séjour en Chine, M. l'abbé Perny s'est empressé de prévenir M. le Président qu'il avait rapporté et mettait à la disposition de la Société divers objets intéressant l'acclimatation, l'agriculture et l'industrie. Parmi ces objets se trouvent divers échantillons de l'Insecte à cire des Chinois et de sa cire, un pied vivant de l'arbre sur lequel on le trouve, plusieurs autres végétaux tels que l'Arbre à vernis, des plantes ou des graines de plantes alimentaires ou tinctoriales, des Cocons vivants du *Bombyx Pernyi* (ainsi nommé en mémoire d'un précédent envoi du même voyageur), de la graine chinoise de Ver à soie du Mûrier, etc. Le catalogue de tous ces objets, et d'un grand nombre d'autres donnés aussi par M. l'abbé Perny, est dressé par les soins de MM. Guérin-Méneville et Moquin-Tandon, présidents de la 4ᵉ et 5ᵉ section, délégués par le Conseil pour recevoir les précieux objets offerts par M. Perny.

Le Secrétaire du Conseil,
GUÉRIN-MÉNEVILLE.

OUVRAGES OFFERTS A LA SOCIÉTÉ.

Séance du 8 janvier 1858.

ZEITSCHRIFT FUR ACCLIMATISATION ; Organ des Acclimatisations-Vereins für die Königlich-Preussischen Staaten. Par E. Kaufmann. Janvier 1858.

BULLETIN DES SÉANCES DU COMITÉ ZOOLOGIQUE D'ACCLIMATATION DE LA SOCIÉTÉ IMPÉRIALE AGRONOMIQUE DE MOSCOU, 1857.

BULLETIN DES SÉANCES DU COMITÉ BOTANIQUE D'ACCLIMATATION DE LA SOCIÉTÉ IMPÉRIALE AGRONOMIQUE DE MOSCOU, 1857.

ITINÉRAIRE D'UN VOYAGE BOTANIQUE EN ALGÉRIE, exécuté en 1856 dans le sud des provinces d'Oran et d'Alger sous le patronage du ministère de la guerre, par E. Cosson. Offert par l'auteur.

DE LA CULTURE DU DATTIER DANS LES OASIS DES ZIBAN, par MM. E. Cosson et N. Jamin, directeur du Jardin d'acclimatation de Beni-Mora. Offert par M. Cosson.

EXPOSITION GÉNÉRALE DES PRODUITS AGRICOLES DE L'ALGÉRIE EN 1857.

NOTES pour servir à l'histoire des insectes nuisibles à l'agriculture, à l'horticulture et à la sylviculture dans le département de la Moselle, par M. J.-B. Géhin.

CENNO INTORNO ALLE PIANTE PIU NOTEVOLI POSTE AD ESPERIMENTO NELL' ORTO AGRARIO DELLA R. ACCADEMIA D'AGRICOLTURA DI TORINO, 1856.

DESCRIPTION DE DEUX CAS DE MONSTRUOSITÉ COMPARÉS, OBSERVÉS L'UN SUR UN JEUNE CANARD, L'AUTRE SUR UN JEUNE POULET, par M. J.-L. Soubeiran.

ALMANACH DU SUD-EST (*Journal agricole et horticole*), pour l'année 1858.

LE PROGRÈS (*Journal des sciences et de la profession médicales*), par M. Louis Fleury. (Nᵒˢ 1 et 2.)

ERRATA.

Il s'est glissé quelques erreurs, la plupart relatives à des noms de pays, dans la lettre et la note de M. Schlagintweit, insérées dans le numéro de janvier, page 32 à 36. Il faut lire :

Page 32, ligne 17, *Dchoubous*, au lieu de *Dehoubous*.
  — 33,   2, *Bhoutan*, au lieu de *Banthlin*.
  — 33,   10, *Dchoubous*, au lieu de *Dehoubous*.
  — 33,   25, *Gartok*, au lieu de *Gastok*.
  — 33,   27, *Karakorum*, au lieu de *Karakoram*.
  — 34,   4, *Ladak*, au lieu de *Ludak*.
  — 34,   6, *qu'ils ne se trouvent plus*, au lieu de *qu'ils se trouvent formés plus*.
  — 34,   21, *Dchoubou*, au lieu de *Choobous*.
  — 35,   34, *Huc*, au lieu de *Plue*.

I. TRAVAUX DES MEMBRES DE LA SOCIÉTÉ.

SUR LA LAINE SOYEUSE

ou

CACHEMIRE GRAUX DE MAUCHAMP

LETTRE ADRESSÉE

A M. LE PRÉSIDENT DE LA SOCIÉTÉ IMPÉRIALE ZOOLOGIQUE D'ACCLIMATATION

Par M. Frédéric DAVIN,

Manufacturier à Paris.

(Séance du 19 mars 1858.)

La Société impériale d'acclimatation a bien voulu accueillir favorablement mes travaux et mes recherches sur la laine soyeuse de Graux de Mauchamp, et, comme témoignage de l'intérêt qu'elle attache à cette matière, elle m'a fait l'honneur de me décerner une première médaille pour les applications industrielles nouvelles que j'en ai faites.

Je viens aujourd'hui présenter à la Société, suivant la promesse que je lui fis, une collection complète des fils et tissus qui ont été fabriqués avec cette laine soyeuse. Je profiterai de cette occasion pour appeler de nouveau votre attention sur les animaux qui la produisent, sur leur nombre encore restreint et sur les moyens les plus efficaces de hâter leur propagation en France, persuadé que notre Société voudra bien protéger de son influence le développement de cette magnifique race.

Le Gouvernement, comme j'ai déjà eu l'honneur de le dire ici, a aidé et encouragé les efforts de M. Graux par une subvention annuelle qui lui a permis de donner à son troupeau l'extension qu'il réclamait. Un second troupeau d'animaux pur sang de la race de Graux a été créé à Gévrolles par les con-

seils et sous la surveillance de M. Yvart. Aujourd'hui encore
M. le Ministre de l'agriculture, du commerce et des travaux
publics, dans sa bienveillante sollicitude pour tout ce qui peut
être utile au pays, après avoir examiné lui-même avec beaucoup de soin les divers tissus de laine soyeuse que je lui ai
présentés, vient de nommer, sur ma demande, une Commission présidée par M. le directeur de l'agriculture, et composée
de M. Yvart et de plusieurs industriels qui ont employé dans
leur fabrication le cachemire de Graux. Cette Commission,
dont j'ai l'honneur de faire partie, doit étudier d'une façon plus
complète qu'il n'a été fait jusqu'ici cette magnifique matière,
au double point de vue de sa production et de ses usages dans
l'industrie.

Que M. le Ministre reçoive ici mes sincères remercîments
pour l'empressement qu'il met à rechercher tous les moyens
propres à faciliter le développement de cette belle race ovine.

Malgré cette haute protection, malgré les efforts tentés de
différents côtés, où en est aujourd'hui la race Mérinos de
Mauchamp ? à quels résultats est arrivé M. Graux, son inventeur ? Sans vouloir rappeler ici le sort qui attend en France la
plupart des découvertes, même les plus utiles ; sans vouloir
refaire la nomenclature trop connue de tous ces hommes de
génie qui n'ont rencontré que l'indifférence et l'envie de leur
vivant, et n'ont trouvé pour récompense de leurs admirables
découvertes que la misère ou l'exil (M. Graux est bien loin
d'un pareil sort, je me plais à le reconnaître), je dois dire
cependant que l'insouciance et la jalousie ne l'ont pas complétement épargné, et qu'elles ont considérablement nui dès l'origine à l'extension de la race soyeuse. Voilà trente ans, en effet,
que M. Graux a créé le type soyeux qui produit ces tissus aussi
beaux que ceux de cachemire, ces étoffes brillantes dont je viens
présenter ici les échantillons. L'appui du Gouvernement ne
lui a certes pas fait défaut, et cependant où trouvons-nous des
troupeaux de Mérinos soyeux en France? A Mauchamp et à
Gévrolles ; ailleurs, rien. Des essais ont-ils été tentés par d'autres
éleveurs? Oui, Messieurs, et il y a de cela quelque vingt ans.
Plusieurs cultivateurs des environs de Mauchamp avaient intro-

duit dans leurs troupeaux des animaux pur sang : des collègues jaloux les ont dissuadés de continuer ; ils se sont moqués de la taille encore exiguë de ces animaux, disant qu'il serait impossible de l'augmenter ; des industriels maladroits, des marchands de laine venus de Reims, ont rejeté toutes les toisons pur sang, assurant que cette matière n'était bonne à rien, qu'on ne pouvait pas l'employer, et que le mieux était de détruire les animaux qui la produisaient. Et le croiriez-vous, Messieurs? ce conseil fut suivi : tous ceux qui avaient quelques animaux pur sang, les abattirent ; ce fut un tolle général auquel se mêlèrent même des parents de M. Graux. Lui seul résista ; il tint bon contre tous les sarcasmes et contre tous les conseils soi-disant amis, avec l'opiniâtreté de l'homme convaincu. Aujourd'hui encore, l'impression fâcheuse produite à cette époque persiste, et les éleveurs vous disent sérieusement que les animaux de la race soyeuse sont incapables d'acquérir de la taille ; qu'ils ne peuvent s'acclimater qu'à Mauchamp et que partout ailleurs ils perdent leurs qualités caractéristiques. Gévrolles est là pour prouver le contraire, et ils nient la preuve. Est-ce tout? Non malheureusement. A l'Exposition universelle de 1855, pas un mot n'a été dit sur les produits obtenus avec le cachemire de Graux ; et cependant de magnifiques échantillons ont été soumis à l'appréciation du Jury, soit dans la section des châles et des tissus légers, soit dans la draperie, soit dans la bonneterie dite de Paris : il y avait là de quoi fixer l'attention des juges, d'autant que plusieurs d'entre eux étaient fabricants de châles et de tissus. Mais un pareil oubli va, je l'espère, être heureusement réparé par la Commission dont je vous parlais plus haut, et je ne doute pas qu'elle ne place les châles que je vous soumets, et qui doivent lui être présentés, au niveau de ceux qu'on obtient avec le cachemire du Thibet.

Voilà donc, Monsieur le Président, quelle est la position de la race soyeuse après trente ans d'efforts et de sacrifices faits par M. Graux avec l'aide et l'appui du Gouvernement : la France possède deux troupeaux de Mérinos Mauchamp pur sang ; l'un appartient au créateur de la race, l'autre appartient à l'État.

Que reste-t-il à faire pour provoquer la formation de nouveaux troupeaux? C'est à vous, Messieurs, d'encourager ce développement que nous désirons. Vous savez ce qu'on doit attendre de la laine soyeuse de Mauchamp; vous avez vu qu'elle peut remplacer avec avantage le cachemire, venu à grands frais de l'étranger ; la preuve est là, sous vos yeux : eh bien! si vous êtes convaincus, faites passer cette conviction dans l'esprit des éleveurs ; ce que vous faites si généreusement pour acclimater des animaux venus du dehors, faites-le pour propager ceux-là qui sont nés chez nous. Ils ne peuvent, dit-on, s'acclimater qu'à Mauchamp, encouragez ceux qui voudront les transporter ailleurs. Vous avez fondé un prix pour celui qui aurait le premier introduit en Europe un petit troupeau d'Alpacas : eh bien ! sous l'inspiration de notre honorable Président, et par le conseil de mon ami M. Richard (du Cantal), notre vice-président, l'un des plus zélés partisans de cette belle race, je viens vous demander de fonder un prix spécial de 2000 francs à décerner à l'éleveur qui aura, en France, réuni le premier un troupeau d'au moins 100 bêtes nées et élevées chez lui. Je m'engage, pour ma part, à ajouter 1000 francs à ce prix, pour celui qui le premier l'aura obtenu. Vous prouverez ainsi l'intérêt réel que vous attachez à la laine soyeuse et la confiance que vous avez dans sa valeur industrielle. Je crois que la possibilité de gagner ce prix de 3000 francs pourra engager quelque éleveur à faire les premiers frais que nécessite toujours l'introduction d'une race nouvelle dans un troupeau ; quant aux toisons provenant de ces animaux, les éleveurs en trouveront toujours le placement chez moi, et à un prix beaucoup plus élevé que celui des Mérinos ordinaires.

Je viens, en finissant, Monsieur le Président, remercier la Société de ce qu'elle a bien voulu prendre sous son patronage les envois que je fais à différents États de l'Europe qui s'occupent d'améliorer la race ovine, de caisses contenant une série d'échantillons et de tissus divers fabriqués avec la laine soyeuse; j'ai joint à ces échantillons une note indiquant les résultats certains et avantageux que l'on obtiendra dans chaque pays par l'introduction de la race soyeuse pure, ou par des croisements de ce type avec les races existantes.

Je joins à cette lettre, Monsieur le Président, une note détaillée des échantillons que je présente à notre Société, échantillons sur lesquels la Commission nommée par M. le Ministre aura bientôt à se prononcer. Ce sont :

1° Une paire de bas d'une finesse et d'une douceur remarquables; un gilet et un pantalon de tricot faits avec un fil n° 100 à deux ou plusieurs bouts.

2° Un châle fabriqué par un de nos confrères, MM. Heuzey-Deneirouse et Boisglavy, avec de la demi-chaîne n° 100 et n° 120. Ce châle est d'une finesse et d'une netteté admirables.

3° Un second châle fabriqué par la même maison et tissé avec un fil à deux bouts (n° 120 et n° 160), pour imiter les châles de l'Inde, dont les fils sont toujours doublés : je joins pour comparaison un châle du même dessin, fabriqué par le même ouvrier avec le cachemire du Thibet.

4° Un coupon de drap-velours, fabriqué par M. de Montagnac, de Sedan, avec la laine des agneaux de la race soyeuse.

5° Un coupon de tissu mérinos, présentant trente-six croisures au centimètre, fait avec de la chaîne n° 90 et de la trame n° 160.

6° Un coupon de tissu dit satin de Chine, fabriqué avec chaîne bourre de soie et trame n° 160.

7° Un coupon de tissu dit châli, fabriqué avec chaîne grége (4/5ᵉˢ cocons) et trame n° 100. Je ferai remarquer que cette étoffe, bien qu'elle ne contienne que 1/8ᵉ de soie et 7/8ᵉˢ de laine soyeuse, possède autant de brillant que si elle était tout entière de soie.

8° Une série d'échantillons dans lesquels on remarquera l'aspect et le toucher du cachemire.

J'offre à la Société, Monsieur le Président, une carte d'échantillons contenant des spécimens de la laine soyeuse de Mauchamp, depuis la matière brute jusqu'aux tissus les plus variés.

RÁPPORT

SUR DES GALLINACÉS

VENANT DE L'ILE DE LA RÉUNION,

Par M. le docteur CHOUIPPE.

(Séance du 19 mars 1858.)

Dans une note précédente, j'ai rendu compte des circonstances qui avaient amené la maladie à laquelle a succombé la Poule confiée à mes soins, remettant à une autre fois de plus amples détails sur cette race intéressante.

Présent à la séance de la deuxième section, au moment où lecture fut faite de la Note de madame Passy, au sujet de deux animaux de la même race (1), je viens d'ajouter quelques observations verbales qui ont paru à la section mériter la peine d'être recueillies, et qu'elle m'a prié de transcrire. Tel est le double objet de la présente communication.

Je m'empresse d'abord de confirmer, dans leur généralité, les observations présentées si judicieusement par madame Passy. J'ai constaté comme elle *le mauvais état dans lequel ces animaux nous furent remis à leur arrivée;* comme elle aussi, j'ai remarqué qu'ils étaient *rongés de vermine.* A cette occasion, je dois dire que cette vermine dont ils étaient atteints ne m'a point paru identique avec celle qui s'attaque aux sujets de nos régions ; l'insecte était plus fort, plus aplati, moins agile et plus tenace. J'eus un instant l'idée de l'examiner à l'aide d'un instrument grossissant ; mais peu versé dans ce genre de connaissance, et d'ailleurs pressé d'en finir avec ces dévorants parasites, je ne mis point cette idée à exécution, et je procédai sans relâche à leur extermination complète.

Au souvenir de cette circonstance, je regrette vivement de

(1) Voy. cette Note, ci-après, p. 126.

n'avoir pu profiter des lumières de la quatrième section, qui nous aurait appris ce qu'est cet insecte, et le genre auquel il appartient ne serait pas aujourd'hui à l'état de problème.

Il est un point fort important, et qui, depuis la réception en France de ces Gallinacés, n'est point encore éclairci. Jusqu'à présent on les a désignés par l'indication du lieu d'où ils nous viennent. A la vérité, la Commission chargée de les examiner à leur arrivée, et dont j'avais l'honneur de faire partie, leur a trouvé une ressemblance frappante avec la race dite *du Brésil;* mais personne encore n'a osé affirmer que la race venant de la Réunion fût parfaitement identique avec celle du Brésil, encore moins qu'elle fût originaire de l'île de la Réunion. C'est là que nous en sommes.

Depuis que j'en suis dépositaire, j'ai fait des recherches, et j'ai établi des comparaisons dans le but de mettre fin à cette incertitude. Trois Coqs et quatre Poules du Brésil m'ont passé sous les yeux, et je les ai attentivement examinés.

Il ne faut qu'un seul regard pour s'assurer que si, en effet, cette race présente une grande analogie avec celle de la Réunion, il n'est cependant pas possible de les confondre entièrement.

La race venant de la Réunion est incontestablement d'une stature plus élevée; sa charpente osseuse est plus vigoureusement accusée, sa conformation plus robuste. La comparaison poursuivie au delà de l'aspect général permet de reconnaître que la peau est plus épaisse, les chairs plus fermes, le plumage moins abondant. Enfin, si l'on arrive aux détails, il est facile de constater que le bec est plus gros, plus courbé, la crête plus effacée, la tête plus aplatie et plus large, le cou plus long, la poitrine plus cambrée, la queue plus effilée, l'arcade sourcilière plus proéminente, l'œil plus petit, les paupières plus épaisses; et ce qui a un caractère décisif, les yeux, chez le mâle comme chez la femelle, sont de couleur *gris-perle,* tandis que dans la race du Brésil, ils sont d'une couleur *brune-roussâtre.*

Les mêmes différences de proportions se retrouvent dans les pattes, qui sont fortes et longues et se terminent par un métatarse renflé en forme de massue. Chez le Coq, chacune d'elles est armé d'un éperon très large à sa base et brusquement terminé en fuseau acéré comme la pointe d'une aiguille (âgé de dix-huit mois). Cette disposition est tellement prononcée, qu'il serait dangereux de prendre l'animal avec les mains sans être connu de lui, et que, malgré cela, la prudence m'a obligé de lui couper un bout de ce terrible éperon, non-seulement pour éviter les blessures qu'il peut causer à ceux qui le soignent, mais encore celles qu'il ne manquerait pas de faire aux animaux du même genre, si, par malheur, il se battait avec eux, et par-dessus tout, pour épargner d'atroces déchirures aux Poules avec lesquelles il vit et qu'il mutile en les cochant. Cet accident m'est arrivé deux fois avant que le Coq fût désarmé, et je ne doute pas que la blessure signalée par madame Passy *au-dessous de l'aile* de sa Poule ne soit due à cette cause.

De ce qui précède, on pourrait déjà conclure que la race venant de la Réunion et celle dite *du Brésil* constituent deux variétés parfaitement distinctes de la même race, ce qui impliquerait qu'elles ont l'une et l'autre une origine commune.

Cependant je ne m'en suis pas tenu à mes observations personnelles, j'ai pris aussi des informations de plusieurs côtés. Il en résulte que ceux qui ont voyagé dans l'Inde transgangétique, et notamment dans la presqu'île de Malacca, reconnaissent, sans hésiter, la race nous venant de l'île de la Réunion comme parfaitement identique avec la grande race *Malaise* qu'ils ont rencontrée dans ces régions, tandis qu'ils considèrent celle du Brésil comme une variété de la première, mais amoindrie par quelque croisement à peu près similaire.

Permettez-moi, Messieurs, de vous dire que cette opinion est celle à laquelle je me range; et, me fondant sur les motifs qui précèdent, je propose de désigner maintenant les Gallinacés nous venant de l'île de la Réunion, sous le nom de *Coq et Poule de Malacca*.

Les mœurs de ces animaux sont bien celles qui sont indiquées par madame Passy, il n'est pas besoin même de les voir à l'œuvre pour deviner ce qu'ils sont. La nature semble les avoir faits tout exprès pour les batailles : haute stature, bec fort, cou long, patte puissante, éperon pénétrant, voilà pour l'attaque ; peau épaisse, chairs pesantes et dures, poitrine fuyante, crête déprimée, œil couvert, voilà pour la défense. L'animal paraît lui-même avoir conscience de sa force, et ses adversaires ne tardent pas non plus à la reconnaître : au premier coup de bec, ils en ont assez, et ils se retirent ; et lui, de son côté, ne suppose pas qu'on lui ripostera, car, le coup donné, il se détourne avec la sécurité de celui qui n'a rien à craindre. Aussi ne craint-il rien, pas même les oiseaux de proie de nos contrées, contre lesquels il se montre animé d'une fureur spéciale ; quand il les aperçoit, il jette un cri formidable qui fait rentrer non-seulement les Poules, mais encore les autres Coqs dans leurs demeures ; puis il s'élance dans leur direction en les suivant de l'œil au haut des airs, jusqu'au pied des murs de clôture. Cet hiver, pas un épervier, pas une buse n'a osé descendre autour de lui, et cette année, contre l'ordinaire, ma basse-cour a été préservée des oiseaux carnassiers, ce que j'attribue à sa seule présence.

J'en demande mille pardons à madame Passy, mais je ne puis être de son avis sur le peu d'importance qu'elle paraît attacher à la nourriture des Gallinacés en général, et du *Malacca* en particulier. Ceux-ci, plus que tous les autres, ont besoin d'une nourriture abondante et substantielle : on ne fait pas des athlètes avec des grains avariés, et l'on peut hardiment prédire que, sous l'influence prolongée d'un tel régime, la première génération aura déjà perdu quelque chose des qualités qui distinguent cette noble race. D'un autre côté, et à un point de vue plus général, il ne suffit pas de faire vivre des animaux, il faut encore aviser, dans les limites du service qu'ils rendent, à leur plus complet développement. Les empêcher de mourir, ce n'est pas les *élever*.

Sans doute, si l'on ne devait obtenir le développement complet des animaux que par des moyens dispendieux et difficiles, à tel point que le résultat fût inférieur au sacrifice, on serait bien forcé d'abandonner aux loisirs des riches amateurs le soin d'une amélioration qui deviendrait ruineuse pour tous les

autres ; mais heureusement nous n'en sommes pas encore là
Je me propose même de démontrer prochainement, non par
de brillantes théories, mais par des expériences précises, qu'une
alimentation riche et soutenue est plus productive qu'une alimentation parcimonieuse, et que ce principe, n'admettant point
d'exception, est applicable partout, dans la cour de la ferme
aussi bien que dans le parquet de l'amateur, dans le Vexin
aussi bien que dans le Maine.

Je suis bien éloigné de prendre ici la défense du millet, du
chènevis ou d'autres substances de fantaisie, qui élèveraient
en effet le prix de revient *d'une manière désolante*, et dont
l'emploi inintelligent ou hasardé n'atteindrait pas, suivant
moi, le but qu'on se propose dans l'éducation des races
gallines. Je veux dire seulement qu'une nourriture rigoureusement suffisante pour faire vivre les jeunes animaux jusqu'à ce
qu'ils soient adultes est manifestement insuffisante pour les
développer autant qu'il se peut faire, et je veux dire de plus
que le meilleur développement est encore, au point de vue de
la pratique générale, LE MEILLEUR MARCHÉ.

Sur un autre point, mais qui n'a pas autant d'importance
que le précédent, je demande encore à madame Passy la permission de me séparer d'elle lorsqu'elle fait du Malacca une
peinture qui semble, dans son esprit, impliquer un manque
absolu de beauté parmi les animaux qui ne se nourrissent pas
exclusivement de chair. On en trouverait difficilement dont
l'organisation fût d'un bout à l'autre mieux appropriée au
double but de l'attaque et de la défense ; il n'est pas une seule
partie de son corps qui ne semble concourir d'elle-même à
cette belliqueuse destination : toutes sont liées entre elles par
des rapports qui ne la démentent pas un seul instant et qui
constituent une harmonie déterminée et constante. Où serait
donc la beauté, si elle n'était dans l'harmonie?

En cette matière, comme en beaucoup d'autres, il ne faut
pas oublier que nous jugeons de la beauté par voie de comparaison avec des types que nous sommes accoutumés de voir,
et auxquels l'habitude, jointe à l'imitation, nous fait attribuer
exclusivement le mérite de la beauté : c'est ainsi qu'à leur

arrivée en Europe, les Cochinchinois, qui sont dépourvus de queue, nous ont paru affreux, qu'aujourd'hui nous commençons à trouver en eux des formes agréables, et que bientôt peut-être nous regarderons de travers les races dont la queue ne finit pas.

Que le Malacca soit étrange dans ses attitudes, dans son maintien, dans le port de sa tête et de sa queue, je n'en disconviens pas ; peut-on en conclure autre chose, si ce n'est que nous ne sommes point habitués à le voir, et que les races dont nous sommes entourés ne lui ressemblent pas ? Mais il n'en est pas moins certain qu'en vue de la destination, son organisation présente un ensemble des plus concordants, et à raison de cela, il ne peut manquer tôt ou tard d'être généralement reconnu comme la plus magnifique race de combat que nous possédions.

A ceux qui demanderaient où est l'utilité d'une race de combat, il y aurait deux choses à répondre.

Il est vrai qu'une race de combat aurait peu de charmes pour nous Français, qui n'aimons point à voir les animaux se déchirer et se tuer ; d'ailleurs, ce n'est pas en moi qu'une telle race trouverait la moindre sympathie, si son objet se bornait au spectacle cruel d'un combat à mort. Ce n'est donc point de cela qu'il s'agit.

Considérée comme aliment, une race de combat serait encore d'une utilité fort contestable ; sa chair est dure, peu agréable au goût, et par ces motifs elle occupera toujours une place inférieure pour la table. Mais ce désavantage n'est-il pas largement compensé par la possibilité de la faire servir soit à l'ampliation des races trop étriquées, soit à la régénération des races trop ramollies, et qui tournent visiblement du lymphatique au scrofuleux, et du scrofuleux au phthisique ? Pourquoi les Fléchois, les Houdan, les Crèvecœur, sont-ils si difficiles à élever partout ailleurs qu'en Normandie ? Pourquoi une fois élevés, sont-ils si difficiles à dépayser ? C'est que leur organisation est devenue si lymphatique, qu'elle ne peut plus résister au moindre changement ; à force de vouloir du tendre, on arrive infailliblement au mou, et le moment peut-être n'est pas éloigné où nous serons heureux de posséder un régénérateur dont le sang vigoureux viendra rajeunir et fortifier nos meilleures races aujourd'hui chancelantes.

D'un autre côté, le Malacca se présente avec une utilité d'un nouveau genre qu'il doit à ses dispositions belliqueuses. Placé au milieu d'une basse-cour, dans une volière qui lui permettra de voir en haut et d'être vu, il s'annonce comme devant être un préservatif contre les tentatives des oiseaux carnassiers qui reconnaissent ses instincts et sa puissance, à sa voix sans doute, et qui fuient aussitôt sa présence. Je pressens en lui un excellent gardien.

Je saisis cette occasion, Messieurs, pour vous remercier d'avoir bien voulu mettre à ma disposition une autre Poule en remplacement de celle qui a succombé ; elle se porte bien, et elle pond : tout me fait donc espérer que je pourrai continuer et même étendre mes observations sur cette race aussi intéressante que nouvelle.

SUR LE RIZ DU JAPON

ET

SUR QUELQUES AUTRES VÉGÉTAUX DU MÊME PAYS.

LETTRE ADRESSÉE A M. LE PRÉSIDENT
DE LA SOCIÉTÉ IMPÉRIALE ZOOLOGIQUE D'ACCLIMATATION

Par M. VON SIEBOLD.

———

(Séance du 23 avril 1858.)

Monsieur le Président,

J'ai l'honneur de vous adresser un assortiment de grains des *dix variétés* du Riz directement reçus du Japon, en vous priant, Monsieur, de vouloir bien recommander la culture de ces céréales précieuses au soin du Comité botanique d'acclimatation de notre Société, soit dans la France méridionale, soit en Algérie. Ce sont de préférence les variétés précoces et celles qui se cultivent dans un terrain moins humide qui méritent l'attention spéciale du Comité. Le Riz de montagne de la Chine (n° 10, *Oryza montana*, Lour.), qui se distingue par des grains allongés et par l'épiderme rouge, me paraît être une espèce distincte.

Pour essayer la culture de ces variétés du Riz du Japon, il faut les semer aussitôt que possible dans des pots couverts d'un demi-centimètre d'eau, placés dans une serre chaude. Les jeunes plantes, ayant acquis la hauteur de 4 à 6 centimètres, seront transplantées dans des pots plus grands ou dans une petite rizière artificielle. Je propose l'essai de la culture dans une rizière artificielle, dans le but d'obtenir des grains mûrs pour les expériences ultérieures. Les variétés du Riz de montagne seront moins arrosées que les autres. Il serait important que le Comité fît construire une petite rizière portative d'un ou 2 mètres carrés pour exposer ces nouvelles variétés de

Riz à l'exposition de la Société Impériale et centrale d'horticulture du 12 au 27 mai prochain, pour y attirer l'attention des cultivateurs de la France.

Je prends la liberté de vous remettre, Monsieur le Président, quelques catalogues des plantes cultivées dans l'établissement de Von Siebold et Cie, à Leyde (Hollande), destiné seulement à l'introduction et à la culture des plantes du Japon ; s'il se peut, vous en donnerez connaissance à MM. les membres de la Société. J'ose appeler l'attention du Comité d'acclimatation sur la culture de l'*arbre à cire* (*Rhus succedanea*, L.) et l'*arbre à vernis* (*Rhus vernicifera*, V. C.), dans la France méridionale ; le premier fournit au Japon les bougies, et l'autre le vernis réputé de cet empire (1).

Il serait aussi important pour la culture forestière d'essayer la culture du *Cephalotaxus pedunculata*, conifère très rustique, et de l'*Ulmus Keaki*, dont le bois est très précieux à l'usage de la menuiserie.

Veuillez, Monsieur le Président, en même temps recevoir la réitération de mes remercîments sincères concernant ma nomination très flatteuse comme membre honoraire de la Société.

Agréez, etc.

PH. FR. VON SIEBOLD.

(1) Notre établissement est en mesure de fournir 24 plantes de l'Arbre à cire, à raison de 250 francs, et 6 Arbres de vernis à 100 francs, semis de 6 à 10 décimètres de hauteur.   V. S.

Les deux arbres qu'indique ici M. de Siebold comme les plus dignes de l'intérêt de la Société d'acclimatation, sont au nombre des objets dont elle vient d'être enrichie par M. l'abbé Perny (voy. p. 111). Ces arbres ont été déposés au jardin botanique de la Faculté de médecine, où, sous la direction de notre collègue M. Moquin-Tandon, ils reçoivent les soins de l'habile jardinier de cet établissement, M. Lhomme.

R.

II. TRAVAUX ADRESSÉS
ET COMMUNICATIONS FAITES A LA SOCIÉTÉ.

NOTE

SUR UN COQ ET UNE POULE DE L'ÎLE DE LA RÉUNION

Par Mme A. PASSY.

(Séance du 19 mars 1858.)

Il me fut envoyé à Gisors, le 3 octobre 1857, et au nom de la Société d'acclimatation, une Poule et un Coq de l'île de la Réunion, avec demande de communiquer les observations qui pourraient être faites. Très flattée de cette nouvelle marque de confiance, et bien qu'il y ait à peine deux mois et demi qu'elle me soit accordée, je profite avec empressement de la visite que me fait M. Monet, pour soumettre à son examen les bons résul- • tats obtenus dès à présent, et pour lui communiquer les notes prises déjà sur le couple étranger. Je veux attribuer aux fatigues d'une longue et pénible traversée *le mauvais état dans lequel il me fut remis*. La Poule, toute contusionnée, avait les plumes arrachées, une partie *de peau enlevée, large comme la main, au-dessous de l'aile* jusqu'à l'abdomen ; et comme le Coq, elle était *toute rongée de vermine*. Quant à celui-ci, son bréchet était difforme par suite d'une cassure ; en outre, il était sans queue et dépouillé également d'une grande partie de ses plumes, non par le fait de la mue, mais bien par celui de l'*usure du frottement* et *de la vermine*, ce qui met- tait sa peau rugueuse et si affreusement rouge à découvert, et ce qui offrait à la vue l'aspect le plus désagréable. Je soumis les deux oiseaux, dès leur arrivée, à un traitement de bains répétés pour les délivrer des insectes qui les dévoraient, tandis qu'en même temps je les réconfortais par la nourriture substantielle dont ils avaient tant de besoin. Aussi, au bout de peu de jours, quoique ces pauvres bêtes fussent aussi laides qu'à leur arrivée, les soins et le repos ramenèrent la santé, et la gaieté répondit à la vigueur qui permit au Coq de servir la Poule. C'est alors qu'elle pondit huit œufs de suite sans interruption, jusqu'au 15 octobre, époque à laquelle elle voulut couver avec autant de ténacité que le font les Poules de Cochinchine et de Brahmapootra ; mais comme je ne connaissais encore ni son caractère ni ses habitudes, que la saison était excessivement avancée pour l'élevage, et que les huit œufs m'étaient très précieux, puisque la Société d'acclimatation apportait quelque intérêt à cette nouvelle race, je me hâtai de les donner à couver à une Poule négresse de Calcutta, du moral de laquelle j'étais sûre, et qui ne trompa pas ma confiance, puisque le 5 novembre suivant, j'obtins de ces huit œufs six magnifiques Poussins qui ont six semaines maintenant, qui pèsent plus de 250 grammes chacun, et qui croissent avec une rapidité qui, en égard à la mauvaise saison où nous sommes surtout, peut nous donner la certitude, à l'avance, que cette race peut s'élever avec une grande facilité. Très vifs, très gros déjà, couverts de leurs longues plumes, et grattant sur les fumiers et dans les jardins, avec la même énergie que celle qu'y apporte la mère couveuse, j'ai été d'autant plus charmée de pouvoir les montrer ainsi à M. Monet, que je tenais essentiellement à lui dire que le mode d'élevage dans notre Vexin n'était nullement celui, si difficile et si coûteux, que j'avais vu indiquer comme *coutume de notre Normandie* dans les très savantes feuilles que j'ai lues cet été dans plusieurs journaux d'agriculture. Il ne nous serait guère possible, alors que nous élevons dans une saison, et en moyenne, de trois à cinq cents têtes de volailles, d'aller leur prodiguer du *millet*, du *chènevis* et une foule d'autres ingrédients coûteux qui élèveraient le prix de *revient* d'une manière désolante, et qui ôteraient tout le bénéfice que font si sûrement les fermières intelligentes dont je suis entourée, et des conseils desquelles je me suis éclairée si longtemps, avant de pouvoir être en état d'instruire moi-même. Les petits Poulets en question n'ont été nourris jusqu'à plus d'un mois qu'avec du pain grossier, longuement détrempé dans les rinçures des terrines de la laiterie : libre à eux ensuite, dans leurs courses vagabondes, d'y ajouter de la verdure, du sable, des vermisseaux, des insectes, et quelque peu de grenailles perdues dans les fumiers. Maintenant qu'ils sont sevrés de ce gros pain, on leur livre quelque peu de mauvais blé, et je puis donner l'assurance qu'avec cette manière de faire, nous n'en perdons pas plus de sept à huit sur cent. Ceci n'est assurément pas brillant en théorie ; mais ce que peut faire un amateur qui s'amuse ou qui expérimente, n'est ni possible ni *permis* à ceux qui vivent d'honorables labeurs. J'ignore donc si, dans le reste de la Normandie, on élève les Poulets au millet, au chènevis, aux œufs durs, à la laitue, etc., etc. ; mais j'affirme que, dans notre pratique patiente et modeste du Vexin, nous dépensons beaucoup moins, ne nous donnons pas tant de peines, et néanmoins arrivons à des résultats très satisfaisants.

Le Coq et la Poule de l'île de la Réunion sont d'un naturel féroce ; ils se sont jetés sur leurs congénères dans ma cour, avec une telle rage, que nul de mes Coqs les plus forts de Cochinchine , de Brahmapootra, Dorking, Crèvecœur, etc., n'a pu soutenir le choc du combat, non pas seulement avec le Coq, mais même avec la Poule, dont le bec si dur est une arme terrible. M. Monet a pu voir que si le Coq n'était pas encore entièrement rhabillé, la Poule l'est complétement maintenant, et je dois ajouter qu'il a pu se convaincre de la manière singulière dont ces animaux portent leur queue : quand ils sont calmes et au repos, cette queue est tout à fait penchée en arrière comme celle des Paons, large et très aplatie ; mais à la moindre émotion, frayeur ou irritation, elle se réunit, se resserre et se redresse, ce qui n'est pourtant pas son état ordinaire.

Les six petits Poussins, déjà très emplumés, font également ce mouvement, et ils sont aussi droits de taille et aussi roides que les parents, qui paraissent affectionner cette étrange position.

J'ai été très surprise, au reste, que d'aussi forts individus aient donné des œufs aussi petits qu'étaient les leurs, et j'ai pu juger sur les deux œufs clairs qu'il y avait sur les huit, que l'enveloppe calcaire de ces œufs à peine rosés était, certes, la plus épaisse de ceux des différentes espèces que j'ai pu examiner jusqu'à ce jour.

Je crois m'apercevoir que la peau des jeunes commence à rougir comme celle des père et mère, et en somme je puis ajouter qu'ils sont voraces, gourmands, hardis, méchants avec leurs congénères, mais très doux et très familiers avec ceux qui les soignent.

Je termine par ceci, dont jusqu'à présent je n'ai pas pu me rendre compte : c'est que les déjections des parents comme celles des enfants sont parfaitement semblables, quoique leurs nourriture et conditions soient dissemblables, et que, pour la couleur, etc., ces déjections n'ont aucune ressemblance avec celles des autres volailles, que je tiens dans les mêmes conditions et au même régime. Ceci est un fait assez curieux dont la cause m'échappe, et dont je rendrai compte plus tard, si je parviens à la découvrir.

NOTE

SUR LE POIS OLÉAGINEUX DE LA CHINE.

Par M. LACHAUME,

Professeur d'arboriculture et horticulteur, à Vitry-sur-Seine.

(Séance du 5 février 1858.)

Le Pois oléagineux de la Chine a été importé en France par M. de Montigny, notre consul à Chang-Haï.

Ayant reçu vingt grains de cette légumineuse lors de la distribution qui en fut faite par l'honorable Société zoologique d'acclimatation, je les semai, le 10 mai 1856, en terre argilo-calcaire, préalablement labourée à la bêche, avec demi-fumure, à l'exposition du midi. Sur les vingt grains, dix-huit étaient levés le 20 mai ; au mois de juin, j'en levai six pieds que je plantai dans des pots de 16 centimètres, lesquels furent présentés au concours universel. Les douze autres pieds restèrent en pépinière, espacés entre eux de 9 centimètres.

Le 1er août, les petites fleurs blanches commencèrent à se montrer dans l'aisselle des fleurs, et se succédèrent jusqu'en septembre, la récolte eut lieu au 25 octobre. Sur la quantité des cosses, quelques-unes n'étaient pas arrivées à parfaite maturité.

Pour essayer le degré de rusticité de ces Pois, j'en sacrifiai trois pieds que je laissai en place. A 3 degrés au-dessous de zéro les plantes ne fatiguèrent pas. A 4 degrés les feuilles furent gelées et les cosses légèrement atteintes. Si l'on considère que les haricots gèlent à zéro, on pourra regarder le Pois de la Chine comme propre à être cultivé sous notre climat.

Après la récolte, je fis analyser quelques grains afin de m'assurer s'ils contenaient de l'huile ; les résultats ont été affirmatifs

Désirant poursuivre mes expériences sur une plus grande échelle, afin de déterminer d'une manière positive la valeur de cette nouvelle plante, je semai de nouveau, le 4 avril 1857, la moitié des graines de la récolte de 1856. Le semis fut pratiqué en rayon dans la même terre que l'année précédente sur vieille fumure, et les graines légèrement recouvertes de la même terre. En cinq jours, les cotylédons étaient sortis ; les froids survenus à cette époque (10 avril) retardèrent la croissance des pieds et en firent périr quelques-uns, ce qui m'obligea à semer l'autre moitié de mes graines, en rayon, le 12 mai, pour les repiquer ensuite.

A cette époque, la température étant plus favorable, la germination s'effectua en cinq jours, en sorte que les plants avaient assez de force pour être repiqués le 10 juin suivant, au nombre de cent pieds que je plantai en lignes espacées de $0^m,50$. La plante ne souffrit pas de cette transplantation et la croissance fut très rapide. Le 25 juillet, elle avait atteint la hauteur de $0^m,60$ et les premières fleurs commençaient à paraître. Ces plants ne furent arrosés que deux fois en juillet, afin de m'assurer du degré de sécheresse qu'ils pouvaient supporter : ils ont continué leur végétation. Je pense même que la trop grande végétation des plants, en 1857, a retardé la fructification et la maturité des graines. Je fus obligé, le 10 août, de pincer tous les sommets des bourgeons pour favoriser la croissance des gousses. Enfin, le 10 septembre, les plants avaient la hauteur de $0^m,80$ à $0^m,90$, et portaient en moyenne de quatre-vingts à cent gousses, renfermant chacune deux à quatre grains.

La plante présente une tige droite, haute de $0^m,80$ à $0^m,90$, sur $0^m,01$ de diamètre à sa base, de consistance semi-ligneuse, à cannelures longitudinales, à épiderme pubescent, d'un vert clair, se garnissant de bourgeons latéraux opposés, alternes, chargés de poils ; les pétioles creusés en gouttière sur la face supérieure, longs de $0^m,16$ à $0^m,20$, portant trois folioles cordiformes, inéquilatères, larges de $0^m,10$ et longues de $0^m,15$, légèrement velues. Les fleurs sont axillaires, sessiles, réunies en grappes de dix à douze ; calice pubescent, à cinq divisions irrégulières; fleurs blanches de 0^m,007 sur 0^m,005 de large, à étendard dépassant le calice, pavillon et carène renfermés dans le calice, ce qui les rend peu apparentes. A ces fleurs succèdent des légumes parenchymateux, longs de 0^m,05 sur 0^m,015 de large, renfermant de deux à quatre grains de forme ovoïde, couleur nankin, clair à la maturité.

Cette plante, qui nous est arrivée sous la dénomination de Pois oléagineux de la Chine, appartient à la famille des légumineuses et au genre Sojâ, voisin des Doliques : c'est le *Soja hispida*.

Nous avons expérimenté diverses variétés de Doliques, qui, la plupart, ont besoin d'être ramées, et sont d'une maturité difficile sous notre climat. Cette dernière espèce a beaucoup mieux réussi. Nous espérons qu'elle pourra rendre d'importants services à l'agriculture par ses produits oléagineux et par ses larges feuilles, qui constituent un bon fourrage ; enfin, on peut l'employer, comme les Lupins, à l'état d'engrais végétal, en l'enfouissant en vert. Elle est très rustique, vient parfaitement sur les terres médiocres sablonneuses ou calcaires.

Le rendement en grains est assez considérable : les pieds ont produit en moyenne cent quatre-vingt-trois grains qui, frais écossés, font un dixième de litre et pèsent 58 grammes. Le litre de Pois oléagineux contient quatre mille huit cents grains et pèse 750 grammes.

Enfin, indépendamment de ses qualités oléagineuses, le Pois de la Chine peut être utilisé au point de vue culinaire, et forme un légume délicieux et d'un goût très fin. La cuisson en est très facile : on jette le grain, à l'état frais, dans de l'eau bouillante ; la pellicule se détache de chaque grain et surnage à la surface, où on l'enlève. En trente minutes, la cuisson est effectuée, et fournit un mets délicat rappelant le goût du Pois, moins le principe sucré.

III. EXTRAIT DES PROCÈS-VERBAUX
DES SÉANCES GÉNÉRALES DE LA SOCIÉTÉ.

SÉANCE DU 5 MARS 1858.

Présidence de M. Is. GEOFFROY SAINT-HILAIRE.

M. le Président proclame les noms des membres nouvellement admis :

BARAGUEY D'HILLIERS (S. Exc. le maréchal comte), commandant supérieur des divisions militaires du centre, à Tours et à Paris.

MM. BÉNÉDETTI, directeur des affaires politiques au ministère des affaires étrangères, à Paris.

BERTHOIS (le général baron de), à Paris.

BÉVILLE (le général baron de), aide de camp de l'Empereur, à Paris.

BOUCHARDAT, professeur à la Faculté de médecine, à Paris.

BOURGOING (de), préfet de Seine-et-Marne, à Melun.

BOURGOING (le baron Paul de), sénateur, à Paris.

BRANDOIS (Paul de), propriétaire, à Paris.

BURGGRAFF (Oscar de), à Paris.

CAUSANS (le comte Maxime de), au Puy (Haute-Loire).

CHEVEIGNÉ (Alexandre de), ancien maître des requêtes, à Paris.

CLERCQ (Louis de), publiciste du ministère des affaires étrangères, à Paris.

DAVID, ancien ministre plénipotentiaire, à Paris.

DIEUDONNÉ, juge honoraire au tribunal de première instance de la Seine, à Paris.

GABRIAC (le comte de), attaché au ministère des affaires étrangères, à Paris.

GAUDIN, sous-directeur au ministère des affaires étrangères, à Paris.

Guillot (Natalis), professeur à la Faculté de médecine, à Paris.

Gutzenberg, propriétaire, à Paris.

Hallez-Claparède (le baron), à Paris.

Hatzfeld (le comte de), ministre de S. M. le roi de Prusse, à Paris.

Jameson (Conrad), banquier, à Paris.

Lacroze (Jules), propriétaire, à Buenos-Ayres.

La Morandière (de), à Blois (Loir-et-Cher).

La Panouse (le vicomte de), à Paris.

Lowenthal (de), à Paris.

Manderstroem (S. E. le baron de), ministre des affaires étrangères de S. M. le roi de Suède et Norwége, à Stockholm.

Maupetit (Alexandre), négociant, à Paris.

Montesquiou-Fézensac (le comte Henri de), à Paris.

Robillard de la Vaudelle, propriétaire-agriculteur dans le département de la Mayenne, à Paris.

Rosales, ancien chargé d'affaires du Chili, à Paris.

Rothschild (le baron Charles de), consul général de Bavière, à Francfort.

Rothschild (le baron Guillaume de), consul général d'Autriche, à Francfort.

Roux, entrepreneur de charpente, à Paris.

Schultz (Joseph), agronome, à Blotzheim (Haut-Rhin).

Seebach (le baron de), envoyé extraordinaire et ministre plénipotentiaire de S. M. le roi de Saxe, à Paris.

Suin (l'amiral de), à Paris.

Tandou (Pierre-Noël), maire de la Villette, à Paris.

Tassy (le docteur), à Paris.

Tchihatchef (Platon de), à Paris.

—A l'occasion de la mention faite au procès-verbal de la dernière séance des résultats obtenus à l'aide des procédés de la pisciculture dans des cours d'eau de l'Aisne et des Ardennes par M. Millet, qui a placé sous les yeux de l'assemblée des Poissons provenant de fécondations artificielles opérées en février 1855, M. le professeur Jules Cloquet lit une Note où sont consignés les succès que ces mêmes procédés ont donnés à M. Coste dans les eaux de Villeneuve-l'Étang près Saint-Cloud.

A la suite de cette lecture, M. Millet fait observer que les faits consignés dans cette Note offrent beaucoup d'intérêt au point de vue des avantages offerts par les fécondations artificielles pour l'ensemencement des eaux. Il fait remarquer, en outre, que M. Coste a renoncé, dans cette circonstance, à l'emploi d'une alimentation artificielle pour les Poissons, qui ont trouvé dans la population même des eaux qu'ils habitent une nourriture suffisamment abondante. Il rappelle qu'il a lui-même insisté sur la convenance de ne pas répandre dans les bassins des substances alimentaires préparées par la main de l'homme.

— M. le Président informe que le décret approbatif de la concession à la Société d'un terrain au bois de Boulogne vient d'être revêtu de la signature de l'Empereur.

— Il annonce que l'ancienne *Commission permanente de l'Algérie et des Colonies* a été divisée en deux Commissions distinctes, l'une dite *Commission des Colonies*, présidée par M. Passy, et l'autre dite *Commission de l'Étranger*, présidée par M. Drouyn de Lhuys. (Voir pour la composition de ces deux Commissions, l'introduction à ce volume, page VIII.)

— Des lettres de remercîments, à l'occasion des récompenses décernées dans la séance solennelle du 10 février, sont adressées par MM. F. David; Bonfort, d'Oran; le docteur Émile Cornalia, de Milan; Constant Salles, pour leurs médailles de première classe; par M. le professeur de Luca pour sa médaille de deuxième classe, et par MM. H. de Calanjan et Demond pour les mentions honorables qu'ils ont reçues.

— M. le général Daumas, au nom de M. le Ministre de la Guerre, annonce que, sur la demande de M. le Président, il fera parvenir aux destinataires les trois médailles décernées à des colons algériens. A cette occasion, notre confrère transmet à la Société les remercîments de M. le Ministre pour la part qu'elle a faite à l'Algérie dans l'attribution de ses récompenses.

— MM. Davin et le marquis Séguier remercient de leur nomination comme membres du Conseil d'administration; et S. Exc. Artin-Bey, ainsi que MM. H. de Bourville, le comte de Lesseps, B. Mouravieff-Apostol, le comte L. de Nattes Ville-contal, Nouh-Bey-Effendi et Sakakini, pour leur admission dans la Société.

— M. le prince Marc de Beauvau exprime, par une lettre, son regret de n'avoir pu depuis quelque temps assister à nos séances. Il a été et est encore malade.

— Des offres de service de M. Blancheton, consul de France à Bâhia, sont transmises par M. Chagot. La lettre relative à cette affaire est renvoyée à l'examen du Conseil.

— Une demande de végétaux est adressée par notre confrère M. Adrien Sénéclause, à Bourg-Argental (Loire). Renvoi à la 5ᵉ section.

— M. Jomard place sous les yeux de l'assemblée de très belles racines d'Igname et des bulbilles récoltés aux feuilles des tiges, non pas sur terre, mais en plein air, à 1ᵐ,50 de hauteur. Il se demande si ces bulbilles réussiront aussi bien que les tronçons. Renvoi à la 5ᵉ section, à laquelle on soumettra également un Rapport transmis par ce même confrère, et qui est relatif aux succès obtenus dans le département des Landes avec la culture du Sorgho, et aux difficultés que semblent devoir présenter, comme l'a montré l'expérimentation, celle du Riz sec dans cette partie de la France.

— M. Poulain de Bossay manifeste le désir qu'une régle-mentation spéciale fixe tout ce qui concerne la conservation au siége de la Société d'un certain nombre d'échantillons des vé-gétaux qu'elle reçoit, leur distribution aux sociétaires, et les rapports qu'ils doivent adresser sur les résultats obtenus. Ces vœux seront portés devant le Conseil. M. le Président rappelle, à cette occasion, ce qui s'est fait jusqu'à ce jour. Une collection déjà très nombreuse de graines a pris place dans nos armoires. De nombreuses distributions sont faites et sont toujours accom-pagnées d'une demande non-seulement de rapports, mais d'envoi de produits obtenus.

— M. le Président renvoie à la 5ᵉ section une lettre par

laquelle M. le comte de Bar demande des renseignements sur le Cèdre blanc, qui est, à ce qu'il paraît, très abondant au Canada, où il pousse dans les terrains marécageux et tourbeux.

— M. Sacc met à la disposition de la Société dix litres du Lupin jaune qui, dit-il, semble devoir changer complétement la culture des terres sablonneuses, parce qu'il s'y développe vigoureusement sans aucun engrais, et que, enfoui quand il est encore vert, il constitue une fumure assez intense pour qu'on puisse semer ensuite avec avantage du seigle ou du froment. Il renvoie d'ailleurs, pour de plus amples détails, à un article publié, l'an passé, dans le *Journal d'agriculture pratique* de notre confrère M. Barral.

—M. Curti, gérant de la Compagnie générale des papeteries de l'Algérie et de la Méditerranée, dépose sur le bureau, pour en faire don à la Société, une collection des papiers qu'il fabrique, et des matières premières employées dans cette fabrication, lesquelles sont des plantes textiles croissant sans culture et en très grand nombre sur le sol algérien. Ces plantes, qui peuvent être ainsi utilisées et remplacer en tout ou en partie les chiffons, sont le Sparte ou Alfa (*Lygeum spartum*), le Diss (*Arundo festucoides*), le faux Aloès (*Agave americana*) et le Palmier nain (*Chamœrops humilis*). M. Dareste, en présentant la Note de M. Curti, lit un travail sur ce sujet, destiné à montrer l'importance que présente cette fabrication.

— M. Clet, au nom de M. le comte de Galbert, présente un plan de l'établissement de pisciculture que ce dernier a fondé à la Buisse (Isère); un échantillon de poils de Lapin d'Angora, propre à être employé pour la fabrication du feutre, et enfin une bouteille de *vin de Sorgho*, qui contient environ 4 pour cent d'alcool. Les essais de M. de Galbert n'ont eu qu'un but : créer une boisson potable équivalente, et s'il était possible, supérieure aux piquettes de marc de raisin. Elle est appréciée par les magnandeuses et les moissonneurs, auxquels notre confrère la distribue. Ils la regardent pendant l'été comme très rafraîchissante, et le médecin qui l'a examinée l'a trouvée hygiénique : ainsi le résultat cherché est atteint. M. de Galbert a la conviction que l'on parviendra à mieux faire, et même à faire très bien, avec le temps. Pour le moment, ce vin ne revient pas à 10 centimes le litre.

— M. Fréd. Jacquemart rappelle, dans une Note succincte, les efforts que la Société fait, presque depuis son origine, pour obtenir en France le Ver à soie sauvage qui vit sur le Chêne en Chine. Les fonds nécessaires pour cette utile entreprise furent votés, et une Commission composée de MM. Fréd. Jacquemart, Guérin-Méneville et Tastet, rédigea un questionnaire détaillé sur tout ce qu'il importe de savoir touchant ce Ver à soie. Le questionnaire, par les soins de M. le supérieur des Missions étrangères, a été expédié à tous nos missionnaires en Chine, qui, dans ces contrées lointaines, nous prêtent avec un zèle dont nous ne saurions être trop reconnaissants, leur intelligent et puissant concours. M. l'abbé Bertrand missionnaire apostolique au Sutchuen, a fait à ce questionnaire des réponses très précises, dont M. Jacquemart donne lecture.

A la suite de cette communication, M. Guérin-Méneville informe que les renseignements fournis par M. l'abbé Bertrand coïncident avec ceux qu'il vient d'obtenir de M. le directeur de la colonie russe établie à Pékin, et qui est en ce moment à Paris. Il rappelle que la Société possède dans sa collection des feuilles des deux Chênes dont parle M. l'abbé Bertrand, et que des glands de ces deux espèces ont été reçus par l'entremise de Mgr. l'évêque Vércelles et de M. de Montigny. Ces glands se sont très bien développés chez plusieurs de nos confrères, en sorte que nous possédons aujourd'hui ces deux Chênes. Du reste, l'une des deux espèces, celle dite *à feuilles de Châtaignier*, était déjà cultivée au Muséum d'histoire naturelle. On pourra facilement les multiplier quand nous posséderons enfin le Ver à soie quercien. Dans un mémoire que renferment nos Bulletins et dans sa *Revue de zoologie*, M. Guérin-Méneville a publié un travail développé et accompagné de figures, relatif à ce Ver à soie du Chêne et à son analogue de l'Inde, le *B. Mylitta*, qui y donne la fameuse soie Tussah. Il termine en exprimant l'espoir que la France possédera bientôt ces utiles espèces séricigènes.

— M. Sacc adresse deux échantillons d'étoffes fabriquées avec la soie du *Bombyx Cynthia*. L'une, grossière, faite avec les déchets, a été tissée à la main, puis savonnée ; elle pourra servir sans doute, suivant le désir de M. le maréchal Vaillant, à la confection des sacs à gargousses. L'autre étoffe, qui a de la finesse, est un beau foulard tissé mécaniquement, et dont le travail, dit notre confrère, n'a offert aucune difficulté, tant le fil en est à la fois souple et tenace. Elle a été savonnée, afin que l'on pût bien voir qu'elle a l'éclat, le toucher et le craquant de la soie ordinaire, qualités qui manquent à la soie des Vers du Chêne. Il est nécessaire, au reste, que le tissage soit un peu lâche, et des échantillons ainsi fabriqués, puis garancés et imprimés, seront mis plus tard sous les yeux de l'assemblée.

M. Sacc, dans la lettre qui accompagne l'envoi des échantillons dont il s'agit, insiste sur ce fait, que ce n'est là qu'un premier essai de tissage.

Aussi M. Guérin-Méneville émet-il l'opinion que l'échantillon le plus fin ne réalise pas encore toute la perfection à laquelle nos habiles fabricants de l'Alsace pourront atteindre. Il pense qu'on pourra obtenir des produits semblables à ceux qu'il a vus, lors de l'Exposition universelle, parmi les produits de l'Inde anglaise, et qui n'offrent pas, comme l'étoffe soumise aujourd'hui à la Société, de nombreux petits bourrelets duveteux, qui nuisent un peu à l'aspect du tissu.

— M. Sacc informe qu'il a écrit de nouveau à Hong-Kong, pour presser un de ses parents, qui y réside, d'envoyer des œufs et des cocons vivants du Ver à soie du Chêne. Plus il travaille cette soie, plus il se persuade que cette fibre, d'un emploi aussi facile que les plus beaux cotons, quoique infiniment plus forte et plus élastique, peut servir à la confection de tissus aussi variés pour tous les genres qui ne demandent pas une grande finesse.

— M. Letrône, membre de la Société, informe que des essais d'éducations de Vers à soie du Mûrier tentés par lui, il y a quelques années, dans le département de la Sarthe, mais qu'il a dû interrompre par suite de circonstances indépendantes de sa volonté, ont parfaitement réussi.

S'étant beaucoup occupé des oiseaux de basse-cour, il fait parvenir un travail sur la *gallinoculture*, où sont consignés les résultats qu'il a obtenus.

— Il est donné lecture d'une lettre de notre confrère M. Chagot, dans laquelle il annonce la réalisation de son offre généreuse d'un prix de 2000 francs pour la domestication de l'Autruche, soit en France, soit en Algérie, soit au Sénégal, et les conditions auxquelles ce prix pourra être obtenu (voy. plus haut, p. 45). On lit également une lettre de M. le baron Henri Aucapitaine, dans laquelle notre confrère fait connaître, de Blidah où il est en garnison, son opinion sur l'heureuse influence que l'annonce de ce prix pourra exercer en Algérie. (*Ib.*, p. 46.)

— M. le Président renvoie à l'examen du Conseil une lettre de MM. Berrier-Fontaine et Davelouis, l'un président et l'autre secrétaire de la 2e section, et dans laquelle se trouve exposé le résumé des travaux de cette section touchant les conditions qu'il serait le plus utile d'établir pour faciliter les échanges, et favoriser la diffusion des espèces les plus intéressantes que nous possédons déjà, ainsi que l'introduction des espèces rares ou que nous ne possédons pas encore.

— M. Arnault, directeur de l'Hippodrome, écrit à M. le Président pour l'informer qu'il se met à la disposition de la Société, si cela lui convient, pour le dressage ou l'entrainement de divers animaux, l'Hémione, l'Hémippe ou autres dont il serait désirable de pouvoir tirer parti. M. Arnault garderait à sa charge les frais de nourriture, d'entrainement et de dressage. Des remerciments lui seront adressés, et l'examen de la proposition que sa lettre renferme est renvoyé au Conseil.

— M. Sacc annonce que les nouveaux filés de laine d'Angora de M. H. Schlumberger sont presque aussi beaux que ceux d'Angleterre, et qu'ils vont être essayés au tissage.

— Dans son désir de contribuer à la diffusion de l'excellente espèce des Porcs de Chine, le même membre en met à la disposition de M. le marquis de Vibraye, qui a manifesté le désir d'en recevoir.

— A l'occasion du Hérisson, dont l'introduction à la Martinique a été proposée parce qu'on a pensé qu'il pourrait y détruire le Serpent *fer-de-lance*, et à propos de ses mœurs et de son régime, dont M. Rufz a parlé dans son Rapport sur les animaux destructeurs de ce Serpent (p. 13), M. Sacc, qui a beaucoup étudié ce mammifère, dit qu'il ne pourrait pas être utilisé comme on le suppose. Le Hérisson, en effet, vit dans les lieux où le sol est sec et aride, tandis que le Serpent se tient dans les terres humides. Il a acquis la certitude, par ses nombreuses observations personnelles, que les insectes chassés par le Hérisson vers le soir, ou la nuit quand il y a clair de lune, constituent sa nourriture de prédilection : c'est ce qui le rend si utile dans les jardins, où jamais il ne touche aux végétaux.

— Il est donné lecture d'une Note de M. le baron Aucapitaine, relative à la Faune du Soudan.

<hr>

SÉANCE DU 19 MARS 1858.

Présidence de M. Is. GEOFFROY SAINT-HILAIRE.

A l'occasion du passage du procès-verbal de la dernière séance où il est fait mention de la communication de M. Jules Cloquet relative à l'empoissonnement des eaux de Villeneuve-l'Étang par les soins de M. Coste, notre confrère, met sous les yeux de l'assemblée un certain nombre de Truites vivantes de diverses dimensions, provenant de ces eaux. Elles sont placées dans un aquarium où l'aération est entretenue au moyen d'une roue à augets à moitié plongée dans le liquide.

M. Cloquet lit ensuite une Note dans laquelle il présente des détails sur une visite toute récente que l'Empereur et l'Impératrice ont faite au laboratoire du Collége de France, où M. Coste a rendu Leurs Majestés témoins de toutes les pratiques de la pisciculture. Cette haute marque d'intérêt donne, comme le fait remarquer notre confrère, une grande importance à cette partie des travaux de notre Société.

— M. le Président proclame les noms des membres nouvellement admis :

MM. ACAPULCO (le marquis de), sénateur d'Espagne, à Paris.

BECQUEREL, membre de l'Académie des sciences, professeur-administrateur au Muséum d'histoire naturelle, à Paris.

BELLIGNY (G. de), à Paris.

BEOST (Ferdinand de), à Paris.

BOULLAY, membre de l'Académie impériale de médecine, à Paris.

BRETON (François-Augustin), architecte, à Paris.

BULCAO (le chevalier Joao), chimiste, à Bahia (Brésil), et à Paris.

CAILLAUD (René), naturaliste, à Paris.

CAIRON (de), au château d'Amblie, par Creully (Calvados).

CASY (le vice-amiral), sénateur, à Paris.

CHARLEUF, au château de la Bussière, près Luzy (Nièvre).

CLAYE, propriétaire-agriculteur à Maintenon, et à Paris.

DARRAS (l'abbé J.-E.), chanoine honoraire d'Ajaccio, au château de Brienne (Aube), et à Paris.

DOLSIE, ancien officier d'administration à Strasbourg.

GONSALVES-MARTINS (le chevalier D.), ingénieur, à Bahia (Brésil) et à Paris.

HAUMANN (A.), consul de Venezuela, membre de la commission administrative du Conservatoire royal de musique de Belgique, commissaire du gouvernement près la grande compagnie du Luxembourg à Vaux-lez-Chêne, province de Luxembourg (Belgique).

HAWKE (Pierre-Thomas), propriétaire-agriculteur, aux Combournaises, près Dinan (Côtes-du-Nord).

LAGUÉRIE (Villetard de), secrétaire adjoint de la grande maîtrise des cérémonies de l'Empereur, à Paris.

LEJEUNE DE LAMOTTE (le vicomte), lieutenant de vaisseau, à Paris.

LETRÔNE (Paul), membre correspondant de la Société d'agriculture, sciences et arts de la Sarthe, à Ceton (Orne).

MAISONNEUVE (le capitaine de vaisseau Simonnet de), commandant la frégate *la Sybille*, à Paris.

MM. MANDEL (de), à Paris.

MARCHANT (le docteur Louis), à Dijon (Côte-d'Or).

MARÈS (Henri), à Montpellier (Hérault).

MICHAUD (Édouard), propriétaire à Beaune (Côte-d'Or).

MONTBLANC (le comte de) baron d'Ingelmunster, propriétaire en France et en Belgique, à Paris.

NEDONCHEL (le comte Henri de) au Jolimetz, par le Quesnoy (Nord).

NERVILLE (de), régent de la Banque de France, à Paris.

PUIBERNEAU (Henri de), membre du Conseil général, président de la Société d'émulation de la Vendée, au château de Buchignon (Vendée).

REGO-BARROS (le chevalier Affonso), agriculteur à Pernambuco (Brésil), et à Paris.

RIO DE LA LOZA (Léopold), docteur en médecine, en chirurgie et en pharmacie, directeur de l'École nationale d'agriculture, à Mexico.

RIVAS (S. E. le duc de), ambassadeur d'Espagne, à Paris.

ROBILLARD (Napoléon-Louis), négociant à Paris.

SCHEEL (Théodore), négociant à Drammen (Norwége).

SOUBEYRAN (de), préfet de Loir-et-Cher, à Blois (Loir-et-Cher).

— Des lettres de remercîments pour leur admission dans la Société sont adressées par MM. le comte Max. de Causans, David, Dournay, le docteur Figari-Bey, le marquis de Montlaur, Paulze d'Ivoy et Rosales. Ce dernier remercie aussi de sa nomination comme membre de la Commission permanente de l'étranger. M. David, qui fait partie de cette Commission et de celle des Colonies, écrit dans le même but, et fait connaître un certain nombre de productions végétales et animales du Venezuela, où il a été ministre plénipotentiaire et consul général, et dont l'introduction en Europe lui semblerait devoir offrir une grande importance. Sur la proposition de notre nouveau confrère, le Conseil a désigné comme délégué de la Société, dans cette riche contrée de l'Amérique du Sud, M. de Tourreil, chancelier de la légation de France à Caraccas. La lettre de M. David est renvoyée à l'examen des 1re, 2e et 5e sections. Enfin, M. Laperlier adresse des remerciments pour sa nomination comme membre de la Commission permanente de l'Algérie.

— M. H. Delaroche, en remerciant le Conseil du choix qu'il a fait de lui comme délégué de la Société au Havre, annonce qu'il accepte avec empressement les fonctions que ce titre confère.

— M. le prince de Demidoff envoie une lettre de M. Steven, datée de Soudac (côte méridionale de la Crimée), renfermant l'expression de sa reconnaissance pour sa nomination comme membre honoraire. Cette lettre, qui se rapporte à une décision de la Société prise en février 1857, n'est parvenue qu'après de très longs retards.

— M. Kaufmann transmet les remerciments de nos lauréats des États royaux de Prusse : ce sont MM. Œttel et Fintelmann, qui ont reçu des médailles de 2e classe, et MM. Tœpffer et Kamphausen, auxquels des mentions honorables ont été décernées. M. Kauffmann annonce en même temps, que ces diverses récompenses ont été remises par les soins de notre Société affiliée de Berlin, qui, suivant le désir de notre Conseil, fera hommage à S. M. le roi de Prusse et à LL. AA. les princes royaux d'une collection de tissus de mérinos Mauchamp et de poil de Chameau, offerte par M. Davin.

— M. Braguier remercie de la médaille de 2e classe, qui lui a été attribuée pour ses cultures.

— Une demande d'agrégation faite au nom de la *Société académique* de Maine-et-Loire, par son secrétaire général, M. Béraud, est renvoyée au Conseil.

— M. Bouteille, secrétaire général de notre Société affiliée des Alpes, informe que la séance générale de cette Société aura lieu, à Nancy, le 18 avril, et exprime le désir d'y voir assister quelques-uns des membres de la Société centrale.

— M. Davelouis, secrétaire de la 2e section, transmet la copie des procès-verbaux des séances que cette section a tenues depuis le 9 février. — Il est fait mention dans ces procès-verbaux : 1o de communications dues à madame A. Passy ainsi qu'à M. le docteur Chouippe, et relatives aux Poules de l'île de la Réunion qui leur ont été confiées (voy. p. 118

et 127) ; 2° d'une discussion sur les inconvénients que peut présenter, quant aux résultats définitifs de l'incubation, le transport des œufs à des distances plus ou moins considérables ; 3° d'une discussion touchant le meilleur mode d'exécution à proposer au Conseil pour faciliter les échanges d'œufs et d'oiseaux entre les divers membres de la Société. Suivant le vœu émis par la section, le Conseil, après en avoir délibéré, a décidé dans une de ses dernières séances l'adjonction au Bulletin d'une feuille séparée portant l'indication des pièces d'échange et de leurs prix, mais sans que pour cela, conformément à l'opinion exprimée par la section, la Société intervienne en rien dans ces échanges.

— Il est donné connaissance de divers passages d'un extrait des procès-verbaux de la séance tenue par le Comité régional de Bordeaux, le 14 janvier, où se trouvent consignés : 1° une discussion relative aux avantages que présenteraient pour l'expansion de notre œuvre des publications faites par le Comité ; 2° la décision prise à l'unanimité que les procès-verbaux des séances du Comité seraient transmis au Conseil d'administration ; 3° des rapports sur les diverses cultures, et particulièrement sur celle du Riz sec, qui a, chez divers membres, donné des résultats heureux.

— A ce procès-verbal il est joint une lettre de M. le professeur Bazin, président du Comité, qui transmet diverses graines de la part de M. Delisse, à qui les remercîments de la Société seront adressés.

— Des lettres de remercîments pour les graines et les Pommes de terre de Sainte-Marthe, qui leur ont été expédiées par les soins de la 5ᵉ section sont adressées par MM. le professeur Bazin ; de Lachadenède, président du *Comice agricole* de l'arrondissement d'Alais (Gard) ; le professeur Lereboullet, président de la *Société des sciences, agriculture et arts* du Bas-Rhin ; Ch. Mény ; O. Michon, président de la *Société d'agriculture* de l'arrondissement de Dôle (Jura), qui fait connaître les résultats excellents obtenus avec la Pomme de terre Chardon ; Parade, président de notre Société affiliée pour la région du N.-E., siégeant à Nancy ; le docteur Th. Roussel, président le la *Société d'agriculture*, etc., de la Lozère ; Sacc et Fréd. Zuber, délégués à Wesserling et à Mulhouse.

— Des demandes de végétaux, et particulièrement de Pommes de terre de Sainte-Marthe et de noyaux de Pêches de Tullins, sont renvoyées à la 5ᵉ section. Elles émanent de MM. H. de Calanjan, Dubreuil, de Glatigny, le docteur Jules Guérin, le professeur Joly, L.-G. Mège, Teyssier des Farges, Versepuy, Alb. Delacour.

— M. Jomard fait placer sous les yeux de l'assemblée une Igname de la Chine, divisée en plusieurs tubercules réunis à leur sommet. Ce spécimen de forme assez bizarre, a 0ᵐ,52 de long, sur 0,ᵐ30 environ de largeur, pèse 2ᵏⁱˡ,75, et provient d'un seul tronçon planté en 1854. M. Jomard, à cette occasion, fait observer qu'il est convenable d'inviter à laisser en terre les tubercules deux et trois années pour obtenir de riches produits.

— M. le baron d'Avene, président de la Société d'horticulture de l'arrondissement de Meaux, présente un Rapport très satisfaisant sur les résultats obtenus par lui dans la culture de la Pomme de terre de Sibérie, dont des tubercules provenant d'un présent de M. V. Chatel lui avaient été remis en mars 1855. Le rendement, dit notre confrère, a été presque égal à celui de la Pomme de terre Chardon cultivée dans le même terrain et dans de semblables conditions. La qualité d'ailleurs en est excellente.

— Une distribution de tubercules de Pommes de terre de la variété australienne est faite par M. V. Chatel, qui prévient qu'il faut, pour le succès de la culture de cette variété, un buttage très hâtif.

Le même membre annonce que pendant cet hiver le végétal qui donne le Vert de Chine a résisté au froid.

Il dit ensuite que, dans sa culture d'Ignames, il a constaté que le volume de la racine obtenue est en rapport avec celui du tronçon de racine mis en terre, et que, par conséquent, il est préférable de confier au sol la partie inférieure de la racine.

— M. Moquin-Tandon fait observer que les Chinois plantent le haut de la racine, c'est-à-dire sa partie la plus mince, et livrent tout le reste à la consommation. Le développement, à la vérité, est plus lent que lorsqu'on a mis en terre toute la racine ou sa portion dilatée, mais en définitive il doit être, et il est en effet le même.

— Il est fait mention par le secrétaire d'un travail sur l'Igname récemment publié par notre délégué à Nancy, M. Monnier. Ce Mémoire est inséré dans le dernier numéro du Bulletin de notre Société affiliée pour la région du N.-E., et il vient d'être adressé par cette Société.

— M. Dupré de Saint-Maur place sous les yeux de l'assemblée des échantillons de Coton dit *Géorgie longue-soie*, provenant d'Algérie, où il consacre maintenant, dans la province de Constantine, 1500 hectares à cette culture, qui ne date que de 1852. Il exprime le regret que l'époque à laquelle doit cesser l'aide du gouvernement, qui a été si utile aux propriétaires d'arbres à Coton, soit arrivée déjà, car les colons algériens, au bout de six années d'essais, et au milieu de difficultés qu'ils n'ont pas encore pu complétement surmonter, ne sont pas dès maintenant en mesure de livrer leurs produits aux mêmes prix que les Américains, qui ont d'ailleurs consacré 70 à 80 ans à l'établissement de cette culture. Il leur est surtout difficile d'arriver à un classement convenable des qualités. — Notre confrère, après avoir donné quelques détails sur les soins exigés par l'arbre à Coton, auquel il faut une fumure et une irrigation abondantes, exprime la crainte que la qualité du produit ne vienne à s'altérer, car la longue soie, dit-il, n'est obtenue que par un soin extrême dans le choix des graines.— M. Davin fait observer que les échantillons présentés par M. Dupré de Saint-Maur ont plus de nerf et de brillant que le Coton d'Amérique, et cette sorte lui paraît posséder d'excellentes qualités.

— Le R. P. Furet, missionnaire apostolique en Chine et membre honoraire de la Société, écrit de Napa-kiang (grande Lou-tchou), à la date du 10 novembre 1857, pour annoncer un envoi de graines d'Arbre à suif, avec quatre chandelles fabriquées avec ce suif, pour échantillon. La lettre renfermant des détails sur cet arbre est renvoyée à la 5ᵉ section.

— Notre confrère M. Potel-Lecouteux écrit pour inviter ceux de nos confrères que des essais de cultures nouvelles pourraient intéresser, à visiter, à sa ferme de Créteil, près Paris, les opérations qui sont actuellement en voie d'exécution.

— L'arrivée au Havre de deux caisses de Pommes de terre de Bogota, expédiées de Sainte-Marthe par M. du Courthial, est annoncée par M. Delabarre, capitaine du navire *le Suffren*, qui les a apportées, et dont on opère le déchargement.

— M. O. Tuyssusian appelle de nouveau l'attention de la Société sur les avantages de l'Olivier de Crimée, que sa rusticité protége contre l'abaissement de température, qui est toujours fatal aux autres variétés de cet arbre si précieux. Les froids de l'hiver dernier qui se sont fait sentir très vivement dans les contrées méridionales, et en particulier à Constantinople, d'où il écrit, lui semblent justifier l'appel qu'il adresse de nouveau à la Société pour l'engager à s'occuper de tentatives d'acclimatation dans le midi de la France de cet Olivier de Crimée. Par cette lettre, qui est renvoyée à la 5ᵉ section, notre confrère annonce l'envoi d'un exemplaire de l'ouvrage qu'il vient de publier sur l'*Oïdium Tuckeri*, qui, depuis quelques années, ravage les magnifiques vignobles de la Turquie. Enfin, il informe que, contrairement à ce qui a été dit, la maladie des Vers à soie, dite *gattine*, n'a pas paru en Orient.

— Des feuilles de Chardon à foulon, nécessaires pour suppléer momentanément aux feuilles de Ricin dans les éducations des larves du *Bombyx Cynthia*, poursuivies à la ménagerie des Reptiles du Muséum d'histoire naturelle, par M. Vallée, sont expédiées par les soins de MM. les maires de Mantes et de Meulan, à qui des demandes avaient été adressées. Les remerciments de la Société leur seront transmis.

— M. le général Daumas écrit, au nom de S. Exc. le Ministre de la guerre, que sur la demande faite par le Conseil, le passage gratuit de France en Algérie a été accordé à M. Leclerc, pêcheur, qui veut transporter à Philippeville des Poissons avec lesquels il compte tenter, au moyen de fécondations artificielles, le repeuplement des cours d'eau de cette province. Notre confrère remercie, à cette occasion, la Société du nouvel encouragement qu'elle vient d'accorder, dans l'intérêt de l'Algérie, en fondant un prix de 500 francs pour l'introduction d'un Poisson alimentaire dans les eaux douces ou saumâtres de notre colonie.

— M. Millet présente des œufs de Langouste dont il a obtenu l'éclosion dans son laboratoire, au moyen d'eau de mer artificielle. Les jeunes animaux, encore à un état de développement très imparfait, sont placés sous les yeux de l'assemblée.

— M. Chatel lit un Mémoire ayant pour titre : *Utilité et réhabilitation du Moineau.*

— Il est donné lecture par M. Davelouis, en sa qualité de secrétaire de la 2ᵉ section, de deux Notes relatives aux Gallinacés reçus de l'île de la Réunion. Ces Notes sont dues à madame Ant. Passy et à M. le docteur Chouippe, à qui ces oiseaux ont été confiés (voy. p. 118 et 127).

— M. Cloquet fait connaître qu'il a possédé également cette race à La Malgue, près Toulon ; elle s'était multipliée et donnait de bons résultats, mais elle a fini par s'éteindre. Ces oiseaux ont eu des engelures, et M. Davelouis fait observer qu'il en a été de même à la ménagerie du Muséum.

M. Kaufmann dit que cette race a été introduite en Prusse depuis plusieurs années par les soins de la *Société éunrologique*.

— M. le comte de Sinety informe de l'introduction de 120 paires de Perdrix de roche ou Gambra (*Perdrix petrosa*) dans la forêt de Fontainebleau, dont le sol semble devoir être si favorable à cette espèce. Cette introduction est due aux soins de notre confrère, M. le marquis de Toulongeon, capitaine de la vénerie impériale, à qui M. le marquis Séguier a fait connaître le vœu que le Conseil avait émis à ce sujet.

— M. le Président annonce que pendant l'hiver qui vient de s'écouler, la Société a perdu un Coq de l'Inde envoyé par M. le gouverneur de la Réunion ; une Colombe maillée, donnée par M. le comte d'Éprémesnil, et un Paca, envoyé et donné par notre confrère M. Bataille, de Cayenne.

— Une lettre de M. Bouteille, secrétaire général de notre Société affiliée de Grenoble, fait savoir la mort récente d'une jeune femelle de Yak, née en juillet 1857, et la naissance de quatre jeunes Chevreaux d'Angora. Deux de ces animaux proviennent de la même mère, et c'est le premier exemple de portée double dans notre troupeau des Alpes.

— M. Davin place sous les yeux de l'assemblée une série d'étoffes et de châles fabriqués avec la laine soyeuse du cachemire Graux de Mauchamp, et lit sur ce point une Note détaillée. Notre confrère fait présent d'une carte d'échantillons contenant des spécimens de cette laine depuis la matière brute jusqu'aux tissus les plus variés. M. le Président adresse à notre confrère des remercîments, au nom de la Société, pour ce don, qui prendra place dans nos collections.

— Parmi les pièces imprimées, on remarque le n° IV du *Bulletin de la Société d'agriculture d'Alger*, où se trouve une Note sur le troupeau des Chèvres d'Angora importé en Algérie en 1855. Ce troupeau, ainsi que l'auteur de cette Note à qui il a été confié, aurait dû le faire remarquer, provient de la générosité de M. Sacc et de la Société. Le nombre de têtes, qui était de 10, est maintenant de 31 (12 mâles et 19 femelles).

Il y a donc plein succès en Algérie comme en France, ce que paraît ignorer M. Frustié; car il suppose, contrairement à ce qui a lieu, que cette introduction sur le territoire français a eu peu de retentissement, et il en conclut qu'elle n'a pas réussi.

Le Secrétaire des séances,

AUG. DUMÉRIL.

OUVRAGES OFFERTS A LA SOCIÉTÉ.

Séance du 5 février 1858.

LE BON JARDINIER, Almanach pour l'année 1858. Offert par M. Vilmorin.

BULLETIN DE LA SOCIÉTÉ PHILOMATIQUE DE PARIS (année 1857).

BULLETIN DE LA SOCIÉTÉ CENTRALE DE L'YONNE, pour l'encouragement de l'agriculture (année 1857).

LES SAVANTS VOYAGEURS A BORDEAUX. Discours prononcé à l'ouverture de la séance publique d'hiver de la Société linnéenne de Bordeaux, le 4 novembre 1857, par M. Charles des Moulins. Offert par l'auteur.

LE JOURNAL DES ROSES ET DES VERGERS (4ᵉ année, 6ᵉ livraison).

IL BACOFILO ITALIANO (1ʳᵉ année, nº 1ᵉʳ).

THE ATLANTIS, a Register of literature and science, conducted by members of the catholic University of Ireland (nº 1ᵉʳ, janvier 1858).

Séance du 19 février 1858.

BULLETIN DU COMICE AGRICOLE de l'arrondissement de Saint-Quentin (Aisne), t. VI, année 1857.

DES AVANTAGES QUE PRÉSENTERAIT EN ALGÉRIE LA DOMESTICATION DE L'AUTRUCHE D'AFRIQUE (*Struthio camelus*, Linné), Mémoire lu à la Société impériale d'acclimatation dans ses séances des 1ᵉʳ, 15 février et 14 mars 1856, par M. L.-A. Gosse (de Genève). Offert par l'auteur.

PROJET D'ENQUÊTE SUR LA CULTURE DE L'IGNAME DE CHINE ET DU RIZ SEC, présenté à la séance du 1ᵉʳ mai 1857 de la Société impériale zoologique d'acclimatation, par M. Victor Chatel. Offert par l'auteur.

RAPPORT fait au nom d'une Commission chargée d'examiner les propositions de M. N. Joly, tendant à ce que la Société d'agriculture de la Haute-Garonne se fasse affilier à la Société impériale zoologique d'acclimatation, lu dans la séance du 28 février 1857. Offert par l'auteur.

NOUVELLES EXPÉRIENCES tendant à réfuter la prétendue circulation péritrachéenne des Insectes, par M. N. Joly, extrait des Mémoires de l'Académie des sciences de Toulouse. Offert par l'auteur.

DESSÉCHEMENT DES MOERES, par Cobergher, en 1822, par M. Bortier, extrait du journal de la Société centrale d'agriculture de Belgique, octobre 1857. Offert par l'auteur.

DRUGIE ZEBRANIE OGOLNE UCZESTNIKOW SPOLKI JEDWABNICZEJ *Odbyte W D.* 10 *Lipca* 1856 R. W Palacu resursy Kupieckiej W. Warszawie (années 1856 et 1857). Offert par M. Alexandre Kurtz, de Varsovie.

THE JOURNAL OF THE INDIAN ARCHIPELAGO AND EASTERN ASIA (2ᵉ volume, nº 2, 1857).

I. TRAVAUX DES MEMBRES DE LA SOCIÉTÉ.

RAPPORT FAIT AU NOM DU CONSEIL

SUR LA

FONDATION D'UN JARDIN D'ACCLIMATATION

AU BOIS DE BOULOGNE,

SUR LES TERRAINS CONCÉDÉS A LA SOCIÉTÉ PAR LA VILLE DE PARIS.

Par M. Fr. JACQUEMART.

(Séance du 7 mai 1858.)

Il y a quatre ans, la Société impériale zoologique d'acclimatation se fondait sous la puissante impulsion d'un illustre naturaliste (1).

Le nombre de ses membres s'élève déjà à près de 1700, parmi lesquels elle a l'honneur de pouvoir citer 11 souverains et 17 princes des maisons souveraines de l'Europe, de l'Afrique, de l'Asie et de l'Amérique. Avant tous, Sa Majesté l'Empereur des Français avait honoré la Société zoologique d'acclimatation de sa protection ; les princes impériaux lui avaient accordé leur appui.

Un grand nombre des membres de la Société d'acclimatation, soit à cause de leur nationalité, soit à cause de leurs missions temporaires, sont au dehors de la France et répartis dans toutes les parties du monde. Ils sont, pour ainsi dire, ses agents les plus éclairés et les plus dévoués : tantôt pour faire connaître plus complétement et pour expédier à la Société les animaux et les végétaux les plus intéressants des contrées qu'ils habitent ; tantôt pour indiquer les conditions à remplir pour rendre les chances de l'acclimatation plus grandes, et

(1) Il est impossible de parler de la fondation de la Société impériale zoologique d'acclimatation, sans rappeler aussi la part importante qu'y a prise M. le secrétaire général comte d'Éprémesnil.

pour utiliser les produits de ces nouvelles acquisitions ; tantôt pour lui indiquer au contraire les besoins de ces contrées et lui demander les moyens de les satisfaire.

C'est ainsi qu'en 1854, la Société d'acclimatation a dû à l'initiative de notre confrère M. de Montigny, et à la générosité du gouvernement, de posséder la moitié du seul troupeau d'Yaks qui soit encore venu en Europe. Il prospère et s'acclimate facilement.

C'est ainsi que la Société a pu, avec le concours de M. de Montigny et de nos missionnaires, faire venir de Chine trois végétaux des plus précieux :

L'Igname, dont la Société a distribué en 1855 des centaines de mille de bulbilles à toute l'Europe. Ce tubercule joue un très grand rôle dans la nourriture des Chinois ; il doit, à cause de ses mérites, être placé à côté de la Pomme de terre. Il est aujourd'hui complétement acclimaté et cultivé sur une grande échelle. Déjà on étudie les moyens de le perfectionner, de lui donner une forme moins allongée, au moyen de semis faits avec des graines obtenues en Afrique, par les soins de M. Hardy, l'habile et zélé directeur de la Pépinière d'Alger.

Le Sorgho à sucre, dont la graine, répandue partout, a réussi d'une manière remarquable dans le centre et le midi de la France, et en Algérie. Cette plante sera pour ces contrées, non-seulement un fourrage des plus abondants et d'excellente qualité, mais encore, par la nature sucrée et la pureté de son suc, une source de richesse aussi grande que la betterave pour le Nord.

Le Loza, arbuste dont on extrait la belle couleur verte dont les Chinois font un grand usage. On doit aux recherches de MM. Remi et Edan à Chang-Haï, de M. Michel à Lyon, de notre confrère M. Persoz à Paris, les moyens de préparer et d'employer cette couleur. La Société possède déjà un assez grand nombre de jeunes plants, provenant de semis faits en France. Ils résistent à nos hivers, sous le climat de Paris. Nous devons ajouter que MM. Natalis Rondot et Taslet, membres de la Société, ont pris une grande part à l'introduction du Loza en France et à ses applications.

Grâce à la bienveillante intervention de M. le baron Rousseau, consul de France à Brousse, et de trois autres de ses membres, M. le maréchal Vaillant, M. le général Daumas et le célèbre Abd-el-Kader, la Société a fait venir en 1855, d'Asie Mineure en France et en Algérie, deux troupeaux de Chèvres d'Angora, race si renommée par la finesse de sa toison. Chaque année le nombre des naissances accroît l'importance des troupeaux, sans qu'aucun symptôme de dégénérescence se soit manifesté.

En 1855, M. Baruffi et M. le gouverneur de Malte, membres de la Société, lui envoyèrent, ainsi qu'à plusieurs sériciculteurs, des graines de *Bombyx Cynthia* (ver qui se nourrit sur le Ricin), provenant d'éducations faites à Malte, avec des graines originaires de l'Inde. L'état désastreux des Vers à soie en France rendait cet envoi précieux. La Société est parvenue, non-seulement à acclimater complétement cette espèce qui est déjà à sa vingt-cinquième génération en France, mais encore, par les soins de M. Vallée, à modifier sa nourriture, en substituant la feuille du Chardon à foulon, plante très commune et très rustique, à la feuille du Ricin, qui ne croît sous nos climats qu'avec des soins particuliers. En outre, par les soins de M. Guérin-Méneville, elle commence à pouvoir régler l'éclosion des œufs de ces Vers toujours prêts à éclore, et à faire concorder la naissance des chenilles avec le développement de leur nourriture.

Déjà l'industrie a utilisé les cocons de cette espèce nouvelle ; ils ont été filés, tissés et teints avec succès par nos habiles confrères de l'Alsace. Mais l'action de la Société ne s'est pas bornée là. Les nombreuses éducations faites dans plusieurs contrées et même à Malte, avaient cessé d'être heureuses ; l'espèce fut conservée seulement à Paris, et la Société la rendit à Malte, à l'Italie, à l'Algérie, et en dota plusieurs contrées de l'Europe et le Brésil, où elle réussit parfaitement.

Plusieurs missionnaires en Chine, après avoir accepté le titre de membres honoraires de la Société d'acclimatation, titre qu'ils avaient si bien mérité par d'anciens travaux, sachant que désormais leurs efforts ne seraient pas inutiles, et que leurs envois seraient soigneusement étudiés en France, se sont, sur la demande de la Société, occupés avec un grand zèle de lui procurer ce qu'elle jugeait utile et ce qu'ils supposaient digne de son intérêt.

Trois fois déjà ils ont expédié des cocons du Ver à soie sauvage, qui, sous un climat analogue au nôtre, s'élève en liberté sur le Chêne, dont la feuille lui sert de nourriture. Avec la soie de ce Ver, soie abondante et très résistante, on fabrique des étoffes solides et brillantes qui servent à vêtir plus de cent millions de Chinois. Des accidents arrivés pendant la traversée ont détruit les deux premiers envois, à l'exception de quelques cocons. Ces envois ont néanmoins permis à la Société de constater que cette espèce peut se reproduire en France, et se nourrir en plein air avec les feuilles de nos Chênes. Le troisième envoi est à l'étude, et toutes les difficultés de cette éducation seront grandement amoindries par suite d'une monographie complète que M. l'abbé Bertrand vient d'adresser à la Société.

Nous devons encore aux missionnaires :

1° Les glands de deux Chênes de la Chine. Ils ont produit un grand nombre de sujets en pleine prospérité.

2° Les graines de l'Ortie blanche de Chine, avec laquelle on fait des toiles plus solides, plus brillantes qu'avec nos lins et nos chanvres. Les plantes obtenues sont très vigoureuses après deux ans de plantation. L'abbé Bertrand nous a appris récemment à les cultiver, à les multiplier et à les utiliser.

3° Le Pois oléagineux, nourriture excellente et dont on extrait une huile abondante ; son acclimatation est complète.

4° L'Arbre à cire et l'Arbre à vernis, apportés vivants en France, dans des serres portatives, par M. l'abbé Perny, déjà connu par d'importants travaux.

Enfin, la Société d'acclimatation vient de recevoir d'Amérique et de distribuer deux forts envois de Pommes de terre arrachées, sur sa demande, dans les Cordillères mêmes, pour essayer de renouveler en Europe ce tubercule qui, fatigué par une longue maladie, a perdu une partie de ses qualités. Nous devons dire que l'intervention de M. Drouyn de Lhuys, vice-président si dévoué de la Société, a été, dans cette circonstance encore, des plus utiles à la Société.

Telles sont, sans parler des travaux intérieurs de la Société d'acclimatation, des expériences et des projets à l'étude, de la part considérable qu'elle prend, sur la demande officielle du gouvernement brésilien, à l'introduction du Dromadaire au Brésil, des nombreuses récompenses qu'elle a distribuées, des prix d'une valeur considérable qu'elle a proposés pour hâter la solution de questions du plus haut intérêt; telles sont les *œuvres principales* d'une Société qui vient de naître.

Jusqu'à ce jour la Société, qui ne possède pas même le plus modeste jardin, a dû recourir au zèle éclairé de ses membres pour recueillir et soigner les animaux qu'elle possède, pour semer les graines qui lui parviennent en si grand nombre, et pour cultiver et étudier les plantes qu'elles produisent.

Mais cette situation a les plus grands inconvénients : ces travaux isolés, dispersés sur la surface de la France, ne peuvent être visités par ceux qui auraient besoin de les connaître; des produits obtenus dans l'intérêt de tous restent ignorés du public, qui ne peut ni les voir, ni les apprécier par lui-même.

D'ailleurs le but de la Société, après avoir introduit un animal ou un végétal nouveau, est d'étudier à fond ses mérites, les meilleurs moyens de l'utiliser, de l'améliorer, et enfin de le multiplier. Pour résoudre cette question d'un ordre si élevé, d'une solution si difficile, le zèle éclairé ne suffit pas ; les connaissances les plus profondes, jointes à la plus haute expérience, sont quelquefois même impuissantes pour en assurer le succès.

Il est donc indispensable que l'acclimatation ait en sa possession un vaste jardin où elle puisse tout à la fois, élever, multiplier, étudier et améliorer les nouvelles espèces introduites ; où le public puisse voir, apprécier et se procurer ces conquêtes utiles et agréables.

La Société d'acclimatation, pénétrée de cette pensée, a demandé à la ville de Paris, et elle a obtenu la concession d'un terrain de 15 hectares 1/2, à prendre dans le bois de Boulogne.

C'est dans ce terrain, si magnifiquement situé, à la porte de Paris, dans une partie heureusement choisie de la promenade la plus belle et la plus fréquentée du monde, que doit être établi ce jardin tout à la fois d'expériences et d'exhibitions ; car il ne renfermera pas seulement les espèces animales et végétales qui peuvent prospérer sous le climat de Paris, mais encore de beaux spécimens de celles qui, vivant sous les climats plus doux du midi de la France ou de l'Algérie, n'exigeraient pas de trop grands sacrifices pour être conservés à Paris.

Mais un tel projet ne pouvait être mené à bonne fin avec les seules ressources de la Société d'acclimatation ; en outre, son organisation ne lui permettait pas d'administrer une entreprise à la fois financière et scientifique. Aussi la ville de Paris a-t-elle concédé les 15 hectares du bois de Boulogne aux Membres du bureau de notre Société, à la charge par eux de former dans un court délai une *Société anonyme* pour la création du jardin zoologique d'acclimatation.

Nous faisons donc aujourd'hui appel à tous les partisans de l'acclimatation ; *à tous ceux qui ont l'ambition d'ajouter, dans le Règne animal et dans le Règne végétal, des nouveautés utiles à nos anciennes richesses* (1) ; à tous ceux qui *veulent améliorer la condition de tous, des classes souffrantes en particulier* (2), par le développement de l'agriculture ; car tel est le noble but de notre Société, et nous leur demandons leur concours pour fonder la Compagnie anonyme du *Jardin zoologique d'acclimatation* du bois de Boulogne.

L'objet de cette Compagnie est (art. 2 des Statuts) « l'exécution et l'exploitation d'un jardin zoologique d'acclimatation à établir sur la concession de terrain au bois de Boulogne, faite par la ville de Paris, à l'effet d'appliquer et de propager les vues de la Société impériale zoologique d'acclimatation, avec le concours et sous la direction de cette Société, et, par conséquent, *d'acclimater, de multiplier et de répandre dans le public les espèces animales et végétales qui sont ou qui seraient par la suite nouvellement introduites en France, et paraîtraient dignes d'intérêt par leur utilité ou leur agrément.*

(1) M. Drouyn de Lhuys, séance annuelle de la Société, 10 février 1858.
(2) Mgr le prince Napoléon, même séance.

» Art. 5.— La durée de la Société est de quarante-deux ans.

» Art. 7. — Le fonds social est fixé à un million de francs, divisé en 4000 actions de 250 francs chacune, payables, savoir :

100 francs dans la quinzaine du décret approbatif des Statuts;

50 francs trois mois après le premier versement;

et le surplus, *s'il y a lieu*, aux époques que le Conseil d'administration déterminera.

» Art. 12. — Chaque action donnera droit à une part proportionnelle et égale dans les propriétés, dans l'actif et dans les bénéfices de la Société, *et en outre, à une entrée gratuite et personnelle.*

» Tout propriétaire de plus d'une action peut déléguer le droit d'entrée attaché à ses autres actions, à telle personne qu'il désignera, ou réclamer chaque année vingt billets d'entrée pour chacune de ses actions.

» Tout propriétaire de cinq actions et plus en outre de ce qui vient d'être dit, et pour chaque cinq actions, aura un droit d'entrée à des heures réservées.

» Le Conseil d'administration de la Compagnie devra soumettre à l'approbation de la première assemblée générale un projet ayant pour but de placer une partie du capital social, de manière qu'à l'expiration de la Société, la somme ainsi placée, et augmentée des intérêts cumulés pendant quarante-deux ans, puisse assurer aux actionnaires le remboursement intégral du capital versé. »

Nous donnons à la suite de ce Rapport un extrait plus étendu des Statuts de la Compagnie anonyme du *Jardin zoologique d'acclimatation.*

M. le baron de Rothschild, membre de la Société, qui, dans sa belle terre de Ferrières, s'occupe avec zèle et succès d'agriculture et d'acclimatation, a gracieusement offert à la Société d'ouvrir *gratuitement* la souscription dans ses bureaux et d'être le banquier désintéressé de la Société. C'est donc dans les bureaux de M. de Rothschild et au siége de la Société impériale d'acclimatation, rue de Lille, 19, que les personnes qui voudraient souscrire devront se présenter à partir de ce jour.

A tous ceux qui, non contents d'acquérir à un prix très

modique (150 francs peut-être) un droit d'entrée dans un des jardins les plus intéressants qui aient jamais existé, et de contribuer ainsi à la création d'une œuvre éminemment utile, tout en se procurant un plaisir ; à tous ceux qui demanderaient si cette entreprise donnera des bénéfices, et quels bénéfices, nous répondrons :

Voulant profiter des expériences déjà faites par des hommes habiles, dont les travaux ont été couronnés de succès, nous avons fait visiter et étudier avec soin, à Londres, à Bruxelles, à Anvers, à Gand, à Amsterdam et à Marseille, des jardins *analogues* à celui que nous voulons créer ; ceux qui ont été dirigés dans la voie que nous voulons suivre sont en prospérité complète.

A Paris, comme dans toutes ces villes, les éléments de recettes seront de deux natures :

1° La vente des animaux et des œufs, des plantes et des graines élevés ou produits dans l'établissement, ou ses annexes.

2° Les droits d'entrée payés par les visiteurs.

Si l'on pense que, dans ce jardin, seront réunis les animaux et les végétaux les plus beaux et les meilleurs des espèces utiles, les plus rares et les plus brillantes des espèces d'ornement, on ne peut douter que leurs produits, d'une pureté certaine, ne soient extrêmement recherchés par les amateurs, aujourd'hui si nombreux, des belles espèces. On ne peut douter non plus que le public, qui se porte en si grande foule aux expositions de l'agriculture et de l'horticulture, ne quitte un instant les allées si fréquentées du bois de Boulogne pour venir admirer, comme le font les habitants de Londres, de Bruxelles, d'Amsterdam, d'Anvers et de Marseille (1), les plus belles et les plus rares productions de la nature, rassemblées dans un jardin dessiné avec goût, orné d'étables et de basses-cours des mieux organisées et de l'aspect le plus agréable, de parcs élégants, de

---

(1) M. le comte d'Éprémesnil, secrétaire général de la Société, M. le comte de Sinéty et M. Albert Geoffroy Saint-Hilaire, ont bien voulu se charger de visiter les jardins zoologiques de Londres, de Bruxelles, d'Anvers, de Gand et d'Amsterdam. M. Davioud, architecte de la ville de Paris et du bois de Boulogne, a accompagné nos collègues à Londres, et va continuer ses études sur les autres jardins.

charmantes volières, d'une magnanerie, d'un rucher expérimental, d'un vaste aquarium, de jolis massifs et de belles serres.

A mesure que les ressources de la Société se développeront, ce jardin, aujourd'hui si nécessaire aux études de l'acclimatation, deviendra dans un temps qui n'est pas très éloigné peut-être, et sans rien perdre de ses charmes, le simple dépôt de plusieurs annexes créées sur divers points. Pour le climat, la nature du sol et l'étendue, ces annexes seront choisies, selon les circonstances, dans les meilleures conditions, pour élever, cultiver et multiplier sur une grande échelle, avec économie et succès, les espèces nouvelles animales et végétales.

De si grandes espérances rencontreront certainement des incrédules ; mais si l'on réfléchit que l'acclimatation a pour but de donner à chaque contrée, dans les limites du possible, toutes les véritables richesses du globe, perfectionnées par l'art ; si l'on considère les grands résultats obtenus à toutes les époques par les efforts isolés d'hommes instruits, persévérants et dévoués, que ne doit-on pas attendre d'une Société qui a groupé autour d'elle tant de savants, d'habiles praticiens, de personnages illustres, d'hommes distingués, tous dévoués à son œuvre ; d'une Société dont le cœur est à Paris et dont les membres sont dispersés dans le monde entier ; dont la vie, plus longue que celle des hommes, se renouvelant sans cesse, lui permet de poursuivre avec une longue et nécessaire persévérance des travaux que la mort interrompt trop souvent en frappant leurs auteurs.

En terminant, nous mettrons sous les yeux de ceux qui doutent, qui dédaignent ou sont indifférents, quelques exemples choisis parmi les principales acclimatations des temps modernes.

En 1601, Henri IV et Ollivier de Serres, malgré la vive opposition de Sully, propagent le Mûrier, introduisent, acclimatent le Ver à soie, et créent les premières fabriques de soie, berceau de l'immense et belle industrie lyonnaise.

En 1785, Daubenton donne à l'agriculture française la belle race de Moutons mérinos, après avoir surmonté par une pratique savante toutes les difficultés qui, depuis Colbert, avaient retardé cette acclimatation.

A la même époque, Parmentier propage en France la Pomme de terre d'Amérique, importée en Europe au xvi° siècle et restée presque inutile pendant deux cents ans. Il la propage avec tant de zèle, malgré les préventions et la résistance même de ceux qu'elle devait nourrir, que les populations, aujourd'hui reconnaissantes, sont disposées à lui accorder tout le mérite de cette magnifique découverte.

En 1739, 1792 et 1802, le Camellia, l'Hortensia et le Dahlia, dont on admire aujourd'hui les magnifiques variétés, sont introduits et acclimatés.

En 1815, M. de Rieussec importe et acclimate de nouveau en France le cheval anglais pur sang, admirablement représenté par son célèbre Rainbow, qui a laissé une si belle postérité.

Depuis 1825 jusqu'à nos jours, les belles races anglaises de boucherie qui fournissent aux consommateurs une viande excellente, plus abondante et moins chère, sont introduites et acclimatées : tels sont le Bœuf Durham, les Moutons Dishley, South-Down et Cotswold, les Porcs Middlesex, New-Leicester, Berkshire, etc. (1).

En 1828, M. Graux, de Mauchamp, trouve et développe la race ovine soyeuse à laquelle on a donné son nom, et qu'il perfectionne chaque année.

Citons encore les merveilles de la pisciculture moderne, créée par les pêcheurs Remy et Gehin ; étendue, propagée par les recherches savantes et par les belles applications faites par de nombreux pisciculteurs. Il y a quelques années à peine, deux pêcheurs retrouvaient les moyens de reproduire et de multiplier à volonté les Poissons de nos rivières, et déjà de nombreux établissements se sont formés, où l'on reproduit, multiplie et élève, dans les uns les Poissons destinés à repeupler nos rivières et nos étangs, dans les autres les Poissons de mer qui deviennent plus rares sur nos côtes ; dans d'autres établissements, enfin, on propage les Homards, les Langoustes, les Huîtres et les Sangsues. Les produits de ces créations nouvelles

____

(1) Nous avons tout lieu de croire que M. Brière, et son gendre M. Benoist d'Azy, donnèrent les premiers l'exemple de leur importation en 1825.

R.

ont paru honorablement et utilement sur nos marchés ou dans nos pharmacies.

Les dernières années qui viennent de s'écouler ont été témoins de l'acclimatation des Hémiones, des Lamas, des Yaks, des Canards de Caroline et de Chine, de l'Oie d'Égypte, du Cygne noir, de la Perruche ondulée, des Colins ou Perdrix d'Amérique, de l'Igname, du Sorgho à sucre, du Ver à soie du Ricin, et enfin de la Perdrix Gambra, introduite et propagée en France par les soins de S. M. l'Empereur.

Extrait des Statuts de la Compagnie anonyme du Jardin zoologique d'acclimatation du bois de Boulogne (1).

ART. 2. — L'objet de cette Compagnie est l'exécution et l'exploitation du Jardin zoologique d'acclimatation à établir sur la concession des terrains au bois de Boulogne, faite par la ville de Paris, *à l'effet d'appliquer et de propager les vues de la Société impériale zoologique d'acclimatation, avec le concours et sous la direction de cette Société*, et, par conséquent, d'acclimater, de multiplier et de répandre dans le public les espèces animales et végétales qui sont ou qui seraient par la suite nouvellement introduites en France, et paraîtraient dignes d'intérêt par leur utilité ou leur agrément.

ART. 5. — La durée est de quarante-deux ans, à partir du décret approbatif des Statuts de la Société.

ART. 6. — Les concessionnaires de la ville de Paris apportent à la Compagnie du Jardin zoologique d'acclimatation, *à titre purement gratuit*, la concession temporaire qui leur a été faite par la ville de Paris, pour quarante ans à partir du 1er janvier 1859, de 15 hectares 1/2 situés au bois de Boulogne, avec destination spéciale pour l'établissement d'un Jardin zoologique, conformément à l'article 2 des Statuts de la Société impériale zoologique d'acclimatation ; à la charge par la Compagnie de se conformer aux prescriptions du cahier des charges de la ville de Paris, etc., etc.

ART. 7. — Le fonds social est fixé à un million de francs, divisé en 4000 actions nominatives de 250 francs chacune, payables, savoir : 100 francs dans la quinzaine du décret approbatif des Statuts, 50 francs trois mois après le premier versement ; et le surplus, s'il y a lieu, aux époques qui seraient déterminées par le Conseil d'administration.

ART. 12. — Chaque action donne droit à une part proportionnelle et égale dans les propriétés, dans l'actif et dans les bénéfices de la Société.

----

(1) Nous croyons devoir compléter le Rapport qui précède, en plaçant ici le texte de tous les articles importants des Statuts. Ils sont déposés aux bureaux de souscription pour les actions de la Compagnie, chez MM. de Rothschild et au siége de la Société impériale d'acclimatation.

En outre, tout propriétaire d'une action aura droit, tant qu'il en restera titulaire ou qu'elle sera inscrite sous son nom sur les registres sociaux, à une entrée gratuite et personnelle dans le Jardin d'acclimatation.

Tout propriétaire de plusieurs actions aura, pour la première action, droit à une entrée, comme il vient d'être dit, et il aura la faculté, pour chacune des autres actions, ou de réclamer chaque année vingt billets valables pour une seule fois chacun, ou de déléguer à telle personne dont il indiquera le nom, soit pour une ou plusieurs années, le droit d'entrée attaché à chaque action.

Tout propriétaire de cinq actions et plus aura, en outre, par chaque cinq actions, un droit d'entrée à des heures réservées.

ART. 14. — Les actionnaires ne sont en aucun cas passibles que de la perte du montant de leur action (voy. plus bas, l'art. 25).

ART. 15. — La propriété d'une action emporte l'adhésion aux Statuts sociaux.

ART. 17. — La Société est administrée par un Conseil d'administration, composé de quarante membres possédant au moins cinq actions.

ART. 25. — Le Conseil peut déléguer tout ou partie de ses pouvoirs à un Comité de direction, et nommer un directeur chargé d'exécuter les décisions du Conseil et de diriger le Jardin d'après les règles établies.

Le Conseil devra soumettre à l'approbation de la première assemblée générale un projet ayant pour but de placer une partie du capital social, de manière qu'à l'expiration de la Société, la somme ainsi placée, et augmentée des intérêts cumulés pendant quarante-deux ans, puisse assurer aux actionnaires le remboursement intégral du capital versé par eux.

ART. 29. — L'assemblée générale des actionnaires se compose de tous les actionnaires possédant quatre actions.

ART. 32. — Elle se réunit de droit chaque année dans le courant d'avril, et extraordinairement quand le Conseil en reconnaît l'utilité.

ART. 37. — Elle entend et approuve les comptes ; elle nomme les administrateurs en remplacement de ceux désignés par le sort pour cesser leurs fonctions ; elle délibère sur les emprunts allocatoires, etc., et sur les modifications aux Statuts, etc., etc.

ART. 41. — Après le payement des dépenses et charges sociales, il sera fait un fonds de réserve qui ne pourra ni dépasser 150 000 francs, ni descendre au-dessous de cette somme sans être complété.

ART. 42. — Après le payement des charges sociales, et après avoir complété la réserve ci-dessus, il sera prélevé sur l'excédant des recettes :

1° Cinq pour cent du capital dû sur les actions pour intérêts ;

2° Cinq pour cent du capital entier pour l'amortissement.

Le surplus sera réparti, moitié aux actionnaires à titre de dividende, e l'autre moitié à la ville de Paris à titre d'indemnité.

SUR LE TROUPEAU DE CHÈVRES D'ANGORA

OFFERT AU MINISTÈRE DE LA GUERRE POUR L'ALGÉRIE
PAR LA SOCIÉTÉ IMPÉRIALE D'ACCLIMATATION ET PAR M. SACC (1).

LETTRE ADRESSÉE
A M. LE PRÉSIDENT DE LA SOCIÉTÉ IMPÉRIALE D'ACCLIMATATION
Par M. le maréchal VAILLANT, Ministre de la guerre,

ET RAPPORT A M. LE MARÉCHAL RANDON
GOUVERNEUR GÉNÉRAL DE L'ALGÉRIE
Par M. BERNIS,
Vétérinaire principal de l'armée d'Afrique,
Membre de la Société impériale zoologique d'acclimatation.

(Séance du 7 mai 1858.)

Monsieur le Président,

Je viens de recevoir, par l'entremise de M. le Gouverneur général, un rapport de M. Bernis, vétérinaire principal de l'armée d'Afrique, sur la situation en Algérie du troupeau de Chèvres d'Angora ; et dont, à raison de l'intérêt tout particulier que je n'ai pas cessé de porter à la question, j'avais prié M. le maréchal Randon de faire la demande à cet habile praticien.

Je pense vous être agréable, Monsieur le Président, en vous adressant ci-joint ce document, duquel il résulte que, malgré le peu de temps écoulé depuis son introduction, le troupeau d'Angora a déjà utilement marqué sa place dans la colonie, et paraît appelé à y rendre d'importants services.

Je vous prie de vouloir bien me renvoyer, aussitôt qu'il ne vous sera plus nécessaire, le rapport en question que vous jugerez peut-être convenable de communiquer à la Société impériale d'acclimatation (2).

Recevez, etc.
Le maréchal de France, Ministre secrétaire d'Etat de la guerre,
VAILLANT.

(1) Voyez le *Bulletin*, t. II, p. 493 et 537.
(2) M. le maréchal Ministre de la guerre a bien voulu, par une lettre pos-

A S. Exc. M. le maréchal comte Randon, gouverneur
général de l'Algérie.

Monsieur le Maréchal,

J'ai l'honneur de vous adresser le Rapport que vous avez bien voulu me faire demander sur les Chèvres d'Angora.

Un Bouc et neuf Chèvres de cette race arrivèrent à Alger dans le mois d'août 1855, et furent déposés à la Pépinière centrale du Hamma. Quelques jours après, par votre ordre, on les envoya chez M. Fruitié, propriétaire à Chéraga. Dans le rapport qui m'a été fait le 19 novembre 1857, voici comment s'exprime ce colon intelligent sur le troupeau que vous lui avez confié, et dont il s'occupe avec une sollicitude et un désinté-ressement bien dignes d'éloges : « Ici rien ne paraît devoir » contrarier la propagation de la Chèvre d'Angora ; elle n'est » ni plus délicate, ni plus exigeante de soins que la Chèvre » indigène ; elle est tout aussi rustique que cette dernière, et » trouve partout à se nourrir facilement. Elle paraît douée » d'un bon estomac, car elle mange sans cesse et tout lui est » bon Le soir, quand le troupeau rentre du pâturage, parfai-» tement repu, alors que les Brebis et les Chèvres indigènes » vont directement chacune dans leur parc respectif, les » Chèvres d'Angora quittent le troupeau, font le tour de la » ferme, et si elles aperçoivent quelques débris de fagot, de » fourrage, de légumes ou d'autres plantes, elles se jettent » dessus toutes ensemble et s'en disputent les plus petites » bribes. Elles sont d'un caractère très doux, timide et se » rapprochant de celui de la Brebis. »

L'opinion émise par M. Fruitié sur la propagation en Algérie

térieure, autoriser l'insertion du rapport de M. Bernis dans le *Bulletin.* On y trouve déjà (t. III, p. 97, 98, 209 et 210) deux lettres de M. le maréchal Randon, gouverneur général de l'Algérie, et deux rapports de M. Hardy sur le troupeau algérien de Chèvres d'Angora.

Le nombre total des individus de cette race envoyés à Alger, en 1855, par la Société d'acclimatation, était de 15 (2 mâles et 13 femelles), savoir: 9 offerts au Ministre de la guerre, pour l'Algérie, par M. Sacc ; et 6 ajoutés par la Société au don fait par notre généreux confrère.   R.

de la Chèvre d'Angora se trouve appuyée jusqu'à ce jour par
le mouvement ascendant de ce petit troupeau.

```
Le  21  août 1855, on a reçu :   1 bouc.    9 femelles.
Naissances en 1856. . . . . . .  4 mâles.  4      —
     —         1857. . . . . . . 7   —     6      —
     —         1858. . . . . .   6   —     10     —
                 Total. . . . . 18 mâles. 29 femelles.
```

En tout, 47 bêtes. De ce nombre il faut déduire une Chèvre,
morte cet hiver, de vieillesse et de marasme.

La première année, la lutte n'eut lieu qu'en novembre,
tandis que les années suivantes, elle s'est faite en septembre,
c'est-à-dire à la même époque qu'a lieu la saillie parmi les
Chèvres indigènes. Le changement d'époque de la monte a été
sans doute occasionné par l'influence climatérique ; mais cette
influence a été plus tôt favorable que contraire à la santé et à
la multiplication des bêtes Angora.

Le poil se maintiendra-t-il en Afrique aussi blanc, aussi
fin, aussi soyeux et aussi long qu'en Asie ? *Aucune dégénéres-*
cence n'a été encore observée, et l'on peut supposer qu'il conservera ses qualités. La seule remarque qui ait été faite à cet
égard sur les bêtes nées ici, c'est qu'en vieillissant, elles produisent un poil plus fin et plus soyeux que lorsqu'elles sont jeunes.

La dernière tonte a eu lieu dans les premiers jours de mars.
Elle aurait été faite plus tard, si cela avait été possible ; mais
le poil commençait à tomber, et l'on n'a pu attendre plus longtemps. Cette opération a été suivie de jours pluvieux, avec
abaissement sensible de température. Malgré cette circonstance
défavorable, il n'est pas survenu le moindre accident. Voici le
résultat de cette tonte :

```
30 toisons de race pure ont donné. . . . . . .   23kil,250
2 toisons métis (1er croisement) ont donné.     1kil,250
              Total. . . . . . . .   24kil,500
```

Tonte de 1857.

```
18 toisons de race pure ont donné. . . . . .    12kil,240
2 toisons métis (1er croisement) ont donné.      0kil,980
              Total. . . . . . . .   13kil,220
```

En tout, 37^{kil},720 que j'ai l'honneur de vous adresser en même temps que mon Rapport.

Sur 19 femelles qui ont reçu le Bouc, à la monte dernière :

14 ont donné chacune un produit ;

1 en a donné deux bien conformés et en bon état ;

2 ont avorté ;

1 n'a pas été fécondée ;

1 est morte de vieillesse et de marasme.

Les nouveau-nés sont pleins de vigueur et de santé.

Après vous avoir rendu compte de l'état actuel du troupeau de Chèvres d'Angora, permettez-moi, Monsieur le Maréchal, de soumettre à votre juste appréciation quelques considérations sur le meilleur parti à tirer de ces précieux animaux dans nos possessions du nord de l'Afrique.

Dans le rapport de M. Bourlier sur sa mission en Asie Mineure, il est dit :

« Le pays qu'habite la Chèvre d'Angora, brûlé par le soleil d'été, est couvert de neige en hiver. Mais il faut bien remarquer que la saison froide et humide ne dure que trois ou quatre mois. Pendant le reste de l'année, la température se maintient très élevée, et les beaux jours se continuent presque sans interruption, tant sont rares les pluies et les orages. Le sol n'y produit que de rares végétaux. Les broussailles et les légumineuses à fruits épineux qui souillent les toisons font défaut. L'absence d'arbres, d'arbustes, de plantes arborescentes, donne à la contrée l'aspect de steppes immenses où l'œil ne saisit que les ondulations du sol. Cette nudité permet aux premiers rayons du soleil de printemps d'enlever le peu d'humidité que renferme la terre. Aussi la végétation s'arrête promptement et le manque de rosée pendant les chaudes nuits d'été n'apporte même pas l'eau si utile aux plantes des pays chauds. Quand on parcourt cette patrie de la Chèvre blanche, on est frappé de la pureté de l'atmosphère, de l'abondance de la lumière et de la chaleur. Cette sécheresse du sol qui donne aux plantes une vie si difficile, ne leur permet pas de se gorger d'eau et de parfaire leur développement ; les sucs qui circulent dans leurs vaisseaux sont presque concrets : chacune d'elles présente ainsi, sous le plus petit volume possible, l'aliment aromatique, éminemment digestible et stimulant.

» Aussi quand on voit cette belle race limitée à ces espaces arides et chauds, doit-on admettre, autant par le fait même d'observation que par la raison, que la véritable patrie de ces animaux à constitution délicate, par suite de leur tempérament lymphatique, est dans ces steppes, et que les localités boisées plus humides, où végètent des plantes riches en sucs chargés d'eau, leur sont défavorables.

» Sujette, en effet, aux maladies des organes respiratoires, dans sa patrie, combien la Chèvre d'Angora n'aura-t-elle pas plus de chances de la voir se développer dans les contrées humides. Comme elle est d'un engraissement très facile, conséquence de son tempérament, une nourriture succulente, en favorisant une accumulation exagérée de graisse, finira par amener chez elle le marasme tuberculeux, ainsi que cela se voit chez les Moutons qui parcourent les prairies basses et riches, si on ne les livre de bonne heure à la boucherie. A une seule époque de l'année, des pâturages abondants sont rencontrés par cette Chèvre ; c'est au retour de la végétation du printemps. Mais ce temps est de courte durée, et l'excitation qui résulte d'une nourriture succulente et copieuse, d'autant plus vive que les privations de l'hiver se font sentir avec force, s'épuise tout entière au développement des toisons en longueur. La tonte est à peine opérée que déjà le pâturage a perdu son tapis de verdure, l'herbe a jauni, et l'aliment n'a plus la force qu'il avait auparavant.

» Dans toute tentative d'acclimatation, l'importance du soleil chaud, du climat sec, du pâturage aride, est considérable. »

Voilà l'opinion d'un homme instruit et observateur qui a étudié sur les lieux la question qui nous occupe. En lisant ce qui précède, on se croirait transporté dans certaines contrées du sud de notre colonie, tant sont grands et nombreux les points de ressemblance entre ces contrées et la patrie de la Chèvre d'Angora. L'étude des faits a démontré depuis longtemps l'heureuse influence de ces contrées sur la finesse du poil, des crins, des brins laineux, etc. En y introduisant ces

Chèvres, non-seulement on les mettrait à peu près dans les mêmes conditions qu'en Asie, mais encore on agirait dans le même sens où la nature fait ses efforts, et c'est un point essentiel d'économie rurale.

Presque toujours le secret des réussites ou des déceptions dans l'élevage, l'importation et le croisement des animaux domestiques se trouve dans les deux conditions suivantes : *Être aidé par les influences locales, ou avoir à lutter contre elles.* Dans le premier cas, on a pour soi un auxiliaire d'une grande puissance et qui ne coûte que la peine de l'apprécier à sa juste valeur et d'en profiter; tandis que dans l'autre, on rencontre une résistance de tous les instants qui augmente les dépenses, qui diminue les produits et qui est un écueil contre lequel viennent échouer les éleveurs qui ne cherchent pas à l'éviter. Que l'on étudie la cause des échecs éprouvés par les colons qui ont essayé d'introduire dans notre colonie les belles vaches laitières suisses, et on la trouvera dans la différence qui existe entre les influences locales de la Suisse et celles de l'Algérie. Il me serait facile de citer beaucoup de faits qui viendraient prouver, de la manière la plus évidente, l'utilité de prendre en grande considération les modificateurs naturels de l'organisme. C'est une loi fondamentale qui est l'expression pratique de tous les jours et de tous les pays.

Le sud de nos possessions du nord de l'Afrique offrira à la Chèvre d'Angora à peu près les mêmes conditions que celles sous l'influence desquelles elle s'est maintenue en Asie, ou pour mieux dire peut-être, sous l'influence desquelles elle s'est formée. Maintenant il s'agit de savoir comment on devra procéder pour l'introduire dans le Sahara. Deux moyens se présentent : 1° par le mâle et la femelle pur sang ; 2° par le mâle pur sang croisé avec la Chèvre indigène.

Par le mâle et la femelle, on aurait dès le début de plus belles toisons ; mais avec le nombre d'animaux qui sont à notre disposition, il nous faudrait beaucoup de temps pour faire arriver l'Algérie à posséder quelques troupeaux de Chèvres d'Angora.

Avec l'autre moyen, nous parviendrions en quelques générations, à la même finesse, à la même longueur, à la même blancheur du poil et à une bien plus grande quantité de bêtes caprines. Cette dernière assertion n'a pas besoin d'être démontrée pour être comprise de tout le monde. L'autre, celle relative aux qualités du poil, est la conséquence de la grande puissance amélioratrice du Bouc d'Angora. Mentionnons quelques faits à l'appui de cette puissance amélioratrice.

M. Fruitié a essayé de croiser le Bouc d'Angora avec des Chèvres indigènes, des Chèvres maltaises ou dérivées et des Chèvres exotiques de race commune. Il n'est encore qu'à la seconde génération, et déjà il existe une amélioration sensible et un acheminement bien marqué vers les caractères qui distinguent la race pure. Les premiers changements s'opèrent principalement du côté de la blancheur de la toison, la finesse et la longueur du poil viennent ensuite : bien que les mères avec lesquelles on a commencé ces essais soient noires ou brunes, le poil de presque tous les métis est de couleur blanche. Un fait digne de remarque, c'est que ces Chèvres ont donné, la seconde année, des produits plus améliorés que ceux de la première année, et pourtant elles sont restées dans les mêmes conditions, et elles ont été sautées par le même Bouc. On a remarqué aussi que chez les métis provenant de Chèvres maltaises, les améliorations sont plus prononcées que chez les autres.

De pareils croisements ont été faits à la Pépinière centrale du Hamma, par M. Hardy ; à Chéraga, par divers colons ; à Kasnadji, par M. Lécat ; à Coléa, par MM. Catala et Veutre, et partout on a constaté les mêmes améliorations.

Voici des faits plus complets :

Dans le croisement du Bouc d'Angora avec la Chèvre noire, M. Bourlier a observé en Asie ce qui suit :

1° Le métis d'une Chèvre noire avec un Bouc blanc d'Angora présente une toison marbrée de couleur fauve ou ardoisée, sur un fond blanc impur ; les flancs, les épaules, la tête gardent plus particulièrement les indices de la couleur de la mère ; la finesse de la toison est améliorée d'une manière sensible.

2° Le croisement de ce premier produit avec un Bouc blanc fait disparaître toutes les teintes foncées. La toison devient blanche, les épaules et les flancs sont recouverts de mèches ondulées ; mais toute la ligne du dos et le toupet restent garnis de poils droits et rudes.

3° En faisant saillir le nouveau métis toujours par un Bouc blanc de race pure, on obtient une grande finesse dans les mèches des flancs et des épaules. La portion dorso-lombaire de la colonne vertébrale ne renferme plus les poils rudes qui subsistent encore à la partie supérieure du cou et du toupet.

4° Un quatrième croisement opéré avec les mêmes précautions que précédemment donne le cachet de pureté au produit. Les poils rudes disparaissent dans le toupet et dans le trajet des vertèbres cervicales.

5° Les croisements consécutifs rendent plus stables les modifications imprimées. Et déjà même, après la cinquième génération, les individus peuvent reproduire comme s'ils étaient de pur sang.

A *Tchiftéler-Geutchébé-Yallaci*, il n'y avait pas de Chèvres blanches, il y a soixante et dix ans. Depuis cette époque, on a croisé des Chèvres noires du village avec des Boucs blancs, et aujourd'hui il y a sur le territoire de cette commune environ huit mille Chèvres provenant de ce croisement. Cette sous-race se distingue, autant que la race pure d'Angora, par la finesse, la longueur et la blancheur des toisons. De plus, elle est nettement constituée, car depuis longtemps elle fournit elle-même ses Boucs étalons.

A *Sidi-Ghazi*, le métissage par le même procédé a commencé il y a six années seulement, et déjà les troupeaux sont magnifiques.

Les faits et les considérations énoncés ci-dessus me font admettre le croisement de la Chèvre indigène avec le Bouc d'Angora comme le meilleur moyen d'introduire dans les hauts plateaux et les autres contrées du Sahara les précieux animaux de cette dernière race. Une autre considération vient étayer la préférence accordée à ce moyen, qui ne nuira d'aucune manière à la multiplication du troupeau pur sang qui est à Chéraga. La propagation de la race d'Angora par le mâle et la femelle pur sang offre des difficultés en Asie, et à plus forte raison dans les contrées d'Europe où elle a été importée. Cela tient-il à un vice d'organisation inhérent à la finesse et à la blancheur du poil? Ce n'est pas ici le lieu de traiter cette question; mais ces difficultés de propagation existent, et nous ne devons pas les perdre de vue.

En 1830, le roi Ferdinand VII fit venir en Espagne un troupeau de race pure d'Angora, composé de cent individus. Dix-huit ans après, le nombre primitif de ces individus n'était que triplé.

Pour obtenir plus de rusticité et pour combler les vides occasionnés par la mortalité, on est obligé, en Asie, d'avoir recours, de temps en temps, au croisement du Bouc de race blanche avec la Chèvre de race noire. Cela doit nous servir d'enseignement pour la marche à suivre concernant les bêtes d'Angora que possède l'Algérie. Le croisement que je propose de faire ne portera pas le plus léger obstacle au mouvement ascendant des animaux de race pure. On ne fera que profiter des mâles inutiles à leur reproduction.

Ce mélange de sang, dirigé avec esprit de suite et d'observation, dotera les contrées du Sud d'une précieuse race caprine qui arrivera bientôt à fournir ses étalons. Pour la création de cette race, le troupeau que vous possédez chez M. Fruitié sera la source où l'on ira puiser les mâles améliorateurs, dès qu'ils auront atteint l'âge où ils peuvent être livrés à la reproduction. Ce troupeau gardera toutes les femelles et ne conservera que les étalons nécessaires à la monte de ses Chèvres. Plus tard, lorsqu'il sera augmenté de beaucoup, on aura à étudier s'il ne sera pas convenable de former, pour le même usage, d'autres sources améliaratrices dans les provinces d'Oran et de Constantine. Nous avons déjà six Boucs qui sont en état de commencer ce croisement et qui ne sont d'aucune utilité pour la reproduction du troupeau de Chéraga. Au lieu de les faire châtrer, je viens vous proposer, Monsieur le Maréchal, d'en envoyer une partie à la Smala que vous avez créée à Elbirin, pour l'amélioration des laines de l'Algérie, et l'autre, au commandant supérieur de Laghouat, M. Marguerite, qui s'occupe d'une manière aussi active qu'intelligente de l'élevage, de la multiplication et du perfectionnement des animaux domestiques dans la contrée que vous lui avez donnée à diriger.

Dans le cas où vous voudriez bien approuver cette mesure, on formera à Laghouat et à Elbirin deux troupeaux de Chèvres indigènes âgées d'un an environ, bien conformées, n'ayant pas encore reçu le Bouc et se rapprochant le plus possible de la race d'Angora par la finesse, l'abondance et la longueur du poil. Chacun de ces deux troupeaux sera composé de cent cinquante à deux cents têtes, qui proviendront d'un choix à faire parmi les bêtes caprines que nous possédons et d'un échange à opérer entre ces dernières et celles appartenant aux Arabes. Les Chèvres étant réunies, il est bien entendu qu'elles vivront séparées des mâles de race indigène jusqu'à l'arrivée des Boucs d'Angora, qui aura lieu quelque temps avant la monte prochaine.

Ces mâles améliorateurs seront amenés dans le Sud en pâturant, et à petites journées. On n'oubliera pas que la boue, l'humidité et les herbes contenant une grande quantité d'eau de végétation, sont contraires à leur santé. Si cette course les fatigue un peu trop, ce qui n'est pas probable, on leur fera faire séjour de temps en temps, et l'on choisira pour lieu de séjour les endroits les plus convenables.

La monte étant terminée, faudra-t-il séparer les mâles des femelles? S'il y a possibilité, on fera bien de mettre cette mesure en pratique, car elle rendra plus faciles la multiplication et le perfectionnement.

Jusqu'à ce que la race à créer soit nettement constituée, c'est-à-dire jusqu'à ce qu'elle produise elle-même ses mâles reproducteurs, ce qui arrivera au bout de quelques générations, on ne conservera des produits croisés que les femelles, et celles-ci ne seront sautées que par des Boucs pur sang, fournis par le troupeau de Chéraga. Tous les mâles seront vendus comme Cabris de lait, ou ce qui vaudra sans doute mieux, seront châtrés jeunes et vendus plus tard comme bêtes de boucherie. Il paraît que la castration faite quelque temps après la naissance rend la viande de ces animaux de bonne qualité et les prédispose à prendre facilement un embonpoint remarquable.

Les troupeaux améliorés par les Boucs d'Angora devront-ils rester dans une même localité ou avoir une transhumance restreinte, ou transhumer comme nos bêtes ovines du Sud? Devront-ils vivre avec ces derniers animaux ou séparément? Toutes ces questions, comme beaucoup d'autres concernant l'hygiène et la reproduction, seront décidées ultérieurement, au fur et à mesure que la pratique et l'observation auront fait connaître les avantages ou les inconvénients de telle ou telle mesure. Jusqu'à nouvelles informations, ils ne sortiront pas des localités où le sol est perméable et où l'humidité se fait sentir le moins possible. On évitera les broussailles et les plantes à fruits épineux qui détériorent la toison. Les plaines et les plateaux sur lesquels croissent des herbes fines et aromatiques devront être recherchés.

A Elbirin et à Laghouat, les deux troupeaux améliorés serviront d'exemple aux indigènes qui voudront plus tard s'engager dans cette voie d'amélioration. Les avantages qui résulteront de la création de cette sous-race caprine sont très importants, et l'on peut y parvenir sans la moindre dépense, soit pour l'État, soit pour les éleveurs. Le troupeau de race pure va chaque année en augmentant et n'occasionne pas de frais. Les Boucs améliorateurs pourront être livrés gratis ou comme prime d'encouragement aux indigènes possesseurs de Chèvres et qui habitent le Sud, où il y a d'immenses pâturages qui ne coûtent que la peine d'en profiter, et où l'on n'a pas autant à craindre que dans le Tell que l'espèce caprine dévaste les forêts.

Les Arabes possèdent environ 2 500 000 Chèvres qui sont généralement mauvaises laitières, et dont la valeur du poil est regardée comme nulle. Ce nombre pourrait augmenter sans porter le moindre obstacle à l'élevage des bêtes ovines du Sud. Autre point plus important. Par la création de la sous-race caprine d'Angora dans les conditions que j'ai indiquées, on ne porterait aucun préjudice aux forêts du Tell, le lait ne serait pas diminué; on serait plutôt utile que nuisible à la viande de l'espèce caprine, et l'on donnerait à la toison une valeur de 4 à 5 francs. Inutile de faire ressortir par des chiffres les avantages qui en résulteraient pour l'Algérie.

Nous avons encore, dans notre colonie, de précieux éléments pour créer une sous-race caprine bonne laitière. Depuis longtemps la Chèvre de Malte, qui réunit de si belles conditions pour la production du lait, y est introduite et y prospère autour des grands centres de population. L'expérience a démontré que par le croisement du Bouc maltais avec la Chèvre indigène on obtenait, après quelques générations, une sous-race bonne laitière. Que faudrait-il pour créer cette sous-race dans les tribus? Utiliser les mâles que les chevriers maltais vendent comme Cabris de lait, ou qu'ils châtrent comme inutiles à la reproduction de leurs Chèvres.

Je reviendrai plus tard sur cette question.

Je suis avec le plus profond respect, etc.,

Le vétérinaire principal,

Signé BERNIS.

SUR UN PROJET D'INTRODUCTION ET D'ACCLIMATATION

DU LAMA, DE L'ALPACA ET DE LA VIGOGNE

DANS L'AUSTRALIE

ET SUR LES TRAVAUX ENTREPRIS A CET EFFET PAR M. LEDGER.

EXTRAIT D'UNE LETTRE ADRESSÉE A M. LE DOCTEUR VAVASSEUR,

Par M. BENJAMIN POUCEL.

(Séance du 9 avril 1858.)

« Pendant un séjour d'environ deux ans dans la province de Tucuman, l'une de celles de la confédération Argentine, j'avais souvent entendu parler d'un Anglais qui, dans le but d'importer et d'acclimater à la Nouvelle-Hollande les bêtes à laine originaires de la Cordillère des Andes, c'est-à-dire, l'Alpaca et la Vigogne, avait formé, depuis quelque temps, à la *Laguna blanca*, province de Catamarca, un établissement où il avait réuni un certain nombre de ces animaux. Comme j'avais moi-même conçu le projet d'essayer d'importer ces précieux animaux en France, ainsi que je l'avais fait, il y a une vingtaine d'années, pour les Mérinos pur sang de Naz, dans la république de l'Uruguay, je résolus de faire une visite à cette personne, pour profiter de ses conseils et de son expérience avant de revenir en France.

» Je mis ce projet à exécution ; et c'est le résultat de ce que j'ai vu et de ce que j'ai appris dans mes conversations avec M. Charles Ledger, que je vous transmets, en vous priant de le soumettre à la Société impériale d'acclimatation.

» La *Laguna blanca* est la quatrième des vallées qui forment les échelons des terres élevées, depuis la hauteur d'*Aconquija*, à l'ouest de Tucuman, jusqu'à la grande Cordillère. Située, comme Tucuman, par 27 degrés environ de latitude australe, cette vallée est cependant entourée de toutes parts de neiges perpétuelles, qui couvrent le sommet des montagnes qui la circonscrivent, et surtout celui du mont nommé *el Cerro azul*, dont le pied est baigné par les eaux du petit lac d'où cette région tire son nom. Un vent glacial souffle continuellement dans cette vallée et semble descendre avec violence des pitons glacés de cette montagne, qui n'est séparée de la grande Cordillère que par une dernière vallée, entièrement déserte. Ce vent, même lorsqu'il n'est pas très violent, est extrêmement pénétrant; il *coupe*, comme on dit vulgairement. Au milieu du printemps, à midi, et par le soleil le plus brillant, le thermomètre ne dépasse guère que de quelques fractions de degré le point de la glace fondante. S'il en est ainsi dans la belle saison, que doit être la rigueur de l'hiver dans cette région presque tropicale? Cette anomalie apparente s'explique par l'élévation de ce point, que l'on estime être d'environ 10 000 pieds au-dessus du niveau de la mer.

» La vallée de la *Laguna blanca* a une douzaine de lieues d'étendue en tout sens. Ses maigres pâturages suffisent à peine à l'entretien d'une centaine de têtes de gros bétail, qui paissent dans les lieux qui ne sont pas couverts de sel, pendant les deux ou trois mois d'été, qui est la saison des pluies. Les eaux de la lagune, très abondantes pendant cette période, disparaissent presque complétement pendant le reste de l'année, et ne laissent à leur place, à la surface du sol, qu'une croûte de sel qui trompe et fatigue cruellement les yeux du voyageur.

» Dans le fond de la vallée, au nord-ouest, un ravin profond (*quebrada*) donne passage à un ruisseau qui alimente la lagune dans laquelle il se perd. A deux lieues à peu près de l'ouverture intérieure de ce ravin, et à plusieurs centaines de pieds au-dessus du niveau du fond de la vallée, le ruisseau forme plusieurs marais d'une certaine étendue, au travers desquels serpentent ses eaux limpides. Ce parage réunit tous les avantages possibles pour le pâturage des Alpacas, parce qu'ils aiment une température froide et un sol humide, mais où ne croît pas la *Unca* ou *Sogoipé*, sorte de plante qui est un poison pour eux, et qui abonde dans la plupart des terrains inondés de ces régions.

» C'est là que vit M. Charles Ledger, fils du dernier lord-maire de la cité de Londres. Cet homme réellement remarquable par son énergie et sa haute intelligence, établi depuis assez longtemps à Tacna, dans le Pérou, où il s'occupait spécialement du commerce des laines d'Alpaca, conçut, il y a cinq ans, le projet de transporter, du Pérou et de la Bolivie en Australie, la race précieuse de ces bêtes à laine. Le gouvernement de cette colonie anglaise offrait un prix de 50 000 piastres fortes (250 000 francs environ) au premier introducteur de six Alpacas au moins dans le pays.

» Le 6 décembre 1852, M. Ledger, accompagné d'un Péruvien très versé dans la connaissance de ces animaux, s'embarqua pour la Nouvelle-Galles du Sud, pour s'assurer s'il existait dans ce pays des régions propres à l'élève de l'Alpaca. Arrivé à Sidney, il trouva, à une vingtaine de milles de cette ville, dans les montagnes Bleues, des terrains qui lui parurent remplir complétement son but. Il fit alors avec le gouvernement colonial un traité formel par lequel il s'engageait, au prix indiqué ci-dessus, à introduire un certain nombre d'Alpacas, et ce dans l'espace de cinq ans. Il fit aussi des traités particuliers avec plusieurs propriétaires du pays qui s'engagèrent à lui payer 80 livres sterling (environ 2000 francs) pour chacun de ces animaux arrivés vivants à Sidney.

» De retour à Valparaiso, au mois de juillet 1853, M. Ledger passa la Cordillère par Copiapo, pour rejoindre un troupeau de 400 Alpacas qu'il avait achetés avant son départ pour l'Australie. Avec beaucoup de peine, il parvint à se procurer 350 autres de ces animaux, pour remplacer ceux qu'il avait perdus. Il fit ces achats en partie à Vilcapugio, et en partie à Caraugas et Andamarca.

» Il restait à vaincre une difficulté presque insurmontable : c'était de faire sortir les animaux des territoires péruviens et boliviens. En effet, l'exportation en est absolument prohibée par les gouvernements de ces deux pays. Ce qui, soit dit en passant, est une mesure éminemment impolitique, et qui prive ces deux républiques des bénéfices considérables qu'elles obtiendraient de la vente de ces animaux.

» Réduit à la dure nécessité de tromper la vigilance des agents du fisc, pour pouvoir disposer de sa propriété, M. Charles Ledger divisa son troupeau en trois bandes, qu'il dirigea, par des chemins différents, vers le territoire de la confédération Argentine.

» Après avoir surmonté des difficultés sans nombre dont s'effraye l'imagination, dans un voyage qui dura près de deux ans ; difficultés provenant de la nature même des pays qu'il était forcé de traverser, et surtout de l'acharnement que mirent à le poursuivre les gouvernements du Pérou et de la Bolivie ; après avoir perdu près de la moitié de ses animaux dans une épouvantable tourmente de neige, qui dura neuf jours, et à laquelle l'intrépide éleveur et ses gens eurent beaucoup de peine à échapper la vie sauve, il parvint enfin, au mois d'août 1855, à réunir deux portions de son troupeau à San-Antonio de Cobres, sur le territoire argentin. A cette époque, la troisième bande était encore retenue à San-Pablo, en Bolivie. Cependant, à force de persévérance et d'adresse, il réussit à la faire sortir du territoire bolivien, et à la réunir aux deux premières, au mois de février de l'année suivante.

» Au commencement de 1856, M. Ledger se mit en route avec son troupeau, déjà bien réduit, et se dirigea vers la vallée des *Calchaquies*, dans le but de se rapprocher des lieux où l'on cultive la luzerne (*Alfalfa*), pour accoutumer les animaux à manger cette espèce de fourrage, soit en vert, soit en sec, et les préparer ainsi peu à peu à la nourriture qu'ils devaient avoir pendant leur long voyage de mer. Les principaux habitants de cette vallée accueillirent M. Ledger de la manière la plus hospitalière ; et il fait les plus grands éloges des soins et des attentions dont il a été entouré. Il pouvait donc se croire au bout de ses rudes épreuves, lorsqu'il se vit frapper d'une véritable calamité : plus de deux cents des animaux qui lui restaient moururent presque tout à coup pour avoir mangé de la plante appelée *Unca*, dont j'ai parlé plus haut, et qui abonde dans les marais de cette vallée.

» M. Ledger attribue cette perte et toutes les autres qu'a éprouvées son troupeau aux causes suivantes :

» 1° Son manque de connaissances pratiques des soins que réclame l'Alpaca.

» 2° La rigueur excessive et inaccoutumée des deux hivers

précédents, qui surprirent son troupeau dans un état de fatigue et de mauvaise santé.

» 3° Les fourrages impropres à la nourriture de ces animaux et même le manque de fourrages d'aucune espèce, dans plusieurs des lieux où il fut forcé de séjourner.

» 4° La négligence et la mauvaise conduite des gens qu'il avait à ses gages.

» 5° La persécution des autorités péruviennes et boliviennes, qui le forcèrent à fuir par des routes très difficiles et manquant de pâturages.

» 6° La température trop élevée des vallées, qui est contraire à l'Alpaca, et lui cause des avortements et d'autres maladies mortelles.

» 7° La difficulté d'accoutumer cet animal à se nourrir de luzerne sèche, de foin, de son, etc., seuls aliments qu'il soit cependant possible de lui donner pendant une longue traversée

» 8° Enfin, le manque d'argent, dont il aurait eu besoin dans certains moments très critiques : par exemple, pour se procurer des fourrages secs pour nourrir les animaux dans les lieux où il n'y en avait d'aucune espèce.

» Après une si énorme perte, tout autre que M. Ledger aurait abandonné son entreprise ; mais cet homme énergique ne se découragea pas, et pour éviter la *Unca*, et refaire son troupeau à l'air vif et pur de la montagne (*puna*), il résolut de gagner les hautes terres.

» Au mois d'octobre 1856, il quitta la vallée des *Calchaquies*, et se mit en marche pour sa nouvelle caravane. Voyageant avec une extrême lenteur, malgré ce qu'il avait à souffrir, le jour et la nuit, du froid glacial de ces parages, il arriva, au mois de mars suivant, à la *Laguna blanca*. Ayant reconnu que ce lieu était plus propre qu'aucun autre pour y maintenir ses animaux en bonne santé, il résolut de s'y établir pour quelque temps. C'est là que je suis allé le trouver.

» Il s'est construit une espèce de cabane en pierres brutes, pour se mettre, lui et les siens, à l'abri de l'intempérie, et il a fait établir, pour son troupeau, de vastes parcs, aussi en pierres. Des râteliers et des mangeoires, disposés avec intelligence,

reçoivent journellement une ration de luzerne et de son, que
ces animaux mangent aujourd'hui comme s'ils étaient nés dans
nos bergeries d'Europe.

» Jusqu'ici M. Ledger ne s'est montré à nous que comme un
spéculateur entreprenant et infatigable ; nous allons le voir
maintenant comme éleveur habile et intelligent. Voyant son
troupeau réduit à la huitième partie environ de ce qu'il était
originairement, il résolut d'essayer le croisement de l'Alpaca
avec le Lama, et d'arriver par ce moyen au raffinement de la
laine de ce dernier. Après avoir lutté avec une patience sans
égale contre de nombreuses difficultés, notre habile éleveur a
vu ses efforts couronnés d'un plein succès. Il a obtenu et
montre avec un juste orgueil un certain nombre de métis de
seconde génération, qui ont presque la taille de leurs mères
Lamas et toute la finesse et l'abondance de laine de leurs
pères *Alpacas*.

» Cette heureuse idée assure presque certainement la réussite
de l'entreprise de M. Charles Ledger. En effet, le Lama (*Llama*)
a été de temps immémorial, et est encore un animal domestique
dans le Pérou et dans la Bolivie. Comme son congénère la
Guanaque (*Guanaco*), il vit très bien sur les pentes des montagnes, et même dans les plaines les plus arides et les plus
solitaires, et n'a pas besoin, comme l'Alpaca, de l'air glacé des
montagnes couvertes de neige. Le Lama est d'une taille plus
élevée et a plus de corps que l'Alpaca ; mais sa toison très abondante diffère beaucoup de celle du *cachemire américain;* elle
est grossière, à peu près, comme le poil de Chameau ; enfin cet
animal, réduit depuis longtemps en domesticité, est beaucoup
moins délicat que l'Alpaca, peut vivre à peu près dans tous
les climats, et se nourrit très bien de presque toute l'espèce de
fourrages.

» Là ne se bornent pas les travaux de M. Ledger. Il a essayé de
soumettre à la domesticité un autre animal du même genre que
le Lama et l'Alpaca. Je veux parler de la Vigogne (*Vicuña*). Cet
animal, qui vit dans les régions les plus élevées et les plus
froides de la chaîne des Andes, présente une laine beaucoup
plus fine et beaucoup plus douce que celle de l'Alpaca, mais

beaucoup moins abondante. Chaque animal n'en fournit guère que deux ou trois onces. Cette laine, très estimée des peuples soumis à la domination des Incas, servait à faire les tissus précieux dont s'habillaient les rois et tous les membres de la famille des Incas. Elle avait, à leurs yeux, une si grande valeur, que, pour empêcher la destruction de la race des animaux qui la fournissent, la chasse des Vigognes, avant la conquête des Espagnols, était soumise à des lois très sévères qui en réglementaient les époques, et fixaient le nombre des animaux que l'on devait sacrifier dans chacune d'elles. Ces sages règlements ont été abolis par les conquérants; aussi le nombre de Vigognes a-t-il considérablement diminué, et n'en trouve-t-on plus guère que dans les lieux les plus retirés et presque inaccessibles. La race de ces animaux finira même par s'éteindre un jour, si les gouvernements des pays où elle vit ne prennent pas de mesures efficaces pour la protéger.

» Au mois de mars 1857, les Indiens qui vivent aux environs de la *Laguna blanca* s'étaient réunis, suivant leur coutume, pour une grande chasse à la Vigogne, *una corrida de Vicuñas*, comme on dit dans le pays. M. Ledger résolut de profiter de cette circonstance pour tâcher de se procurer quelques-uns de ces animaux encore à la mamelle. Il promit aux Indiens 5 piastres, environ 25 francs, pour chaque petite Vigogne qu'on lui apporterait (les Indiens ne retirent guère qu'une piastre de la peau de l'animal adulte avec sa laine). Il ne put obtenir, malgré ce prix élevé, que douze jeunes Vigognes vivantes, sur environ deux mille qui furent tuées dans cette chasse. Il choisit, pour les nourrir, des Lamas laitières, et pour leur faire adopter le petit étranger, il sacrifia les petits Lamas, de la peau desquels il revêtit les jeunes Vigognes. Il réussit ainsi à élever parfaitement neuf de ces animaux sur les douze qu'il avait achetés, et je les ai vus, forts et vigoureux, suivant aux champs leurs mères nourrices, revenant avec elles au parc, mangeant comme elles au râtelier la luzerne et le son; en un mot, aussi privés que nos Moutons d'Europe.

» M. Ledger fonde sur cet essai, qui lui a si bien réussi, de grandes espérances pour l'avenir. Il ne doute pas qu'il soit possible d'arriver à réduire la Vigogne à l'état de domesticité, et à obtenir sa précieuse toison au moyen de la tonte, sans être obligé de sacrifier l'animal. Cette laine deviendrait ainsi plus abondante, et son prix beaucoup moins élevé. On estime aujourd'hui à deux ou trois onces seulement la laine que l'on retire d'une peau de Vigogne, qui se vend communément 8 réaux, environ 5 francs ; ce qui porte le prix de la laine à 3 ou 4 réaux l'once ! prix exorbitant, qui, joint à la petite quantité qu'il est possible de s'en procurer, fait que cette laine, si douce et si belle, n'est guère employée que par quelques femmes indiennes qui savent la filer, la teindre et en fabriquer certaines pièces d'habillements (*ponchos*), qui se vendent dans le pays à des prix fort élevés. J'en ai vu, et ce n'était ni des plus beaux, ni des plus fins, dont on demandait de 6 à 12 onces d'or, de 500 à 1000 fr.

» M. Ledger pense, et je partage entièrement son opinion, que, quand bien même on ne pourrait pas réussir à acclimater la Vigogne dans nos pays tempérés, la domestication de cet animal dans son pays natal serait d'un immense avantage. En effet, on verrait bientôt s'élever des établissements pour l'élève des Vigognes (*estancias de Vicuñas*), où l'on recueillerait leur laine par une tonte annuelle, et qui tendraient à peupler et à mettre en valeur des lieux jusqu'ici complétement déserts et improductifs. Ces bienfaits ne tarderaient pas beaucoup à se réaliser, surtout si les gouvernements locaux, par une mesure préalable, défendaient absolument la chasse, ou plutôt le massacre des Vigognes en usage aujourd'hui, et s'ils offraient aux chasseurs, pour chaque animal pris vivant, un prix plus élevé que celui qu'ils peuvent retirer de sa peau. On pourrait réunir les animaux, ainsi obtenus et livrés aux autorités départementales, dans des lieux appropriés, où ils seraient gardés et soignés. Les frais, peu considérables d'ailleurs, de ces établissements modèles seraient plus que couverts par les produits de la tonte annuelle. Cet exemple ne pourrait manquer d'être suivi bientôt par les particuliers, et l'on verrait de toutes parts, dans ces parages abandonnés, des *estancias* de Vigognes, de Lamas et d'Alpacas, dont les avantages seraient presque incalculables. »

SUPPLÉMENT AUX RECHERCHES SOMMAIRES

SUR L'INTRODUCTION AUX ANTILLES

DE QUELQUES ESPÈCES

D'ANIMAUX DESTRUCTEURS DES SERPENTS (1)

Par M. le comte Alexis de CHASTEIGNIER,

Ancien officier des haras impériaux,
Membre du Comité d'acclimatation de Bordeaux.

————

(Séance du 10 juillet 1857.)

Dans le 4ᵉ numéro du *Bulletin* de 1857, M. le docteur Chavannes dit que le Secrétaire ne pourrait que difficilement chasser dans les champs de Cannes à sucre ; cette observation est très juste, et c'est pour cela que j'ai vivement, et surtout, insisté sur l'introduction des deux Mangoustes de l'Égypte et de l'Inde, qui peuvent se glisser partout et chasser dans les lieux les plus fourrés. Mais bien qu'elles soient l'objet principal des cultures, il n'y a pas que des Cannes à la Martinique ; leur culture ne s'élève même pas sur les coteaux au delà d'une certaine hauteur ; le Secrétaire trouverait donc aussi de vastes champs pour ses chasses. J'insistais donc pour l'introduction de ces divers animaux en disant qu'ils se complétaient pour ainsi dire les uns les autres, chassant dans des lieux différents, et faisant, si je puis employer une expression bien connue de tous

____

(1) Le premier travail de M. le comte de Chasteignier, auquel celui-ci fait suite, a été soumis à l'examen d'une Commission qui, par l'organe de l'un de ses membres, M. le docteur Rufz, en a rendu un compte favorable à la Société dans la séance du 26 juin 1857 (voy. *Bulletin*, t. IV, page 359). M. de Chasteigner a continué depuis à s'occuper, avec tout l'intérêt dont elle est digne, de la question dont il a pris, dans la Société, la généreuse initiative.

Le Comité de publication a regretté de ne pouvoir insérer plutôt ce *Supplément*, dont, aujourd'hui encore, l'abondance extrême des matières ne permet de donner aux lecteurs du *Bulletin* que les parties principales.

R.

ceux qui ont porté un fusil et suivi un chien, les uns la chasse
en plaine, les autres la chasse au bois.

Après la lecture de mon Mémoire au Comité de Bordeaux,
plusieurs de nos collègues, propriétaires aux colonies, me
firent l'observation que j'avais trop atténué le nombre et les
effets fâcheux du Serpent aux Antilles ; je leur répondis que,
dans une question de cette importance, j'avais préféré rester
au-dessous de la vérité, que de nuire à la cause que je voulais
faire prévaloir en étant taxé d'exagération. Il est bien difficile
de calculer le nombre des Serpents aux Antilles, mais voici
deux faits qui peuvent donner une idée des quantités qui
existent, et sans doute aussi de la rapidité de leur multiplication lorsqu'ils ne sont pas dérangés par la présence de
l'homme.

Le premier est officiel et reproduit par M. le docteur E.
Rufz, de la Martinique, certes bien compétent en pareille
question ; le second m'a été attesté par une personne dont le
caractère ne peut laisser aucun doute sur la véracité des faits.
Dans son *Enquête sur le Serpent*, publiée par le *Journal des
Antilles*, et dont la *Gazette médicale*, 28 août 1847, a donné
une analyse, M. Rufz dit que, sous l'administration du général Danzelot (le même que j'ai signalé comme ayant tenté sans
succès d'introduire à la Martinique des Vautours chasseurs de
l'Amérique), le gouvernement ayant promis 50 centimes par
tête de Serpent, il en fut apporté en moyenne 700 par trimestre, soit environ 3 000 par an.

Au retour de l'émigration, les propriétaires de l'habitation
Assier, à la Grande Anse (Martinique), trouvèrent une pièce de
Cannes située près de la mer, dont le sarclage et la culture
avaient été négligés depuis environ dix-huit mois. Le moment
était venu de les couper, mais on ne jugea pas prudent d'y
pénétrer, à cause du nombre énorme de Serpents qui s'y trouvaient. On dut porter des pailles tout autour, abattre des
Cannes et enceindre la pièce d'un cercle de feu qui, dirigé par
les travailleurs, se rejoignit en gagnant vers le centre, où l'on
trouva par centaines des Serpents morts et à demi-brûlés.

S'il est des habitations où le Serpent abonde, il en est

d'autres où on ne le rencontrerait jamais, et l'on m'a signalé comme telle l'habitation La salle, quartier de Sainte-Marie à la Martinique. La présence d'un de ces reptiles y est considérée comme un événement exceptionnel; cependant, m'a-t-on dit, aucun obstacle naturel ne les empêche d'y pénétrer : la seule raison qu'on en donne serait la présence d'une *certaine plante*, mais quelle plante?...

Rapprochant ce fait, qui m'était rapporté avec des garanties d'authenticité, de ceux signalés à propos du preneur de Serpents, et des effets de l'*Ophiorhiza Mungos* (dont je demandais aussi l'introduction aux Antilles) pour la Mangouste de l'Inde, je suis arrivé à penser que notre colonie pouvait être dotée d'un utile moyen d'action contre le Serpent et contre ses effets. Après quelques recherches facilitées par notre excellent collègue, M. Charles des Moulins, je suis porté à croire que cette *certaine plante* peut être une parente de l'*Ophiorhiza Mungos*, et dont la racine, comme celle de la plante de l'Inde, est signalée dans les ouvrages comme un des médicaments à employer dans le traitement de la blessure des Serpents.

Je crois que d'importantes et curieuses questions peuvent se rattacher à cette plante. Et d'abord il serait intéressant de constater si elle est très connue aux Antilles, et si elle se trouve en très grande quantité sur quelques points. Il serait donc important de la signaler non-seulement à l'attention de nos collègues des Antilles, mais encore à celle de tous les colons intelligents. Aussi, je crois devoir en donner, d'après les auteurs qui l'ont décrite, une description qui la fera facilement reconnaître.

Cette plante est nommée par Linné *Ophiorhiza Mitreola*. (Linn. spec.).

Le *Dictionnaire des sciences naturelles* (t. XXXVI, 1835, p. 200, art. de Poiret) classe, d'après Jussieu, les *Ophiorhiza* dans la famille des *Gentianées*, et les divise en deux espèces :

L'*Oph. Mungos*, dans l'Inde, à Ceylan;

L'*Oph. Mitreola* (Linn. spec.), à la Jamaïque. Il signale la racine de l'une et de l'autre comme employée contre la morsure des Serpents.

En 1822, Achille Richard (*Mém. de la Soc. d'Hist. nat. de Paris*, t. I, p. 61, pl. II et III) divise les *Ophiorhiza* en deux types. Le premier, auquel il conserve le nom d'*Ophiorhiza Mungos* et qu'il renvoie à la famille des *Rubiacées*; il signale la plante dans l'Inde, à Amboine, à Java, Ceylan et autres parties de l'Asie. Il en donne la figure de grandeur naturelle, pl. II, et la description, qu'il a depuis abrégée lui-même pour le *Dictionnaire classique d'Hist. natur.* (1827, t. XII, p. 239).

Le deuxième, qu'il nomme *Mitreola ophiorhizoides* (A. Richard), et non *Ophiorhiza Mitreola* (Linn. spec.), est conservé dans la famille des *Gentianées*. Il en donne, pl. III, des détails de fleurs et de fruits. Il signale la plante dans les deux Amériques, à Saint-Domingue, *à la Martinique*, dans la Caroline inférieure, etc.

Dans le *Dictionnaire* de Bory de Saint-Vincent (t. X, 1826, p. 640), il en donne une description abrégée, et dit qu'elle a le port d'un Héliotrope quant à la disposition de ses fleurs, haute d'un pied; feuilles opposées, ovales-aiguës, un peu sinueuses; fleurs fort petites, formant une espèce de cyme terminale, enroulée en crosse comme les Héliotropes.

Enfin, M. Alph. de Candolle (*Prodr.*, vol. IX, p. 8) place le *Mitreola ophiorhizoides* (A. Richard) dans la famille des *Loganiacées*. Il divise le *Mitreola ophiorhizoides* de A. Richard, qui nous occupe, en deux espèces, dont la première, *Mitreola petiolata* (Torr. et Gr.), croît dans l'Amérique orientale depuis la Virginie et la Caroline jusqu'à Porto-Rico, au Mexique, *à la Martinique*, à la Guadeloupe, à la Jamaïque, etc. Tige glabre, peu anguleuse; feuilles ovales-oblongues, aiguës aux deux bouts, courtement pétiolées et glabres, longues de 1 à 3 pouces, larges de 4 à 12 lignes; fleurs blanchâtres très petites, corolle à peu près double des capsules. La plante, qui s'élève de 1 à 2 pieds, est rampante à la base.

La deuxième espèce, qu'il nomme *Mitreola sessilifolia* (Torr. et Gr.), est signalée dans l'Amérique septentrionale, la Géorgie, l'Alabama, etc. Les fleurs sont plus serrées que dans l'espèce précédente, et les feuilles, plus petites, ne dépassent pas un pouce de long.

La plante qui nous occupe a donc été nommée *Ophiorhiza Mitreola* (Linn. spec.) et *Mitreola ophiorhizoides* (A. Richard), et classée sous ces deux noms dans la famille des *Gentianées*, et enfin aussi, sous ce dernier nom, placée par Alph. de Candolle dans la famille des Loganiacées et divisée en deux espèces : *Mitreola petiolata* et *Mitreola sessilifolia*.

Voilà beaucoup, trop peut-être, de science et de citations. Il ressort, il est vrai, de cette divergence d'opinions et de classifications que cette plante n'est pas parfaitement connue des botanistes ; mais sa description générale est du moins assez claire pour la faire reconnaître des habitants des Antilles, et je prie la Société d'appeler leur attention d'une manière toute particulière sur les questions suivantes :

1° Cette plante existe-t-elle positivement à la Martinique et dans les autres îles des Antilles ?

2° Est-il constaté que sa racine a des vertus curatives contre la morsure des Serpents ? Si cela n'est pas prouvé, faire des expériences dans ce but.

3° Rechercher si les tiges, les feuilles, n'auraient pas, soit en étant broyées dans les mains, soit dans toute autre condition, une action stupéfiante, neutralisante, si je puis dire, sur le Serpent : l'expérience en serait facile à faire.

4° Si ce fait venait à être constaté, rechercher si elle croît quelque part en assez grande quantité pour en éloigner le Serpent.

5° Enfin, si aucune de ces qualités n'était reconnue chez l'*Ophiorhiza Mitreola*, rechercher la plante ou la cause quelconque expliquant le fait, dont je n'ai pas raison de douter, de l'absence du Serpent sur quelques points de l'île, et entre autres sur l'habitation Lasalle.

Les réponses à ces questions, si les expériences sont sérieusement faites, peuvent avoir une grande importance, non-seulement pour l'entreprise si multiple de la guerre au Serpent, mais encore au point de vue général de la science.

RAPPORT

SUR UN MÉMOIRE DE M. CHAUVIN

RELATIF A LA

CULTURE DE LA MER.

Par M. de MAUDE ,

Rapporteur désigné par la 3ᵉ section (Pisciculture).

————

(Séance du 9 avril 1858.)

M. Chauvin, propriétaire à Lannion (Côtes-du-Nord), a présenté à la section de Pisciculture, dans la séance du 9 mars dernier, un Mémoire relatif à la culture de la mer.

Après avoir étudié les diverses causes générales et particulières qui ont contribué à détruire le poisson et à dépeupler le littoral de la Bretagne, M. Chauvin a recherché les moyens d'apporter un remède efficace à un mal toujours croissant, et, en homme d'intelligence et de progrès, il a compris que les nouvelles méthodes de pisciculture pouvaient lui fournir ces moyens.

Dès l'année 1856, il s'est mis en rapport avec M. Millet, qui ouvre si obligeamment son laboratoire à tous ceux qui veulent le visiter, et qui ne refuse jamais son concours et ses conseils à ceux qui veulent sérieusement se livrer à d'utiles travaux. Guidé par des instructions essentiellement pratiques et animé par le vif désir d'être utile à son pays, M. Chauvin a spécialement parcouru et exploré pendant deux années consécutives les anses, les baies et les lais du littoral des Côtes-du-Nord et du Finistère. Enfin dans ces derniers temps il a saisi avec empressement une heureuse occasion qui lui était offerte de mettre ses études à profit en se plaçant sous le puissant patronage de M. Coste, qui a reçu une mission spéciale pour l'exploration des côtes de la Bretagne.

Ces côtes, aujourd'hui très appauvries, fournissaient une

grande quantité de poissons, de coquillages et de crustacés. Avant 1789, le Saumon était tellement abondant dans les rivières de Neff, du Trieux, du Treguer, du Guer, de Landerneau, de Châteaulin, etc., que les domestiques, en se gageant, stipulaient qu'on ne leur donnerait du Saumon que trois fois par semaine. Mais sans remonter aussi loin, il y a à peine quarante ans, le cent d'Huîtres valait, en Bretagne, 15 à 20 centimes ; un Homard ou une Langouste de 3 à 4 kilogr. s'obtenait facilement pour 1 franc à 1 fr. 25 c., et cependant les pêcheurs gagnaient davantage, parce qu'ils prenaient beaucoup plus de poisson, et les populations avaient en abondance et à bon marché une nourriture saine et substantielle.

La pêche des poissons voyageurs (Maquereau et Sardine) est la seule qui donne encore au marin un bénéfice raisonnable. Celle du poisson qui habite continuellement les côtes de Bretagne ne donne aujourd'hui que très peu de bénéfice ; c'est à peine si les marins qui s'en occupent peuvent gagner par jour 1 fr. 25 c. à 2 francs. Il en est de même pour la pêche des Homards, Langoustes, Crevettes, Huîtres, Moules et coquillages divers ; ces industries sont abandonnées à de malheureux pêcheurs.

Pour relever ces industries et leur donner au moins l'importance qu'elles avaient à une époque qui n'est pas éloignée, M. Chauvin expose un plan d'exécution essentiellement pratique, et demande au gouvernement, pour l'application de ce plan, la concession de certaines anses, baies et lais de mer qui lui paraissent réunir de bonnes conditions. Dans sa conviction, les travaux de MM. Coste et Millet, les explorations de ces habiles pisciculteurs sur le littoral de la Manche et de l'Océan, l'appui énergique et bienveillant du gouvernement, peuvent donner immédiatement la plus grande extension aux applications pratiques de la pisciculture, qui est appelée à transformer notre pêche côtière.

Déjà sur divers points du littoral de la Bretagne, de bons praticiens ont fait d'utiles essais : M. de Cresolle, à Koermour, a obtenu des Soles et des Turbots ; M. Mallet, commandant du *Moustic*, a recueilli une très grande quantité d'Huîtres sur des fascines déposées à proximité d'un banc ; M. Guillou, à Concarneau, opère depuis longtemps sur les Langoustes et les Homards, en plaçant les femelles garnies d'œufs dans de petits réservoirs où il élève les jeunes pendant quelques mois. Des échantillons de ses produits ont été présentés par M. Chauvin à l'appui de sa communication. Pour donner une idée de la facilité avec laquelle on peut propager ces précieux crustacés, M. Millet a mis sous nos yeux les curieux produits qu'il a obtenus et dont j'ai pu suivre le développement depuis plusieurs mois déjà, dans son laboratoire à Paris, où il opère avec de l'eau de mer artificielle. Des œufs de Langoustes et de Homards sont même éclos, pendant la durée de la séance, dans les tubes qui les renfermaient.

Sur d'autres points du littoral de la France, et notamment dans la Vendée, la Charente-Inférieure, la Manche et le bassin d'Arcachon, on a fait des essais et des entreprises qui ne laissent aucun doute sur la possibilité et l'utilité du repeuplement de nos côtes.

Dans les applications pratiques qu'il veut faire sur une grande échelle, M. Chauvin a les meilleures chances de succès. En effet, il ne veut rien innover ; il veut seulement utiliser le plus avantageusement possible les ressources naturelles de la région.

Là où les cours d'eau qui se jettent à la mer sont essentiellement favorables à la production du *Saumon* et de la *Truite saumonée de mer*, il favoriserait la propagation de ces précieuses espèces, soit par la méthode des fécondations artificielles, soit par l'emploi des frayères artificielles.

Là où les fonds sont incontestablement favorables au développement du Turbot, de la Barbue, de la Sole, etc., il favoriserait la propagation, le développement et l'engraissement de ces belles espèces.

Là où les terrains rocheux présentent de bonnes conditions pour les Homards et les Langoustes, il y placerait les reproducteurs et les jeunes élèves de ces précieux crustacés.

Enfin, là où l'état des baies, des anses ou des lais de mer offre des situations propres au développement des Huîtres et des Moules, il affecterait spécialement ces portions du littoral à la culture de ces coquillages.

Les côtes de la Bretagne, très découpées et très dentelées, présentent de vastes étendues de terrains où l'on peut facilement, et à peu de frais, se rendre maître des eaux de la mer, au moyen de digues et d'écluses convenablement disposées et établir des viviers et des réservoirs.

Ces établissements, destinés à produire de l'alevin ou à engraisser le poisson adulte, seraient placés dans des conditions très favorables ; car le littoral présente un très grand nombre de ruisseaux et rivières qui apportent les eaux douces et qui produisent des mélanges très recherchés par plusieurs espèces marines.

Dans son système d'organisation, M. Chauvin a surtout pour but de faire une immense quantité d'alevin, pour le livrer à la mer dès qu'il a atteint les dimensions convenables. On n'a pas ainsi à se préoccuper de son alimentation ; et au lieu de porter préjudice aux pêcheurs de l'inscription maritime, on ne ferait qu'accroître les produits de leur pêche. On vient droit par ce moyen très efficacement en aide à une organisation que l'administration de la marine considère comme indispensable au recrutement de la flotte.

On utiliserait d'ailleurs de cette manière, pour le plus grand bien-être de l'humanité, des terrains soumis aux alternatives des marées et restés jusqu'à ce jour complétement improductifs.

On assurerait d'une manière régulière l'approvisionnement des marchés ; car les réserves permettraient de pêcher en tout temps, ce qui est aujourd'hui impraticable sur le littoral. Par le beau temps on pêcherait à la mer, par le mauvais temps on pêcherait dans les réserves.

On ne saurait trop étendre ce vaste système de production partout où il est praticable, car personne n'ignore que les produits en viande sont bien inférieurs aux besoins de la consommation, et que le poisson de mer n'entre aujourd'hui dans l'alimentation que pour une proportion très minime et à des prix généralement très élevés.

Le poisson d'eau douce est même dans des conditions plus mauvaises encore ; car, d'après les données statistiques de M. Millet, nos centres de population les plus importants n'ont à consommer annuellement, par habitant, que quelques kilogrammes de poisson, et nos plus beaux cours d'eau ne donnent que des produits à peu près insignifiants.

Quoi que l'on fasse, les eaux douces n'auront jamais qu'une production limitée. La mer, au contraire, a une production illimitée, et cette production a cela d'exceptionnel, c'est de ne rien prendre à la production de la terre.

On ne peut en effet produire du gibier ou du bétail qu'avec les produits de la terre, tandis que l'on peut produire des poissons de mer, des crustacés et des coquillages marins en quantité illimitée avec les ressources seules de la mer.

C'est dans ces vues élevées et philanthropiques que M. Chauvin, s'appuyant sur les données de la science et de la pratique, vient avec confiance, et sous le patronage de nos plus habiles pisciculteurs, MM. Coste et Millet, solliciter le bienveillant appui de la Société impériale d'acclimatation, qui s'est placée à la tête des institutions les plus utiles.

Nous pensons que notre Société ne saurait trop encourager une industrie qui aurait le mérite incontestable de favoriser le recrutement de la flotte et de fournir à la consommation une quantité considérable d'excellents produits.

ESSAIS FAITS SUR LES VERS QUERCIENS

EN 1839 ET 1840.

LETTRE ADRESSÉE A M. LE PRÉSIDENT DE LA SOCIÉTÉ IMPÉRIALE
ZOOLOGIQUE D'ACCLIMATATION

Par M. l'abbé BERTRAND,
Missionnaire apostolique (1).

(Séance du 11 mars 1858.)

Su-tchuen, le 11 septembre 1856.

Monsieur le Président ,

C'est en 1837 que je découvris les Vers à soie du Chêne au Su-tchuen, dans un arrondissement limitrophe du Kouï-tcheou. Je questionnai beaucoup les Chinois sur ces Vers à soie en 1837 et 1838. Toutes leurs réponses se réduisaient à ceci. Ces Vers à soie viennent du Kouï-tcheou ; au Kouï-tcheou il y en a beaucoup. Dans le Kouï-tcheou ils donnent deux récoltes de soie par an, au Su-tchuen ils ne donnent qu'une récolte ; au Su-tchuen ils sont stériles, ils ne peuvent pas se reproduire, il faut tous les hivers aller au Kouï-tcheou acheter bien cher des cocons pour la reproduction. Ces Vers à soie ne peuvent s'élever à la maison comme ceux du Mûrier ; on a voulu essayer, ils sont tous morts : il leur faut le plein air du

(1) Dans une des premières séances de la Société d'acclimatation en 1854, M. Guérin-Méneville, qui connaît si profondément tout ce qui se rattache à la sériciculture, appela avec une louable insistance l'attention de la Société sur plusieurs espèces de Vers à soie sauvages, et notamment sur le Ver sauvage du Chêne de la Chine. Notre confrère, M. Tastet, que plusieurs voyages en Chine ont familiarisé avec les produits de cette intéressante contrée, confirma l'immense importance commerciale des soies de ces Vers querciens, et montra à la Société des échantillons des belles et solides étoffes fabriquées avec elles et qui servent à vêtir des millions d'individus. Il se joignit à M. Guérin-Méneville pour demander à la Société d'essayer d'acclimater en France ces précieux insectes.

Une Commission, dont MM. Guérin-Méneville et Tastet firent nécessairement partie, fut nommée pour étudier cette question. Elle rédigea avec le plus grand soin un questionnaire destiné à être expédié en Chine à nos missionnaires, qui dans les contrées lointaines ont conservé un vif amour de la

ciel. Sachant que les Chinois n'abandonnent jamais la routine, je résolus de faire des essais.

Premier essai. — En juin 1839, après la récolte des cocons, j'en achetai 80 pour essayer tout de suite une seconde récolte au Su-tchuen avec des cocons du Su-tchuen. Mes occupations ne me permettant pas de la diriger moi-même, j'en commis le soin à un chrétien habile, mais paresseux et très insouciant.

patrie, et nous donnent avec un zèle qu'on ne saurait trop louer leur intelligent et puissant concours.

Ce questionnaire avait pour but de nous éclairer sur tous les faits qui se rattachent à l'éducation des Vers du Chêne et à l'emploi de leur produit, et d'indiquer les précautions à prendre pour faire parvenir heureusement en France, soit des œufs, soit des cocons.

La Commission demandait en même temps quelques graines de l'Ortie blanche, plante avec laquelle on fait des toiles d'une solidité, d'une blancheur et d'un brillant remarquable, et des renseignements sur la manière de la cultiver et d'en tirer partie.

Le Conseil vota les fonds nécessaires. Le questionnaire, confié à M. le Supérieur des Missions étrangères, fut expédié par ses soins à nos missionnaires en Chine ; ceci se passait en 1854. M. le Président vient de recevoir, en janvier dernier (le 27), deux lettres d'un de nos membres honoraires, M. l'abbé Bertrand, missionnaire au Su-tchuen, dans lesquelles ce respectable confrère nous donne les renseignements les plus utiles et les plus complets et répond à notre questionnaire article par article.

Nous publierons successivement les parties principales de ces lettres, écrites au Su-tchuen, et qui sont datées des 10, 11 et 12 septembre 1856, et la dernière du 14 septembre 1857.

Dans la première lettre, M. l'abbé Bertrand remercie avec une extrême modestie la Société d'acclimatation de sa nomination de membre honoraire.

Quand la Société connaîtra ses lettres des 10 et 11 septembre 1856, qui renferment une description complète des mœurs des Vers à soie du Chêne, des moyens employés pour les élever et pour dévider leurs cocons, et des qualités de leurs produits ;

Sa lettre du 12 septembre 1856, qui indique la manière de cultiver et d'utiliser l'Ortie blanche ;

Sa lettre du 14 septembre 1857, annonçant l'envoi d'échantillons d'étoffes et de fils faits, soit avec la soie du Ver du Chêne, soit avec l'Ortie blanche, soit avec le Chanvre des montagnes, et rendant compte d'essais de culture de l'Ortie blanche,

La Société d'acclimatation reconnaîtra, disons-nous, qu'il était difficile d'accorder l'honorariat à un homme plus digne de ce titre que le vénérable abbé Bertrand,

Fr. JACQUEMART,

Au commencement de juillet, 600 chenilles environ furent mises sur les Chênes ; la fin du mois fut excessivement chaude, le thermomètre monta à 37 degrés, beaucoup de chenilles moururent. Enfin, pour tout résultat, je recueillis 83 cocons seulement. Au dire de tout le monde, l'homme que j'avais chargé de cette éducation, s'en était acquitté avec négligence. Je donnai ces 83 cocons à un autre chrétien pour être mis en réserve et servir à la reproduction de l'année suivante. La majeure partie eut la patience d'attendre le printemps suivant et donna des œufs et des chenilles.

Second essai. — En juin 1840, après la récolte des cocons, j'en achetai encore 80 pour essayer une seconde récolte, à la maison toujours, avec des cocons du Su-tchuen. Un chrétien me céda pour cela une baraque couverte de paille ; des tables furent dressées : l'éclosion des œufs donna plus de 600 chenilles, le 18 juillet, je me le rappelle encore. Tout de suite on servit des feuilles de Chêne aux chenilles, elles se traînaient dessus, mais ne les mordaient pas ; en vain leur distribua-t-on des feuilles humectées d'eau fraîche, ce fut la même chose, elles ne mangeaient pas. A cinq heures du soir, j'allai voir, près de 200 étaient déjà mortes. A l'instant je fis apporter plusieurs grands vases, les fis remplir de boue ; des hommes envoyés à la montagne apportèrent de jeunes Chênes qu'ils avaient coupés, on planta ces Chênes coupés dans les vases. Les chenilles mises sur ces Chênes ainsi plantés commencèrent tout de suite à se remuer et à manger. Mais soit défaut d'air, soit que les feuilles fussent trop dures, il en mourait tous les jours. A la fin je ne recueillis que 14 cocons : il faut noter que l'homme dont je me servais était très négligent.

Après mes deux essais, je restai convaincu : 1° qu'on pouvait faire les deux récoltes à Su-tchuen et y reproduire les Vers querciens ; 2° qu'en perfectionnant les moyens on pourrait parvenir à élever ces Vers à la maison. Je songeais à faire d'autres essais, mais en 1841 je fus obligé de quitter ces parages. Mgr le vicaire apostolique de Su-tchuen m'envoya desservir la partie nord-est de la province, parages où le Ver quercien est inconnu ; ainsi il y a quinze ans que je n'ai pas vu le Ver quercien. Depuis lors j'ai été questionné d'abord par M. Hedde de Saint-Étienne, ensuite par MM. les directeurs de la Propagation de la foi, je n'ai pu leur donner d'autre réponse que celle-ci : « Il faut vous adresser aux missionnaires du Kouï-tcheou, je suis trop éloigné pour pouvoir m'en occuper. »

Les Chinois du Su-tchuen disent que le Ver quercien donne deux récoltes au Kouï-tcheou et n'en donne qu'une seule au Su-tchuen ; la raison de cette différence, disent-ils, est que le Kouï-tcheou est plus élevé que le Su-tchuen. Pour moi, je crois qu'on peut faire les deux récoltes au Su-tchuen, mais que les chaleurs étant plus fortes au Su-tchuen, les feuilles un peu plus précoces, et par conséquent plus dures aux mois de juillet et août, la seconde récolte doit moins bien réussir au Su-tchuen. Je pense qu'on pourrait obvier à l'inconvénient provenant de la dureté des feuilles, en ayant soin en décembre ou au commencement de mars, de faire tondre un certain nombre de Chênes, de leur couper les branches, ne laissant que les bas des grandes en forme de cornes, comme dans certains départements de France on fait pour les Frênes et les Ormeaux. Les Chênes ainsi tondus pousseraient en mai de nouvelles branches dont la pousse se continuerait jusqu'à la fin de juillet ; ces branches plus tardives donneraient une feuille qui serait encore tendre au mois d'août. Je ne sais si vous comprendrez ma pensée. En France, il sera bon d'en user ainsi pour la seconde récolte. Mais quand pourrez-vous encore avoir des cocons ? les routes nous sont fermées par la guerre, la révolte et le brigandage. J'écris à M. Perny de vous en envoyer au moins 500.

Je viens d'apprendre de bonne source qu'au Chan-si on élève le Ver quercien ; que là, comme au Su-tchuen, on ne fait qu'une récolte ; que tous les hivers on fait plus de 300 lieues pour aller au Kouï-tcheou acheter des cocons pour la reproduction. Pour élever le Ver quercien, il faut choisir des lieux solitaires, silencieux, préférer les sites inclinés vers le levant à ceux qui sont tournés vers le midi et le couchant, par la raison que dans les premiers la grande chaleur est moins longue.

Je vous fais part de mes deux essais et vous livre ces quelques réflexions, croyant vous faire plaisir.

NOTE

SUR LES PAPIERS DE FIBRES VÉGÉTALES

PRÉSENTÉS PAR M. CURTI.

Par M. DARESTE.

(Séance du 5 mars 1858.)

Messieurs,

M. Curti, ancien collaborateur de **M.** Brett pour la pose du câble électrique entre le Piémont et la Sardaigne, et actuellement gérant de la Compagnie générale des papeteries de l'Algérie et de la Méditerranée, fait don à la Société d'une collection des papiers qu'il fabrique et des matières premières qu'il emploie pour cette fabrication. Une partie de cette collection est déposée sur le bureau; le reste n'est pas encore arrivé à Paris. J'aurais voulu que M. Curti donnât lui-même à la Société des détails sur ces objets; mais, peu habitué à la langue française, il m'a demandé de me charger de ce soin. Je le fais avec d'autant plus de plaisir, que ces objets, par divers motifs, semblent devoir intéresser vivement notre Société.

L'usage du papier se lie d'une manière tellement intime au développement des besoins intellectuels de l'homme, que dans toutes les Sociétés dont la civilisation n'est pas stationnaire, la consommation de cette substance augmente, et augmente rapidement. On en jugera par quelques indications. La production de la France, évaluée en 1852 à 45 millions de kilogrammes, s'élevait en 1855 à 55 millions, et doit aujourd'hui dépasser 60 millions. Ces chiffres ne sont qu'approximatifs. En Angleterre, où l'existence d'un impôt sur le papier, perçu dans les fabriques mêmes, permet d'apprécier exactement l'importance de la production, elle s'élevait en 1854 à 75 millions de kilogrammes. Ce chiffre énorme s'explique par l'extension immense de la presse quotidienne. En 1851, un seul journal, le *Times*, s'imprimait chaque jour à 35 000 exemplaires, qui, réunis, auraient couvert une étendue de plus de 16 hectares. Depuis cette époque, la consommation de l'Angleterre s'est encore considérablement accrue.

Mais tandis que la fabrication du papier prend tous les jours une extension nouvelle, la production des matières premières qui servent à cette fabrication n'a point éprouvé une augmentation correspondante.

Les chiffons qui proviennent du chanvre, du lin et du coton, forment actuellement une matière très précieuse que toutes les nations civilisées se disputent. La France prohibe l'exportation des chiffons qu'elle produit; tandis que l'Angleterre, dont la production en chiffons est très insuffisante, va les chercher dans le monde entier, et en importait en 1851 plus de huit millions de kilogrammes. On prévoit que, dans une époque peu éloignée, l'insuffisance de la matière première, et par suite son renchérissement, doivent amener nécessairement une élévation considérable de prix pour l'une des substances qui répondent le plus aux exigences de notre civilisation.

Il y a donc aujourd'hui un intérêt, et un intérêt immense, pour toutes les nations civilisées, à chercher à se prémunir contre cette disette probable et imminente du papier, et à trouver des substances qui puissent remplacer avantageusement les chiffons dans la formation des pâtes. Depuis plusieurs années, cette question est partout mise à l'ordre du jour. L'Angleterre s'en préoccupe vivement. Et dans ce pays, ce n'est pas seulement le gouvernement, ce sont encore les particuliers qui se mettent à l'œuvre. Le *Times* a proposé un prix d'une valeur considérable pour celui qui parviendra à résoudre un problème qui est actuellement d'une importance presque capitale.

D'autre part, une semblable découverte n'aurait pas seulement pour effet d'empêcher l'enchérissement du papier; elle aurait un autre résultat, celui de rendre à cette substance des qualités que, depuis une soixantaine d'années, diverses causes lui ont fait perdre. L'emploi de plus en plus général du coton en Europe, et, par suite, la prédominance, dans les chiffons employés pour la fabrication des pâtes, de filaments beaucoup moins résistants que ceux du lin ou du chanvre, a été une première cause de détérioration du papier. Il faut également reconnaître que les modifications apportées dans la fabrication, si elles ont contribué efficacement à diminuer les frais, ont été, généralement, beaucoup moins favorables à la bonne qualité des produits. Une division mécanique poussée trop loin nuit au feutrage de filaments devenus trop courts ; de plus, l'emploi du chlore gazeux pour le blanchiment attaque énergiquement la cohésion des fibres , et le collage au résinate d'alumine mêlé d'amidon dépose entre elles une matière granuleuse qui diminue beaucoup la flexibilité.

Serait-il possible aujourd'hui, par l'introduction de nouvelles substances dans la pâte, de rendre au papier les qualités qu'il a perdues, et de faire des produits nouveaux capables, par leur solidité et leur durée, de rivaliser avec le vieux papier de Lin ou de Chanvre, fabriqué à la main et collé à la gélatine, que nous admirons encore dans les vieilles éditions.

Le problème consiste évidemment à trouver le moyen de transformer directement en papier les fibres végétales, sans les faire passer par l'état intermédiaire de linge et de chiffons. Il est digne de remarque que ce problème est résolu de toute antiquité par certains insectes. Les belles observations de Réaumur, au siècle dernier, nous ont appris que les Guêpes construisent leurs nids soit avec du papier, soit avec du carton qu'elles fabriquent par une transformation directe des fibres végétales. « Ces animaux, disait Réaumur, nous apprennent qu'on peut faire du papier des fibres de plantes sans les avoir fait passer par l'état de linge ou de chiffons ; elles semblent nous inviter à essayer si nous ne pourrions pas parvenir à faire de beau et bon papier en employant immédiatement de certains bois..... C'est une recherche qui n'est nullement à négliger, que même j'ose dire importante. Les chiffons dont on compose le papier ne sont pas une matière dont on fasse communément grand cas ; les maîtres des papeteries ne savent pourtant que trop que c'est une matière qui devient rare. La consommation du papier augmente tous les jours, pendant que celle du linge reste à peu près la même. Où trouver donc dans la suite de quoi fournir du papier, et de quoi l'empêcher d'être trop rare et trop cher? Les Guêpes semblent nous en indiquer le moyen. »

Lorsque Réaumur s'exprimait ainsi, en 1719 (1), il ignorait que le vœu qu'il émettait avait été réalisé depuis longtemps. Les Chinois, qui ont précédé de beaucoup les Européens dans l'invention d'un si grand nombre d'arts utiles, fabriquent le papier de pâte depuis vingt siècles au moins, et ils emploient à la fabrication de la pâte, concurremment avec les chiffons, les fibres d'un certain nombre d'espèces végétales, particulièrement celles des jeunes Bambous. L'Inde fabrique également depuis très longtemps, probablement à l'imitation de la Chine, des papiers de pâte dans lesquels elle fait entrer des fibres appartenant à un assez grand nombre d'espèces diverses. De nombreux échantillons de ces papiers formés avec des fibres végétales, et provenant des fabriques de l'Inde, ont figuré dans les expositions universelles de Londres et de Paris. On se demande comment il se fait que les Arabes, qui, à la suite de leurs conquêtes, se familiarisèrent si rapidement avec les sciences et les arts de l'Inde, et qui vers la fin du ixᵉ siècle de notre ère, avaient introduit en Espagne la fabrication du papier de pâte, n'appliquèrent à cet usage que les chiffons, et laissèrent de côté les fibres végétales dont ils auraient pu tirer un grand parti.

Quoi qu'il en soit, lorsque les nations européennes apprirent tardivement des Arabes l'art de faire les papiers de pâte, elles n'y employèrent comme ceux-ci que les chiffons, et ne songèrent point à l'emploi des fibres végétales.

Tous ces faits, longtemps négligés, appellent actuellement l'attention publique. Depuis une quinzaine d'années, des essais

(1) *Mémoires de l'Académie des sciences.* Dans le 3ᵉ vol. de ses *Mémoires sur les insectes*, publié en 1742, il reproduit les mêmes considérations et ajoute : « Je devrais avoir honte de n'avoir pas tenté encore des expériences de cette espèce, depuis plus de vingt ans que j'en connais toute l'importance et que je les ai annoncées; mais j'avais espéré que quelqu'un voudrait bien s'en faire une occupation et un amusement. »

nombreux ont été faits, en différents pays, pour introduire dans la pâte à papier des filaments végétaux autres que ceux des chiffons. Au Brésil, on a fait des papiers avec les fibres de diverses lianes ; à la Havane, on a utilisé dans ce but les fibres du Bananier ; en Algérie, celles du Palmier nain.

Dès 1846, le Ministre de l'agriculture transmettait au Ministre de la guerre un rapport de MM. Chevreul et Péligot sur ces essais, et faisait ressortir l'importance qu'ils pourraient avoir pour la prospérité industrielle de l'Algérie.

En Angleterre, un éminent botaniste, le docteur Forbes Royle, qui a pendant longtemps exploré la végétation indienne, et qui professe aujourd'hui la matière médicale au King's College de Londres, a publié en 1854, sur l'ordre du gouvernement anglais, un rapport très intéressant sur les plantes textiles de l'Inde qui pourraient être utilisées avec avantage dans la fabrication du papier.

Mais il paraît que, jusqu'à ces derniers temps, ces tentatives n'avaient pas conduit à des résultats définitifs, par suite des frais considérables nécessités par le traitement des matières premières. Lorsque les fibres ont passé par l'état de linge et de chiffons, elles ont éprouvé une série de modifications qui les rendent beaucoup plus aptes à entrer dans la fabrication des pâtes, que lorsqu'on les prend directement sur la plante. Or, d'après les renseignements qui m'ont été fournis par M. Curti (1), et dont je lui laisse d'ailleurs entièrement la responsabilité, cette difficulté aurait été entièrement levée par l'invention d'un procédé nouveau pour la formation et le blanchiment des pâtes, procédé qui diminuerait dans une proportion considérable les frais de fabrication, et serait devenu actuellement le point de départ d'une industrie pleine d'avenir.

(1) Nous ajouterons, comme complément, quelques détails extraits d'une Note rédigée par M. Curti :

« Les procédés de la Compagnie générale ont subi l'épreuve de l'expé-
» rience, et les produits obtenus ont constaté leur entière efficacité.

» Elle possède une série nombreuse de plantes, exotiques et indigènes,
» croissant naturellement en abondance et sans valeur, ou d'une culture
» facile et économique, qu'elle emploie avec avantage. Tels sont l'Aloès,

La Société qui s'est établie pour l'exploitation de ce procédé a choisi pour siége de ses usines l'Algérie, où croissent spontanément et en très grande abondance des plantes dont les fibres peuvent entrer dans les pâtes à papier. Ces plantes sont : le Sparte ou Alfa (*Lygeum Spartum*), le Diss (*Arundo festucoides*), l'Aloès (*Agave americana*) et le Palmier nain (*Chamærops humilis*). Quand on pense à la multiplication considérable de ces plantes en Algérie, et aux obstacles que certaines espèces, telles que le Palmier nain, opposent aux défrichements, et par suite à la colonisation, il est impossible de ne pas voir avec un très grand intérêt toutes les tentatives faites pour en tirer des substances utiles. Déjà le Palmier nain est devenu par les soins de MM. Aversleng, Delorme et Cie, à Toulouse, l'objet d'une fabrication importante de crin végétal, qui a fourni en 1854 180,000 kilogr. de produits. L'emploi de ses fibres, comme celles du Diss, de l'Alfa, et de l'Aloès, pour la fabrication du papier, deviendra certainement dans peu d'années une source impor-

» le Diss, le Palmier nain, le Sparte, le Sorgho, le Topinambour, le
» Lupin, etc.

» Le traitement et la préparation de ces plantes textiles sont très simples ;
» les moyens employés pour les réduire en pâte ou en papier sont les
» mêmes que ceux qui sont en usage pour les chiffons, à l'exception des
» opérations spéciales pratiquées pour dégager du gluten les fibres des
» plantes.

» Après la récolte des plantes, on les trie et on les coupe en morceaux de
» 5 à 6 pouces de longueur.

» Pour désagréger les fibres des plantes et pour les blanchir, les agents
» chimiques sont employés dans les opérations suivantes à des doses plus
» ou moins fortes, suivant la nature des plantes, leur degré de maturité et
» d'âge.

» Les avantages de cette fabrication nouvelle sont très grands.

» Le prix d'achat de ces plantes varie de 1 à 2 fr. 75 les 100 kilogrammes,
» suivant leur nature et leur qualité, tandis que le prix moyen des chiffons
» est de 45 à 50 francs.

» La perte que les plantes textiles subissent pour être réduites en pâte ou
» en papier varie de 30 à 50 pour 100 soit 1 franc au plus par 100 kilo-
» grammes, tandis que celle des chiffons est de 10 à 15 francs pour la même
» quantité de matière.

» La fabrication des pâtes et des papiers avec ces plantes textiles peut
» être portée à un chiffre très élevé, sinon être infiniment augmentée. »

tante de richesses pour l'Algérie, si, comme on nous l'annonce,
le problème de la fabrication économique a été résolu. La Société zoologique d'acclimatation, qui, presque depuis sa fondation, a nommé dans son sein une Commission permanente de
l'Algérie, doit donc apprendre ces résultats avec une vive satisfaction. Je dois d'ailleurs ajouter que M. Curti a obtenu de
très bons produits avec les résidus d'une distillerie de Sorgho
déjà établie en Algérie, et qu'il y a là un fait qui peut contribuer à la multiplication de cette plante nouvelle dont notre
Société s'est déjà si souvent occupée. Il est probable que si les
essais de naturalisation du Bambou que l'on fait actuellement
à la Pépinière du gouvernement sont suivis de succès, on pourra
essayer en Algérie la fabrication du papier de Bambou, si ancienne chez les Chinois.

Il ne m'appartient pas de donner une appréciation des
produits qui nous sont offerts. Je ferai seulement remarquer
que ces produits paraissent avoir une solidité beaucoup plus
grande que celle de nos papiers actuels, et que, de plus, étant
naturellement imprégnés de substances gommeuses, ils sont
par cela même imperméables, et ne nécessitent point l'emploi
du collage comme ceux que l'on fabrique avec les chiffons. La
Compagnie n'a cherché d'ailleurs, jusqu'à présent, par des
motifs économiques, qu'à fabriquer des papiers ordinaires, et
elle ne s'est point occupée de faire du papier à écrire, opération qui lui serait beaucoup plus dispendieuse, mais elle est en
mesure de le faire s'il y avait lieu.

SUR DIVERSES PLANTES TINCTORIALES DE CHINE

LETTRE ADRESSÉE A M. LE PRÉSIDENT
DE LA SOCIÉTÉ IMPÉRIALE ZOOLOGIQUE D'ACCLIMATATION (1)

Par M. Natalis RONDOT,

Ancien délégué commercial attaché à l'ambassade de Chine,
Président de classe au Jury international de l'Exposition universelle de 1855.

(Séance du 7 mai 1858.)

Monsieur le Président,

Le livre que j'ai l'honneur de vous offrir, au nom de la Chambre de commerce de Lyon, a été écrit pour servir de guide aux concurrents pour le prix de 6 000 francs que la Chambre a institué le 8 janvier 1857. Ce prix sera décerné à celui qui présentera une matière colorante propre à donner à la soie une teinture verte aussi solide, aussi belle à la lumière artificielle que l'est celle obtenue avec le *Lo-kao*. Cette matière, soit qu'on la tire des nerpruns de France, soit qu'elle soit extraite d'autres plantes indigènes ou exotiques, doit pouvoir être produite en quantité suffisante pour les besoins de la teinture et de l'impression, et être livrée au commerce à moins de 100 francs le kilogramme.

La Chambre de commerce avait déjà consacré, en 1852 et 1853, près de 3500 francs à l'achat en Chine de *Lo-kao*, qu'elle a distribué gratuitement. Les essais qui furent faits de toutes parts avec un grand zèle n'eurent pas alors de résultat décisif. Un teinturier renommé de Lyon, M. Gueiron, avait réussi le

---

(1) Cette lettre était jointe à un exemplaire de l'important ouvrage récemment publié par M. Rondot, sous ce titre : *Notice du vert de Chine et de la teinture en vert chez les Chinois*, 1 volume grand in-8. Paris, 1858. Imprimé par ordre de la Chambre de commerce de Lyon. On trouve à la fin de ce livre une *Étude des propriétés chimiques et tinctoriales du Lo-kao*, par notre savant confrère M. Persoz, et des *Recherches sur la matière colorante des Nerpruns indigènes*, par M. Michel.   R.

premier, à appliquer, par un procédé qu'il tient secret, cette précieuse matière à la teinture des soies. La Chambre compléta le service qu'elle avait rendu. Un de ses membres, M. Michel, chercha et découvrit un autre procédé, qu'il livra au public et qui est pratiqué avec succès. Vers la même époque, sur le désir qui en avait été exprimé au Conseil de la Propagation de la foi, un missionnaire, le R. P. Louis Hélot, allait à deux reprises visiter, dans un bourg de la province de Tché-kiang, voisin de Kia-hing-fou, et nommé Hia-chi ou A-zé, les ateliers de teinture où l'on prépare le *Lo-kao*. La lettre du R. P. Hélot est certainement le document le plus précieux que l'on possède sur le *vert de Chine*.

Après avoir pris une initiative aussi heureuse, la Chambre ne pouvait pas attendre dans l'inaction les résultats éventuels du concours qu'elle avait institué. M. Michel poursuivit ses recherches que le succès devait couronner, et, dans le livre sur lequel j'ai l'honneur d'appeler l'attention de la Société, cet observateur si modeste et si habile indique lui-même les faits qu'il a découverts, et le champ nouveau et fécond qu'ils ouvrent à l'industrie et à la science.

Mais le *vert de Chine* était peu connu · on n'était d'accord ni sur son origine ni sur les végétaux dont on l'extrait, ni sur les procédés chinois ; on le croyait identique avec d'autres matières colorantes asiatiques, signalées dans le cours des cent soixante dernières années. La Chambre de commerce jugea qu'il fallait mettre fin à cette confusion et faire justice d'erreurs et d'hypothèses qui égaraient les recherches. Elle accueillit, en mars 1857, une Note que je lui présentai dans ce but, et, m'inspirant de ses vues à ce sujet, je traçai l'histoire du *Lo-kao*, et j'exposai en même temps l'histoire non moins curieuse des autres teintures vertes chinoises. Mes efforts n'auraient pas abouti, sans la coopération de M. Decaisne, qui, dans de difficiles conditions d'examen, décrivit les deux Nerpruns chinois. M. Persoz avait, de son côté, entrepris l'étude des propriétés chimiques et des applications du *Lo-kao*, et l'industrie a fait déjà d'utiles emprunts à ce travail, que la Chambre a publié.

En m'attachant à ce qui se rapporte au *vert de Chine*, je ne devais pas négliger d'ouvrir la voie à des recherches et à des acquisitions nouvelles. Si cette Notice a quelque droit à l'attention de la Société, c'est autant, plus peut-être, par les indications qui en forment comme les annexes, que par l'histoire même de la teinture charmante et presque mystérieuse que la mode a si répandue.

Sans doute les deux arbustes dont on extrait le *Lo-kao*, le *Rhamnus chlorophorus* et le *Rhamnus utilis*, sont une intéressante acquisition pour notre pays; combien plus grandes cependant sont les ressources qu'offrirait l'emploi des Nerpruns épineux indigènes! Le *Lo-kao* peut rester une couleur chère, et dès lors d'un usage restreint, tandis que les expériences de M. Michel permettent d'espérer que l'industrie emploiera la lumière comme agent dans la teinture, qu'elle tirera parti de ces couleurs encore inconnues que la lumière forme et fixe gratuitement, et qu'elle donnera ainsi une valeur à des plantes délaissées jusqu'à présent.

Ne pensez-vous pas, monsieur le Président, que ce serait un service à ajouter à ceux que la Société rend avec tant de zèle, si elle prenait part d'une façon définie, et en quelque sorte pratique, à ce mouvement marqué qui a pour effet d'accroître et presque de renouveler les matériaux propres à nos fabriques? N'est-ce pas d'ailleurs le rôle des Sociétés de prendre les devants sur l'industrie, de préparer leurs progrès, de les exciter par cela même? Les travaux de feu le docteur Royle et des Sociétés de l'Inde sur les filaments textiles de l'Asie fourniraient un exemple décisif à l'appui de cette thèse, si je ne voulais pas m'écarter de mon sujet.

Voici les *Hoang-tchi*, fruits d'espèces de *Gardenia* peut-être inédites, dont la matière colorante jaune n'est altérée ni par les alcalis, ni par les acides, dont les fleurs seraient l'ornement des jardins. Voici le *Hoaï-hoa*, le *Sophora japonica* de Linné, grand et bel arbre, qui fut envoyé de Chine par le père d'Incarville, un de ces missionnaires célèbres du siècle dernier, auxquels les sciences, les arts et l'histoire sont si redevables : le bouton de la fleur donne une teinture verte selon les uns, et jaune d'après les autres; le bois est excellent et la gomme qui en découle est estimée. Voici encore le *Lân*, dont nous ignorons l'espèce botanique et dont nous savons la richesse en indigo ; ce n'est ni un *Indigofera*, ni un *Polygonum*, ni un *Isatis*, c'est peut-être un *Ruellia :* et s'il en est ainsi, ce fait considérable serait acquis, que le genre *Ruellia* fournit ces grandes quantités d'indigo que l'on produit dans la Chine méridionale, dans l'Assam et dans plusieurs parties de l'Inde.

Je m'arrête. Vous voyez, monsieur le Président, pourquoi je ne me suis pas limité à l'histoire du *Lo-kao*, pourquoi la Chambre de commerce de Lyon a voulu donner un double enseignement, vulgariser les procédés relatifs au *vert de Chine* et ceux qui ont pour but l'emploi d'autres matières nouvelles.

La Société que vous dirigez avec une si haute intelligence rendrait presque à coup sûr, on peut le supposer, des services non moins importants, en recueillant à l'étranger tant de substances ignorées et en en faisant connaître les propriétés et les usages, en les signalant à l'industrie et au commerce, en dotant le pays des végétaux dont on saurait déjà le prix. Que si ces végétaux ou quelques-uns d'entre eux étaient chez nous d'une acclimatation difficile, le service serait égal d'en enrichir les contrées auxquelles la nature les a appropriés. L'agriculteur du Kouang-toung ne cultive, dans les terres humides et sur la rive des fleuves, le *Lân* à l'exclusion des autres plantes indigofères ; l'*Isatis indigotica* n'est préféré dans le Tché-Kiang et les *Polygonum* dans le Tchi-li, qu'à raison des convenances du climat et du sol. Qui sait si le *Lân* ne donnerait pas, dans les colonies néerlandaises et espagnoles de l'archipel Indien, les produits estimés que la Chine en obtient ? Qui peut dire que l'une des espèces de *Ruellia* qui abondent en Asie ne prospérerait pas en Algérie ou dans nos départements du Midi?

Je ne veux qu'effleurer ces questions, et si j'ai insisté à dessein sur le *Lân*, c'est pour bien marquer l'esprit qui me dicte cette lettre, et qui est celui qui anime la Société. Chaque pays a son climat ; et la faune, comme la flore, en est marquée à un coin particulier. C'est un bienfait considérable d'ajouter à nos richesses, comme d'en donner aux autres une part, et pour les productions de l'Asie les autres États seront fréquemment nos obligés.

Les membres de la Société ont l'expérience de ces questions, et apprécieront si et dans quelle mesure il convient d'appliquer à ces recherches les forces de la Société. Je n'ai eu, quant à moi, d'autre but que de mettre en évidence la raison de l'hommage que j'ai l'honneur de vous faire de ma Notice, au nom de la Chambre de commerce de Lyon et au mien. J'ai voulu vous signaler, monsieur le Président, de nouveaux bienfaits, de nouveaux progrès, de nouvelles conquêtes à proposer à la Société impériale d'acclimatation, et je suis certain que rien ne saurait lui être plus agréable. J'ai tenu enfin à rappeler l'initiative, la persévérance et la part importante de la Chambre de commerce de Lyon dans toutes ces recherches, auxquelles on s'intéresse à un égal degré à Lyon, à Paris, à Manchester, à Londres, à Chang-haï, à Calcutta, à Amsterdam, à Moscou, et à indiquer le prix et l'utilité qu'elles ont pour les manufactures (1).

Veuillez agréer, etc.,   NATALIS RONDOT.

____

(1) M. N. Rondot a été invité à développer, dans le sein de la Commission permanente de l'Étranger, les utiles indications contenues dans cette lettre.

M. Drouyn de Lhuys, président de cette Commission permanente, proposera prochainement au Conseil d'administration un ensemble de mesures propres à nous mettre en possession des plantes et des produits industriels signalés par M. Rondot.   R.

II. TRAVAUX ADRESSÉS
ET COMMUNICATIONS FAITES A LA SOCIÉTÉ.

NOTE
SUR DES ÉDUCATIONS DE VERS A SOIE DU RICIN
FAITES AVEC DU CHARDON A FOULON (*Dipsacus fullonum*),
Par M. VALLÉE.

(Séance du 9 avril 1858.)

L'honneur que m'a fait la Société impériale d'acclimatation, en me décernant dans sa première séance publique annuelle une médaille de première classe, m'a fait un devoir de redoubler de soins pour l'accomplissement de la mission qu'elle a bien voulu me donner en me confiant l'éducation de la plus grande partie de ses Vers à soie du Ricin. Le principal obstacle au succès de cette éducation et de l'acclimatation de ces Vers à soie dans les parties centrales et septentrionales de l'Europe, est l'impossibilité ou au moins l'extrême difficulté de le nourrir pendant l'hiver de feuilles de Ricin. Pour lever cet obstacle, on a proposé d'introduire dans sa nourriture les feuilles de divers végétaux, tels que la Laitue, le Saule, le Vernis du Japon et la Chicorée sauvage.

Le résultat des essais que j'ai faits avec ces diverses plantes, et qui ont été très nombreux, est que les Chenilles du *Bombyx Cynthia* mangent des feuilles de ces végétaux, mais non de manière à s'en nourrir avec succès; on perd ordinairement un très grand nombre de Vers, les trois quarts ou même les quatre cinquièmes environ. Il faut ajouter que la plupart de ces feuilles sont dures : les insectes ne les mangent pas dans les premiers jours de leur vie. La Laitue, au contraire, est bonne pour les très jeunes Vers, mais ne convient pas pour l'éducation entière. En outre, la plupart de ces plantes n'ont pas de feuilles l'hiver, et, par conséquent, ne peuvent remplacer le Ricin.

J'ai essayé, sans plus de succès, divers Choux, la Mauve

---

ordinaire, divers Lilas, le Vernis du Japon, etc. De ces diverses plantes, celles qui ont le moins mal réussi, sont le Chou cavalier et le Chou branchu du Poitou, qu'on se procure facilement, même l'hiver : j'ai fait avec ces plantes, en décembre 1855, une éducation complète, mais avec une proportion considérable de pertes ; je n'ai pu amener à bien que dix cocons sur plus d'un cent.

C'est alors qu'essayant encore d'autres plantes, je suis arrivé à reconnaître enfin dans le Chardon à foulon une plante qui réunit toutes les conditions. On se procure facilement pendant l'hiver cette plante qui, donnant les peignes à carder les draps, est cultivée dans plusieurs départements, et les Vers de tout âge la mangent tout aussi bien que le Ricin. En plaçant dans la même boîte sur des œufs en train d'éclosion des feuilles de Ricin et des feuilles de Chardon, j'ai même trouvé sur celles-ci plus de Vers que sur les autres. Ces expériences, commencées en 1855, m'ont conduit dès 1857 à des essais que j'ai pu présenter, et que la Société a bien voulu considérer comme décisifs. En février 1857, j'avais fait cinq éducations entièrement avec de la feuille de Chardon.

J'ai aujourd'hui l'honneur d'adresser à la Société une douzaine de belles Chenilles, au terme de leur accroissement, qui offrent un intérêt de plus : non-seulement ces insectes n'ont jamais mangé autre chose que du Chardon, mais il en est de même des pères et mères ; et MM. les membres de la Société, s'ils veulent bien jeter les yeux sur les insectes que j'envoie, pourront constater que ces Chenilles sont aussi belles que possible : on ne peut signaler en elles la moindre dégénérescence, ni par rapport aux *Bombyx Cynthia* nourris de Ricin, ni par rapport aux premiers insectes de cette espèce que la Société a reçus et m'a confiés en 1854. Cependant, depuis lors, le nombre des générations s'élève à plus de vingt.

Ces douze Chenilles font partie d'une colonie de plus de deux cents également bien venues, et sans *aucune perte* parmi celles qui ont été nourries seulement de Chardon à foulon (1).

(1) Je dois surtout le succès de cette éducation, faite au cœur de l'hiver, à l'extrême obligeance de M. le maire de Mantes, qui a bien voulu m'envoyer

J'ai, au contraire, perdu environ un cinquième d'autres
Chenilles que j'avais nourries alternativement, afin de varier
mes essais, avec du Chardon à foulon et d'autres Chardons : le
Dipsacus pilosus est volontiers mangé par les Chenilles, mais
elles prennent bientôt la diarrhée, et meurent en grand nombre
si l'on ne change leur nourriture. Le *Dipsacus sylvestris* est
beaucoup meilleur, et peut être employé au défaut de Chardon
à foulon ; cependant il ne le vaut pas.

Voici les dates du développement des Chenilles qui sont
sous les yeux de la Société. Les œufs dont elles proviennent
avaient été pondus le 10 février, et sont éclos le 25. La première mue a eu lieu le 19 mars, douze jours après la naissance
des Chenilles ; la deuxième mue, le 16 mars ; la troisième, le
21 ; la quatrième, le 27. Les Chenilles ont commencé à filer le
7 avril, dix jours après la quatrième mue, quarante et un
jours après l'éclosion, et cinquante-six après la ponte des
œufs. La nouvelle ponte ayant ordinairement lieu un mois
après que la Chenille a commencé à filer, il se sera écoulé par
conséquent d'une ponte à une autre environ quatre-vingt-six
jours ou près de trois mois.

Il est à remarquer qu'en été, lorsque la température est
élevée et qu'on ne ménage pas la nourriture, la marche est
beaucoup plus rapide : une de mes éducations, faite dans l'été
de 1857, pendant des semaines très chaudes, a duré, d'une
éclosion à la suivante, cinquante jours, savoir : vingt jours pour
la vie de chenille, vingt jours de cocon et dix jours pour la
sortie des papillons, l'accouplement, la ponte et l'éclosion.

Nous devons recommander aux éleveurs, en terminant, de
ne donner à leurs Vers que des feuilles très propres et très sèches. Avec ces précautions, et en donnant aux Vers tous les soins
en usage dans les magnaneries, on réussira sans nul doute
comme j'ai réussi, et l'on pourra faire des éducations d'hiver, moins rapidement, mais avec autant de succès qu'en été.

à plusieurs reprises de grandes quantités de feuilles de Chardon à foulon,
prises dans ses propriétés. J'en ai reçu aussi de M. le maire de Meulan, de
M. Denet, et de M. Cap, jardinier-chef du potager et du verger du Muséum.

III. EXTRAIT DES PROCÈS-VERBAUX
DES SÉANCES GÉNÉRALES DE LA SOCIÉTÉ.

SÉANCE DU 9 AVRIL 1858.

Présidence de M. A. Passy, puis de M. Is. Geoffroy Saint-Hilaire.

— M. le Président invite Mgr. Guillemin, évêque de Canton et membre titulaire de la Société, et Mgr. Perny, provicaire apostolique de la province de Kouï-tcheou et membre honoraire de la Société, à vouloir bien prendre place au Bureau. Il annonce en même temps que beaucoup de produits intéressants rapportés par Mgr. Perny, et dont une petite partie est placée sous les yeux de l'assemblée, sont renvoyés à l'examen de MM. Guérin-Méneville et Moquin-Tandon comme présidents des 4ᵉ et 5ᵉ sections.

M. le Président proclame les noms des membres nouvellement admis :

MM. Aubigny (Arthur d'), à Paris.

Barthe (le docteur), chirurgien de la marine impériale, à Toulon (Var).

Béclard (Jules), agrégé à la Faculté de médecine, à Paris.

Bethmann (le baron Alexandre de), à Francfort.

Bethmann (le baron Maurice de), consul général de Prusse, à Francfort.

Boissy d'Anglas, député de l'Ardèche, à Paris.

Boivin (Édouard), auditeur au Conseil d'État, à Paris.

Bose (le comte Charles), président honoraire du Jardin zoologique de Francfort, propriétaire, à Francfort.

Bréda (le comte Félix de), lieutenant-colonel du 7ᵉ régiment de chasseurs à cheval, à Paris.

Colombier (Charles du), à Paris.

Cordier (Adolphe), propriétaire agriculteur, à Lisieux (Calvados).

MM. Cossé-Brissac (le comte Arthur de), attaché au ministère
des affaires étrangères, à Paris.

Courthial (A. Du), vice-consul de France, à Saint-Thomas
(Antilles danoises).

Czartoryski (le prince Ladislas), à Paris.

Czartoryski (le prince Witold), à Paris.

Donovan (John Clarke), propriétaire agriculteur, à Graaff
Keenet (intérieur de l'Afrique australe).

Edwardes, secrétaire de la légation britannique, à
Francfort.

Falcou, membre du Conseil général de Seine-et-Marne,
à Paris.

Faye (Armand), avocat, à Bordeaux (Gironde).

Follin (Eugène), agrégé à la Faculté de médecine, à
Paris.

Guillemin (S. G. Mgr.), évêque de Canton.

Hay (Charles du), propriétaire, à Mortagne (Orne).

Hubert-Delisle, sénateur, ancien gouverneur de l'île de
la Réunion, à Paris.

Jaubert (le comte), membre de l'Institut, ancien ministre
des travaux publics, à Paris.

Larangeiras (le baron das), pair du royaume de Portugal,
à Lisbonne.

Lobgeois, propriétaire, à Paris.

Luitjens (le baron de), à Fremersberg, près Baden-Baden
(grand-duché de Bade).

Magne (S. Exc. M.), ministre des finances, à Paris.

Mauduit (le marquis Gabriel de), propriétaire, à Nevers
(Nièvre).

Maurel, fabricant de produits chimiques, à Aubervilliers-
les-Vertus (Seine).

Maynard, propriétaire, à Sainte-Radegonde, par Castillon-
sur-Dordogne (Gironde).

Montgon (le marquis Adhémar de), au château de Montagne, par Mareingues (Puy-de-Dôme).

Mortain (le docteur), pharmacien en chef à l'hôpital militaire, à Versailles (Seine-et-Oise).

MM. Mumm, consul général de Danemark, à Francfort.

Nesselrode (S. Exc. M. le comte de), chancelier de l'empire de Russie, à Saint-Pétersbourg.

Parseval-Grandmaison (J. de), membre de la Société botanique, président de l'Académie de Mâcon, aux Perrières, près Mâcon (Saône-et-Loire).

Petetin (Anselme), propriétaire agriculteur, à Colombier, par Pont-de-Cherni (Isère).

Penent, propriétaire agriculteur, à Toulouse (Haute-Garonne).

Perron, chef de division au ministère d'État, à Paris.

Praia (le vicomte da), pair du royaume de Portugal, conseiller de S. M. Très-Fidèle, à Lisbonne.

Rozan, archiviste, à Tonneins (Lot-et-Garonne).

Wilson (James), membre du parlement britannique, à Londres.

— M. le Président annonce à la Société la mort récente et très regrettable de trois de ses membres : MM. le comte Prosper Benoist, Carlier, conseiller d'État, et Piazzoni, de Bergame.

— M. le capitaine de vaisseau Rocquemaurel écrit pour remercier de sa nomination comme membre honoraire. Sa lettre renferme des détails sur ses diverses tentatives d'acclimatation en Europe ou dans nos colonies, de végétaux étrangers et particulièrement sur l'arbre à gutta-percha que lui doit en partie l'île de la Réunion. Notre confrère fait en même temps connaître la part considérable prise à l'introduction de ce précieux végétal par M. Gautier, consul de France, résidant alors à Singapore et maintenant en Californie.

— S. A. Ahmed-Pacha, prince héréditaire d'Égypte, écrit pour remercier de son entrée dans la Société et de la lettre écrite, à cette occasion et au nom du Conseil, par M. le Président.

— Des remercîments sont également adressés par S. M. le second roi de Siam, S. Phra Pin Klau Chau Yuhua, pour la réception de son diplôme et de la lettre du Conseil qui l'accompagnait.

— Il est donné lecture d'une lettre écrite par Mgr. Perny depuis son arrivée en France, et par laquelle il remercie de sa nomination comme membre honoraire.

— S. Exc. M. Magne, Ministre des finances, MM. le vice-amiral Cazy, Charleuf, le docteur de Mortain, le professeur N. Guillot, Hubert Delisle, le comte Henri de Montesquiou. Perron, le docteur Reveil et Robillard de la Vaudelle, font parvenir leurs remercîments pour leur admission, et M le comte d'Escayrac de Lauture pour le choix qui a été fait de lui comme membre de la Commission de *climatologie*. Cette Commission est maintenant composée de MM. Becquerel père, président, Becquerel (Edmond), le professeur Chatin, Duperrey, J. Dupré de Saint-Maur, le comte d'Escayrac de Lauture, Paul Gaimard, Poey (André), Sainte-Claire Deville (Charles), le marquis de Vibraye et le docteur Weddell.

— M. Graëlls, en son nom et au nom de MM. le marquis de Perales et le général Serrano, remercie des trois médailles de première classe qui leur ont été décernées, et au nom de MM. O'Ryan de Acuna et J. Lecaros, pour leurs mentions honorables. Il annonce en même temps que tous les journaux espagnols ont rendu compte de notre séance solennelle du 10 février où un prix spécial pour l'introduction de l'Alpaca a été déposé aux pieds de S. M. le roi d'Espagne. On considère dans ce pays nos récompenses comme devant être un grand encouragement. A cette lettre est joint un extrait d'une feuille espagnole.

— Nos confrères MM. Jacques Kalinowsky, professeur à l'université de Moscou, et Kreuter, qui ont obtenu des médailles de première classe pour leurs cultures de végétaux étrangers, transmettent l'expression de leur reconnaissance, et ce dernier informe qu'il a proposé à la Société d'agriculture de Vienne M. Drouyn de Lhuys, qui a été nommé membre honoraire en assemblée générale. « Au moment où ce nom a été proclamé, dit M. Kreuter, il a été salué par un applaudissement unanime, tant cet homme d'État a su s'acquérir de considération et d'estime en Autriche, pendant le séjour qu'il a fait à Vienne lors des conférences. »

— M. le Président donne quelques détails sur la formation

prochaine de la Société anonyme qui doit se constituer pour entrer en jouissance de la concession du terrain de 15 hectares et demi au bois de Boulogne, faite presque gratuitement par la ville de Paris au Bureau de notre Société, aux lieu et place de la Société tout entière. Cette Société anonyme représentera moralement et continuera la Société impériale zoologique d'acclimatation dont le Jardin d'exhibitions et d'expériences portera le nom. Dans cette partie du bois magnifiquement située, on pourra tout à la fois élever, multiplier, étudier et améliorer les nouvelles espèces introduites. Il deviendra alors facile à notre Société, ainsi entrée plus directement dans la voie de la pratique, de répandre ces espèces utiles ou agréables. La souscription, qui est d'un million divisé en 4 000 actions de 250 francs chacune, sera ouverte chez nos confrères MM. de Rothschild et au siége de la Société (Voy. le *Rapport* fait au nom du Conseil, page 153.)

— Notre confrère M. A. Bogdanow, secrétaire des Comités botanique et zoologique d'acclimatation de la Société impériale d'agriculture de Moscou, annonce que cette Société a décerné à l'unanimité le titre de membre honoraire à M. Is. Geoffroy Saint-Hilaire, notre Président. Il rend compte de la séance annuelle des Comités et présente un exposé sommaire de leurs travaux.

— Des offres de service faites par M. Bourlier, qui va passer six mois dans l'Asie Mineure et le Kurdistan, ont été accueillies par le Conseil, et il a décidé qu'un crédit serait ouvert à notre confrère.

— M. Bazin, président de notre Comité régional de Bordeaux, transmet un extrait du procès-verbal de la séance de ce Comité tenue le 11 février.

Il y est question des volières de M. Desmaisons, disposées pour tenter et faciliter l'acclimatation et la reproduction des oiseaux exotiques. Notre collègue les met à la disposition de la Société. Des Rapports sur les diverses cultures de végétaux étrangers ont été présentés, et M. Gaschet appelle l'attention sur l'utilité qu'il y aurait à chercher à propager le Dindon des Antilles.

— Des distributions de Pommes de terre de Sainte-Marthe

de différents végétaux ayant eu lieu, des lettres de remer-
ment sont adressées : par M. Lightenwelt, ministre des Pays-
as en France, au nom de son souverain ; par MM. Ch. Ballet,
ecrétaire de la Société d'horticulture de l'Aube ; Braguier ;
rot, notre délégué à Milan, qui transmet les détails les plus
atisfaisants sur les succès obtenus en Lombardie avec le
Sorgho à sucre et l'Igname, et annonce que, malgré l'hiver
excessivement rigoureux qui finit à peine, les Mûriers, par
bonheur, n'ont pas souffert ; par M. Lortet et MM. les Présidents du Comité régional de Bordeaux, de la Société d'agriculture des Bouches-du-Rhône et de l'Association agraire du
Frioul.

— Il est aussi transmis à la Société un Rapport adressé à
S. Exc. le Ministre de l'agriculture, du commerce et des
travaux publics par M. Alphandéry jeune, et relatif aux avantages variés et nombreux que peut offrir la culture du Sorgho
à sucre.

— De la graine de cette graminée parfaitement mûre, provenant d'une plantation faite aux portes de Paris, est mise
sous les yeux de la Société par M. Hébert, propriétaire à la
Chapelle Saint-Denis.

— M. Fréd. Jacquemart lit un Rapport sur les résultats
qu'il a obtenus dans la culture de l'Igname, de l'Ortie blanche
de Chine et du Loza, des *Rhamnus chlorophorus* et *Rh. utilis*,
arbustes qui produisent la belle couleur dite *vert de Chine*.
Notre confrère annonce qu'il met à la disposition de la Société
cinq cents Ignames d'un an de plantation. Elles ont pour
première origine les bulbilles distribuées par la Société, mais
elles proviennent directement de tronçons de tubercules
plantés en avril 1857 dans le canton de Lafère (Aisne).

— M. Bourgeois donne lecture d'une Note sur le choix des
plants d'Ignames et sur leur reproduction par les bulbilles.

— M. David lit une Note sur un fourrage inconnu en France,
qui croît sans culture le long des haies en Espagne et que l'on
y nomme *Mielga*. Cette Note en accompagne une autre de
M. le baron de Maynard, qui a observé les bons effets de
cette nourriture. Des renseignements seront immédiatement

demandés à notre délégué à Madrid, M. Graëlls, qui sera prié d'envoyer à la Société une certaine quantité de graine, pour que des semis puissent être faits en France.

A cette occasion, M. le comte de Fontenay dit quelques mots sur les usages du Lupin comme fourrage.

— Sir William Hooker, directeur des jardins royaux de Kew, annonce l'envoi de la portion des plantes transmises de Calcutta par M. Piddington (voy. p. 39), et destinées à la Société.

— Notre confrère M. Augustin Todaro communique le catalogue des graines du Jardin botanique de Palerme, afin de faciliter des échanges entre ce Jardin et notre Société.

— Le Bureau de la 4ᵉ section transmet le procès-verbal de la séance tenue par cette section le 23 février dernier. Des détails y ont été donnés sur les usages auxquels peut être et est, en effet, employée, dans certaines parties de l'Autriche, la soie des cocons du *moyen Paon (Saturnia spini)*.

— M. Bourgeois, qui avait offert l'an passé à la Société des œufs de Vers à soie élevés en liberté sur les Mûriers, en met de nouveau à sa disposition cette année, dans l'espoir que les larves qui proviendront de ces œufs seront dans de meilleures conditions pour échapper à la maladie pendant les diverses phases de leur développement. Des remercîments sont adressés à notre confrère, et à cette occasion M. Guérin-Méneville annonce que les résultats obtenus avec les œufs donnés précédemment par M. Bourgeois seront consignés dans un Rapport qu'il présentera sur l'ensemble des diverses éducations entreprises, pour la Société, par lui et par notre confrère M. Eugène Robert, à la Magnanerie expérimentale de Sainte-Tulle.

— Des échantillons d'étoffes fabriquées avec la soie du *Bombyx Cynthia* ayant été adressés à MM. les Ministres de la marine et de la guerre, afin que des essais comparatifs puissent être tentés pour la fabrication des sacs à gargousses et des tentes légères des soldats, LL. Exc. remercient de cet envoi, et de plus, M. le général Daumas informe, au nom de M. le maréchal Vaillant, que, dans le but de favoriser un prompt développement de la production de ce précieux insecte dans notre colonie algérienne, il a communiqué les résultats obtenus à M. le Gouverneur général, en l'invitant à les porter à la connaissance des colons par la voie des journaux.

— M. Sacc envoie le compte de fabrication de la pièce de soie du Chêne par le tissage mécanique de Wesserling. Il en résulte que, tous frais compris, la valeur du mètre est de 2 fr. 85.

— Il est placé sous les yeux de l'assemblée un certain nombre de chenilles du *Bombyx Cynthia* arrivées à leur entier développement et nourries uniquement, depuis leur éclosion, avec les feuilles du Chardon à foulon ou Cardère cultivée (*Dipsacus fullonum*). Avec ce feuillage, qui est excellent, on peut, suivant les observations de M. Vallée, employer les feuilles de la Cardère sauvage (*D. sylvestris*), mais il faut éviter celles de la Cardère velue (*D. pilosus*), qui est nuisible aux Vers. (Voy. page 211, une Note sur l'éducation dont il s'agit.)

A cette occasion, M. Moquin-Tandon fait remarquer combien est étroit le lien entre les propriétés des plantes et leurs caractères naturels, car la dernière espèce appartient à une division particulière dans le genre dont elle fait partie.

— M. Alex. Kurtz, directeur de la *Société séricicole* du royaume de Pologne, transmet un exemplaire des Comptes rendus annuels de cette Société pour les années 1856-57.

— Notre confrère M. Debeauvoys adresse une Note manuscrite ayant pour titre : *Sur les causes qui permettent d'enfouir rationnellement les Abeilles*. Il y joint une lettre de M. le comte de Saint-Marsault faisant connaître l'accueil favorable fait à la Société d'agriculture de la Rochelle sur ce procédé d'enfouissement.

M. Debeauvoys informe qu'il vient d'imaginer une draine ou arrosoir polhydre, qui permet de porter sans fatigue 60 litres d'eau et d'arroser à volonté 0^m,60 à 1^m,30 de surface.

— M. C. Duval fait parvenir un Mémoire sur les Araignées fileuses du cap Matifou (Algérie), dans lequel il décrit les mœurs de ces animaux, dont la soie, très belle et résistante, pourrait, à ce qu'il pense, être utilisée avec avantage dans l'industrie.

— M. Millet informe de l'heureuse arrivée à Batna (Algérie)

de cent cinquante poissons (Cyprin doré, Carpe ordinaire, Tanche) transportés vivants par M. Noël (de Bussang) sous la surveillance de notre confrère M. Cosson. Ces poissons étaient placés dans un baquet où, d'après le procédé indiqué par M. Millet, l'air était renouvelé au moyen d'un appareil d'insufflation consistant en un soufflet muni d'un tube de caoutchouc. (Voy. plus haut, page 191.)

— M. de Maude présente un Rapport sur un Mémoire de M. Chauvin, ayant pour titre : *De la culture de la mer*. (Voy. page 190).

— M. du Courthial, membre de la Société, lui fait parvenir de Sainte-Marthe des poissons desséchés au soleil, et dont il pense que des envois abondants en Europe pourraient apporter de très utiles ressources à notre alimentation. Ce sont des poissons entiers, desséchés, appartenant à la famille des Muges (*Mugil lisa*), des portions de chair du poisson nommé Espadon (*Xiphias gladius*), ainsi que des œufs de ce même Muge et d'un autre poisson nommé dans le pays *Lebrancha*.

— La 2ᵉ section transmet le procès-verbal de la séance qu'elle a tenue le 9 mars. Il y a été question : 1º de l'introduction en France de la Perdrix Gambra (*Perdrix petrosa*) ; 2º de l'offre faite par M. le duc de Vicence de tenter dans l'une des îles d'Hyères qu'il possède l'introduction de la grande Outarde (*Otis tarda*), si des œufs lui étaient procurés par la Société ; 3º M. Davelouis, secrétaire de la section, a fait une communication relative aux oiseaux d'ornement et rédigée d'après les Notes manuscrites de M. Delon ; 4º M. Chouippe a lu un questionnaire sur les verminières destinées à fournir de la nourriture aux oiseaux.

— La section transmet une liste de demandes d'œufs de Perdrix Gambra, adressées par plusieurs de ses membres.

— M. le baron Anca transmet, de Palerme, des détails sur les succès obtenus en Sicile dans la culture du Sorgho à sucre ; il annonce la naissance d'un Bouc et d'une Chèvre d'Angora, et demande des œufs de *Bombyx Cynthia*.

— M. Barbey, ayant fait présent d'un Lama à la Société régionale du nord-est, il est donné lecture par extraits d'une lettre de remercîment adressée par M. Parade, secrétaire de cette Société, à notre confrère, qui, outre ce don et celui de deux individus fait à notre Société, en a offert un quatrième au Muséum d'histoire naturelle.

— Notre confrère M. Barthélemy La Pommeraye transmet dans une lettre écrite de Marseille, des détails circonstanciés sur les efforts faits par M. Eug. Rohen, pour tenter l'acclimatation du Lama dans les Antilles et dans l'Amérique du Nord. Par les soins de ce voyageur, deux troupeaux, dont l'un se compose de cent dix-sept têtes et l'autre de cent trois, ont été transportés en 1856 et en 1857, le premier à la Havane, et le second sur le territoire de New-York. Il possède encore sur les hauts plateaux des Andes trois cent cinquante de ces animaux, et M. Barthélemy informe de la proposition faite par M. Rohen de diriger un troupeau sur la France pour la Société d'acclimatation. Cette proposition est renvoyée à l'examen du Conseil.

— M. Graëlls accuse réception de la caisse contenant des échantillons de tissus provenant de la fabrication de M. Davin, dont notre confrère, ainsi que la Société, veulent faire hommage à S. M. la reine d'Espagne. Ce désir sera satisfait aussitôt que M. Graëlls aura entre les mains la médaille décernée par la Société à S. M. le Roi. « De cette façon, ajoute notre délégué, en même temps que le Roi recevra le prix pour l'introduction des Alpacas en Europe, S. M. la reine verra, d'une manière palpable, dans les magnifiques tissus de M. Davin, une nouvelle preuve de l'utilité et des avantages que la nation peut retirer de la protection accordée à l'acclimatation des animaux utiles. » M. Graëlls espère obtenir que la laine que donnera cette année le troupeau d'Alpacas et Lamas qui vit en Espagne soit adressée à M. Davin qui désire en essayer l'emploi industriel.

— M. le docteur Vavasseur lit un extrait d'une lettre de M. Poucel, membre honoraire, fondateur des bergeries du Pichinango (Uruguay); cette lettre est relative à un projet d'introduction et d'acclimatation de Lamas, Alpacas et Vigognes dans l'Australie et aux travaux entrepris à cet effet par M. Ch. Ledger. (Voy. au *Bulletin*, page 177.)

— Notre confrère M. le docteur Léon Soubeiran transmet

une Note qu'il doit à l'obligeance de M. de Lafons, baron de Mélicocq, et qui renferme des documents curieux sur l'histoire naturelle au moyen âge. Il est question d'animaux qui figuraient au xvᵉ siècle dans la ménagerie de Philippe le Bon, duc de Bourgogne, et l'on y trouve l'indication du prix de certains aliments tirés du règne végétal, des truffes et des oranges par exemple.

— M. Pierre de Tchihatcheff, n'ayant pu assister à la séance, fait parvenir deux brochures : l'une renferme le *Discours* qu'il a adressé à la Société botanique de France, en sa qualité de Président, lors de sa réunion extraordinaire à Montpellier ; l'autre a pour objet des *Considérations sur la végétation des hautes montagnes de l'Asie Mineure et de l'Arménie*. Notre confrère y a ajouté une Note contenant l'indication des faits principaux traités dans ce dernier Mémoire.

— M. Jomard, secrétaire de la Commission qui avait été formée pour s'occuper de l'érection d'une statue de Geoffroy Saint-Hilaire, à Étampes, sa ville natale, adresse un exemplaire de la collection des discours prononcés dans cette cérémonie et qu'il a fait précéder d'un Rapport détaillé. (Voy. sur la cérémonie de l'inauguration, le *Rapport verbal* présenté par M. Moquin-Tandon, *Bulletin*, 1857, page 553, et un autre Rapport du même membre sur la souscription relative au monument, page 301.)

———

SÉANCE DU 23 AVRIL 1858.

Présidence de M. Is. GEOFFROY SAINT-HILAIRE.

M. le Président proclame le nom des membres nouvellement admis :

MM. BARROT (Adolphe), ministre de France à Bruxelles (Belgique).

BARTHÉLEMY (le marquis de), à Paris.

BERNUS, membre du Sénat de Francfort, à Francfort.

BONNAFOND (le docteur), médecin principal de l'École d'État-major, à Paris.

CAILLAULT (le docteur), à Paris.

MM. Campana, interne des hôpitaux, à Paris.

Cottu (le baron), à Paris.

David (Maurice), manufacturier, à la Chartreuse, près Strasbourg.

Ferrer (Léon), étudiant en pharmacie, à Perpignan (Pyrénées-Orientales).

Fontan (le docteur), à Bagnères-de-Luchon (Haute-Garonne).

Gabillot, propriétaire, à Paris.

Heeckeren (le baron de), envoyé extraordinaire et ministre plénipotentiaire de S. M. le roi des Pays-Bas près de la cour d'Autriche, à Vienne (Autriche).

Holmfeld (le baron Dirching de), envoyé extraordinaire et ministre plénipotentiaire de S. M. le roi de Danemark, à Paris.

Kisseleff (S. Exc. M. le comte de), ambassadeur de Russie près la cour de France, à Paris.

Mesgrigny (le comte Emmanuel de), à Paris.

Metternich (S. Exc. le prince de), à Vienne (Autriche).

O'Rorke (le docteur), à Paris.

Vavasseur (le docteur), à Paris.

— Après cette proclamation et conformément à l'ordre du jour spécial indiqué pour cette séance, M. le Président donne lecture d'une lettre de M. le baron de Seebach, envoyé extraordinaire et ministre plénipotentiaire de Saxe, membre de la Société, par laquelle S. Exc. informe que le Roi a daigné accéder avec grand plaisir au désir qui avait été témoigné de pouvoir inscrire le nom de Sa Majesté sur la liste des membres de la Société. « J'éprouve, dit M. le baron de Seebach, une satisfaction sincère de servir d'intermédiaire à ce témoignage du vif intérêt que les travaux si éminemment utiles de la Société inspirent à un Souverain dont l'esprit éclairé suit avec attention les progrès de toutes les sciences. »

— M. le Président annonce que le Conseil d'administration a reçu l'arrêté de M. le Préfet de la Seine relatif à la concession faite aux membres du Bureau de la Société d'un terrain de 15 hectares environ, sis au bois de Boulogne, et limité par la route de la porte Maillot à Saint-James, celle de la Muette à la porte de Neuilly et l'allée des Erables, entre les portes des Sablons et de Neuilly.

M. le Président rappelle que cette concession sera transmise par les membres du Bureau à la *Compagnie anonyme du Jardin zoologique d'acclimatation*, dont la constitution sera très prochaine ; il ajoute qu'une liste provisoire a été préparée pour recevoir les souscriptions de MM. les membres, qui seront du reste informés du jour où aura lieu l'ouverture de la souscription chez MM. de Rothschild et au siége de la Société, rue de Lille, 19.

— Des lettres de remercîment pour leur admission sont adressées par MM. le comte Boissy d'Anglas, membre du Corps législatif; de Bourgoing, préfet du département de Seine-et-Marne ; le docteur Caillaud, Ch. du Hays, Letrône, L. Robillard, J. Schultz fils.

— M. Letheulle, colon à Mustapha près Alger, remercie de la médaille de première classe qui lui a été décernée le 10 février dernier, pour ses introductions et acclimatations de bestiaux.

—Des remercîments sont transmis par MM. les Présidents des *Sociétés d'agriculture* des Bouches-du-Rhône, d'*Économie rurale* de la Côte siégeant à Coinsins-sur-Nyon (Suisse), et des *Sciences naturelles et archéologiques* de la Creuse, pour l'exemplaire de la médaille d'honneur offerte par la Société à son Président, M. Isidore Geoffroy Saint-Hilaire, qui leur a été adressé.

— Des remercîments pour des envois de Pommes de terre de Sainte-Marthe et de diverses graines sont adressés par les *Sociétés d'agriculture* de la Haute-Garonne et de Roanne (Loire), par la *Société des sciences naturelles et archéologiques* de la Creuse, par M. Alph. Zurcher, notre délégué à Cernay (Haut-Rhin), et par M. Brierre, qui, de Riez (Vendée), où il poursuit avec tant de soin ses habiles expériences sur la culture des végétaux récemment introduits par la Société, a transporté dans le département de la Charente-Inférieure un assez grand nombre de produits qu'il a obtenus, et que l'on n'y connaissait point encore.

— Des demandes de graines adressées par M. Bréon-Guérard, par la Société de Guéret, et par M. le comte de Fleurieu, et M. Vayssière.

— M. Von Siebold fait présent de dix variétés japonaises de Riz sec, et il adresse en même temps un extrait du Catalogue raisonné des plantes du Japon cultivées dans son établissement à Leyde. (Voy. une lettre de ce naturaliste sur ce sujet, p. 125.)

— Notre confrère M. Louis de Clercq transmet la copie d'une lettre que M. le vicomte de Vallat, consul de France à Saint-Pétersbourg, lui a adressée en réponse à des renseignements qu'il lui demandait sur le Cerfeuil bulbeux de Sibérie, avec un petit échantillon de graines de ce Cerfeuil (*Chœrophyllum Prescottii*) qu'il met à la disposition de la Société. M. Drouyn de Lhuys, au nom du Conseil, a cherché à obtenir d'autres informations sur ce végétal alimentaire, en s'adressant à S. Exc. M. le baron de Manderstroem, ministre des affaires étrangères de Suède, membre de la Société, pour demander par son entremise des graines de ce Cerfeuil à M. le directeur du Jardin botanique d'Upsal. De plus, M. Kaufmann a été invité à vouloir bien recueillir des renseignements sur cette plante près de M. le directeur de la *Gazette horticole* de Berlin, qui a inséré, en 1857, un article de M. Yühlke sur ce sujet.

— M. J. Schultz fils, notre nouveau confrère, adresse un échantillon d'Orge (*Hordeum distichum nudum*), plus particulièrement connu en Égypte, et dont il obtient depuis trois ans de bons résultats à Blotzheim (Haut-Rhin). Comme produit, il est équivalent en volume à l'orge du pays, mais bien plus considérable en poids. Cette année, avec 70 litres de graines, sur 1 hectare bien fumé et ensemencé en même temps de Luzerne, il a obtenu un rendement de 18 hectolitres du poids de 82 kilogrammes. En comparant le résultat qu'eût donné l'Orge ordinaire et en admettant le même volume, mais comme poids 65 kilogrammes seulement, on trouve, en faveur de l'Orge d'Égypte, une différence en poids de 17 kilogrammes par hectolitre. Cette différence est bien plus sensible encore par la conversion du grain en farine, puisque de ces 82 kilogrammes il a pu extraire 70 kilogrammes de farine supérieure même à l'autre, qui ne lui eût donné que 50 kilogrammes. C'est une différence de 20 kilogrammes de farine qui, mélangée avec un tiers de farine de seigle et un tiers de farine de froment, donne un excellent pain de ménage.

— Un échantillon d'huile provenant de la graine du *Chaulmoogra odorata*, Roxburgh (*Gymnocardia odorata*, Rob. Brown), annoncé par MM. Piddington et le docteur F. J. Mouat, de Calcutta (voy. p. 39), étant parvenu à la Société, les essais à faire de cette huile contre les ulcérations lépreuses de la peau sont confiés à une Commission composée de MM. J. Cloquet, président, Bouchardat, Boullay, Chatin, J. Guérin, Natalis Guillot, Jobert (de Lamballe); baron H. Larrey, Leblanc, Michel Lévy, Mialhe, Michon père, Moreau père, O. Réveil, Rufz et Léon Soubeiran. M. Moquin-Tandon est délégué du Conseil près cette commission permanente, qui prendra le titre de *Commission médicale*.

— M. le président fait connaître la composition d'une autre Commission permanente, dite *Commission industrielle*, à laquelle seront renvoyées les questions ayant trait à l'industrie. Les membres qui en font partie sont : MM. le baron Séguier, membre de l'Institut, président ; Dareste, Davin, Delon, Dollfuss (Charles), Doyère, Focillon, Fremy, Gervais (de Caen), Heuzé Deneyrousse, Jacquemart (Fréderic), Le Play, Mennet Possoz, Pelouze, Persoz, Prévost (Florent) et Rondot (Natalis).

— M. le Président annonce que M. N. Rondot, ancien délégué commercial attaché à l'ambassade de Chine, a été adjoint à la *Commission* permanente de l'*étranger*.

— M. David donne communication à l'assemblée d'une proposition de M. Courtois, propriétaire d'une collection très considérable de Camellias, rue de la Muette (faubourg Saint-Antoine). A cette occasion, notre confrère présente quelques considérations sur les moyens à employer pour rendre le plus lucratif possible notre Jardin d'acclimatation du bois de Boulogne.

— M. H. Marès appelle l'attention sur l'importance de l'introduction dans le midi de la France de différentes variétés de vignes étrangères, et particulièrement de celle qui est cultivée à Malaga pour la production des raisins secs. Notre confrère, qui possède auprès de Montpellier une propriété où il forme, en ce moment, une école de vignes, demande qu'on lui procure, si cela est possible, le cépage de Malaga et d'autres, dont il donnerait, chaque année, des produits. Renvoi à la 5e section. — De plus, M. Marès sollicite l'envoi d'œufs de *Bombyx Cynthia*.

—S. Exc. M. le Ministre de l'agriculture accuse réception et remercie de l'envoi que lui a fait la Société de trois échantillons de tissus fabriqués avec la soie des cocons de ce Ver à soie du Ricin.

—M. Perrottet, membre honoraire résidant à Pondichéry, et qui avait envoyé précédemment les Vers à soie à demi sauvages du Bengale, dont le cocon est formé par la soie dite *Tussah*, vient de nouveau d'adresser des cocons vivants de cette belle espèce, qui est le *Bombyx Mylitta*. Sa chenille vit sur les Jujubiers et plusieurs autres arbres. Des expériences faites par les soins de M. Guérin-Méneville, en 1855, ont démontré que ce Ver à soie se nourrit très bien en Europe avec les feuilles du Chêne et celles de l'Abricotier. Malheureusement, ces précieux insectes ont été atteints par la maladie, et d'autant plus gravement, qu'ils étaient au début de leur acclimatation. Les cocons donnés par M. Perrottet ont été envoyés à notre délégué à Lausanne, M. le docteur Chavannes, qui, pendant un séjour de plusieurs années au Brésil, a acquis une grande habitude des soins à donner aux espèces sauvages.

— A la suite de cette communication, M. le Président lit une lettre de M. Perrottet contenant de longs détails concernant ses tentatives d'éducation sur une grande échelle du *Bombyx Mylitta*.

— M. Guérin-Méneville annonce qu'il est parvenu à faire complétement passer l'hiver à des cocons du Ver à soie du Ricin. Ces cocons, placés dans une pièce fraîche, où le thermomètre n'a que peu varié de 2 ou 3 à 10 degrés au plus, étaient enveloppés dans de la flanelle. Ils sont ainsi restés vivants depuis le milieu d'octobre 1857 jusqu'à ce jour, comme on en a la preuve par les mouvements des chrysalides dont on a ouvert les cocons. Ceux qu'on a laissés intacts vont être placés dans un milieu plus chaud, afin que les papillons puissent en sortir.

— M. Guérin-Méneville lit un *Rapport* sur les expériences théoriques et pratiques de sériciculture faites en 1857, pour la Société, à la Magnanerie expérimentale de Sainte-Tulle.

— Enfin, notre confrère informe qu'il a reçu de notre confrère M. Laverrière, directeur de l'Institut agricole de Mexico, des renseignements du plus haut intérêt sur divers animaux et végétaux ; leur lecture, en raison de l'abondance des matières, est renvoyée à une autre séance.

— Sir W. Reid, gouverneur de Malte, membre de la Société, fait savoir qu'il résulte d'expériences faites par lui dans cette île, et dont il adresse les détails, que les Vers à soie du Ricin ne peuvent vivre en hiver et y subir leurs métamorphoses que s'ils sont maintenus dans une température constante de + 15 degrés centigrades.

— M. Millet annonce qu'il a reçu de M. O'Ryan de Acuna une Notice sur la culture des eaux. Il en sera donné communication dans une séance dont l'ordre du jour sera moins chargé.

— M. Chagot aîné transmet la copie d'une lettre très bienveillante qu'il a reçue de S. Exc. M. le Gouverneur général de l'Algérie, en réponse à la demande que lui avait adressée notre confrère de vouloir bien encourager les tentatives à faire pour obtenir la reproduction de l'Autruche dans nos possessions d'Afrique. Après avoir informé qu'il a donné des ordres pour que le programme du prix de 2000 francs, fondé par M. Chagot, reçoive dans la colonie toute la publicité possible, M. le maréchal Randon ajoute : « D'après les résultats qui paraissent avoir été obtenus tant à la Pépinière centrale que sur divers points de l'intérieur, on peut espérer que les nouveaux essais tentés pour la domestication de l'Autruche auront quelque chance de succès, et je n'épargnerai rien, en ce qui me concerne, pour atteindre ce résultat. »

— M. l'ambassadeur d'Angleterre annonce qu'il a transmis à S. A. R. le prince Albert la caisse de coupons et d'échantillons de tissus de laine Mérinos Mauchamp offerts par la Société au nom de M. Davin. « Son Altesse Royale, dit lord Cowley, a fait placer ces objets dans le Musée de Kensingston destiné aux produits animaux, et elle me charge de faire agréer l'expression de sa reconnaissance très sincère. »

— MM. les mandataires du commerce de la boucherie de Paris, conformément à la demande qui leur en a été faite par la Société, adressent le Rapport dans lequel sont consignés tous les faits relatifs à l'abatage du bœuf sans cornes *Sarlabot II* de la race cotentine à tête nue, instituée à Trousseauville-Dives (Calvados) par notre confrère M. Dutrône. Ce Rapport contient, en outre, l'évaluation du prix de ce Bœuf et l'opinion de MM. les mandataires de la boucherie sur cet animal. Renvoi à la 1re section.

— Il est donné communication d'une *Circulaire* de la *Société protectrice des animaux* relative aux récompenses qu'elle décerne chaque année, soit aux personnes qui ont fait preuve, à un haut degré, de bienveillance, de bons traitements et de soins assidus envers les animaux ; soit aux inventeurs d'appareils destinés à diminuer les souffrances ou à faciliter le travail des animaux ; soit enfin aux auteurs de publications utiles à son œuvre.

— M. le docteur Auzoux fait hommage d'un exemplaire de la 2e édition de ses *Leçons d'anatomie*. Notre confrère, qui place sous les yeux de l'assemblée un certain nombre de pièces appartenant à sa grande collection d'anatomie clastique, s'en sert pour faire quelques démonstrations. Dans la pensée qu'il pourrait être agréable à divers membres de la Société d'acquérir au moyen de ces préparations anatomiques artificielles des notions précises sur la structure des animaux dont la Société s'occupe, M. le docteur Auzoux se met à la disposition de ses confrères pour des conférences qui pourraient avoir lieu l'hiver prochain. Cette offre est acceptée par la Société.

— M. le docteur A. Fontan, médecin, à Bagnères-de-Luchon, en remerciant de son admission, offre un exemplaire de ses *Recherches sur les eaux minérales des Pyrénées, de l'Allemagne, de la Suisse et de la Savoie*. Notre nouveau confrère met à la disposition de la Société, dans les Pyrénées, une partie de ses propriétés, soit dans le schiste micacé, soit dans le schiste argileux, soit dans le calcaire, pour des essais d'acclimatation de végétaux exotiques. Il s'y trouve des prairies jusqu'à la hauteur de 1200 mètres au-dessus du niveau de la mer, et dont l'altitude pourrait être utilisée pour des animaux de montagnes.

— M. Louis Bouchard-Huzard dépose sur le bureau un exemplaire d'un *Traité des constructions rurales* qu'il vient de faire paraître, et dans lequel il s'est occupé des habitations des cultivateurs et de celles qui sont destinées aux animaux domestiques. Cet ouvrage, qui renferme de nombreux dessins de modèles, est renvoyé à l'examen de MM. Drouyn de Lhuys et le baron Séguier.

— M. Jules Cloquet présente, au nom de M. le docteur Barthe, une Note extraite des *Comptes rendus de l'Académie des sciences*, où sont présentées sous une forme résumée les *Observations de météorologie et de botanique* faites par notre confrère pendant le voyage de la frégate *la Sybille*, commandée par M. le capitaine de vaisseau Simonnet de Maisonneuve, membre de la Société. Dans cette campagne, qui a eu lieu durant les années 1855-56 et 57, la *Sybille* a parcouru les mers de l'Inde, de Perse, de Chine, du Japon, la manche de Tartarie, et a visité la Sibérie orientale, le Ségalien, les îles Kouriles, etc.

Le Secrétaire des séances,

AUG. DUMÉRIL.

DEUXIÈME RAPPORT

FAIT AU NOM DU CONSEIL

SUR LA FONDATION D'UN JARDIN D'ACCLIMATATION

AU BOIS DE BOULOGNE (1),

PAR UNE COMMISSION COMPOSÉE DE

MM. le prince Marc de BEAUVAU, DROUYN DE LHUYS, le comte d'ÉPRÉMESNIL, Fr. JACQUEMART, A. PASSY, RICHARD (du Cantal),

et Is. GEOFFROY SAINT-HILAIRE, rapporteur.

(Séance du 4 juin 1858.)

MESSIEURS,

Dans notre avant-dernière séance, le Conseil d'administration de la Société vous a exposé, par l'organe de notre collègue M. Fr. Jacquemart, la pensée générale qui préside à l'importante création dont nous nous occupons assidûment depuis plus d'une année, et les mesures financières qui ont été jugées propres à réaliser cette pensée dans les conditions les plus favorables à la fois au bien public, à notre Société et à chacun de ceux qui vont contribuer, par eux-mêmes ou par leurs capitaux, à la création du Jardin zoologique d'acclimatation.

Dans le même rapport, on vous a dit quelle a été, envers la Société, la bienveillance du Gouvernement, des autorités, du Conseil municipal : tandis que les autres jardins zoologiques ont dû s'établir sur des terrains chèrement achetés ou loués, et sur des points dont il fallait apprendre le chemin à la foule,

____

(1) Pour le premier rapport, fait par M. Jacquemart, dans la séance du 7 mai, voyez le numéro de mai, pages 153 à 163.

la ville de Paris vous a réservé une place dans son magnifique parc du bois de Boulogne que vous allez embellir encore, tout en y créant un établissement utile au pays.

Dans le Rapport complémentaire que nous venons aujourd'hui vous soumettre au nom du Conseil, nous ferons connaître ce que doit être le Jardin du bois de Boulogne aux termes mêmes de vos statuts, comme à ceux de l'arrêté qui nous met en possession des terrains concédés par la ville de Paris, et du décret impérial qui a autorisé cette importante concession.

Ces terrains, d'une contenance de 15 hectares 40 ares, s'étendent dans le bois de Boulogne de la porte des Sablons (voisine de la porte Maillot) à Neuilly, le long du Saut-du-Loup dont ils sont séparés seulement par l'allée dite des Érables. Cette portion du bois est celle qui, dès l'origine, avait paru au Conseil et aux Commissions déléguées par lui, la plus favorable à l'établissement d'un Jardin zoologique. La nature de son sol et son exposition ont été jugées très convenables pour l'élève des animaux. Située à proximité de deux des stations du chemin de fer (1), de l'avenue de l'Impératrice et du lac inférieur, par conséquent de Paris, de Passy, d'Auteuil, de Boulogne, des Sablons, de Neuilly, des Thernes et de plusieurs autres communes limitrophes du bois de Boulogne, elle est parfaitement à portée des visiteurs, sans être cependant au milieu même du mouvement, du bruit et de la foule. Il ne manquait à ces terrains, pour satisfaire à tous les besoins d'un établissement comme le nôtre, que d'être traversé par un cours d'eau : la ville de Paris a bien voulu s'engager à y faire passer un bras de rivière, et en ce moment même, s'exécutent les travaux nécessaires pour réaliser cette indispensable amélioration de notre concession.

Quel emploi devons-nous faire de ces terrains? Quels animaux et quels végétaux y placerons-nous?

L'arrêté de concession le dit en termes exprès : Ce qui doit être créé, c'est un établissement destiné à « *appliquer et propager* » *les vues de la Société impériale zoologique d'acclimatation*

______

(1) Stations de la porte Maillot et de l'avenue de l'Impératrice.

» *avec le concours et sous la direction de cette Société*, et par
» conséquent, *acclimater, multiplier et répandre dans le*
» *public* toutes les espèces animales et végétales qui sont ou
» qui seraient par la suite nouvellement introduites en France,
» et paraîtraient dignes d'intérêt par leur *utilité* ou par leur
» *agrément.* » On ne saurait mieux définir en peu de mots
le nouveau Jardin.

La Société d'acclimatation ne peut créer qu'un établissement
d'utilité publique comme elle-même : c'est là le premier élément de notre programme. Le second résulte de la situation du
Jardin zoologique au sein même du bois de Boulogne : il devra être
digne par sa tenue, par son élégance, de tout ce qui l'entou-
rera ; digne aussi de cette élite de la population parisienne, ou
pour mieux dire, européenne, qui fait du bois de Boulogne son
lieu quotidien de distraction et de délassement. Tel sera le
double caractère du nouvel établissement : c'est parce qu'il sera
éminemment utile que S. M. l'Empereur a voulu inscrire de sa
main son nom en tête de la liste des souscripteurs, que les princes
de la famille impériale nous ont fait le même honneur (1),
et que la ville de Paris n'a pas hésité à nous concéder pour l'établissement du jardin, des terrains d'une si grande valeur; et
c'est parce que l'utile y revêtira partout une forme agréable,
qu'il partagera avec les autres parties du bois de Boulogne la
faveur du public. Placé chaque jour sur les pas de la foule
élégante, comment ne serait-il pas adopté par elle, quand
nous la voyons, partout où sont déjà des Jardins zoologiques,
aller les chercher avec l'empressement le plus soutenu dans
des parties plus ou moins reculées des villes, et parfois jusqu'à
leurs plus lointaines extrémités?

Notre établissement aura en même temps un troisième caractère : il sera nouveau. Nous n'avons pas à créer un second
Jardin des plantes, une seconde *Ménagerie*. Ce bel établissement, qu'on nous permette de reproduire ici des paroles re-

---

(1) Nous apprenons que S. M. le Roi de Wurtemberg a bien voulu donner
spontanément à la création du Jardin du bois de Boulogne le même témoignage d'intérêt.

cueillies d'une bouche auguste, « est bien où il est, et il n'en
» faut pas un second. » Qu'est-ce que la Ménagerie ? à côté des
Musées du Jardin des plantes, un autre Musée, et peut-être le
plus précieux de tous : un Musée vivant, où, dans l'intérêt de la
science, et aussi de l'art, doivent être représentées, ensemble ou
tour à tour, toutes les espèces qu'il est possible d'observer et de
conserver sous notre climat : sans la Ménagerie du Muséum,
premier modèle de tous les jardins zoologiques établis depuis,
Cuvier n'eût jamais écrit l'*Anatomie comparée*, et le créateur
de l'anatomie philosophique en France, ne l'a été dans son âge
mûr, que parce qu'il avait été dans sa jeunesse celui de la
Ménagerie (1).

C'est un tout autre établissement, et essentiellement différent malgré quelques points de rencontre sur ce qu'on peut
appeler leur frontière commune; c'est un Jardin zoologique
d'un ordre nouveau que nous avons à créer au bois de Boulogne : le Jardin zoologique d'application; la réunion des
espèces animales qui peuvent donner avec avantage leur force,
leur chair, leur laine, leurs produits de tout genre, à l'agriculture, à l'industrie, au commerce; ou encore, utilité secondaire, mais très digne aussi qu'on s'y attache, qui peuvent
servir à nos délassements, à nos plaisirs, comme animaux d'ornement, de chasse ou d'agrément à quelque titre que ce soit (2).
Voilà les animaux qui devront peupler le nouveau Jardin, et
s'y mêler aux espèces végétales les plus dignes de culture aux

(1) Sur la création de la Ménagerie, par Étienne Geoffroy Saint-Hilaire,
et sur les ménageries zoologiques comparées aux établissements d'acclimatation, voyez notre *Rapport sur la domestication et la naturalisation des
animaux utiles*, adressé à M. le Ministre de l'agriculture en 1849; *Animaux
utiles*, 3ᵉ édition, 1854, pages 114 et suivantes.

(2) Trois membres de la Société d'acclimatation, MM. le prince A. de Demidoff, Le Prestre et de Souancé, sont déjà entrés dans cette voie par la
création de véritables jardins zoologiques d'acclimatation à San-Donato
(près Florence), à Saint-André de Fontenay (près de Caen), et à la Commanderie (Indre-et-Loire). Les services déjà rendus à l'acclimatation, dans ces
trois beaux jardins zoologiques, ont été souvent rappelés dans le *Bulletin*.
(Voyez particulièrement les Comptes rendus des Séances publiques annuelles
de 1857 et de 1858, t. IV, p. LXX, et t. V, p. LXXXIV et CXI.)

mêmes points de vue : utiles et bienfaisantes, ou belles et d'ornement : propres à enrichir nos champs, nos forêts, nos vergers, ou à parer nos jardins et nos parcs.

Nous n'aurons donc à construire, ni ces édifices aux épaisses murailles, comparables à des forteresses, qui sont indispensables pour loger les grands quadrupèdes, ni des galeries pour les singes et les animaux féroces, ni des volières d'oiseaux de proie, ni des cages à serpents, ni des bassins pour les amphibies. Nous n'aurons pas besoin de hautes et vastes serres, et par conséquent, ni pour nos animaux ni pour nos végétaux, d'appareils considérables de chauffage. Mais nous devrons disposer, en les faisant alterner avec des masses de verdure et des plates-bandes, des enclos et des herbages pour les quadrupèdes herbivores, et faire établir, à mesure que les besoins se produiront et selon les données propres à chaque espèce, des étables, des écuries, des loges où ne seront négligés aucuns des perfectionnements nouveaux. Dans ces étables, dans ces enclos, assez spacieux pour contenir des familles et au besoin de petits troupeaux, nous devrons placer, à côté de quelques beaux représentants, d'étalons de choix, de nos meilleures races domestiques, les espèces et races étrangères que la Société a reconnues ou reconnaîtra dignes d'être introduites, étudiées et acclimatées pour leur utilité ou comme objets d'ornement ; les unes déjà signalées au zèle de nos nombreux confrères étrangers ; d'autres, comme l'Yak, les Chèvres d'Angora et de Nubie, le Mouton de Caramanie, divers Cerfs étrangers, le Lama, le grand Kangurou, possédés dès à présent par la Société.

Les bonnes races de Chiens, de Porcs, de Lapins et d'autres rongeurs, pourront aussi successivement prendre place dans un chenil, une porcherie, une basse-cour que la Société pourrait de même peupler déjà en partie.

Une oisellerie dont le plan est conçu de manière à permettre une extension graduelle selon les besoins, recevra d'une part les races gallines et autres volailles ; de l'autre, les oiseaux terrestres ou aquatiques, d'ornement, de luxe, de chasse, qu'il paraîtra utile de multiplier, soit dans le Jardin même, soit dans divers dépôts, et de répandre au moyen de ventes courantes ou annuelles. A côté de ces espèces, on poursuivra l'acclimatation, déjà si bien étudiée, de ces grands oiseaux, le Nandou et le Casoar de l'Australie, qu'on a considérés comme pouvant devenir un jour par rapport au Dindon, ce que celui-ci est devenu, au XVIe siècle, par rapport à la Poule.

Dans une petite Magnanerie, on cultivera, comparativement avec le Ver à soie du mûrier, celui du Chêne, dont la Société est sur le point de se rendre maîtresse, celui du Ricin qu'elle a acclimaté, non-seulement en France, mais déjà, en trois années, dans trois parties du monde, et d'autres Vers à soie dont elle a possédé et étudié quelques individus, et qu'elle va recevoir de nouveau et en plus grand nombre. Cette magnanerie, une petite salle pour d'autres insectes industriels tels que la Cochenille du Mexique et le curieux insecte à cire des Chinois, dont Mgr Perny a si bien préparé l'introduction en Europe, et un rucher qui mettra en regard les principaux modèles de ruches et les principales races d'Abeilles, seront pour les petites espèces terrestres ce que les parties précédentes de l'établissement seront pour les grandes.

Les animaux aquatiques alimentaires, médicinaux ou utiles à d'autres titres auront de même leur place : d'une part, dans des bassins et appareils de pisciculture et d'hirudiculture, où chacun pourra étudier les procédés de deux arts encore trop peu répandus ; de l'autre, dans un *aquarium* où, comme à Londres, on observera, à travers des parois transparentes, les mouvements et la vie de quelques-uns de ces êtres qu'on n'avait guère vus jusqu'à présent que dans les armoires de nos Musées.

Telles sont les principales espèces animales que nous associerons, dans notre Jardin zoologique, aux plus utiles et aux plus belles des espèces végétales récemment introduites, et parmi lesquelles il suffira de citer comme exemples, tous choisis parmi les plantes que la Société possède et étudie ou répand, le Sorgho à sucre, l'Igname, le Pois oléagineux, le Loza, les arbres à Vernis, à Suif et à Cire, l'Ortie blanche, les Chênes de Mantchourie, les Riz de Chine et du Japon, divers végétaux alimentaires de l'Afrique et de l'Océanie, et, n'oublions pas cette dernière venue, la Pomme de terre sauvage de la Sierra Nevada : cultures utiles qu'entoureront et pareront les plantes d'ornement les plus nouvellement acquises à l'horticulture.

Nous nous arrêtons ici. Nous n'avons pas à faire la description d'un établissement qui n'existe pas encore, mais seulement à en tracer le programme ; et nous croyons l'avoir fait assez complétement pour donner une idée suffisamment exacte de l'établissement à la création duquel vous vous êtes associés individuellement, à laquelle vous venez d'associer à un titre de plus notre institution elle-même, en décidant qu'elle serait inscrite pour une somme importante sur la liste des souscripteurs d'actions (1).

(1) Par décision prise dans la séance du 4 juin, avant la lecture de ce rapport, la Société impériale d'acclimatation s'est inscrite, en son nom collectif, pour 100 actions (25,000 francs) sur la liste des souscripteurs.

Voyez plus loin (dans le numéro de juillet) le procès-verbal de la séance du 4 juin.   R.

NOTES

SUR LA FAUNE DU SOUDAN,

Par M. le baron Henri AUCAPITAINE.

(Séance du 19 février 1858.)

Les progrès faits chaque jour par l'influence française dans les vastes contrées placées au sud du Tell algérien, l'occupation de plusieurs points importants du Sah'ara que l'on pourrait appeler les *Portes du désert*, surtout les récentes relations nouées avec les chefs Touâregs d'Azegueur, donnent, ce nous semble, un grand intérêt à l'étude des produits du Soudan.

Cette vaste région semble enfin, dans un avenir peu éloigné, devoir s'ouvrir à la civilisation et au commerce. Le règne végétal et le règne animal y présentent, d'après le peu que nous connaissons, des ressources variées à l'agriculture, au commerce et à l'industrie. Il nous a donc paru intéressant de réunir les notions bien imparfaites recueillies par quelques rares voyageurs et les renseignements que nous avons obtenus des gens du Sud dans nos interrogatoires ; malgré leur insuffisance, ces notes, si elles ne présentent pas un tout complet, pourront, nous l'espérons du moins, servir de jalons à de nouvelles recherches sur les produits riches et curieux du pays des noirs.

Le Soudan, pays du Baobab, ce géant des végétaux, présente aussi les géans de la race animale. Les Éléphants errent par troupes nombreuses dans les plaines arrosées par les crues des grands fleuves.

Leurs défenses constituent une des richesses les plus importantes de la Nigritie.

Plusieurs Européens qui ont pénétré dans les régions du Nil Blanc pour s'y livrer au commerce de l'ivoire, en ont retiré de beaux bénéfices.

Deux défenses (*Nab-El-Fil*) de ces animaux, pesant 150 kilogrammes et formant la charge d'un chameau, valent à R'damés

1200 fr. environ ; à Kanou 50 kilogr. d'ivoire au moins 100 fr.
et à Rat 315 fr. Les Éléphants sont très communs aux environs du lac Tchad, du Bah'r-El-R'azel et leur ivoire peut être
très facilement importé dans le Sah'ara algérien par les cara-
vanes touâregs.

Le Rhinocéros (*Abou-Karn* des Arabes) est assez rare au
nord de l'équateur ; cependant on en rencontre parfois au sud
du Dâr-Four. Les indigènes travaillent en lanières le cuir épais
de ce mammifère. Si l'on en croit les récits des nègres de l'intérieur, il existerait dans les vastes régions centrales encore
inexplorées une espèce particulière de Rhinocéros qui serait la
Licorne des anciens. M. Jomard, éditeur du *Voyage Chiq'r
Moh'ammed-El-Tounci*, fait remarquer à ce sujet le silence
de son explorateur en observant que cet animal vient probablement du Dâz-Rounga.

Nous ne saurions trop engager les naturalistes à faire des
recherches au sujet de cette espèce, dont le naturaliste Ruppel
et le voyageur Kœnig ont entendu parler au Kordofan (1).
« L'animal, décrit au docteur Ruppel, dit M. Jomard, paraît
» être une Antilope unicorne et bien différente de l'Abou-Kaen
» d'Abdallah, d'Ibrahim et d'autres natifs de Rounga. »

Les Hippopotames, devenus rares dans le haut Nil, sont très
communs dans le Soudan occidental ; ils nagent en troupes
dans le Bah'r-El-Nil, ou Niger, et les îles du lac Tchad servent
d'asile à une multitude de ces animaux. Les boucliers des
Touarêgs sont tous faits avec des peaux de cet amphibie

La Girafe, que les Arabes nomment Djemel-el-R'la, parcourt
les régions soumises aux pluies estivales et tropicales ; on la
trouve dans une zone dont la limite nord s'étend du sud de
l'Abyssinie à Tombouktou.

Le Bournou présente une espèce de Bœuf, appelée dans le
pays *Klabo* et par les Arabes *El Meha*, dont la peau très

(1) Voyage au Dâr-Four du Chig'r Moh'ammed-El-Tounci, trad. par le
docteur Perron. Lettres sur certains quadrupèdes réputés fabuleux : *Journal asiatique*, mars 1844. Deuxième lettre, *Journal de l'Institut*, mars 1845.
Correspondance astronomique du baron de Zakh. Lettre de M. Ed. Ruppell,
t. XI, p. 270.

épaisse, étendue sur des formes de bois, est utilisée à faire de grands plats et des outres. Les Touâregs viennent au Soudan acheter des peaux de ces animaux avec lesquelles ils font leurs tentes. On en apporte fréquemment à R'damès, R'at, In-Salah; elles servent à contenir de la gomme du Haoussa.

La viande desséchée et coupée du Klabo est l'objet d'un grand commerce entre les nomades Sah'ariens et les indigènes du Soudan, qui la vendent sous le nom de *Kadyd* ou *Khelca*. C'est un aliment précieux pour la traversée du désert.

Les forêts du Dâr-Four nourrissent en abondance un animal que les Fôriens nomment *Feytel*, et qu'ils chassent beaucoup. Cet animal est évidemment le *Begh'r-El-Ouach* (Bœuf sauvage) des Sah'ariens. C'est l'*Antilope Bubalis* des naturalistes, *Bos Africanus* de Belon.

Le major Denham en a vu de grandes quantités sur les bords du lac Tchad. Ibn Bathouta et Léon l'Africain ont fait déjà remarquer l'énorme gibbosité de ces ruminants.

Il en existe une variété blanche.

On amène fréquemment du Haoussa dans les K'slours du Sah'ara des Buffles à jabot et à garot.

Deux faits très remarquables sont propres aux ruminants soudaniens : le premier, c'est que tous portent une bosse sur le garrot; le second, est l'épaisseur de leur cuir, triple au moins des animaux de même race dans nos pays. Cette observation, faite par des voyageurs modernes, avait été signalée il y a vingt-deux siècles par Hérodote.

Chez certaines peuplades des rives du Nil Blanc, on remarque une curieuse réminiscence du culte d'Apis ; le Bœuf y est adoré et engraissé dans une oisiveté respectée.

Les Chevaux sont rares et très estimés dans le Soudan. Un Cheval arabe de sang commun y vaut de douze à quinze nègres. En revanche, les Anes y sont abondants et de forte taille ; ils vivent à l'état sauvage, ainsi que l'indique leur nom d'*Amar-El-Ouach*. Il serait facile de tirer, par la domestication, un utile parti de cette belle race d'Anes, dont le sang, d'une pureté toute primitive, pourrait régénérer la race abâtardie des petits Anes d'Algérie.

Cet animal a pour ennemi un grand Serpent connu des Touâregs, mais sur lequel nous n'avons aucun renseignement, si ce n'est qu'il est d'une taille gigantesque (1).

Les fleuves du Soudan fourmillent de Crocodiles; on en trouve au nord jusqu'à l'Oued-Takmalet, rivière que l'on rencontre en allant d'Ouazgla à R'at, à huit jours environ de cette dernière ville. Les Touâregs connaissent ce reptile sous le nom de *Rouchef*, et ces nomades redoutent fort la présence de cet hôte dangereux pour les jeunes Chameaux qui vont paître aux environs de l'Oued-Takmalet. Les écailles du Crocodile sont employées à divers usages d'industrie par les noirs du Soudan.

De vastes plaines, n'ayant pour toute végétation que des mimosas épineux, donnent asile aux Chacals, aux Hyènes, aux Porcs-épics, à de nombreux Hérissons, des Lièvres, des Lapins.

Dans les parties sablonneuses et pierreuses on trouve le Feungi (*F. Denhamii*), animal dont les mœurs sont encore peu connues, et dont une variété à pelage clair habite le Belad-El-Djesid et le Kordofan.

Vers l'est sur les confins du Fa-Zoglo, du Dâr-Four, au Soudan oriental, se trouve un précieux animal qui fait la fortune des chasseurs et le bonheur du harem, c'est la Civette, dont le parfum, appelé *Zebed* par les Arabes, a une grande valeur en Algérie et dans tous les pays musulmans (2).

L'animal qui donne ce parfum est appelé *Gatt'* (Chat) par les Arabes et *Mzourou* par les Nègres.

On l'élève en domesticité et on le nourrit exclusivement de viande, aliment qui donne au musc une odeur très pénétrante.

A R'at, R'damès et Kanou le musc vaut 260 à 280 fr. la livre.

Les Gazelles sont communes, particulièrement dans le nord. On y trouve cette variété à cornes annelées et à ventre blanc que les Arabes appellent *Rîn*, et dont la taille est supérieure aux Gazelles de Sah'ara.

(1) Si l'on se rappelle que les Éléphants vivaient autrefois dans le Tell africain et sont aujourd'hui retirés dans les zones plus chaudes de l'intérieur, ne pourrait-on voir dans ces reptiles gigantesques des représentants de celui qui porta jadis la terreur dans l'armée de Régulus?

(2) Les indigènes d'Algérie vendent à bas prix une composition de même nom faite de grossiers aromates.

Des tentatives devraient être faites pour domestiquer en Algérie cet élégant animal, dont la chair est délicate et bonne.

Ce serait une entreprise facile à tenter et qui serait couronnée de succès, puisque la Gazelle est du pays même. Il suffirait de la domestiquer et de favoriser sa multiplication.

On trouve au Soudan diverses espèces de rongeurs. Hérodote en a indiqué trois pour les *Pays des Nomades*.

Nul doute que l'Afrique intérieure ne renferme une grande quantité d'espèces nouvelles de mammifères de petite taille.

Les Panthères sont communes sur les lisières du Soudan et du Sah'ara. Les Touàregs en apportent fréquemment des peaux qui se vendent de 20 à 24 fr. sur le marché de R'adamès.

Il en est de même des Lions.

Un fait remarquable dans la Faune du Soudan, et que M. Isidore Geoffroy a déjà signalé à l'Académie des sciences (1), ce sont ces *Moutons à poils ras* chez les Nègres à *cheveux laineux*, tandis que les animaux de *même espèce* sont laineux chez leurs voisins, *hommes à cheveux lisses d'origine caucasique*. Ces Moutons sont d'une espèce particulière, connue sous le nom de *Demman* ou *Ademan*, qui devient excessivement grasse et fournit un lait excellent et abondant. Son pelage, court comme celui de la Gazelle, est tacheté de noir et de blanc. On en rencontre quelques individus dans le Gourara, oasis du sud de l'Algérie.

Un phénomène analogue à celui que nous venons de rapporter pour les Moutons se produit pour le Chameau. Le poil long et laineux de cet animal est une des richesses des tribus sah'ariennes et des bourgades du désert, où il est employé aux usages domestiques et fournit des tissus d'un prix élevé; dans le Soudan son poil devient ras.

Les Nègres ne mangent pas la viande du Chameau.

Les animaux domestiques de belle race, les types agricoles perfectionnés sont le privilége exclusif des races humaines civilisées. Dans nos sociétés, l'homme s'ingénie à plier l'animal à des besoins nouveaux. Chez les races barbares on ne remarque aucune tentative de ce genre, la perfection étant en relation

---

(1) Académie des sciences. *Comptes rendus*, 1850, t. I, p. 350.

directe des besoins. C'est en vertu de cette loi que nous ne retrouvons pas chez les Soudaniens les individus de cette belle et pure race des M'haris; car cette variété, due aux soins de l'homme, est le privilége exclusif des tribus arabes les plus civilisées. Aussi le type le plus pur du M'hari vient-il de l'Omrah, du pays des Bycharis; il est un peu moins beau chez les Berbères nomades du Sah'ara algérien, et perd toutes ses qualités chez les Bédouins sauvages du Maroc.

Pour le moment, et dans l'état actuel des relations de l'Algérie avec le Soudan, le principal produit que puisse retirer le commerce consiste dans les peaux et les cuirs.

Les marchands de R'damès, intermédiaires du Soudan avec le Tell, importent à Tunis et à Tripoli une grande quantité de peaux de Buffle (*Klabo*).

D'après M. Prax une peau vaut :

A Kanou.	1 fr.	75 c.
A R'at.	3	75
A R'damès.	5	62

Pour atteindre à Tunis une double valeur de 11 fr. 25 c.

Les peaux de Chèvres appelées par les Touàregs *Tedefeurt*, sont l'objet d'une vente considérable, elles sont parfaitement préparées et d'une qualité supérieure. Si bien que « le travail » d'un tanneur, dit M. le capitaine de Bonnemain (1), est d'un » industriel consommé. On ne fait pas mieux en Europe en » supposant qu'on fasse aussi bien. »

Les cuirs les plus renommés viennent de Haoussa.

Enfin, nous ne terminerons pas ces résumés ni nos notes, sans dire que les Soudaniens recueillent du miel qui est vendu par les Touàregs à R'at, R'damès, I'delés, Aïn-Salah, où il est très recherché.

Nul doute que les explorateurs européens et les relations des indigènes algériens, ne fassent connaître les ressources variées qu'offrent en tout genre ces vastes pays de la poudre d'or, du cuivre et des esclaves qui s'appellent *Beladez-Soudân*.

(1) *Voyage à Radamès.*

RAPPORT SUR SARLABOT

BOEUF DE LA RACE COTENTINE SANS CORNES

CRÉÉE PAR M. DUTRONE.

Commissaires :

MM. le marquis DE SELVE, *président*, BARRAL, MAGNE, J. VALSERRES,

et U. LEBLANC, rapporteur.

(Séance du 18 décembre 1857.)

Messieurs,

La Commission que vous avez nommée pour vous faire un rapport sur le Bœuf cotentin *sans cornes* SARLABOT Ier, né et engraissé chez M. Dutrône, m'a fait l'honneur de me choisir pour son rapporteur ; je vais vous rendre compte de la mission que vous nous avez confiée.

Nous n'avons pas cru devoir nous borner à un examen pur et simple de ce bœuf et de la sous-race normande dont il est un spécimen ; la Commission a pensé qu'elle devait prendre ce fait comme l'occasion de considérations générales sur les races bovines *sans cornes*, sur leur acclimatation et sur la formation des sous-races *à tête nue*, par le croisement de types *sans cornes* avec des animaux à cornes.

En effet, les fondateurs de la SOCIÉTÉ IMPÉRIALE ZOOLOGIQUE D'ACCLIMATATION se sont préoccupés d'un but bien plus élevé que celui d'enrichir la France seule par des importations ; ils ont, dès leurs premiers actes, provoqué, récompensé les acclimatations à l'étranger (1), et aussitôt, sous une habile direction, la Société a vu les souverains, les savants des différents pays du monde devenir ses protecteurs, ses auxiliaires, ses tributaires.

Vos commissaires, Messieurs, envisageaient déjà leur tâche à ce point de vue cosmopolite, quand ils ont trouvé dans le *Moniteur belge* le programme d'un concours que le *Congrès*

---

(1) Rapport de M. le présid. Is. Geoffroy Saint-Hilaire, *Bulletin* n° 2, 1856.

international de bienfaisance, dans sa session de Francfort-sur-le-Mein, a ouvert pour encourager la propagation de la race bovine *sans cornes*. Toutes les nations représentées à ce congrès l'étant aussi dans notre *Société*, il nous a paru que c'était une raison de plus pour consigner ici des documents propres à guider, dans leur œuvre d'acclimatation et de croisement, les personnes qui s'occuperont à l'étranger aussi bien qu'en France de propager les races bovines *à tête nue*.

D'ailleurs l'association pour l'acclimatation des animaux et des végétaux n'a pas seulement cherché à introduire d'une contrée dans une autre des espèces telles que la nature les avait produites, mais aussi des espèces modifiées par la domestication ou par la culture. Eh bien ! c'est un heureux exemple de ces modifications que M. Dutrône est venu présenter à notre Société comme une preuve des bons résultats que l'on peut obtenir en alliant, dans *certaines conditions*, avec une race française, une espèce modifiée, autrement dit une race créée, ou du moins très répandue dans un pays étranger.

En entrant, il y a dix-huit ans, dans cette voie, où, soutenu par un profond sentiment d'humanité, il persévère avec un succès bien constaté, M. Dutrône a-t-il agi par un mouvement spontané, ou bien a-t-il répondu à cet appel que l'illustre père de notre illustre président avait consigné dans son traité de Philosophie anatomique, où nous lisons :

« *Le cultivateur donne des étalons de choix ayant telle qualité déter-*
» *minée à sa cavale, à ses brebis ou à sa* GÉNISSE, *pour se procurer, je.*
» *suppose, une race hybride, des agneaux à lainage beaucoup plus* fin, ou
» un VEAU QUI CROÎTRA SANS PRENDRE DE CORNES (1). »

Dans la première hypothèse, M. Dutrône aurait eu une noble initiative ; dans la seconde, il aurait accepté un noble guide.

Dans tous les cas, l'autorité du savant et l'exemple du praticien vont, en se prêtant un mutuel appui, hâter la réalisation trop longtemps retardée de ce grand progrès agricole et humanitaire, à savoir : la substitution des races bovines *sans cornes* aux races si dangereuses qui en sont armées.

(1) E. Geoffroy Saint-Hilaire, *Philosophie anatomique*, t. II, p. 490 (1822).

Nous venons de dire qu'il fallait satisfaire à *certaines condi-tions* pour retirer des avantages marqués d'alliances d'animaux de races étrangères avec des animaux de races indigènes. C'est de l'observation ou de l'inobservation de ces conditions que proviennent les bons ou les mauvais résultats de l'alliance.

Ces conditions ne sont pas absolues. Elles sont variables comme le but que l'on se propose ; mais elles doivent être telles que l'individu améliorateur ne soit pas très différent, par sa constitution et par sa conformation, de l'individu dont la race est à perfectionner ; telles aussi que le climat, et en géné-ral l'état de la contrée qui a nourri le premier, aient quelque analogie avec ceux du pays qu'habite le second. Les sous-races ainsi formées ont des caractères durables, se transmettant par la génération. Quand on s'écarte beaucoup de ces règles, on court le risque d'avoir des animaux désharmoniés, des produits peu féconds. Au point de vue de l'acclimatation, nous allons consigner ici les renseignements que nous avons puisés soit dans des écrits sur les races *sans cornes*, soit dans l'expérience de M. Dutrône.

Tout d'abord, nous rappellerons que les races d'Angus, d'Aberdeen, de Galloway présentent, ainsi que la race de Suffolk, des caractères fixes qui, la tête à part, les font reconnaître au premier coup d'œil. — Cette fixité des caractères explique la grande influence des individus de ces races sur les produits, lorsqu'on les accouple avec des bêtes à cornes. Nous ferons remarquer aussi que les diverses races *sans cornes* se distin-guent par des qualités différentes : les unes sont très bonnes laitières ; les autres conviennent surtout pour la boucherie. — Ainsi lorsqu'on voudra faire des croisements dans les localités où l'on s'occupe principalement de la production de la viande, il faudra prendre en Écosse des Angus, des Aberdeen ou des Galloways. — S'il s'agit de la production du lait, on devra prendre en Angleterre des Suffolk.

Quoique les Suffolk soient les meilleures laitières des trois Royaumes-Unis, il peut parfois être plus rationnel, sous le rapport de l'acclimatation, de choisir une autre race *sans cornes*, habitant une contrée plus froide. Ainsi la race de Kin-

oss (*Écosse*), qui se recommande aussi par ses qualités lai-
ières, conviendrait mieux aux pays situés au nord de la France
que la race de Suffolk, choisie par **M.** Dutrône pour modifier
a race cotentine, qui n'est séparée de la première que par le
canal de la Manche. C'est ainsi encore que les races *sans cornes*
de Suède et de Norwége devraient être préférées pour créer
des races *à tête nue* dans les contrées les plus septentrionales ; de même que ce serait dans l'Asie Mineure, où l'on dit
exister une race *sans cornes*, qu'il conviendrait de prendre
des animaux pour le croisement des races des pays méridionaux, pourvu que la race d'Asie, sur laquelle nous n'avons aucun
renseignement précis, possédât des qualités bien manifestes.

Afin de renseigner les personnes qui voudront acclimater des
races *sans cornes*, ou les croiser avec des animaux à cornes,
voici où se trouvent les plus beaux types des races présentées
à nos concours universels de 1855 et de 1856, et à notre concours international de Poissy en 1857.

Pour l'Angus, l'Aberdeen et le Galloway, ces types se trou-
vent chez Sa Grâce le duc de Buccleuch, Lord Southesk, près
Broehim (*Écosse*) ; Lord Talbot, près *Dublin* (*Irlande*) ;
MM. William Mac-Combie et James Stewart, près *Aberdeen*
(*Écosse*) ; Robert Wardlaw-Ramsay, près *Édimbourg*, etc., etc.

Pour la race de Suffolk, **M.** Dutrône, qui a visité les pro-
vinces de Suffolk, Norfolk, Cambridge et Essex, nous a appris
que les meilleurs types se trouvaient chez Lady Cullum et le
marquis de Bristol, à *Bury Saint-Edmond* ; Lord Sondes, à
Tilford (*Norfolk*) ; Lord Stradbrock, près *Hotesworth* ; Sir
Édouard Kerrisson, M. P. Bar., près *Lowestoft* ; le colonel
Tomlyn, **M. P.**, près *Ipswich* ; le colonel Mason, **M. P.**, à
Necton ; le révérend Morton Schaw, près *Bury Saint-Edmond* ;
MM. Magendie, à *Haddingham Castle*, près *Sudbury* ; H. B. Birk-
beck, près *Norwich* ; Mosly, près *Saxmundum* ; Badham et
Bidell, près *Ipswich* ; Hawkins, près *Colchester* ; Gray Mariage,
près *Chelmsford* (*Essex*) ; R. Baker, *id.* ; Crashe, près *Mellis* ;
Hudson, près *Kingslynn* ; Crisp, près *Woodbridge* ; Baven,
près *Bury Saint-Edmond* ; etc., etc.

Nous signalerons encore une condition à rechercher dans

les reproducteurs : c'est une taille moyenne pour les grandes races, telles que la *Cotentine*, dont nous nous occupons ici ; cette taille est approximativement, quant au mâle, de 1ᵐ,40 à 1ᵐ,50, et, quant aux femelles, de 1ᵐ,25 à 1ᵐ,35 (*mesure prise à la potence*). — La taille moyenne est réclamée aussi bien par l'industrie laitière, beurrière ou fromagère, que par les laboureurs et les engraisseurs ; elle coïncide avec le poids moyen en viande nette le plus avantageux pour le consommateur et le boucher. — Ce poids approximatif aussi est de 300 à 400 kilogr. pour les mâles et de 200 à 250 kilogr. pour les femelles. Ces indications de taille et de poids sont basées sur les renseignements donnés par le syndicat de la boucherie et MM. le directeur des approvisionnements et l'inspecteur général de la boucherie.

La taille moyenne et le poids moyen se rapportent généralement à une constitution des formes et des proportions annonçant de l'harmonie dans l'organisme et dans les fonctions. Ils coïncident aussi avec un embonpoint moyen, qui fait que le goût et les propriétés nutritives de la viande sont meilleurs que quand elle est noyée dans une excessive proportion de graisse.

Malheureusement la taille moyenne a été quelquefois regardée comme défavorable. Ainsi, depuis mai 1821 à janvier 1847, époque où les droits d'octroi se payaient par tête, les plus grands bœufs, qui étaient souvent plus lourds que les bœufs de taille moyenne, quoique moins bons, étaient préférés, parce qu'ils coûtaient proportionnellement moins que ceux-ci pour l'entrée à Paris.

L'antique promenade du *bœuf gras* a aussi donné de la faveur aux bœufs de taille exagérée, une stature gigantesque l'emportant sur les qualités réelles pour l'admission à cette solennité, préférence déplorable, puisqu'elle met en relief des animaux dont elle semble encourager l'élevage, mais qui, mal constitués, ne doivent cependant pas servir d'exemple. — C'est l'année dernière seulement que, par une exception très louable, on a admis à cette promenade un bœuf n'ayant que 1ᵐ,60. — Ce bœuf, qui était SARLABOT Iᵉʳ, dépassait encore la taille moyenne ;

c'était même pour ce motif que M. Dutrône ne l'avait pas employé à la reproduction. — Espérons que ce précédent sera un
enseignement, et qu'il conduira les éleveurs, ceux de la Normandie notamment, à ne plus prendre la grande taille comme
principal mérite des veaux, dans la sélection des produits destinés à l'élevage et surtout à la reproduction.

Sans développer plus longuement les principes que nous
avons posés, nous allons, Messieurs, vous faire connaître avec
quelques détails, le fait qui a été l'occasion de ce rapport. Il
sera une preuve à l'appui des règles que nous avons indiquées.

SARLABOT Iᵉʳ (1).

M. Dutrône, conseiller honoraire à la Cour impériale
d'Amiens, alarmé des *quasi-délits*, des accidents et des inconvénients de toute sorte qui proviennent de la présence des
cornes chez l'espèce bovine, s'est appliqué à constituer une
race nationale *sans cornes*, en alliant des animaux appartenant aux races anglaises et écossaises *à tête nue* avec des

(1) Nous devons cette gravure à l'obligeance de M. Barral, directeur du
Journal d'agriculture pratique.

sujets à cornes de la race française COTENTINE ou normande.

Avant d'aller plus loin , nous indiquerons sommairement les principaux inconvénients des cornes chez les bêtes bovines. Ce sont les blessures , souvent suivies de mort, qu'elles font aux personnes qui les soignent , ou qu'elles rencontrent dans les pâturages et sur la voie publique ; blessures qui peuvent être faites par des animaux d'un naturel fort doux , soit dans un accès de gaieté, soit en se défendant contre les insectes.

Ce sont, dans les pâturages, les blessures, souvent mortelles aussi, échangées entre les animaux à cornes, ou, comme l'a fort bien dit le *Moniteur des Comices :*

« Les éventrations des juments poulinières, agressives par préoccupation maternelle, et des jeunes poulains, importuns par leurs provocations à jouer, quand le taureau ou la vache, occupés à paître, ne veulent pas être dérangés.

» Dans les herbages, plantés d'arbres fruitiers, c'est la destruction des appareils coûteux établis pour les protéger. — A quoi il faut ajouter, que les bêtes à cornes, se servant de leur armure pour détruire les clôtures qui les retiennent dans les pâturages, se répandent ensuite sur les terres ensemencées, où elles ravagent les récoltes (1). »

C'est encore, comme l'a fait remarquer M. Barral, notre collègue, la dérivation d'une partie des sucs nutritifs qui, au lieu de contribuer à l'augmentation de la chair et de la graisse, donnent un produit de moindre valeur (2).

C'est enfin de favoriser le maintien d'un usage routinier, consistant à atteler les bœufs par la tête, quand tout indique que la communication de la force motrice, appliquée à un collier contre lequel les épaules font pression , favorise l'emploi de cette force : vérité démontrée par notre autre collègue M. le professeur Magne, dans un excellent rapport fait à la *Société protectrice des animaux* (Bulletin de mai 1857).

Nous n'ignorons pas qu'on a diminué les inconvénients du joug en le remplaçant par deux demi-jougs isolés, adaptés chacun à la partie antérieure de la tête d'une paire de bœufs, ce qui leur permet de se mouvoir plus librement qu'avec le vrai joug ; mais ce moyen d'attelage rend encore les cornes

(1) *Moniteur des comices,* 1ᵉʳ avril 1857.
(2) *Journal d'agriculture pratique,* 5 avril 1857.

nécessaires, et par conséquent ne fait pas disparaître la cause des accidents dont nous venons de parler.

Ajoutons que, dans la propagation des races, tout ce qui concerne la parturition est du plus haut intérêt. Or, le vêlage chez les races *à tête nue* s'effectue dans de meilleures conditions que chez les races à cornes ; car, bien qu'en naissant les veaux de cette dernière race n'aient aucun embryon de cornes, cependant l'os frontal de ces jeunes animaux présente à sa région latérale et supérieure plus de développement que chez les veaux de race *à tête nue*, ce qui augmente la fréquence et les risques des parts laborieux. Dans la race *sans cornes*, l'os frontal est allongé à sa partie supérieure, ce qui favorise la délivrance.

Nous allons maintenant, Messieurs, vous parler de la race Sarlabot en particulier.

Tout en ayant pour but principal d'obtenir une race *sans cornes*, M. Dutrône a voulu infuser dans le sang de la race cotentine, déjà excellente laitière et excellente race de travail et de boucherie, les facultés laitières des vaches de Suffolk, qui, sous ce rapport, constituent la meilleure race des trois Royaumes-Unis, et les qualités du bœuf Angus, lesquelles consistent dans sa force, sa conformation générale, la qualité supérieure de sa viande et son aptitude à l'engraissement.

M. Dutrône a opéré sur son domaine de *Sarlabot*, à Trousseauville-Dives (Calvados), où il entretient de 20 à 25 têtes de bétail : il en est sorti 8 taureaux, 10 bœufs de boucherie et 30 vaches.

La colonie pénitentiaire de Fontevrault a eu un taureau et une génisse venant directement de la vacherie de M. Dutrône, et elle s'était déjà procuré d'autres sujets de la même race qu'elle avait tirés de Mettray.

Voici en quels termes notre collègue, M. de Metz, a communiqué à M. Magne les observations recueillies à Mettray sur les qualités de la race formée par M. Dutrône :

« Nous avons, dit M. de Metz, acheté plusieurs vaches cotentines sans cornes à M. Dutrône. Un certain nombre et trois taureaux ont été donnés, à titre de libéralité, à la colonie, par ce généreux agronome. Nous devons dire que ces animaux étaient tous remarquables, et il suffira de donner la description de l'un d'eux, pour faire comprendre les avantages de cette race :

Détails sur une génisse de la race Cotentine sans cornes, agée de trois ans six mois, n'ayant pas porté de veau, livrée à la boucherie de Tours :

Poids vif. . . . .   555 kil.
Poids des quatre quartiers.   347
Proportion des 4 quartiers seuls au poids vif. . .   62ᵏ,500 p. 100

» La proportion des quatre quartiers au poids vif, 62,50 p. 100, est aussi élevée que celle de beaucoup de bœufs gras primés dans les concours, et elle est d'autant plus satisfaisante que cette vache a reçu seulement la ration d'entretien de nos vaches laitières, sans aucun farineux.

» Nous ajouterons que les produits obtenus par le croisement du taureau cotentin sans cornes avec nos autres races, jouissent de l'avantage d'un engraissement facile ; les veaux de boucherie qui en proviennent sont d'une qualité bien supérieure à ceux de nos autres races.

» Nous devons constater aussi, ajoute encore M. de Metz, que, sous le rapport de la production du lait, ces vaches n'offrent pas moins d'avantages que sous le rapport de l'engraissement. »

Le *Journal d'agriculture pratique* nous apprend que plusieurs animaux de la race Sarlabot ont été repartis dans les environs de Paris et à Paris même, — qu'un taureau et une vache ont été donnés par M. Dutrône au Muséum d'histoire naturelle, — qu'une vache se trouve encore à l'ermitage de Sannois, près d'Enghien, chez M. Féline, et une autre chez M. Levasseur, à Maisons-Laffitte ; elles sont très bonnes laitières. — Il en a été de même de deux vaches mises par M. Dutrône à la disposition de M. Magne, qui a constaté à l'école d'Alfort leur qualité supérieure. Enfin, une vache donnée à une loterie en faveur de Petit-Bourg, est échue à M. Vuillaume, aux Thernes, où ses qualités laitières sont encore notoires.

M. Dutrône acheta, après le concours universel de 1855, le taureau Angus MUNCK, présenté par lord Talbot de Malahide, et qui avait obtenu le 1ᵉʳ prix de sa catégorie. Cet animal allait être conduit à l'abattoir quand notre collègue en fit l'acquisition. — Une de ses filles, LADY TALBOT, qui a pour mère une vache de la race SARLABOT, a été donnée par M. Dutrône à notre Société ; ce jeune animal, que nous verrons bientôt au Jardin du bois de Boulogne, promet beaucoup. — Munck a produit

16 veaux, dont 5 avec des cotentines sans cornes, de M. Dutrône, et 11 avec des vaches à cornes.

Nous croyons utile de consigner ici deux remarques faites
par notre collègue dans les nombreux croisements qu'il a pra-
tiqués ; c'est : 1° que l'accouplement d'animaux *à tête nue* avec
des animaux à cornes donne en général plus de produits *à tête
nue* que de produits à cornes ; 2° qu'il naît une plus grande
proportion de femelles que de mâles *sans cornes*.

On devait s'attendre à ce dernier résultat, les mâles ayant
toujours des moyens d'attaque et de défense plus nombreux
ou plus développés que les femelles. Quant au premier résultat, il n'était guère probable ; cependant M. Dutrône l'a constaté non-seulement chez lui, mais aussi en Angleterre, dans
les provinces de Suffolk, de Norfolk, d'Essex et de Cambridge.

Sarlabot Ier, ne il y a cinq ans, et tué le 18 avril dernier,
n'avait ni rudiments de cornes à la peau, ni vestiges osseux de
cornillons (1), comme on le voit par le squelette que nous avons
sous les yeux. Il était petit-fils maternel d'une Suffolk, son
père descendait, par son père et par sa mère, d'un taureau
Angus, après deux générations, et pour le reste il provenait
de la race cotentine. — Après avoir bu pendant deux mois le
lait de sa mère, et les deux mois suivants du lait écrémé, il a
été nourri comme les autres animaux de la ferme, et châtré à
l'âge d'un an. — Ce n'est qu'à partir du 1er janvier 1857, qu'on
lui a donné, outre le foin, de la farine d'orge, du tourteau de
lin et des betteraves.

Sarlabot, ayant été admis à la promenade des Bœufs gras,
voici son signalement, d'après le programme officiel :

« Pelage rouge branché, marqué de blanc ; longueur 2m,50 ; hauteur prise
au garrot, 1m,60, à la croupe, 1m,64 ; circonférence, méthode Dombasle,
2m,80, à l'ombilic, 2m,90.

» Avant de partir pour la promenade, il pesait 1005 kilogrammes. »

M. Dutrône présenta Sarlabot au concours international de
Poissy ; il y était classé dans la 2e catégorie de la 1re section,

(1) On appelle *cornillon* la partie de l'os frontal servant de support aux
cornes, et qui, s'allongeant avec l'âge, proportionnellement à celles-ci, les
pénètre dans un tiers au moins de leur longueur.

sous le n° 110. Cette catégorie se composait de six Bœufs, dont deux ont été primés ; savoir le n° 105, *premier prix*, et le n° 107, *troisième prix*. — Le second prix n'a point été décerné, aucun des concurrents n'ayant été reconnu digne de l'obtenir.

Vos commissaires ont constaté ce qu'a déjà fait connaître la commission (1) déléguée par la *Société protectrice* pour visiter *Sarlabot*. M. le professeur Magne, organe de cette commission, s'est exprimé en ces termes, que nous nous approprions : -

« Quoique beau cotentin, le bœuf que nous avons été chargé d'étudier, n'était point parfait dans tous les détails de sa conformation ; il était un peu trop long, un peu ensellé et avait le flanc un peu trop large ; mais il avait un très beau devant, un garrot fort épais, des lombes larges, des cuisses bien descendues et le cuir fin. »

. . . .

« Si la race *sans cornes* créée par M. Dutrône, laisse encore quelque chose à désirer, quant à la perfection des formes, elles est cependant, dès à présent, d'après la conformation de SARLABOT, supérieure à la race cotentine dont elle provient (2). »

Après cette première appréciation, votre Commission, voulant compléter son examen par l'étude de tous les caractères qui permettent de juger les qualités d'un animal quand il est considéré seulement comme substance alimentaire, votre Commission, disons-nous, se rendit à l'abattoir du Roule pour assister à la constatation du rendement de *Sarlabot* par le Syndicat de la boucherie. En voici les détails utiles :

Poids vif...............	1,005 kil.		
Poids des quatre quartiers.	634	ou 63,084	pour 100
Suif...................	91	9,054	pour 100
Cuir..................	59	5,870	pour 100
Pieds et patins.........	12,500	1,024	pour 100

Dans cette séance nous avons, avec la Commission de la *Société protectrice*, les Membres du Syndicat et plusieurs autres

(1) Cette Commission était composée de MM. le vicomte de Valmer, *président* ; Paganel, ancien directeur général de l'agriculture et du commerce ; le docteur Blatin ; le professeur A. Duméril ; Delattre ; Durand, inspecteur général des halles et marchés ; Forest, ancien boucher ; Lescuyot, ancien syndic de la boucherie ; Poisson, secrétaire général près des conseils d'hygiène ; le vicomte de Pommereu ; et le professeur Magne, *rapporteur*.

(2) *Bulletin de la Société protectrice*, mai 1857, pages 10 et 17.

personnes du commerce de la boucherie, unanimement reconnu que SARLABOT Ier, comme bœuf de consommation, avait conservé les qualités et n'avait plus les défauts des races croisées dont il provenait. Sa chair crue présentait le grain fin et la teinte marbrée qui caractérisent la viande supérieure. Soumise à la cuisson, cette viande a donné les résultats les plus satisfaisants.

Du reste, la *Société d'acclimatation* ayant demandé directement au Syndicat quelle appréciation il faisait de cet animal, c'est ici le lieu de consigner une formule de la réponse faite par cette autorité si compétente :

« Nous confirmons par écrit ce que quelques-uns de nos collègues ont avancé verbalement : que parmi les bœufs du concours, *Sarlabot*, au point de vue de tous les intérêts pratiques, méritait une prime d'honneur.

» VESQUE, *syndic*, BELLAMY, DANLOS, GALHAUT, H. DUREY,
» BANCELIN, CHARLES VOLLÉE. »

Comparons maintenant le rendement de SARLABOT Ier et celui des trois *bœufs gras*, promenés avec lui au carnaval.

	Poids vif.	Poids des 4 quart.	Poids du suif.	Poids du cuir.	Poids des pieds et pat.	Pour 100 de poids vif.			
						Viande.	Suif.	Cuir.	Pieds et p.
SARLABOT	1005 k.	634 k.	91 k.	59 k.	12,5	63,08	9,05	5,87	1,24
Bœuf gras n° 1	1170	716	112	78	16	61,19	9,57	6,66	1,36
Bœuf gras n° 2	1135	715	81	73	18	62,99	7,13	6,43	1,58
Bœuf gras n° 3	1120	694	101	36	15	61,96	9,01	5,98	1,31

Il résulte de ces chiffres que SARLABOT a été supérieur aux trois bœufs gras pour le rendement en viande, supérieur aux numéros 2 et 3 pour le rendement en suif, enfin supérieur à tous les trois encore, pour la finesse de la peau, ainsi que pour la légèreté des patins et des pieds.

Il ne nous reste plus qu'à comparer le rendement de SARLABOT et celui des deux bœufs *primés* au concours international de Poissy.

	Poids vif.	Poids des 4 quart.	Poids du suif.	Poids du cuir.	Poids des pieds et pat.	Pour 100 de poids vif.			
						Viande.	Suif.	Cuir.	Pieds et p.
SARLABOT	1005 k.	634 k.	91 k.	59 k.	12,5	63,08	9,05	5,87	1,24
1er prix n° 105	860	530	60	57	12	61,62	6,97	6,62	1,39
2e prix n° 107	868	568	63	58	12	60,04	7,32	6,74	1,39

Ainsi, Sarlabot a été supérieur aux deux bœufs de sa catégorie qui ont été primés, par la finesse de sa peau et la légèreté du squelette ; il a été, en outre, supérieur à celui qui a eu le premier prix, par le rendement en viande et en suif, et supérieur pour le suif à celui qui a eu le troisième prix..... N'oublions pas d'ailleurs que les animaux présentés, soit comme bœufs gras, soit pour les concours, sont choisis parmi les milliers de bœufs qui se trouvent dans chaque province; tandis que M. Dutrône ne peut choisir que dans le cercle étroit de sa vacherie.

Vos commissaires, Messieurs, ont voulu comparer le poids des os de la tête de SARLABOT et de la tête d'un bœuf à cornes.

M. Goubaux, professeur à l'*École impériale vétérinaire d'Alfort*, nous a prêté son concours à cet effet, et c'est aux soins de cet habile anatomiste que nous devons les deux squelettes qui vont enrichir la collection de notre SOCIÉTÉ.

Le Bœuf à cornes *limousin* n'avait donné que 387 kilogr. de viande, tandis que SARLABOT en avait donné 634.

Les chiffres suivants démontrent la supériorité de la race *sans cornes*, au point de vue où nous l'étudions en ce moment.

	Maxillaire infér.	Maxillaire sup. et crâne.	Cornes.	Cornillons.	Total.
Sarlabot.........	2 370 gram.	4 300	»	»	6 670 gram.
Bœuf limousin.....	2 310	5 030	2 150	1 538	11 020

Cette différence provient du grand développement en *largeur* et en *épaisseur* de l'os frontal ; le front, support des cornes (armes destinées à vaincre, *dans l'état sauvage*, de grandes résistances), étant nécessairement formé d'une lourde masse osseuse. — On voit en effet que le maxillaire inférieur est plus léger dans le Bœuf limousin que dans SARLABOT; tandis que le supérieur et le crâne, *sans les cornes et les cornillons*, sont plus lourds dans le limousin, bien qu'il n'ait donné en viande que près de moitié moins que SARLABOT. — Ainsi se trouve plus que justifiée l'observation du *Journal d'agriculture pratique*, rappelée par nous en commençant.

L'heureux résultat obtenu par M. Dutrône, est une belle récompense de ses efforts pour créer une sous-race *sans cornes* avec une de nos meilleurs races françaises. Mais il ne lui a pas suffi de faire naître de bons produits. L'*Illustration* nous dira comment notre collègue s'y prend pour vulgariser une bonne chose. On y lit (1) :

« Au concours international ouvert en 1856 par la Société royale d'agriculture de Londres, M. Dutrône a présenté une vache et une génisse, l'une mère, l'autre cousine de *Sarlabot*. La vache y a été primée. Nous avons sous les yeux la médaille, d'une exécution parfaite, qui le constate. Quant à la prime pécuniaire, notre compatriote l'a laissée entre les mains de lord Portman, président de la Société, pour être transformée en une médaille d'or, offerte au propriétaire du meilleur taureau *sans cornes* qui sera présenté en 1857 au nouveau concours ouvert en Angleterre par cette même société.

» Ainsi, non content d'avoir, malgré bien des mauvais vouloirs, constitué dans sa province la souche d'une précieuse race, M. Dutrône a voulu provoquer sur le sol des trois Royaumes-Unis le perfectionnement des nombreuses variétés de l'espèce bovine sans cornes qui s'y trouvent. Il l'a fait pour que les agriculteurs, non-seulement des diverses provinces de France, mais encore de toutes les nations puissent se procurer dans les îles Britanniques les différents types *à tête nue* qui conviennent à l'agriculture respective des différentes provinces continentales, pour y constituer des races NATIONALES *sans cornes*, comme la nouvelle race normande. »

La médaille d'or dont il s'agit a été décernée le 20 juillet 1857, au concours de *Salisbury*, à M. Badham, célèbre éleveur des environs d'Ipswich, province de Suffolk.

Partant de ce précédent, M. Dutrône a fondé une semblable médaille d'or qui sera décernée, chaque année, au propriétaire du meilleur taureau sans cornes né dans la Grande-Bretagne, et qui y sera présenté à un concours ou qui sera amené à un concours international sur le continent. — C'est au concours d'Aberdeen (Écosse) que sera décernée, cette année, la première médaille provenant de cette fondation.

Voici un autre moyen de propagande employé par M. Dutrône. Il a fondé dans la *Société protectrice des animaux*, pour y être décernées aussi chaque année, deux primes de cent francs chacune : l'une pour les gens de service *étrangers*, l'autre pour les gens de service *français*, qui auront donné les meilleurs soins aux animaux de l'espèce bovine sans cornes (2).

---

(1) Page 150, n° du 7 mars 1857.

(2) La *Société protectrice* a joint à ces deux primes deux médailles d'argent. Ces récompenses ont déjà été décernées, pour l'*étranger*, aux vachers

Enfin M. Dutrône vient de fonder la médaille d'or qui, à chaque session du *Congrès international de bienfaisance*, sera décernée pour encourager la propagation de la race bovine sans cornes (1).

Dans le programme de ce concours les soins que notre collègue a apporté à la formation de la sous-race qui s'appellera désormais race SARLABOT, sont justement appréciés ; voici en effet la formule finale du programme publié par le congrès qui a tenu sa dernière session à Francfort :

de lord Talbot de Malahide (Irlande), de lord Southesk (Écosse), et de M. W. Mac-Combie de Tillifour (Écosse) ; — pour la *France*, aux vachers de MM. L. Lamblin (Côte-d'or) et Didieux (Haute-Marne).

(1) *Extrait du programme.* — « Le premier concours est ouvert à partir de ce jour jusqu'au 1er mai 1859, et la médaille d'or sera remise au lauréat, dans la séance d'ouverture du prochain congrès qui aura lieu la même année.

» Ce concours aura lieu entre les vacheries de *vaches sans cornes* qui seront instituées d'ici au 1er mai 1859.

» Une vacherie, pour être admise à concourir, devra se composer au moins de deux vaches pleines ou donnant du lait, et d'un taureau âgé de dix-huit mois à quatre ans au plus.

» Les directeurs d'établissements agricoles pourront concourir aussi bien que les propriétaires et les fermiers.

» Dans le cas où il ne se trouverait pas de nouvelle vacherie de *vaches sans cornes* établie depuis la publication de ce programme jusqu'au 1er mai 1859, les vacheries semblables préexistantes seraient admises subsidiairement à concourir pour la médaille d'or. Mais elles n'auront droit qu'à des mentions honorables s'il se présente quelque concurrent pour vacherie constituée par suite du présent appel.

» Les concurrents devront faire parvenir (*franco*), avant le 1er mai 1859, à M. Ed. Ducpetiaux, secrétaire de l'Association internationale de bienfaisance, n° 22, rue des Arts, à Bruxelles, une déclaration indiquant :

» 1° La généalogie, l'âge, la couleur, la taille exacte, et le poids approximatif de chacun des animaux composant leur vacherie. Le domicile et le nom de l'éleveur et du vendeur, autant que possible et la date de l'acquisition.

» 2° Les quantités de lait et de beurre données par chacune de leurs vaches, si elles ont déjà vêlé avant le 1er mai 1859.

» Les déclarations ci-dessus réclamées devront, qu'il s'agisse de vacheries nouvelles ou anciennes, être visées par l'autorité municipale de la localité.»

(Moniteur belge, 15 octobre 1857.)

« En procédant comme on l'a fait en Normandie, les agriculteurs n'auront point à craindre que les croisements opérés entre les variétés sans cornes étrangères et les variétés à cornes indigènes, causent aucune perturbation dans les intérêts agricoles se rattachant à cette partie de la richesse publique. Ces intérêts ne peuvent, au contraire, qu'y gagner, les types étrangers qu'il s'agira d'introduire appartenant à des races perfectionnées de longue main par d'habiles éleveurs. — Les concurrents, en entrant dans la voie ouverte par le concours, feront donc marcher de front le progrès humanitaire et le progrès matériel. »

Ces idées sont tout à fait conformes à celles que nous avons émises dans le cours de notre rapport. Si vous les approuvez, Messieurs, leur propagation devra produire beaucoup de bien ; car notre Société est l'autorité morale et scientifique vers laquelle doit naturellement se tourner, pour être éclairé, quiconque voudra faire des acclimatations.

Votre Commission, en terminant sa mission, a l'honneur de vous proposer, Messieurs, d'adresser des remercîments à M. Dutrône pour nous avoir mis à même d'étudier son bœuf Sarlabot Ier ; — elle vous propose également de féliciter notre collègue sur la création d'une sous-race nationale, *sans cornes*, dont le premier représentant a pu mériter le témoignage que le syndicat de la boucherie de Paris, a exprimé en ces termes :

« *Parmi les bœufs du concours international de 1857,* Sarlabot, *au point de vue de tous les intérêts pratiques, méritait une prime d'honneur.* »

La commission est d'avis que le jugement porté par le syndicat de la boucherie, soit ratifié par la Société impériale zoologique d'acclimatation.

DU RÉGIME ALIMENTAIRE DES OISEAUX

Par M. Florent PRÉVOST,

Aide naturaliste,
Chargé de la Ménagerie au Muséum d'histoire naturelle.

———

(Séance du 21 mai 1858.)

Depuis le commencement du siècle actuel la science zoologique a réalisé des progrès considérables par le moyen des recherches anatomiques ; une connaissance plus complète des organes a jeté sur la physiologie comparée une clarté nouvelle et a revélé, selon les espèces animales, les variations les plus intéressantes dans l'accomplissement de leurs diverses fonctions.

Mais on doit avouer qu'il est des questions zoologiques où ce mode d'investigation apporte peu de lumières ; ce sont particulièrement celles qui concernent les instincts et les mœurs des animaux.

A leur égard il faut suivre une autre méthode pour constater les faits, et la difficulté de les saisir explique suffisamment pourquoi cette partie de la science, bien qu'elle excite tout l'intérêt que l'on peut souhaiter, est encore si peu avancée comparativement à beaucoup d'autres.

Ces remarques peuvent surtout s'appliquer à la grande classe des Oiseaux ; doués par le Créateur des plus merveilleux moyens de locomotion, maîtres de l'air où l'homme sait à peine s'élever et ne se dirige pas, les Oiseaux échappent à toute observation suivie et leurs mœurs présentent cependant des faits dignes de toute attention, aussi bien au point de vue purement scientifique, qu'au point de vue de leurs rapports avec l'homme. A ne considérer que la création en elle-même, abstraction faite de nos besoins et de nos intérêts, quoi de

plus digne des études du naturaliste que ces mœurs régulièrement vagabondes de la plupart des Oiseaux. Quel besoin mysté-
rieux ou quelle volonté suprème guide à travers de vastes contrées ces bandes d'Oiseaux qui, chaque année, aux mêmes
époques, reviennent, passagers attendus et toujours fidèles, sur
les côtes de nos mers, dans les gorges de nos montagnes, ou
le long de nos vallées? Quelle nécessité rassemble ou disperse
selon les saisons les individus d'une même espèce? Toutes ces
questions ne peuvent être élucidées que par l'observation; et
leur solution se fera encore longtemps attendre. Mais, en com-
pensation, chacun des faits qui nous sont révélés a son utilité
immédiate; il nous fait connaître quelque nouvel ennemi de
nos récoltes ou quelque auxiliaire méconnu qui concourt à
les protéger. Car il existe une harmonie constante entre les
instincts des animaux et leur mode d'alimentation, et la
recherche de leur nourriture exerce une immense influence
sur tous leurs actes. A ces deux ordres d'idées se rattachent les
questions que depuis longtemps je me suis posées concernant
les mœurs des Oiseaux; et dans l'espoir d'être utile à la fois à
l'ornithologie et à l'agriculture, j'ai poursuivi pendant de
longues années les observations qui m'ont paru propres à en
avancer la solution.

Je dois déclarer avant tout qu'un travail de ce genre ne
peut être considéré comme une œuvre terminée. Par sa nature
même, il demande à être poursuivi et ne doit donner de
résultats quelque peu satisfaisants qu'après une applicatio
prolongée de la méthode que j'ai suivie. C'est surtout cette
méthode et ses premiers résultats que je désire faire connaître
aujourd'hui par un court exposé.

On peut formuler de la manière suivante les questions auxquelles se rapportent mes observations :

1° Quelles sont les causes des changements dans le régime
alimentaire que l'on observe chez beaucoup d'espèces d'Oiseaux
suivant les saisons?

2° D'où proviennent ces réunions souvent considérables
d'Oiseaux d'une même famille ou d'une même espèce sur un
seul point?

3° Pourquoi certains Oiseaux quittent-ils par moment nos contrées pour revenir bientôt, et cela plusieurs fois dans le cours de l'année?

4° Quelle est la cause de ces émigrations périodiques exécutées par certaines espèces avec une régularité que rien ne semble pouvoir altérer ?

5° Quelles sont les espèces utiles ou nuisibles aux récoltes agricoles ?

6° Quelles sont enfin les espèces d'Oiseaux exotiques qu'il serait possible et utile d'introduire et d'acclimater dans notre pays?

Le régime alimentaire et les nécessités qu'il crée pour chaque espèce me semblent avoir une influence décisive sur les faits de mœurs que concernent les questions précédentes; et il m'a paru qu'il serait d'un grand intérêt de *recueillir aux diverses époques de l'année l'estomac de tous les Oiseaux qu'il serait possible de me procurer*, d'en examiner le contenu, de consigner le résultat exact de cet examen avec la date de l'observation et de conserver ces pièces pour en former avec le temps une collection où l'on pût vérifier chacun des faits enregistrés. Cette collection, commencée par moi il y a plus de trente ans, comprend aujourd'hui un nombre considérable de pièces que j'ai disposées pour les conserver de trois manières différentes. Les unes sont des estomacs ouverts et séchés avec leur contenu, puis fixés sur des cartons qui portent, outre le nom de l'espèce d'Oiseau , l'indication de la localité où il a été tué ou pris, la date précise et enfin les noms des animaux ou des végétaux dont les débris ont pu être reconnus dans l'estomac. Le second mode de conservation a consisté simplement à mettre dans de petits tubes bouchés l'estomac ou son contenu; le même mode d'étiquetage a été employé. Enfin, j'ai cru devoir conserver aussi des doubles des objets précédents, dans l'alcool.

J'ai l'honneur de vous présenter quelques échantillons des pièces préparées suivant l'un ou l'autre de ces procédés. Il suffira de jeter un coup d'œil sur ces pièces pour se convaincre que presque toujours les matières ainsi trouvées dans l'estomac sont facilement reconnaissables, mais une étude attentive faite par moi-même ou due à la complaisance de M. Boulard, préparateur d'entomologie au Muséum d'histoire naturelle, nous a montré que, dans beaucoup de cas, il est possible d'apporter une grande précision dans la constatation des espèces qui servent à l'alimentation de chaque Oiseau. Les insectes offrent sous ce rapport de grandes ressources; outre que souvent on les retrouve entiers dans l'estomac, il suffit en tous cas d'en délayer le contenu dans un liquide pour y reconnaître un bon nombre d'antennes, de mâchoires et de labres avec leurs palpes, de tarses et souvent de têtes entières; ces pièces donnent le moyen de déterminer la famille, le genre et dans quelques cas l'espèce même. Je dois me hâter de dire que, sous ce rapport, la nombreuse collection que j'ai réunie réclame encore un long travail; mais les matériaux existent, et avec le temps, je ferai ce qu'il me sera possible pour les interpréter.

Quant aux estomacs d'Oiseaux dont les insectes ne font pas la nourriture habituelle, leur contenu offre certaines difficultés qu'il n'est pas impossible de surmonter. Ceux qui se nourrissent d'animaux vertébrés possèdent dans leur estomac des parties de squelette de leur proie qui permettent des déterminations analogues à celles dont j'ai parlé pour les insectes. Il est souvent moins facile d'arriver à une précision satisfaisante lorsque les Oiseaux se nourrissent d'animaux dépourvus de parties dures; cependant, comme pour beaucoup d'espèces, j'ai pu me procurer des pièces doubles et triples, l'observation comparative fournit encore des documents assez complets. En ce qui concerne les espèces dont le régime alimentaire est végétal, les granivores présenteraient de grandes difficultés si le plus souvent les graines recueillies dans leur jabot et même dans leur gésier n'étaient parfaitement susceptibles de germer, ce qui permet toutes les fois qu'il y a intérêt à le faire, de connaître avec exactitude les espèces dont l'Oiseau avait ingéré les graines. Je dois avouer que l'on reste dans une incertitude plus grande lorsque l'estomac ne renferme que des parties vertes de végétaux. Dans ce cas, la détermination ne peut avoir une valeur suffisante que lorsqu'on a plusieurs pièces à étudier.

Ces travaux de détermination sont fort longs et me demanderont encore beaucoup de temps; d'une autre part, les résultats auxquels j'arrive ont besoin d'être présentés sous une forme comparable, synoptique et facilement saisissable. Dans ce but, j'ai rédigé un tableau uniforme pour toutes les espèces d'Oiseaux; chaque exemplaire de ce tableau concerne une espèce dont le nom figure en tête, et présente une série de colonnes dont chacune porte le titre d'un régime alimentaire; c'est dans ces colonnes et conformément à leur titre que j'inscris en regard de la date où l'observation a été faite, l'indication des objets trouvés dans l'estomac. Enfin, chacun de ces tableaux contient assez de lignes pour enregistrer des observations faites pendant les douze mois de l'année et à cinq dates différentes de chaque mois.

Voici, avec un échantillon des pièces conservées, quelques-uns de ces tableaux; beaucoup d'autres sont entre mes mains, et portent des indications plus ou moins complètes, mais dont la collection que j'ai formée possède les documents sans que le temps m'ait permis jusqu'ici de les recueillir complétement.

Je terminerai cette note par l'indication de quelques résultats généraux concernant les questions que j'ai mentionnées en commençant. Les études que j'ai pu faire d'après la méthode indiquée mettront hors de doute qu'une même espèce d'Oiseau change de régime alimentaire suivant l'âge et suivant la saison de l'année. On pourra voir par les séries d'estomacs conservés que la plupart des espèces granivores sont insectivores dans leur jeune âge et le deviennent de nouveau pendant l'âge adulte à chaque période de reproduction; un fait analogue s'observe même dans les espèces qui, au printemps et au commencement de l'été, dévorent les bourgeons et les jeunes feuilles. Il n'est pas jusqu'aux Oiseaux de proie vraiment carnivores qui, suivant les circonstances, ne mêlent des insectes à leur nourriture. Il m'a paru, en résumé, que les insectes occupent dans l'alimentation des Oiseaux une part considérable. Ce singulier privilége peut être attribué à leur prodigieuse multiplicité en même temps qu'à l'analogie de leur locomotion avec celle des Oiseaux. Il est, en effet, des moments où certaines espèces d'insectes viennent inonder une contrée d'individus sans nombre; dans de pareils moments, cette abondance même semble inviter une foule d'espèces animales à s'en nourrir.

Le Hanneton commun et quelques espèces voisines nous offrent un exemple de ce genre. Lorsque ces insectes apparaissent à l'état parfait on en retrouve bientôt les débris dans l'estomac de la plupart des Oiseaux qui habitent nos contrées à cette époque, et même dans l'estomac de plus d'un mammifère, depuis l'humble Musaraigne jusqu'au Loup habituellement si carnivore.

Pour éviter de vous entretenir d'idées hypothétiques, je ne parlerai pas ici des opinions que j'ai pu me former sur les causes de ces faits, bien que je me sois constamment préoccupé de les saisir. Mais une de leurs conséquences mérite d'être indiquée : je suis en mesure de prouver que les Oiseaux sont en général beaucoup plus utiles que nuisibles à nos récoltes, et que même pour la plupart des espèces granivores, le mal qui nous est fait à certains moments est largement compensé par la consommation d'insectes qu'elles font en d'autres temps. Il importe donc de ne pas détruire ces espèces, mais seulement de les écarter des récoltes lorsqu'elles pourraient y nuire. Leur destruction laisserait sans contre-poids le développement de plusieurs espèces d'insectes plus fatales encore pour l'agriculture. L'étude du régime alimentaire m'a fourni aussi des renseignements que je crois utiles pour comprendre les faits de réunions, de disséminations, d'émigrations périodiques que l'on observe si communément parmi les Oiseaux. S'il est des espèces animales qui s'arrangent facilement d'une alimentation variée au gré des saisons, d'autres affectionnent exclusivement tels aliments que la nature ne leur offre que périodiquement dans un même pays ou d'une manière continue sous des climats différents. Beaucoup des mammifères dont l'alimentation est de ce genre s'endorment et restent engourdis pendant la saison défavorable. Ce phénomène curieux de l'hivernation n'existe pas chez les Oiseaux, et il semble y être remplacé par le fait des émigrations périodiques beaucoup moins commun chez les mammifères. Je crois, en un mot, qu'en dehors des faits de mœurs directement provoqués par les besoins de la reproduction, on arrive à démontrer que les Oiseaux se réunissent, se dispersent, émigrent et voyagent conformément aux nécessités de leur régime alimentaire. Sans citer des faits de détail, dont les pièces que j'ai réunies fournissent des preuves, je me sens autorisé à signaler cette cause générale, dont la démonstration pourra être donnée dans un plus long travail ou fournie aux membres d'une Commission qui voudrait s'en rendre compte. Il existe d'ailleurs une harmonie curieuse entre ces passages de diverses espèces d'Oiseaux dans un même pays : elles se succèdent pour y subsister suivant les saisons des ressources qui leur y sont ménagées. Ainsi, chacun sait qu'il est des Oiseaux dont les bandes nombreuses reviennent au printemps dans nos climats pour se livrer à la reproduction de l'espèce. C'est dans une étude quelque peu précise des faits que l'on aperçoit nettement comment, au gré du développement successif des végétaux ou de l'éclosion des insectes, les espèces d'Oiseaux émigrent pour jouir tour à tour des aliments produits pour eux et pour leurs petits.

Ces Oiseaux de la belle saison nous arrivent de l'Orient et du Midi dont l'hiver plus doux les a nourris ; mais quand le froid renaît dans nos contrées, s'ils retournent vers les climats chauds, ce n'est que pour céder la place à d'autres émigrants descendus des régions polaires. Les Échassiers, les Palmipèdes de la zone arctique ont fait leur ponte dans le Nord pendant l'été et ils émigrent l'hiver dans nos pays pour y trouver les aliments que les glaces du pôle ne sauraient leur offrir. L'examen des estomacs de certains Oiseaux m'a fait connaître en outre un fait digne d'être signalé. A certaines époques, il est des espèces qui sont soumises à des jeûnes prolongés ; leurs estomacs ne contiennent alors aucune matière alimentaire, mais habituellement des corps étrangers qui ne sont pas digérés. Le plus souvent ce sont des plumes de l'Oiseau lui-même, formant une pelote volumineuse qui tient l'estomac dilaté.

Les diverses espèces du genre Grèbe offrent particuliérement
ce fait pendant les mois d'hiver, lorsque la terre est durcie par
la gelée.

J'ajouterai un mot seulement sur les conséquences pratiques
d'études faites dans cette direction. Tous les agriculteurs
ont intérêt à connaître d'une façon précise le régime alimentaire des espèces d'Oiseaux qui, suivant les saisons, se répandent sur leurs terres. En cette matière, les faits de détail ont
une valeur toute spéciale, mais je ne puis pour ainsi dire énon-
cer ici que cette vue générale dont tout le monde saisit l'évidence. Il faut, pour tout dire en un mot, que l'agriculteur ne
puisse détruire un Oiseau sans savoir qu'il n'en peut attendre
que du préjudice. Ce résultat ne pourrait être atteint que si les
naturalistes eux-mêmes connaissaient pertinemment les faits
relatifs à l'alimentation. Les travaux que j'ai poursuivis m'ont
paru pouvoir servir à atteindre ce but, mais il les faudrait
multiplier sur un grand nombre d'espèces et dans diverses
contrées. Tout ce qu'il me sera possible de faire dans cette
voie, je le ferai à l'aide des matériaux que j'ai réunis et avec
les moyens dont je dispose. Je souhaite aussi que d'autres naturalistes, s'adonnant à des études de ce genre, viennent
apporter dans cette question le concours indispensable d'un
certain nombre d'observations placées dans des circonstances
suffisamment variées.

Je ne puis terminer cette note sans profiter de l'occasion
qu'elle m'offre d'exprimer publiquement ma reconnaissance pour
les personnes qui ont bien voulu m'aider dans ce travail, en
me facilitant les moyens de suivre mes observations dans les
forêts et domaines de la Couronne, successivement placés sous
leur direction. Je dois surtout des remercîments à MM. le baron
de Sahune, conservateur des forêts de la Couronne, Empis, de
l'Académie française, directeur des domaines à la liste civile,
actuellement administrateur général du Théâtre-Français,
Defos, chef du bureau des forêts ; ainsi qu'à M. le général Ney,
prince de la Moskowa, premier veneur de S. M. l'Empereur,
MM. le marquis de Toulongeon, et le baron de Lage, capitaine
et lieutenant de la vénerie impériale.

COMPTE RENDU DE DIVERS ESSAIS

POUR LA PROPAGATION DES ESPÈCES UTILES

Par M. le marquis de VIBRAYE.

(Séance du 19 février 1858.)

La Société zoologique d'Acclimatation ne manquerait-elle pas son but, si chacun de ses membres ne se faisait un devoir de contribuer à l'œuvre commune en rendant compte des introductions nouvelles confiées à ses soins par la Société même, et ne s'imposait en outre l'obligation de signaler à ses collègues toutes les tendances qu'il a pu faire ou qu'il se propose de suivre et de compléter pour l'expérimentation et la propagation des espèces utiles appartenant aux deux règnes de la nature soumis aux chances de l'acclimatation.

PREMIÈRE PARTIE. — *Pisciculture.*

Si je ne vous parlais des expériences de pisciculture, je me montrerais ingrat envers la Société qui m'a fait l'honneur de me décerner une médaille dans sa séance publique annuelle de 1857. Mais j'exposerai brièvement ce que je crois utile de mentionner. Mon premier résultat est la reproduction : Les sujets de mes premières éclosions sont devenus adultes, leurs œufs m'ont procuré de 700 à 800 jeunes Truites. Nos poissons reproducteurs ont remonté régulièrement et constamment sur la frayère artificielle, lorsque le thermomètre marquait + 4 degrés centigrades. Les premiers jours de la montée des Truites, elles ne déposent point d'œufs, ou seulement un petit nombre, sur la frayère, et les fécondations artificielles réussissent mal. Une élévation de la température arrête subitement le frai. Il existe un moment critique, une assez grande mortalité sur le jeune poisson, vers l'époque ou quelques jours après la résorption de la vésicule ombilicale. Les jeunes sujets, tenus trop longtemps à l'étroit, s'étiolent et ne peuvent ensuite supporter impunément un changement de milieu. Le poisson s'accroît proportionnellement au volume d'eau qu'on lui procure. Des bassins superposés ne peuvent recevoir que des poissons peu différents de grosseur; des Truites enlevées d'un bassin franchissent à peu près tous les obstacles pour y rentrer. Enfin, je serais tenté de supposer que les Truites des lacs ne sympathisent pas avec les Truites communes, car les premières cherchent à se cantonner dans des bassins différents des secondes.

Cette année, j'ai disposé l'extrémité d'un ancien canal pour me faire un bassin d'alevinage; comme ce bassin a 85 mètres de longueur sur une largeur de 15 mètres; qu'il a $1^m,10$ de profondeur à une extrémité, $1^m,50$ à l'autre, et que je l'alimente au moyen d'une source qui met quinze jours à le remplir, je craignais pour la famille des Salmonoïdes l'élévation de température des eaux du bassin; mais cette eau, d'une limpidité parfaite, me permet de voir journellement l'accroissement des jeunes poissons de cette année. La masse d'eau qu'ils ont à parcourir les fait croître dans des proportions supérieures à ce que j'avais pu remarquer jusqu'à ce jour.

Possesseur de cinq bassins différents, je pourrai désormais agir au lieu de tâtonner. J'espère obtenir cette année des œufs de la grande Truite des lacs sur ma frayère. Cinq ont déjà remonté; l'une d'elles mesurait 47 centimètres. Quant à l'Ombre Chevalier, je regarde son introduction comme impossible dans les eaux peu profondes : j'en ai vu périr sous mes yeux 7000 en quelques jours, à l'apparition des premières grandes chaleurs et sans les avoir changés de milieu ; l'élévation de la température a donc été la seule cause de leur dépérissement.

RÉPONSES AUX QUESTIONS POSÉES EN 1854

PAR LA SOCIÉTÉ IMPÉRIALE D'ACCLIMATATION

A MM. BERTRAND, FURET ET PERNY, MISSIONNAIRES,

SUR LE VER A SOIE DU CHÊNE DE CHINE [1]

Par M. l'abbé BERTRAND,

Missionnaire apostolique.

———

Séance du 11 mars 1858 (2).

Je ne répondrai qu'aux questions qui ont rapport aux Vers à soie du Chêne, car ceux du Frêne et du Fagara sont inconnus au Su-tchuen ; j'ai écrit aux missionnaires de Chan-si pour les prier de rechercher les diverses espèces de Vers à soie qui se trouvent dans cette province et de m'en informer, je n'ai pas encore reçu de réponse. Si les Vers à soie du Frêne et du Fanara se trouvent au Chan-si, j'en informerai la Société.

1. — La soie du Ver sauvage du Chêne est un produit d'une grande importance dans toutes les grandes villes du Su-tchuen ; les fabricants d'étoffe recherchent avec soin cette soie et font de longs voyages pour s'en procurer.

Cette soie est employée à tisser une belle étoffe très solide. C'est avec cette étoffe très fraîche que les bourgeois, les commis, les prétoriens, font leur toge et les dames leur robe d'été. On en fait des ceintures remarquables pour leur durée. On fait aussi des tissus où les fils de la soie du Chêne sont mêlés avec ceux de la soie du Mûrier ; chaque espèce entre dans ces tissus

(1) Voyez le Questionnaire dans le tome Ier du *Bulletin*, année 1854, pages 97 et suivantes.

La Commission chargée de le rédiger se composait de MM. Richard (du Cantal), Guérin-Méneville, Fr. Jacquemart, Valserres et E. Tastet, rapporteur.

(2) Voyez plus haut (n° de mai), page 195.

ou pour moitié, ou l'une y est pour un tiers et l'autre pour deux tiers, cela dépend du fabricant. Les étoffes de soie du Chêne se vendent le double du prix de la meilleure toile de coton ; pour l'usage elle vaut aussi le double, c'est-à-dire qu'une toge de cette soie équivaut à deux toges de coton pour la durée.

Les étoffes de la soie du Chêne, soit pures, soit mélangées, se vendent dans toutes les provinces du Céleste Empire, et peut-être même qu'elles vont à Siam.

2. — Les soies du Frêne et du Fagara sont inconnues ici. La soie du Chêne est remarquable par sa solidité, sa roideur et sa couleur vive. Vu de quelque distance, un habit de cette soie a meilleure apparence qu'un habit de soie de Mûrier ; l'habit de cette soie ne se colle pas sur le corps comme la soie du Mûrier.

3. — Voici un article qui mérite attention. Les Vers à soie du Chêne ont deux générations par an, et c'est de la seconde génération que dépend uniquement la conservation de l'espèce. Son premier cocon étant formé, ce qui arrive en juin, le Ver à soie du Chêne a hâte de se métamorphoser : quinze à vingt jours à peine écoulés, il sort papillon comme il avait fait en avril. Alors les mâles et les femelles s'accouplent, des œufs sont pondus comme en avril, des chenilles sont mises sur les Chênes ; ainsi commence une seconde génération qui donne les cocons en septembre. C'est dans le cocon de cette seconde génération que le Ver *quercien* reste en chrysalide jusqu'au printemps suivant. Voilà tout le système. Des œufs pondus en été ou en automne ne peuvent pas aller au printemps. D'après la longue expérience des Chinois, vingt jours après la ponte les œufs ne valent plus rien.

4. — Imaginez-vous que ceux qui élèvent des Vers à soie du Chêne sont des paysans montagnards dont les maisons ne sont que de misérables baraques enfumées. Les moyens employés par eux sont de la dernière rusticité. Les femelles pondent leurs œufs dans un grand panier fait de brins de bambou (ordinairement on colle du papier dans tout l'intérieur du panier) ; les œufs, en sortant de la pondeuse, se glutinent d'eux-mêmes sur les brins de bambou ; quand la ponte est finie, on suspend ce panier au-dessus d'un feu peu ardent : je ne puis

vous dire quel est le degré de chaleur que produit ce feu, je n'avais pas alors de thermomètre, mais ce qui vous en donnera une idée, c'est que beaucoup de gens qui élèvent peu de ces Vers à soie, en mettent les œufs sur leur corps, les femmes les placent sur leur sein, leur chaleur naturelle produit l'éclosion.

Je n'ai pas vu qu'on les humectàt.

5. — L'éclosion a lieu à la fin d'avril pour la première génération, et en juillet pour la seconde, aussitôt après la ponte. Quinze à vingt jours après la ponte, les œufs sont gâtés.

La température, depuis le milieu d'avril jusqu'au milieu de juin, est si variable qu'il m'est impossible de vous en dire au juste le degré de chaleur. Le ciel est-il serein, la chaleur est très forte; pleut-il, on souffre du froid même en juin. Depuis le milieu d'avril jusqu'au milieu de juin, le thermomètre varie de 8 à 32 degrés pour la plaine. Sur les montagnes, la différence est grande. A Tchen-gan-tcheou et Toung-tsé-hien, pays où abondent les Vers à soie du Chêne (c'est dans le Kouï-tcheou), la récolte du Riz se fait un mois plus tard que dans les arrondissements limitrophes du Su-tchuen.

Je n'ose établir une assimilation de climat avec les départements de France. Cependant je vous dirai que pour un essai je préférerais Aubenas, Nîmes et les versants de l'Atlas.

6. — On met les Vers sur les Chênes dès qu'ils sont éclos; pour cela faire, on prend le panier dans lequel les œufs viennent d'éclore et on le porte à l'endroit où sont les Chênes; on fait incliner le bout des branches dans le panier, de manière que les feuilles touchent les jeunes chenilles, alors vous les voyez remuer et passer d'elles-mêmes sur ces feuilles.

8. — Les chenilles changent de peau quatre fois depuis leur éclosion ou sortie de l'œuf jusqu'à leur entrée dans le cocon. Les vers vivent de quarante-cinq à cinquante jours.

9. — Rien de plus facile que d'empêcher les Vers de s'égarer. Pour cela on les enferme dans un certain cercle, soit en liant soit en coupant les branches des arbres trop voisins, qui pourraient leur servir comme de pont pour s'égarer.

On ne les laisse pas toujours sur le même arbre. Dès qu'on s'aperçoit qu'il y a très peu de feuilles intègres sur un arbre, on fait émigrer les Vers sur un autre et le moyen qu'on emploie est tout simple : on incline les branches d'un arbre voisin sur celui qui vient d'être mangé et les chenilles émigrent ainsi d'elles-mêmes ; ou bien avec un ciseau on coupe les extrémités des branches où sont les chenilles et on les porte ainsi sur un autre arbre.

10. — D'après ce que m'ont dit les Chinois, les Vers à soie sauvages ont des maladies. La science chinoise n'a pas encore pu définir ces maladies ni leur trouver des remèdes.

11. — Après avoir mangé des feuilles de quarante à quarante-quatre jours, les Vers commencent leurs cocons. Si le 25 avril ils ont commencé à manger, le 9 ou le 10 juin ils se mettront à filer leurs cocons. Ils les font aux jonctions des branches, ou les attachent aux feuilles qui sont près des branches.

12. — Dès qu'on s'aperçoit qu'un cocon est terminé, on a hâte de l'enlever pour le mettre en lieu de sûreté. La crainte d'être volé oblige à en user de la sorte.

13, 14. — Lorsque les cocons sont récoltés, on allume un grand feu avec des charbons de bois qu'on attise bien en soufflant dans un tuyau de bambou, le feu étant bien ardent, les cocons mis sur une claie de bambou sont exposés aux ardeurs de ce brasier durant deux minutes environ, puis jetés dans une chaudière où l'eau est en pleine ébullition ; après une minute et quarante secondes, avec un petit faisceau ou balai de brins de bambou, on remue les cocons, alors les bons bouts s'attachent aux brins du balai. Le feu a cessé dessous la chaudière, un bâtonnet bien rond et bien lisse est placé en travers sur l'ouverture de la chaudière, on fait passer les bons bouts sur le bâtonnet ou arc, le dévideur de la main gauche tire les fils, de la droite il les adapte sur l'asple qu'il fait tourner avec son pied.

15. — Les cocons conservés pour la reproduction, sont mis dans un grand panier de bambou où l'air puisse pénétrer et où les Rats, les Cancre-las et autre canaille ne puissent entrer ; on suspend ce panier au toit, ou on le dépose sur des planches. L'humidité fait mourir les chrysalides, la chaleur du foyer et

du soleil les fait sortir avant le temps ; ainsi il faut les tenir loin du foyer et ne pas permettre que les rayons du soleil atteignent le panier qui les contient même en janvier.

16. — Je ne puis rien dire sur ces espèces.

17. — J'ai déjà répondu à l'article 15.

18. — On n'emploie aucun moyen pour faire éclore les papillons ; ils sortent d'eux-mêmes, et beaucoup n'ont pas la patience d'attendre le printemps. Sur 1000 cocons mis en réserve pour la reproduction, plus de la moitié n'attendra pas le printemps. Voilà donc 1000 cocons mis en réserve en septembre. Dans le courant d'octobre, on verra sortir 7 à 8 papillons ; dans le courant de novembre, 12 à 14 ; dans le courant de décembre, 18 à 20 ; dans le courant de janvier, 36 à 40 ; dans le courant de février, 80 à 100 ; dans le courant de mars, près de 200. Ainsi sur 1000 cocons mis en réserve en septembre, si en avril il en reste 500 en bon état, on sera fort heureux.

19. — On n'attache point les femelles, les papillons sont laissés en pleine liberté dans un appartement quelconque, souvent dans la pièce du milieu de la maison qui est la salle à manger et la salle de réception, dont la porte est toujours ouverte. Les mâles et les femelles s'accouplent dès leur sortie du cocon sur des planches placées à dessein ou des ustensiles. *Leur copulation est très longue et très tenace ; elle dure de quarante à cinquante heures.* Alors ils sont comme endormis ; on les touche, on les prend sur la main, ils ne remuent pas. C'est alors qu'on les dépose dans le panier destiné à recevoir les œufs. Lorsqu'ils se sont désaccouplés, les mâles s'envolent et périssent misérablement. Les femelles restent paisibles dans le panier ; après la ponte de leurs œufs, elles s'envolent aussi et périssent de la même manière que les mâles.

Les Chinois éducateurs de ces Vers à soie disent que lorsque l'accouplement dure plus d'un jour, beaucoup d'œufs sont stériles, qu'il est bon après un jour d'accouplement de les séparer avec force et d'avoir soin de presser avec les doigts la femelle par le bas afin de lui faire rendre une partie de la liqueur qu'elle a reçue, et que par ce moyen tous les œufs seront bons.

D'après ce que j'ai dit à l'article 18, vous demanderez peut-être si les papillons dont la sortie est précoce s'accouplent et pondent des œufs.

Si la sortie d'un mâle et d'une femelle sont à peu près simultanées, ils s'accouplent et pondent des œufs, mais comme alors il n'y a pas de feuilles on les abandonne à leur sort.

Les Chinois disent que dans certains endroits du Kouï-tcheou on trouve des Vers entièrement sauvages qui se multiplient sans le secours de l'homme.

20. — Il y a dans ce pays deux espèces de Chênes, à savoir le Fou-ly et le Tsin-kang. Le Fou-ly a les feuilles larges, peu longues, rudes au toucher et découpées. Le Tsin-kang a les feuilles longues comme celles du Châtaignier, mais plus étroites, or c'est le Tsin-kang ou Chêne-Châtaigner qui sert de nourriture à nos Vers à soie; ils dédaignent les feuilles du Fou-ly. Si je me rappelle bien, ces deux espèces de Chênes se trouvent en France.

21. — Les Chênes commencent à feuiller dans le courant du mois d'avril, un peu plus tôt, un peu plus tard, selon les localités. C'est précisément au moment où les Chênes commencent à montrer leurs feuilles qu'on leur confie les jeunes chenilles, car c'est alors qu'elles naissent.

22. — *Duce naturâ*, ces insectes savent sentir l'époque où les feuilles se développent.

23. — On ne donne pas aux Chênes de culture proprement dite. Imaginez-vous que le Su-tchuen est le pays du monde le moins boisé. Ici ni bois ni forêts, la charrue et la pioche ont tout envahi. Le mauvais gouvernement, les usages suivis de l'indigence et de la misère, au lieu d'améliorer le pays, détruisent tout. La main du laboureur est tracée sur le sommet des montagnes aussi bien que dans le creux des rochers. Autour des maisons vous voyez quelques touffes de Bambous, quelques arbres fruitiers par-ci par-là; sur les limites des propriétés on aperçoit quelques Cyprès ou quelque autre arbre de frêle espèce; sur quelques maigres mamelons, on découvre parfois quelques Pins. Voilà tout le boisement du Su-tchuen. Autour des pagodes et près des tombeaux on voit parfois de

grands arbres, mais ce sont des arbres sacrés, la cognée n'ose
y toucher. Ce n'est que sur le sommet des chaînes de montagnes que l'on trouve des Chênes et encore ils ne sont nombreux et serrés que dans les lieux escarpés que les rochers, les
pierres et les ravins rendent inaccessibles à la culture. Le
manque de bois et la misère font que l'on coupe à rase terre
les Chênes dès l'âge de sept à huit ans et lorsqu'ils ont atteint
la hauteur de 12 à 14 pieds. Des souches pullulent de nombreux
rejetons dont la vie ne sera pas plus longue que celle de leurs
devanciers. Ainsi, c'est sur des rejetons de quatre à huit ans
que l'on élève les Vers à soie. Vous n'avez pas d'idée combien
les Chinois sont arriérés. Depuis trois cents ans ils n'ont rien
changé à leur routine.

Plus les Chênes sont jeunes, plus leurs feuilles sont propres
à nourrir les Vers à soie.

25. — Les chenilles choisissent les feuilles ; beaucoup ne
sont mangées qu'à moitié, beaucoup d'autres restent intactes.

26. — Après la première récolte qui arrive en juin, l'arbre
est encore en pousse, les branches continuent à monter et
donnent naissance à de nouvelles feuilles. Les anciennes restent
telles que les ont laissées les chenilles. Après la seconde récolte
qui a lieu en septembre, l'arbre reste tel jusqu'au printemps.
Pour avoir nourri les Vers à soie, les Chênes ne perdent rien de
leur vigueur.

28. — Les Vers du Ricin sont inconnus ici, ceux du Fagara
et du Frêne aussi. Ces deux dernières espèces doivent se trouver au Chang-toug, Kiang-lan ou près de Pekin, car c'est dans
ces parages-là que le père d'Incarville a passé sa vie chinoise.
De son temps, le Su-tchuen, le Koui-tcheou n'étaient pas des-
servis par les jésuites. C'est donc dans les parages susdits qu'il
avait rencontré les Vers du Chêne, du Fagara et du Frêne.

Les Vers à soie du Chêne donnent deux récoltes par an ;
c'est par la seconde qu'on les reproduit, ou transmet à l'année
suivante. Retenez-le bien : *deux récoltes ! deux récoltes !*

NOTE SUR L'AVOINE DE SIBÉRIE
Par M. Anselme PETETIN.

(Séance du 7 mai 1858.)

Le but de la Société ne se borne pas à provoquer l'introduction en France d'espèces entièrement nouvelles; il est aussi
de favoriser la diffusion, la propagation des plantes qui,
quoique connues, ne sont pourtant pas aussi généralement
cultivées qu'elles mériteraient de l'être. C'est à ce titre que je
prends la liberté de recommander à son attention l'*Avoine de
Sibérie*. Je ne l'ai vue cultiver nulle part ailleurs que chez moi,
quoique l'existence n'en soit probablement pas ignorée des
savants agronomes qui font partie de cette Société. J'en reçus,
il y a trois ans, à Lyon, de M. Jacquemet-Bonnefont, un échantillon d'un litre de ce grain. Depuis lors je l'ai cultivée avec
soin, et en outre, répandu soit chez mes fermiers soit chez les
cultivateurs mes voisins. Elle a constamment donné les plus
remarquables résultats : en quantité, 26 à 27 pour 1. Le grain
est gros, court, pesant (49^{kil},60 l'hectolitre). Les chevaux en
sont fort avides, et elle produit chez eux, outre les effets ordinaires de l'Avoine, quelques-uns des effets de la farine d'Orge.
Comme elle est très précoce, qu'elle pousse très vite et très
haut (au delà de 2 mètres) ; comme sa tige est grosse et tendre,
elle peut servir avantageusement de fourrage vert hâtif. J'ai
même fait l'année dernière une expérience qui, si son succès
se généralisait, aurait des conséquences très importantes pour
l'économie rurale. J'ai fait faucher la *moitié* d'un semis lorsque
la tige avait environ 1 mètre de hauteur, et avant la sortie de
la fusée. J'ai employé ces tiges en fourrage vert, et j'ai laissé
repousser la plante. La moitié fauchée a donné, en grains,
exactement les mêmes produits comme quantité et qualité,
que la moitié intacte. Il y a eu seulement dans la maturité un
retard de cinq à six jours. Je mets sous les yeux de la Société
et à sa disposition un petit sac (20 litres) de l'Avoine provenant de ma culture.

II. EXTRAIT DES PROCÈS-VERBAUX
DES SÉANCES GÉNÉRALES DE LA SOCIÉTÉ.

SÉANCE DU 7 MAI 1858.

Présidence de M. Is. GEOFFROY SAINT-HILAIRE.

M. le Président proclame les noms des membres nouvellement admis :

MM. ANDRÉ (César-Ernest), membre du Corps législatif, à Paris.

ANDRÉ (François-Édouard), sous-lieutenant aux Guides de la Garde, à Paris.

BALCARCE (de), chargé d'affaires de Buenos-Ayres, à Paris.

DARISTE (Auguste), sénateur, à Paris.

FESTA (Pierre), propriétaire et négociant, à Milan (Lombardie).

GALLWEY (le comte Édouard de), propriétaire, à Paris.

GILBERT-BOUCHER (G.), membre du Conseil général de Seine-et-Oise, à Paris.

GRANVILLE (Belurgey de), préfet de la Mayenne, à Laval (Mayenne).

GRUNELIUS (Charles), à Francfort.

HAAS (Marie), chef de division à la préfecture de la Haute-Marne, fondateur de la Société départementale d'horticulture, membre du conseil départemental d'hygiène publique et de salubrité, à Chaumont (Haute-Marne).

Le PELLEC, marchand grainier, à Saint-Brieuc (Côtes-du-Nord).

L'ESPINE (le vicomte Oscar de), secrétaire de l'ambassade de France à Saint-Pétersbourg, à Paris.

MATHIEU (le contre-amiral Aymé), à Paris.

MONTAGNE, membre de l'Institut et de la Société impériale et centrale d'agriculture, etc., à Paris.

MONTMORENCY (le duc de), à Paris.

NOUHES DE LA CACAUDIÈRE (des), propriétaire, au château de la Cacaudière près Pouzanges (Vendée).

MM. ŒRTZEN (S. Exc. M. Guillaume de), premier ministre du
grand-duché de Mecklembourg-Schwerin, à Schwerin.

PELLON Y RODRIGUEZ (de), agronome, à Madrid (Espagne).

PIAZZA (François), propriétaire, à Milan (Lombardie).

RECHBERG-ROTHENLÖVEN (S. Exc. M. le comte de), ministre
plénipotentiaire d'Autriche, Président de la diète de
Francfort, à Francfort.

REINHARD (S. Exc. M. de), envoyé extraordinaire et ministre
plénipotentiaire de S. M. le roi de Wurtemberg, à la
diète germanique, à Francfort.

ROMAND (le baron de), ancien préfet, à Paris.

ROSNOVANO (Georges de), préfet du district de Niamso, à
Piatra (Moldavie).

TURENNE (le marquis de), propriétaire, à Paris.

WIMPFFEN (le baron François de), attaché à la légation
de France, à Francfort.

— M. le Président informe de la perte très regrettable que
la Société vient de faire en la personne de M. Mestro, conseiller
d'État, directeur des colonies au ministère de la marine,
président honoraire de notre Commission permanente des
colonies.

— M. le Président annonce que, sur la proposition de M. le
comte de Montessuy, ministre de France à Francfort-sur-le-
Mein, où la Société compte un assez grand nombre de membres
présentés par notre confrère, le Conseil a choisi comme
Délégué dans cette ville M. le baron Maurice de Bethmann,
consul général de Prusse.

— M. Drouyn de Lhuys donne lecture d'une lettre que M. le
prince de Metternich lui a écrite à l'occasion de son entrée
dans la Société et dans laquelle on remarque l'expression
d'une vive sympathie pour notre œuvre.

— Des lettres de remercîments pour leur admission dans la
Société sont adressées par MM. le baron de Dirckinkg de
Holmfeld, envoyé du Danemark à Paris ; John Donovan ; Marie
Haas, chef de division à la préfecture de la Haute-Marne; le
comte Emmanuel de Mesgrigny; de Soubeyran, préfet de

Loir-et-Cher, à qui est due la création du Jardin d'essais et d'acclimatation d'Alger, dont l'établissement a eu lieu sur ses propositions et par ses soins, dès le mois de mai 1833; Stephan-Bey et le docteur Vavasseur.

— M. le duc de La Rochefoucauld-Doudeauville exprime ses regrets de ne pouvoir assister à nos séances, en raison de son état de maladie.

— S. Exc. le Ministre de l'agriculture, du commerce et des travaux publics annonce qu'il a bien voulu accorder pour 1858, à la *Société impériale zoologique d'acclimatation* une subvention de 1500 francs. Des remercîments seront transmis à M. le Ministre.

— Le même Ministre fait parvenir des demandes de graines de Sorgho et de Riz sec, qui lui ont été adressées. Ces demandes sont renvoyées à la Section des végétaux.

— M. le Président renvoie également à cette Section :

1° Une lettre de M. Graells qui, en réponse aux questions de la Société relatives au fourrage mentionné par notre confrère M. David, et nommé en Espagne *Mielga*, dit que la plante dont il s'agit n'est autre que la Luzerne ordinaire (*Medicago sativa*), mais non cultivée (*M. sylvestris*).

2° Une lettre de S. Exc. M. le baron de Manderstroem, ministre de S. M. le Roi de Suède, et membre de notre Société, à qui M. Drouyn de Lhuys s'était adressé, afin d'obtenir par son intermédiaire des graines de Cerfeuil bulbeux de Sibérie. Dans cette lettre, qui témoigne du zèle éclairé et bienveillant du compatriote de l'illustre Linné, on trouve des renseignements précis sur cette plante fournis par M. le professeur Fries. Il y est joint un petit paquet de graines de ce Cerfeuil, qui, importé de Kéret, dans la Laponie russe, à Upsal, s'y est parfaitement acclimaté. C'est dans cette dernière ville que l'on a reconnu les propriétés alimentaires de la racine. En outre, M. de Manderstroem indique les ressources précieuses que fournit une espèce de Saule (*Salix acutifolia*) des bords du lac Ladoga, en ce que fleurissant, en Suède, deux ou trois semaines plus tôt que toute autre plante propre à la nourriture des Abeilles, ce Saule, dont les fleurs sont très riches de miel, offre une garantie contre la mortalité dont ces insectes sont souvent atteints au printemps, faute de nourriture.

3° Une Note de M. Anselme Petetin, sur l'Avoine de Sibérie, dont la culture lui a donné les plus remarquables résultats. Notre confrère met à la disposition de la Société une certaine quantité de graines.

— Un catalogue de 739 plantes cultivées à Pékin dans le Jardin de la Mission russe par M. Constantin Skatschkoff, attaché au département asiatique, ayant été communiqué par M. S. Julien, la Société en doit à Mgr Perny une copie faite par le jeune Chinois dont il est accompagné, Simon Hiahochen, élève du séminaire du Kouy-Tcheou. S. Exc. M. le duc de Montebello, ambassadeur en Russie, en réponse à la demande qui lui a été faite, de chercher à obtenir une collection de ces graines qui ont été rapportées à Saint-Pétersbourg, exprime son vif désir de donner, dit-il, « un faible témoignage de sa sympathie et de son dévouement à une Société dont il a l'honneur d'être l'un des membres fondateurs. Il fera donc tout ce qui dépendra de lui pour envoyer une collection aussi complète que possible de ces graines dont une grande partie pourra sans doute réussir sous notre climat. »

M. de Montebello annonce qu'il mettra sous les yeux de S. M. l'Empereur de Russie, au nom de la Société, les échantillons d'étoffes dues à M. Davin, qui sont à la fois, dit-il « la preuve de l'incontestable utilité des travaux de notre Société et de la perfection à laquelle notre industrie nationale a su atteindre. »

— Notre confrère, M. Th. Barbey transmet un Bulletin du Comice agricole de l'arrondissement de Saint-Dié (Vosges) où se trouve le procès-verbal de la séance tenue par ce Comice, le 4 avril dernier, et dans laquelle il a été donné lecture de la Notice de M. Moquin-Tandon sur l'Igname de la Chine.

— M. Kaufmann, au nom d'une Commission dont il faisait partie avec MM. Poulain de Bossay et Léo d'Ounous, lit un Rapport sur l'utilité de la propagation de la culture du Houblon en France. Les conclusions du Rapport approuvées par l'Assemblée sont tout à fait favorables à l'extension de cette culture et à son introduction dans quelques départements où elle n'a pas lieu.

— M. Hardy fait parvenir des graines d'Igname de la Chine qu'il a obtenues au Jardin d'essai de Hamma, près d'Alger, et insiste pour qu'on pousse aux semis réitérés de cette plante, espérant réussir, par ce moyen, à créer des races normalement moins disposées à pivoter.

— Notre confrère fait connaître l'extension considérable qu'a prise en Algérie la culture du tabac, dont la récolte ne s'élèvera pas à moins de 6 millions de kilogrammes cette année, si la saison est favorable; ce qui représente 6 millions de francs restant entre les mains des cultivateurs.

— M. Guérin-Méneville présente, de la part de M. Jules Bourcier, membre de la Société, des tubercules de la *Hoca* du Pérou préparés sous forme de confitures et de fruits à l'eau-de-vie. Ce végétal, espèce d'*Oxalis*, a été introduit pour la première fois en France par notre confrère, à son retour de la République de l'Équateur, en 1854. Il en a remis des tubercules à divers horticulteurs, et la plante est aujourd'hui cultivée, d'une manière suffisante, autour de Paris, pour que dans divers magasins de comestibles on vende ces tubercules qui servent aux mêmes usages que la Pomme de terre.

— Mgr. Perny transmet de nombreux détails sur les propriétés et les usages d'un certain nombre de substances qu'il a rapportées de Chine.

— M. Brot, notre délégué à Milan, accuse réception de la graine de Vers à soie du Mûrier, recueillie dans les Alpes par les soins de M. Guérin-Méneville. Il l'a distribuée à plusieurs habiles sériciculteurs et en particulier à notre confrère, M. le professeur Émile Cornalia. Des Rapports seront ultérieurement transmis par M. Brot.

— M. le Président place sous les yeux de l'Assemblée une grande lithographie coloriée, représentant des Colins de Californie adultes, mâle et femelle et jeunes avec la livrée du premier âge. Ce dessin a été fait d'après des individus provenant de ceux dont on doit l'acclimatation à M. Deschamps qui a introduit ces oiseaux en France au mois d'octobre 1852.

— S. Exc. M. le Ministre de la guerre transmet un Rapport de notre confrère M. Bernis, vétérinaire principal de l'armée d'Afrique, sur la situation en Algérie du troupeau de Chèvres d'Angora. « Je pense vous être agréable, dit M. le Ministre, en vous adressant ce document duquel il résulte que, malgré le peu de temps écoulé depuis son introduction, le troupeau d'Angora a déjà utilement marqué sa place dans la colonie, et paraît appelé à y rendre d'importants services. » (Voy. le Rapport au *Bulletin*, p. 165.)

— M. Marques-Lisboa, envoyé du Brésil, annonce que le gouvernement de l'Empereur laisse au Conseil d'administration de notre Société une entière liberté d'action quant aux dépenses que pourra occasionner le transport des Chameaux dont l'envoi doit être fait aussi promptement que possible.

— M. le docteur Turrel, secrétaire du Comice agricole de Toulon, adresse un Rapport sur le troupeau de Chèvres d'Angora que possède ce Comice et qui a prospéré d'une manière très remarquable, et sur les Moutons de Caramanie, qui lui ont été confiés, et mis en dépôt chez M. Azam, membre du Comice. Notre confrère, en même temps, remercie d'un envoi de graines et de végétaux qui lui ont été récemment adressés par la Société.

— Après la correspondance, et conformément à l'ordre du jour spécial de cette séance porté sur les lettres de convocation, M. Fr. Jacquemart, au nom du Conseil, lit un *Rapport sur le projet de la fondation d'un Jardin zoologique d'acclimatation au bois de Boulogne*. (Voy. au *Bulletin*, p. 153.)

A la suite de cette lecture, quelques observations sur les droits dont chaque actionnaire jouira relativement à l'entrée dans le Jardin de la Société, sont échangées entre MM. le docteur Berrier-Fontaine, Anselme Petetin, J. Cloquet, Garbé, Toirac et divers autres membres.

— Parmi les ouvrages déposés sur le bureau de la Société on remarque : 1° deux volumes d'un grand travail en voie de publication, dû à notre confrère M. Haas et ayant pour titre : *La France* ; 2° une *Notice du vert de Chine et de la teinture en vert chez les Chinois*, par notre confrère M. Natalis

Rondot, ancien délégué commercial attaché à l'Ambassade en Chine ; suivie d'une *Étude sur les propriétés chimiques et tinctoriales du Lo-kao*, par M. J. Persoz, professeur au Conservatoire impérial des Arts et Métiers, membre de la Société, et de *Recherches sur la matière colorante des Nerpruns indigènes*, par M. A.-F. Michel, membre de la Chambre de commerce de Lyon. Le travail de M. Rondot, qui a été fait à la demande de cette Chambre de commerce et imprimé par son ordre, renferme les renseignements les plus complets sur le *Lo-kao*, ou vert des Chinois, qu'on obtient de deux Nerpruns spécifiquement déterminés par M. le professeur Decaisne, les *Rhamnus utilis* et *chlorophorus*, importés en Europe, le premier en 1855, par M. Robert Fortune et le second, dès janvier 1854, par M. Natalis Rondot, qui en a fait hommage, à cette époque, à notre Société. Outre les faits très nombreux sur cette remarquable substance tinctoriale que l'on trouve dans ce livre destiné à servir de guide aux concurrents pour le prix de 6000 francs, fondé par la Chambre de commerce, l'auteur y a consigné beaucoup de renseignements sur divers autres produits végétaux de la Chine très essentiels à la teinture et dont on trouve une énumération raisonnée dans une lettre de M. Rondot, accompagnant l'envoi de son ouvrage, et qui sera insérée au *Bulletin* (voy. p. 206).

SÉANCE DU 21 MAI 1858.

Présidence de M. Is. GEOFFROY SAINT-HILAIRE.

M. le Président proclame le nom des membres nouvellement admis :

MM. AVARAY (le comte Camille d'), à Paris.
    BABORIER, de la maison Jacquemet-Bonefond, d'Annonay, à Lyon (Rhône).
    BASAGOITIA (Manuel-Mariano), à Lima (Pérou) et à Paris.
    BIÉTRIX-SIONEST, propriétaire, à Lyon (Rhône).

Bonnet (Gustave), ingénieur en chef des ponts et chaussées, à Lyon (Rhône).

Bouchard (Constant), propriétaire, à Francheville près Lyon (Rhône).

Calligas, pharmacien de l'armée turque, à Constantinople.

Choiseul-Daillecourt (le comte Gabriel de), à Paris.

Cottier, propriétaire, à Paris.

Conti (Joseph), propriétaire, à Milan (Lombardie).

Erlanger (Raphaël), consul général de Portugal, consul de Suède et Norwége, à Francfort (Allemagne).

Errazu (de), à Paris.

Fitz-James (le duc de), à Paris.

Harcourt (le comte Bernard d'), à Paris.

Harris (le capitaine), agriculteur, à Constantinople.

Hélot (Léon), chef du bureau de la colonisation et des travaux publics, à la préfecture d'Alger,

Labussière, inspecteur des forêts pour le département du Puy-de-Dôme, à Clermont-Ferrant.

Rallet (Alphonse), propriétaire-agriculteur, à Biviers, près Grenoble (Isère).

Marquet, gérant de la colonie pénitentiaire de Fontevrault (Maine-et-Loire).

Onsenbray (le vicomte Paul d'), à Paris.

Péaud, propriétaire, ancien magistrat, à Saint-Cyr, près Lyon (Rhône).

Rallet (Eugène), propriétaire-agriculteur, à Biviers, près Grenoble (Isère).

Réal (Félix), ancien député, président de la Société d'acclimatation des Alpes, agriculteur-éleveur, à Grenoble (Isère).

Rey, professeur, à l'École impériale vétérinaire, à Lyon (Rhône).

Sudda (Georges Della), professeur à l'École de médecine, à Constantinople.

Teixeira-Leite, propriétaire, dans la province de Minas Geraës, au Brésil.

Thérouanne (Émile), à Paris.

— Des lettres de remercîments pour leur admission dans la Société sont adressées par MM. Balcarce, Basagoitia, Borzenkow, membre fondateur des Comités d'acclimatation de Moscou, Bulcao, de Errazu, par M. des Nouhes de la Cacaudière, qui donne quelques détails sur ses travaux agricoles et de pisciculture, et par MM. de Puiberneau et le marquis de Turenne.

— S. Exc. M. Étienne de Masslow, conseiller d'État actuel, secrétaire perpétuel de la Société impériale d'agriculture, à Moscou, remercie de sa nomination comme membre honoraire de notre Société.

— Des médailles de seconde classe ayant été décernées à M. Fintelmann, pour ses heureuses tentatives d'introduction et d'acclimatation en Prusse du *Bombyx Cynthia* et à M. J. Kalinsky de (Bialystok), pour avoir introduit les Abeilles liguriennes en Russie, ces deux lauréats font parvenir l'expression de leur reconnaissance.

— M. Dutrône remercie de sa nomination, comme membre de la *Commission des Colonies*, et M. Jacques Kalinoswsky du choix que le Conseil a fait de lui comme Délégué de la Société à Moscou.

— M. le Président informe qu'il a eu l'honneur d'être admis avec l'un de nos Vice-Présidents, M. Drouyn de Lhuys, et le Secrétaire-général, M. le comte d'Éprémesnil, auprès de l'Empereur pour lui porter le témoignage de la respectueuse gratitude de la Société, à l'occasion de la concession dans le bois de Boulogne du terrain destiné à l'établissement du Jardin zoologique d'acclimatation. S. M. a daigné s'inscrire en tête de la liste des souscripteurs.

Ces trois membres ont eu également l'honneur d'être reçus par S. A. I. le prince Napoléon, où ils ont été accueillis avec les mêmes témoignages de bienveillance.

— M. Hausmann, nommé consul au Cap de Bonne-Espérance, adresse ses offres de services à la Société. Sa lettre est renvoyée à la *Commission de l'Étrang·r*, qui lui fera parvenir des instructions avec les remercîments du Conseil.

— M. le prince Pierre Troubetzkoy, membre honoraire du Comité botanique d'acclimatation de Moscou, fait connaître les moyens les plus faciles d'établir par l'ambassade russe des communications entre ce Comité et notre Société.

— M. Haas, qui assure de tout son zèle pour la propagation de notre œuvre dans le département de la Haute-Marne, remercie d'un envoi d'Ignames, et fait connaître le succès de la culture du Sorgho dans les environs de Chaumont.

— M. Brierre, de Riez (Vendée), fait parvenir un Rapport détaillé sur la culture des plantes étrangères qui lui ont été confiées. Ce rapport est renvoyé à la 5ᵉ Section.

— M. le Président lui renvoie également les pièces suivantes :

1º Une lettre écrite à M. Drouyn de Lhuys par M. Dieterici, Président de notre Société affiliée d'acclimatation pour les États royaux de Prusse, et dans laquelle se trouvent des détails sur la culture du Cerfeuil bulbeux (*Chærophyllum bulbosum*) qui commence à se répandre sur le territoire prussien. A cette lettre est joint 1 kilogramme de graines. M. Dieterici annonce que M. le docteur Klotzsch, membre de l'Académie royale des sciences de Berlin, ajoute à cet envoi deux nouvelles variétés de Pommes de terre, dont l'une a été obtenue par ce botaniste, en 1848, au moyen de croisement des deux espèces dites *Solanum tuberosum* et *S. utile* du Mexique. La culture de cette variété sucrée est assez générale maintenant en Prusse.

2º Un rapport favorable sur la culture du Sorgho en Sicile, adressé de Palerme, par M. le baron Anca ; notre confrère désirerait qu'on indiquât les moyens les plus économiques et les plus simples que chaque agriculteur pourrait mettre en pratique, afin de retirer du Sorgho la quantité de sucre nécessaire pour les besoins de la ferme.

3º Une note de M. Gossin, professeur de l'Institut normal agricole de Beauvais, relative à quelques essais faits dans cet établissement sur la culture du Sorgho, de l'Igname et de trente espèces de Maïs.

— Il est donné lecture d'une lettre de M. d'Orfeuil, gérant d'une Société industrielle dite *Société du Sorgho*, qui se propose, pour assurer le développement de la culture de ce végétal, de la favoriser par tous les moyens qui seront en son pouvoir : distributions de graines, cultures modèles, essais comparatifs, certitude de vente des récoltes, et surtout par l'établissement dans tous les lieux où la production aura de l'importance, d'usines qui permettent d'utiliser, sous forme d'alcool, la matière sucrée fournie par le Sorgho. A cette lettre, M. d'Orfeuil a joint un Prospectus imprimé de la Société qu'il représente.

— M. Lachaume place sous les yeux de l'Assemblée des échantillons de ses cultures de Vitry-sur-Seine et consistant :

1° En un lot d'Épinards (*Spinacia oleracea*) perfectionnés, dont les feuilles mesurent 0^m,38 en longueur et 0^m,34 en largeur, chaque pied pesant 1^{kil},750 ;

2° En deux lots de Pommes de terre, l'un de la *variété* dite *de Hollande rose*, de volume remarquable et l'autre de la *variété de la Nouvelle-Zélande*.

— M. David annonce un envoi de graines du fourrage connu en Espagne sous le nom de Mielga, et ajoute qu'il a demandé en Amérique des graines d'un autre fourrage (*la Yerva de Guinea*), qu'il croit également utile et susceptible d'être acclimaté en France. Il espère obtenir prochainement de Venezuela, où il a été ministre plénipotentiaire de France, des envois intéressants pour la Société.

— M. Bourlier écrit de Constantinople qu'il a déjà pu distribuer dans ce pays, au nom de la Société, des graines de soixante et dix plantes différentes, dont un assez grand nombre sont destinées à la pharmacie. M. Bourlier va continuer la distribution des graines en Anatolie, où il espère pouvoir servir utilement notre cause.

— M. Natalis Rondot adresse une *Note* sur les propriétés tinctoriales du *Hoaï-Hoa* des Chinois, ou houtons de fleurs du *Sophora Japonica*, arbre cultivé en France depuis 1747, époque où le P. d'Incarville l'envoya de Chine à Bernard de Jussieu. Ces boutons de fleurs donnent une teinture jaune, et, de plus, d'après des témoignages difficiles à récuser, ils serviraient également à teindre en vert. Ce travail est renvoyé au *Comité de publication*.

— M. le Président renvoie à l'examen de la 4 Section une *Note* de M. Broche, fils, de Bagnols (Gard) *Sur les maladies des Vers à soie* et leur traitement, et principalement sur les feuilles du Mûrier, comme contribuant à produire ces maladies qui résultent, suivant lui, d'un vice de l'atmosphère. La feuille, malgré sa belle végétation, dit-il, est poudrée d'une poussière noire imperceptible, qui est un poison pour le Ver à soie.

— M. Millet met sous les yeux de l'Assemblée des *Sandres communs* (*Luciopera sandra*, Cuv. Val.) introduits et acclimatés par lui dans les eaux vives de l'Aisne, des Ardennes, etc. Il présente, en même temps, une carafe contenant un grand nombre de jeunes Sandres vivants nouvellement éclos et provenant de poissons acclimatés par lui en France.

— Le Bureau de la 2ᵉ Section transmet le Procès-verbal des séances tenues par cette section, le 27 mars et le 13 avril. On y remarque :

1° La mention de la lecture faite par M. le docteur Chouippe d'un travail sur la *Classification des races gallines* basée sur les caractères les plus lents à disparaître, même dans les croisements, les races étant prises telles qu'on les trouve aujourd'hui, et abstraction faite de toute filiation les unes aux autres ;

2° Des expériences poursuivies par M. de Souancé, depuis trois années, sur des *Perruches ondulées*, qui ont résisté, sous un hangar, à un froid de — 15 degrés. La ponte et l'incubation ont eu lieu avec une température de — 8 degrés. M. Bigot a dit, sans pouvoir d'ailleurs préciser les chiffres, qu'il a vu dans une volière exposée aux vents des oiseaux exotiques supporter un refroidissement assez considérable de l'air extérieur ;

3° La communication d'un travail de M. Davelouis sur les lacunes qui se trouvent dans les faits relatifs aux races gallines, et qui portent sur la ponte aux différentes époques de l'année et sur les différences d'âge des animaux, d'où résulte l'impossibilité presque absolue d'évaluer le rendement de chacune des races qu'on ne peut par conséquent pas comparer entre elles d'une façon précise. M. le docteur Chouippe a insisté, à cette occasion, sur l'imperfection de tout ce qui a trait à l'éducation des volailles et sur la nécessité d'études moins incomplètes ;

4° Une discussion sur l'urgence de régler le plus promptement possible par le choix d'une Commission spéciale tout ce qui se rapporte aux échanges d'œufs et d'oiseaux entre les membres.

— M. Davelouis, en sa qualité de Secrétaire de la 2ᵉ Section informe :

1° De la répartition entre le Conseil et les membres inscrits sur une liste précédemment soumise à l'Assemblée, d'un certain nombre d'œufs de *Perdrix Gambra*, expédiés d'Algérie, par notre confrère, M. Ritter, chef du Bureau arabe de Médéah, dont l'envoi a été annoncé à M. le Président de la Société par M. le général Daumas, dans une lettre en date du 17 mai.

2° De la décision prise par la Section que son Bureau, moins M. le docteur Chouippe qui est exposant, se rendrait, comme Commission d'examen, à l'exposition régionale de Versailles, pour y étudier les races d'oiseaux domestiques. A cette occasion, M. Davelouis présente quelques remarques sur les *Bernaches* qui figuraient à cette exposition.

— M. le général prince de la Moskowa, aide de camp et premier veneur de l'Empereur, membre de la Société, adresse deux Rapports sur l'introduction et l'acclimatation en France de la *Perdrix Gambra*. L'un de ces Rapports, très favorable, émane de notre confrère M. Fouquier de Maziéres, inspecteur des forêts à Saint-Germain en Laye ; l'autre, qui constate un succès moins marqué, est dû à M. de Violaine, inspecteur des forêts à Rambouillet. M. le prince de la Moskowa rappelle les premières tentatives de notre confrère, M. le baron de Laage, et exprime la conviction, d'après les résultats obtenus, que cette espèce africaine est aujourd'hui complétement acclimatée en France.

— M. le ministre de la guerre transmet la copie d'une lettre de M. Hardy, directeur de la Pépinière centrale du Gouvernement à Alger, par laquelle notre confrère annonce à S. Exc. un fait dont il avait déjà donné avis directement à M. le Président. Il s'agit de la naissance de neuf *Autruches* provenant d'une seule éclosion. Les œufs ont été couvés pendant soixante jours ; le mâle et la femelle ont gardé alternativement le nid, le premier couvant principalement la nuit, et la seconde, le jour. Ainsi se trouve démontrée la possibilité, ajoute M. Hardy, de voir les Autruches se multiplier en état de domesticité.

— M. Florent Prévost lit un travail ayant pour titre : *Du régime alimentaire des Oiseaux*, et fondé sur un nombre considérable d'observations poursuivies depuis plus de trente ans, et qui consistent dans l'examen attentif, à toutes les époques de l'année, des matières contenues dans l'estomac de la plupart des oiseaux de notre pays. Ces observations résumées, pour chaque espèce, sous une forme synoptique et permettant de préciser la nature du régime, mois par mois, et souvent semaine par semaine, jettent le plus grand jour sur la question si importante des services que les oiseaux sont appelés à rendre à l'agriculture par la destruction des insectes nuisibles ou des dommages qu'ils peuvent lui causer par leurs dégâts au milieu des cultures. (Voy. plus haut, p. 262.)

— Il lui renvoie également une Notice sur le *Nandou ou Autruche d'Amérique*, lue par M. le docteur Vavasseur qui, ayant longtemps séjourné dans la République de l'Uruguay où il a beaucoup observé et étudié cet utile oiseau, en a rapporté la conviction qu'il peut être acclimaté en Europe, même dans le nord de la France, puisqu'on le trouve jusque dans la Patagonie, où le climat est plus rigoureux. Notre confrère termine en annonçant qu'il se propose de faire hommage à la Société, dès que cela lui sera possible, par suite des mesures qu'il a prises à cet égard, de deux ou trois Nandous mâles et d'un certain nombre de femelles. M. le Président le prie d'agréer les remercîments de la Société pour cette offre généreuse.

— M. le général Daumas, dans une lettre où il rappelle de quelle haute importance est pour les peuples et leurs gouvernements l'étude du Cheval, comme l'un des éléments les plus puissants de leur force et de leur prospérité, dit que pour bien s'éclairer sur cette question difficile, il s'est souvent adressé à l'Émir Abd-el-Kader, qui est, ajoute-t-il, l'un des Arabes les plus érudits sur la matière. Il transmet la dernière lettre qu'il a reçue de ce célèbre chef en réponse aux questions qu'il lui avait adressées. On donnera lecture de cette lettre dans la prochaine séance.

— M. Kauffmann demande au Conseil qu'il veuille bien lui faire remettre des échantillons de la laine des différents animaux dont la Société s'occupe, afin que l'examen puisse en être fait à Berlin par les hommes les plus habiles en cette matière, qui vont se trouver très prochainement réunis dans cette ville à l'occasion du grand marché annuel de laines.

Notre confrère transmet, en même temps, le 3ᵉ numéro du *Bulletin* de notre Société affiliée pour les États royaux de Prusse.

— Il est donné communication d'une lettre de M. le comte de Hatzfeld, ministre du roi de Prusse à Paris, et membre de la Société, par laquelle S. Exc. adresse, au nom du Roi, des remercîments à M. Davin, pour l'hommage qu'il a fait à S. M., par l'entremise de la Société, de plusieurs échantillons de ses produits obtenus avec la laine de la race Mérinos-Mauchamps instituée par M. Graux, et avec celle du Chameau.

— M. Bouteille, secrétaire général de notre Société affiliée des Alpes, annonce la naissance d'un Yak femelle.

De plus, il exprime la satisfaction que la Société régionale a éprouvée de voir M. Richard (du Cantal) assister à sa séance solennelle du mois d'avril, pendant le voyage que notre vice-président vient de faire pour accomplir la mission dont il avait bien voulu se charger. A cette occasion, M. le Président transmet les remercîments de la Société à M. Richard (du Cantal), qui promet la communication prochaine d'un Rapport détaillé sur cette mission.

— Il est donné lecture de l'extrait d'une lettre de M. Sacc dans laquelle notre confrère combat l'opinion émise par madame la princesse Belgiojoso, qui, dans sa *Notice sur les Chèvres d'Angora*, avait présenté cette espèce comme sujette à des avortements.

— M. Davelouis, au nom de la 1ʳᵉ Section, présente un Rapport sur une proposition de M. Paul Thenard. Notre confrère a émis le vœu que les agriculteurs français, membres de la Société, fussent invités à faire connaître les résultats obtenus par eux dans leurs essais d'acclimatation des races bovines et ovines étrangères ou de celles des diverses régions de la France, avec indication exacte des localités, des sols, des conditions locales et surtout des prix de revient. Le Rapport conclut à ce que la proposition soit prise en considération, et qu'il soit rédigé un Questionnaire, dont la forme serait déterminée par une Commission nommée à cet effet. Renvoyé à la 1re Section, pour la préparation de ce Questionnaire.

— M. Lecoq, directeur de l'École impériale vétérinaire de Lyon et Délégué du Conseil dans cette ville, envoie un remède préservatif contre la rage que M$_{gr}$ Perny, qui l'a rapporté de Chine, lui avait remis à son passage, lors de son retour en France. Ce remède est destiné aux personnes mordues que l'on veut préserver des accidents. On leur fait prendre trois ou quatre insectes, espèces de Taupes-Grillons de petite taille, dans une cuillerée de vin chinois, qu'on peut remplacer par de l'eau-de-vie, et de plus, en trois fois dans la journée, une trentaine (dix chaque fois) de pilules dont la composition semble difficile à déterminer.

De plus, M. Lecoq envoie des feuilles et des graines d'une espèce de *Datura* que les Pères de la Propagation de la Foi ont adressées comme remède curatif de la même maladie. Ces documents et les substances qui y sont jointes, sont renvoyés à la *Commission médicale permanente*.

Le Secrétaire des séances,

Aug. Duméril.

OUVRAGES OFFERTS A LA SOCIÉTÉ.

Séances des 5 et 19 mars 1858.

MÉMOIRES DE LA SOCIÉTÉ D'AGRICULTURE, SCIENCES, ARTS ET BELLES-LETTRES DE L'AUBE. 3ᵉ et 4ᵉ trimestre 1857.

RECUEIL DES TRAVAUX DE LA SOCIÉTÉ LIBRE D'AGRICULTURE, SCIENCES, ARTS ET BELLES-LETTRES DE L'EURE (années 1855-1856).

MÉMOIRES DE LA SOCIÉTÉ IMPÉRIALE D'ÉMULATION D'ABBEVILLE (années de 1852 à 1857).

QUELQUES IDÉES SUR LA COLONISATION ALGÉRIENNE, par M. Ch. Bonfort, d'Oran. Offert par l'auteur.

NOTICE SUR UN MODE D'ÉDUCATION POUR RÉGÉNÉRER LES GALLINACÉS, par M. P. Letrône. Offert par l'auteur.

ÉLÉMENTS DE CHIMIE INORGANIQUE ET ORGANIQUE, par F. Wöhler, traduit de l'allemand par M. Louis Gandeau, avec le concours de MM. le docteur Sacc et Sainte-Claire Deville (1 vol. in-8, Paris, 1858). Offert par M. Sacc.

DES COQUILLES ANIMALISÉES ET DE LEUR EMPLOI EN AGRICULTURE, par M. P. Bortier.

LES CONFINS MILITAIRES DE LA GRANDE KABYLIE SOUS LA DOMINATION TURQUE, par M. le baron Henri Aucapitaine.

LE PAYS ET LA SOCIÉTÉ KABYLE, par le même. Offert par l'auteur.

JOURNAL DES VÉTÉRINAIRES DU MIDI (numéro de janvier 1858 et suivants).

IL BACOFILO ITALIANO (numéro de janvier 1858 et suivants).

Séances des 9 et 23 avril 1858.

MÉMOIRES DE L'ACADÉMIE IMPÉRIALE DE METZ (1856-1857).

COMPTE RENDU DE LA SITUATION ET DES TRAVAUX DE LA SOCIÉTÉ D'ÉMULA-TION DE MONTBÉLIARD (7 mai 1857).

BULLETIN DE LA SOCIÉTÉ D'HORTICULTURE DE BEAUNE (n° 2, 1857).

BULLETIN DE LA SOCIÉTÉ D'HORTICULTURE DE L'AUBE (1857, 4ᵉ trimestre).

NOTES pour servir à la Faune du département de Seine-et-Marne, par M. le comte de Sinety. Offert par l'auteur.

LES COLINS, par M. H.-P. Pichot, in-8. Offert par l'auteur.

DISCOURS prononcé à Montpellier, le 16 juin 1857, à la séance de clôture de la session extraordinaire de la Société botanique de France, par M. Pierre de Tchihatchef, président de la session.

ÉTUDES SUR LA VÉGÉTATION des hautes montagnes de l'Asie Mineure et de l'Arménie, par le même. Offert par l'auteur.

TRAITÉ DE CONSTRUCTIONS RURALES, par M. L. Bouchard (tome Iᵉʳ, 1 vol. grand in-8, Paris). Offert par l'auteur.

I. TRAVAUX DES MEMBRES DE LA SOCIÉTÉ.

LETTRE SUR LE CHEVAL ARABE

ADRESSÉE A M. LE GÉNÉRAL SÉNATEUR DAUMAS

Par l'Émir ABD-EL-KADER;

ET LETTRE DE M. LE GÉNÉRAL DAUMAS

A M. LE PRÉSIDENT DE LA SOCIÉTÉ IMPÉRIALE D'ACCLIMATATION.

(Séances des 21 mai et 11 juin 1858.)

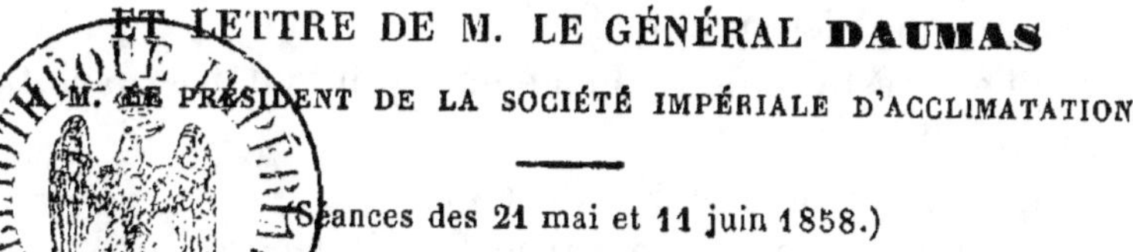

Lettre de M. le général Daumas.

Paris, 21 mai 1858.

Monsieur le Président ,

Les peuples et leurs gouvernements ont de tout temps considéré le Cheval comme l'un des éléments les plus puissants de leur force et de leur prospérité. De nos jours il n'est pas de question d'économie rurale et d'art militaire qui soit plus controversée que celle de l'amélioration du Cheval de guerre. Les grands pouvoirs de l'État, les sociétés savantes, les agriculteurs, l'armée, tout le monde s'en est occupé en France, et cependant nous sommes encore loin d'être d'accord. Pour mon compte, je n'ai jamais cessé d'étudier ce précieux animal, par goût autant que par patriotisme et par état; j'ai consulté les auteurs les plus estimés, les hommes les plus instruits, et je dois avouer que c'est surtout dans les opinions des Arabes (opinions reproduites dans mon ouvrage sur les Chevaux du Sahara) que j'ai cru trouver les appréciations les plus justes sur le sujet dont je vous demande la permission de vous entretenir un instant. Pour bien m'éclairer, je me suis souvent aussi adressé à l'Émir Abd-el-Kader, l'un des Arabes les plus érudits sur la matière. La dernière lettre qu'il m'a écrite en réponse aux questions que je lui avais adressées offre des considérations remarquables au point de vue de la zoologie appliquée ; aujourd'hui, je viens vous soumettre cette curieuse communication, avec la prière de lui donner la suite que vous jugerez convenable dans l'intérêt de la science et du pays.

Agréez, etc.   Général Daumas.

Lettre de l'Émir Abd-el-Kader (1).

Louange au Dieu unique !

A celui qui reste toujours le même au milieu des révolutions de ce monde.

A notre ami M. le général Daumas.

Que le salut soit sur vous, avec la miséricorde et la bénédiction de Dieu, de la part de l'écrivain de cette lettre, de la part de sa mère, de ses enfants, de leur mère, de toutes les personnes de sa famille et de tous ses compagnons.

Et ensuite : j'ai lu vos questions, je vous adresse mes réponses.

Vous me demandez des renseignements sur l'origine des Chevaux arabes ; mais vous êtes donc comme la fente d'une terre desséchée par le soleil, et qu'une pluie, fût-elle abondante, ne peut jamais parvenir à rassasier.

Cependant, pour étancher, s'il est possible, votre soif (de connaître), je vais, cette fois, remonter à la tête de la source. L'eau y est toujours plus abondante et plus pure.

« Sachez donc que chez nous il est admis que Dieu a créé
» le Cheval avec le vent, comme il a créé Adam avec le
» limon. »

Ceci ne peut être discuté. Plusieurs prophètes (sur eux soit le salut) ont proclamé ce qui suit :

---

(1) L'insertion intégrale dans le *Bulletin* de la lettre de l'Émir Abd-el-Kader a été demandée par un grand nombre de membres. Le Comité de publication s'est empressé de déférer à ce vœu. Le curieux document qu'on va lire eût en effet perdu beaucoup de son intérêt si l'on eût retranché les parties étrangères à l'objet habituel des travaux de la Société, et si l'on eût modifié le style oriental de l'écrivain arabe.   R.

Lorsque Dieu voulut créer le Cheval, il dit au vent du sud :
« Je veux faire sortir de toi une créature, condense-toi. »
Et le vent se condensa.

Puis vint l'ange Gabriel ; il prit une poignée de cette matière
et la présenta à Dieu, qui en forma un Cheval bai brun ou alezan brûlé (*koummite* rouge mêlé de noir), en s'écriant :

« Je t'ai appelé Cheval (*frass*) (1), je t'ai créé arabe, et je
» t'ai donné la couleur koummite ; j'ai attaché le bonheur aux
» crins qui tombent entre tes yeux : tu seras le seigneur (*sid*)
» de tous les autres animaux. Les hommes te suivront partout
» où tu iras : bon pour la poursuite comme pour la fuite, tu
» voleras sans ailes ; sur ton dos reposeront les richesses, et
» le bien arrivera par ton intermédiaire. »

Puis il le marqua du signe de la gloire et du bonheur, *ghora*
(pelote en tête, étoile au milieu du front).

Voulez-vous savoir maintenant si Dieu a créé le Cheval
avant l'homme, ou s'il a créé l'homme avant le Cheval ?
Écoutez.

Dieu a créé le Cheval avant l'homme, et la preuve c'est que
l'homme étant la créature supérieure, Dieu devait lui donner
tout ce dont il avait besoin avant de le créer lui-même.

« La sagesse de Dieu indique qu'il a fait tout ce qui est sur
» la terre pour Adam et sa postérité. »

En voici encore un témoignage :

Lorsque Dieu eut créé Adam, il l'appela par son nom et lui
dit :

« Choisis entre le Cheval et *borak* (2). »

Adam répondit : « Le plus beau des deux est le Cheval. » Et
Dieu lui répliqua :

« C'est bien, tu as choisi ta gloire et la gloire éternelle de
» tes enfants ; tant qu'ils existeront, ma bénédiction sera sur

(1) *Frass*, cheval ; le pluriel est *Khéil*. Ce mot viendrait, disent les
savants, du substantif *ikhetïal*, qui signifie *fierté*. On aurait ainsi nommé
les Chevaux arabes à cause de la fierté de leur démarche.

(2) *Borak* est l'animal qui servit de monture à Mohammed lors de son
voyage à travers les cieux. Il ressemblait à un mulet, et n'était ni mâle ni
femelle.

» eux, car je n'ai rien créé qui me soit plus cher que l'homme
» et le cheval. »

Dieu a également créé le Cheval avant la jument ; mes
preuves sont que le mâle est plus noble que la femelle, et qu'il
est en outre plus vigoureux et plus résistant. Quoique tous
deux soient d'une même espèce, l'un est plus passionné que
l'autre, et c'est l'habitude de la puissance divine de créer le
plus fort le premier. Ce que le Cheval désire le plus, c'est le
combat et la course ; aussi est-il préférable pour la guerre,
parce qu'il est plus rapide que la jument, plus dur à la fatigue,
et qu'il partage tous les sentiments de haine ou de tendresse
de son cavalier. Il n'en est pas ainsi de la jument. Qu'un Cheval et une jument soient atteints d'une blessure semblable, et
telle qu'elle doive entraîner la mort, le Cheval résistera jusqu'à ce qu'il ait pu conduire son maître loin du champ de bataille, la jument au contraire tombera tout de suite et sur
place, sans pouvoir attendre. Il n'y a pas de doute à élever là-
dessus, c'est un fait constaté par les Arabes ; j'ai vu le cas se présenter souvent dans nos combats, et je l'ai moi-même éprouvé.

Ceci admis, passons à autre chose. Dieu a-t-il créé les Chevaux arabes avant les chevaux étrangers (*berradine*), ou bien
a-t-il créé les Chevaux étrangers avant les Chevaux arabes ?

Comme conséquence de mon premier raisonnement, tout
porte à croire qu'il a créé les Chevaux arabes les premiers,
parce qu'ils sont incontestablement les plus nobles. D'ailleurs,
le *berdonne* n'est qu'une espèce d'un genre, et le Dieu tout-
puissant n'a nulle part créé l'espèce avant le genre.

Maintenant d'où proviennent les Chevaux arabes d'aujour-
d'hui ?

Beaucoup d'historiens racontent qu'après Adam, le Cheval,
comme tous les animaux, la gazelle, l'autruche, le buffle et
l'âne, ont vécu à l'état sauvage. Suivant eux encore, le premier
qui, après Adam, monta le Cheval, fut *Ismaïl*, le père des
Arabes. Il était fils de notre seigneur Abraham, le chéri de
Dieu. Dieu lui apprit à appeler les Chevaux, et lorsqu'il l'eut
fait, tous accoururent à lui. Il s'empara alors des plus beaux,
des plus fiers, et les dompta.

Mais, plus tard, grand nombre de ces Chevaux dressés et employés par Ismaïl perdirent avec le temps de leur pureté. Une seule race fut recueillie dans toute sa noblesse par Salomon, fils de David, et c'est celle appelée *Zad-el-Rakeb* (le cadeau, la provision du cavalier) à laquelle tous les Chevaux arabes actuels doivent leur origine. Voici comment :

On prétend que les Arabes de la tribu des Azed vinrent, à Jérusalem la Noble, complimenter Salomon sur son mariage avec la reine de *Saba*. Leur mission accomplie, ils lui tinrent ce langage :

« O prophète de Dieu ! notre pays est éloigné, nos provisions » sont épuisées, vous êtes un grand roi, accordez-nous-en de » suffisantes pour retourner chez nous. »

Salomon fit alors venir de ses écuries un magnifique étalon issu de la race d'Ismaïl, et les congédia en leur disant :

« Voilà les provisions que je vous donne pour votre voyage ; » quand la faim se fera sentir parmi vous, faites du bois, allu- » mez du feu, placez votre meilleur cavalier sur ce Cheval et » armez-le d'une bonne lance ; vous aurez à peine réuni votre » bois et allumé le feu, que vous le verrez reparaître avec le » produit d'une chasse abondante. Allez, et que Dieu vous » couvre de sa protection. »

Les Azed se mirent en route ; à la première halte, ils firent ce que leur avait prescrit Salomon, et ni zèbre, ni gazelle, ni autruche, ne purent leur échapper. Éclairés alors sur la valeur de l'animal dont le fils de David leur avait fait présent, ces Arabes, rentrés chez eux, le consacrèrent à la reproduction, soignèrent les accouplements, et obtinrent ainsi cette race à laquelle ils donnèrent par reconnaissance le nom de *Zad-el-Rakeb.*

Cette race est celle dont la haute renommée se répandit plus tard dans le monde entier.

En effet, elle se propagea en Orient et en Occident à la suite des Arabes qui pénétrèrent plus tard jusqu'aux extrémités de l'Occident et de l'Orient. Longtemps avant l'islamisme, *Hamir-Aben-Melouk* et ses descendants régnèrent sur l'Occident pendant cent ans ; c'est lui qui fonda *Medaina* et *Saklia Chedad-*

Eben Aâd, s'empara des pays jusqu'à l'extrémité du Moghreb, et y bâtit des villes et des ports. *Afrikes*, qui donna son nom à l'Afrique, conquit jusqu'à Tandja (Tanger), tandis que son fils Chamar s'empara de l'Orient jusqu'à la Chine, entra dans la ville de *Sad* et la détruisit. C'est pour cela, et depuis cette époque, que ce lieu fut appelé *Chamar-Kenda*, parce que *Kenda* veut dire, en persan, *il a détruit*; d'où les Arabes, par corruption, ont fait *Samarkand*.

Depuis l'islamisme, les nouvelles invasions des musulmans étendirent encore la réputation des Chevaux arabes en Italie, en Espagne et même jusqu'en France, où, sans aucun doute, ils ont laissé de leur sang. Mais ce qui a surtout peuplé l'Afrique de Chevaux arabes, c'est d'abord l'invasion de *Sidi-Okba*, et, plus tard, les invasions successives des ve et vi^e siècles de l'hégire. Avec *Sidi-Okba*, les Arabes n'avaient fait que camper en Afrique, tandis que dans les ve et vi^e siècles ils y sont venus comme colons, pour s'y installer avec leurs femmes et leurs enfants, avec leurs Chevaux et leurs juments. Ce sont ces dernières invasions qui ont établi sur le sol de l'Algérie les tribus arabes, notamment les *Mekall*, les *Dj'endel*, les *Oulad-Mahdi*, les *Douaouda*, etc., etc., qui se sont répandus partout et constituèrent la véritable noblesse du pays. Ce sont même ces invasions qui ont transplanté le Cheval arabe jusque dans le Soudan, et peuvent nous faire dire, avec raison, que la race arabe est une, en Algérie comme en Orient.

Ainsi donc, l'histoire des Chevaux arabes peut se diviser en quatre grandes époques :

1° D'Adam à Ismaïl ;

2° D'Ismaïl à Salomon ;

3° De Salomon à Mohammed ;

4° De Mohammed jusqu'à nous.

On conçoit, cependant, que la race de l'époque principale, celle de Salomon, ayant été forcément divisée en plusieurs branches, il a dû s'établir, par le climat, le plus ou moins de soins et la nourriture, des différences, ainsi qu'il s'en est établi dans l'espèce humaine. La couleur de la robe a varié aussi, sous l'empire des mêmes circonstances : l'expérience a prouvé aujourd'hui aux Arabes que, dans les localités où le terrain est pierreux, les Chevaux sont, en général, gris, et que dans celles où le terrain est blanc (*Ard Bedä*), la plupart sont blancs; j'ai souvent constaté moi-même la justesse de ces observations.

Je n'ai plus, à présent, qu'une question à vider avec vous.

Vous me demandez à quels signes, chez les Arabes, on reconnaît un Cheval noble, un buveur d'air.

Voici ma réponse :

Le Cheval d'origine pure se distingue, chez nous, par la finesse des lèvres et du cartilage inférieur du nez, par la dilatation des narines ; par la maigreur des chairs qui entourent les veines de la tête; par l'attache élégante de l'encolure ; par la douceur des crins, des poils et de la peau ; par l'ampleur de la poitrine, la grosseur des articulations et la sécheresse des extrémités. Suivant les traditions de nos ancêtres, on doit cependant le reconnaître par les indices moraux, bien plus encore que par ces signes extérieurs. Par les signes extérieurs vous pouvez préjuger la race ; par les indices moraux, seulement, vous aurez la confirmation du soin extrême apporté dans les accouplements, de l'intérêt qu'on aura pris à proscrire impitoyablement les mésalliances.

Les Chevaux de race n'ont point de malice. Le Cheval est le plus beau des animaux ; mais son moral, d'après nous, sous peine de dégénérescence, doit répondre à son physique. Les Arabes en sont tellement convaincus, que si un Cheval ou une jument ont donné une preuve incontestable de vitesse extraordinaire, de sobriété remarquable, d'intelligence rare ou d'attachement précieux à la main qui les nourrit, ils feront tous les sacrifices imaginables pour en tirer race, persuadés que les qualités qui les ont distingués se représenteront chez leurs produits.

« Nous admettons donc qu'un Cheval est véritablement » noble quand, en sus d'une belle conformation, il réunit le » courage à la fierté et qu'il resplendit d'orgueil au milieu de » la poudre et des hasards.

» Ce Cheval chérira son maître, et ne voudra, le plus sou- » vent, se laisser monter que par lui.

» Il n'urinera ni ne fera d'ordures tant qu'il le portera.

» Il ne mangera point les restes d'un autre Cheval.

» Il éprouvera du plaisir à troubler avec ses pieds l'eau
» limpide qu'il pourra rencontrer.

» Par l'ouïe, par la vue et par l'odorat, aussi bien que par son
» adresse et son intelligence, il saura préserver son maître des
» mille accidents qui sont possibles à la chasse ou à la guerre.

» Et, enfin, partageant les sensations de peine ou de plaisir
» de son cavalier, il l'aidera au combat en combattant lui-
» même, et fera, partout et sans cesse, cause commune avec
» lui (*Ikatel-ma-Rakeb-hou*). »

Voilà les indices qui témoignent de la pureté d'une race.

Nous possédons, sur les qualités des Chevaux, des histoires
nombreuses ; de toutes, il ressort que le Cheval est la plus
noble des créatures après l'homme, la plus patiente, la plus
utile. Il se nourrit de peu, et, si on le considère sous le rapport de la force, nous le trouvons encore au-dessus de tous
les autres animaux. Le bœuf le plus robuste peut porter un
quintal ; mais si vous placez ce poids sur son dos, il ne mar-
chera plus qu'avec effort et ne pourra courir. Le Cheval, lui,
porte un homme fait, un cavalier vigoureux, avec un drapeau,
des armes et des munitions, des provisions pour tous les deux,
et il court un jour entier et plus, sans boire ni manger. C'est
avec son secours que l'Arabe peut sauver ce qu'il possède,
s'élancer sur l'ennemi, suivre ses traces, le fuir, défendre sa
famille ou sa liberté; supposez-le riche de tous les biens qui font
le bonheur de la vie, rien ne pourra le protéger que son Cheval.

Comprenez-vous maintenant l'amour immense des Arabes
pour le Cheval? il n'est qu'égal aux services que celui-ci leur
rend. Ils lui doivent leurs joies, leurs victoires ; aussi l'ont-ils
toujours préféré à l'or et aux pierres précieuses. Tant que dura
le paganisme, ils l'aimèrent par intérêt et seulement parce
qu'il leur procurait gloire et richesses, mais lorsque le Prophète en eut parlé avec les plus grands éloges, cet amour instinctif s'est transformé en devoir religieux. L'une des premières paroles qu'il prononça au sujet des Chevaux, est celle
que la tradition lui prête lorsque plusieurs tribus de l'Yémen

vinrent accepter ses dogmes, et lui offrir en signe de soumission (1) cinq juments magnifiques appartenant aux cinq différentes races que possédait alors l'Arabie.

On rapporte que Mohammed sortit de sa tente pour recevoir
les nobles animaux qui lui étaient envoyés, et que, tout en
les caressant de la main, il s'exprima ainsi :

« Soyez bénies, ô les filles du vent ! »

Plus tard, l'envoyé de Dieu (*Rassoul Allah*) a ajouté :

« Celui qui entretient et dresse un Cheval pour la cause de
» Dieu est compté au nombre de ceux qui font l'aumône le
» jour et la nuit, en secret ou en public. Il en sera récom-
» pensé : tous ses péchés lui seront remis, et jamais la crainte
» ne viendra déshonorer son cœur. »

Maintenant je prie Dieu qu'il vous accorde un bonheur qui
ne passe jamais. Conservez-moi votre amitié. Les sages parmi
les Arabes ont dit :

« Les richesses peuvent se perdre ;

» Les honneurs sont une ombre qui se dissipe ;

» Mais les vrais amis sont un trésor qui reste. »

Celui qui a écrit ces lignes avec une main que la mort doit
dessécher un jour, c'est votre ami, le pauvre devant Dieu.

Sid-el-Hadj, Abd-el-Kader, Ben-Mahhyeddin.

Fin de Deul-Kada 1274 .fin d'août 1857).

(1) Ne serait-ce pas là l'origine des chevaux de soumission (*gada*) que
dans les pays musulmans le vaincu doit offrir au vainqueur ?

NOTE

SUR L'INCUBATION DES AUTRUCHES

À LA PÉPINIÈRE CENTRALE DU GOUVERNEMENT
À ALGER.

Par M. HARDY,

Directeur de la Pépinière centrale du gouvernement, à Hamma, près Alger.

(Séance du 18 juin 1858.)

Depuis une dizaine d'années, des Autruches étaient entretenues à la Pépinière centrale, dans un enclos assez étroit. Le troupeau s'était formé des dons de diverses personnes appartenant à l'armée et à l'ordre civil. Il s'y trouvait beaucoup plus de mâles que de femelles. Les mâles se battaient continuellement, et les femelles ne pondaient point, soit qu'elles fussent encore trop jeunes, soit que l'endroit ne leur fût pas favorable.

Le troupeau fut diminué par des dons faits au Muséum d'histoire naturelle de Paris, au Jardin zoologique de Marseille et à celui d'Anvers. Deux femelles et deux mâles furent conservés.

Ces deux couples furent enfermés ensemble, en 1852, dans un enclos circulaire placé au milieu de l'une des principales allées de l'établissement. Cet enclos avait 16 mètres de diamètre. A sa circonférence, un hangar avait été construit, mais les Autruches n'y venaient que pour prendre leur nourriture, et demeuraient toujours dehors, quelque mauvais que fût le temps.

Quoique ce changement eût amené une grande amélioration dans l'ordre de ce ménage collectif, la tranquillité n'y était pas encore. Les couples paraissaient s'être choisis, mais les deux mâles se battaient toujours, et à la longue il y en eut un qui finit par dominer et imposer sa loi à l'autre, ne lui laissait pas un moment de répit, soit qu'il prît sa nourriture, soit qu'il voulût se livrer à ses amours.

Cependant les femelles commencèrent à pondre, et les pontes furent assez régulières depuis.

La ponte a toujours commencé vers le milieu de janvier, pour se terminer vers la deuxième quinzaine de mars. Quelquefois une deuxième ponte s'est produite en septembre et octobre, mais ce fait ne s'est pas présenté constamment.

. Le moment de la ponte est précédé par le rut du mâle. Plusieurs caractères particuliers à cet état se développent : la peau de son cou et de ses cuisses prend une couleur rouge vif. On sait que ces deux organes sont dépourvus de plumes. Il chante alors, ou plutôt il fait sortir du fond de sa poitrine et du gosier des sons rauques, concentrés, étranges. Pour les produire, il ramasse son cou sur lui-même, ferme le bec, et, par des mouvements spasmodiques qu'il produit à volonté par tout son corps, pousse en avant l'air contenu dans sa poitrine, donne à son gosier une dilatation extraordinaire et fait entendre trois sortes de détonations gutturales, dont la deuxième est de quelques tons plus élevée que la première, et la troisième, d'un ton beaucoup plus grave, se prolonge en s'éteignant. Il fait ainsi des salves composées de trois fois trois détonations, et qu'il répète à plusieurs reprises. Ce chant sauvage, qui a de l'analogie avec le rugissement du lion, se fait entendre le jour et la nuit, mais principalement le matin.

Le rut se manifeste encore par des gestes chez l'Autruche mâle ; il exécute une sorte de danse. Il s'accroupit devant sa femelle, sur les jarrets, puis balance, pendant huit ou dix minutes, d'une manière cadencée, la tête et le cou, se frappe alternativement avec le derrière de sa tête le corps de chaque côté, en avant des ailes. Ses ailes s'agitent en mesure par des mouvements fébriles, tout son corps frémit ; il fait entendre une sorte de roucoulement sourd et saccadé : tout son être paraît en proie à un délire hystérique. Ces symptômes précèdent plutôt qu'ils ne suivent l'accouplement. Il coche sa femelle plusieurs fois par jour, mais principalement le matin. Pendant l'acte il fait entendre un grondement sourd et concentré qui indique la violence de sa passion.

Au moment de la ponte, les Autruches creusent un nid en terre. Le mâle et la femelle concourent à ce travail; ils prennent des becquetées de terre qu'ils rejettent en dehors de l'enceinte qu'ils veulent creuser; pendant cette action les ailes sont pendantes et agitées d'un léger frémissement. Ils réussissent à attaquer ainsi la terre la plus dure. Le sol du parc où ont été faites ces observations avait été rechargé de pierres, de décombres, de gravier : c'était une sorte de ciment. L'excavation circulaire n'en était pas moins creusée à coups de bec, et des pierres d'un volume assez considérable en étaient extraites et mises à l'écart. Ce trou pouvait avoir 1^m,20 de diamètre. Un même couple creusait plusieurs de ces nids dans une même campagne, sans jamais en adopter un seul pour la ponte.

Malgré ces préliminaires, les œufs n'étaient jamais déposés dans les nids ainsi creusés. La femelle les pondait au hasard sur les différents points du parc. Évidemment la situation était défavorable à la procréation, quoiqu'il y eût progrès sur les résultats de la première installation, où les femelles n'avaient pu même pondre. Le nid était presque étanche et retenait l'eau des pluies ; le parc était beaucoup trop étroit, trop découvert, il n'y régnait pas un mystère suffisant ; l'endroit était trop fréquenté du public, qui excitait continuellement ces animaux ; la guerre continuelle entre les deux mâles était évidemment autant de causes contraires. Je pris le parti de leur donner une installation mieux appropriée au résultat que je voulais obtenir.

Au mois de décembre 1856, je mis un couple dans un parc plus retiré et plus spacieux. L'autre couple resta provisoirement au même endroit. Ce nouvel enclos a une superficie d'un demi-hectare environ ; la moitié est couverte d'arbres et d'arbustes entremêlés et d'un grand développement ; l'autre moitié est nue et abritée à l'ouest par un haut bâtiment, le long duquel les animaux sont garantis du vent et de la pluie violente pendant l'hiver.

Au mois de janvier, les Autruches creusèrent leur nid au milieu du massif boisé, et précisément à l'endroit le plus touffu. La terre, en cet endroit, est une argile ocreuse. Vers le 15, la femelle commença sa ponte ; deux œufs furent d'abord abandonnés au hasard dans le parc, puis elle les déposa régulièrement ensuite dans le nid qu'elles avaient creusé ; elle en pondit ainsi douze. Dans les premiers jours de mars elles commencèrent à couver. Une semaine après, il vint des pluies très abondantes qui se prolongèrent; l'eau pénétra le nid, les œufs se trouvèrent dans une espèce de mortier, et les pauvres animaux abandonnèrent leur couvée.

J'avais déjà l'expérience que les Autruches faisaient quelfois deux pontes dans une année ; je pensai que celles-ci pourraient bien ne pas tarder à en faire une nouvelle. Il convenait de prendre des précautions pour prévenir le retour de l'accident qui venait de se produire. Je fis apporter une grande quantité de sable, et j'en fis former un large monticule, à l'endroit où le nid avait été creusé; et comme les regards pénétraient de divers points jusqu'au nid, je le fis entourer de paillassons à une grande distance, de façon que l'on ne pût l'apercevoir.

A ma grande satisfaction, je vis vers la mi-mai, les Autruches creuser un nouveau nid, au sommet du monticule que je leur avais fait préparer; puis, peu de temps après, la seconde ponte commença. Dans les derniers jours de juin, les Autruches commencèrent à garder le nid quelques heures par jour, puis, à partir du 2 juillet, elles couvèrent régulièrement. Le 2 septembre, on aperçut un petit qui se promenait autour de l'Autruche qui était sur le nid. Puis, quatre jours après, elles cessèrent de couver, s'occupant exclusivement du nouveauné. Je cassai ensuite les œufs, et je vis que trois fœtus étaient morts dans un état d'incubation très avancé, que deux œufs étaient clairs, sans putréfaction, et que deux étaient pourris, et répandaient une odeur insupportable.

Le petit *Autruchon* s'éleva parfaitement, et aujourd'hui il est aussi grand que ses parents : c'est un mâle.

Le 18 janvier dernier, la femelle de ce même couple recommença sa ponte. Ses deux premiers œufs furent déposés au hasard dans le parc, ensuite elle alla régulièrement pondre dans le nid qui avait servi l'année précédente, et qui n'avait pas été dérangé ; elle y déposa douze œufs. Cette ponte fut de quatorze œufs : les deux premiers abandonnés par la mère et douze mis en réserve dans le nid par elle. Cette ponte se termina dans les premiers jours du mois de mars. Dès lors la femelle se mit sur ses œufs quelques heures au milieu du jour ; le soleil donnait sur le nid presque toute la journée ; puis, ses séances se prolongèrent, et elle demeura sur les œufs de neuf heures du matin à trois heures du soir ; le reste du temps et pendant la nuit les œufs restaient découverts. Enfin, le 12 mars, elle garda le nid tout à fait ; alors le mâle partagea avec elle le travail de l'incubation, et se mit sur le nid, principalement la nuit. Peu à peu il prolongea ses séances, et vers la fin de l'incubation il demeura sur les œufs beaucoup plus longtemps que la femelle.

Dès les premiers jours de la couvaison, un œuf fut sorti du nid et ne fut pas couvé. Cet œuf demeura intact jusqu'à la fin et ne fut pas cassé par les Autruches.

Chaque fois que le mâle et la femelle se substituent sur le nid, celui qui reprend la séance examine les œufs les uns après les autres avant de se remettre dessus ; il les retourne et en change toujours quelques-uns de place.

En temps de pluie, l'Autruche demeurée libre vient se ranger à côté de celle qui couve, pour lui aider à abriter le nid.

Enfin, le 11 mai, on aperçut quelques petites Autruches sortir leur tête de dessous les ailes du couveur, et, le 13 au matin, on put voir le mâle et la femelle quitter le nid, en conduisant une bande de neuf petits *Autruchons*.

Les plus jeunes s'avançaient avec des pas incertains ; les plus âgés couraient et becquetaient les herbes les plus tendres. Le père et la mère veillaient sur eux avec une vigilante sollicitude ; le père surtout paraissait leur accorder le plus de tendresse : c'est lui qui les abritait de ses ailes pendant la nuit.

De toutes les sortes de nourriture qui furent apportées à ces Autruchons, les salades furent celle qu'ils préférèrent. Ils prenaient du pain, mais en très petite quantité.

En sortant de l'œuf, les jeunes Autruches ont le corps revêtu d'un long et épais duvet, parmi lequel se trouvent mêlées des plumes rudimentaires, roides, sans pennules, ayant de l'analogie avec les poils du porc-épic.

Ainsi, cette fois, sur douze œufs, neuf petits sont éclos ; sur les trois restants un avait été sorti du nid à dessein par les Autruches, était clair et n'a pas été couvé; un autre était gâté, et dans le troisième il y avait un petit, mort.

L'autre couple, demeuré dans l'ancien enclos, a été transféré le 5 avril dernier dans un parc plus spacieux, établi au milieu d'un massif de jeunes Caroubiers; des arbres ont été ménagés au milieu pour l'ombrager. Dans le nid ainsi préparé, je déposai douze œufs de la femelle de ce couple, choisis parmi les plus nouveaux de ceux qui avaient été recueillis au fur et à mesure de sa ponte et que j'avais conservés avec soin. Tout était disposé de la sorte, lorsque ces deux grands oiseaux furent introduits dans leur nouvelle demeure. Ils furent plusieurs jours à s'habituer. Ils ne s'approchaient pas du nid, et le regardaient avec une sorte de méfiance. Je les y habituai, en faisant déposer leur nourriture tout auprès. Pendant ce temps, la femelle pondit deux œufs à travers le parc, je les fis ajouter aux douze du nid. Peu à peu elles se mirent à contempler les œufs et à s'en approcher. Elles les examinaient avec la plus grande attention, elles les touchaient alternativement du bec, comme si elles eussent voulu les compter. Enfin, au bout de trois jours de la méditation où elles paraissaient plongées, le mâle se mit sur les œufs et commença à les couver. Depuis, ce travail s'est continué avec la plus grande assiduité, le mâle et la femelle se succèdent alternativement.

Elles ont trié trois œufs qui ont été rejetés en dehors du nid. Le 10 juin, avant-veille de mon départ pour Marseille, trois petits étaient éclos de cette couvée; les parents ne se tenaient déjà plus sur les œufs avec la même assiduité.

J'ai eu occasion de remarquer que, lorsque l'on enlève les œufs au fur et à mesure de la ponte, la femelle en produit un plus grand nombre que quand ils sont laissés au nid.

Ainsi, la femelle du couple qui vient d'amener à bien une si belle couvée, a pondu dans un nid, l'année dernière, à la première ponte, douze œufs; à la seconde, neuf autres. Cette année, la ponte a été de quatorze œufs, dont deux abandonnés.

Dans l'ancien enclos, cette même femelle, dont les œufs étaient enlevés chaque fois, donnait d'une ponte continue de

25 à 28, et quelquefois 30 œufs. Une année elle fit deux pontes : la première donna 29 œufs ; la seconde, à l'automne, 21 œufs ; en tout, 50 œufs.

Il était facile de reconnaître que tous ces œufs lui appartenaient, car ils étaient notablement plus gros que ceux de l'autre femelle. La moyenne des œufs de la première présente 1^{kil},565 l'un, tandis que la moyenne de l'autre n'est que de 1^{kil},320 ; de différence par œuf, 0^{kil},245.

On voit qu'il n'est pas impossible qu'une Autruche femelle donne dans le courant d'une année un poids d'œufs de 78^{kil},250. Quoique ces œufs aient un goût moins délicat que les œufs de poule, ils sont cependant parfaitement mangeables.

Voulant me rendre compte du rapport qui existait entre le poids de ces œufs et celui des œufs de Poule, j'ai trouvé qu'un œuf de Poule d'Espagne pesait en moyenne 0^{kil},652. L'œuf de l'Autruche en question donne le même poids que 24 œufs de Poule d'Espagne et 33 œufs de Poule bédouine, et les 50 œufs que peut donner cette Autruche dans le courant d'une année représentent 1200 œufs de Poule d'Espagne et 1650 œufs de Poule bédouine.

Nos Autruches se nourrissent d'herbes et de grains. Elles ingèrent quelquefois des morceaux de métal, de petits cailloux, pour leur servir de lest, plutôt que comme nourriture. Les objets de couleurs éclatantes, les métaux brillants, exercent sur elles une attraction très puissante, et elles cherchent toujours à se les approprier en les avalant, si leur volume ne s'y oppose pas. C'est ce qui a pu faire à l'Autruche la réputation de voracité qu'on lui a donnée, jusqu'à en faire un animal carnivore, ce qui n'est pas exact.

De ce qui vient d'être relaté, il demeure acquis :

1° Que l'Autruche peut se reproduire à l'état de domesticité ;

2° Qu'elle fait un nid, y dépose ses œufs, les couve et ne les abandonne pas, en laissant au hasard le soin de les faire éclore ;

3° Que la part active que le mâle prend dans les soins journaliers de la procréation en fait un oiseau essentiellement monogame, et que s'il est polygame, ce n'est que par exception.

RAPPORT
SUR LE PROCÉDÉ DE M. ANTOINE

POUR PRATIQUER, SANS L'EMPLOI DE LA FUMÉE OU DE L'ANESTHÉSIE,

LE MANIEMENT DES ABEILLES
ET LA RÉCOLTE DE LEURS PRODUITS.

Par M. le docteur BLATIN.

(Séance du 4 juin 1858.)

Il y a quelques mois, un apiculteur bien connu pour sa méthode d'enfouissement des ruches pendant l'hiver, M. Antoine (de Reims), annonçait à la Société impériale d'acclimatation et à la Société protectrice des animaux, qu'il avait trouvé le moyen de *maîtriser* les Abeilles, sans l'emploi de la fumée ni d'aucune substance anesthésique. « En deux minutes, disait-il, devenues dociles, elles laissent, sans piquer, procéder à toutes les opérations, et ne tardent pas à reprendre leurs travaux. Il n'y a ni tuées, ni blessées, ni malades. »

Un procédé donnant de tels résultats ne pouvait être indifférent à deux sociétés qui ont pour but, l'une la propagation, l'autre la protection de tous les animaux utiles. Membre et délégué de l'une et de l'autre, je suis heureux, Messieurs, de pouvoir vous donner, à ce sujet, quelques renseignements.

Le 30 mai 1858, jour fixé par M. Antoine pour opérer sur ses Abeilles, alors en pleine récolte, j'étais à Reims. A quatre heures, par un beau soleil et un temps calme, les expériences ont commencé, dans son jardin, clos de murs et contenant trente ruches, en présence de plusieurs personnes notables, mais étrangères à l'apiculture (1). M. Antoine nous avait dé-

---

(1) MM. Leconte et Lanson, membres du conseil municipal ; Buffet, curé de Saint-André-de-Reims, et Thiriet, son vicaire ; Durand Barré et Auger-Vallé, rentiers ; Jourdain de Muizon, trésorier de la cathédrale.

claré ne vouloir pas agir en présence de possesseurs d'Abeilles, *pour ne pas être jugé prématurément par eux.* Cette réserve et la précaution qui fut prise à notre égard m'avaient mis en défiance sur la valeur d'un procédé dont il refusait l'appréciation aux plus compétents. Nous fûmes placés et tenus à distance, à vingt-cinq pas environ de la ruche désignée par nous, au milieu de sept ruches mères contenant chacune de trente à trente-cinq mille Abeilles, et devant laquelle l'opérateur alla s'accroupir, en nous tournant le dos. Il nous pria de constater l'heure, et deux minutes à peine s'étaient écoulées, lorsque nous le vîmes décoller la ruche de son tablier et la soulever, puis la retourner, en nous annonçant que sa population était *maîtrisée.* Aussitôt après il l'apporta près de nous, à l'ombre, et l'installa, le sommet en bas, sur un petit tonneau défoncé qui servit de support. Toutes les Abeilles s'étaient réfugiées vers la partie centrale ou supérieure de leur habitation. Quelques-unes seulement étaient groupées à la base des rayons ; aucune ne paraissait disposée à fuir ou à piquer. Une ruche vide, de même grandeur que la ruche pleine, fut placée sur celle-ci, bord sur bord, et resta soulevée d'un côté par un tasseau, afin de nous permettre de bien voir s'opérer le transvasement.

Des tapotements furent exercés avec les mains sur les parois de la ruche inférieure, d'abord près de son sommet, puis sur sa partie moyenne ; les Abeilles commencèrent presque immédiatement à monter dans l'autre, sans désordre et en groupes serrés. Au bout de sept ou huit minutes, elles avaient toutes abandonné leurs rayons, et s'étaient entassées dans la ruche supérieure, vers son sommet et sur la paroi opposée à celle dont le bord s'appuyait sur le tasseau.

Cette partie de l'opération ne différait en rien de celle que pratiquent les apiculteurs qui exécutent le transvasement ou le *montage* par tapotement, si ce n'est que M. Antoine regarde comme inutile de lier les ruches avec un linge, comme on le conseille, pour empêcher la fuite des Abeilles. Si quelques-unes, s'écartant du groupe ascendant, apparaissent aux ouvertures produites par l'interposition du tasseau, en soufflant sur elles avec la bouche, on les oblige à rentrer, pour suivre les autres.

En moins de dix minutes, M. Antoine avait, sous nos yeux, sans employer aucune substance anesthésique, sans enfumage, sans se garnir les mains ou la figure d'un appareil ou enduit protecteur, opéré le transvasement, l'essaimage artificiel et la récolte de quelques rayons de miel. L'émigration avait été complète; pas une abeille n'avait souffert; pas une n'avait pris son vol. Toutes conservaient leur activité, leur vigueur, sans paraître irritées ou inquiètes. M. Antoine, après les avoir écar- tées doucement avec les doigts pour nous montrer la reine, s'en couvrit diverses parties du corps, sans recevoir aucune piqûre, et, comme lui, j'en fis grouper plus d'un millier sur ma main et mon bras. La ruche mère et l'essaim artificiel furent remis en place, à peu de distance l'un de l'autre, et le travail parut bientôt recommencer sans trouble, les ouvrières qui revenaient des champs, chargées de leur butin, s'empres- sant de rentrer soit dans l'ancienne, soit dans la nouvelle habitation.

Les expériences furent répétées sur trois autres ruches, avec le même succès. Si l'on veut se borner à recueillir du miel, à détacher quelques rayons, ou à couper les alvéoles à Bour- dons, comme le recommande M. Antoine, toute l'opération se fait en deux ou trois minutes. S'il s'agit de former un essaim, de procéder à un transvasement, à un mariage, huit à dix minutes suffisent, en cette saison, où la miellée abonde sur les fleurs des champs.

M. Antoine avait tenu toutes les promesses de son pro- gramme. Il ne lui restait plus qu'à nous faire connaître les dé- tails pratiques de sa méthode; car les précautions qu'il avait prises d'abord pour nous les cacher n'avaient pour but que d'augmenter notre surprise. Son secret, je l'avais deviné; je le divulgue avec l'autorisation formelle de l'habile apiculteur.

Après avoir enlevé doucement la chemise de paille servant d'abri, M. Antoine frappe avec le doigt fléchi, vers le sommet de la ruche, un petit coup d'abord, puis des coups plus forts et rapprochés. Il frappe ensuite avec le plat de la main, et au

bout d'une demi-minute avec les deux mains, toujours de plus
fort en plus fort, pour ne pas donner aux Abeilles le temps de
revenir de leur *étonnement*, et les obliger à descendre. Quand
ce *tapotement* méthodique a duré deux minutes environ, il
soulève la ruche, sans secousse, et frappe encore une vingtaine
de petits coups au sommet, ce qui fait remonter les Abeilles.
Alors il la renverse, l'orifice en haut, et l'emporte à quelque
distance pour opérer tranquillement.

Rien n'est plus simple, on le voit, et, pour réussir, il n'est
pas nécessaire, comme on le disait autour de nous, de recourir
aux absurdes pratiques du magnétisme.

Observateur expérimenté, M. Antoine fait remarquer que le
transvasement, qui se fait en huit à dix minutes au moment
où nous sommes, en exigera plus de vingt, à d'autres époques,
parce que les Abeilles qu'on force à sortir de leur ruche quand
il n'y a presque rien à récolter sur les fleurs, ne la quittent
qu'après s'être gorgées de miel, comme un essaim qui part
spontanément.

Toutes les opérations doivent se faire par un temps doux et
calme, en été ; sans cette précaution, elles n'auraient pas de
bons résultats, et pourraient devenir dangereuses.

Ce procédé, dont l'exécution est si facile, pourra-t-il faire
abandonner les habitudes désastreuses de l'enfumage, qui trop
souvent brûle ou tue les Abeilles avec leurs couvains ? Pourra-
t-il remplacer l'emploi des anesthésiques, dont le maniement
exige une attention soutenue, une main exercée, un bon appareil, des substances choisies, une perte de temps ? Il rendrait
alors d'importants services. S'il n'est pas nouveau, s'il est
connu depuis qu'on s'occupe d'apiculture, jamais il n'avait été
l'objet d'une étude aussi intelligente : M. Antoine a fait une
heureuse application du tapotement, en le rendant méthodique. Toutefois n'oublions pas que l'opération la mieux conduite peut avoir ses dangers : s'il survient un accident, si la
ruche tombe, si quelque animal turbulent fait irruption dans
l'apier, l'homme est sans défense contre une population pleine
de vigueur, irritée, et dont la piqûre est parfois meurtrière.

MONOGRAPHIE DU VER A SOIE DU CHÊNE
AU KOUY-TCHEOU.

Par M. l'abbé PERNY,

Provicaire apostolique, supérieur du Kouy-tcheou.

(Séance du 18 juin 1858.)

Messieurs,

Les principales branches de commerce de la province du Kouy-tcheou sont le célèbre vernis de Chine, la cire blanche, le mercure, les chevaux, des minéraux précieux pour la médecine, des plantes médicinales, le coton, etc., et surtout la soie du Ver qui mange le Chêne. Cette dernière branche a fait des progrès remarquables depuis une vingtaine d'années. Une foule de familles chinoises se sont enrichies par l'éducation de cette espèce de Vers. Le revenu est fort considérable, lorsque la saison n'est pas trop pluvieuse ou que la maladie ne décime pas les jeunes Vers du Chêne. La soie qu'ils produisent est moins fine, moins délicate que celle des Vers du Mûrier; mais elle a sur celle-ci un double avantage qui n'est pas à dédaigner : 1° celui d'une solidité bien supérieure ; 2° celui d'un prix notablement plus modique. La soie du Ver qui se nourrit du Chêne est naturellement recherchée pour ce motif. Les Tonghinois la préfèrent de beaucoup aux autres espèces. La province de Kouy-tcheou en fournit principalement à ce royaume. On en exporte beaucoup aussi dans les provinces voisines et à Canton, où les Européens la recherchent pour en faire des habits d'été. L'échantillon de soie que j'ai eu l'honneur de remettre à la Société d'acclimatation donne une idée de la manière dont on la confectionne au Kouy-tcheou. Mais je crois que la confection serait bien supérieure en Europe, et que nos gens du Kouy-tcheou, en voyant des étoffes de cette soie confectionnées en France auraient de la peine à croire qu'elle est un produit de leur pays. Chacun sait que les procédés chinois sont, en général, imparfaits; il est vrai qu'ils ont un avantage, celui de la simplicité. Je ne sais pourquoi on a dit en France que l'on ne pouvait teindre la soie de ce Ver sauvage. Les Chinois lui appliquent la teinture sans difficulté. Seulement, j'ignore s'ils ont des procédés spéciaux pour la teinture de cette soie.

Je pense qu'on parviendra assez facilement à élever en France le Bombyx du Chêne. Il me semble facile à présent d'obtenir de la Chine un envoi de cocons en bon état. J'ai examiné la question pendant la traversée que je viens de faire. Au moyen de certaines précautions que l'expérience m'a démontrées et d'une dépense qui serait peu considérable, vu l'importance d'un envoi destiné à fournir la graine, je crois qu'on pourrait, avec des chances probables de succès, obtenir des cocons en très bon état.

Les Vers à soie du Mûrier tiennent au Kouy-tcheou la seconde place. Je n'ai jamais ouï dire qu'on y élevât d'autres espèces de Vers. Nous n'avons pu découvrir quel peut être l'arbre appelé *Fagara* par le P. d'Incarville. Il n'est pas impossible que cet arbre existe au Kouy-tcheou, mais il faudrait savoir le nom chinois. La province du Kouy-tcheou a été peu connue des anciens missionnaires jésuites. La conquête sur les Miaô-tsè est assez récente (1).

L'éducation du *Bombyx Pernyi* ne se fait pas au Kouy-tcheou par des exploitations en grand. Chaque cultivateur qui a un coin de terrain, une colline propre à une plantation de Chênes, élève des Vers à soie en plus ou moins grande quantité, sans se détourner de ses travaux. Le plus souvent il ne dévide pas la soie lui-même, il vend ses cocons à d'autres Chinois qui parcourent les campagnes pour ces sortes d'achats. Ordinairement les cocons se vendent au millier. Le prix varie chaque année, selon l'abondance et la saison qu'on a eue. Les

______

(1) Les anciens missionnaires ont été induits en erreur au sujet des peuplades Miaô-tsè. Elles ont été vaincues et refoulées au sud et à l'est de la province, et non pas détruites *totalement*, ainsi que le disent les Mémoires sur les Chinois. Elles y vivent encore indépendantes, et leur population s'élève peut-être à 7 ou 8 millions d'habitants.

cocons de la première récolte sont préférés à ceux de la seconde. Car une particularité propre à ce Ver du Chêne est de donner deux cocons dans l'année. C'est la seconde récolte qui donne, ordinairement, la semence pour l'année suivante. Il y a une variété dans l'espèce du Bombyx Quercūs. Une espèce peut se conserver jusqu'à l'automne suivant, au lieu d'éclore au printemps, comme l'autre. Mais les Chinois l'estiment moins.

Pour la conservation de l'espèce, les Chinois choisissent avec soin, en faisant la cueillette, les cocons qui paraissent plus *nourris*, mieux conditionnés. Ils ont beaucoup de tact pour ce choix. Selon la température de la saison écoulée, ils savent la mortalité *probable* qu'ils éprouvent parmi les cocons à conserver. L'expérience leur a appris également sur lequel des deux sexes la mortalité doit être plus grande. Car les Chinois sont essentiellement observateurs. En conséquence de cette expérience, ils recueillent en plus grand nombre soit des mâles, soit des femelles. Ces cocons sont ensuite liés en forme de tresse, quatre à quatre. On les suspend au plafond de l'appartement le plus frais de la maison. Les rats et divers insectes sont très friands des Vers à soie. On prend des précautions pour éviter ces dommages. Ces tresses de cocons demeurent là jusqu'au printemps.

Les cocons destinés au commerce sont placés sur des claies de bambou. On allume en dessous un feu assez ardent ; en moins de quelques minutes le Ver est suffoqué par cette chaleur. L'extraction de la soie a lieu de la manière suivante. On fait cuire les cocons pendant huit à dix minutes dans de l'eau bouillante ; ensuite on démêle dans une écuelle d'eau une ou deux poignées de cendres de sarrasin, que l'on jette dans la chaudière. Je ne sais quel procédé on emploie en France. Cette cendre de sarrasin (*Saracenum*) s'obtient ainsi : après avoir récolté la graine, les Chinois sèchent les tiges au soleil, les entassent et y mettent le feu. Cette cendre est employée dans toutes les fabriques de teintureries chinoises. Je présume qu'elle fait l'effet de la potasse ; cette cendre est *nécessaire* pour faciliter le dévidement de la soie du Ver qui nous occupe.

On agite les cocons avec une spatule, jusqu'à ce qu'on s'aper-
çoive que les fils de soie commencent à se dérouler autour de
cette spatule ; le dévideur prend alors de cinq à huit fils, selon
la grosseur du brin qu'il désire, et les introduit dans la première ouverture de la machine à dévider. Cette machine est
fort simple ; ordinairement on est deux pour cette opération.
La soie ainsi dévidée a la couleur d'un jaune pâle (voy. les
échantillons que nous avons donnés à la Société d'acclimatation). J'ai oublié de prendre des informations sur la manière
dont les Chinois blanchissent cette soie après l'avoir tissée ; la
soie, ainsi dévidée, se vend aux fabricants d'étoffes ou chefs
d'ateliers, dont les commis parcourent la province à cet effet.

J'arrive à l'éducation du Ver. Si le printemps commence
par des chaleurs subites et fortes, on éprouve beaucoup de
pertes pour la semence, alors les Papillons sortent trop prématurément. Si, au contraire, l'éclosion était tardive, on l'accé-
lère en chauffant la chambre qui renferme les cocons.

On visite assidûment cette chambre ; lorsque le Papillon a
déployé ses ailes, on l'attache légèrement avec un fil afin de
l'empêcher de voltiger dans l'appartement. On place un mâle à
côté d'une femelle, l'accouplement se fait instinctivement ; on
ne le laisse pas durer plus d'un jour, le mâle séparé est jeté
de côté. Des naturalistes anglais pensent qu'il serait mieux de
laisser ces insectes s'accoupler à leur volonté. Mais la pratique
des Chinois a sa base sur l'expérience ; elle est donc préférable aux théories savantes. Après la séparation, les Chinois
pressent sur la femelle pour lui faire rendre une partie de la
liqueur destinée à la formation des œufs. Ils ont encore ici
une raison d'expérience qu'il faut respecter.

Les femelles fécondées sont placées dans de grandes corbeilles, non pas de bambou, mais d'osier, tressées ave soin.
Les femelles préfèrent ces corbeilles d'osier à toutes autres.
Trois jours après la fécondation, elles pondent leurs œufs,
qu'une liqueur glutineuse tient collés sur l'écorce des branches
d'osier de la corbeille. Selon le degré de température, l'éclosion de l'œuf a lieu de huit à dix jours après. Au Kouy-tcheou,
cette éclosion a lieu en avril ; le climat de cette province est

tempéré. On présente des branches de feuillage aux jeunes Vers. Quand ils les couvrent, la corbeille est portée sur la montagne ou forêt de Chênes. Ces Chênes sont peu élevés ; en général, ils ont de 1ᵐ,50 à 2 mètres de hauteur. On ne les cultive point, on se borne à les émonder, de manière à favoriser les pousses. On tient propre le sol, afin de pouvoir recueillir plus facilement les Vers qui tombent à terre. Soit pour ce soin, soit pour donner la chasse aux oiseaux, qui sont avides de Vers à soie, il y a une personne de garde autour de la plantation. En poussant un cri, agitant une crécelle, ou quelquefois tirant un coup de fusil, on éloigne les oiseaux ennemis des Vers à soie.

Le Ver à soie du Chêne change de figure, comme disent nos Chinois, jusqu'à quatre fois, assez rarement cinq fois ; cependant cela arrive. L'intervalle entre chaque métamorphose est de huit à neuf jours. On a remarqué que la température froide ou chaude accélérait ou retardait ces changements de face (*fain mién*). Les Vers à soie ne s'égarent pas ; lorsqu'ils ont mangé le feuillage d'un arbre ou arbuste, on les prend avec dextérité et on les place sur un arbre voisin.

Lorsque l'année est pluvieuse ou froide, les Vers à soie ne prospèrent pas aussi bien. Les Chinois ne connaissent aucun remède pour les maladies de ces insectes ; ils ne savent pas non plus la cause de leurs maladies. Dans les saisons qui sembleraient favorables, les Vers ont des maladies dont on ignore l'origine.

Après la dernière mue, le Ver fait son cocon ordinairement en un jour, deux au plus ; la cueillette se fait successivement deux ou trois jours après l'achèvement des cocons. Les premiers cocons se recueillent environ quarante à quarante-cinq jours après l'exposition sur la plantation de Chênes.

L'éclosion des papillons de cette première récolte de cocons destinés à la semence a lieu dans un bref délai. Ce délai étant de neuf à douze jours, il serait impossible, disent les praticiens chinois, de pouvoir envoyer ces œufs en Europe, bien que la semence en serait préférable. Les arbres du Chêne ne paraissent pas souffrir d'avoir eu les feuilles mangées par ces

insectes. La séve d'automne a lieu chez nous au mois de juillet;
ce second feuillage est probablement moins tendre, moins
délicat que le premier et doit influer sur la qualité de la soie.
La seconde ponte du Bombyx du Chêne n'offre rien de particulier, on le soigne comme il a été dit plus haut. Il arrive assez
rarement que le feuillage du Chêne manque, cependant cela
s'est vu au Kouy-tcheou. On nourrissait alors les Vers avec le
feuillage d'un arbre appelé en chinois *Yang-meg*, qui est,
pensons-nous, de la famille de l'arbousier. C'est le seul feuillage étranger que veuille manger ce Ver, mais ce cas est assez
rare.

Les Chinois appellent le Ver à soie du Chêne *Ver sauvage*,
parce qu'il s'élève en plein air sur les montagnes. Je ne connais aucune espèce de Vers tout à fait à l'état sauvage.

Je pense, Messieurs, avoir dit tout ce qu'il y a d'essentiel
relativement au Ver du Chêne. J'ai vu moi-même faire l'éducation de ces Vers. Si vous désirez quelques détails plus expli-
cites sur certains points, je ferai avec empressement un supplément à ce mémoire. Mon opinion est qu'on parviendra à
acclimater ce Bombyx dans toute la France. Il importerait
seulement d'obtenir une caisse de cocons en très bon état pour
la graine. La Commission de la Société pourrait s'entendre
prochainement avec moi à ce sujet. En septembre prochain, un
envoi aurait lieu de Chine avec les conditions convenues. La
mission du Kouy-tcheou s'y prêtera d'autant plus volontiers,
que votre Commission a voulu rappeler le concours des missionnaires pour l'acclimatation de ce Ver en lui donnant le
nom de l'un de ses membres.

J'ai l'honneur d'être, etc.   PAUL PERNY.

NOTE

SUR LE CHOIX DES PLANTS D'IGNAMES

ET SUR LEUR REPRODUCTION PAR LES BULBILLES.

Par M. BOURGEOIS.

—

(Séance du **9** avril **1858**.)

Je me suis livré différentes fois à des expériences comparatives sur les produits, en quantités, des Pommes de terre plantées, soit entières, soit par morceaux plus ou moins divisés, soit en ne plantant que des yeux, et j'ai toujours constaté avec bonheur l'avantage considérable de la plantation des tubercules entiers, quoiqu'il ait été publié des assertions contraires. En effet, il serait fâcheux qu'il en fût autrement, et que des faits bien positifs vinssent détruire ce qui s'appuie d'ailleurs sur le plus simple raisonnement.

Je viens aujourd'hui, Messieurs, vous présenter les résultats analogues d'une expérience semblable que j'ai faite sur les Ignames de la Chine :

Ainsi, n° 1, les plants entiers d'un an, ayant 20 à 25 centimètres de longueur, ont donné (arrachés le 17 novembre dernier), en moyenne, des rhizomes de 650 grammes.

N° 2, les têtes ou collets retranchés, de plants semblables, de 5 à 6 centimètres de longueur, ont donné (aussi en moyenne) des racines de 102 grammes.

N° 3, un talon (l'extrémité inférieure de la racine des mêmes plants) de 4 à 5 centimètres de longueur a poussé une racine de 103 grammes.

N° 4, un morceau du milieu des plus gros plants, aussi d'un an, a donné une racine de 135 grammes.

N° 5, un bulbille a produit la première année une racine de 57 grammes.

N° 6, enfin le produit d'une tête pareille à celles du n° 2 ci-dessus, plantée dans du sable pur, sans aucun engrais, n'a été que de 20 grammes ; ce qui dénote que l'Igname, pas plus que les autres plantes, ne vient sans fumier.

Mais ce qu'il y a de plus important dans le résultat de ces expériences, c'est la grande supériorité des produits que l'on obtient des plants entiers, qui donnent des racines cinq fois plus fortes que celles qui proviennent des fragments ou des bulbilles.

Je noterai ici une remarque que je n'aurai probablement pas faite le premier : c'est que les Ignames provenant de plants entiers rapportent seules des bulbilles, au nombre de près d'une centaine par chaque plante, tandis que les bulbilles eux-mêmes, ainsi que les fragments de racine, n'en produisent que la seconde année.

J'ajouterai à ces remarques, qui indiqueront à ceux qui ne les auraient pas faites eux-mêmes, les plants qu'il faut préférer quand on en a le choix, que les Ignames laissées en terre se conservent parfaitement pendant l'hiver lorsqu'elles ont été couvertes d'une légère couche de grand fumier ; et je pense qu'il vaut mieux, si elles n'ont pas été plantées trop serrées, ne pas les déplacer pour l'année suivante ; elles n'éprouveront alors aucun retard dans leur végétation au printemps : on sait d'ailleurs qu'on ne peut les arracher sans qu'il s'en casse beaucoup, ce qui les rendrait moins propres à être replantées.

NOTE SUR LES PROPRIÉTÉS TINCTORIALES

DES

BOUTONS DE FLEURS DU *SOPHORA JAPONICA*

OU

HOAÏ-HOA DES CHINOIS (1).

Par M. Natalis RONDOT,

Ancien délégué commercial attaché à l'ambassade de Chine,
Président de classe au jury international de l'Exposition universelle de 1855.

(Séance du 21 mai 1858.)

I.

Le *hwae*, ou *hoaï*, selon l'orthographe française, est le *Styphnolobium japonicum*, Schott, le *Sophora sinica*, Rosier, le *Sophora japonica*, Linné (2) ; je le désignerai par ce dernier nom, sous lequel il est connu. C'est un grand et bel arbre de la famille des légumineuses (papilionacées), qui est cité dans le *Tchéou-li* (3), qui est acclimaté en France depuis plus d'un siècle, et y est devenu assez commun. Il fut envoyé de Chine, en 1747, par le P. d'Incarville à Bernard de Jussieu ; il existe de magnifiques Sophora du Japon dans les environs de Lyon, et, en 1820, on en abattit, à Écully, plusieurs dont le tronc était de telle grosseur, qu'un homme pouvait à peine l'embrasser.

Les délégués commerciaux attachés à la mission de M. de Lagrenée en Chine, qui ont fait connaître à nos fabriques, dès

---

(1) Il est intéressant de signaler le parti que l'on peut tirer du *hoaï-hoa*, et il est d'autant plus utile d'appeler en ce moment l'attention sur ce sujet, que l'on n'est pas d'accord sur ses propriétés tinctoriales.

(2) *Hoaï-hoa* ou *hoeï-hoa* en kouan-hoa, *oué-fa* à Canton, *waé-houo*, à Ning-po, *houaï-ho* à É-mouï.

(3) Le *Tchéou-li* a près de trois mille ans de date.

1846, les galles et le carthame de Chine, le gambier, le gutta-percha, etc., et qui les ont fait entrer dans la pratique de l'industrie, ont signalé en même temps le *hoaï-hoa*. Leurs échantillons de cette matière furent examinés avec soin par le docteur J.-L. Hénon, et le savant secrétaire de la Société d'agriculture de Lyon reconnut, le premier, que c'est le bouton peu développé de la fleur du *Sophora japonica* (1). M. Decaisne est arrivé, de son côté, à la même conclusion. Il m'écrivait : « Les boutons de fleurs nommés *hoaï-hoa*, que vous m'avez remis, me paraissent bien appartenir au *Sophora japonica*, mais j'en connais d'autres qui en diffèrent complétement, et auxquels on attribue les mêmes qualités. »

Sir W. Hooker, auquel le ministère du commerce d'Angleterre soumit un échantillon de *hoaï-hoa* envoyé par M. Meadows, interprète du consulat à Ning-po, rapporte également ces boutons à cette espèce. Le docteur Lockart a adressé à M. D. Hanbury le *hoaï-hoa* du commerce et des rameaux en fleurs du *hoaï*, qui est très commun dans les jardins de Chang-haï, et l'opinion émise par M. Hénon en 1847 a été pleinement confirmée.

Le nom de *hoaï* s'applique à des plantes différentes : « Il y a plusieurs espèces de *hoaï* : le bleu (*tsing*), le jaune (*hoang*), le blanc (*pé*), le noir (*he*), ou *tchou-chi-hoaï*. Celui dont les feuilles étroites, terminées en pointe, présentent des soies bleues, est le *hoaï* proprement dit. Il y a aussi le *cheou-kong-hoaï*, ou *hoaï* violet (*tsé*) ; sa tige est faible, ses feuilles sont violettes ; elles se ferment le jour et s'ouvrent la nuit.... Le bois des *hoaï* est très estimé, il peut servir à faire des meubles, des vases et autres objets (2). (*Cheou-chi-thong-khao*, liv. LXVII, fol. 1.)» J'ai rapporté, en 1846, des graines de *hoaï* noir, de *hoaï* violet, de *hoaï* du midi et de *hoaï* jaune, provenant de jardins des environs de Canton.

____

(1) Sur le *wei-hwa*, par le docteur Hénon, *Annales de la Société d'agriculture de Lyon*, 1847, t. X, p. 531 à 533.

(2) « Le bois du Sophora du Japon est veiné de noir, de gris et de jaune ; il a le grain fin, et convient pour l'ébénisterie et le tour. » (G. Giobert, *Calendario Georgico* de 1826, p. 25.)

Le nom japonais du *hoaï*, que l'on prononce *kouaï* au Japon, est *yen zjou*. Kæmpfer l'appelle *quai kaku*, ce qui signifie *la silique du hoaï* (*koaï kio*); Thunberg écrit *iendsu no ki*, ce qui veut dire *l'arbre de yendsu*. Cet arbre a été porté de la Chine au Japon, et n'y était pas encore bien acclimaté du temps de Kæmpfer; il est figuré dans le *Kwa wi*, IV, 19.

Le *Sophora japonica* est aussi abondant au nord qu'au midi de la Chine, à Pé-king (1) qu'à Chang-haï et à Canton; il est cultivé du 23e au 40e degré lat. N.; il croît dans les provinces de Kouang-toung et de Kouang-si; on le trouve partout dans le Fo-kien, le Tché-kiang, le Kiang-sou, le Ngan-hoeï, le Ho-nan et le Sse-tchouen, et il n'est pas moins commun dans les provinces de Chan-toung et de Tchi-li.

Le *hoaï-hoa* du nord est plus estimé.

Cette matière valait, à Canton, en 1845, 8 à 10 piastres le picul, soit 75 à 95 centimes le kilogramme. Le *hoaï-hoa* du Chan-toung se vendait à Ning-po, en juin 1853, 6000 sapèques, et celui du Tché-kiang était payé 5000 sapèques. La piastre à colonnes se changeait alors contre 1460 sapèques; on ne peut la compter, vu l'époque, à moins de 7 fr. 50 cent.: de sorte que le prix du premier est de 51 centimes le kilogr., et celui du second, de 43 centimes.

Le *hoaï-hoa* donne une teinture jaune, cela ne saurait être contesté; mais, d'après des témoignages qu'il est difficile de récuser, il servirait également à teindre en vert. Ce dissentiment ne peut manquer d'amener des expériences nouvelles, et je dois me borner à exposer les faits.

Cette matière a été étudiée en 1851 par M. D. Hanbury et le docteur Th. Martius, et en 1853 par le professeur Stein, de Dresde. Le premier a obtenu une infusion d'un jaune très vif; le second a séparé, par l'alcool, à chaud, 11 pour 100 en poids d'une substance pulvérulente vert pâle, qu'il a appelée *waifine*. Le principe colorant que M. Stein a isolé n'est autre, selon lui, que l'acide rutinique, identique avec la *waifine* du docteur Martius (2).

(1) « Frequens in urbe Pekino et in viciniis. » (Bunge.)
(2) On trouvera dans le *Chemisch-pharmaceutisches Central Blatt*

II.

Le R. P. Cibot, de l'ancienne mission de Pé-king, qui s'est occupé, avec un grand zèle et une exactitude rare, des sujets qui se rattachent à l'histoire naturelle et à l'industrie, a décrit en ces termes la préparation du *hoaï-hoa* dans un mémoire sur la teinture chinoise :

« On se sert plus universellement des fleurs du faux acacia, qui croît partout sans aucun soin ; elles donnent un très beau jaune. Quand elles sont près de s'épanouir, on les recueille, on les détache de leur calice, et on les fait sécher à un soleil ardent, ou encore mieux dans une casserole de fer, et on les tourne et retourne, comme si l'on voulait les rissoler ; puis on les humecte avec du suc d'autres fleurs qu'on a pilées, et où l'on a mis du sel. Après les avoir bien maniées, on en fait des boules qui doivent être séchées au nord. Il y en a qui, au lieu de sel, se servent de chaux, ou même se contentent d'en saupoudrer leurs fleurs, après l'avoir tamisée très fin (1).

Le P. Basile de Glémona dit que le *hoaï* est un arbre semblable à l'acacia, des fleurs duquel on tire une matière tinctoriale jaune.

La fleur fournit, suivant MM. Fortune et Hoffmann, une teinture jaune ; la pulpe des gousses, d'après le docteur Lindley, une couleur jaune ou orange (2). Rochleder indique, dans la *Phytochemie*, que la substance visqueuse dont les graines sont entourées renferme un principe colorant jaune, purgatif comme celui du *Sophora heptaphylla*, L. Le docteur Th. Martius rapporte que ce mélange de boutons de fleurs, de fragments de pédoncules et de tiges, que l'on vend en Chine sous

(30 mars 1853, n° 13, p. 193 à 198) la description des nombreuses expériences du professeur Stein. Les propriétés de la matière colorante du *hoaï-hoa* sont pareilles à celles de l'acide rutinique (*rutinsaüre*) des boutons de fleur du *Capparis spinosa*, et à celles du corps découvert par Weiss dans le *Ruta graveolens* et analysé par Bornträger. La formule de l'acide rutinique, est $C^{12}H^8O^8$.

(1) *Mémoires concernant les Chinois*, t. V, p. 498 et 499.

(2) *The vegetable Kingdom*, 3ᵉ édit., p 548.

le nom de *hoaï-hoa*, y sert à teindre en beau jaune les étoffes de soie destinées aux vêtements des mandarins (1). Enfin, c'est aussi comme matière colorante jaune que M. W. Stein et M. von Kurrer, ce dernier au point de vue technique, s'en sont occupés en 1853 (1).

J'ai vu teindre, et j'ai teint moi-même, en Chine, des soies et des toiles de coton, en jaune, avec le *hoaï-hoa*.

Un teinturier de soies, Kong-tching, dont l'atelier est à Canton, dans Taï-tsat-pou, un peu plus loin que la longue rue Ta-thong, où sont les grands magasins de draps, de serges et de camelots, m'a donné une notice de ses procédés de teinture ; je transcris le passage qui est relatif au *hoaï-hoa* :

« Prenez de l'eau bouillante, mettez-y le *hoaï-hoa*, et laissez-le long-temps dans cette eau.

» Au bout d'un certain temps, la couleur et l'odeur montent. Décantez ; le résidu n'est bon à rien.

» Prenez cette eau ; pour la rendre tiède, ajoutez de l'eau chaude, et plongez la pièce dans ce bain. Manœuvrez-y bien la pièce.

» Cela fait, il faut de l'eau de source pour rincer la pièce. Après le rinçage, la toile a une belle couleur jaune.

» Vous devez faire usage, pour cette teinture, d'un peu d'alun. Commencez par mettre la pièce dans une eau d'alun, un jour et une nuit ; teignez ensuite, et c'est fini. »

Hoa-ching, autre teinturier de soie, Tchu-yune, teinturier de coton, sur le quai Choè-kioh, et U-ching, autre teinturier, qui est voisin de Kong-tching, ne font usage aussi du *hoaï-hoa* que pour la teinture en jaune.

Pareil est son emploi dans les ateliers de Ning-po, de Tchang-tchéou-fou et de Ting-haï. Sang-sine, fabricant de tapis à Ning-po, obtenait avec ces boutons de fleur, sur laine et sur poil de chèvre, un jaune jonquille assez vif ; cette matière sert, à Ting-haï, à teindre les toiles en jaune au prix de 25 centimes

(1) *Neues Jahrbuch für Pharmacie*, avril 1854. Voy. aussi Bancroft, vol. II, p. 110.

(2) Stein, *Chemisch-pharmaceutisches Central Blatt*, mars 1853, n° 13, p. 198. — Kurrer, *Dingler's Journal*, cxxix, p. 219. — Voy. aussi la Notice de M. Bleekrode, *De Volksvlijt*, 1856, xxxii, p. 421.

le mètre carré, à Ning-po et à Tchang-tchéou-fou, à les im-
primer.

A ces faits s'ajoute une autre preuve : M. Hedde et moi nous
avons remis cette substance à des teinturiers à Lyon et à Paris,
elle ne leur a fourni, sur soie et sur coton, qu'une couleur
jaune. Il y a plus encore : M. Hénon eut à peine découvert la
nature du *hoaï-hoa*, que M. Seringe fit cueillir les fleurs en
bouton des Sophora du Japon, qui se trouvent au Jardin des
plantes de Lyon ; MM. Michel, Guinon et Renard en tirèrent
une belle teinture jaune. Le résultat fut le même avec des
boutons de fleurs des Sophora des jardins royaux de Kew, avec
cette différence cependant que le *hoaï-hoa* donne un jaune
plus intense (docteur Th. Martius).

MM. Michel et Guinon firent, en 1847, une étude complète
du *Sophora japonica*, et le rapport que M. Guinon a présenté, le 13 août 1847, à la Société d'agriculture de Lyon, ne
laisse aucun doute sur les propriétés tinctoriales de cet arbre.

« La couleur jaune, dit-il, n'existe ni dans l'écorce ni dans
le bois (1). A peine sensible dans la feuille, on la trouve en
grande quantité dans les boutons, et surtout dans les fleurs ;
mais celle des fleurs est plus brune que celle des boutons, ce
qui explique la préférence que les Chinois donnent à ceux-ci.
Le calice en donne peu, les étamines davantage, et enfin les
pétales, qui sont *blancs*, en contiennent beaucoup. Elle paraît
être en combinaison avec un acide végétal qui affaiblit et
masque la couleur, laquelle passe instantanément du blanc au
jaune foncé, par l'action de l'ammoniaque. Cette propriété
n'appartient pas exclusivement au Sophora du Japon ; on la
retrouve dans plusieurs arbres et plantes dont la fleur est
blanche. L'acacia ordinaire, qui appartient aussi à la famille
des légumineuses, présente sous ce rapport de l'analogie avec
le Sophora, mais avec beaucoup moins d'intensité.

» La couleur jaune a beaucoup d'analogie avec celle de la
gaude ; mais elle est moins propre à produire des jaunes clairs,

____

(1) Cependant les branches ont donné sur laine, à Dambourney, une
nuance citron pâle, p. 248.

tels que paille, citron, etc., qui restent pauvres et désagréables
à l'œil. Dans les jaunes orangés, comme le bouton d'or, cet
inconvénient se change en avantage, et la couleur riche et
nourrie possède un degré de solidité supérieur à celui obtenu
d'un mélange de gaude et de rocou. Cette dernière condition
est importante pour les étoffes d'ameublement, quoique la
teinte soit un peu moins pure....

« Les alcalis rougissent la nuance..... Les acides la déco-
lorent... Le bichromate de potasse fait rougir à l'instant la
solution, ainsi que la soie teinte, en les poussant à une couleur acajou clair...

« Une partie de fleurs du Sophora donne une nuance équivalente à celle fournie par trois parties de gaude, tiges et
racines comprises (1).... »

Vingt ans auparavant, vers 1825, le professeur G. Giobert,
de Turin, avait fait sur le *Sophora japonica* un travail dont la
partie tinctoriale n'est qu'ébauchée, mais qui est intéressant
dans son ensemble. Ce Mémoire a été inséré dans le *Calendario Georgico* de l'année 1826 (2). Voici ce que dit M. Giobert:
« Les fleurs jaunâtres du Sophora du Japon sont employées,
au Japon, par les teinturiers, qui en tirent une couleur jaune;
ce n'est pas seulement des fleurs, c'est aussi des feuilles, des
rameaux, de la pulpe du fruit que l'on peut extraire une
matière colorante jaune, dont la beauté varie selon le mordant
avec lequel on la fixe. On n'a pas encore observé que les
graines sont enfermées dans une pulpe gommeuse, qui, desse-
chée, ne s'altère pas par l'humidité comme les autres gommes
et n'a pas leur fragilité. On n'a pas non plus remarqué que ce
Sophora est un arbre gommifère, et que sa gomme est égale à
celle des Mimosas de l'Arabie et du Sénégal. »

Le ministère du commerce d'Angleterre a remis le *hoaï-hoa*,
envoyé de Ning-po par M. Meadows, à M. John Mercer et à
M. Walter Crum. Ceux-ci ont rendu compte de leurs essais
dans des lettres qui sont imprimées dans le premier rapport

(1) Rapport sur le *wei-hwa* (*Annales de la Société d'agriculture de
Lyon*, t. X, p. 534 à 536).
(2) *Della Sofora del Giappone*, p. 24 à 26.

du département de la science et de l'art (1). M. John Mercer n'a pas trouvé de traces de couleur verte. « Le *hoaï-hoa* renferme, dit-il, une matière colorante d'un jaune pur, qui ressemble beaucoup à celle de la graine de Perse, et qui a la même odeur quand on la fait bouillir. Elle contient peu ou point de tanin ; une dissolution chaude devient orange, si l'on y ajoute un peu de protochlorure d'étain... » Je reproduirai plus loin le résultat des expériences de M. Walter Crum.

III.

Le docteur Hénon avait dit, dans sa note du 2 juillet 1847 : « Le *wei-hwa* sert à la teinture du jaune, et peut-être du *vert*. » Au rapport de M. Meadows et de M. Sinclair, le *hoaï-hoa* donne en effet, *seul*, une couleur verte.

Voici ce que M. Meadows a observé : « Pour teindre en vert 1000 pieds (2) de toile de coton, d'un pied et demi de large, il faut 500 taels (18^{kil},900) de *hoaï-hoa*, 100 taels (3^{kil},780) d'alun et 500 catties (environ 300 litres d'eau). On fait bouillir pendant six heures, on met ensuite la toile dans ce bain ; on fait bouillir durant trois ou quatre heures, et l'on fait sécher au soleil. On remet la pièce dans le bain, on la soumet à une ébullition nouvelle ; on étend encore au soleil, et l'on recommence une ou deux fois de plus, selon que l'on veut un vert plus ou moins foncé. « Il est d'usage, dans le Tché-kiang, ajoute M. Meadows, de teindre le coton, comme la soie, d'abord en bleu clair, avant de teindre l'un ou l'autre en vert. Mais dans le nord de la Chine, dans la province de Chantoung par exemple, les tissus de coton et ceux de soie sont teints directement en vert (3). »

Les renseignements que M. Sinclair, interprète du consulat anglais, a pris à É-mouï s'accordent avec ceux que M. Meadows a recueillis auprès des teinturiers de Ning-po. On a dit à

(1) Pages 432 à 435.
(2) Le pied chinois est, à Ning-po, de 358 millimètres.
(3) *First Report of the Department of Science and Art*, p. 431.

M. Sinclair que, dans la province de Tché-kiang, on teint en vert avec le *hoaï-ha* seul, l'alun servant de mordant et le procédé étant de tout point pareil à celui que l'on pratique avec l'écorce du *lo-tsé*. Il n'y a à É-mouï qu'un seul atelier dans lequel on sache teindre le coton avec le *hoaï-hoa*. A Tchang-tchéou-fou, la teinture verte des satins est faite avec le *hoaï-hoa*, le procédé est tenu secret (1).

M. Walter Crum a fait des expériences avec le *hoaï-hoa*. Il écrivit, le 18 octobre 1853, au docteur Playfair : « En suivant le procédé chinois, cette matière fournit une teinture jaune, qui, en Chine, après avoir été exposée quelque temps au soleil, devient verte; mais ici ce n'est qu'au bout de trois ou quatre jours qu'il y a des indices du commencement d'un pareil changement. » M. Crum indique l'acide chromique comme devant peut-être remplacer l'effet d'un soleil ardent, et suppose que le *hoaï-hoa* renferme un principe colorant jaune qui passe au vert par la double action du soleil et de l'air (2).

Deux faits importants donnent plus de consistance à ces présomptions. Sir G. Staunton relate, dans l'histoire de l'ambassade de lord Macartney, que, dans le Tchi-li, sur le parcours de Pé-king à Jého, on fait usage d'une teinture de couleur verte, extraite des boutons et des bourgeons d'une espèce de *Colutea*. Enfin, la Compagnie des Indes envoya à l'Exposition universelle de Londres du *whi-meï*, qui fournit une couleur *verte* et qui vient du Chan-toung, et M. Fortune affirme que le *whi-meï* est la fleur du *Sophora japonica*.

IV.

Ces affirmations diverses laissent la question indécise; il restait à interroger les anciens livres chinois. M. Stanislas Julien voulut bien parcourir, à ma demande, les encyclopédies, et découvrit bientôt, dans le *Thien-kong-haï-wou*, un passage dont on va apprécier l'intérêt.

(1) *First Report*, p. 432.
(2) *First Report*, p. 433.

Le *Thien-kong-haï-wou* est une encyclopédie des arts et métiers de la Chine, qui a été publiée par Song-ing-sing dans l'année 1637, c'est-à-dire à la fin de la dynastie des Ming (1).

Voici le passage traduit littéralement par M. Stanislas Julien :

» Tout arbre *hoaï*, après environ dix ans (2), produit alors des fleurs et des fruits. Les fleurs qui commencent à s'essayer (*sic*) et qui ne sont pas encore ouvertes, s'appellent *hoaï-jouï* (boutons de *hoaï*) ; on s'en sert pour teindre en *vert* les vêtements, de même que le *houng-hoa* (3) donne une teinture rouge.

» Pour recueillir ces boutons, on étend au-dessous de l'arbre et tout alentour une étoffe d'un tissu serré, afin de les recevoir quand on les fait tomber.

» On les fait bouillir dans l'eau ; après le premier bouillon, on les met égoutter dans un filtre, on les fait sécher, on les pétrit avec les doigts, et l'on en forme des pains. Ces pains entrent dans les ateliers des teinturiers pour être employés.

» Les fleurs, quand elles sont une fois ouvertes, prennent peu à peu une couleur jaune. Quand on les recueille pour s'en servir (pour teindre), on les mêle avec un peu de chaux, on les fait sécher au soleil, et on les conserve (4). »

Le *Thien-kong-kaï-wou* est en contradiction avec d'autres ouvrages dont l'autorité n'est pas moindre. Le *Pen-thsao-kang-mou* (5), l'encyclopédie *Kouang-kiun-fang-pou* (6), l'encyclopédie d'agriculture *Cheou-chi-thong-khao* (7), contiennent sur le *hoaï* une même notice qui est empruntée à l'ancien dic-

---

(1) M. Stanislas Julien a donné la table des matières de ce précieux manuel de l'industrie chinoise, dans son ouvrage sur l'*Histoire et la fabrication de la porcelaine chinoise*, p. LXXI, note 1.

(2) L'arbre donne des fleurs au bout de quatre ans ; on cueille ces fleurs en mai, juin et juillet. (Meadows.)

(3) Le *houng-hoa* ou *houng-lan-hoa* est le *Carthamus tinctorius*, L.

(4) Livre I, fol. 51.

(5) Livre XXXV, fol. 32.

(6) Livre LXXIX, fol. 6.

(7) Livre LXVII, fol. 1.

tionnaire *Eul-ya*. Après avoir décrit cinq espèces de *hoaï*, l'auteur du *Eul-ya* arrive au *tchou-chi-hoaï* :

« Il y a encore le *hoaï* qui est de couleur noire; on l'appelle vulgairement *tchou-chi-hoaï*, son bois n'est d'aucun usage. Dans le quatrième ou le cinquième mois, des fleurs jaunes s'épanouissent. Quand elles ne sont pas encore écloses, leurs boutons ont la forme de grains de riz. On les cueille, on les fait sécher au soleil, on les fait griller au feu, on les fait bouillir dans l'eau ; elles donnent une teinture *jaune* très vive. »

Le *Weï-tsi-yu-pien* indique la manière de préparer la teinture : « Prenez un demi-*ching* (1) de fleurs de *hoaï*, et faites-les griller jusqu'à roussir leur couleur jaune. Faites-les cuire ensuite dans l'eau. Après quelques bouillons, et quand la couleur est devenue épaisse, jetez-les sur un filtre de soie. Réduisez en poudre très fine une demi-once (2) d'alun blanc et une once d'écailles d'huîtres ; mettez-les dans le suc et remuez jusqu'à ce que tout soit bien fondu et mélangé. » (Livre XII, fol. 10.)

Que conclure, si ce n'est que de nouveaux essais sont à faire ? Ils seront décisifs cette fois, et ils sont faciles, car le *hoï-hoa* est abondant en Chine, et n'y coûte que 60 à 80 francs les 100 kilogrammes.

____

(1) Le *ching* est de 1^{lit},04.

(2) L'once chinoise ou *liang* est de 37^{gr},54. On fait usage du *liang* de 37^{gr},795 dans les ports ouverts au commerce étranger.

II. EXTRAIT DES PROCÈS-VERBAUX
DES SÉANCES GÉNÉRALES DE LA SOCIÉTÉ.

SÉANCE DU 4 JUIN 1858.

Présidence de M. Is. GEOFFROY SAINT-HILAIRE.

M. le Président proclame les noms des membres nouvellement admis :

S. A. le prince STIRBEY, ancien hospodar de la Valachie, à Paris.

MM. BENARDAKI (Léonidas), conseiller de Collége, chevalier de plusieurs ordres, à Saint-Pétersbourg.

BENJAMIN, vétérinaire, à Paris.

BOITTELLE, préfet de police, à Paris.

BOSQUILLON (Ernest), de Jenlis, à Paris.

BOUVY (E. W. M. L.), attaché au ministère de la guerre pour les affaires commerciales de l'Algérie, à Paris.

CARTIGNY (Henri), homme de lettres, à Paris.

CAVENTOU (Eugène), pharmacien, à Paris.

COLLADON (le docteur), à Paris.

CORNAY (le docteur), à Paris.

DÉBUTRIE (Ernest de la), au château de la Débutrie par Chantonnais (Vendée).

DESCHAMPS (Jacques), à Paris.

GRAVILLON (Hector de), lieutenant-colonel d'état-major, à Paris.

HAERING (Frédéric), directeur de la Pépinière impériale de Bône, province de Constantine (Algérie).

HERVEZ DE CHÉGOIN (le docteur), membre de l'Académie impériale de médecine, à Paris.

LELIÈVRE (le docteur), à Paris.

MAROIN (le docteur), chirurgien principal de la marine, à Toulon (Var).

MERCK (Charles), syndic des affaires étrangères de la république de Hambourg, à Hambourg.

MM. Mora (Pascuale de), propriétaire, à Paris.

Morel (le comte de), à Paris.

Nélaton (le docteur), professeur à la Faculté de médecine, à Paris.

Nouhes (Frédéric des), propriétaire, à Vélandin par la Chàtaigneraie (Vendée).

Poussin (Alexandre), propriétaire-manufacturier, à Elbeuf (Seine-Inférieure).

Reveil, vice-président du Corps législatif, à Lyon (Rhône).

Rouland (S. Exc. M.), ministre de l'instruction publique et des cultes, à Paris.

Saint-Paul (de), député de la Haute-Vienne, à Paris.

Saint-Pierre (le baron de), à Paris.

Tisserand (Lucien), propriétaire, à Chamarandes près Chaumont (Haute-Marne).

Valabrègue de Lawoestine (le comte Auguste de), préfet du palais de l'Empereur, à Paris.

— M. le Président informe la Société qu'elle a reçu, depuis sa dernière séance, la nouvelle de la perte très regrettable de trois de ses membres : S. A. Ahmed-Pacha, héritier présomptif du trône d'Égypte, M. Lejeune de Lamotte, lieutenant de vaisseau, et M. de Montricher, ingénieur en chef des ponts et chaussées à Marseille, et président de la Société du jardin zoologique de cette ville.

— Des lettres de remercîment à l'occasion de leur admission dans la Société sont adressées par S. Exc. M. Rouland, ministre de l'instruction publique et des cultes, qui exprime tout l'intérêt qu'il porte à nos travaux ; par M. le comte C. d'Avaray ; Baborier, de Lyon ; Bernus, de Francfort-sur-le-Mein ; Eug. Caventou ; le chevalier G. Martins, ingénieur à Bahia ; Félix Réal, président de notre Société affiliée des Alpes, et Texeira-Leite.

— M. le baron M. de Bethmann écrit pour remercier du choix que le Conseil a fait de lui comme Délégué de la Société à Francfort-sur-le-Mein.

— Sur la proposition du Conseil, la *Société d'agriculture*

du duché de Nassau est admise, par un vote unanime, au nombre de nos *Sociétés agrégées*.

— M. F. Schmidt, conseiller à l'administration des domaines du Roi de Wurtemberg, informe que S. M., après la lecture du *Rapport* fait au nom du Conseil sur la fondation d'un Jardin d'acclimatation au bois de Boulogne, a donné ordre que son nom fût inscrit sur la liste des souscripteurs en tête de laquelle se trouve déjà, comme le rappelle M. le Président, le nom de S. M. l'Empereur.

M. Schmidt sollicite, dans cette lettre, pour les domaines royaux, des œufs de Vers à soie du Ricin et différentes graines. Le Roi sera prié de vouloir bien agréer les remercîments du Conseil, qui s'empressera de satisfaire à ces demandes.

— Conformément à l'ordre du jour spécial indiqué pour cette séance, M. le Président communique une proposition du Conseil tendante à engager une partie des fonds de réserve de la Société qui, si cette proposition était adoptée, pourrait ainsi prendre part collectivement à la souscription ouverte pour la fondation du Jardin d'acclimatation. Le nombre de cent actions à souscrire est proposé par le Conseil. Par l'examen des différents articles des statuts et du règlement, M. le Président établit que la Société peut souscrire, et en outre, que cette participation à l'œuvre dont il s'agit est utile et opportune. Malgré les pouvoirs accordés au Conseil par les Statuts, il a voulu apporter la proposition à l'Assemblée, afin qu'elle pût en délibérer et qu'elle fût appelée à se prononcer par un vote.

Après diverses observations de MM. les docteurs Aubé, Chouippe, de Cheveigné, Cloquet et Debains, M. le Président rappelle brièvement sur quelles bases est fondée la *Société anonyme* du Jardin d'acclimatation, et fait connaître la composition du Conseil d'administration de cette Société (voy. p. 356), la liste des membres qui en font partie).

M. le docteur Chouippe présente de nouvelles observations. M. Richard (du Cantal) prononce quelques paroles ayant pour but de démontrer combien il est nécessaire que notre Société entre pour une part dans une entreprise qui est destinée à permettre sur une large base des études relatives à la

question si importante et depuis si longtemps débattue de la
production animale ; puis M. Fréd. Jacquemart, au nom de la
Commission des finances, présente un *Rapport* où il est établi
par l'énoncé des chiffres que la situation financière, aux termes
des statuts et des règlements, permet à la Société de souscrire
pour cent actions (25,000 francs), attendu que la réserve en
caisse, qui était de 33,000 francs au 1er janvier dernier, s'est
encore accrue depuis cette époque, et qu'en raison des délais
échelonnés accordés pour les payements, ces 25,000 francs
pourraient être payés sans que la réserve de la Société des-
cendît jamais au-dessous de 30,000 francs. Ensuite l'assemblée
est appelée à voter.

Des deux votes successifs qui lui sont demandés : 1° sur
l'utilité de la souscription ; 2° sur le chiffre même de cette souscription, il résulte ce qui suit :

« La Société impériale zoologique d'Acclimatation, en séance
générale, et après convocation à domicile faisant connaître à
l'avance l'ordre du jour spécial de la séance ;

» Vu les articles 12 et 17 de ses Statuts constitutifs, et les
articles 88 et 90 de son Règlement administratif ;

» Considérant que le *Jardin zoologique d'acclimatation*, qui
va être établi au bois de Boulogne, a spécialement pour objet,
aux termes de l'article 2 des Statuts de la *Société anonyme
du Jardin zoologique d'acclimatation*, « d'appliquer et de
propager les vues de la *Société impériale zoologique d'acclimatation*, avec le concours et sous la direction de cette Société,
et par conséquent d'acclimater, de multiplier et de répandre
dans le public les espèces animales et végétales, qui sont ou qui
seraient, par la suite, nouvellement introduites en France, et
paraîtraient dignes d'intérêt par leur utilité ou leur agrément ;

» Décide qu'elle prendra part à la souscription ;

» Fixe le montant de sa souscription à cent actions de 250 fr.
chacune ;

» Et, en conséquence, autorise son trésorier à verser dans les
mains de MM. de Rothschild, banquiers de la Compagnie, une
somme de 25,000 francs au fur et à mesure des appels de
fonds. »

— Après ce double vote, M. le Président, comme rapporteur d'une Commission désignée par le Conseil et dont il faisait partie avec MM. le prince Marc de Beauvau, Drouyn de Lhuys, le comte d'Éprémesnil, Fréd. Jacquemart, Ant. Passy et Richard (du Cantal), donne lecture, au nom du Conseil, d'un *Rapport* sur la fondation d'un Jardin d'acclimatation au bois de Boulogne et destiné à faire suite au précédent Rapport que le Conseil a déjà présenté, à l'occasion de cette fondation, dans la séance du 21 mai (1ᵉʳ Rapport, p. 154, et 2ᵉ Rapport, p. 233).

— L'assemblée décide qu'en raison de la fin prochaine de la session 1857-58 et de l'abondance des matières portées à l'ordre du jour, il sera tenu, le 11 juin, une séance générale supplémentaire.

— M. le Président renvoie à l'examen du Conseil deux lettres de M. Chagot renfermant des indications relatives aux mesures à prendre pour assurer le succès de l'entreprise du Jardin. Des remercîments seront adressés à notre confrère.

— M. le général Rolin, adjudant général du palais, informe qu'il a été chargé par l'Empereur d'envoyer à la Société un ballot de graines d'un coton courte-soie, blanc de neige (coton du *Io-tan*, très estimé en Chine), et que notre confrère M. de Montigny a fait parvenir de Chang-haï à Sa Majesté. Ce coton se cultive dans des régions similaires à celles des Landes et de Biarritz, comme plante annuelle, mais on peut aussi le conserver en terre, trois et même cinq années. La saison où nous sommes étant, selon les indications de M. de Montigny, favorable à l'ensemencement, l'Empereur désire que des essais soient faits, et recevra avec plaisir, dit M. le général Rolin, toutes les communications auxquelles ces essais pourront donner lieu. Renvoi à la 5ᵉ Section.

— Des *Rapports* sur les cultures de plantes étrangères, et particulièrement de la Pomme de terre de la Nouvelle-Grenade, du Sorgho, du *Rhamnus* fournissant le vert de Chine, et dit *Lo-za*, puis du Cerfeuil bulbeux et du Chervis, sont adressés par nos confrères, MM. Brierre (de Riez) et David Richard, directeur de l'asile départemental des aliénés à Stéphansfeld (Bas-Rhin).

— M. Sacc appelle l'attention sur un nouveau légume : la Bardane du Japon (*Lappa edulis*), espèce fort différente de la nôtre. Sa racine, qui est très volumineuse, se mange comme les Scorsonères. Elle a parfaitement réussi entre les mains de notre confrère. Il envoie en même temps une dizaine de pieds d'une plante fourragère remarquable, également d'origine japonaise, le *Polygonum Sieboldii*.

— M. Collenot, membre de la Société, adresse un travail sur la nécessité de la destruction des animaux nuisibles.

—M. le docteur Léon Soubeiran, en sa qualité de secrétaire de la 4ᵉ Section, transmet le procès-verbal de la séance tenue par cette Section le 27 avril.

On y remarque : 1° une discussion sur la question importante de savoir si les œufs malades de Vers à soie présentent certains signes extérieurs qui permettent de reconnaître cet état maladif, et les conclusions sont qu'il règne encore beaucoup d'incertitude sur ce sujet ; 2° quelques observations sur l'utilité dont pourraient être les cocons des Araignées fileuses sur lesquels M. le capitaine Girard a appelé l'attention de la Société ; 3° une discussion sur une observation soumise à la Section par M. Kaufmann, et relative à ce fait que les œufs du *Bombyx Cynthia* peuvent éclore et donner de bonnes chenilles, même quand ils n'ont pas été fécondés. M. Kaufmann cite à l'appui de cette observation celles analogues de M. de Siebold, sur les Vers à soie du Mûrier, et la communication que lui a faite M. Morier-Lotelier, sériciculteur de Carpentras, qui fait ses éducations alternativement, une année avec le concours des mâles, et l'année suivante sans ce concours. Des faits identiques ont été vus par M. Bourcier, de Lyon, et par M. Popoff, en Russie. Des cas semblables de superfétation, mais chez des animaux supérieurs, ont été cités par M. le docteur Aubé.

A cette occasion, M. Dareste, revenant sur les observations de M. de Siebold, relatives aux Vers à soie, dit que cet habile physiologiste a, en effet, constaté la possibilité du développement des œufs du Bombyce du Mûrier sans fécondation, ce qui n'est au reste qu'un fait exceptionnel ; mais que chez les Abeilles, au contraire, M. de Siebold a vu, comme fait habituel, que les

individus mâles naissent sans fécondation préalable. Une confirmation intéressante de cette particularité a été donnée par
M. Dzierzon, qui a introduit avec succès en Allemagne une
Abeille italienne différente de la race allemande. Des croisements entre les deux races ayant été obtenus par les soins
de cet apiculteur, il a vu que de l'accouplement de mâles italiens avec des femelles allemandes, il n'est jamais provenu,
pour le sexe mâle, que des individus de la race allemande, les
effets du croisement s'étant produits uniquement sur les
femelles et sur les neutres. M. Dzierzon a, de cette façon,
réussi à augmenter le nombre des femelles et des neutres, suivant les besoins de l'apiculture.

— Notre confrère M. le docteur Blatin lit une Note sur le
procédé de M. Antoine, apiculteur à Reims, pour pratiquer sans
l'emploi de la fumée et sans l'anesthésie le maniement des
Abeilles, ainsi que la récolte de leurs produits (voy. p. 313).

— M. l'abbé Perny annonce qu'il va demander dans la
province de Kouy-tcheou, dont il est vicaire apostolique, des
cocons du Ver sauvage qui vit sur le Chêne en Chine, et qu'on
les recevra en décembre ou en janvier prochain. Des remerciments seront transmis à notre confrère.

— M. Émile Nourrigat adresse, de Lunel (Hérault), la série
de ses travaux sur la maladie des Vers à soie, ainsi que des
cocons provenant d'éducations faites au moyen des feuilles du
Mûrier du Japon (*Morus japonica*). Cet auxiliaire des Mûriers
ordinaires a principalement pour objet de donner à la seconde
feuille, qui tombe en automne, une valeur égale à celle du
printemps.

— M. Olivier de Lalande adresse une Note sur la cire animale recueillie au Brésil, et dont il a offert un échantillon à la
Société. Cette note a été rédigée par lui et par M. Brunet, en
mai 1857, à Fernambouc.

— Des demandes d'œufs du *B. Cynthia* sont adressées par
M. de Calanjan et par des personnes étrangères à la Société.

— M. le Président renvoie à la 2e Section, une demande de
Colins pour M. E. des Nouhes de la Cacaudière, transmise par
M. le professeur Hollard, notre délégué à Poitiers.

— M. Allibert, membre de la Société, annonce l'arrivée en bon état des œufs de Perdrix Gambra qu'il a reçus du Conseil, par suite de l'envoi fait d'Algérie par M. Ritter.

— M. le docteur Chouippe lit un travail ayant pour titre : *Motifs et exposé sommaire d'une classification des races gallines.* — Renvoi au Comité de publication.

— M. le docteur Turrel annonce que le troupeau de Chèvres d'Angora, du Comice agricole de Toulon, dont il est le secrétaire, vient de s'augmenter de quatre jeunes Chèvres. Notre confrère informe, en outre, que la qualité de la laine des Chèvres de cette race, élevées aux environs de Toulon, est satisfaisante. Il en a eu la preuve par les détails que lui a fournis M. Sacc. Ce dernier, en effet, ayant reçu cette laine, qui est frisée, et qui, par conséquent, appartient à la bonne variété, l'a confiée aux soins de M. Ziegler, dont les métiers, semblables à ceux de Bradford, nous permettront de nous affranchir du concours de l'Angleterre pour l'emploi industriel de la laine, puisqu'elle pourra être filée en France.

— S. Exc. le prince A. de Demidoff annonce qu'il est né dans sa ménagerie d'acclimatation, à San-Donato, près Florence, un Antilope Bubale mâle très vigoureux. A ce fait, qui peut donner l'espoir, comme le dit notre confrère, de l'acclimatation de cette belle espèce africaine, il faut ajouter qu'il y a en ce moment, à la ménagerie du Muséum d'histoire naturelle, deux jeunes Bubales mâle et femelle qui y sont nés, l'un en 1856, l'autre en 1857. Ce sont d'ailleurs les premiers qu'on ait obtenus dans l'établissement.

— M. Viollier, négociant à Paris, fait savoir que d'après la demande qui lui en a été adressée, par l'entremise de notre confrère M. le docteur Weddell, il s'efforcera de fournir, à l'aide de ses relations commerciales avec l'Amérique du Sud, les renseignements demandés par la Société touchant les moyens d'acquérir et de transporter en France un troupeau d'Alpacas et de Vigognes, et sur les frais qu'entraînerait cette opération.

De plus, M. le Président informe que sur la demande de notre confrère M. Gervais (de Caen), M. le ministre du Pérou en France voudra bien faciliter, autant qu'il dépendra de lui.

l'arrivée en France de ces animaux, dont la sortie du territoire péruvien a été autorisée, pour la Société, par un acte officiel du gouvernement de la République.

A cette occasion et comme preuve de la possibilité de l'acclimatation dans notre pays de ces précieux ruminants, M. le Président fait connaître qu'il vient de naître à la ménagerie du Muséum, ainsi que cela avait déjà eu lieu une fois, un Lama français à la troisième génération.

— M. Vauvert de Méan, chancelier du consulat de France à Glasgow, écrit à M. le Président pour lui apprendre qu'un troupeau de trente-neuf Lamas vient d'arriver de New-York dans cette ville, et sera dirigé sur les montagnes.

Des remercîments seront adressés à M. Vauvert de Méan, pour ces renseignements qu'il sera invité à vouloir bien compléter.

SÉANCE DU 11 JUIN 1858.

Présidence de M. Is. GEOFFROY SAINT-HILAIRE.

M. le Président proclame les noms des membres nouvellement admis :

MM. CHASSÉRIAU, maître des requêtes, à Paris.

DALMAS (de), sous-chef du cabinet de S. M. l'Empereur, à Paris.

ELLICE (sir Robert), membre du Parlement britannique, à Londres.

FLEURY DE SENLIS (le docteur), médecin de première classe de la marine française, inspecteur des hôpitaux turcs, à Constantinople.

FRANCHE (André), premier adjoint au maire de Boulogne (Seine).

GÉRAUD, médecin-vétérinaire de l'armée, en mission, à Constantinople.

KEVORE-SDIMARADJAN, ancien élève de Grignon, agriculteur et directeur du Nisam des soies d'Ismidt, à Constantinople.

MM. Miran-Bey, gouverneur de l'hôtel des Monnaies, à Constantinople.

Moreau-Duchon, essayeur en chef de la Monnaie impériale, à Constantinople.

Plessy (Mathieu), chimiste, à l'imprimerie impériale d'indiennes, à Constantinople.

Ritter (Charles), ingénieur des ponts et chaussées au service du gouvernement ottoman, à Constantinople.

Terson (le docteur Samuel-Émile), à Puylaurens (Tarn).

Ucciani (le docteur), à Constantinople.

Vard (le capitaine W.-H.), agriculteur, à Constantinople.

Vérollot (le docteur), médecin en chef de l'hôpital français, à Constantinople.

— Des lettres de remercîment pour leur admission dans la Société sont adressées par MM. Bouchaud; Deschamps, qui a introduit en France le Colin de Californie; Réveil, vice-président du Corps législatif, et le baron de Saint-Pierre.

—M. Dominique Sabattini, qui vient d'être présenté au Conseil comme membre nouveau, indique, dans une lettre datée de Naples, les tentatives d'acclimatation auxquelles il s'est livré pendant ses voyages dans le nord de l'Europe et en Égypte.

— M. Becquerel père, président de la *Commission de climatologie*, lit un Mémoire ayant pour titre : *Considérations générales sur le mode d'intervention des phénomènes météorologiques dans l'acclimatation des animaux et des végétaux.*

A la suite de cette lecture, notre confrère soumet à l'assemblée la proposition suivante, qui est renvoyée à l'examen du Conseil : « 1° La Société invitera ses correspondants, soit dans les départements, soit à l'étranger, à lui adresser les observations météorologiques propres à faire connaître le climat de la contrée que chacun d'eux habite. 2° Ces documents, ainsi que ceux fournis par les voyageurs, seront réunis dans un dossier, et permettront de comparer entre eux les divers climats de la France et même de l'Europe. On y aura recours quand il s'agira d'acclimater dans un pays un animal ou un végétal. 3° L'observatoire météorologique récemment institué au Muséum d'histoire naturelle, et spécialement destiné à l'étude des phénomènes dont il vient d'être question, pourra servir comme modèle pour des établissements semblables sur divers points de la France, si la Société juge convenable d'en créer dans l'intérêt du but qu'elle se propose. »

— M. Payen, membre de l'Institut, secrétaire perpétuel de la *Société impériale et centrale d'agriculture*, remercie de l'envoi qui a été fait à cette Société d'un lot de tubercules de Pommes de terre de Sainte-Marthe (Nouvelle-Grenade).

— M. le Président offre à la Société de la part de M. Salomon de Rothschild, qui les a rapportées d'Espagne, des racines tuberculeuses du Souchet comestible (*Cyperus edulis*). Des remerciments seront adressés à notre confrère.

— M. C. Willemot fait déposer sur le bureau plusieurs pieds d'une plante qu'il a acclimatée en France, le Pyrèthre du Caucase (*Pyrethrum caucasicum*), de la famille des Composées et voisine du genre *Anthemis*. La fleur, réduite en poudre, est employée avec succès, par le moyen de l'insufflation, pour détruire les insectes. L'examen de la poudre et de la plante est renvoyé aux 4e et 5e Sections.

— M. Bourlier, qui, pendant la mission qu'il accomplit en ce moment dans le Levant, a rattaché à notre œuvre plusieurs personnages importants de la Turquie et de l'Asie Mineure, transmet des détails très circonstanciés sur les conditions nécessaires pour le succès de la culture du Sorgho dans notre colonie algérienne. Ces détails lui ont été fournis par M. Lauras, pharmacien-major à Alger, qui s'occupe très activement de cette culture. Renvoi à la 5e Section.

— M. le docteur Cornay lit une Note sur la nécessité de propager autant que possible la culture du Châtaignier, comme plant et comme greffe, afin de multiplier les ressources que le fruit de cet arbre fournit à l'acclimatation.

A la suite de cette lecture, M. Moquin-Tandon fait observer que la Note dont il vient d'être donné connaissance renferme une idée féconde; car on ne saurait méconnaître l'utilité extrême des fruits du Châtaignier, qui fournissent un aliment sain et abondant. Heureusement, ajoute-t-il, cet arbre se trouve en grand nombre dans les Cévennes, dans la Lozère, dans l'Aveyron, dans la Corse, mais il ne peut pas être partout cultivé avec le même succès. Il lui faut, en effet, des terrains siliceux et non des terrains calcaires. C'est d'ailleurs dans les montagnes qu'il croît le plus volontiers et presque exclusivement. Quant aux différentes greffes proposées par notre confrère, M. Moquin-Tandon craint qu'elles ne donnent pas les succès qu'on en espère.

M. Becquerel père insiste sur la nécessité de ne faire des essais pour l'introduction de cet arbre que dans des terrains siliceux. Là, dit-il, au milieu d'une terre pauvre, le Châtaignier se propage de lui-même. Cette essence, au reste, était beaucoup plus abondante autrefois qu'elle ne l'est maintenant, et dans de vieilles cathédrales, on trouve encore des charpentes de Châtaignier, tandis que de nos jours on emploie plutôt le Chêne.

M. Bourgeois rappelle, à cette occasion, que le Chêne, qui croît dans les mêmes terrains que le Châtaignier, est plus rustique, surtout quand il est jeune, et que le bois de ce dernier est moins estimé pour les travaux du bâtiment; on peut, de cette façon, expliquer la préférence qu'obtiennent les plantations de Chênes.

A la suite de ces différentes observations, l'utilité de la propagation du Châtaignier étant admise par l'assemblée, M. le docteur Cornay annonce que des fonds, restés disponibles entre les mains d'une association actuellement dissoute, sont offerts à la Société pour être employés à la fondation d'un prix relatif à cette propagation. M. Cornay fait la proposition que toutes les questions qui se rattachent à ce sujet soient soumises à l'étude dans le sein de notre Société, qui serait chargée de décerner le prix.

Cette proposition est accueillie par l'assemblée, et M. le Président renvoie l'affaire à l'examen d'une Commission composée des membres du Bureau de la 5e Section et de MM. Becquerel père, Bourgeois, les docteurs Cornay et Cosson.

—M. le Président renvoie à la 4e Section une Note de M. Raymond, de Marseille, transmise par M. Hesse, notre délégué dans cette ville, et relative à une éducation de graines de Ver à soie du Mûrier, provenant de la Compagnie franco-suisse.

— M. R. Caillaud, membre de la Société, lit un travail qu'il avait précédemment communiqué à la 3ᵉ Section, et dans lequel il fait connaître le résumé des travaux auxquels il s'est livré dans le but : 1ᵒ de repeupler les cours d'eau de la Vendée et de la Charente-Inférieure ; 2ᵒ d'appliquer la méthode des fécondations artificielles aux espèces marines ; 3ᵒ enfin, d'organiser des parcs à Huîtres sur le littoral de la Charente-Inférieure.

— M. le général Daumas, au nom de S. Exc. le Ministre de la guerre, adresse à la Société une collection de toisons de Chèvres d'Angora, comme complément du Rapport de notre confrère M. Bernis, vétérinaire principal de l'armée, sur le troupeau introduit en Algérie. M. le général Daumas pense qu'il pourra être utile de les employer à des essais de fabrications diverses.

— M. le docteur Turrel, secrétaire du Comice agricole de Toulon, fait connaître les avantages offerts par le croisement des Cochons de la race Essex-chinoise avec des Cochons de la race Essex proprement dite et avec ceux de la race de Yorkshire.

— M. le baron Desaix, sous-préfet de Barcelonnette (Basses-Alpes), transmet des détails sur l'état actuel du troupeau de Yaks confié aux soins du Comice agricole de cette ville. Le mâle et la femelle amenés en France par M. de Montigny existent encore et sont en bon état. Ils ont donné naissance à deux animaux, dont un seul a survécu : c'est un mâle aujourd'hui âgé de trois ans. Des métis, nés de vaches saillies par le vieux mâle, tiennent beaucoup plus du père que de la mère, bien que leur laine soit un peu moins longue. Ils rendent de grands services à leurs propriétaires, qui les emploient comme bêtes de somme et de trait. Ces métis, plus grands que les Bœufs de la contrée, présentent l'avantage si appréciable dans les pays de montagnes, d'avoir le pied plus sûr et la marche plus rapide. M. le sous-préfet termine en concluant que le climat de Barcelonnette convient tout à fait aux Yaks.

A cette occasion, M. le Président fait observer que, dans l'Inde, on obtient par le croisement de l'Yak et du Zébu un métis connu sous le nom de *Dzo*, plus grand que le Zébu, et qu'on emploie avec beaucoup d'avantage, à la manière des Yaks et souvent avec eux, au transport de la laine et des autres marchandises. On doit à Jacquemont des détails intéressants sur ces animaux qu'il a vus dans l'Himalaya (*Journal de son voyage*, 4ᵉ partie, t. II, p. 400).

— On remarque parmi les pièces imprimées un travail de notre confrère M. Bardy, conseiller à la Cour impériale de Poitiers, ayant pour titre : *Algérie et son organisation en royaume.*

SÉANCE DU 18 JUIN 1858.

Présidence de M. Is. GEOFFROY SAINT-HILAIRE.

— M. le Président proclame les noms des membres nouvellement admis :

MM. BATAILLARD, membre de la Société d'agriculture du Doubs, greffier, à Audeux (Doubs).

BLANCHE (le docteur), à Passy (Seine).

BUOR (Alfred de), propriétaire, à Velaudin par la Châtaigneraie (Vendée).

DESAIX (le baron), sous-préfet de l'arrondissement de Barcelonnette (Basses-Alpes).

DESCOLLARD DES HÔMES, maire d'Épannes, au château d'Épannes, par Foutenay-Rohan-Rohan (Deux-Sèvres).

FRETEAU DE PENY (le baron Emmanuel), conseiller référendaire à la Cour des comptes, à Paris.

GUYON (le docteur), membre correspondant de l'Institut, inspecteur du service de santé des armées, à Alger.

LAFONT (Émile), inspecteur général des prisons du département de la Seine, à Paris.

SABATINI (Domenico), membre de l'Académie d'archéologie de Madrid, de la Société royale des antiquaires de Copenhague, etc., à Naples.

VILLAFRANCA (le comte de), à Lucques (Italie).

VINET (Jules-Théodore), à Paris.

— Des lettres de remercîment pour leur admission dans la

Société sont adressées par M. le baron Darricau, gouverneur de la Réunion, qui promet son concours le plus actif et le plus dévoué pour tout ce qui pourra contribuer à faciliter nos travaux et à étendre nos relations ; et par MM. Julien Pellon y Rodriguez, de Madrid, et Réveil, vice-président du Corps législatif.

— Conformément à l'indication portée sur les lettres de convocation pour cette séance et relative à la nomination d'un membre honoraire, le Bureau présente à l'assemblée, au nom du Conseil, M. l'abbé Huc. M. Aug. Duméril donne lecture d'un Rapport sur les travaux et sur les voyages de ce missionnaire en Chine, en Tartarie et au Thibet. Les conclusions favorables du Rapport, déjà adoptées par le Conseil, le sont également par l'assemblée, qui, par un vote unanime, admet M. l'abbé Huc au nombre des membres honoraires.

— M. le docteur Renaud fait parvenir un numéro du journal l'*Univers illustré*, dans lequel il a publié un article sur les travaux de la Société et sur la fondation du Jardin d'acclimatation. Des remercîments seront transmis.

— M. Sacc envoie un travail sur l'organisation de ce Jardin et sur la nécessité d'une sorte d'union entre les divers établissements de même nature.

— Il est donné lecture d'une note de M. le comte Jaubert sur la dissémination de certaines plantes par l'intermédiaire des animaux, et sur les liens intimes qui unissent, dans quelques circonstances, la Zoologie à la Botanique. (Renvoi au Comité de publication.)

— Notre confrère, M. Salomon de Rothschild annonce qu'il va s'occuper activement de la souscription pour la fondation du Jardin, et qu'il s'efforcera plus tard d'enrichir cet établissement par ses relations et par ses voyages.

— M. le Président informe que S. A. I. le prince Napoléon a bien voulu accepter la présidence d'honneur de l'œuvre que nous poursuivons par la création d'un Jardin d'acclimatation.

Il annonce ensuite que le Conseil de la Société du Jardin a, dans sa dernière séance, élu son Bureau, dont la composition est la suivante :

Président honoraire, M. le baron de Rothschild ; plus les

membres du Bureau de la Société d'acclimatation faisant partie de ce Conseil :

Président : M. Is. Geoffroy Saint-Hilaire ;

Vice-présidents : MM. le prince Marc de Beauvau, Drouyn de Lhuys, Passy, Richard (du Cantal) ;

Secrétaire général : M. le comte d'Éprémesnil ;

Secrétaires : MM. Aug. Duméril et Dupin.

M. le Président annonce ensuite que la Société du Jardin, avant l'ouverture des souscriptions chez MM. de Rothschild, a déjà recueilli par ses propres ressources une somme de 300 000 francs.

— M. Aguillon, en informant du soin qu'il prend de réunir des souscriptions en sa qualité de délégué à Toulon, met à la disposition de la Société tous les végétaux exotiques acclimatés dans sa propriété, et qu'on supposera pouvoir offrir quelques chances de succès dans le nouveau Jardin. Il envoie en outre des graines du Néflier du Japon, ainsi qu'un Rapport sur ses cultures de végétaux étrangers.

— M. Brierre, de Riez (Vendée), fait aussi parvenir un Rapport sur ses cultures, accompagné d'un dessin à l'huile représentant le développement des haricots à tubercules, de Siam.

Des remerciments seront transmis à MM. Aguillon et Brierre.

— Il en sera également adressé à M. le docteur Sicard, de Marseille, qui expédie de nouveaux produits du Sorgho, savoir, du Chocolat sucré avec la matière saccharine de cette plante, et du Vermicelle fabriqué avec la farine obtenue des graines. Il y joint trois esquisses, l'une à la sépia, l'autre à la gomme-gutte de Sorgho naturelle, et la dernière à l'encre de Chine de Sorgho.

Enfin, à propos d'un passage de la Note de M. Dareste sur les papiers de fibres végétales fabriqués par M. Curti, où il est parlé (p. 205) de l'emploi avantageux par ce dernier des résidus d'une distillerie de Sorgho, déjà établie en Algérie, M. Sicard rappelle qu'il est le premier qui ait soumis à cet usage les tiges de cette plante. M. Dareste répond qu'il a simplement énoncé les faits relatifs à la fabrication de M. Curti, et qu'il n'a point contesté la priorité de M. Sicard.

— M. Belhomau, chef du Jardin botanique de Metz, adresse

des graines : 1º d'une Cucurbitacée de l'Inde, donnant des fruits très farineux, et 2º du *Lathyrus platyphyllus*, plante vivace de l'Italie fournissant un excellent fourrage.

— M. Oscar Réveil communique des renseignements sur les avantages offerts par la culture du Souchet (*Cyperus edulis*), à cause des propriétés agréables des tubercules de la racine qu'on mange et dont on fait une boisson, sorte de sirop d'orgeat qui se débite abondamment en Espagne. La composition chimique, dont notre confrère présente le résumé d'après M. Ramon de Luna, y montre des éléments nutritifs et très convenables pour la préparation d'une bonne émulsion.

M. Ramon de la Sagra confirme les faits qui viennent d'être rapportés ; il insiste sur l'importance qu'il y aurait à cultiver en France ce végétal connu en Espagne sous le nom de Chusa, et qui fournit une boisson saine, agréable et d'un prix très modique.

— Le même membre fait hommage de son grand ouvrage sur la *Flore de Cuba*, et annonce qu'il a l'intention d'en extraire pour la Société tout ce qui se rapporte aux plantes, assez nombreuses, dit-il, dont l'acclimatation en Europe pourrait être tentée. M. le Président transmet à notre confrère les remercîments de l'assemblée et pour le livre et pour la promesse d'un travail fait par lui, au point de vue de notre œuvre, sur les végétaux de l'île qu'il a si complétement explorée.

— M. Fréd. Jacquemart place sur le bureau un jeune plant de Mielga provenant de la graine envoyée d'Espagne par les soins de M. Graëlls (p. 219 et 290), et un plant également jeune de Luzerne ordinaire (*Medicago sativa*). M. Moquin-Tandon dit que, d'après ce commencement de végétation, il y a tout lieu de penser que la Mielga n'est pas la Luzerne sauvage, mais une espèce distincte. Telle est aussi l'opinion de M. Ramon de la Sagra, qui croit que la Mielga a dû être décrite scientifiquement dans les ouvrages espagnols.

— M. Cloquet fait connaître les heureux résultats de la culture des Pommes de terre de Sibérie et de Sainte-Marthe chez M. Drouyn de Lhuys, à Amblainvilliers, près Paris.

— M. Fr. Jacquemart dit qu'il en est de même dans l'Aisne.

A cette occasion, M. O. Réveil fait observer que la Pomme de terre de Sainte-Marthe a des feuilles à lobes non laciniés. La variété dite de *Marjolin* offrait d'abord cette même disposition, qui a peu à peu disparu à mesure qu'elle a dégénéré. Il sera intéressant de constater si une semblable dégénérescence surviendra chez cette nouvelle variété.

— M. Moquin-Tandon lit, en son nom et au nom de M. J. Cloquet, un Mémoire ayant pour titre : *Observations sur les perles des coquilles bivalves d'eau douce.* (Renvoi au Comité de publication.)

— M. H. de Colonjon adresse un Rapport sur une éducation de Vers à soie lu Mûrier, provenant des récoltes de graine faites par la Société avec l'aide de la Caisse franco-suisse de l'agriculture. Les résultats n'en ont pas été favorables. (Renvoi à la 4ᵉ Section.)

— Mgr. Perny, qui a bien voulu s'occuper tout récemment des moyens de faire venir de Chine des cocons de Vers à soie du Chêne qu'il a demandés par des lettres pressantes dans la province de Kouy-tcheou dont il est le vicaire apostolique, adresse une *Monographie* sur ce précieux insecte. Il est donné lecture de ce travail où sont passés en revue tous les faits qui se rapportent à ce Ver sauvage. (Renvoi au Comité de publication.)

M. Jacquemart rappelle, à la suite de cette lecture, le commencement d'éducation de cette espèce qu'il a poursuivie en 1855 pendant douze jours, au bout desquels périt le seul Ver qui eût survécu parmi les six qui étaient éclos. Il résulte de cette expérience que cette larve peut se nourrir avec la feuille de nos Chênes, et c'est là un point important en vue des tentatives ultérieures que la Société pourra faire sur cette espèce.

M. Millet émet l'opinion que, pour les éducations en liberté, les environs de Pau, où se trouvent beaucoup de Chênes à l'état de têtards, seraient très convenables.

— M. Debeauvoys fait parvenir un travail relatif à l'enfouissage sous terre des Abeilles, comme moyen de conservation des ruches pendant les hivers doux. Le procédé dû à M. Antoine, apiculteur à Reims, a été mis en usage par notre confrère, qui en a obtenu d'excellents résultats, et qui présente sur ce sujet des considérations propres à faire apprécier les avantages de cette méthode.

— M. Davelouis, en sa qualité de secrétaire de la 2ᵉ Section, transmet le procès-verbal de la séance tenue par cette Section, le 10 mai.

On y remarque : 1° Une communication de M. Albert Geoffroy Saint-Hilaire sur les résultats génér lement satisfaisants obtenus dans les tentatives d'acclimatation faites dans les Jardins zoologiques de Belgique et de Londres; 2° l'indication d'une lecture de M. Davelouis sur une nouvelle partie du travail qu'il a entrepris touchant la taille et le poids des races gallines, comme éléments de classification.

— Le même membre informe que la 2ᵉ Section a décidé que cette année, comme les années précédentes, une Commission permanente serait désignée pour continuer les travaux dans l'intervalle des deux sessions. Cette Commission, composée de MM. Berrier-Fontaine, président; Chouippe; Davelouis, secrétaire; J. Delon et Florent Prévost, se réunira le premier mardi de chaque mois. M. le Président prie la 2ᵉ Section d'agréer les remercîments de la Société pour cette nouvelle preuve de zèle.

— M. Davelouis lit par extraits un Rapport présenté par M. Berrier-Fontaine et par lui sur les différentes espèces d'Oiseaux exposées au concours régional de Versailles.

— M. le docteur Le Prestre annonce qu'il a, en ce moment, dans son jardin d'acclimatation de Caen, seize œufs de Casoar de la Nouvelle-Hollande, couvés par le mâle depuis le 17 mai.

— M. de Capanema, délégué de la Société au Brésil, écrit que, dès qu'il aura reçu les échantillons de tissus destinés à être offerts à l'Empereur du Brésil, par la Société, au nom de M. Davin, il s'empressera de les placer sous les yeux de Sa Majesté.

Notre confrère annonce, en même temps, le prochain envoi de plants de bois de Fernambouc, palissandre, etc.

— M. Sacc fait parvenir un travail sur la Marmotte des Alpes, considérée au point de vue zoologique et comme un animal utile, dont l'introduction devrait être tentée sur les sommités les plus élevées des Vosges et des Pyrénées.

— M. Barthélemy La Pommeraye adresse une Notice sur le Lama et ses congénères du Pérou et du Chili, rédigée d'après les notes fournies par M. Eug. Roehn. Ce travail est le complément d'une lettre qu'il avait précédemment écrite, afin de porter à la connaissance de la Société les efforts faits par le même voyageur pour tenter l'acclimatation de ces animaux dans les Antilles et dans l'Amérique du Nord (p. 223).

— A cette occasion, M. Ramon de la Sagra annonce que, dans le but de contribuer pour sa part à la réalisation du désir de la Société de posséder des femelles de Lamas du Pérou, afin de les appareiller avec nos deux mâles, il a, par un de ses amis, fait porter ce désir à la connaissance du Roi d'Espagne. Sa Majesté s'est montrée fort disposée à donner deux femelles du troupeau qu'elle a fait venir de l'Amérique du Sud, ce qui est d'ailleurs confirmé par un journal de Madrid (la *Monarquia española*, 18 mars 1858), dont un exemplaire est déposé sur le bureau. M. de la Sagra est prié par M. le Président d'agréer les remerciments de la Société.

— Il est donné lecture d'un travail de M. Richard (du Cantal), rédigé au nom de la Section des Mammifères, et ayant pour titre : *Réflexions sur la lettre relative aux Chevaux arabes adressée par l'Émir Abd-el-Kader à M. le général Daumas.* (Renvoi au Comité de publication.)

— M. le Président déclare close la session de 1857-58, et annonce que, d'ici à la première quinzaine de décembre, époque à laquelle aura lieu l'ouverture de la session prochaine, le Conseil, comme les années précédentes, continuera à s'assembler d'une manière régulière, pour traiter des affaires de la Société.

Le Secrétaire des séances,

A. DUMÉRIL.

III. FAITS DIVERS ET EXTRAITS DE CORRESPONDANCE.

Le Conseil d'administration a reçu communication, dans sa dernière séance (9 juillet), de la lettre suivante adressée à M. Drouyn de Lhuys, vice-président de la Société, par S. Exc. M. le Ministre de Danemark :

Légation de Danemark en France.

Paris, le 3 juillet 1858.

« Monsieur,

» M'étant fait un devoir de diriger l'attention du Roi, mon auguste Souverain, sur le but si éminemment utile de la Société impériale zoologique d'Acclimatation et sur le grand intérêt que vous portez à cette institution, Sa Majesté m'a témoigné le désir de s'en faire recevoir comme membre.

» J'ose, Monsieur, à cette occasion, avoir recours de nouveau à votre extrême bienveillance, pour vous prier de vouloir bien m'assister dans les démarches à faire en conséquence, m'estimant bien heureux si elles pouvaient avoir lieu sous vos auspices.

» En vous exprimant d'avance ma vive reconnaissance, je vous prie de vouloir bien encore agréer les nouvelles expressions de la haute considération avec laquelle j'ai l'honneur d'être, etc.,

» Le baron W. DIRERINCK DE HOLMFELD. »

Le Conseil d'administration, après avoir entendu la lecture de cette lettre, s'est empressé de décider que le nom de S. M. le Roi de Danemark serait inscrit en tête de la liste des membres de la Société. Le Conseil a décidé en outre qu'une adresse, signée de tous ses membres, porterait au Roi l'expression de sa gratitude pour le témoignage d'intérêt et de sympathie que ce Souverain veut bien accorder à la Société.

— On lit dans un journal de Madrid (*el Leon Español*) :

« Dans la soirée du 30 juin, Leurs Majestés ont daigné recevoir la Commission de la Société impériale zoologique d'Acclimatation, chargée de déposer entre les mains de la Reine un précieux échantillon de cachemires fabriqués par M. Davin avec la laine soyeuse de la race des Mérinos Grauxde-Mauchamps, un autre échantillon de tissus faits par le même manufacturier avec le poil du Chameau asiatique et du Chameau africain, ainsi que de beaux châles et des velours destinés à l'usage de notre Souveraine, et pareils à ceux qui avaient été offerts à l'Empereur des Français.

» La Commission a présenté à S. M. le Roi, avec une adresse signée par tous les membres du Conseil d'administration, la grande médaille d'or, décernée par la Société à Sa Majesté, pour l'introduction d'un troupeau de Lamas et d'Alpacas.

» Le délégué de la Société impériale en Espagne, M. Graëlls, a exposé à

Leurs Majestés le but de cette Association, qui accorde une si éminente protection aux intérêts matériels, et qui témoigne une si flatteuse déférence à nos Souverains, ainsi qu'à notre pays privilégié pour les progrès importants que l'acclimatation des espèces utiles a faits chez nous plus que partout ailleurs.

» Le savant général Don Antonio Remon Zarco del Valle, qui, en sa qualité de membre de la Société impériale d'Acclimatation, faisait partie de la Commission, a également adressé à Leurs Majestés des paroles fort remarquables relativement aux services signalés que la Couronne d'Espagne avait rendus à l'acclimatation, tant en Europe qu'en Amérique. Leurs Majestés, touchées des considérations développées avec éloquence par cet illustre vétéran de la science et de l'armée, ont exprimé de nouveau leur ferme intention de continuer à protéger cette source féconde de richesse publique, pour répondre à la confiance de la Société, et elles ont recommandé à la Commission d'être l'interprète de leur gratitude.

» Le Roi a, en outre, annoncé qu'il consentait à inscrire son auguste nom parmi ceux de tant de souverains et de princes qui se sont déclarés membres protecteurs de la Société scientifique la plus illustre qui ait été créée de notre temps. »

— La lettre suivante a été adressée à M. Drouyn de Lhuys, vice-président de la Société, par S. Exc. le prince de Metternich. Nous satisfaisons à un vœu émis par plusieurs de nos confrères en reproduisant ici cette lettre :

  « Monsieur,

» Je vous prie de recevoir l'assurance de la valeur que j'attache à la lettre que vous avez bien voulu m'adresser. Mon sentiment porte sur la preuve qu'elle renferme du souvenir bienveillant que vous conservez d'un bien court entretien que vous m'avez accordé lors de votre séjour à Vienne, et sur la valeur d'une association dont je m'honorerai de faire partie.

» La Société d'acclimatation avait, dès sa fondation, fait un appel au vif intérêt que, dans le cours de ma vie, j'ai voué au culte et à l'application pratique des sciences naturelles. L'âge si avancé qui pèse sur moi a seul pu m'empêcher d'évoquer dans mon pays, en me plaçant à sa tête, une institution dont les produits utiles ne sauraient être mis en doute. J'accepte ainsi avec reconnaissance l'offre que vous voulez bien m'adresser de m'associer à l'œuvre à laquelle vous vouez vos soins particuliers.

  » Agréez, etc.   » Signé METTERNICH.

» Vienne, le 7 avril 1858. »

JARDIN ZOOLOGIQUE D'ACCLIMATATION.

— M. le Président de la Société impériale d'Acclimatation a annoncé dans les séances des 4 et 18 juin l'organisation de la Compagnie du Jardin zoologique.

S. A. I. le prince NAPOLÉON, qui a accordé à la Société, pour l'établissement du Jardin du bois de Boulogne, un si bienveillant et si utile appui, a bien voulu accepter la présidence d'honneur de cette œuvre, aujourd'hui si près de se réaliser dans les conditions les plus favorables.

Le Conseil d'administration a été constitué ainsi qu'il suit :

MM.

Président honoraire. Le baron de ROTHSCHILD.

Président. . . . . . . Is. GEOFFROY SAINT-HILAIRE, de l'Institut, président de la Société impériale d'Acclimatation.

Vice-Présidents . . Le prince Marc DE BEAUVAU, DROUYN DE LHUYS, Ant. PASSY, de l'Institut, RICHARD (du Cantal), vice-présidents de la Société impériale d'Acclimatation.

Secrétaire général. Le comte d'ÉPRÉMESNIL, secrétaire général de la Société impériale d'Acclimatation.

Secrétaires. . . A. DUMÉRIL, professeur-administrateur au Muséum d'histoire naturelle, secrétaire de la Société impériale d'Acclimatation.

E. DUPIN, inspecteur des chemins de fer, secrétaire de la Société impériale d'Acclimatation.

Le comte Olympe AGUADO.

Ernest ANDRÉ.

Ch. de BELLEYME, juge au tribunal de la Seine.

Paul BLACQUE, banquier.

BLOUNT, banquier, administrateur de plusieurs chemins de fer.

J. CLOQUET, membre de l'Institut, professeur à la Faculté de médecine.

COSSON, secrétaire de la Société botanique de France.

DAVIN, manufacturier.

DEBAINS.

Le duc de FITZ-JAMES.

GERVAIS (de Caen), directeur de l'École supérieure du commerce.

Fr. JACQUEMART, ancien élève de l'École polytechnique, agriculteur-manufacturier.

MOQUIN–TANDON, de l'Institut, professeur à la Faculté de médecine et directeur du Jardin botanique de cette Faculté.

Le général prince de la MOSKOWA, premier veneur de l'Empereur.

POISAT, membre du Corps législatif.

POMME, agent de change.

Le vicomte de la ROCHEFOUCAULD.

Le baron Alphonse de ROTHSCHILD.

RUFFIER.

Le docteur RUFZ DE LAVISON, ancien maire de Saint-Pierre et président du Conseil général de la Martinique.

Le baron de SAINT-PIERRE.

Le baron SEGUIER, membre de l'Institut.

Le marquis de SELVE, membre du Conseil général de Seine-et-Oise.

Le comte de SINETY.

Le comte Raphaël de TORCY.

Le marquis de VIBRAYE.

Parmi les membres de ce Conseil, dix-huit font en même temps partie du Conseil d'administration de la Société impériale d'Acclimatation, et huit des membres de son Bureau ont été appelés à remplir dans la Compagnie les mêmes fonctions qu'ils tiennent dans la Société, de la confiance de leurs collègues, celles de Président, Vice-Présidents, Secrétaire général et Secrétaires.

Cette organisation, qui tend à resserrer encore les liens de la Société et du Jardin zoologique, a paru la plus conforme à la pensée qui préside à la création de ce Jardin, et qu'exprime si bien l'article 11 des Statuts de la Compagnie. L'objet de cette Compagnie est, en effet, aux termes de cet article, l'établissement d'un Jardin zoologique d'acclimatation au bois de Boulogne, sur la concession de terrains faite par la ville de Paris, *à l'effet d'appliquer et de propager les vues de la Société impériale zoologique d'Acclimatation, avec le concours et sous la direction de cette Société.*

— Les membres de la Société savent déjà (voyez, page 338, le procès-verbal de la séance du 4 juin) que S. M. le Roi de Wurtemberg a bien voulu donner spontanément un témoignage de l'intérêt qu'il porte à la création du Jardin zoologique du bois de Boulogne, et ordonné que son nom fût inscrit, comme celui de S. M. l'Empereur, en tête de la liste des souscripteurs.

Parmi les membres étrangers de la Société qui ont voulu de même concourir à la création du Jardin zoologique, nous croyons devoir citer dès à présent le général Kheredine, ministre de la marine du Bey de Tunis. Nous reproduisons en partie la lettre qu'il vient d'adresser à M. Drouyn de Lhuys, et qui témoigne d'une sympathie si éclairée et si généreuse pour tous les progrès utiles, même pour ceux qui s'accomplissent au loin, et dont d'autres pays sont appelés à ressentir plus directement les bienfaits :

Voici le principal passage de la lettre du général Kheredine :

« ..... C'est une bien grande et bien noble entreprise que la fondation du *Jardin d'acclimatation;* aussi je m'y associe avec le plus vif empressement, en faisant des vœux pour qu'elle soit suivie d'un succès égal à l'importance des bienfaits qu'elle est destinée à rendre à toutes les classes de la société.

» J'ai souscrit pour dix actions. Comme j'habite un pays éloigné, j'ai chargé mon correspondant d'effectuer pour mon compte le versement de ma souscription.... »

— Le Conseil d'administration, dans ses séances des 9 et 30 juillet, a été informé de plusieurs dons importants, et qui témoignent hautement de la sympathie que rencontrent partout les efforts et les travaux de la Société. Ces dons sont, par ordre de dates, les suivants :

1° Deux Tapirs d'Amérique, mâle et femelle, donnés par M. le docteur Peixoto, de Rio-Janeiro, qui avait déjà enrichi les collections de la Société de plusieurs objets intéressants d'histoire naturelle. Ce don précieux a été annoncé à la Société par l'intermédiaire de notre éminent confrère M. le baron Larrey. Ces deux beaux quadrupèdes, écrit M. Peixoto à M. Larrey, arriveront prochainement par un navire de guerre.

2° Deux Bouquetins des Alpes, mâle et femelle, offerts pour la Société, à S. Exc. M. le Ministre de l'instruction publique, par M. Exinger, marchand de gibier à Vienne. Ces individus, nés en captivité de parents eux-mêmes nés chez M. Exinger, sont originaires des Alpes de Savoie.

3° Deux Outardes, mâle et femelle, nées en captivité en Algérie, chez

M. le lieutenant Joyeux, commandant les puisatiers à Géryville (Algérie), qui veut bien faire hommage de ces Oiseaux à la Société, et va les lui adresser. Nous ne savons encore si ces Outardes sont des Houbaras (*Otis houbara*) ou de grandes Outardes (*Otis tarda*).

4° Quatorze cocons vivants du *Bombyx* ou *Saturnia Polyphemus*, espèce américaine, remarquable par la beauté et la blancheur de sa soie (voy. dans les tomes I et II du Bulletin diverses communications de MM. Blanchard et Chavannes), et une de celles dont la Société avait déjà possédé en 1855 un grand nombre de cocons, grâce à la bienveillance de M. Drouyn de Lhuys, ministre des affaires étrangères, et aux soins de M. Roger, consul de France à la Nouvelle-Orléans. Ces cocons n'avaient malheureusement pas réussi. M. Lucas, aide-naturaliste d'entomologie au Muséum d'histoire naturelle, a été plus heureux, et ce sont quatorze cocons obtenus à Paris qu'il vient d'offrir à la Société, en adressant à M. le Président la lettre suivante :

« Paris, le 9 juillet 1858.

　　» Monsieur le Président,

　　» Une éducation du *Saturnia Polyphemus* faite à Paris, ayant parfaitement réussi, j'ai l'honneur de vous prier de vouloir bien offrir en mon nom, à la Société impériale zoologique d'Acclimatation, quatorze cocons de ce *Saturnia* provenant de cette éducation.

　　» N'ayant eu à ma disposition qu'un nombre très limité de chenilles provenant de cocons de la Nouvelle-Orléans, éclos à Paris vers la fin d'avril, que je dois à l'extrême obligeance de M. A. Lavallée, je n'ai pu me livrer à aucune expérience : seulement, je ferai remarquer que les œufs ont été pondus le 4 mai, et que le 22 juin, les chenilles confiées à M. Vallée, et nourries avec des feuilles du *Quercus pedunculata*, ont commencé à filer ; cette éducation a donc duré environ quarante-six jours.

　　» J'ai l'honneur d'être, etc.　　　　　　　　　　H. LUCAS.

5° Un envoi considérable d'animaux, expédiés de la Guyane, et donnés par notre honorable et zélé confrère M. Bataille, de Cayenne. Cet important envoi sera l'objet d'un rapport spécial inséré au Bulletin. Nous nous bornerons aujourd'hui à extraire de sa lettre, et d'une autre écrite par M. le docteur Chapuis, président du Comité zoologique de la Guyane, la liste des animaux envoyés à la Société par M. Bataille :

Mammifères. — 4 Agoutis ; 1 Cabiai (à Cayenne, *Capiaye*) ; 2 Tapirs (*Maïpouris*), mâle et femelle, privés ; 1 Pécari (appelé à Cayenne, *Cochon marron*) privé ;

Oiseaux. — 4 Pénélopes Yacous ; 7 Ibis rouges (connus à Cayenne sous le nom de Flammants) ; 1 Héron Onoré ; 1 Savacou huppé (à Cayenne, *Rappa*) ; 1 Jabiru.

Total, 8 Mammifères et 14 Oiseaux, auxquels M. Bataille a joint 6 jeunes Caïmans dont le Conseil a disposé en faveur de la Ménagerie du Muséum d'histoire naturelle et du Jardin zoologique de Marseille.

Ce précieux envoi, expédié par le bâtiment de l'État *l'Adour*, est arrivé à Paris, le 20 juillet. Grâce aux soins qu'ils ont reçus, la plupart des animaux sont en bon état.

Le Secrétaire du Conseil,
GUÉRIN-MÉNEVILLE.

I. TRAVAUX DES MEMBRES DE LA SOCIÉTÉ.

CONSIDÉRATIONS GÉNÉRALES

SUR LE MODE D'INTERVENTION

DES PHÉNOMÈNES MÉTÉOROLOGIQUES

DANS

L'ACCLIMATATION DES VÉGÉTAUX ET DES ANIMAUX.

Par M. BECQUEREL,

Membre de l'Académie des sciences.

(Séance du 11 juin 1858.)

La Société impériale d'Acclimatation, en instituant une Commission de climatologie (1), chargée de lui fournir les renseignements dont elle pourrait avoir besoin, pour savoir si des essais de culture ou d'acclimatation d'espèces animales, tentés dans telle ou telle localité de la France, présenteraient ou non des chances de succès, a adopté une mesure qui produira, je le pense, des résultats utiles. En m'appelant à la présidence de cette Commission, elle m'a fait un honneur auquel j'étais loin de m'attendre et dont je la prie d'agréer mes remercîments. Avant de réunir la Commission, je crois devoir lui présenter un exposé de mes vues sur l'intervention des observations météorologiques dans les essais d'acclimatation; cet exposé est en quelque sorte un programme qui pourra être ensuite soumis à la Commission.

Lorsqu'il s'agit de transporter d'un pays dans un autre un

(1) La *Commission de climatologie* se compose de : MM. Becquerel père, *président*, Edmond Becquerel, Chatin, Duperrey, J. Dupré de Saint-Maur, le comte d'Escayrac de Lauture, P. Gaimard, Poey, Charles Deville, le marquis de Vibraye et Weddell. R.

animal ou un végétal, avec l'intention de l'y acclimater, il est nécessaire, si l'on veut arriver plus sûrement au but, de commencer par s'assurer si les conditions climatériques sont les mêmes dans les deux pays. A la vérité, on peut suivre une marche empirique, qui consiste à faire des essais basés sur de vagues renseignements fournis par les voyageurs, renseignements qui induisent souvent en erreur. Si l'on échoue ou que l'on n'obtienne qu'un demi-succès, on ne sait à quoi en attribuer la cause; mais il n'en est pas de même en s'appuyant sur des observations météorologiques. Je commencerai d'abord par montrer combien il importe de se tenir en garde contre les renseignements des voyageurs.

Je suppose un voyageur parcourant un pays pendant une période de mois et d'années à intempéries extraordinaires, il prendra, sans aucun doute, une idée exagérée de son climat. Il pourra donc se faire que deux personnes visitant le même pays, à deux époques différentes, ne portent pas le même jugement sur son état climatérique. Il ne faut pas négliger néanmoins les remarques faites par les habitants, touchant l'époque, année commune, où commencent la congélation des rivières et le dégel, sur lesquelles on s'appuie assez fréquemment pour acclimater les espèces animales et végétales, et qu'ils ont recueillies dans les contrées qu'ils ont parcourues. Je dis année commune, attendu qu'il arrive des années exceptionnelles où, les eaux étant basses, la congélation d'un fleuve à pente rapide a lieu à une température moins basse que lorsque les eaux sont hautes. Les habitants peuvent donner également d'utiles renseignements sur la permanence de la neige, sur les époques de sa chute et de sa disparition. On a ainsi des indications sur la longueur et la persistance des hivers.

Les phénomènes périodiques peuvent être également consultés avec avantage : on désigne ainsi les diverses phases de la végétation et quelques particularités de la vie de certains animaux ; ces phénomènes sont en rapport avec la température du lieu et divers éléments climatériques. Pour la vie végétale, ils comprennent les époques de la foliation, celles de la floraison, de la maturation et de l'exfoliation ; pour le règne animal, l'arrivée et le départ des oiseaux voyageurs, l'époque de l'accouplement et du chant des oiseaux, etc. Il faut user cependant de ces données avec réserve, attendu que ces époques, déjà difficiles à fixer, varient entre certaines limites d'une année à une autre; ce n'est qu'à l'aide d'un grand nombre d'observations que l'on a des moyennes donnant des résultats sensiblement exacts.

En suivant cette marche, on a trouvé qu'en Europe, il y a une avance ou un retard de quatre jours dans la floraison, par chaque degré de latitude, selon que l'on se dirige vers le sud ou vers le nord. Quant à la hauteur, on compte quatre jours de retard par 100 mètres d'élévation au-dessus du niveau de la mer.

Ces déterminations ne sont qu'approximatives, étant modifiées suivant la nature du sol, l'exposition de la plante, et la proximité plus ou moins grande de la mer, des lieux où on la cultive.

Les indications relatives à la culture de la Vigne doivent être accueillies surtout avec une grande réserve. Le vin étant devenu d'un usage général, la culture de la Vigne a dû s'étendre le plus possible vers le nord, dans les localités où le raisin arrive à maturité. Ces localités varient, pour la même latitude, suivant la nature du sol, l'exposition, etc., etc. D'un autre côté, il faut prendre en considération l'espèce de cépage que l'on cultive, laquelle est plus ou moins hâtive, suivant que l'on se contente d'un vin peu ou très alcoolique.

L'époque de la vendange peut induire encore en erreur, quand on veut la faire servir à la détermination d'un climat : en effet, les fruits ne mûrissent en général que lorsqu'ils ont obtenu depuis le mouvement de la séve dans le cep une certaine somme de degrés de température. Or, dans les environs de Paris, depuis 1767 jusqu'en 1814, c'est-à-dire dans un intervalle de quarante-sept ans, les vendanges ont varié du 10 septembre au 17 octobre; si donc deux voyageurs eussent parcouru les environs de Paris, aux deux époques extrêmes, ils auraient tiré certainement des conséquences bien différentes sur l'époque de la maturité du raisin, et par suite sur le caractère du climat de la contrée où l'on cultive la Vigne.

D'autres causes que les intempéries des saisons peuvent retarder encore l'époque de la vendange; les vignobles de la Côte-d'Or nous en offrent un exemple remarquable : on a constaté, par des relevés statistiques exacts, que depuis un demi-siècle, la vendange dans cette partie de la Bourgogne se fait en moyenne plus tard d'une semaine que dans le siècle dernier. Dira-t-on que le climat a changé? Non, certes. M. Vergnette de La Mothe en a donné une explication satisfaisante. (*Actes du Congrès vinicole de la France tenu en* 1845.)

« Ce fait, dit-il, doit être attribué au morcellement des » terres. Le cultivateur, devenu propriétaire, s'est plus occupé » de la quantité que de la qualité des produits; dans ce but, il » a couvert la vigne d'un plus grand nombre de ceps. Ce » nombre, qui était de 810 par ouvrée (4 ares 28 centiares) » dans l'ancienne culture, a été porté à 1090 et plus. Il en » est résulté plus d'ombre dans les vignes. Le fruit a été plus » abrité contre l'action desséchante des vents. Le sol, restant » plus humide et étant plus chargé d'engrais, a prolongé la » végétation, etc. »

Je pourrais citer encore d'autres faits qui prouveraient que l'on ne saurait trop se mettre en garde contre le récit des voyageurs, touchant les renseignements qu'ils recueillent sur la nature des climats. Ces renseignements ne peuvent être pris en considération qu'autant qu'ils ont été soumis à un examen approfondi. Mais il faut, avant tout, consulter les éléments scientifiques. Ces éléments comprennent : 1° la température moyenne à l'ombre et au soleil ; 2° la température du sol, selon qu'il est dénudé ou couvert de végétation ; 3° la quantité de rayons solaires arrivant au sol, et perçus par le végétal ; 4° les quantités d'eau tombée dans les diverses saisons ; 5° les vents régnants. La latitude seule ne peut être invoquée, tant sont nombreuses les causes qui exercent une influence sur les éléments climatériques. L'exemple suivant est assez frappant pour que j'en fasse mention ici. La partie moyenne occidentale de l'Europe doit la douceur de son climat aux vents du sud et du sud-ouest, qui proviennent des courants d'air chaud ascendant du désert saharien, produits par l'échauffement des sables, lesquels s'abattent par suite du mouvement diurne de la terre sous nos latitudes moyennes. La partie tropicale correspondante au désert de Sahara, dans l'Amérique du Sud, étant couverte de vastes savanes et de forêts au lieu de sable, le courant d'air chaud ascendant est moins chaud, de sorte que les régions de l'Amérique du Nord correspondantes à celles de nos latitudes moyennes ont une température moins élevée ; il en résulte que la Vigne n'est pas cultivée à beaucoup près comme en France et en Espagne, sous la même latitude : de là une grande différence dans les climats.

La chaleur, comme on le sait, ne suffit pas pour développer les phénomènes de la vie, il faut y joindre encore l'action de la lumière solaire, sans laquelle les plantes s'étiolent, les fleurs perdent leur couleur et les fruits leur saveur. Les animaux éprouvent des effets analogues. C'est pour ce motif que l'on doit tenir compte de la chaleur et de la lumière solaire.

D'après Réaumur, les météorologistes ont cherché à déterminer la somme de chaleur nécessaire pour fleurir un végétal et mûrir ses fruits et ses graines. Je citerai Cotte, Adanson, MM. de Gasparin, Boussingault, Quetelet, Alph. de Candolle, etc.

Les premiers ont adopté en principe que la manière la plus simple de supputer cette somme était d'additionner la température moyenne de chaque jour de la période pendant laquelle les diverses phases de la vie végétale s'effectuent.

M. Boussingault, en suivant cette marche, a trouvé que le froment, pour arriver à maturité, exigeait de 2000 à 2200 degrés ou unités de chaleur, depuis une température moyenne printanière de 6 degrés ; le maïs 2500, etc., etc.

On a reconnu depuis, que, pour avoir des résultats exacts, il fallait encore tenir compte : 1° de la chaleur solaire directe, qui contribue efficacement à la vie végétale ; 2° de la durée du jour et de la nuit, la végétation étant très ralentie quand le soleil est au-dessous de l'horizon, sans cesser pour cela d'avoir lieu. Je ferai remarquer qu'en ne commençant à compter le nombre de degrés qu'à partir de 6 degrés, pour le froment, on élimine la chaleur qui a servi au développement du végétal, depuis la germination jusqu'à l'instant où la vie végétale a été suspendue, pour reprendre une nouvelle activité, à 6 degrés de température moyenne.

Quant à la manière d'évaluer la température moyenne solaire, les premières tentatives n'ont pas été satisfaisantes : M. de Gasparin a pris pour cette valeur la moyenne de la différence entre la température maximum au soleil et la température maximum à l'ombre, et pour moyenne approximative de la journée (*chaleur moyenne ordinaire* et *chaleur moyenne solaire*), la moyenne de la somme de température maximum au soleil et la température minimum à l'ombre.

J'ai peine à comprendre ce mode d'évaluer la chaleur solaire ; il ne suffit pas de déterminer la chaleur moyenne solaire, il faut encore tenir compte du temps pendant lequel elle agit. Admettons un instant que l'on ait déterminé la moyenne solaire d'une journée, pendant laquelle il y a eu des alternatives de clair et de couvert ; il est bien certain que plus il y aura eu de clair, plus la chaleur solaire aura agi activement, et cela quoique la température moyenne solaire n'ait pas changé. On voit par là qu'il y a nécessité de tenir compte de la durée pendant laquelle la température moyenne solaire a exercé son action, sinon on fait abstraction d'un élément important dans la question. Quelques détails à cet égard ne seront pas inutiles.

Lorsque l'on veut avoir le nombre de degrés de chaleur nécessaire pour la maturité des fruits ou des graines, on multiplie, comme on l'a dit plus haut, la température moyenne prise à l'ombre par le nombre de jours de la vie végétale ; chaque jour étant de vingt-quatre heures, on peut supprimer sans inconvénient ce facteur commun. Mais, lorsqu'il s'agit de la chaleur moyenne solaire, ce facteur n'existe pas, il faut en introduire un autre variable d'un jour à l'autre, lequel représente le nombre d'heures et de minutes pendant lesquelles le soleil a brillé (1).

____

(1) Pour déterminer ce nombre d'heures et de minutes, on ne peut faire usage du thermomètre ordinaire, qui ne peut être observé qu'un très petit nombre de fois dans la journée, à moins qu'il n'y ait à côté un observateur à poste fixe ; on ne peut donc connaître avec cet instrument la quantité

Toutes les personnes qui se sont occupées de déterminer la chaleur nécessaire à la vie végétale, n'ont pas envisagé la question sous le point de vue physiologique, elles ont considéré un végétal comme un être abstrait. M. Alph. de Candolle en a agi autrement : il dit avec raison que l'on ne doit pas considérer une plante comme un thermomètre ; attendu

d'unités de chaleur solaire perçue par le sol. Il n'en est pas de même en faisant usage d'appareils traceurs qui fonctionnent d'une manière continue et sans le concours d'un observateur. A l'inspection du tableau des variations de température, on a sur-le-champ les instants où le soleil a brillé, et où il a été caché par les nuages. Dans le premier cas, la température monte rapidement et se maintient élevée ; dans le second, la température baisse aussitôt : le tracé indique ainsi le nombre d'heures et de minutes pendant lesquelles le soleil a éclairé directement le sol ; rien n'est plus simple ensuite de faire la somme des températures solaires.

Supposons que le premier jour le soleil ait paru pendant n heures, et que la température moyenne solaire ait été t, le nombre de degrés de chaleur solaire sera représenté par nt, le deuxième jour on aura $n't'$; le troisième, $n''t''$, ainsi de suite. Il faut diminuer les quantités de la chaleur moyenne observée à l'ombre pendant le même temps, sans quoi il y aurait double emploi. Or, la température moyenne à l'ombre de la journée étant représentée par T, on aura pour le nombre de degrés n heures, nT, d'où, pour l'accroissement dû à l'action solaire, $(nt - nT) = n(t - T)$.

Le second jour on aura $n't' - n''T = n'(t' - T')$.

Ainsi de suite.

La température moyenne excédante, à l'ombre, sera donc représentée :

Le premier jour par $(24 - n)$ T ;

Le second jour par $(24 - n')$ T.

De sorte que pour les deux jours on aura pour le nombre de degrés de chaleur moyenne et de chaleur solaire :

$$n(t - T) + n'(t' - T') + (24 - n) T + (24 - n') T'.$$

Prenons un exemple pour fixer les idées :

Un végétal reçoit le premier jour 14 degrés de température moyenne à l'ombre et 22 degrés de température solaire pendant cinq heures ; le deuxième jour, 12 degrés de température moyenne à l'ombre et 18 degrés de température moyenne solaire pendant huit heures.

On aura donc : $n = 5$ $t = 22$ degrés $n' = 8$, $t' = 18$ T $= 14$ T' $= 12$. D'où il suit que $5 = 5 \times 8 + 6 \times 8 + 19 \times 14 + 18 \times 12 = 498$ degrés, pendant deux jours, en prenant, bien entendu, pour unité de temps l'heure, au lieu de la journée, qui est composée de vingt-quatre heures. En opérant ainsi jusqu'au terme de la végétation, on est dans le vrai.

M. Quetelet pense que l'on ne doit pas supputer la somme des tempéra-

que l'abaissement de température ne détruit pas dans la plante l'effet produit par l'élévation ; la végétation continue toujours, mais plus lentement.

M. Alph. de Candolle compare avec raison une plante à une machine qui fait son travail en raison de l'impulsion qui lui est donnée par la chaleur et par les rayons chimiques de la lumière. Si la force d'impulsion ne suffit pas pour mettre en mouvement la machine, tout s'arrête purement et simplement. L'humidité, qui intervient si puissamment dans la végétation, est une des causes nombreuses qui modifient le travail de la machine. En répétant les observations, il a reconnu qu'en se bornant à multiplier la température moyenne par le temps de la vie végétale, on introduit dans les déterminations les causes d'erreur suivantes :

1° Le temps est difficile à préciser dans beaucoup de cas, car on ne peut déterminer au juste le moment où commence la germination, l'apparition des bourgeons, ni l'époque précise de la maturité de certaines graines. Cette incertitude fait qu'il est bien difficile de trouver le même nombre pour la somme de chaleur entre l'époque du semis et celle de la maturité des graines de même espèce. Mais je ferai observer qu'en multipliant les observations et en prenant les moyennes d'un très grand nombre, on finit par éliminer les écarts et l'on arrive à des résultats sensiblement exacts.

2° La température du sol influe sur la marche de la végétation ; on a donc eu tort jusqu'ici de la négliger ; car les sols de nature différente s'échauffent plus ou moins, suivant qu'ils sont secs ou humides, sous la radiation solaire ; ils ne se refroidissent pas non plus au même degré. La même espèce de

tures, mais bien la somme de leurs carrés, attendu que la chaleur agit sur la végétation à la manière des forces vives ; ainsi deux journées ayant chacune une température de 10 degrés, produisent moins d'effets qu'une seule journée de 20 degrés. En faisant la somme des carrés, la valeur est double.

M. Babinet, au lieu de la somme des carrés, a proposé de prendre le produit de la température par le carré du nombre de jours de la vie végétale, en se fondant sur ce que les forces naturelles, telles que la pesanteur, donnent des actions qui se mesurent par le produit de l'intensité de la cause par le carré de sa durée. Cette méthode n'a pas encore été essayée.

plante cultivée dans ces différents sols doit donc éprouver des effets qui ne sont pas les mêmes. Les résultats consignés dans les tableaux suivants et qui sont dus à M. Schubler, précisent bien les faits.

DÉSIGNATION DES TERRES.	TEMPÉRATURE MAXIMA DE LA COUCHE SUPÉRIEURE. La température moyenne de l'air ambiant étant de 25 degrés.	
	Terre humide.	Terre sèche.
Sable siliceux, gris jaunâtre..........	37,25	44,75
Sable calcaire, gris blanchâtre........	37,28	44,50
Gypse clair, gris blanchâtre..........	36,55	43,62
Argile maigre, jaunâtre.............	36,75	44,12
Argile grasse.	37,25	44,50
Terre argileuse, gris jaunâtre..........	37,38	44,62
Argile pure, gris bleuâtre............	37,50	45,00
Terre calcaire blanche.............	35,63	43,00
Humus gris noir.................	39,75	47,37
Terre de jardin, gris-noir............	37,50	45,25
Terre arable d'Hoffwyll, grise.........	36,88	44,25
Terre arable du Jura, grise..........	36,50	43,75

DÉSIGNATION DES TERRES.	Faculté de retenir la chaleur. Celle du sable calcaire étant de 100 degrés.	Temps que 550 centimètres cubes de terre mettent à se refroidir de 62°,5 à 21°,2, l'air ambiant étant de 16°,2.
Sable calcaire.....................	100,00	3,30
Sable siliceux....................	95,6	3,27
Gypse	73,2	3,34
Argile maigre....................	76,9	2,41
Argile grasse....................	71,1	2,30
Terre argileuse....................	68,4	2,24
Argile pure.....................	66,7	2,19
Calcaire en poudre fine.............	61,8	2,10
Humus.	49,0	1,43
Terre arable d'Hoffwyll	64,8	2,16
Terre arable du Jura................	74,3	0,36

Ces résultats, et d'autres semblables, montrent que la couleur, l'humidité et l'incidence des rayons solaires sont les causes qui exercent le plus d'influence sur l'échauffement du sol; que les différences de température dues à ces causes, avec celle de l'air ambiant, peuvent aller jusqu'à 14 ou 16 degrés et même au delà; que les différences provenant de l'état de la surface et de la composition des terres ne sont pas, à beaucoup près, aussi grandes que celles qui sont dues à l'obliquité des rayons solaires, ces derniers pouvant aller jusqu'à 25 degrés.

Quant à la conductibilité des terres pour la chaleur, les résultats consignés dans le second tableau prouvent que les sables siliceux et calcaires à volumes égaux avec l'argile, les différentes terres argileuses, le calcaire, l'humus, etc., etc., sont les terres qui conduisent le moins la chaleur; c'est pour ce motif que les terrains sablonneux en été, même pendant la nuit, conservent longtemps une température élevée. L'humus occupe le dernier rang. On voit donc combien il est important, dans l'acclimatation, de prendre en considération la nature du sol sous le rapport de ses propriétés calorifiques.

3° Les températures inférieures à 0 degré sont complétement inutiles dans les plantes, attendu que la congélation arrête l'absorption et la circulation des liquides dans les vaisseaux. D'un autre côté, les températures de 0 à 3 degrés ne suffisent pas pour développer plusieurs des phénomènes de la vie végétale. Le blé semé en automne, par exemple, reste stationnaire en hiver, quand la température est au-dessus de zéro pendant quelques jours; ce n'est que vers 6 degrés de température moyenne que l'on commence à s'apercevoir que la végétation marche. Pour d'autres plantes, c'est une autre température; chacune d'elles a donc un zéro à partir duquel commence sa végétation et qu'il importe de connaître quand on cherche les unités de chaleur.

4° Il est inutile de considérer les températures au-dessous de zéro, par les raisons sus-indiquées, et cependant quelques personnes les comprennent dans la somme; mais comme elles y entrent avec le signe négatif, on les retranche, par le fait, ce qui leur donne une importance qu'elles n'ont pas en réalité.

5° On doit faire entrer dans la somme des chaleurs moyennes la chaleur solaire directe; ce qui est reconnu aujourd'hui par tous les météorologistes.

M. Alph. de Candolle suppute cette chaleur solaire d'une manière plus rationnelle qu'on ne l'a fait jusqu'ici. On fait usage ordinairement, à cet effet, de thermomètres placés à l'ombre et au soleil : les différences entre les deux températures sont toujours considérables et dépendent beaucoup du pouvoir rayonnant des thermomètres et de la manière dont la boule reçoit les rayons solaires ; il en résulte des causes d'erreur contre lesquelles on a cherché à se mettre en garde en recouvrant la boule de diverses enveloppes.

Les procédés employés ont donné des températures moyennes plus élevées au nord qu'à l'ombre, de 4 degrés au plus à Londres, de 15 degrés au plus à Orange. Ces chiffres dépendant de la nature des enveloppes, on n'a donc pas une détermination exacte.

L'objection la plus sérieuse qui a été faite plus haut, et dont M. de Candolle ne parle pas, se reproduit ici : la température moyenne de la journée à l'ombre est bien celle qui est produite dans les vingt-quatre heures ; tandis que la température moyenne solaire, étant indépendante du temps, peut être la même, que le soleil brille plus ou moins longtemps. Dans ces différents cas, son action sur les plantes ne sera pas la même ; ainsi cette manière de compter la chaleur solaire est donc défectueuse. Je mentionnerai encore une autre objection relative à l'emploi du thermomètre pour mesurer la chaleur que prennent les végétaux : Les feuilles et les branches ne s'échauffent pas au soleil ou ne rayonnent pas à l'ombre comme tel ou tel thermomètre. Les feuilles lustrées réfléchissent une partie de la lumière. On voit par là quelle difficulté on éprouve à juger des effets physiologiques produits par la chaleur, en prenant pour base les degrés du thermomètre.

C'est pour obvier à tous ces inconvénients, que M. Alph. de Candolle mesure les effets des rayons solaires sur les végétaux, en observant les végétaux eux-mêmes, c'est-à-dire en comparant leur développement : 1° à l'ombre et au soleil ; 2° sous des intensités différentes d'action solaire, selon les saisons et les positions ; j'ajouterai dans les mêmes conditions d'humidité, sans quoi les résultats ne seraient pas comparables.

Voici comment il opère. On prend des graines de plantes annuelles dont les époques de floraison et de maturité paraissent bien marquées et qui paraissent aussi végéter près de zéro, puis on les sème simultanément à l'ombre et au soleil, à des époques successives, depuis le printemps. On note les époques de la floraison et de la maturation, puis on les compare avec les moyennes observées à l'ombre comme à l'ordinaire. On en déduit ensuite facilement et avec exactitude le surcroît de chaleur solaire reçue par certaines plantes.

Avec le *Leppidium sativum* (Cresson alénois), M. A. de Candolle a trouvé qu'à l'ombre la maturation a exigé quatre-vingt-cinq jours avec 17°,24 de chaleur moyenne, soit 1465 unités de chaleur ; tandis qu'au soleil, elle n'a exigé que soixante-dix-sept jours avec une température moyenne à l'ombre de 17°,06, soit 1313 unités de chaleur. Mais les pieds ont reçu, indépendamment de ces 1313 unités mesurées à l'ombre, une quantité additionnelle de chaleur solaire représentée par la différence entre 1465 et 1313, soit 152 degrés répartis sur soixante-dix-sept jours, et donnant 1°,97 de chaleur solaire par jour.

Cette méthode, qui est pratiquée, a l'avantage d'obtenir une mesure assez exacte de l'action solaire au moyen des plantes elles-mêmes, et de traduire l'effet observé en degrés du thermomètre ordinaire, pourvu, je le répète, que les conditions d'humidité soient les mêmes.

Ce n'est pas tout de prendre en considération la température moyenne d'un lieu et la température moyenne solaire, il faut encore y joindre les maxima et les minima de température, surtout les derniers, qui font périr certaines espèces de plantes.

On est dans l'usage de prendre pour limite de la végétation d'une plante le degré de froid qu'elle peut supporter sans mourir.

Il ne suffit pas de connaître l'abaissement de température nécessaire qui cause la mort d'une plante, il faut avoir égard encore à la durée de cette température extrême. Ainsi, un moment détruit un bouton baigné de rosée, il faut plus de temps pour le rameau, et plus de temps encore pour le tronc ; quant aux racines, elles résistent presque toujours.

On éprouve d'un autre côté de la difficulté à déterminer les effets de la température extrême ; cela tient à ce qu'il arrive souvent que les ravages du froid dépendent beaucoup plus des circonstances du dégel que de l'intensité même du froid, et de l'état des cultures.

L'humidité de l'air doit être prise également en considération : en 1755, 1768 et 1811, d'après M. de Gasparin, un abaissement de température de 10 degrés et 12°,5 ne produisit aucun effet fâcheux dans le midi de la France, par la raison que le dégel eut lieu à une basse température et graduellement avec la pluie ; tandis qu'en 1709, le thermomètre étant descendu à —14 degrés, le dégel arriva brusquement, et les Oliviers furent gelés.

La culture exerce aussi une influence sur les effets résultant de la température de l'air, aux diverses époques de l'année et de la saison des pluies, selon que celles-ci ont lieu en été ou en automne. Par exemple, si, avant la saison des pluies qui refroidit l'air, un végétal n'a pas atteint une grande partie de la chaleur qui lui était nécessaire pour la maturité de ses graines ou de ses fruits, quoique la température moyenne de l'année soit satisfaisante, cette plante ne se trouve pas dans la région qui lui convient pour son acclimatation. Plusieurs questions de ce genre se rattachent à l'humidité d'une contrée.

Les vents doivent être pris également en considération dans l'acclimatation ; ils changent effectivement la température d'un pays et y apportent l'humidité ou la sécheresse, suivant leur direction. D'un autre côté, ils agissent non-seulement comme forces physiques, mais encore comme forces mécaniques : dans ce cas-ci, leur action est égale au produit de la masse d'air mise en mouvement par le carré de la vitesse ; dans l'autre, elle est en raison de leur température et de leur humidité.

Les vents modérés agissent favorablement, en imprimant aux plantes des mouvements qui favorisent la dispersion du pollen, et par suite la fécondation.

Si les vents sont violents, ils impriment aux branches une flexion qui finit pas devenir persistante. La propriété que possèdent les vents de fortifier les fibres des végétaux présente quelquefois des inconvénients : le Chanvre cultivé dans la vallée du Rhône a une filasse très grossière, tandis que dans la vallée de l'Isère, où les vents ont moins de force, à cause des abris des Alpes, ainsi que dans la vallée du Graisivaudan, elle est beaucoup plus fine. D'un autre côté, les végétaux à tige molle ne sauraient être cultivés dans des contrées exposées aux vents, à moins d'abris. C'est pour ce motif que les Pois ne réussissent que dans les lieux calmes. Il en est de même du Pavot et du Sésame, dont les grains sont facilement disséminés par les vents.

L'action des vents produit un effet des plus remarquables en Algérie, dont on doit tenir compte dans certaines régions où il règne habituellement un vent inférieur et un vent supérieur ayant des propriétés physiques très différentes. Les arbres aborigènes croissent plus en largeur qu'en hauteur, et ils ont constamment une cime large et aplatie. S'il arrive à quelques espèces d'atteindre une grande élévation, ces espèces croissent avec vigueur pendant quelque temps ; arrivées à la hauteur des arbres du pays, la cime se dessèche, les branches s'étendent alors horizontalement. On observe ces effets sur des Peupliers plantés à Bouffarick, au centre de la Métidjah, lesquels ne peuvent dépasser une hauteur de 10 à 12 mètres. Cet effet est dû au courant d'air chaud supérieur qui vient du désert et dessèche la cime des arbres.

Les vents exercent encore une action remarquable que je ne dois point passer sous silence : sur la lisière des marais pontins les habitations construites sur les bords de la mer et sur le vent des marais n'éprouvent point de fièvres, tandis que celles qui sont dans les marais ou au delà des marais, sous l'influence des vents chauds et humides qui les traversent, y sont exposées.

On a remarqué que l'air humide qui renferme des miasmes transportés par les vents s'en dépouille en traversant une forêt. M. Rigaud (de Lille) a observé des positions, en Italie, où l'interposition d'un rideau d'arbres préservait tout ce qui était derrière lui, tandis que la partie découverte était exposée aux fièvres.

Les diverses considérations dans lesquelles je suis entré sont de nature à montrer combien il importe, dans l'acclimatation, de connaître les conditions climatériques auxquelles sont soumis les végétaux et les animaux que l'on cherche à introduire dans une contrée. En les consultant, on marche rationnellement sans avoir recours à l'empirisme.

C'est dans ce but que l'administration du Muséum d'histoire naturelle, sur ma proposition, vient de faire construire dans un terrain de la rue Cuvier qui dépend du Muséum, et à moins de frais possible, un observatoire météorologique qui sera pourvu de tous les instruments dont on peut avoir besoin dans l'étude des climats.

Les considérations générales dans lesquelles je viens d'entrer relativement à l'intervention des connaissances météorologiques dans les essais d'acclimatation m'engagent à vous soumettre les propositions suivantes, après en avoir conféré avec la Commission spéciale que vous avez nommée.

1° La Société invitera ses correspondants dans les départements et à l'Étranger, à lui adresser les observations météorologiques, celles concernant les phénomènes périodiques et les renseignements de tous genres de nature à définir le climat de la contrée que chacun d'eux habite.

2° Ces documents, ainsi que ceux fournis par les voyageurs, seront réunis dans un dossier, et permettront de comparer entre eux les divers climats de la France et même de l'Europe. On y aura recours quand il s'agira d'acclimater dans une contrée un animal ou un végétal.

3° L'observatoire météorologique que l'on vient de former au Muséum d'histoire naturelle, et spécialement destiné à l'étude des phénomènes dont on a parlé précédemment, et dans lequel on commence déjà à se livrer à des observations suivies, fournira les éléments qui serviront de bases à des établissements du même genre sur différents points de la France, si la Société juge convenable d'en créer dans l'intérêt du but qu'elle poursuit.

OBSERVATIONS

FAITES A LA SOCIÉTÉ IMPÉRIALE ZOOLOGIQUE D'ACCLIMATATION,

AU NOM DE SA PREMIÈRE SECTION,

SUR LA LETTRE DE M. LE GÉNÉRAL DAUMAS

ET

SUR CELLE QUE LUI A ADRESSÉE L'ÉMIR ABD-EL-KADER

AU SUJET DE L'ORIGINE DU CHEVAL ARABE (1).

Par M. RICHARD (du Cantal).

———

(Séance du 18 juin 1858.)

Messieurs,

Notre honorable confrère, M. le général Daumas, dont vous connaissez les remarquables travaux sur l'Algérie, continue avec la plus louable persévérance ses études sur le Cheval de guerre. Cette question, qui est des plus graves pour les éleveurs, est en même temps des plus essentielles à connaître, pour les militaires surtout, puisqu'elle se rattache à la force des armées et à la puissance des États. Pour parvenir à son but d'éclairer le pays sur la production du Cheval d'armes, si mal comprise en France, M. Daumas n'a rien négligé. Durant la guerre d'Afrique, il a profité de ses relations avec les Arabes, auprès desquels il a exercé des fonctions administratives élevées, pour s'éclairer lui-même de leur expérience, et il dit à notre Président, en lui envoyant la lettre d'Abd-el-Kader · « Je dois avouer que c'est surtout dans les opinions des Arabes » (opinions reproduites dans mon ouvrage sur les Chevaux du » Sahara) que j'ai cru trouver les appréciations les plus justes » sur le sujet dont je vous demande la permission de vous » entretenir un instant. » Le général termine sa lettre en priant M. le Président de donner au travail de l'Émir la suite qu'il jugera convenable *dans l'intérêt de la science et du pays.*

M. le Président a envoyé la lettre de M. Daumas et celle de

———

(1) Voyez le numéro de juillet, Lettre de M. le général Daumas, p. 297; Lettre de l'Émir Abd-el-Kader, p. 298.

l'Émir à la 1re Section, qui s'en est occupée avec attention. Je viens vous rendre compte, en son nom, des réflexions que lui ont inspirées les opinions émises par Abd-el-Kader sur l'origine du Cheval arabe et sur ses qualités comme type de guerre.

Dans sa lettre, l'Émir prouve qu'il a de profondes connaissances sur le Cheval. Abstraction faite de la forme poétique qu'il donne à son récit, on y trouve un cachet de vérité que je vais chercher à rendre patent par quelques développements, dont l'anatomie, la physiologie et la zoologie me fourniront les éléments. Quant à la partie historique, je ne puis en appuyer le sens que par des probabilités qui me paraissent d'ailleurs fondées, bien qu'on ne puisse rien savoir de positif à ce sujet.

En effet, l'histoire du perfectionnement et de la multiplication du Cheval dans les premiers âges du monde est inconnue; elle ne saurait donc nous éclairer sur ce point de zootechnie pratique. On doit cependant supposer que les premières sociétés humaines, vivant paisiblement, sans se faire la guerre, n'attachaient pas plus d'importance au Cheval qu'aux autres animaux. Les patriarches étaient pasteurs, ils n'étaient probablement pas guerriers : les produits de leurs troupeaux suffisaient à leurs besoins et à ceux de leurs familles. Un matériel de guerre, sous quelque forme qu'il fût, leur eût donc été complétement inutile.

Mais les sociétés, se multipliant, formèrent des peuplades d'abord, des nations ensuite. L'ambition de ceux qui se mirent à leur tête pour les gouverner les porta à étendre leur domination et à faire des conquêtes. C'est aux époques où la loi du plus fort fut la loi suprême, que l'homme songea à multiplier et à améliorer le Cheval, comme l'un des éléments les plus puissants de la force des armées organisées, soit pour l'attaque, soit pour la défense.

Les récits des Arabes, dégagés de tout ce qu'ils peuvent avoir d'imaginaire, ne sont pas dépourvus de probabilité. Le peuple arabe, en effet, peuple guerrier, porta au loin la guerre. Il fit des conquêtes dans toutes les directions, en Afrique, en Asie ou en Europe; il a dû par conséquent s'oc-

cuper, l'un des premiers, de perfectionner le Cheval qu'il possédait. Favorisé par le climat qui lui en facilitait les moyens,
engagé dans des guerres permanentes, nul mieux que lui ne
pouvait sentir la nécessité d'une bonne et puissante cavalerie
indispensable pour continuer sa vie de conquérant.

Abd-el-Kader indique quatre époques distinctes dans l'histoire de l'origine du Cheval arabe. « Ainsi donc, dit-il, l'his-
» toire des Chevaux arabes peut se diviser en quatre grandes
» époques : 1° D'Adam à Ismaïl ; 2° D'Ismaïl à Salomon ;
» 3° De Salomon à Mahomet ; 4° De Mahomet jusqu'à nous. »

Peu nous importe les limites que l'imagination poétique des
Orientaux a fixées à ce sujet ; ces époques ne sont d'ailleurs
pour la science du Cheval, dont je veux m'occuper exclusivement ici, qu'une question de forme et de détail ; c'est, au fond
la vérité qu'il faut chercher à découvrir, et c'est ce que je vais
essayer de faire, sans négliger toutefois de tenir compte de la
narration poétique de l'auteur arabe.

L'histoire du cœur humain nous apprend que l'homme s'est
attaché de tout temps à ce qui a favorisé ses intérêts et flatté
ses goûts. Tant que le Cheval n'a pas joué un rôle important
dans le sort des nations comme dans celui des individus, il a
dû être traité comme les autres sujets de la création, c'est-à-
dire en raison de son utilité. Certes le Mouton qui fournissait
sa laine pour vêtir les premières familles humaines, la Vache
qui donnait son lait pour les nourrir, le Chameau qui transportait avec une rare docilité leurs bagages, quand elles voulaient changer de place ou traverser des déserts, étaient des
animaux bien plus précieux que le Cheval, relégué, sans
doute, dans un rang secondaire. Mais il n'en fut plus de même
du moment qu'il fut question d'attaquer ou de défendre ; le
Cheval, alors, prit le premier rang : nul autre animal ne pouvait
le remplacer pour les combats, soit pour poursuivre un ennemi
vaincu et le piller, soit pour l'éviter vainqueur et se soustraire
à ses atteintes.

Pour démontrer l'opinion établissant que les exigences de
la guerre ont dû être le plus puissant motif de la multiplication
et du perfectionnement du Cheval, la lettre de l'Émir renferme

un passage remarquable : « *Tant que dura le paganisme*, dit-il,
» *les Arabes aimèrent le Cheval par intérêt et seulement*
» *parce qu'il leur procurait gloire et richesses; mais lorsque*
» *le Prophète en eut parlé avec les plus grands éloges, cet*
» *amour instinctif s'est transformé en devoir religieux.* »

Mahomet, aussi profond politique que guerrier habile, com-
prit que le Cheval devait jouer un rôle trop important dans
les guerres qu'il soutenait, pour ne pas employer un moyen
nouveau de faire multiplier et perfectionner ce précieux animal. Il eut l'idée de faire intervenir la religion dans l'art difficile de l'élever et de le gouverner. Le sentiment religieux,
quelle que soit d'ailleurs son origine, n'est-il pas l'un des mobiles les plus puissants et les plus énergiques du cœur humain?
Quels grands événements ne se sont pas accomplis dans la
vie des nations comme dans celle des individus, sous l'influence
des idées religieuses : elles peuvent donner aux existences les
plus modestes, aux âmes les plus timides, la bravoure la plus
héroïque, l'abnégation la plus absolue. Quelles preuves les chrétiens, les martyrs surtout, n'ont-ils pas données de ce que
j'avance ici, au commencement du christianisme, comme à
toutes les époques de cette religion divine!

Mahomet, en promettant le paradis à ceux qui traitaient les
Chevaux comme il le désirait dans l'intérêt de sa puissance,
de sa force et de sa gloire, trouva le meilleur moyen de faire
multiplier et perfectionner les types de remonte de sa cavalerie. Chez un peuple croyant comme le peuple arabe, il n'était
pas possible d'employer un plus puissant encouragement. Si
nous avions une histoire bien faite et exacte de l'origine du
Cheval arabe perfectionné, j'ai la persuasion que cette amélioration daterait surtout du Prophète, et l'opinion d'Abd-el-
Kader me paraît formelle sur ce point. Avec leurs idées religieuses, non-seulement les Arabes ont fait le premier et le
meilleur Cheval de guerre du monde, mais ils ont conservé le
monopole de sa production. Toutes les autres nations vont
dans les pays mahométans acheter les étalons aptes à perfectionner leurs races.

L'opinion que j'avance ici me paraît si fondée, que les

musulmans seuls semblent avoir le privilége de posséder le meilleur Cheval de guerre. Certes l'Asie doit avoir, dans la vaste étendue de son territoire, des contrées dont les conditions climatériques seraient aptes à faire des Chevaux comme ceux des Arabes ; l'Inde, le pays de l'Hémione, certaines régions méridionales de la Chine et autres pays du Levant, pourraient sans doute obtenir des Chevaux tels que les Arabes les ont faits ; mais il leur a manqué le Coran, le sentiment religieux dont Mahomet a tiré un si bon parti pour l'entretien d'une armée formidable par sa cavalerie.

On me dira peut-être : « Mais les Numides n'avaient pas le » Coran, et cependant l'histoire rapporte que leur cavalerie » était du premier ordre. »

La cavalerie numide était formée de Chevaux d'Afrique, et par conséquent de bons Chevaux ; mais est-il admissible que lorsque le Prophète a dit à ses croyants : « *L'Arabe doit aimer* » *ses Chevaux comme une partie de son propre cœur, et leur* » *sacrifier, pour les entretenir, jusqu'à la nourriture de ses* » *propres enfants !* » est-il admissible, dis-je, que cette parole si puissante, puisqu'elle sortait de la bouche de l'envoyé de Dieu, ait été sans effet? En parlant du Cheval du temps du paganisme, c'est-à-dire avant l'époque de Mahomet, Abd-el-Kader confirme l'opinion que j'émets ici, et il ne serait pas raisonnable de la contester ; les actes, comme la raison, en effet, parlent en faveur de ce qu'a avancé ce chef éclairé des Arabes, et rien n'est plus vraisemblable.

L'idée religieuse qui s'attache à l'élevage du Cheval de guerre chez les Arabes paraît donc être l'une des principales causes du perfectionnement de ce type ; cette idée semble avoir tenu lieu, en Orient, de la science de la nature que les mahométans sont loin de posséder comme en Europe. Chez eux, la tradition, la méditation, l'étude pratique de la conformation du Cheval, celle de sa nature, ont conduit à des résultats d'appréciation que nos savants en anatomie générale et spéciale, en physiologie, en hygiène, en zoologie et en mécanique animale, ne sauraient contester. Pour nous convaincre de ce que j'avance ici, nous n'avons qu'à consulter les maximes des

Arabes, ce que disent ces cavaliers habiles, ce qu'ils ont écrit dans leurs légendes sur la connaissance intime du Cheval. Leurs principes sont, à très peu d'exceptions près, en parfaite harmonie avec ceux des sciences naturelles enseignées au point de vue de l'étude du Cheval. On en trouvera la preuve dans la comparaison que l'on pourra faire entre les opinions émises par Abd-el-Kader et ses coreligionnaires, et celles de la plupart de nos auteurs en hippologie, sans en excepter même Bourgelat, qui a rendu de si grands services en fondant les écoles vétérinaires, d'après les idées développées par notre immortel naturaliste Buffon. En étudiant le Cheval suivant les lois rigoureuses de la science de la nature, ce qui a été trop négligé même dans l'enseignement officiel, on sera forcé de reconnaître la supériorité des connaissances des Arabes, en matière du Cheval de guerre, sur les nôtres. Je ne veux pas entrer dans tous les détails de la question, ce qui ne me serait pas d'ailleurs difficile ; mais je veux me borner ici à commenter la lettre de l'Émir ; je trouve dans ce document, quelque limité qu'il soit, des preuves qui viennent corroborer mon opinion. Je vais prouver ce que j'avance, en jetant un coup d'œil rapide sur ce qu'il contient ; je le trouve en harmonie avec les règles de l'anatomie, de la physiologie, de la mécanique animale et de la zoologie.

« Le Cheval d'origine pure, dit Abd-el-Kader, se distingue,
» chez nous, par la finesse des lèvres et du cartilage inférieur
» du nez, par la dilatation des narines ; par la maigreur des
» chairs qui entourent les veines de la tête ; par l'attache élé-
» gante de l'encolure ; par la douceur des crins, des poils, de la
» peau ; par l'ampleur de la poitrine, la grosseur des articula-
» tions et la sécheresse des extrémités. »

On ne saurait être plus concis et donner avec plus d'exactitude une idée du Cheval de sang. En effet, la finesse des lèvres comporte celle de la peau, qui est toujours un caractère de distinction. De plus, cette finesse des lèvres indique que les muscles sous-cutanés de ces parties sont exempts d'empâtement, de tissu cellulaire abondant ou de graisse qui forment les lèvres épaisses, roulées en bourrelets, sans expression, et exécutant des mouvements flasques et bornés. Ces dernières lèvres caractérisent les races communes abâtardies et lymphatiques. La finesse des cartilages des narines indique la distinction, par les mêmes raisons que je viens de signaler pour les lèvres.

La dilatation des narines est observée chez le Cheval que l'Arabe appelle le *buveur d'air*. Ce caractère se rattache à un fait anatomique et physiologique que je ne veux pas négliger de rappeler ici pour prouver ce que j'ai avancé sur les connaissances des Arabes en matière de Chevaux de guerre.

On sait que, par une disposition anatomique des premières voies du canal aérien, le Cheval ne peut pas respirer par la bouche. Tout l'air qui entre dans ses poumons passe par ses naseaux. Si, par suite d'accident, la dimension de ces cavités est diminuée, les poumons fonctionnent mal à défaut d'air suffisant, et le Cheval perd de ses moyens; il perd surtout de sa force, de son énergie et de la rapidité de ses allures, en raison des obstacles de sa respiration. On conçoit donc la nécessité de la dilatation des narines, qui doivent ressembler à la *gueule du lion*, suivant l'expression des Arabes.

L'ampleur de la poitrine, signalée par Abd-el-Kader, se lie rigoureusement à celle des narines. L'une suit l'autre. Si la dilatation des naseaux est nécessaire au passage d'une grande quantité d'air, la capacité de la poitrine, qui est en raison de celle des poumons, est indispensable à l'acte essentiel d'une respiration étendue : ce fait physiologique ne saurait être contesté.

La maigreur des chairs qui entourent les veines de la tête proscrit tout empâtement de cette région causé par la présence d'un tissu cellulaire sous-cutané ou graisseux qui rend la tête comme boursouflée. Ce caractère appartient aux types communs, dégradés; jamais il n'est observé chez le Cheval de race noble, dont le système vasculaire cutané, en général, est nettement dessiné, bien tranché dans ses divisions, à la tête surtout.

Enfin, l'attache élégante de l'encolure, la douceur des crins, des poils et de la peau, caractérisent aussi les races de sang noble. Ces marques de distinction n'ont pas échappé à l'esprit scrutateur des Arabes, et c'est là un fait d'observation pratique que la science explique parfaitement.

La grosseur des articulations est un point de mécanique animale essentiel à faire connaître. La solidité d'une articulation dépend de la largeur des surfaces osseuses qui sont en rapport, et des ligaments qui les fixent les unes aux autres. Or, on conçoit que plus ces surfaces osseuses sont grandes, plus les ligaments articulaires sont gros et forts, plus le volume formé sous la peau par cet ensemble d'organes est grand. C'est là la raison qui fait désirer à l'Émir la *grosseur des articulations.*

Quant à la sécheresse des membres, elle indique que les extrémités sont nettes, exemptes d'engorgements, de tares molles, qui sont assez communes dans les Chevaux à tempérament lymphatique, élevés dans les lieux humides, dans les pays marécageux.

Ce qu'a avancé Abd-el-Kader dans sa lettre est donc rigoureusement exact au point de vue de l'anatomie générale et spéciale, à celui de la physiologie et de la mécanique animale, en ce qui concerne le Cheval de race noble, le *buveur d'air.* Mais, en connaisseur profond, cet auteur ne s'en tient pas aux caractères physiques, à la belle conformation du sujet : « Suivant les traditions de nos ancêtres, dit-il, on doit cepen-» dant le reconnaître (le Cheval de sang noble) *par les indices* » *moraux bien plus encore que par les signes extérieurs.* Par » les signes extérieurs, vous pouvez préjuger la race ; *par les* » *indices moraux seulement*, vous aurez la confirmation des » soins extrêmes apportés dans les accouplements, de l'intérêt » qu'on aura pris à proscrire impitoyablement les mésalliances.

» *Les Chevaux de race n'ont point de malice.* Le Cheval est » le plus beau des animaux ; mais son moral, d'après nous, sous » peine de dégénérescence, doit répondre à son physique. »

Ainsi donc, les Arabes ont poussé si loin l'étude pratique du Cheval de guerre, qu'ils exigent non-seulement une bonne conformation des types de race noble, mais un moral qui soit en harmonie avec leur beauté physique. C'est là un raffinement d'études auquel nous ne sommes pas encore parvenus, malgré toute notre science. L'Arabe attache bien plus de prix encore au moral de son Cheval qu'à son physique, et il entre ainsi dans le domaine de la phrénologie sans s'en douter. Il a dû remarquer que la largeur du front, le développement du crâne, l'écartement des oreilles, doivent être des signes caractéristiques d'un bon moral, de l'intelligence des Chevaux ; comme aussi les bonnes dispositions du cerveau chez l'homme sont les indices de ses qualités morales pour les phrénologistes.

Que diront les Anglais de l'opinion d'Abd-el-Kader sur le moral du Cheval, eux qui n'y attachent qu'une importance secondaire ? Ils ont fait, il est vrai, à force de persévérance, par des soins hygiéniques bien dirigés et par des croisements ou des accouplements qui leur ont offert les plus grandes difficultés de réussite, un type d'une grande vitesse instantanée : mais le tempérament de ce type est très délicat ; il exige, lui ou ses dérivés, des soins exceptionnels qu'il est impossible de donner, en campagne surtout. D'autre part, sa nature irritable, son caractère quelquefois difficile, le rendent volontaire, souvent ramingue, quand il n'est pas dangereux pour le cavalier, et qu'il ne se dérobe pas sous lui, malgré toutes les précautions prises pour l'en empêcher. Dira-t-on que ce ne sont pas là des vices essentiels pour le Cheval de guerre surtout, pour ce Cheval qui doit être toujours sobre et rustique, toujours docile, obéissant, et en quelque sorte identifié avec celui qui le monte pour combattre dans les rangs. Je le répéterai sans cesse, sous quelque point de vue qu'on l'envisage, le Cheval de course anglais, dit de pur sang dans les livres, sera toujours un mauvais Cheval de guerre, lui et ses dérivés. On contestera tant qu'on voudra cette vérité ; elle n'en triomphera pas moins le jour où le pays et les éleveurs seront bien éclairés sur les qualités indispensables au bon Cheval d'escadron. Il n'est pas un éleveur intelligent en France, un officier de cavalerie dans l'armée, qui ne soit de cet avis. J'aurais eu cent fois l'occasion de m'en convaincre, si je n'en avais eu d'ailleurs la certitude absolue.

Abd-el-Kader ne s'est pas borné à faire l'historique de l'origine du Cheval arabe, et à parler de sa conformation, de ses qualités morales et physiques ; il s'est occupé, de plus, des

causes qui ont modifié le type primitif des Chevaux arabes, et
il a touché à une question de zoologie appliquée qui a longtemps agité le monde savant en Europe. On se souviendra sans
doute du débat contradictoire qui eut lieu entre les deux
illustres naturalistes Étienne Geoffroy Saint-Hilaire et Georges
Cuvier. Le premier soutenait que les espèces pourraient varier
dans leurs caractères zoologiques, suivant des circonstances
données ; le second n'était pas absolument de cet avis : il soutenait son opinion sur l'invariabilité des espèces en général,
avec la force d'autorité si justement acquise à son nom, à son
génie. Cuvier avait classé le règne animal ; or, une classification ne peut jamais être rigoureusement exacte, si l'on admet
que les espèces rangées peuvent varier dans les caractères
zoologiques qui ont servi à leur classement. On ne se doutait
guère, à l'époque où ces discussions eurent lieu, que plus tard
un Arabe viendrait, par un fait d'ailleurs bien connu des observateurs, donner raison à Geoffroy Saint-Hilaire contre son
célèbre contradicteur, sur la variabilité des espèces suivant les
climats et les lieux où elles sont introduites, soit à l'état
domestique, soit à l'état sauvage.

« On conçoit, » dit Abd-el-Kader, en parlant des Chevaux des
haras que Salomon avait formés, « que la race de l'époque
» principale, celle de Salomon, ayant été forcément divisée en
» plusieurs branches, il a dû s'établir, par *le climat, le plus*
» *ou moins de soins et la nourriture*, des différences, ainsi
» qu'il s'en est établi dans l'espèce humaine. La couleur de la
» robe a varié aussi sous l'empire des mêmes circonstances.
» L'expérience a prouvé aux Arabes, que dans les localités où
» le terrain est pierreux, les Chevaux sont en général gris, et
» que dans celles où le terrain est blanc, la plupart sont
» blancs. J'ai souvent constaté moi-même la justesse de ces
» observations. »

Les races de Chevaux varient, comme le dit l'Émir, suivant
les climats. Les soins et la nourriture donnés aux sujets contribuent aussi à la modification de leurs formes. C'est là ce qui
explique les variétés différentes de Chevaux observées dans
les divers pays où ils sont élevés. Quant à la couleur du pelage,

la cause de son changement est moins connue, bien qu'elle ne puisse être niée. On voit la nuance des robes varier suivant les localités. Dans la Camargue, par exemple, où les Chevaux vivent à l'état sauvage, on ne voit que des robes grises ; celles qui offrent une nuance différente sont de rares exceptions. En Normandie, le bai et l'alezan dominent; les Chevaux gris y sont en grande minorité, tandis que c'est le contraire dans le Perche. Dans les autres espèces, dans l'espèce bovine, par exemple, la couleur de la robe est encore plus tranchée dans les divers lieux. Ainsi, la race flamande est rouge-cerise, celle du pays de Salers est rouge-acajou vif ; la race aubrac est gris fauve ; la charolaise, café au lait clair; l'agenaise est froment, ainsi que la limousine et la franc-comtoise. La bretonne, celle des Landes, sont pie noire, etc., etc.

Nous ne savons jusqu'à quel point est fondée l'opinion d'Abd-el-Kader sur la cause des nuances diverses de robes, nous nous bornons donc à signaler le fait sans commentaire. Ce qu'il y a d'irrécusable, c'est que la couleur des animaux varie suivant les régions qui les produisent en général. Si nous n'en avons pas bien apprécié la cause, elle n'en existe pas moins.

Les Arabes attachent de l'importance à la robe des Chevaux, et ils ont raison : « Les robes claires ou lavées, disent-ils, ainsi » que les taches blanches à la tête, sur le corps et aux extré-» mités, surtout quand elles sont larges, longues ou hautes, » regarde-les comme des dégénérescences de race et des » indices de faiblesse (1). »

Nous n'estimons pas non plus les Chevaux alezan lavé, *poil de vache*, ni ceux qui ont de grandes balzanes ou qui ont la robe pie. Ces particularités peuvent indiquer des tempéraments lymphatiques, éloignés des bons types. Les robes foncées, franches dans leurs nuances, telles que les alezan foncé ou brûlé, les bai brun, les noires, etc., se rapprochent plus de la nuance des types purs. Les Arabes partagent cette opinion ; aussi lit-on dans leurs légendes : « Puis vint l'ange » Gabriel; il prit une poignée de cette matière, et la présenta à

(1) Daumas, *Chevaux du Sahara.*

» Dieu, qui en forma un Cheval bai brun ou alezan brûlé
» (*Koummite*, rouge mêlé de noir). »

Telles sont, Messieurs, les courtes réflexions que j'ai cru
devoir vous soumettre au nom de la Section des mammifères,
dans l'intérêt de la science du Cheval de guerre, au sujet de la
lettre que l'Émir Abd-el-Kader a adressée à notre confrère
M. le général Daumas. Quelques objections seront peut-être
faites par des incrédules, notamment par ceux qui pensent
que nos espèces de remonte ne peuvent être perfectionnées
que par leur croisement avec le Cheval de course anglais.
Nous sommes loin de contester le mérite des Chevaux de
course anglais sur un hippodrome; mais, à la guerre, en campagne, il n'en est pas de même, tant s'en faut : là ce Cheval
est un mauvais type.

La guerre d'Orient nous a fourni une preuve récente de la
différence qu'il y a entre le sang arabe et le sang anglais pour
les armées. Si celui-ci est un type de luxe (et c'est sa spécialité);
s'il est d'une grande vitesse pour une course de quelques
minutes; si, quand il est bien choisi, il peut supporter la
fatigue d'une chasse ou celle d'un bon service ordinaire, lorsqu'il reçoit les soins particuliers et la nourriture indispensable
à sa nature d'ailleurs exigeante, il est par le fait, et l'expérience l'a prouvé, un mauvais Cheval d'escadron, un triste
améliorateur de nos types de remonte; je l'ai toujours soutenu avec les hommes qui ont étudié les qualités essentielles
aux Chevaux d'armes, et je suis moins que jamais disposé à
me rétracter. Je suis sûr, d'ailleurs, de partager cette opinion
avec tous les officiers de cavalerie de l'armée, surtout avec
ceux qui ont fait la guerre, et qui ont pu juger en campagne la
question par les faits.

Je ne terminerai pas cette note, Messieurs, sans vous proposer de remercier M. le général Daumas de son intéressante
communication. Il vous a ainsi fourni l'occasion de vous occuper de la grave question du Cheval de guerre débattue depuis
des siècles, sans être encore résolue chez nous. En contribuant
à éclairer le pays sur elle, vous rendrez un service aussi important pour notre agriculture que pour l'armée.

NOTE

SUR LE NANDOU OU AUTRUCHE D'AMÉRIQUE

ET SUR LES MOYENS
DE L'AMENER A L'ÉTAT DE DOMESTICITÉ ET DE L'ACCLIMATER
EN FRANCE.

Par M. le docteur VAVASSEUR.

(Séance du 21 mai 1858.)

En parcourant les Bulletins de la Société impériale zoologique d'Acclimatation, j'ai remarqué, avec un vif intérêt, l'annonce du prix de 1500 francs, proposé par la Société pour l'introduction et l'acclimatation de l'Autruche d'Amérique.

Un séjour d'une quinzaine d'années dans le pays que l'on peut regarder comme la patrie de cette dernière espèce m'a permis d'étudier avec attention ses mœurs et ses habitudes, soit à l'état sauvage, soit en captivité. C'est le résumé de mes observations que je demande à la Société la permission de mettre sous ses yeux.

L'Autruche d'Amérique (*Avestruz de la tierra* des Espagnols, *Ema* des Portugais, *Nandù* (1), *Chari* des Guaranis) est trop connue pour qu'il soit nécessaire d'en donner ici la description. Il me suffira de rappeler qu'elle appartient à la même famille naturelle que l'Autruche proprement dite, le Casoar, l'Émeu, etc. Elle diffère de la première par sa taille moindre, et par la circonstance anatomique d'avoir au pied trois doigts au lieu de deux seulement. Quoique sensiblement moins grand que l'Autruche, le Nandou est, après elle, le plus gros oiseau connu.

Cette espèce vit par bandes nombreuses dans cette partie de l'Amérique méridionale qui est comprise, du nord au sud, entre les frontières du Brésil et la Patagonie, près du détroit de Magellan, et de l'est à l'ouest, entre l'océan Atlantique et les premiers contre-forts de la Cordillère des Andes. Mais on la trouve seulement dans les régions découvertes ; car elle ne

(1) Prononcez *Gnandou*.

pénètre *jamais* dans les parties boisées et les lieux très ombragés. Les savanes immenses et tout à fait plates de la république Argentine (*Pampas*), celles des provinces d'Entre-Rios et de Corrientes, et les plaines ondulées de la république de l'Uruguay sont les lieux où se trouve plus communément cet oiseau, qui, au contraire, est rare au Paraguay.

Les bandes de Nandous (*bandadas de Avestruzes*) se composent de dix, quinze et quelquefois jusqu'à vingt femelles conduites par un seul mâle (*el Gallo*), qui marche presque toujours à leur tête, et facile à reconnaître à sa taille un peu plus grande et à la couleur noire plus foncée des plumes du poitrail et de la base des ailes. Ces troupes, qui ne se mêlent jamais entre elles, se rencontrent à chaque pas dans la campagne, marchant gravement en cherchant leur nourriture au milieu des Bœufs, des Chevaux, des Moutons et des Cerfs, avec lesquels elles vivent dans la meilleure intelligence.

Dans les pays où on ne leur donne pas habituellement la chasse, comme dans la république de l'Uruguay et dans les campagnes de Buenos-Ayres, ces oiseaux ne se dérangent pas à la vue des gens à pied, et viennent paître sans manifester la moindre crainte autour des habitations. Cependant, s'ils découvrent un ou plusieurs cavaliers et s'ils s'aperçoivent qu'on cherche à les surprendre, ils prennent la fuite de très loin, et avec une vitesse extrême. Mais dans les lieux où l'on a coutume de les poursuivre, comme dans les Pampas, où les Indiens les chassent habituellement, ils sont constamment en défiance, et ne se laissent jamais approcher que par surprise. La rapidité de leur course est telle, qu'il n'y a que d'excellents chevaux, montés par d'aussi excellents cavaliers, qui puissent les atteindre. Ce qui rend encore cette poursuite plus difficile, c'est qu'ils ne courent pas ordinairement tout droit devant eux, mais font très fréquemment des voltes subites (*gambetas*) qui mettent à chaque instant le chasseur en défaut, et le laissent bien loin derrière eux. Quand ils courent de toute leur force, ils relèvent les ailes qu'ils étendent plus ou moins, ce qui les fait paraître beaucoup plus gros, et, pour faire les crochets dont je viens de parler, ils ouvrent tout à fait une de leurs ailes, comme pour prendre le vent; ce qui paraît les aider beaucoup à changer la direction de leur course. Les Indiens qui se livrent à la chasse de ces oiseaux pour s'en procurer les plumes, dont ils font commerce avec les gens du pays, et aussi pour leur chair, dont ils se nourrissent à défaut d'autre gibier, les poursuivent à cheval, et s'en emparent au moyen de leurs boules (*bolas*) qu'ils lancent, sans ralentir leur course, avec une adresse merveilleuse, à la distance de trente à quarante pas, et sans presque jamais manquer leur coup. Les gens de la campagne (*gauchos*) ne se livrent que rarement à cet exercice; ce n'est guère que quand ils veulent faire briller leur adresse et la vitesse de leurs chevaux, ou qu'ils ont besoin de plumes pour se faire des plumeaux, ou d'une bourse pour serrer leur argent, qu'ils fabriquent avec la peau du cou garnie de ces plumes, qu'ils font sécher et qu'ils assouplissent ensuite en la frottant longtemps entre leurs mains.

L'Autruche d'Amérique est douée du naturel le plus pacifique et le plus timide. Elle est, dans le pays, prise pour type de la bêtise, et son nom, *Avestruz*, est libéralement appliqué, surtout par les femmes, aux individus peu favorisés du côté de l'intelligence. Cependant, si pacifique que soit cet oiseau, on voit quelquefois les mâles, chefs de famille, se livrer des combats furieux, soit pour défendre leurs femelles, soit pour en enlever quelques-unes à d'autres bandes. Ils combattent à coups de pied: ces combats ont quelque chose de risible, à cause des mouvements bizarres, désordonnés et ridicules que font en face l'un de l'autre les deux adversaires. Attaqués par l'homme, les Nandous n'opposent jamais de résistance et cherchent leur salut dans la fuite. Ce n'est que lorsqu'ils se voient forcés qu'ils pensent à se défendre en lançant à leur ennemi de violents coups de pied. La force en est telle, qu'un seul coup peut casser un membre; comme je l'ai vu chez un jeune homme de quinze à seize ans, qui eut les deux os de la jambe rompus d'un coup de pied d'une Autruche blessée dont il s'était approché sans précaution.

La fin de l'hiver (juillet et août dans l'autre hémisphère) est l'époque des amours des Nandous. On entend alors, de tous côtés dans la campagne, une sorte de ronflement sourd, qu'on ne saurait mieux comparer qu'à celui que produit le jouet, si à la mode autrefois, connu sous le nom de *diable;* seulement il est beaucoup plus fort. C'est le cri d'appel du mâle. Vers la fin d'août, on commence à trouver çà et là, sur l'herbe, des œufs isolés que les gens du pays appellent *guachos,* et qu'ils assurent provenir de jeunes femelles à leur première ponte. Le nid ne consiste qu'en un trou large, peu profond, à fond arrondi, creusé dans la terre. On croit généralement, et je partage cette opinion, que l'oiseau ne se donne pas la peine de façonner ce trou, mais qu'il profite de ceux que creusent dans la campagne, avec leurs pieds de devant, les taureaux, pour en tirer des nuages de poussière dont ils aiment à s'envelopper. Le nombre des œufs qu'on rencontre le plus ordinairement dans ces vastes nids est de vingt-cinq à trente ; mais il n'est pas rare d'en trouver jusqu'à soixante et même quatre-vingts. On ignore le nombre d'œufs que peut produire chaque femelle ; mais on s'accorde à penser que ces énormes nichées sont dues à plusieurs femelles appartenant au même mâle, qui viennent pondre dans le même trou. Ces œufs, d'un blanc jaunâtre, à surface lisse et polie, à coquille très dure, sont allongés, d'une jolie forme, et presque de la grosseur de la tête d'un enfant. Quoique moins délicats que les œufs de poule, ils sont bons à manger, et offrent une grande ressource aux gens de la campagne, qui les mangent cuits sous la cendre et en omelettes. Comme ils se conservent très longtemps sans se gâter, on en fait de grandes provisions ; aussi la trouvaille d'un nid d'Autruche est-elle considérée comme une bonne aubaine.

Il n'est pas vrai, comme on l'a prétendu, que ces œufs éclosent sans incubation et par la seule chaleur du soleil. Le Nandou couve ses œufs. L'opinion générale dans le pays est que le mâle seul se charge de ce soin ; mais je puis affirmer que, dans mes courses à travers champs, j'ai quelquefois surpris des femelles sur leur nid ou conduisant une bande de petits. Je dois dire cependant que le plus souvent c'étaient des mâles que je trouvais ainsi occupés.

Les petites Autruches commencent à se montrer dans la dernière quinzaine de novembre, et l'éclosion continue jusqu'à la fin de décembre. Elles naissent couvertes d'un duvet très doux, de couleur jaunâtre avec des bandes brunes, absolument comme nos petits canards domestiques, courent à leur sortie de l'œuf, et cherchent aussitôt leur nourriture, comme les petits poulets. Lorsqu'elles sont isolées de leur bande, ou pressées par la faim, elles font entendre un petit sifflement très doux et plaintif, qu'elles répètent pendant longtemps, et auquel les autres répondent, quand elles sont à portée de l'entendre.

La chair de ces jeunes animaux est assez bonne, quoique d'un goût très prononcé; celle des adultes, au contraire, est coriace et des plus désagréables. Les chiens n'y touchent jamais. Cependant les Indiens la mangent, mais seulement quand ils manquent de viande de jument ou d'autre gibier. Les œufs seuls, comme je l'ai déjà dit, offrent une ressource alimentaire qui n'est pas à dédaigner dans certaines occasions; chacun d'eux peut fournir un repas copieux à deux personnes.

La nourriture des Nandous se compose principalement, comme j'ai pu m'en assurer, en examinant le jabot et le gésier de plusieurs de ces oiseaux, d'insectes, surtout d'une petite espèce de sauterelle qui fourmille dans les plaines herbues des bords de la Plata, de vers, de mollusques terrestres, d'herbes de diverses sortes, principalement de graminées, de graines, et parfois de petits animaux, tels que des lézards, des petits serpents et même des petits rongeurs. Cet animal paraît très peu délicat sur le choix de ses aliments, et il avale presque tout ce qu'il rencontre devant lui. J'ai trouvé dans son estomac, des morceaux de bois et de cuir tanné, des cailloux du volume d'une grosse noix, des boutons de métal, des fragments de boucles de fer et de cuivre, des bouts de corne, et une fois un morceau de fer provenant d'un mors de cheval, de la grosseur du petit doigt et de 8 à 10 centimètres de longueur. Cependant, quelque vorace qu'il soit, on ne le voit jamais manger la chair des grands animaux qui meurent dans les champs; jamais il n'approche de ces charognes qui font les délices des Urubus et des Caracaras.

Les jeunes Autruches, qu'il est très facile de se procurer

vivantes en les poursuivant à cheval et en jetant sur elles un
poncho, sorte de manteau du pays, s'apprivoisent avec la plus
grande facilité, et deviennent familières dans l'espace de deux
ou trois jours. Mais il faut avoir soin de ne pas les enfermer
dans une cage; il faut les laisser libres, avec la précaution
seulement, pendant les premiers jours, de leur mettre des
entraves légères aux pattes, pour les empêcher de courir, mais
non de marcher. On les nourrit sans aucune difficulté avec de
petits morceaux de viande fraîche, coupée dans le sens de la
longueur des fibres, qu'on jette devant elles, ou qu'elles
viennent prendre dans la main. Au bout de quelques jours, on
peut les laisser entièrement libres. Elles se promènent autour
de l'habitation, entrent hardiment dans toutes les pièces,
regardent avec curiosité ce qui s'y passe, et s'occupent, presque
sans discontinuer, à attraper des mouches, dont elles sont très
friandes : ce qu'elles font avec une adresse et une agilité
extraordinaires. A mesure qu'elles grandissent, elles s'éloi-
gnent davantage de la maison, et vont ainsi paissant jusqu'à
plus d'une demi-lieue; mais elles ne manquent jamais de revenir au logis à l'heure où l'on a l'habitude de leur donner à
manger dans la journée, ou le soir, vers le coucher du soleil,
pour dormir dans l'endroit qu'elles ont adopté. Lorsqu'elles
ont toutes leurs plumes, toute espèce de nourriture leur convient, et elles avalent indistinctement tout ce qu'on leur jette,
quelle qu'en soit la nature; cependant elles paraissent préférer la viande crue, le maïs, le pain, le sucre, et suivent les personnes, comme un chien, pour en obtenir.

Pendant mon séjour au Pichinango (c'est le nom d'une vaste
et magnifique propriété que je possédais, avec quelques amis,
dans l'intérieur de la république de l'Uruguay, et où nous
nous livrions au métissage des Moutons du pays avec les Mérinos de Naz (propriété dont, soit dit en passant, nous avons été
dépouillés par la guerre), j'ai souvent élevé de jeunes Nandous;
je n'ai pu parvenir à compléter cette éducation, à cause des
chiens, qui les étranglaient toujours lorsqu'ils les rencontraient
à quelque distance de la maison. J'avais cependant résolu d'en
élever une bande d'une douzaine, uniquement pour mon amu-

sement, et je ne doute pas qu'en prenant les précautions nécessaires contre les chiens, je ne fusse parvenu à les rendre aussi domestiques que les oiseaux de basse-cour, avec lesquels, d'ailleurs, ils s'accordent parfaitement bien. Mais les événements de la guerre nous ont contraints, moi et mes amis, de céder à la force brutale et d'abandonner l'établissement.

D'après les faits que je viens de rapporter et sur l'exactitude desquels il est permis de compter, on peut conclure :

1° Que l'Autruche d'Amérique pourrait vivre sans difficulté même dans le nord de la France, puisqu'elle est commune encore en Patagonie, climat plus rigoureux que le nôtre ;

2° Qu'elle ne présente absolument aucune difficulté pour l'apprivoiser, en raison de son caractère doux et pacifique ;

3° Qu'elle s'accommode de toute espèce de nourriture, même la plus grossière, et qu'elle est d'une constitution très robuste, qui la rend peu sensible aux vicissitudes atmosphériques ;

4° Enfin, qu'elle ne demanderait presque aucun soin ; mais qu'il lui faudrait de l'espace et de la liberté, dont d'ailleurs elle n'abuserait pas : car une fois accoutumée dans une localité, elle rentrerait toujours d'elle-même à son gîte habituel.

Les avantages qu'on pourrait retirer de la domestication de cet oiseau consisteraient dans les plumes, dont l'industrie fait une grande consommation, et dont le prix se maintient toujours assez élevé, et dans ses œufs, si gros et si nombreux, qui pourraient devenir une ressource alimentaire d'une certaine importance pour les gens de la campagne.

Je terminerai en disant que, désireux de contribuer, autant que me le permettent mes faibles moyens, au but que se propose notre Société, j'ai écrit à un de mes amis, riche propriétaire dans l'Uruguay, pour le prier de faire élever par ses enfants une douzaine au moins de jeunes Nandous, et de les apprivoiser, comme ils le font souvent dans le pays, jusqu'à l'âge où l'on pourra distinguer les mâles des femelles. J'aviserai alors aux moyens de faire transporter en France et de mettre à la disposition de la Société deux ou trois mâles et autant de femelles qu'il sera possible. J'ai tout lieu d'espérer que cet ami se rendra à mon désir, et que l'éducation pourra commencer vers la fin de cette année.

SUR LA PISCICULTURE FLUVIATILE
ET MARINE

Par M. René CAILLAUD.

(Séance du 11 juin 1858.)

D'après le vœu exprimé par la Section de Pisciculture, dans l'une de ses dernières séances, je présente, en séance générale, un court résumé des travaux auxquels je me suis livré dans le but :

1° De *repeupler* les cours d'eau de la Vendée et de la Charente-Inférieure.

2° D'*appliquer* la méthode des fécondations artificielles aux espèces marines.

3° D'*organiser* des parcs à Huîtres sur le littoral de la Charente-Inférieure.

§ I. — PISCICULTURE FLUVIATILE.

Repeuplement des cours d'eau de la Vendée et de la Charente-Inférieure.

SAUMONS. — Dans les mois de janvier et février des années 1856 et 1857, nous avons fait éclore à Luçon (Vendée) une grande quantité d'œufs de *Saumon*, la majeure partie provenant de Huningue, dans des eaux dont la température variait entre 5 et 8 degrés centigrades.

Pour l'incubation, nous nous sommes servi de petits paniers d'osier, suspendus dans des auges, de 40 à 45 centimètres de long sur 25 de large, et de 10 à 12 de profondeur

Le blanchiment ou la perte des œufs a été de 6 pour 100 environ.

L'éclosion s'est bien faite : les sujets étaient pleins de vigueur, quoiqu'un peu gênés dans les appareils.

Nous eûmes alors l'idée de les transporter dans des eaux

vives, préalablement analysées. De grandes carafes de verre à fond plat nous servirent pour ce transport, qui dura plus de trois heures, et n'occasionna aucune mortalité.

Ces jeunes Saumons furent alors déposés dans deux ruisseaux artificiels, c'est-à-dire deux boîtes longues de 70 à 80 centimètres, hautes et larges de 50 à 60, à fond de gravier, et recouvertes d'une toile métallique galvanisée pour maintenir l'air libre dans leur partie supérieure.

Les deux ruisseaux ont été établis à Saint-Sornin et à la Gaudinière.

Le but que nous nous proposons, et que nous espérons atteindre prochainement, est l'empoissonnement, par ses affluents, le *Graon*, l'*Yon* et la *Semagne*, de la grande rivière le *Lay*, qui se jette directement dans l'Océan.

TRUITES. — Nous nous sommes occupé en même temps, et pour le même objet, de la propagation de la Truite.

Pendant la période d'incubation, la température fut maintenue entre 5 et 9 degrés centigrades.

Nous avons d'ailleurs employé tous les autres moyens qui nous avaient servi pour le Saumon.

Le succès a été pareil et aussi complet.

Les sujets obtenus ont été déposés, libres, partie dans des eaux faiblement mouvementées, partie dans des eaux vives déjà peuplées de Carpes, de Gardons, de Vérons et de Tanches, dans les propriétés particulières de MM. de Puiberneau, membre du conseil général à Buchignon (Vendée); du Fougeroux, ancien représentant, au Fougeroux (Vendée); de Larocque Latour, à Cramahé (Charente-Inférieure); de Mesdames, la marquise de Surincan, à la Gaudinière, de Puiberneau-Saint-Sornin, à Saint-Sornin; la supérieure des Ursulines, à Napoléon-Vendée; et dans la rivière de Marans.

Nous avons pu revoir quelques-unes de ces Truites, trois, quatre et cinq mois plus tard, à la Gaudinière, à Saint-Sornin et à Buchignon, dans un état satisfaisant.

Cette année, nous avons continué les travaux des années précédentes, notamment chez MM. le baron de Chassiron, sénateur, à Beauregard (Charente-Inférieure); Chevallereau, membre du conseil général, à Bois-Sorin ; du Fougeroux, au Fougeroux ; et à la Gaudinière. Des pièces authentiques, que nous avons entre les mains, prouvent que presque partout ces diverses expériences ont parfaitement réussi ; et qu'à la *Gaudinière*, au *Fougeroux* et à *Bois-Sorin*, par exemple, on aperçoit grand nombre de nos élèves, âgés de quatre mois, atteignant jusqu'à 7 centimètres de longueur. C'est du *Fougeroux* que la colonie destinée à peupler le Lay supérieur sera dirigée sur cette rivière, vers la fin de l'automne.

CARPES. — Dans les mois de mai, juin et juillet 1856, particulièrement stimulé par les difficultés qu'ont cru devoir signaler divers auteurs, nous nous sommes livré à l'étude de la fécondation artificielle de la Carpe, dans l'étang de la Barrie et dans le canal de Saint-Sornin.

Nos observations antérieures nous ont conduit à nous servir d'œufs et de laitances pris au moment de la battue des Carpes (fraie naturelle).

La température des eaux d'incubation s'est maintenue entre 22 et 28 degrés centigrades. Des périodes de neuf, sept, six, et même de quatre jours d'incubation, nous ont donné de complètes éclosions, ne fournissant pas moins de 96 pour 100.

§ II. — PISCICULTURE MARINE.

Expériences de fécondation artificielle appliquée à quelques espèces marines.

PLEURONECTES PLATESSA, Linné (la PLIE). — En 1855, à la suite de diverses études, près de l'embouchure de la Leyre, à la pointe de Malprat (Gironde), nous pêchâmes trois femelles et six mâles de Plie, pesant chacun de 400 à 500 grammes.

La vulve était colorée et tuméfiée ;

La laitance et les œufs coulaient.

Les œufs, très petits (comme le plus petit grain de mil), étaient d'un jaune pâle, et accompagnés d'une matière mucilagineuse qui les faisait adhérer au toucher.

Sur ce point, la Leyre découvre presque entièrement, à marée basse ; il n'y avait en ce moment que $0^m,20$ d'eau à peu près.

Le fond est garni d'un sable fin et propre.

Nous n'avions, pour opérer, qu'une écuelle de bois, trouvée par hasard dans le bateau ; et nous ne pûmes nous assurer de la température réelle, que nous évaluâmes cependant être de 5 à 7 degrés centigrades.

Le temps était beau et calme ; l'eau était légèrement saumâtre et tranquille.

Quinze jours plus tard, le vase contenant les œufs en incubation, alimenté soigneusement par l'eau de la Leyre, emportée à cet effet, fut saisi par une gelée inattendue.

Approché du feu, par des soins inintelligemment donnés, le vase éclata, et presque tout le contenu se répandit dans les cendres du foyer.

Néanmoins nous pûmes recueillir un assez grand nombre de jeunes sujets qui venaient d'éclore. Nous les avons abandonnés en liberté au cours du chenal de Certes, qui communique avec le bassin d'Arcachon.

En 1857 et 1858, nous avons été plus heureux sur le littoral de la Vendée où nous avons pu obtenir une grande quantité d'éclosions avec les œufs de divers Poissons de la famille des Pleuronectes.

Organisation de parcs à Huîtres sur le littoral de la Charente-Inférieure.

Entre Rochefort et la Rochelle, près de l'embouchure de la Charente, sur l'emplacement d'une ville nommée Chatelaillon dont quelques historiens attribuent la fondation à Jules César, et dont les dernières forteresses ne se sont complétement englouties qu'à la fin du xviie siècle, existe aujourd'hui un plateau de roche d'environ une lieue et demie de long sur trois cents pas de large, découvrant presque entièrement à chaque marée, dans lequel on ne pénètre que par une extrémité, et formant presqu'île.

La roche de Chatelaillon fournit une espèce d'Huîtres très grasse et de bon goût. Des échantillons ont déjà été présentés à la Société zoologique d'Acclimatation, dans sa séance du 22 janvier, par l'honorable M. Millet, et ont paru avec avantage à la dernière exposition d'Angers.

Nous nous sommes d'autant plus attaché à l'application des moyens propres à *multiplier* ce testacée, que, depuis long-temps nous avions prévu l'appauvrissement actuel des bancs reproducteurs, appauvrissement dont on se préoccupe tant et à si juste titre aujourd'hui.

Nous connaissions d'ailleurs tout l'intérêt de l'administration supérieure pour la pêche côtière, et nous ne pouvions douter de la sollicitude éclairée de M. le commissaire de marine Belenfant, dont M. Coste (appelé le nouveau Walton de ces parages) avait déjà signalé le nom dans ses écrits; c'est ce qui nous suggéra la pensée d'engager divers habitants du pays à demander des concessions.

Depuis trois ans à peine, 250 parcs sont en voie d'exploitation, ce qui porte à 2263 jusqu'à présent, les *pêcheries* de l'important quartier de la Rochelle.

Nous avons nous-même sollicité et obtenu une de ces concessions que nous avons choisie, à dessein, isolée et voisine d'un banc reproducteur sous-marin.

Notre mobile est *la multiplication et la préservation de la production.* Nous avons pensé qu'il serait utile aux habitants de ce littoral, et, par suite, à la science elle-même, de montrer par des faits de quelle manière on devait procéder pour atteindre le but que nous poursuivons.

Le parc qui nous a été concédé, par arrêté ministériel du 7 mars 1857, a 2400 mètres de superficie, 60 de longueur du nord au sud, et 40 de largeur de l'ouest à l'est.

Les murs, construits en pierre sèche débanchée sur place, sont de 4 pieds de haut, sur 4 1/2 de large à la base, et se terminent par un cône de 3 pieds à la crête.

Le mètre de construction coûte de 70 à 80 centimes.

Il est nécessaire, dans cette localité, que le fond du parc soit formé de pierres superposées dont la majeure partie ne touche pas le sol, parce que le point culminant se couvre, d'une marée à l'autre, d'un limon mortel pour le frai, tandis que le dessous, qui n'est pas atteint, lui offre le moyen de se fixer, de croître et de se développer sans obstacle.

Pour garantir la production contre la véhémence des marées

équinoxiales, nous partageons le parc entier en comparti-
ments de diverses formes, entourés de petits murs de pierre
sèche, qui joignent à l'avantage d'être préservateurs celui de
servir de chemins pour l'exploitation.

Nous estimons que l'Huître de Chatelaillon sera bonne
moyenne marchande à l'âge de trois ans au plus.

Une des difficultés à vaincre, est d'*empêcher* le frai d'être
remporté ou détruit par le flot qui est venu l'introduire dans
le parc.

A cet effet, nous avons disposé des fascines, des fagots, des
bois en grume à écorce rugueuse, dans différentes situations,
et sous l'abri des murs le moins exposés au va-et-vient de la
marée.

Mais le point capital est la *reproduction sur place* par
les sujets adultes introduits ou élevés dans le parc même.

La démonstration de l'existence de cette reproduction présente bien des difficultés ; mais elle aurait tant d'avantages,
selon nous, que nous l'avons tentée. Et pour cela, nous avons
imaginé des appareils de deux sortes : les uns, destinés à recevoir des Huîtres porte-graine ; les autres, dans une position
identique, destinés à rester vides.

Cette expérience, si elle n'a pas le mérite d'être absolue,
pourra devenir concluante par points de comparaison ; et
une lettre que nous recevons aujourd'hui même de M. le commissaire de marine de la Rochelle, qui est allé visiter les
lieux, ainsi que M. le Président des sciences naturelles, nous
apprend que rien ne paraît s'opposer au succès.

Du reste, depuis une dizaine d'années, nous nous occupons
de pisciculture, et, en particulier, de pisciculture marine ; et
aucun travail qui ne sera pas au-dessus de nos forces, comme
aucun sacrifice qui ne sera pas au-dessus de nos ressources, ne
nous arrêtera dans l'accomplissement de la tâche que nous
nous sommes imposée.

RAPPORT

SUR LES EXPÉRIENCES THÉORIQUES ET PRATIQUES

DE SÉRICICULTURE

FAITES EN 1857 POUR LA SOCIÉTÉ IMPÉRIALE D'ACCLIMATATION,

A LA MAGNANERIE EXPÉRIMENTALE DE SAINTE-TULLE.

Par M. F.-E. GUÉRIN-MÉNEVILLE.

———

(Séance du 23 avril 1858.)

La magnanerie expérimentale de Sainte-Tulle est le seul établissement où l'on trouve un enseignement théorique et pratique de la sériciculture.

Cet enseignement est donné gratuitement, depuis près de quinze ans, par M. Eug. Robert et par moi, et il a attiré chaque année dans cette localité des élèves venus de tous les pays.

Dès la fondation de la Société impériale d'Acclimatation, M. Eug. Robert a compris tout le bien qu'elle pouvait faire à l'industrie de la soie; il s'est empressé de demander à partager nos travaux comme membre de la Société; et il a déclaré que la magnanerie expérimentale de Sainte-Tulle serait désormais la magnanerie de la Société pour toutes les expériences à faire dans la région où elle est située; ce qui a été accepté.

Depuis ce temps, c'est à Sainte-Tulle qu'ont été élevés les Vers à soie que divers membres ont envoyés chaque année, ou dont la Société a fait venir la graine de Chine et d'autres pays; et, grâce au concours si zélé de notre confrère, des expériences sérieuses sont faites tous les ans sur un grand nombre de races de provenances diverses, et des rapports sur leurs résultats vous ont été présentés.

Dans tous les temps, de semblables expériences sont utiles aux progrès de cette grande industrie de la soie; en temps d'épidémie elles sont indispensables.

En effet, en temps ordinaire, des essais bien faits ont pour objet de guider les agriculteurs dans le choix des races qu'ils doivent élever de préférence pour avoir un produit supérieur en quantité et en qualité. C'est dans ce but, c'est pour faire connaître d'une manière précise la richesse en soie d'un grand nombre de races, que j'ai publié plusieurs Mémoires dont il serait trop long de donner ici l'analyse. Il suffit de dire que les résultats de ces recherches montrent qu'en élevant certaines races perfectionnées, on obtient avec les mêmes soins, la même nourriture, les mêmes dépenses enfin, des cocons dont il ne faut que 9, 10 ou 11 kilogrammes pour obtenir 1 kilogramme de belle soie de qualité supérieure, tandis que l'on emploie 13, 14, 15 kilogrammes et plus de cocons de races abâtardies et mélangées, pour faire 1 kilogramme d'une soie commune qui se vend de 10 à 20 francs de moins.

Avant l'apparition de l'épidémie, ces travaux avaient eu une influence heureuse sur la production en soie de la contrée. Les élèves sortant de la magnanerie expérimentale de Sainte-Tulle, en propageant les bonnes méthodes d'éducation, et les bonnes races de Vers à soie, avaient réalisé un vrai progrès; car les soies de cette région, qui avaient toujours été réputées inférieures, commençaient à lutter sur les marchés avec celles des pays les plus avancés.

La désastreuse gattine est venue apporter la perturbation dans ces travaux et interrompre cette marche progressive de la production de la soie, non-seulement dans cette contrée, mais partout en France et à l'étranger. Elle a changé momentanément le but de nos recherches en ravageant les races que l'on avait si péniblement introduites, améliorées et presque acclimatées, et nous avons dû nous occuper exclusivement, avec tous les sériciculteurs, de rechercher les causes du mal, et les moyens, s'il en existe, d'y porter remède.

Nous avons élevé, dans ce but, un grand nombre de races de provenances diverses, non plus pour déterminer celles qui sont les plus riches en soie, mais pour tâcher de reconnaître celles qui ont résisté aux modifications climatériques, constituant évidemment, selon moi, et ainsi que je l'ai établi depuis trois ans, la cause première et générale de l'épidémie. Comme on doit le penser, ces expériences ont donné presque toutes des résultats négatifs ; mais elles n'en ont pas moins une grande utilité, puisqu'elles contribuent à fixer les idées des sériciculteurs sur le degré d'intensité de la maladie chez les Vers à soie de diverses provenances. C'est à la suite de ces expériences, suivies méthodiquement depuis longtemps, dont les résultats sont consignés chaque année dans un journal où j'inscris les observations météorologiques continuées sans interruption depuis plus de vingt ans par M. E. Robert, c'est en contrôlant ces résultats précis avec ceux des nombreuses éducations que je visite, ce qui constitue une sorte d'enquête séricicole annuelle (1), que j'ai pu dégager cette vérité pratique, aujourd'hui reconnue par la grande majorité des éducateurs de Vers à soie, savoir, que *dans certaines localités élevées, où les Vignes et les Mûriers ne sont pas malades, la gattine ne se présente pas épidémiquement dans les éducations faites avec des graines de provenance indigène absolue.*

On comprend qu'au milieu d'une épidémie aussi intense et avec des éducations faites sur une petite échelle au moyen de graines plus ou moins attaquées, je n'aie encore pu faire de la graine digne d'être recommandée et distribuée par la Société. Aujourd'hui elle rend déjà un service véritable à l'agriculture en patronnant et en aidant ces travaux, et son heureuse initiative a porté ses fruits, car j'ai appris, avec une satisfaction que la Société partagera certainement, que l'Académie des sciences se disposait à imiter en partie ce bon exemple en envoyant quelques-uns de ses membres dans nos départements producteurs de la soie pour faire aussi une enquête sur l'épidémie actuelle.

(1) L'année dernière, et grâce à l'initiative de la Société, puissamment aidée par une compagnie agricole, la *Caisse franco-suisse de l'agriculture*, j'ai pu donner à cette enquête un caractère plus général encore, en visitant la Suisse, une partie de l'Italie, tout le midi de la France et une partie de l'Espagne. (Voir mon Rapport, *Bulletin de la Société d'Acclimatation*, mars 1858, t. V, page 55.)

Les expériences de la campagne de 1857 ont porté sur trente-deux races différentes, dont les graines avaient été envoyées à la Société d'Acclimatation et à M. E. Robert en vue de ces recherches, sur lesquelles tous les sériciculteurs fixent leur attention chaque année. Les résultats obtenus ont été, comme ceux des années précédentes, très divers, mais généralement mauvais. Ils ont montré que l'épidémie n'était entrée dans la période décroissante que dans quelques-unes des localités attaquées les premières, et encore cette décroissance ne s'est-elle manifestée que d'une manière insensible, et seulement chez d'anciennes races du pays, dans des localités où les populations avaient le plus résisté aux envahissements des graines d'Italie et d'autres pays étrangers. Ces expériences ont encore démontré que les parties basses de la Lombardie et des autres points de l'Italie, qui avaient résisté plus longtemps que la France aux influences générales, les avaient enfin subies, et ne pouvaient plus nous fournir de la graine saine. Elles ont prouvé encore que l'Orient avait commencé à subir cette influence, ainsi que l'Algérie, et qu'elle avait même pénétré dans les régions du nord de l'Europe, où l'industrie de la soie est encore peu développée, telles que l'Allemagne et la Pologne, où elle a été peut-être introduite avec des graines reçues de France et d'Italie. Enfin, ces essais en petit, et les nombreux faits de grande culture observés par moi et par beaucoup d'autres magnaniers, ont apporté la preuve la plus nette de ce que j'avais établi antérieurement, en disant qu'une race introduite, et dont la graine provient de pays non encore atteints par l'épidémie, peut bien donner la première fois une excellente éducation, mais que le produit de cette excellente éducation ne donnera pas d'abord de la bonne graine : ce qui prouve qu'il faut plus que la simple importation d'une race pour qu'elle soit acquise à une localité ; qu'il faut que son *acclimatation* y soit faite par une série de générations successives, et au prix de soins persévérants, pour combattre les maladies occasionnées par cette acclimatation même.

Il serait trop long de donner ici les observations que j'ai faites sur chacune des 32 races élevées en 1857. Je n'extrairai de mon journal que la substance condensée de celles qui peuvent présenter le plus d'intérêt.

Nº 1. *Graine provenant des États pontificaux.* — Cette graine, qui a donné lieu à une grande éducation de 6 onces, a produit des Vers très sains et une excellente récolte de gros et bons cocons à grain grossier.

Quelques kilogrammes de ces cocons ayant été gardés pour graine, ont donné des papillons faibles et peu ardents à la reproduction et très peu de graine, que je regarde comme peu sûre.

Nº 3. *Race de Fossombrone envoyée par M. Duseigneur.*— Même réussite et même état des papillons reproducteurs.

Nº 6. *Graine turque envoyée par M. Agathon.* — Magnifique produit, reproducteurs faibles et maladifs.

Nº 11. *Graine d'Anatolie, envoyée par M. Tuyssuzian.* — Mêmes résultats.

Nº 16. *Graine de Piémont envoyée par M. Baruffi.* — Mêmes résultats.

Nº 18. *Chinois de M. Bourgeois.* — Excellente réussite. Les papillons de graine se montrent peu malades, mais cependant ils n'ont pas l'ardeur et la vigueur désirables et ne pondent pas tous leurs œufs.

Nº 19. *Chinois de la Société d'acclimatation des États royaux de Prusse.* — Mêmes résultats.

Nº 28. *Race de Parme, graine donnée par M. Barral à la Société d'agriculture.* — Bonne éclosion et belle santé d'abord. La gattine s'est montrée au quatrième âge, mais il y a eu cependant assez de cocons. Les papillons se sont montrés assez bons, mais la plupart d'entre eux sont morts avant d'avoir donné toute leur graine.

Nº 29. *Graine offerte par M. Stieff, de Potsdam, et envoyée par la Société d'acclimatation de Prusse.* — Cette éducation a montré peu de malades et doit être regardée comme une bonne réussite moyenne. Les cocons appartiennent à une race jaune qui semble modifiée par des éducations successives faites dans le même pays depuis assez longtemps.

Les papillons de graine n'ont pas donné de bons résultats, et ces graines ne m'inspirent pas de confiance.

N° 31. *Graine reçue de Bologne.* — Bonne réussite ; gros cocons jaunes entourés d'une bave extraordinaire formant une épaisse chemise dans laquelle il y a un fort cocon à gros grain.

Papillons médiocres comme santé et vigueur.

N° 32. *Graine apportée de Smyrne par un négociant qui revenait de Sébastopol.* — Admirable réussite partout dans la contrée. Bruyères couvertes de nombreux cocons d'un jaune orangé, parmi lesquels il y a cependant beaucoup de doubles. Malheureusement les cocons sont faibles, presque entièrement composés de matière à frison, et les filateurs ne peuvent les payer que 2 ou 3 francs le kilogramme, quand on paye les bons de 7 à 8 francs.

Quelques cocons gardés pour graine donnent des papillons peu vigoureux.

Cette race sera élevée expérimentalement cette année, et donnera lieu à une série d'essais importants pour constater encore qu'une acclimatation est nécessaire, et qu'une race étrangère qui a très bien réussi la première année de son introduction n'est cependant pas acquise à la nouvelle localité dans laquelle on l'importe.

Les expériences de cette année porteront sur des graines de 26 races ou provenances diverses, divisées en deux catégories.

Celles de la première proviennent des éducations faites en 1857, et sont au nombre de 14.

Celles de la seconde ont été envoyées à la Société ou m'ont été remises par diverses personnes, et la liste en est jointe à ce rapport.

————————

Éducation expérimentale de Vers à soie à faire, en 1858, pour la Société impériale d'Acclimatation, à la magnanerie de Sainte-Tulle.

I. — Graines faites en 1857, à élever cette année 1858, pour connaître les effets du changement de milieu, de l'épidémie et d'une acclimatation plus ou moins récente sur les races que l'on élève en France et à l'étranger.

N°°	Anciens N°°	
1.	(1 de 1857.) Race des États pontificaux	introduite l'année dernière.
2.	(3 de 1857.) Race de Fossombrone	*id.*
3.	(6 de 1857.) Race de Turquie	*id.*

4. (11 de 1857.) Race d'Anatolie introduite l'année dernière. Graine présumée mauvaise, à élever pour connaître le progrès que peut avoir faits la maladie.
   Ou pour voir s'il est possible que la maladie diminue.
5. (12 de 1857.) Autre race turque ayant mieux réussi. — Mêmes observations.
6. (16 de 1857.) Race de M. Baruffi. Commencement de maladie. — Y aura-t-il augmentation ou diminution. — Observation précise très importante à faire.
7. (17 de 1857.) Turcs d'Andrinople. Graine non collée. — Maladie évidente. — Mêmes observations.
8. (18 de 1857.) Chinois à leur 3ᵉ génération. — Graine de M. Bourgeois. — Éducation sans feu.
9. (20 de 1857.) Chinois de la Société d'acclimatation deBerlin. — 1ʳᵉ génération en Europe.
10. (21 de 1857.) Syriens à gros cocons très durs. — 1ʳᵉ génération en France. — Aurons-nous la 2ᵉ?
11. (28 de 1857.) Parmesans blancs. — Maladie peu intense en 1857.
12. (29 de 1857.) Race de M. Stieff, de Potsdam. — Étude intéressante.
13. (31 de 1857.) Graine de Bologne. — Gros cocons jaunes. — Peu malades.
14. Race (dite Russe). — Conserveront-ils leur rusticité et leur nature ?

II. — Graines reçues, en 1858, de la Société d'acclimatation de Prusse, de Chine, etc., etc.

15. Graine d'été faite à Ambert (Auvergne), 1 once.
16. Graine d'automne à Ambert (Auvergne), 1 once.
17. Graine de M. Chavannes (de Suisse), 1 once.
18. Graine de M. Bouffier (de Suisse), 5 grammes.
19. Graine de Prusse (M. Kaufmann), 10 grammes.
20. Graine faite au Jardin des plantes par M. Vallée, 1 gramme.
21. Graine des États romains, par M. Calestani, 1/2 gramme.
22. Graine d'une race blanche d'Orient, faite par M. Simon, 1 once.
23. Graine d'une autre race d'Orient, faite par M. Simon, 1 once.
24. Graine de la race chinoise élevée par M. Bourgeois, sans feu, 1 à 2 grammes.
25. Graine de la race chinoise élevée sur un arbre, par M. Bourgeois (blancs), 1 ou 2 grammes.
26. Graine de Chine donnée par Mgr. Perny.

RAPPORT

SUR LA CULTURE DU SORGHO EN ALGÉRIE.

**LETTRE ADRESSÉE A M. LE PRÉSIDENT
DE LA SOCIÉTÉ IMPÉRIALE ZOOLOGIQUE D'ACCLIMATATION**

Par M. Ch. BOURLIER.

(Séance du 11 juin 1858.)

« Monsieur le Président,

» Quelque temps avant mon départ de France, M. le président de la Section des végétaux m'avait chargé de résumer tous les travaux faits jusqu'à ce jour sur le Sorgho. Je n'ai pu terminer ce travail ; mais parmi les matériaux que j'avais recueillis, je crois ne pas devoir laisser sans publicité les renseignements suivants qu'a bien voulu m'adresser, le 14 mars 1858, M. le docteur Lauras, pharmacien-major, à Alger, qui s'occupe très activement de la culture de cette plante.

» 1° La plante de Sorgho conserve son goût herbacé et acide jusqu'à l'époque où la panicule se dégage de ses feuilles ; les fleurs se sont montrées déjà, que la saveur acide prédomine encore et masque le principe sucré, qui n'apparaît réellement qu'à cette époque de la végétation. Dès ce moment la formation du sucre progresse avec rapidité, car l'évolution de la graine est elle-même rapide sous notre climat (Algérie), et à cette époque de l'année (août, septembre et même octobre). Cette marche simultanée de la fructification et de la formation du sucre semble admirablement combinée pour tirer le meilleur parti du Sorgho. En effet, c'est lorsque la graine noircit, qu'elle est arrivée à maturité et qu'elle doit être récoltée, que la canne atteint son maximum de richesse en suc et en sucre. Aussi faudrait-il, en bonne exploitation, couper la canne aussitôt que la graine est mûre, et ne séparer la panicule de la tige qu'à l'usine, au moment d'en exprimer le jus, afin d'utiliser à la fois et la graine et la tige dans les meilleures conditions.

» 2° A partir de la maturité de la graine, la proportion de sucre décroît lentement, si la panicule reste attachée à la tige, plus rapidement si cette panicule a été enlevée, et enfin plus rapidement encore par un temps pluvieux qui fait pousser des jets des articulations de la tige, jets qui l'épuisent, la font se flétrir, se dessécher peu à peu de haut en bas, et font disparaître en très grande partie le principe sucré.

» 3° La richesse du sol influe sur la richesse en sucre, bien que le Sorgho prenne beaucoup à l'air et peu à la terre ; car ses racines propres sont fines et peu nombreuses, et ses racines adventives, qui se détachent des premières articulations de la tige, conservent la couleur verte et demandent à ne pas être recouvertes de terre pour fonctionner *utilement*. Néanmoins le Sorgho est plus sucré, toutes choses égales d'ailleurs, sur un terrain fort que sur un terrain sablonneux ou trop calcaire : une certaine proportion d'argile est une condition excellente sous tous les rapports. Bien entendu que la richesse en humus est ici, comme toujours, une cause puissante du développement du végétal avec toutes ses qualités ; mais le Sorgho a cela de particulier, que l'engrais animal de nouvelle formation et récemment mis dans le sol ne lui est pas aussi favorable, à beaucoup près, que si la fumure a été faite l'année précédente. L'engrais végétal fournit, au contraire, dans tous les cas, de très bons résultats.

» 4° L'humidité du sol est favorable surtout au développement de la plante ; elle n'imprime pas au principe sucré le même accroissement. Aussi doit-elle être limitée, et l'irrigation n'est-elle pas aussi nécessaire, sous ce rapport, qu'on l'a supposé en premier lieu. J'ai vu des cannes de Sorgho, ayant atteint dans l'humidité permanente l'énorme diamètre de cinq centimètres, se trouver creuses ; la partie médullaire était divisée en rayons, et avait perdu ou n'avait pas acquis de principe sucré, *l'amidon le remplaçait*. Celui qui vient, au contraire, avec l'humidité seulement nécessaire pour sa croissance normale accuse son maximum de sucre. Le suc extrait de ces différents Sorghos variait au pèse-sirop de 6° à 12° de densité, lorsque la quantité de sucre ne variait pas dans les mêmes proportions (entre 40 et 60 pour 100). J'ajouterai que j'ai quelques craintes de voir la plante dégénérer quant au sucre que doit rendre la canne, si l'on n'emploie pour les semis que la graine de celles venues dans des conditions d'humidité trop grande. Cette graine plus grosse, dont la glumelle, ordinairement close, ne peut plus embrasser le fruit, constitue déjà une variété qui me paraît moins saccharifère. C'est peut-être à cette cause qu'il faut attribuer en partie, cette année en Afrique, la diminution générale, quoique peu considérable, du principe sucré de la canne de Sorgho. L'hiver pluvieux ne suffirait pas seul à expliquer cette infériorité de rendement.

» Cette année, je fractionnerai, sur le même terrain, les graines venues en terre sèche et celles venues en terre irriguée, pour constater plus positivement l'influence que l'humidité peut avoir sur la conservation du type. »

» Veuillez agréer, etc.

« Ch. Bourlier. »

P. S. J'ai continué en Asie les distributions de graines commencées à Constantinople, et partout les dons que je fais au nom de la Société sont accueillis par les plus vifs remercîments.

II. EXTRAIT DES PROCÈS-VERBAUX
DES SÉANCES DU CONSEIL DE LA SOCIÉTÉ.

SÉANCE DU 25 JUIN 1858.

Présidence de M. Is. GEOFFROY SAINT-HILAIRE.

Le Conseil admet au nombre des membres de la Société :

MM. BROSSELARD, sous-préfet de l'arrondissement de Tlemcen (Algérie).

ESGONNIÈRE (Aristide), membre du Conseil de l'arrondissement de Napoléon-Vendée, à la Chaise-le-Vicomte (Vendée).

GODET DE LA RIBOUILLERIE, au château de l'Hermenault (Vendée).

GOURDIN (Delorme-Dominique), docteur en droit, avocat, membre de la Société d'émulation de la Vendée, à Napoléon-Vendée.

HAREL (Pierre-François), à Montrouge, près Paris.

JOSSE (Hyacinthe-François), président du tribunal civil, aux Sables-d'Olonne (Vendée).

LALLIET (Albert), attaché au contentieux du chemin de fer de l'Ouest, à Paris.

LEGENTIL, président de chambre, à la Cour impériale de Poitiers (Vienne).

MOREAU (le docteur), médecin en chef de l'hôpital civil de Bône (Algérie).

PIHORET, sous-préfet de l'arrondissement de Sarreguemines (Moselle).

— Le Comice agricole des arrondissements de Melun et de Fontainebleau, sur sa demande, transmise par M. Drouyn de Lhuys, son président, est admis au nombre des Sociétés agrégées à la Société impériale d'Acclimatation.

— M. le Président annonce que S. A. I. le Prince Napoléon vient de donner à la Société un nouveau témoignage de sa bienveillante sympathie pour sa nouvelle entreprise du Jardin zoologique d'acclimatation du bois de Boulogne. Son Altesse Impériale a bien voulu accepter le titre de Président d'honneur de cette œuvre si éminemment utile, qui lui a été offert par le Conseil d'administration.

— M. le docteur Bazin, délégué du Conseil et Président du Comité régional de Bordeaux, écrit à la date du 21 juin pour rendre compte des deux dernières séances du Comité régional qui ont eu pour objet : 1° la nécessité de créer à Bordeaux un Parc ou Jardin d'acclimatation ; 2° diverses questions de pisciculture.

M. Bazin a rappelé, à cette occasion, les conclusions d'un rapport présenté par lui, en qualité de président du Comité de pisciculture, à M. le préfet de la Gironde, et qui s'appliquent particulièrement : 1° aux moyens de multiplier les espèces utiles dans les eaux où elles existent ; 2° aux moyens d'empoissonner les eaux qui ont été jusqu'à ce jour à peu près stériles ou improductrices ; 3° enfin, l'organisation de la pêche, afin de la rendre productrice et non destructive. A ce sujet, notre savant collègue entre dans quelques considérations sur les dispositions législatives qui régissent la pêche et sur les modifications qu'il serait nécessaire d'y apporter.

— M. le Président donne ensuite lecture d'une lettre en date du 23 juin, de M. le docteur Hollard, délégué à Poitiers, qui soumet au Conseil le projet formé par lui de créer dans cette ville, avec le concours de M. le Préfet de la Vienne et de nos confrères de ce département, un Comité régional, constitué sur les bases de celui de Bordeaux et avec les mêmes moyens d'action. Ce Comité, dit M. le docteur Hollard, serait destiné à centraliser, à diriger, à stimuler les travaux d'acclimatation dans la région Ouest, comme le Comité de Bordeaux le fait pour la région Sud-Ouest. Cette proposition est adoptée par le Conseil, et M. le délégué, à qui des remercîments seront adressés, sera invité à faire connaître le Réglement qui aura été préparé pour l'organisation de ce Comité.

— M. Richard (du Cantal) présente un rapport sur les résultats de la mission dont il avait bien voulu se charger, à la prière du Conseil, relativement à l'organisation d'un troupeau d'expérimentation d'Yaks et de Chèvres d'Angora dans les montagnes d'Auvergne. Pour remplir cette mission, M. Richard s'est rendu, au mois de mai dernier, d'abord à Lyon, d'où il s'est mis en rapport avec nos confrères du Jura et du Doubs, dépositaires d'Yaks et de Chèvres d'Angora, MM. Cuenot, Dausse et Jobez ; puis à Grenoble, où la Société régionale des Alpes avait reçu en dépôt la plus grande partie des Yaks et un certain nombre de Chèvres d'Angora ; enfin, il est allé visiter les animaux confiés à MM. Dausse et Jobez.

De ce Rapport, il résulte que M. Richard, après avoir constaté l'état des animaux appartenant à la Société, et rendu justice au zèle désintéressé et aux bons soins des personnes auxquelles ils étaient confiés, pense qu'il était, en effet, nécessaire, pour arriver plus promptement et plus sûrement au but que la Société s'est proposé en introduisant ces précieux animaux, de créer un troupeau d'expérimentation, sous la surveillance directe de la Société. Pour se conformer à la décision du Conseil, M. Richard (du Cantal), avec le concours de notre dévoué collègue M. Lecoq, délégué du Conseil à Lyon et directeur de l'École impériale vétérinaire, qui a reçu, soigné et expédié les animaux, a envoyé à la ferme de Souliard, près Pierrefort, dans le département du Cantal, trois Yaks dont un jeune Taureau et deux Génisses, et vingt-trois Chèvres et Boucs d'Angora. M. Lecoq a bien voulu conserver pour quelque temps treize autres Chèvres d'Angora qui avaient besoin de repos et de soins, et qui, lorsqu'elles auront été conduites en Auvergne, porteront à trente-six le nombre de têtes du troupeau d'expérimentation créé dans le Cantal.

Des trois Yaks, deux (un Taureau et une Génisse) ont été remis par la Société régionale des Alpes ; la seconde Génisse, âgée de vingt mois, est née chez M. Jobez.

Le troupeau de Chèvres se compose de deux Boucs remis par M. Dausse, de Lons-le-Saulnier ; de huit Chèvres provenant de chez M. Jobez, à Syam (Jura), dont l'une mourut deux jours après son arrivée à Lyon ; de six Chèvres ou Boucs envoyés par M. Cuenot, de Besançon ; de dix-neuf Chèvres ou Boucs remis par la Société de Grenoble, et enfin de deux jeunes sujets qui viennent de naître.

Le Conseil, après avoir entendu ce rapport et approuvé les dispositions prises, vote des remerciments, au nom de la Société, à M. Richard (du Cantal), son savant et dévoué vice-président, et à M. Lecoq qui l'a aidé avec tant de zèle dans l'accomplissement de cette importante mission.

— M. le Président annonce ensuite la mort récente du jeune Taureau-Yak qui avait été transporté en Auvergne. Le procès-verbal de l'autopsie, qui a été pratiquée par M. Missonnier, vétérinaire à Murat (Cantal), constate que cet animal est mort d'une maladie de reins. Des calculs trouvés dans la vessie ont été adressés à la Société : l'examen en est renvoyé à M. J. Cloquet avec le procès-verbal d'autopsie. Les calculs seront ensuite déposés dans le Musée de la Faculté de médecine.

— Le Conseil, voulant assurer la reproduction des deux Génisses transportées dans le Cantal, décide que le couple d'Yaks placé à Bourg-d'Oisans par les soins de la Société régionale des Alpes sera également transféré à la ferme de Souliard.

Le Conseil décide ensuite que M. Milliot, agriculteur désigné par la Société pour donner ses soins au troupeau d'expérimentation, sera chargé de lui faire un rapport sur l'état actuel des Chèvres d'Angora confiées à M. Dauban, à Campnac (Aveyron). Puis il vote l'allocation nécessaire pour l'acquisition de dix Chèvres à longs poils destinées à des essais de croisement avec les Boucs d'Angora, et qui seront réunies au troupeau d'expérimentation. M. Richard (du Cantal) veut bien se charger du soin de cette acquisition.

— M. le docteur Sacc, délégué, à Wesserling (Haut-Rhin), adresse un échantillon d'étoffe tissée sous sa surveillance avec des filés d'Angora provenant des toisons de ses Chèvres. Cet échantillon, comme le fait observer notre savant confrère, prouve qu'il est impossible de filer la toison des Angoras avec les machines à filer la laine des Moutons, et montre combien on doit désirer l'établissement d'une usine spéciale pour cette matière. M. Sacc, insistant sur l'importance de cet établissement, propose la création par la Société d'une médaille d'or pour l'industriel qui aura réussi à filer la laine d'Angora aussi bien qu'on le fait en Angleterre.

— M. le Secrétaire donne lecture d'une Note adressée par M. Marr, ancien inspecteur d'agriculture du gouvernement de Kutaïs, en Géorgie, sur divers objets :

1° M. Marr fait connaître l'existence en Géorgie d'un troupeau de 600 têtes de Chèvres d'une espèce particulière inconnue en Europe. Ces Chèvres, originaires du Kurdistan, à ce qu'il croit, lui ont été amenées par un Persan ; on les appelle *Morguz*. Elles sont d'une couleur brune, de grande taille et de forme très carrée. Leur toison, qui est, dit M. Marr, aussi fine que celle des Angoras, a 8 ou 9 pouces de longueur, et sert à faire des vêtements chauds et solides pour les habitants des campagnes. Elles sont très robustes et leur chair est de bon goût. M. Marr ajoute qu'il se fera un véritable plaisir d'offrir à la Société quelques individus de cette race.

2° Il attire ensuite l'attention de la Société sur l'usage alimentaire d'une plante abondante et inutile jusqu'à présent, et dont les habitants du Caucase, riches ou pauvres, font une très grande consommation. C'est le *Polygonatum multiflorum*, vulgairement appelé *Sceau-de-Salomon*, qui se plaît dans les lieux humides et ombragés. On le mange comme l'Asperge, et on le recueille de même en coupant la tige sous terre avant le développement des feuilles.

Enfin M. Marr rappelle le fait déjà connu de l'emploi du Chapon pour la direction des jeunes Poussins. On doit les lui confier le soir, en les mettant ensemble dans l'obscurité, sous une cage assez peu élevée pour obliger le Chapon à s'accroupir.

Les remercîments de la Société seront adressés à M. Marr pour cette intéressante communication et pour l'offre généreuse qu'il a bien voulu faire.

— M. Kaufmann, vice-président et délégué de la Société d'acclimatation des États royaux de Prusse, écrit pour faire connaître les démarches faites, à la demande de la Société impériale d'Acclimatation, par notre Société affiliée de Berlin, pour obtenir des œufs du petit et du grand Coq de bruyère

(*Tetrao tetrix* et *urogallus*). Dans cette intention, la Société de Berlin s'est adressée à S. A. Mgr le duc. Ernest II de Saxe-Cobourg-Gotha, et M. le comte de Megern-Hohenberg, conseiller de cabinet, a fait connaître la réponse de Son Altesse dont les hautes connaissances peuvent être un guide sûr dans cette circonstance. Suivant l'opinion de Son Altesse, il est impossible d'élever le grand ou le petit Tétras en captivité, ou même de faire revenir le *Tetrao tetrix* dans les lieux d'où la chasse ou l'économie forestière l'ont une fois expulsé. Ce dernier aime les bruyères ou les bois découverts dont les sommets sont sans végétation. La culture des forêts le fait disparaître promptement. Le *T. urogallus*, au contraire, aime les grandes forêts de haute futaie. Si on a le *T. tetrix* dans le voisinage de forêts qui conviennent à l'*Urogallus*, on pourrait les repeupler de cette dernière espèce, en mettant de ses œufs dans les nids du *Tetrix*, qui les élèverait bien. Ces essais ont été faits avec beaucoup de succès en Écosse, où l'on pouvait considérer le *T. urogallus* comme perdu.

— M. le Président présente au Conseil un bocal contenant deux Truites rapportées d'Algérie par notre honorable confrère M. Lucy, receveur général des Bouches-du-Rhône. Ces Truites proviennent d'une rivière de la Kabylie (l'Oued-el-Abaïch) où elles ont été trouvées par M. le colonel Lapasset. Ce fait qui constate l'existence de Truites en Algérie est d'une grande importance au point de vue des essais de pisciculture entrepris pour peupler les cours d'eau de la colonie. Ces poissons sont renvoyés à l'examen de M. Duméril, qui est prié d'en déterminer l'espèce exacte, et le Conseil décide que l'une de ces deux Truites sera offerte au Muséum d'histoire naturelle.

— Il est ensuite donné communication d'une lettre de M. le vicomte de Kerveguen, qui propose l'introduction en France d'une espèce de Crustacé qu'on trouve en abondance dans les eaux de l'île de la Réunion. Cette lettre est renvoyée à l'examen de M. Guérin-Méneville.

— M. le Président dépose sur le bureau une collection de graines diverses adressées à la Société par M. Bogdanoff, au nom du Comité botanique d'acclimatation de Moscou. Des remerciments seront adressés à notre Société affiliée de Moscou et à M. Bogdanoff, et ces graines seront distribuées par les soins de M. Moquin-Tandon, président de la Section des végétaux.

— M. Hardy, directeur de la Pépinière centrale du Gouvernement, à Alger, adresse un rapport sur la culture comparative de seize espèces ou variétés d'Ignames, faite en 1857 dans cet établissement. Ce rapport sera publié dans le Bulletin.

— M. Jomard adresse à la Société des remarques sur l'existence très ancienne en Égypte des *Holchus sorgho* et *saccharatus*, et sur les avantages que peut offrir en France le Sorgho ordinaire d'Égypte, *Dourah-Belady* ou *H. sorgho*.

— M. Brierre, de Riez (Vendée), à qui la Société doit déjà un grand nombre de notes sur les essais de cultures faits par lui des graines et semences nouvellement introduites, fait parvenir de nouveaux renseignements sur les derniers végétaux qu'il a obtenus et un dessin à l'huile de grandeur naturelle de l'*Amygdalus pedunculata* de Sibérie, présentant ses divers développements de la première semaine aux deux premiers mois, etc.

Plusieurs membres du Conseil signalent à cette occasion le zèle si remarquable de notre habile confrère qui, après s'être appliqué avec un heureux succès à ses intéressantes cultures, dont il ne manque jamais de communiquer les résultats à la Société, se fait un devoir de les propager, en distribuant généreusement les semences qu'il a obtenues.

— M. le Président communique une lettre par laquelle M. le Préfet des Basses-Alpes lui annonce que MM. Duméril, de Quatrefages et Geoffroy Saint-Hilaire, ont été nommés membres honoraires de la Société d'agriculture de ce département. M. le Préfet ajoute que la Société d'agriculture des Basses-Alpes a témoigné par ces nominations sa sympathie pour les travaux de la Société impériale d'Acclimatation et son désir d'entrer en rapports avec elle. Le Conseil décide que le Bulletin sera envoyé à la Société des Basses-Alpes, en échange de ses publications.

SÉANCE DU 4 JUILLET 1858.
Présidence de M. Is. GEOFFROY SAINT-HILAIRE.

M. le Président communique une lettre de M. le baron
Direrinck de Holmfeld, ministre de Danemark, adressée à
M. Drouyn de Lhuys, qui informe le Conseil que S. M. LE ROI
DE DANEMARK a daigné autoriser la Société à inscrire son nom
sur la liste de ses membres. La Société transmettra l'expression de sa gratitude par une adresse à S. M. le Roi de Danemark, dont le nom sera inscrit en tête de la liste, avec celui
des Souverains qui ont déjà fait le même honneur à la Société.

Le Conseil admet au nombre des membres de la Société :

MM. BAILLY, membre du Conseil général de la Vendée, juge
de paix du canton de Saint-Hilaire-des-Loges, à la
Sourderie, commune de Payré-sur-Vendée (Vendée).

CHASTEIGNER (le comte de), propriétaire, à Paris.

CHEVALLEREAU (Gustave), membre du Conseil général de
la Vendée, à Sainte-Hermine (Vendée).

DUMESNIL (Henri), à Paris.

GAUTIER (Louis-Henri), juge au tribunal et membre du
Conseil municipal de Napoléon-Vendée (Vendée).

GINGEMBRE (L.-F.), manufacturier, président de la Société
de secours mutuels du quartier Saint-Martin, à Paris.

LILLIE (le général John Scott), à Londres.

MAGNAN (S. Exc. M. le maréchal), commandant en chef
de l'armée de Paris.

RIANZARES (S. Exc. M. le duc de), à la Malmaison, près
Rueil (Seine-et-Oise).

ROLIN (le général), adjudant général du Palais, à Paris.

ROYER (S. Exc. M. de), garde des sceaux de France,
ministre de la justice.

SAINTE-REINE (Farmain de), à Paris.

THIERRÉE (Théodore), maire de Champlan, près Longju-
meau (Seine-et-Oise).

WÆCHTER (S. Exc. M. le baron de), envoyé extraordinaire
et ministre plénipotentiaire de S. M. le Roi de Wurtemberg, à Paris.

— M. l'abbé Huc offre ses remercîments pour sa récente admission au titre de membre honoraire de la Société.

— M. Drouyn de Lhuys transmet les remercîments du Comice agricole des arrondissements de Melun et de Fontaine-bleau, pour son admission au nombre des Sociétés agrégées.

— MM. le comte de Villafranca, le baron Desaix, de Buor et André Franche, récemment admis dans la Société, font également parvenir leurs remercîments.

— M. le Secrétaire donne lecture de diverses lettres qui renferment des témoignages de la plus bienveillante sympathie pour la nouvelle œuvre d'utilité publique que la Société a entreprise par la création du Jardin zoologique d'acclimatation du bois de Boulogne. Ces lettres ont été adressées par LL. Exc. les Ministres de l'Instruction publique et de l'Agriculture, l'Ambassadeur d'Angleterre, au nom de S. A. R. le Prince Albert, le Ministre de Belgique et M. le baron Seebach, ministre de Saxe.

— S. Exc. M. le Ministre du Pérou, en France, après avoir accusé réception du Rapport sur l'introduction du Dromadaire au Brésil, qui lui a été adressé, renouvelle l'assurance de son bienveillant concours pour aider la Société à se procurer le troupeau d'Alpacas et de Vigognes qu'elle est autorisée à faire sortir du Pérou.

— M. Drouyn de Lhuys communique un extrait d'une lettre qu'il a reçue de M. de Saint-Quentin, datée de Téhéran, le 25 avril 1858. Dans cette lettre, M. de Saint-Quentin signale un certain nombre dé végétaux que la Perse produit à des températures très variées. On compte ici, dit l'auteur de cette lettre, plus de quatorze espèces différentes de Raisins, dont l'une, sans pepins, est surtout très remarquable ; vingt sortes de Melons excellents, particulièrement ceux d'Ispahan, qui se conservent tout l'hiver ; des Coings d'une grosseur et d'un parfum exceptionnels ; deux espèces de légumes inconnus en France et dont les Persans font une grande consommation ; une Luzerne qui donne sept récoltes par an ; des Pistachiers et des Grenadiers en pleine terre au milieu de la neige, et supportant jusqu'à 20 degrés de froid ; et une plante nommée

Tombeki, que l'on fume comme le Tabac et à laquelle les médecins attribuent la propriété de guérir la phthisie pulmonaire.

— M. le baron Larrey écrit pour faire connaître un passage d'une lettre qu'il a reçue de M. le docteur Peixoto, de Rio-Janeiro, et qui annonce l'envoi prochain de deux Tapirs destinés à la Société (voyez page 359).

— S. Exc. le Ministre de l'Instruction publique transmet une lettre qui lui a été adressée de Vienne (Autriche), le 17 juin, et par laquelle M. Ferdinand Exinger offre à Son Excellence, pour la Société, une paire de Bouquetins des Alpes de Savoie. Le Conseil accepte avec reconnaissance l'offre de M. Exinger, et M. le Secrétaire général est chargé de lui faire parvenir les remercîments de la Société.

La lettre de M. Exinger renferme en outre des détails intéressants sur ses éducations de Castors, de Mouflons de Corse et de Sardaigne et de Cerfs de l'Amérique du Nord, connus sous le nom de Cerfs Wahapitis, ainsi que des échantillons de poils provenant de cette dernière espèce.

— M. le Président dépose sur le bureau une belle tête de Cabiai adulte, envoyée des îles du Salut, par M. Roux, pour les collections de la Société.

— M. le docteur Sacc adresse une note sur le Mouton de Padoue, dont il fait ressortir les avantages comme production en viande et en laine; cette dernière, malgré son infériorité facile à constater par l'échantillon joint à la note, vaut environ 3 fr. 25 c. le kilogramme. Cette communication est renvoyée à l'examen de la 1ʳᵉ Section.

— M. Joyeux, lieutenant, commandant le détachement des puisatiers du Sud, à Géryville, province d'Oran (Algérie), écrit de Kadra, le 25 juin, pour offrir à la Société un couple d'Outardes élevées par lui en domesticité et provenant d'une couvée de cette année. Les remercîments de la Société seront adressés à M. Joyeux, dont l'offre est acceptée avec reconnaissance.

— M. le Président donne lecture d'une lettre qui vient de lui être adressée, et par laquelle M. H. Lucas veut bien offrir à la Société quatorze cocons du *Saturnia Polyphemus* provenant d'une éducation faite à Paris, et qui a parfaitement réussi (voyez plus haut, page 360.).

Le Conseil s'empresse d'accepter ce don précieux, et M. le Secrétaire est chargé de transmettre les remercîments de la Société à M. Lucas.

— M. Guérin-Méneville fait observer que le résultat de l'éducation entreprise par M. Lucas, avec l'aide de M. Vallée, est d'autant plus heureux qu'il a eu lui-même en 1853 quelques cocons dont les papillons n'ont pu s'accoupler, et que plusieurs tentatives ont été aussi faites par M. Blanchard sans succès.

— M. Guérin-Méneville annonce ensuite qu'il est parvenu à se procurer le Ver à soie chinois dont la chenille se nourrit des feuilles du Vernis du Japon (*Ailantus glandulosa*). En 1857, une petite éducation de ce Bombyce a été faite à Turin par MM. Griseri et Comba, et a parfaitement réussi. Les cocons ont passé l'hiver; ils ont donné des papillons qui ont produit de la graine au printemps, et les chenilles ont été élevées, partie dans un appartement, partie sur un arbre, et avec la plus grande facilité. Actuellement M. Guérin-Méneville possède des œufs provenant de cette première éducation, et il va élever les chenilles qui en sortiront et qui donneront des cocons destinés à passer l'hiver. L'avantage de cette espèce sur le Ver à soie du Ricin, c'est qu'on ne sera plus obligé, dans les régions tempérées où le Ricin ne passe pas l'hiver, de faire des éducations d'hiver pour en conserver l'espèce. M. Guérin-Méneville fait encore remarquer que le Vernis du Japon est un arbre très commun en France et dans toutes les régions de l'Europe analogues au climat de Paris, et qu'il se multiplie avec une facilité telle qu'on a beaucoup de peine à s'en débarrasser dans les jardins où il a été une fois introduit.

— M. Jules Laverrière adresse du Mexique des œufs du Ver à soie ordinaire qui pourront servir à des expériences pour l'année prochaine.

— M. le Président fait connaître que notre savant confrère M. le docteur Guyon, qui avait été chirurgien-major aux Antilles françaises avant d'être chirurgien en chef de l'armée d'Afrique, a bien voulu lui adresser d'Alger, récemment, un exemplaire d'une thèse qu'il a soutenue en 1834 devant la Faculté de médecine de Montpellier, et qui a pour sujet les accidents produits par le Trigonocéphale, Serpent Fer-de-lance des Antilles. M. le Président croit devoir signaler à l'attention de la Société ce remarquable travail où l'on trouve publiées, il y a plus de vingt ans, des vues analogues à celles qu'ont développées devant la Société M. Jules Verreaux, et surtout nos honorables confrères M. le comte de Chasteigner et M. le docteur Rufz, qui, du reste, n'avait pas manqué de rappeler les travaux de M. le docteur Guyon sur ce sujet (voy. le *Bulletin*, t. III, p. 298, et t. V, p. 1, 2 et 185).

Selon M. Guyon, ce serpent se trouve dans trois des îles Caraïbes, la Martinique, Sainte-Lucie et Bequia, pour lesquelles il est une véritable calamité : il ne se passe pas, pour ainsi dire, un jour où ce Serpent ne fasse des victimes, et sa destruction serait pour ces îles un des plus grands bienfaits dont on pût les faire jouir. Un des moyens les plus propres à conduire à ce résultat, dit M. Guyon, serait l'introduction d'un ou de plusieurs des oiseaux destructeurs de Serpents, comme la Cigogne, l'Ibis, le Corbeau de la Trinité et le Serpentaire. M. Guyon ajoute que ces deux derniers oiseaux ont déjà été introduits dans ce but, mais en trop petit nombre et dans de mauvaises conditions, l'un en 1821, par les soins de M. l'abbé Legaufe, l'autre un peu plus tard, sur la proposition de M. Moreau de Jonnès.

M. le Président rappelle, à cette occasion, qu'une proposition a été faite dans la Commission des récompenses de 1857, et renouvelée depuis par plusieurs membres et surtout avec beaucoup d'insistance par M. Rufz, pour encourager la reprise de ces tentatives, par la fondation d'un prix spécial. Cette proposition a été très favorablement accueillie et réservée avec une autre de M. Davin, relative à la race ovine Graux de Mauchamps, pour être soumise à la Commission chargée de rédiger le programme des récompenses à proposer dans la séance annuelle de février 1859.

— M. A. Vauvert de Méan, chancelier du consulat de France à Glascow (Écosse), écrit de cette ville, le 24 juin, pour donner de nouveaux renseignements sur le troupeau de Lamas récemment importé d'Amérique par M. Gel, et qui se compose de trente-cinq individus.

— M. Brierre, de Riez, Vendée, écrit le 1er juillet pour rendre compte de l'état actuel des plantes dont il a reçu les semences de la Société, et dont la plupart font espérer un heureux résultat.

— M. Turrel, dans une lettre du 24 juin, adresse également de nouveaux renseignements sur la culture des Bambous qu'il a entreprise à Toulon. Le *Bambusa nigra*, dit-il, végète admirablement, il a commencé à pousser depuis un mois à peine, et déjà ses tiges s'élèvent à près de 2 mètres.

— M. Richard (du Cantal), qui avait été chargé par la Société de la représenter dans la souscription Rarey, afin d'étudier le procédé employé par lui pour dompter les Chevaux, fait un Rapport sur le caractère de cette méthode qui présente un véritable intérêt, et sur laquelle notre confrère regrette de ne pouvoir encore donner des détails plus complets.

— M. Lamarche, auteur de plusieurs notices sur l'éducation, et entre autres d'un projet de Société d'éducation naturelle par la Crèche chrétienne, écrit à M. le Président, à la date du 30 juin, pour lui adresser une note dans laquelle il propose la création, au sein de la Société impériale d'Acclimatation, d'un Comité de perfectionnement de la race humaine. Le Conseil, tout en appréciant les intentions philanthropiques de M. Lamarche, reconnaît que les idées qu'il émet n'entrent pas dans les attributions de la Société, et décide qu'il n'y a pas lieu de donner suite à sa proposition.

Le Secrétaire du Conseil,

GUÉRIN-MÉNEVILLE

OUVRAGES OFFERTS A LA SOCIÉTÉ.

Séances des 23 avril et 7 mai 1858.

OSSERVAZIONI TEORICO-PRATICHE SUL BOMBICE CINTIA, raccolte dal dottor Gavino Gulia.

UTILITÉ ET EMPLOI DU SORGHO A SUCRE dans les grandes et petites exploitations agricoles. Rapport adressé le 7 novembre 1857 à M. le Ministre de l'Agriculture et du Commerce, par M. Alphandéry jeune. Offert par l'auteur.

LEÇONS ÉLÉMENTAIRES D'ANATOMIE ET DE PHYSIOLOGIE HUMAINE ET COMPARÉE, au point de vue de l'hygiène et de la production agricole, par le docteur Auzoux, membre de la Société, 2ᵉ édition. 1 vol. in-8. Paris, 1858. Offert par l'auteur.

RECHERCHES SUR LES EAUX MINÉRALES des Pyrénées, de l'Allemagne, de la Belgique, de la Suisse et de la Savoie, par M. J.-P.-A. Fontan, 1 vol. in-8. Paris, 1853. Offert par l'auteur.

ESSAI SUR LA MATIÈRE ORGANISÉE DES SOURCES SULFUREUSES DES PYRÉNÉES, par M. J.-L. Soubeiran. Offert par l'auteur.

DE LA NÉCESSITÉ DE LA CRÉATION D'UN VASTE ÉTABLISSEMENT DE BAINS DE MER, à l'usage de l'armée, par le docteur Morin. Offert par l'auteur.

D'UNE IMMIGRATION DE NOIRS LIBRES EN ALGÉRIE, par M. Ausone de Chancel. Offert par l'auteur.

MÉTHODE ÉLÉMENTAIRE pour tailler et conduire soi-même les Poiriers, Pommiers, et autres arbres fruitiers, par M. Jean Lachaume. 1 vol. in-12. Paris, 1858. Offert par l'auteur.

NOTICE POMOLOGIQUE, par M. J. de Liron d'Airoles. Tome II, 10ᵉ et 11ᵉ livraison. Offert par l'auteur.

INDEX SEMINUM R. HORTI BOTANICI PANORMITANI, ann. 1857, quæ pro mutua commutatione offeruntur.

NOTICE DU VERT DE CHINE ET DE LA TEINTURE CHEZ LES CHINOIS, par M. Natalis Rondot, membre de la Société. 1 vol. grand in-8. Paris, 1858. Offert par l'auteur.

LA FRANCE DEPUIS LES TEMPS LES PLUS RECULÉS JUSQU'A NOS JOURS, Résumé complet de la statistique générale, par M. C.-P. Marie Haas, membre de la Société. 2 vol. in-8.

ANNUAIRE STATISTIQUE ADMINISTRATIF du département de la Haute-Marne, pour les années 1853 à 1856, par le même. 2 vol. in-8. Chaumont, 1853 et 1856. Ces deux ouvrages ont été offerts par l'auteur.

BULLETIN DES COMICES AGRICOLES ET DE LA SOCIÉTÉ D'HORTICULTURE du département de la Haute-Marne (janvier 1858 et suiv.).

WOCHENSCHRIFT FÜR GÄRTNEREI UND PFLANZENKUNDE, herausgegeben von Dʳ Karl Koch und G. A. Fintelmann. 1858, nᵒˢ 1 à 15.

I. TRAVAUX DES MEMBRES DE LA SOCIÉTÉ.

RAPPORT
SUR LES ANIMAUX ENVOYÉS DE CAYENNE
PAR M. BATAILLE,
Membre de la Société,

ET DONNÉS PAR LUI A LA SOCIÉTÉ IMPÉRIALE D'ACCLIMATATION.

Par MM. BERRIER-FONTAINE, FLORENT PRÉVOST,
et DAVELOUIS, rapporteur.

(Séance du Conseil du 20 août 1858.)

Le rapport que j'ai l'honneur de présenter se compose de deux parties dont chacune comprend le rapport d'une Sous-Commission. Les deux Sous-Commissions ont fait leur visite le 10 août dernier. Toutes deux ont désigné le même rapporteur.

I. — *Rapport sur les Mammifères.*

Commissaires : MM. FLORENT PRÉVOST et DAVELOUIS, rapporteur.

L'envoi de M. Bataille comprenait comme espèces mammalogiques :

Agouti.	4	individus.
Tapir maïpouri, mâle et femelle.	2	—
Cabiai	1	—
Pécari à lèvres blanches.	1	—
Total.	8	individus.

Un des Tapirs a péri pendant la traversée, et le Cabiai est mort peu de temps après son arrivée. Sauf ces deux pertes, incontestablement très malheureuses, les animaux qui ont survécu ont paru en bonne santé aux commissaires.

Le Pécari est robuste. Quoique encore très jeune, il est maître des Pécaris à collier avec lesquels il se trouve, et a su parfaitement s'en faire respecter. Il ne paraît pas avoir conservé la moindre trace des fatigues du voyage.

Le Tapir, très jeune aussi, nous a paru également dans de bonnes conditions. Il est soigné d'après les indications données par M. Bataille. On évite soigneusement de le soumettre à la fraîcheur des nuits. Comme l'annonçait notre confrère, il est excessivement doux et paraît privé.

Nous n'avons pas d'observations spéciales à faire sur ces deux animaux. Ils sont encore très jeunes et se trouvent, quant à présent, désappareillés. Nous ferons seulement remarquer qu'il serait désirable qu'on pût remplacer par la suite les individus qui manquent, pour tenter d'avoir des produits et instituer des expériences. Quant à présent, la seule chose qu'on puisse faire est d'étudier le développement et de relever les faits que présentent ceux que l'on possède. On obtiendra ainsi d'excellentes indications pour les essais tentés par la suite sur une plus grande échelle ou dans des conditions différentes.

Nous dirons la même chose pour les Agoutis. Le Conseil ayant décidé que deux de ces animaux seraient provisoirement déposés chez M. le secrétaire général, nous émettrons le vœu qu'il soit demandé à notre confrère de consigner dans ses rapports quelles sont les conditions dans lesquelles se trouvent placés ces animaux, les indications relatives à leur régime, et la mention des faits dont la connaissance pourra être acquise. En recueillant des renseignements de même espèce sur les animaux placés au Muséum d'histoire naturelle, on aura deux séries d'expériences faites simultanément, dont la comparaison sera utile pour les travaux de la Société.

Nous terminerons ces remarques par une dernière observation.

Les commissaires ayant dû prendre connaissance de la lettre de M. Bataille, avant de procéder à leur examen, ont reconnu qu'elle renfermait sur les mammifères de la Guyane plusieurs détails qu'il serait utile de porter à la connaissance de la Société. En conséquence, ils proposent au Conseil de publier des extraits de la lettre de notre confrère dans le Bulletin, en la renvoyant à l'examen du Comité de publication.

II. — *Rapport sur les Oiseaux.*

Commissaires désignés par la Commission permanente de la seconde Section :
MM. BERRIER-FONTAINE, FLORENT PRÉVOST et DAVELOUIS, rapporteur.

L'envoi de M. Bataille comprenait les espèces ornithologiques suivantes :

Ibis rouge.	7	individus.
Pénélope yacou.	4	—
Jabiru.	1	—
Héron honoré	1	—
Savacou huppé.	1	—
Total.	14	individus.

Les animaux avaient subi pendant la traversée l'influence
de la mortalité. Ce qu'il y a eu de remarquable, c'est que
celle-ci a surtout frappé les individus en nombre. Les trois
dernières espèces ne l'ont pas éprouvée, tandis que les deux
premières l'ont subi d'une manière grave.

Nous ignorons la cause de ce fait ; en ce moment nous nous
bornons donc à le signaler, nous réservant d'attirer plus tard
sur lui l'attention de la 2ᵉ Section s'il nous paraissait nécessaire
de le faire. S'il était démontré que la réunion d'animaux de
même espèce favorise leur mortalité sur un navire, il serait de
la dernière importance de savoir à quoi tiendrait ce fait ; car
les envois d'animaux d'un hémisphère à l'autre sont encore
trop rares pour qu'il ne faille pas rechercher activement toutes
les causes qui tendent à diminuer le nombre des individus
expédiés.

La tâche des commissaires chargés d'examiner les oiseaux
donnés par M. Bataille comprenait deux choses différentes. Ils
devaient examiner les espèces ornithologiques considérées au
moins, dans l'état actuel des connaissances, comme curieuses
ou d'ornement ; puis les oiseaux utiles. C'est d'après ces considérations que nous allons présenter les remarques suivantes :

Parmi les espèces de la première division, nous devons placer
les Ibis rouges, le Héron honoré, le Jabiru et le Savacou huppé.

Les Ibis rouges feraient de beaux oiseaux d'ornement. Ils
seraient, à ce qu'il semble, faciles à élever, car dans sa lettre
d'envoi M. Bataille donnait ce renseignement, qu'à la Guyane,

dans les basses-cours, ces animaux se nourrissaient des mêmes aliments que les Poules. Cette facilité de nourriture est digne d'être prise en considération par ceux qui voudraient tenter des expériences. La lettre de M. Bataille ne nous dit pas si la reproduction de ces animaux a lieu en domesticité. Quelques indications, malheureusement très incomplètes, nous portent à le croire. Il ne serait pas inutile de chercher si dans notre pays cette reproduction peut avoir lieu. Le changement de climat créerait sans doute quelques difficultés nouvelles. Malgré ces difficultés probables, nous pensons qu'il y a opportunité à proposer l'expérience dont il s'agit, et nous émettons le vœu que si quelque membre de la Société veut l'entreprendre et la poursuivre, le Conseil mette à sa disposition un certain nombre des Ibis rouges possédés par la Société, en spécifiant que, outre les rapports qui sont obligatoires par l'article 71 de notre Règlement pour tous ceux qui obtiennent qu'on leur confie des animaux, il serait nécessaire de faire connaître à la Société les faits présentés par ces animaux, dans un ou plusieurs mémoires spéciaux.

Nous ne proposons rien de spécial relativement au Jabiru, au Héron honoré et au Savacou huppé. Ces animaux sont seuls, et quant à présent, la seule chose qu'on puisse demander, est de recueillir les observations qui se rapportent à leur histoire naturelle, autant qu'on le pourra.

Dans la seconde division, nous rangerons les Pénélopes, sur lesquelles notre attention s'est principalement fixée.

Les individus formant la paire qui a survécu, nous ont paru très beaux. Pour eux, plus encore que pour les Ibis rouges, à cause de leur importance, nous demanderons qu'on examine s'il n'est pas possible de les utiliser, en les confiant à un des membres de la Société. Plus que pour les Ibis, en effet, le problème est difficile, car il exige incontestablement des soins plus attentifs et une plus grande habitude des questions d'acclimatation. Ces animaux seraient, à tous ces égards, dans de meilleures conditions chez un des membres de la Société que dans l'endroit où nous les avons examinés. Plus de calme et de tranquillité leur seraient profitables, et on se rendrait mieux compte de tous les soins que nécessite leur nature.

Nous proposerons également qu'on recueille les œufs que tous les animaux dont nous avons parlé pourront pondre, afin qu'on puisse les préparer et les placer dans la collection de la Société. Nous insistons sur ce sujet parce qu'il offre matière à d'assez curieuses remarques qui viennent compléter ce qui a trait à l'introduction et à l'acclimatation des oiseaux. Quelques faits semblent prouver que les espèces ornithologiques amenées en France, présentent pour leurs œufs quelques faits discordants. Nous ignorons maintenant si ces faits tiennent à l'âge, aux variations qui se produisent habituellement chez les oiseaux domestiques ou renfermés, ou s'il doivent être considérés comme produits par le changement de climat. Mais s'ils sont dus à un changement de climat ou à des modifications produites dans la nature des animaux, il ne sera pas sans intérêt d'étudier la série de ces changements, ce qu'on pourra faire en examinant les œufs conservés dans la collection.

Nous réunirons, comme résumé du travail des deux Sous-Commissions, les propositions suivantes, afin de ne pas répéter pour chacune d'elles ce qui doit être considéré comme étant la conséquence des appréciations qu'elles ont faites individuellement :

1° Il y a lieu de remercier M. Bataille des animaux donnés par lui à la Société.

Déjà en 1857, notre confrère avait fait un très beau don à la Société, mais ce qu'il a donné cette année surpasse de beaucoup l'envoi précédent.

2° Nous proposerons de le signaler à l'attention de la Commission des récompenses, en temps opportun, pour le zèle avec lequel il contribue aux développements de la Société, non moins que pour l'envoi qu'il a fait cette année (1).

Ces conclusions générales nous paraissent le complément indispensable des observations que nous avons l'honneur de transmettre au Conseil.

(1) Nous devons rappeler qu'une médaille a déjà été décernée dans la séance du 10 février 1858 à M. Bataille, pour le premier envoi qu'il a fait à la Société de divers animaux et aussi de documents intéressants.

MOTIFS ET EXPOSÉ SOMMAIRE

D'UNE

CLASSIFICATION DES RACES GALLINES

Par M. le docteur A. CHOUIPPE.

————

(Séance du 4 juin 1858).

Messieurs,

L'intérêt toujours croissant qui s'attache aujourd'hui à l'éducation des races gallines est, en France, un phénomène aussi curieux qu'il est nouveau. Depuis longtemps l'Angleterre, la Belgique et la Hollande, avaient ouvert une voie dans laquelle nous paraissions ne pas vouloir entrer ; nous couvrant d'une superbe indifférence, nous semblions considérer les races gallines comme indignes de nos regards et de notre sollicitude.

Cependant, dès 1850, quelques efforts particuliers se révèlent ; des succès obtenus dans les concours d'agriculture encouragent ces entreprises trop timides encore ; plusieurs personnages, influents par leur position ou par leur fortune, ne dédaignent pas les satisfactions de la basse-cour ; enfin en 1854, la Société d'acclimatation se fonde, et le mouvement qu'elle imprime est tel qu'en moins de cinq ans, la France a déjà rattrapé la Hollande, la Belgique et l'Angleterre, et poussé elle-même dans cette voie le reste de l'Europe.

Si l'on en juge par le travail qui s'opère de tous côtés, et tous les jours, il y a lieu de croire que nous ne tarderons pas à dépasser nos devanciers. A l'heure qu'il est, nos gallinoculteurs ne se contentent plus d'élever de magnifiques sujets et de les amener à un degré de développement qui le dispute à celui des plus beaux produits de l'Angleterre ; ils veulent maintenant savoir au juste ce qu'ils élèvent ; quelques-uns même prétendent à l'honneur de constituer des races nouvelles, et ils somment en quelque sorte la nature de se hâter dans la diversité de ses créations.

Mais ici une grande difficulté se présente, et si elle n'était surmontée, elle nous arrêterait infailliblement. Les plus expérimentés sont souvent embarrassés de dire si tel sujet est ou n'est pas de pure race ; d'un autre côté, si l'on aspire à des races nouvelles qui puissent devenir harmonieuses, fixes et d'un mérite certain pour l'alimentation, ce ne peut être que par la combinaison des différentes races déjà constituées et qui contiennent en elles le germe de ces qualités. Ainsi, soit qu'on se propose de déterminer d'une manière précise les races à l'éducation desquelles on se livre, soit qu'on se propose d'en faire sortir des races nouvelles, il est une question qui domine évidemment toutes les autres, et la voici :

A quels caractères reconnaîtra-t-on la pureté des races aujourd'hui constituées, et qui sont pour nous les races fondamentales ?

Il faut bien l'avouer, cette question n'a point encore été posée méthodiquement ; c'est dire, en d'autres termes, qu'elle n'a point été résolue. Il est vrai que certaines races ont des caractères si frappants qu'ils ne peuvent guère échapper à des yeux exercés ; encore n'est-il pas sans exemple que les praticiens les plus distingués soient quelquefois en désaccord à ce sujet, suivant les renseignements hasardés ou intéressés que chacun d'eux a puisés à des sources différentes. Malgré cela pourtant, on peut dire que, sur ces races à caractères tranchés, les connaisseurs se trompent rarement dans les circonstances ordinaires. Mais ne leur en demandez pas davantage, le moindre accident survenu, la moindre supercherie employée, les jetterait dans un embarras dont ils ne pourraient sortir. Ajoutez à cela que toutes les races ne se présentent pas avec un signalement tellement accusé qu'on ne puisse s'y méprendre, et c'est ici que, malheureusement, la détermination des races est abandonnée par ceux-là même qui sont le plus versés dans la matière, à un arbitraire qui s'irrite de la contradiction et se réfugie finalement derrière une confusion extrême.

S'il en est ainsi de ceux que l'on appelle les *connaisseurs*, que doit-il en être de ceux qui, jusqu'alors, sont restés étrangers à ce genre d'études? A quoi ne sont-ils pas exposés, lorsque, voulant entrer dans la pratique de la gallinoculture, ils se trouvent tout à coup devant la nécessité de faire un choix et d'acquérir, j'allais dire conquérir, à des prix qu'ils ne sauraient débattre, des races dont les caractères distinctifs ne leur sont pas connus? Prendront-ils conseil d'un ami moins novice qu'eux-mêmes, ou bien se livreront-ils avec confiance aux séductions du commerçant? Prévention ou incertitude d'un côté, perfidie assurée de l'autre! s'ils se trompent ou s'ils sont trompés, ces cas sont les plus ordinaires, voilà des efforts stériles et du temps perdu; l'année suivante, il faudra recommencer. Cette fois du moins, l'expérience acquise sera-t-elle un gage de succès? Pas encore : on évitera un inconvénient, mais on tombera probablement dans un autre, car en l'absence d'une méthode qui conduit droit au but, il est impossible de procéder autrement que par voie de tâtonnements incertains.

Voilà où nous en sommes, et sur ce point nos voisins ne sont pas plus avancés que nous. On sait élever, on ne sait pas encore choisir.

Cet état de choses, Messieurs, m'a vivement frappé; j'y ai vu un obstacle sérieux aux progrès ultérieurs de la gallinoculture. Pour peu que cela dure, ne sommes-nous pas exposés, en effet, à perdre le bénéfice de l'impulsion générale à laquelle nous avons si puissamment contribué? N'est-il pas à craindre que des tentatives si souvent répétées, et en pure perte, ne viennent à refroidir le zèle des éleveurs, à faire naître le découragement chez ceux qui ont commencé, à maintenir l'indifférence chez ceux qui commenceraient? Nous avons cependant besoin de tout le monde, et ce ne sera pas trop, pour faire une véritable science de ce qui naguère n'était encore qu'une déplorable routine.

C'est le désir de conserver et de conquérir au profit de la gallinoculture tous les efforts qui peuvent la soutenir, toutes les lumières qui peuvent la diriger, toutes les expériences qui peuvent l'enrichir, c'est ce désir, Messieurs, qui m'a suggéré l'idée d'attaquer de front la difficulté qui nous arrête en ce moment.

J'ai pensé que le jour où, à l'aide d'une classification solidement établie, chacun pourrait déterminer sûrement une race fondamentale, ce jour-là l'incertitude et la confusion disparaîtraient. Chaque éleveur pouvant y trouver le gage d'un succès assuré à côté d'un travail facile, l'élan général s'accroîtrait encore, et la science marcherait.

Cette classification, Messieurs, je l'ai tentée, et c'est elle que je viens vous soumettre, en vous priant de m'aider de vos conseils, de votre expérience, pour la conduire à bonne fin, soit qu'il faille la rectifier, soit qu'il faille l'étendre, car je n'ai d'autre prétention que celle de présenter un cadre méthodique dans lequel toutes les améliorations pourront trouver leur place ; trop heureux que votre contrôle et votre approbation lui apportent une autorité qu'elle ne peut avoir, venant de moi, et dont elle a cependant besoin pour être accueilli favorablement auprès des éleveurs et des savants.

Permettez-moi donc, Messieurs, de vous rendre compte et de la marche que j'ai suivie et des motifs auxquels j'ai obéi dans la recherche des caractères distinctifs devant servir de base aux divisions indispensables.

Le premier point qui m'a paru nécessaire, pour être pratique, a été de demander les caractères distinctifs aux organes qui sont le plus en évidence pour les mettre à la portée de tout le monde ; il fallait, en effet, qu'ils pussent être saisis au premier coup d'œil et sans effort. Voilà pourquoi mon attention s'est d'abord concentrée sur les ORGANES EXTÉRIEURS.

Le second point n'était pas, suivant moi, moins nécessaire que le premier ; tous les organes extérieurs ne sont pas du même ordre, ils n'ont pas non plus la même stabilité. Les uns sont d'une extrême mobilité et les caractères qui en procéderaient seraient bientôt emportés par des variations continuelles ; les autres, au contraire, ont une grande ténacité, et l'on ne parvient pas aisément à les faire disparaître, ceux-là m'ont paru les plus propres à fournir les caractères les plus solides, puisqu'ils sont eux-mêmes les plus durables. Voilà pourquoi je me suis arrêté aux organes les plus persistants parmi les plus visibles.

Par une coïncidence heureuse et qui se retrouve dans toute l'échelle zoologique, les organes les plus persistants sont en même temps ceux qui se rapportent aux fonctions les plus importantes. La faculté que possède tout animal de reproduire des êtres semblables à lui se perdrait bien vite si les instruments des fonctions principales n'avaient pas de fixité, et c'est ce qui nous permet à notre tour de reconnaître, de coordonner et de prévoir.

A cet endroit de mes études, je dois vous dire, Messieurs, que j'ai commencé de prendre une confiance que j'étais loin d'avoir dès le principe. A dater de ce moment, j'ai été convaincu, et je le suis encore, que la voie dans laquelle j'étais engagé devait aboutir à un résultat dont la solidité serait nécessairement en rapport avec celle des organes choisis pour établir les ressemblances et les différences.

Cependant je n'étais pas au bout ; il me fallait déterminer par des expériences que chacun pourrait vérifier, quels étaient, parmi les plus visibles, les organes les plus persistants. Ma théorie zoologique me disait, à la vérité, qu'après les organes de l'innervation dont j'avais dû m'interdire l'examen à cause de leur situation profonde, il fallait m'adresser à ceux des organes de nutrition et de locomotion, qui sont le plus en évidence, puisqu'en effet leur importance m'annonçait en même temps leur stabilité ; mais outre qu'une théorie offre toujours un côté plus ou moins contestable, je ne pouvais me dispenser de rechercher la mesure suivant laquelle chacun d'eux était capable de résister aux causes qui tendent à les modifier.

Par suite d'expériences entreprises dans un autre but, j'avais pu m'assurer déjà que de toutes les influences qui agissent puissamment sur les races gallines en vue de leurs modifications normales, il n'en est aucune qui puisse être comparée au croisement par races fortement différenciées ; ce fut donc à ce procédé que je m'arrêtai pour établir une série d'expériences sur les bases suivantes :

ANNÉE 1853.

1° Coq de Cochinchine sur Poule de Crèvecœur. — A. Une Poule fut conservée dans le type le plus voisin du Cochinchinois.

2° Coq de Crèvecœur sur Poule de Cochinchine. — Une Poule B conservée dans le type le plus voisin du Crèvecœur.

ANNÉE 1854.

1° Coq de Cochinchine sur Poule A (Crèvecœur 1/2 sang). — Une Poule C conservée dans le type le plus voisin du Cochinchinois.

2° Coq de Crèvecœur sur Poule B (Cochinchinois 1/2 sang). — Une Poule D conservée dans le type le plus voisin du Crèvecœur.

ANNÉE 1855.

1° Coq de Cochinchine sur Poule C (Crèvecœur 1/4e sang). — Une Poule E est conservée dans le type le plus voisin du Cochinchinois.

2° Coq de Crèvecœur sur Poule D (Cochinchine 1/4e sang). — Une Poule F est conservée dans le type le plus voisin du Crèvecœur.

ANNÉE 1856.

1° Coq de Cochinchine sur Poule E (Crèvecœur 1/8e sang). — Une Poule G conservée dans le type le plus voisin du Cochinchinois.

2° Coq de Crèvecœur sur Poule F (Cochinchine 1/8e sang). — Une Poule H est conservée dans le type le plus voisin du Crèvecœur.

ANNÉE 1857.

1° Coq de Cochinchine sur Poule G (Crèvecœur 1/16e sang). — *Produits redevenus Cochinchinois irréprochables.*

2° Coq de Crèvecœur sur Poule H (Cochinchine 1/16e sang). — *Produits redevenus Crèvecœur,* sauf quelques nuances à peine perceptibles.

C'est ainsi, Messieurs, que j'ai pu observer cinq générations se succédant pour ainsi dire *en partie double.* Elles m'ont présenté des phénomènes fort curieux et sur lesquels j'aurai sans doute à revenir une autre fois, lorsqu'il s'agira, ou d'étudier la part qui peut être attribuée à chaque sexe dans la reproduction galline, ou de rechercher la marche à suivre pour créer des variétés nouvelles. Mais, aujourd'hui, je dois me borner à vous faire connaître ceux qui se rapportent particulièrement au sujet qui nous occupe, et je les résume de la manière suivante :

1° Les premières et les plus grandes perturbations ont porté principalement sur la forme du corps et sur les couleurs du plumage.

2° Le bec supérieur et les pattes n'ont été modifiés qu'en passant par des transitions insensibles et toujours progressives.

3° La crête a suivi très exactement les transformations du bec supérieur.

4° La huppe, les bouffettes jugulaires et la mentonnière se sont effacées ou bien ont reparu conformément aux évolutions du bec supérieur et de la crête.

5° De la première à la troisième génération, l'aspect général de l'une et l'autre race s'est montré plusieurs fois et plusieurs fois a disparu.

6° A la troisième génération le retour à la race initiale était manifeste et progressif.

7° Enfin, pour anéantir le bec supérieur, les pattes et la crête du Crèvecœur, il a fallu cinq générations successives, secondées par un choix similaire, et c'est à grand'peine si ce temps combiné avec ce moyen ont suffi pour anéantir le bec, les pattes et la crête du Cochinchinois.

De cette manière, Messieurs, je suis arrivé à me convaincre que la théorie ne m'avait point trompé en me conseillant de chercher les organes extérieurs les plus persistants parmi ceux qui sont affectés aux fonctions de nutrition et de locomotion. Le bec et les pattes sont évidemment doués d'une *antergie* (1) qui surpasse celle de tous les autres organes situés au dehors. C'est ce qui m'a décidé à m'emparer de cette précieuse prérogative dans laquelle je trouvais si bien les premiers éléments de mon travail.

J'ai dit précédemment que les organes fondamentaux de l'innervation, par leur éloignement de la périphérie, ne se prêtaient point à fournir des caractères extérieurs capables d'être appliqués à une classification faite surtout au point de vue pratique. Il est pourtant un organe qui, sans appartenir précisément aux fonctions de l'innervation, est avec elles dans un rapport tel qu'il en traduit souvent les dispositions les plus remarquables, je veux parler du crâne. Là, en effet, il y aurait de précieuses indications à recueillir ; elles sont extérieures, visibles et surtout très persistantes. Malheureusement elles reposent sur des nuances qu'un œil exercé peut seul apercevoir, et elles échappent fatalement à une description qui ne

____

(1) Mot forgé pour signifier *puissance de résistance.*

serait pas rigoureusement anatomique. Par la crainte, peut-être excessive, de placer la méthode en dehors du plus grand nombre, et aussi par celle de risquer quelque confusion, j'ai pensé qu'il fallait laisser aux savants ces indications qui deviennent fugitives dès qu'elles n'ont plus à leur service que le langage usuel. Quelque précieuses qu'elles puissent être, et puisque d'ailleurs il n'est pas impossible d'arriver par un autre chemin, j'ai cru qu'il était plus sage d'en faire provisoirement le sacrifice à la nécessité de vulgariser les études.

Après avoir pris exclusivement son point d'appui sur les organes *les plus visibles parmi les plus persistants*, ma classification, se fondant sur l'expérience, fait donc apparaître successivement le bec et les pattes dont elle signale, autant que possible par opposition, les différents caractères.

Je ne dois pas aller plus loin sans m'arrêter un instant à la conformation du bec supérieur, qui me semble appelé à jouer un rôle si important et dans la distinction des races et aussi dans la question épineuse de leur supériorité relative. Considéré à son origine frontale, il se présente avec deux caractères parfaitement tranchés : il est *uni et lisse*, ou bien il est *gaufré*, et l'une et l'autre disposition vous frapperont singulièrement, je pense, lorsque je vous dirai que chacune d'elles a pour conséquence une série de faits corrélatifs qui paraissent s'étendre à l'universalité des organes et des tissus. Un bec *supérieur arrondi* annonce infailliblement des narines longitudinales à très petite ouverture, une crête simple ou double, sans bifurcation, absence de huppe, un système osseux prononcé, des muscles fermes, un tissu cellulaire serré, une peau résistante et plus ou moins colorée ; tandis qu'un bec *supérieur gaufré* est le signe certain de narines circulaires brusquement retroussées et largement ouvertes, d'une crête bifurquée ou nulle, d'une huppe plus ou moins accusée, d'un système osseux délié et léger, de muscles tendres, d'un tissu cellulaire lâche, d'une peau fine, délicate et blanche. De telles corrélations sont trop remarquables pour qu'on ne cherche pas à s'en rendre compte. Je n'oserais affirmer que j'y suis entièrement parvenu. Cependant n'est-il pas très vraisemblable que la conformation du bec supérieur tire surtout son importance de sa jonction avec les narines, dont les dispositions influent si puissamment sur les fonctions respiratoires, liées à leur tour étroitement avec celles de la circulation et par suite avec toutes les autres? N'est-il pas aussi fort raisonnable de penser que le bec supérieur, issu de la partie antérieure du crâne, est presque directement subordonné aux dispositions du centre nerveux dont il est une sorte de traduction? Ainsi, lié aux fonctions de l'innervation et de la respiration, organe lui-même de nutrition et de protection, le bec supérieur non-seulement justifie le haut rang qu'il doit occuper désormais parmi les organes extérieurs, mais encore il explique les influences profondes dont il est à la fois le signe et l'instrument.

Jusqu'à ce jour, l'enchaînement de ces dispositions, s'il a été aperçu dans quelques-unes de ses parties, n'a point encore été signalé dans son ensemble, et surtout la conformation du bec supérieur, auquel le reste semble subordonné, paraît avoir complétement échappé à l'attention des praticiens. Les peintres eux-mêmes, obligés cependant d'observer la nature pour la représenter, ne paraissent pas s'en douter; aussi leur arrive-t-il souvent de nous faire des Poules et des Coqs à peu près impossibles, par exemple des *Crèvecœurs* ou des *Padoues* avec un bec ombragé de huppes magnifiques, mais très lisse et fort bien arrondi; ou encore des *Laflèche* avec des crêtes doubles très resplendissantes mais sans bifurcation, et un bec en forme de polissoir. Cela est sans doute gracieux et ne manque pas d'effet, malheureusement ce n'est pas vrai.

Ma classification, ainsi appuyée sur le bec et sur les pattes, ouvre ses divers chemins. Les grandes divisions commencent et elles se suivent jusqu'à la fin par voie dichotomique en procédant des organes aux parties d'organes les plus évidentes et les plus stables. Ce n'est que quand ces premiers éléments se trouvent épuisés, que d'autres surviennent et continuent cet ordre dans lequel les *caractéristiques* décroissent nécessairement en importance; je dis nécessairement; puisque les premières occupant le rang le plus élevé, toutes les autres ne peuvent plus occuper qu'un rang relativement inférieur. Après le bec viennent les pattes considérées dans le nombre de leurs doigts et dans leur coloration ; puis les *caractéristiques* sont successivement empruntées à la crête, à la huppe, aux crochets de la crête, aux bouffettes jugulaires, à l'oreillon, aux yeux, aux paupières et finalement au plumage.

Cette méthode, vous le voyez, Messieurs, se propose un triple but : c'est d'arriver promptement et sûrement à la détermination d'une race fondamentale, d'en circonscrire les variétés et d'éliminer les productions dépourvues de caractéres constants. Ce triple but, elle l'atteint, je crois ; mais il ne faut pas lui demander plus qu'elle ne peut donner. On y trouve et l'on n'y doit trouver en effet que des caractéres distinctifs, suffisants pour reconnaître et limiter, mais insuffisants pour approfondir un sujet dans son ensemble aussi bien que dans tous ses détails. Une nomenclature ne peut être ni une description ni une peinture, encore moins une expérience. C'est à l'observation, c'est aux études pratiques qu'il convient de recourir pour compléter l'œuvre de la méthode qui, pour me servir d'une expression familière, ne fait que mettre et maintenir *le pied dans l'étrier*, mais qui seule ne pourrait conduire au bout de la carrière.

Vous pourriez vous étonner peut-être de m'avoir vu poursuivre avec ardeur les caractéres les plus visibles, et de me voir ensuite prendre pour base de classification précisément une conformation du bec assez difficile à apercevoir. Serait-ce de ma part une contradiction? Messieurs, vous allez en juger.

Il est bien vrai que les *gaufrures* situées à la naissance du bec supérieur chez quelques races, et que leur absence chez d'autres, sont des dispositions très peu apparentes, surtout à distance. D'ailleurs elles ne dépassent jamais le débouché des fosses nasales à la forme duquel elles concourent, si toutefois elles n'en résultent. Or, il faut bien convenir qu'à quatre pas seulement un nez de Poule est un véritable problème.

J'ajouterai même, pour ne pas affaiblir l'objection, que l'existence d'une huppe quelconque, abondante ou rudimentaire, coïncidant toujours avec la disposition du bec gaufré, la difficulté semblerait s'aggraver encore par ce fait que la base du bec est alors entièrement cachée.

Cependant, pour peu que l'on y réfléchisse, on reconnaît promptement, d'une part, que la huppe étant inséparable d'un bec *gaufré*, et par conséquent d'une crête plus ou moins bifurquée, tandis que, d'autre part, l'absence de huppe, la crête simple ou double sans bifurcation, étant inséparables d'un bec lisse et arrondi, chacune de ces dispositions, en quelque sorte solidaire des autres, devient à l'instant même le signe le plus apparent que l'on puisse désirer pour indiquer la conformation *gaufrée* ou non du bec supérieur. De cette façon, toute difficulté est levée par les circonstances même qui menaçaient de la rendre insurmontable.

En terminant cet exposé sommaire, il n'est peut-être pas hors de propos de dire quelques mots sur la question des origines premières. Quelques mots! ce sera trop peu pour ceux qui ont la prétention de la résoudre ; ce sera trop, sans doute, pour ceux qui la jugent insoluble.

Si nous possédions les moyens d'établir avec certitude la procession des races et de remonter ainsi jusqu'à celles d'où elles dérivent primitivement, cette connaissance répandrait incontestablement une vive lumière sur le classement qui doit en être fait. Mais ici, comme dans toutes les recherches de ce genre, l'origine se cache dans l'obscurité la plus profonde, lorsque, jetant les yeux sur les documents de toutes sortes, amoncelés par les siècles et par les sciences autour de la question des races humaines, on vient à reconnaître qu'elle est bien loin d'être résolue, il est permis je crois de renoncer à dissiper les ténèbres qui enveloppent le commencement des races gallines que nous ne faisons à peine qu'entrevoir, et au sujet desquelles la tradition nous fait entièrement défaut.

Cependant nous ne sommes pas condamnés à demeurer en place par cela seul que nous ne pouvons remonter au premier anneau de la chaîne qui relie les effets à leurs causes. Les sciences naturelles, et y en a-t-il d'autres? les sciences qui s'appuient avant tout sur l'observation et sur l'expérience ont bien assez à faire de regarder autour d'elles et de suivre la génération des phénomènes aussi loin que l'induction portée par les faits peut les conduire, et elles n'éprouvent pas, comme les rêveries fantaisistes, le besoin de perdre leur temps et leurs peines à deviner des chimères dans des nuages.

Voilà pourquoi, Messieurs, sans nier en principe l'importance qui s'attacherait à la détermination des origines premières, j'arrive cependant à lui opposer une fin de non-recevoir fondée sur l'impossibilité où l'on est de ne rien démontrer à ce sujet.

Dans cet état des choses, il m'a donc semblé plus urgent, plus utile, plus pratique de réunir par groupes similaires toutes les races gallines maintenant accessibles à notre observation et de les distinguer ensuite par leurs différences, confiant à l'avenir la tâche de remplir les lacunes laissées par notre ignorance actuelle.

Par cette méthode, qui a son point de départ dans l'observation et sa vérification dans l'expérience, on parvient du moins à classer immédiatement un certain nombre de groupes d'où dérivent des individus semblables qui se reproduisent avec des caractères constants, c'est ce que je considère comme devant être pour nous *les races fondamentales*, ne voulant pas dire par là que ces races soient la représentation fidèle de celles qui ont antérieurement existé, mais plutôt qu'elles sont le fondement de celles qui peuvent se perpétuer anciennes, ou surgir nouvelles, soit par le fait du hasard, soit par celui de la volonté.

Les considérations qui précèdent vous expliquent suffisamment, je crois, pourquoi j'ai abandonné le passé des races gallines, dès le moment qu'il ne m'a plus été possible de le suivre sans risquer de me perdre ; elles vous expliquent encore comment, faisant volte-face sur le présent et vers l'avenir, je me suis uniquement appliqué à constater ce qui est aujourd'hui en vue de ce qui pourra être demain, laissant ainsi à ceux qui recherchent la Poule primitive la liberté de s'amuser à loisir en compagnie de ceux qui recherchent le premier Bœuf ou le premier homme, au moyen de théories suspendues à des hypothèses.

Fidèle jusqu'au bout à la méthode expérimentale, j'ai voulu,

Messieurs, avant de vous présenter mon travail, le mettre lui-même à l'épreuve. La classification à la main, et en pleine basse-cour, des personnes qui n'ont aucune notion de gallino-culture sont aisément parvenues à déterminer la race et la variété de tous les sujets qui leur ont été soumis. Elles n'ont rencontré d'autre difficulté que celle de bien comprendre des termes qui ne leur étaient pas connus, mais ces termes, une fois expliqués, le reste allait de soi et en peu d'instants le but se trouvait atteint sans que j'y misse la moindre complaisance.

Il faut que je vous dise encore que, tout récemment j'ai présenté à M.***, très novice en cette matière, un sujet pro-venant de plusieurs croisements fortuits : *bec supérieur arrondi*, *quatre doigts*, *patte nue*, ARDOISÉE EN DEHORS, JAUNE EN DEDANS. *Mais ça ne va plus*, s'écria-t-il à ces derniers signes ; *si votre classification est bonne, c'est votre sujet qui ne vaut rien*. Il avait raison, le sujet était un de ceux qui ne peuvent avoir de nom ni de place dans aucune nomenclature.

Cependant, Messieurs, je me hâte d'ajouter que cette clas-sification est, à mes propres yeux, bien loin d'être complète ; elle n'embrasse encore que vingt-cinq races fondamentales avec une soixantaine de variétés fixes, et certainement le nombre des unes et des autres est beaucoup plus considé-rable. Mais je n'ai pu classer ce qui m'était inconnu ! Du reste, je ne me suis jamais fait aucune illusion sur ce point, je con-naissais toute mon insuffisance, et d'avance je savais que le travail auquel j'allais me livrer ne pouvait être l'œuvre ni d'un homme ni d'un jour, toutefois j'étais convaincu qu'avant de finir il fallait commencer, c'est ce que j'ai fait.

Maintenant, Messieurs, si la méthode que j'ai suivie vous paraît assez solide pour supporter le poids d'une construction plus vaste, et qu'à ce titre seulement elle emporte votre appro-bation, c'en est assez déjà pour le but que je me suis proposé. D'autres viendront bientôt déposer tour à tour à la place qui leur est réservée les matériaux qui nous manquent, et vous ne tarderez pas à voir s'élever un édifice dont tout l'honneur rejaillira sur vous, puisque ce sera sous vos auspices et par l'un des vôtres qu'en aura été posée la première pierre.

ESSAI D'UNE CLASSIFICATION DES RACES GALLINES

D'APRÈS LES CARACTÈRES FOURNIS PAR LES ORGANES LES PLUS PERSISTANTS ET LES PLUS VISIBLES.

ASCENDANTS INCONNUS.

BEC SUPÉRIEUR GAUFRÉ A SA BASE (implique : *large ouverture des fosses nasales, huppe, et crête bifurquée, sinon rudimentaire*).

- Patte à 5 doigts ..... **Houdan.** — Deux variétés : 1° noire ; 2° blanche.
- Patte à 4 doigts
  - nue...
    - crête bifurquée à grandes cornes ..... **Crèvecœur.** — Deux variétés : 1° panachée ; 2° blanche.
    - crête bifurquée à petites cornes.
      - demi-huppe ou épi.
        - grand oreillon. ..... **La Flèche.** — Deux variétés : 1° noire et fauve ; 2° noire et blanche.
        - petit oreillon. ..... **Caux.** — » »
      - huppe entière. ..... **Polonaise (Padoue).** — Huit var. : 1° dorée ; 2° argentée ; 3° chamois moucheté ; 4° id. uni ; 5° blanche ; 6° bleue ; 7° coucou ; 8° citronnée.
  - plumi-fère.
    - blanchâtre ..... **Gueldre.** — Deux var. : 1° gris mouch. ; 2° marq. de feu.
    - ardoisée. ..... **Bréda.** — Deux variétés : 1° blanche ; 2° noire.

BEC SUPÉRIEUR LISSE, ARRONDI A SA BASE (implique : *étroite ouverture des fosses nasales, absence de crête bifurquée, et généralement de huppe*).

- Patte à 5 doigts
  - nue. ..... **Dorking.** — Deux variétés : 1° panachée fauve et blanc ; 2° fauve nuancé.
  - plumifère. ..... **Nègre chinoise.** — » »
- Patte à 4 doigts
  - nue...
    - ardoisée
      - crête double sans bifurcation
        - à crochet postérieur.
          - plumage irrégulièrement varié noir et feu. ..... **Bretonne.** — » »
          - plumage régulièrement moucheté. ..... **Kampen (Hambourg).** — Quatre variétés : 1° mouchetée ; 2° panachée ; 3° noire ; 4° blanche.
        - sans crochet. ..... **Vallikiki (Perse).** — » »
      - crête simple
        - droite
          - races fortes
            - oreillon borné aux tempes. ..... **Bruges.** — Deux variétés : 1° fauve noir et feu ; 2° gris ardoisé.
            - oreillon temporo-palpébral. ..... **Andalouse.** — » »
          - races naines
            - plumage noir unicolore. ..... **Java (indienne).** — Variétés nombreuses de toutes couleurs.
            - plumage moucheté or ou argent. ..... **Bantam.** — Trois variétés : 1° noir et or ; 2° noir et argent ; 3° noir et soufre.
        - déprimée. ..... **Combat.** — Plusieurs variétés.
    - blanchâtre
      - crête double sans bifurcation. ..... **Coucou de France.** — Une variété naine.
      - crête simple. ..... **Coucou de Rennes.** — Une variété naine.
      - boufflettes jugulaires. ..... **Gange.** — Trois variétés : 1° fauve ; 2° blanche ; 3° noire.
    - jaune...
      - sans boufflettes
        - œil brun roussâtre ..... **Brésil.** — Deux variétés : 1° fauve et feu ; 2° fauve et noire.
        - œil gris-perle. ..... **Malacca.** — Trois variétés : 1° fauve et feu ; 2° blanche ; 3° noire.
  - plumi-fère.
    - ardoisée. ..... **Calcutta (indienne).** — Variétés nombreuses de toutes couleurs.
    - jaune...
      - plumage blanc pailleté de noir à reflets verts. ..... **Brahma-pôotra.** — Trois variétés : 1° pailleté vert à reflets noirs ; 2° marron ; 3° plumage inverse.
      - plumage unicolore ou moucheté de noir. ..... **Cochinchine.** — Cinq variétés : 1° fauve unicolore ; 2° blanc unicolore ; 3° noir unicolore ; 4° fauve moucheté de noir ou perdrix ; 5° fauve à plumes effilées et soyeuses.

Nota. — Chacune de ces variétés comprend plusieurs sous-variétés.

NOTE

SUR DES TRUITES D'UNE ESPÈCE NOUVELLE

(*Salar macrostigma*, A. DUM.),

RÉCEMMENT ENVOYÉES D'ALGÉRIE A LA SOCIÉTÉ,

Par M. Auguste DUMÉRIL,

Professeur-administrateur au Muséum d'histoire naturelle.

———

Les poissons, comme on le sait, ne se trouvent pas en abondance dans les eaux douces de l'Algérie, et quelques-uns de ceux qui s'y rencontrent ne fournissent, pour l'alimentation, qu'une ressource insuffisante et peu estimée, à cause de l'infériorité des qualités de leur chair. Aussi, M. le maréchal Vaillant a-t-il témoigné le désir de voir transporter de bonnes espèces dans les cours d'eau de notre colonie, et la Société impériale zoologique d'Acclimatation, s'efforçant de seconder les intentions généreuses de M. le Ministre, a proposé un prix pour l'introduction de poissons alimentaires dans les eaux douces ou saumâtres du territoire algérien (1). Déjà des tentatives heureuses ont été faites, en partie sous les auspices de la Société (2), et il y a lieu d'espérer qu'elles obtiendront un plein succès.

Avant que les ressources promises par ces louables efforts puissent être considérées comme véritablement acquises à nos colons, il importe de ne négliger aucune occasion d'explorer

———

(1) Voyez plus haut, page XXVII, le Programme des prix proposés par la Société. Le prix proposé pour *l'introduction d'un poisson alimentaire dans les eaux douces ou saumâtres de l'Algérie* est une médaille d'or de 500 francs. Le concours est ouvert jusqu'au 1er décembre 1860.

(2) La Société, sur la demande de sa Section de pisciculture, a alloué, au printemps de 1858, une somme de 500 francs, à M. Leclerc, pêcheur, et l'administration de la guerre lui a accordé le passage gratuit en Algérie, afin de l'encourager et qu'il puisse tenter de peupler de poissons, dans de bonnes conditions, les cours d'eau de l'arrondissement de Philippeville. Voyez, pour les résultats de cette tentative, p. 109.

avec soin tous les cours d'eau, qui renferment peut-être plus d'espèces qu'on ne l'a cru jusqu'à ce jour. C'est ainsi que notre confrère, M. le docteur Guyon a pêché, dans les oasis du cercle de Biscara, et plus au sud, jusqu'à Tuggurth, puis sur le versant nord de l'Atlas, à plus de 400 mètres au-dessus du niveau de la mer, des poissons intéressants qui, étudiés d'abord par M. P. Gervais, viennent d'être récemment l'objet d'un nouvel examen de la part de M. Valenciennes. (*Comptes rendus*, t. XLVI, p. 711.) C'est ainsi encore qu'une espèce du genre Truite, dont on ignorait la présence dans nos possessions de l'Algérie, a été trouvée en abondance par M. le colonel Lapasset, commandant supérieur du cercle de Philippeville. Elle vit dans les eaux torrentueuses et limpides de l'Oued-el-Abaïch, en Kabylie, à 40 kilomètres ouest de la ville de Collo. Notre confrère, M. Lucy, receveur général du département des Bouches-du-Rhône, en a rapporté deux exemplaires.

Ce Salmonoïde appartient au genre Truite proprement dit, qui est caractérisé surtout par la présence d'une double rangée de dents implantées sur l'os vomer, et que M. Valenciennes a désignée sous le nom de *Salar*, emprunté au poëte Ausone, mais dont il a fait une dénomination générique.

Comparée aux espèces que comprend le genre dont il s'agit, cette Truite ne peut pas leur être assimilée. Elle forme une division nouvelle, et comme de volumineuses maculatures noires et arrondies, régulièrement disposées sur les flancs, en constituent l'un des caractères extérieurs les plus faciles à saisir, il est convenable de la nommer Truite a grandes taches (*Salar macrostigma*, A. Dum.).

Sans donner ici une description complète de ce poisson, il est aisé de signaler les différences qui le distinguent de toutes les Truites. Il n'en est aucune qui soit aussi trapue : ses formes, en effet, sont ramassées ; les nageoires paires latérales et l'anale ou hypoptère sont plus rapprochées les unes des autres qu'elles ne le sont chez ses congénères. La dorsale ou épiptère, un peu plus haute qu'elle n'est longue, est située plus en arrière que chez les autres espèces, car ses premiers rayons dépassent à peine l'origine des catopes ou ventrales. La caudale ou uroptère, beaucoup plus fourchue que chez aucune Truite, se termine par des lobes effilés, dont la longueur est presque double de celle de la portion centrale de cette nageoire.

On compte aux nageoires le nombre de rayons indiqué par cette formule :

$$\text{D. } _{10\text{-}11}^{3} - \text{A. } \frac{2}{9} - \text{V. } \frac{1}{8} - \text{P. } \frac{1}{12} - \text{C. } _{5}^{6}{}_{19}.$$

La tête est comprise à peu près quatre fois et demie dans la longueur totale. Le tronc présente, au niveau de la région céphalique, une inflexion assez prononcée, d'où résulte une légère incurvation de la région dorsale.

La teinte générale offre une assez grande analogie avec celle des autres Truites ; elle a cependant, vers le dos, une nuance un peu plus foncée. Comme toutes ses congénères, cette espèce porte sur les flancs des taches rondes, qui sont le centre de petits espaces plus clairs, rouges sans doute pendant la vie ; elles constituent, de chaque côté du corps, trente-cinq à quarante taches ocellées, nettement séparées les unes des autres, et dont une seule est bien apparente sur l'opercule. L'épiptère, bordée de noir en avant, est semée de points noirs avec une certaine régularité ; il s'en trouve un à la base de la nageoire adipeuse, et le bord antérieur de l'hypoptère est noir. Les autres nageoires sont d'une couleur pâle uniforme.

Sur chaque flanc, le long du trajet de la ligne latérale, on voit une série régulière de grosses maculatures noires et arrondies. Elles deviennent parfaitement distinctes au niveau de l'origine de l'épiptère, et à partir de ce point jusqu'au commencement des rayons de la caudale, on en compte huit, dont le diamètre diminue à peine depuis la première jusqu'à la dernière.

SUR LA MALADIE DES VERS A SOIE
ET L'ÉTAT DE LA DERNIÈRE RÉCOLTE EN LOMBARDIE.

LETTRE ADRESSÉE A M. BROT,
Délégué du Conseil de la Société d'acclimatation à Milan,

Par M. le professeur E. CORNALIA, de Milan.

———

(Séance du Conseil, 20 août 1858.)

Mon cher Monsieur et Confrère,

L'honneur que la Société d'acclimatation vient cette année de m'accorder, en décernant une médaille de première classe à mes travaux sur les Vers à soie, réclame de ma part que je m'occupe d'elle et que je la tienne au courant de nos affaires séricicoles. Les nombreuses occupations dont je suis chargé me défendent de traiter ce sujet avec l'extension dont il serait susceptible, et qu'il mériterait; mais ne pouvant vous donner le plus, je ne veux pas vous refuser le moins; je vous le donne sans prétention et avec gratitude, en vous priant, si vous l'en croyez digne, de le présenter à la Société. — D'autre part, vous recevrez certainement par les travaux et le concours de praticiens bien plus habiles et mieux placés que moi, d'autres relations ou rapports sur cette triste entreprise qu'on appelle maintenant en Lombardie la culture du Ver à soie, — et vous serez dédommagé du peu que je suis obligé de vous offrir.

Malheureusement encore cette année, il y a plus à regretter qu'à raisonner. Quoique la maladie se soit montrée avec quelques modifications (que je vais tout de suite vous indiquer), elle n'a pas cessé d'être aussi pernicieuse qu'auparavant, et la récolte a souffert beaucoup dans son ensemble.

Il est inutile de vous faire observer que la presque totalité des cultivateurs a fait usage de graine étrangère. La Toscane, le Frioul, le Tyrol, l'Istrie, la Dalmatie, la Grèce, enfin l'Orient.

avec ses nombreuses localités dont le commerce et la spéculation se sont emparées, ont envahi notre pays avec une telle quantité de graines qu'il a été impossible de vendre, et qu'il en est
encore disponible pour les cultivateurs automnales. Les malheureux qui ont continué à faire usage de graines du pays, ont
été cruellement punis. Le Piémont en a offert plusieurs exemples. Ayant soin de se procurer la meilleure qualité possible
de graine, et avec la précaution d'en mettre à l'étuve une
quantité plus grande qu'à l'ordi aire, les cultivateurs lombards
ont fait encore une assez abondante récolte ; circonstance qui
a été favorable seulement aux acheteurs, mais pas du tout aux
éleveurs eux-mêmes, qui ont dù payer la graine des prix fous,
la remettre deux fois et en obtenir une rente proportionnellement très petite.

La maladie chez nous a changé quelque peu de ses caractères.
Les taches noires (vulgairement *pétéchies*) qui dans la dernière
éducation (1857) formaient le caractère dominant et donnaient
au corps de l'animal un aspect bien singulier, manquaient
quelquefois cette année-ci, ou pour mieux dire elles étaient
très petites, et il fallait la loupe pour s'en apercevoir. Malgré
cela, la même inégalité dans les Vers, la même perte continuelle
des individus à chaque mue difficile et imparfaite, le même
aspect chétif et apathique qu'on observait autrefois. Les Vers
malades présentent une couleur de toile non blanchie, mangeaient peu, vomissaient, devenaient toujours plus petits et
traînaient leur vie misérable qui aboutissait à la mort.

Chez plusieurs cultivateurs néanmoins, la ruine totale a
commencé très tard, savoir : quelques jours après la quatrième
mue, après bien des espérances conçues et des fatigues prodi-
guées. Il y a plus encore. Chez d'autres, les Vers à soie ont filé
leurs cocons, en donnant la certitude d'un riche produit, et au
contraire, ils ont pesé très peu. – Ajoutez, Monsieur, que dans
la même chambre, sur la même litière, où dominait l'*atrophie*, j'ai vu et plusieurs éleveurs ont vu la *muscardine ;* chose
bien étrange, particulièrement pour ceux qui font encore des
théories, qui parlent de l'antagonisme chimique, qui admettent
encore des maladies alcalines et des maladies acides, et qui

se servent de cette distinction pour la thérapeutique. Vues et théories que la pratique détruit à chaque instant.

Un fait singulier et que j'ai vérifié dans plusieurs cultures, c'est le résultat différent qu'a donné une même graine : pas une *même graine* provenant d'une même localité sur la foi d'un commerçant, car la chose pourrait être tout autre, mais une graine provenant de la même boîte. Ceci donne beaucoup à réfléchir, à ceux principalement qui mettent la cause du mal exclusivement dans la qualité des œufs. Un exemple que je vous citerai, qui doit vous intéresser certainement, m'a été offert par la graine que vous avez eu la bonté de me faire tenir au nom de la Société, et qui avait été obtenue dans les Alpes, par notre collègue et très fort sériculteur, M. Guérin-Méneville.

J'ai divisé le petit paquet en trois portions ; deux furent envoyées à la campagne, une a été cultivée en ville. Je pouvais surveiller l'éducation des Vers provenant de toutes ces portions. Eh bien ! les Vers de la campagne sont tous morts par l'atrophie, je n'ai pas eu le bonheur de voir un seul cocon ; au contraire, ceux cultivés dans l'enceinte même de la ville, ont donné de très beaux cocons, d'une forme, d'une solidité et d'une finesse admirables (1).

Je laisse à ceux qui aiment trouver une explication facile à tout, le plaisir d'expliquer ce fait. J'y trouve une grande difficulté, car ni la différente qualité du Mûrier, ni les différents degrés de perfection dans les moyens d'éducation employés ne donnent une cause suffisante, du moment que ces mêmes cultivateurs, chez lesquels la graine des Alpes a échoué, ont obtenu beaucoup de cocons avec d'autres graines. C'est pour cela que je ne veux pas me prononcer sur les causes possibles ou probables de la nouvelle maladie ; j'aime mieux accuser mon ignorance et plier la tête devant les grands mystères de la nature. Supposer une seule cause, celle-ci ne me donne pas la clef de tous les phénomènes ; en supposer plusieurs, c'est

(1) Dans ces cocons j'en ai observé de deux qualités bien distinctes, soit par la forme ,soit par leur coloration. La graine doit avoir été mêlée dans son origine.

comme n'en indiquer aucune ; et puis il faut en donner les preuves. — La question, comme j'ai dit ailleurs il y a long-temps (1), est très complexe, et il doit y avoir des conditions que l'homme, quoique éclairé par le flambeau de la science, ne sait pas surprendre. Tous ceux qui connaissent les difficultés de toute question dans laquelle se mêle l'élément vital, ap-prouveront ma réserve. Malgré cela on doit étudier toujours, et ne pas perdre courage. — Le savant doit continuer ses as-sauts, même après une première défaite. — Combien de ques-tions ont dû être reprises et plusieurs inutilement encore, si après tant de générations la science de la vie saine et morbide a fait si peu de progrès! Les fléaux qui, à tout âge, dès les temps les plus reculés, ont fait tant de ravage parmi les végétaux, les animaux, l'homme même, rentrent dans les vues supérieures de l'économie de la nature ; ils viennent et disparaissent, sans que l'homme puisse les dominer ou conduire, car leur raison d'être est au-dessus de son intelligence.

Mue par ces mêmes vues, la Commission d'agriculture de la *Société d'encouragement d'arts et métiers*, et de laquelle je fais moi-même partie, a rédigé son rapport (2), dont je vous ai fait tenir copie pour la Société. — On y trouve beaucoup de faits, et de bien intéressants.

En passant aux remèdes, je dirai que tous les moyens les plus opposés, proposés pour vaincre la maladie, ont échoué parmi nous. L'emploi de la poudre de charbon et de soufre, qui, principalement en France, a été beaucoup recommandé, et dont plusieurs, sur ma prière, ont fait usage, n'a apporté aucun soulagement, et je ne saurais le proposer. Notez que l'expé-rience a été faite toujours avec des termes de comparaison et sur une grande échelle. Je dois, à ce sujet, rendre ici grâce à M. le comte Padulli, qui a bien voulu, dans une de ses terres, en Brianza, se prêter à toutes ces expériences.

Ainsi, ce sont encore des précautions qu'il faut employer pour

(1) Rapport à l'Institut I. et R. de Lombardie, 1857. Cornalia, rapporteur.

(2) *Atti della Societa d'Incoraggiamento d'arte e mestieri.* — *Relazione della Commissione per gli studj nelle malattia dei bachi.* Milano, 1850. Op. in-8°, page 71.

diminuer les tristes effets de la maladie. — Chercher la graine d'une localité encore saine, conserver pour l'éducation seulement les Vers à soie qui naissent dans les deux premiers jours de l'éclosion, le grand air, la propreté, c'est là tout ce qu'une bonne pratique a déjà constaté. — Ainsi, comme vous voyez, la question pratique et économique est encore au premier pas.

La science, au contraire, a découvert plusieurs faits très intéressants et a décrit très bien les altérations matérielles qu'on trouve dans le corps des Vers à soie malades. Il est regrettable que je ne puisse entrer ici dans l'exposition et l'analyse de quelques travaux scientifiques qui ont paru récemment sur ce sujet et que vous connaissez sans doute. Les beaux travaux de M. Lebert (de Zurich), de M. Ciccone (de Turin), de M. Osimo (de Venise), doivent être cités entre autres, et mériteraient bien un meilleur apologiste que je ne saurais l'être.

Je crains d'avoir abusé de votre patience; je terminerai donc en exprimant le vœu que le prix de 12 000 francs, proposé par notre Institut I. et R. pour la découverte de quelque chose d'utile contre cette maladie, puisse être gagné, et qu'on parvienne à soulager nos propriétaires du fléau le plus dangereux qui pouvait peser sur eux; fléau jusqu'à présent indomptable.

Veuillez agréer, etc.

E. CORNALIA.

OBSERVATIONS
SUR LES PERLES DES BIVALVES D'EAU DOUCE

PAR

MM. J. CLOQUET et A. MOQUIN-TANDON,

Membres de l'Institut.

(Séance du 18 juin 1858).

I. — CONSIDÉRATIONS GÉNÉRALES.

On sait, depuis longtemps, que les mollusques bivalves produisent des perles plus ou moins estimées. Ces mollusques sont fluviatiles et marins. Nous ne voulons parler aujourd'hui que des premiers.

En France, les Perles sont fournies surtout par la *Mulette*, surnommée *perlière* ou *margaritifère* (1). On en retire encore des *Mulettes sinueuse* (2), *littorale* (3), *épaisse* (4), des *peintres* (5), et *enflée* (6). On en rencontre aussi, mais plus rarement, dans les *Anodontes* (7).

(1) UNIO MARGARITIFER, Rossm. — *Mya margaritifera*, Linn. — *Unio margaritiferus*, Philippss. — *Margaritana fluviatilis*, Schum. -- *Unio elongatus*, Nilss. — *Alasmodon margaritiferum*, Flem.

(2) UNIO SINUATUS, Rossm. — *U. rugosa*, Poir. — *U. margaritifera*, Drap. — *U. sinuata*, Lam.

(3) UNIO RHOMBOIDEUS, Moq. — *Mya rhumboidea*, Schröt. — *Unio littoralis*, Cuv.

(4) UNIO CRASSUS, Philippss.

(5) UNIO PICTORUM, Philippss. — *Mya pictorum*, Linn. — *Mysca pictorum*, Turt.

(6) UNIO TUMIDUS, Philippss. — *U. rostratus*, Stud. — *U. inflata*, Hécard.

(7) *Anodonta*, Lam. — Dans un *Anodonta cygnea*, var. *ventricosa*, des environs de Toulouse, l'un de nous a découvert quatre petites Perles à peu près rondes (de 1ᵐᵐ,5 à 0ᵐᵐ,5 de diamètre) ; elles étaient dans le manteau, du côté gauche, en avant, vers le haut, dans un endroit répondant au-dessus du palpe labial et par conséquent à une certaine distance de la marge du manteau, dans l'épaisseur de la tunique palléale. Deux d'entre elles avaient un petit pédicule charnu, très court, fixé à leur partie inférieure, déprimée dans le milieu. M. Bandon a vu des Perles d'*Anodonte* variant entre 1 millimètre et 3ᵐᵐ,50.

Les Perles se trouvent dans l'épaisseur du manteau ou dans le tissu même des organes, et contre la face interne des deux valves. Dans le premier cas, elles sont libres ; dans le second, elles adhèrent plus ou moins à la coquille. Les Perles libres sont les *vraies perles*.

Les Perles paraissent tantôt solitaires, tantôt géminées ou réunies plusieurs ensemble. Il y en a de sessiles et de pédicellées. Celles munies d'une petite queue sont appelées *baroques*, dans le commerce.

La taille des Perles varie depuis la grosseur d'un grain de millet, jusqu'à celle d'un pois. Leur forme est globuleuse, ovoïde, quelquefois piriforme ou étranglée. Celles qui adhèrent aux valves se présentent le plus souvent comme des protubérances plus ou moins arrondies, non resserrées à la base. On dirait des *exostoses*. Poupart les comparait à des *galles*.

La surface des Perles paraît lisse, et rarement rugueuse ou granuleuse. Les plus communes ont la couleur de la nacre ; mais il en a de blanchâtres, de jaunâtres, de grisâtres ou enfumées, de rosées, de verdâtres, de violacées et même de noirâtres. Les plus recherchées sont les plus blanches et les plus brillantes, surtout celles qui offrent un éclat légèrement azuré et irisé.

Quand on casse les Perles, on reconnaît qu'elles sont formées de plusieurs couches concentriques de matière nacrée, plus ou moins épaisse, disposées, dit Réaumur, comme les peaux d'un oignon. Au centre se trouve une petite cavité ou un corps solide.

II. — DE L'ORIGINE DES PERLES.

Plusieurs auteurs ont cherché à se rendre raison de la formation des Perles.

Quelques-uns ayant rencontré dans la peau de divers organes, des Perles très petites, incomplètement organisées, demi-solides, et en même temps certains grains arrondis semblables à de la mucosité condensée, ont désigné ces derniers corps, presque microscopiques, sous le nom de *semence de perles*, et les ont considérés comme les noyaux autour desquels la nacre venait se déposer. Comme les renflements dont il s'agit existent quelquefois dans la paroi de l'organe génital ou dans des points de la coquille correspondant à cette paroi, et que, d'un autre côté, la cavité centrale de la plupart des Perles est égale ou presque égale à l'œuf de l'animal, divers auteurs (1) se sont cru autorisés à conclure que des œufs inféconds avaient servi de noyau à chaque Perle, que leur surface s'était recouverte d'une lame de nacre à l'époque où les valves reçoivent leur couche d'accroissement, et que la Perle avait grossi par les dépôts successifs de chaque année.

D'après cette théorie, les œufs isolés produiraient des Perles globuleuses et sessiles, et ceux qui portent encore une portion de la cellule ovarienne donneraient naissance à des Perles piriformes ou pédicellées. On conçoit très bien, de cette manière, les couches concentriques observées par Réaumur, ainsi que la cavité intérieure, résultat du dessèchement ou de la destruction de l'œuf enveloppé.

Cette explication est ingénieuse, sans contredit, mais elle ne peut pas être admise pour la formation de toutes les Perles, parce que la *semence* dont il est question paraît quelquefois dans des endroits où les œufs n'ont pas pu pénétrer, par exemple sous l'enveloppe du foie et dans l'épaisseur des muscles (2).

Ernest Puton suppose que les Perles sont produites par une sécrétion abondante de la nacre, occasionnée par une Annélide qui s'introduit entre les couches ou lames qui composent la coquille, les ronge et les perfore en tous sens.

Mais ce n'est pas la coquille qui sécrète la matière nacrée. Comment la perforation des valves pourrait-elle augmenter cette sécrétion ? Et quelle est la cause qui détermine cette matière à s'arrondir et à former un corps ovoïde ou globuleux (3)?

Suivant le docteur Baudon, les Perles sont formées par l'obstruction des canaux qui partent des follicules producteurs

(1) Henri Alnodi, Christophe Sandius, Everard Home.

(2) Audouin a trouvé une Perle dans l'intérieur du muscle transverse d'un *Solen*.

(3) M. de Filippi pense que certaines Perles ont pour noyau des kystes formés par des cercaires.

de la nacre. « Une pression, même légère, agissant longtemps au même endroit, une stagnation quelconque de l'humeur, empêche la circulation des liquides. Les glandes ne peuvent plus alors donner un libre cours à leur sécrétion, la nacre s'amasse autour d'elles en empruntant la forme globuleuse de ces corps. La nacre enveloppe bientôt aussi les glandules voisines qui forment noyau, disparaissent entièrement au milieu de la substance ambiante, et s'anéantissent dans la suite, de manière à produire une perle creuse. »

Cette seconde origine n'est pas impossible ; mais, pas plus que la première, elle n'explique la présence d'un corps étranger solide dans l'intérieur de plusieurs Perles. Elle n'explique pas davantage comment, dans certains cas, des protubérances ou nodosités de la coquille.

M. Baudon dit bien « que le manteau se trouvant continuellement en contact avec les valves, il en résulte que la Perle naissante, contenue dans le tissu mince et délicat de la peau, touche presque immédiatement la coquille, contre laquelle elle vient bientôt frotter, en perçant la peau qui l'en séparait. En se déposant sur le test, la nacre s'amasse autour de la Perle, fait corps avec elle, et la soude très solidement. » Cela est fort exact. Nous avons vu souvent, sur des *Mulettes* et des *Anodontes*, de petites Perles, plus ou moins régulières, empâtées dans la nacre et devenues adhérentes, suivant le mode si bien décrit par M. Baudon ; mais toutes les saillies qu'on observe sur la lame interne des deux valves viennent-elles de la soudure d'une perle déposée par le manteau ? Nous sommes loin de le penser. Ses boursouflures ou *exostoses*, souvent de forme si bizarre, que Poupart croyait résulter de la *dissolution de la coquille qui se gonflerait*, doivent être expliquées différemment.

D'un autre côté, si un œuf infécond ou si un follicule empâté peuvent servir de noyau à une Perle, pourquoi n'en serait-il pas de même de toute autre partie de l'animal ? Pourquoi un corps étranger quelconque, placé près du manteau ou dans le tissu du manteau, ne produirait-il pas le même effet ? L'un de nous a trouvé au milieu d'une Perle ovoïde retirée d'une *Mulette littorale*, un petit gravier de quartz hyalin, long d'environ 2 millimètres.

III. — DES PERLES OBTENUES ARTIFICIELLEMENT.

A diverses époques, on a cherché à faire développer des Perles artificiellement. Mais comme on n'avait pas d'idées bien arrêtées sur la formation des Perles naturelles, on ne pourrait guère arriver à des résultats certains.

L'illustre Linné avait découvert le moyen d'obtenir des Perles artificielles. Une récompense nationale lui fut accordée à cette occasion par les états généraux de la Suède. On ignore malheureusement son procédé. On a supposé qu'il consistait à percer les coquilles de petits trous correspondant aux bords du manteau. Comme la coquille est formée par les marges palléales, les déchirures, éprouvées par ces dernières, dérangeaient le dépôt normal du test et déterminaient une extravasation de suc nacré, qui s'arrondissait et donnait naissance à une Perle.

Plusieurs naturalistes modernes ont essayé divers moyens pour obtenir des résultats semblables. Les uns ont piqué les valves avec un instrument pointu; d'autres ont incisé le manteau, en respectant la coquille.

Le docteur Adolphe de Barrau a tenté de nombreuses expériences, en 1849, sur l'*Unio margaritifer*, dans le torrent du Viaur, près de Rodez. Sur plus de cent individus, deux ou trois seulement ont présenté des dépôts nacrés, mais ces dépôts étaient irréguliers, peu saillants et appliqués contre les valves.

Comme on trouve quelquefois des Perles dans les bivalves qui ont éprouvé des fractures, qui sont ébréchées, excoriées et plus ou moins malades (1), nous avons essayé de mutiler un certain nombre d'*Unio littoralis*. Ces mollusques ont été jetés

(1) On a dit d'une manière trop exclusive que les Perles adhérentes au test étaient toujours dues à quelque déformation ou solution accidentelle de la coquille (Audouin). On rencontre souvent des nodosités sans aucun symptôme de maladie dans la valve. Audouin a décrit une *Huître* qui offrait une grosse protubérance nacrée, sans offrir d'autre accident.

dans le ruisseau du Touch, près de Toulouse. Ces expériences n'ont pas été plus heureuses que les premières. Nous avons obtenu quelques nodosités imparfaitement globuleuses, déposées contre les valves, mais pas une véritable Perle.

L'un de nous, rendant compte de ces résultats infructueux, dans un de ses ouvrages (1), s'exprimait en ces termes :

« *Il me semble qu'il faudrait introduire dans le manteau de petits corps étrangers, des grains de sable par exemple, pour servir de noyau à la matière nacrée ; mais le point difficile serait d'empêcher l'animal de se débarrasser de ces corps parasites.* »

Vous allez voir, Messieurs, que les Chinois sont plus avancés que nous dans l'art de produire des Perles artificielles.

Le docteur Barthe a bien voulu nous communiquer deux valves d'*Anodonte* qu'il a rapportées tout récemment (2) de Chine. Ces coquilles viennent des eaux saumâtres qui se trouvent à l'embouchure de la rivière de Ning-Po ou Yung. Ces deux valves sont à peu près de la même grandeur, mais elles appartiennent à deux individus différents. L'une est une valve droite, l'autre une valve gauche.

1° *Valve droite.* Cette valve est longue de 15 centimètres et haute de 11. Elle renferme vingt-neuf perles, du volume d'un petit pois, qui adhèrent à sa nacre, les unes par la moitié de leur surface, les autres par un peu moins de la moitié. La plupart paraissent à peu près sphériques ; quatre ou cinq seulement présentent une légère dépression. Elles sont disposées sans symétrie, les unes isolées, d'autres accolées, mais le plus grand nombre à une faible distance et réunies par un petit filet de nacre, comme le sont par un fil les Perles écartées d'un collier ; ce qui fait que ces dernières, quoique jetées pour ainsi dire sans ordre vers le milieu de la valve, constituent néanmoins trois séries linéaires flexueuses.

Presque toutes ces Perles sont d'un blanc un peu jaunâtre. Trois d'entre elles seulement sont tachées de grisâtre.

______

(1) *Hist. nat. des moll. de France*, Paris, 1855, t. I, p. 334.

(2) Elles lui ont coûté une demi-piastre.

2º *Valve gauche*. La seconde valve est longue de 15 centimètres et haute de 10. On remarque, à sa face interne, trois séries obliques de médaillons ou *camées*, au nombre de douze. Il y en a cinq au premier rang, quatre au second et trois au troisième. Ces camées sont tous semblables. Ils ont 2 centimètres de grand diamètre et 1,25 de petit. Ils font une saillie d'environ 1 millimètre. Ils représentent chacun une figure grotesque de Chinois assis. Sa tête ronde est enfoncée dans les épaules, et ses bras, courbés en arc, sont appliqués contre le ventre. Celui-ci apparaît comme un disque circulaire très largement ombiliqué. En-dessous, on voit les jambes rapprochées l'une de l'autre. Deux points saillants sur la poitrine indiquent les mamelles (1).

Comment les Chinois sont-ils parvenus à produire ces Perles et ces Camées?

Nous avons cassé une de ces Perles, et nous avons découvert au centre, une petite pierre grossièrement arrondie, blanche, de 5 millimètres de diamètre. Cette pierre a été taillée probablement dans le test de quelque coquille marine; c'est de la nacre mais peu fine (2); elle est entourée d'une couche de

(1) M. Duméril a vu des Camées analogues sur une autre *Anodonte*, également venue de Chine, chez M. Perrot, marchand naturaliste.

(2) M. Leconte, professeur agrégé à la Faculté de médecine, a bien voulu, à notre prière, examiner la nature de ce noyau. Voici la note qu'il nous a remise.

« Cette substance présente la forme d'une sphère irrégulière et assez grossièrement taillée. On voit très nettement qu'elle n'a pas été travaillée au tour, mais qu'elle est le produit d'une industrie peu avancée.

» Sa consistance est considérable; les instruments tranchants ne l'attaquent qu'avec difficulté.

» Au premier abord, la surface de ce noyau est terne, mais avec beaucoup d'attention et surtout si on l'éclaire par la lumière solaire directe, on aperçoit une légère scintillation analogue à celle de la nacre.

» Une petite quantité de sa substance chauffée au rouge ne se colore que très légèrement en gris, indice d'une proportion très minime de substances organiques.

» Le résidu de la calcination bleuit très nettement le papier violet de tournesol.

» Une autre portion du noyau, traitée par l'acide chlorhydrique étendu d'eau, se dissout rapidement avec dégagement d'acide carbonique, et il

nacre qui présente, suivant les endroits, un tiers de millimètre ou un demi-millimètre d'épaisseur.

Le lien de nacre qui unit entre elles la plupart des Perles, renferme un petit fil.

Nous avons examiné ensuite un des Camées. Nous avons trouvé dans son intérieur, un noyau métallique, une lame de métal, peu épaisse, fondue, en relief d'un côté, en creux de l'autre. Le métal paraît de la même nature que celui de certaines théières chinoises, c'est un alliage d'étain et de plomb (1).

reste une petite portion de substance organique insoluble qui, au microscope, n'offre que des granulations moléculaires.

» La liqueur acide saturée par l'ammoniaque donne avec l'oxalate d'ammoniaque un abondant précipité d'oxalate de chaux insoluble dans l'acide acétique.

» La liqueur alcaline séparée de l'oxalate de chaux n'a donné qu'un trouble insignifiant avec le phosphate d'ammoniaque.

» En résumé, le noyau dont il s'agit semble formé par de la nacre d'une qualité inférieure. »

(1) M. Leconte a bien voulu analyser ce métal, voici le résultat de son examen :

« La plaque métallique, qui nous a été remise, est assez mince et assez semblable aux pièces d'ornement en métal repoussé. Cependant les surfaces lisses du médaillon indiquent qu'il a été fondu, ce qui lui a permis de prendre exactement les empreintes du moule dans lequel il a été coulé.

» Ce métal est blanc, brillant, assez malléable ; en un mot, il présente toutes les propriétés physiques de l'étain.

» Traité par l'acide azotique, il est vivement attaqué avec dégagement de vapeurs rutilantes, en même temps qu'il se dépose un abondant précipité d'acide stannique.

» La liqueur très acide fut étendue d'eau et filtrée, puis saturée par l'ammoniaque et additionnée de sulfhydrate d'ammoniaque, lequel donna un précipité noir *insoluble dans un excès du précipitant*. Le sulfate de soude donne un précipité blanc insoluble dans une grande quantité d'eau. Le chromate de potasse produit avec une autre portion de liqueur un beau précipité jaune, caractère qui, avec celui fourni par le sulfhydrate d'ammoniaque, ne laisse aucun doute sur la présence du plomb dans le métal du médaillon.

» La poudre blanche, considérée comme de l'acide stannique, fut chauffée au chalumeau avec le carbonate de soude ; elle donna des globules métalliques très malléables, qui démontrent très nettement la présence de l'étain.

» En résumé, le petit médaillon est formé par un alliage d'étain et de plomb. »

Il a été appliqué contre la valve par le côté creux. Cette lame était recouverte d'une couche très mince de nacre (à peine un quart de millimètre) qui s'est exactement moulée sur les reliefs de sa surface.

Il résulte des faits qui précèdent, que les Chinois déterminent la production des Perles et des Camées contre les valves des *Anodontes*, en introduisant dans leur intérieur des corps étrangers de différentes formes et de diverses tailles.

M. Barthe a vu d'autres coquilles de la même espèce, avec des reliefs représentant des *serpents*, des *arbres*, des *guirlandes*.... M. le commandant Simonet de Maisonneuve nous a parlé d'un *dragon ailé* qni offrait au moins 3 centimètres de longueur dans une coquille qui n'en avait pas six. Son moule était en bois.

Comment les Chinois introduisent-ils ces corps étrangers dans les coquilles, comment les fixent-ils et comment élèvent-ils les bivalves dans lesquels ils les ont placés ?

Voici les indications qui nous ont été données par le docteur Barthe et par le commandant de Maisonneuve. Le premier avait consulté des Chinois de Ning-Po et des Anglais résidant depuis longtemps en Chine; le second avait été renseigné par d'autres Chinois de Hong-Kong et par M. Anthon, négociant américain, établi dans cette ville.

Les Chinois ouvrent les *Anodontes*, sans les blesser, et maintiennent l'écartement des valves avec des coins de bois. Ils ne mutilent ni la coquille, ni l'animal; ils soulèvent adroitement le manteau, puis ils creusent la nacre avec une pointe d'acier, y pratiquent un petit trou et y enfoncent le corps étranger qui doit servir de noyau. Ils fixent ce corps avec une matière agglutinative, une sorte de vernis insoluble dans l'eau. Probablement aussi, dans d'autres circonstances, ils collent le corps contre la nacre, sans avoir entamé cette dernière.

Les corps étrangers sont de diverses natures, en bois, en pierre, surtout en métal. On les introduit avec précaution. On les dispose de différentes manières, isolés ou groupés ensemble symétriquement ou irrégulièrement; tantôt on emploie des moules semblables; tantôt on en prend de plusieurs sortes.

On porte ensuite les coquilles ainsi préparées, et après avoir enlevé les coins de bois, dans les milieux qui leur conviennent. Pour les retenir, on les enferme dans de petits parcs, entourés de baguettes ou de fascines.

Au bout d'un certain temps, le manteau dépose une lame de matière nacrée sur les corps étrangers, qui les enveloppe comme le calcaire qui encroûte les objets dans la fontaine de Saint-Alire, ou comme le métal qui les recouvre dans la galvanoplastie. Après cette couche, en arrive une seconde, puis une troisième et ainsi de suite, suivant le temps qu'on abandonne l'*Anodonte* à elle-même. On sait que chaque année l'animal ajoute une nouvelle lame à sa coquille.

Le procédé chinois est très simple, mais il ne peut donner que des Perles adhérentes ou des Camées. Pour avoir de véritables Perles, c'est-à-dire des *perles libres*, des Perles dont la nacre entourerait les nucléus de tous côtés, il ne faudrait pas coller les corps étrangers contre les valves, mais les introduire dans le sein de l'animal, dans l'épaisseur même du manteau, par exemple. La difficulté consisterait à les fixer solidement. Nous nous proposons d'entreprendre quelques nouvelles expériences ; nous aurons soin d'en communiquer les résultats à la Société.

REMARQUES

SUR LES AVANTAGES QUE PEUT OFFRIR LE RAPPROCHEMENT

DES ÉTUDES ZOOLOGIQUES ET BOTANIQUES.

Par M. le comte JAUBERT,
Membre de l'Institut.

(Séance du 18 juin 1858.)

La lecture faite dans notre dernière séance par M. Florent Prévost de sa Notice sur l'alimentation des oiseaux, m'a rappelé une anecdote qui me paraît de nature à intéresser la Société. On va voir que les recherches de notre savant confrère, poursuivies avec tant de sagacité et de persévérance, ont été la cause première des découvertes qui ont enrichi un des genres les plus singuliers de la Cryptogamie, de plusieurs espèces aussi remarquables par l'étrangeté de leur station que par les détails de leur organisation.

En 1830, époque où fut publié le *Species plantarum* de Wildenow, on ne connaissait encore que deux espèces d'*Isoetes*, l'une indigène, l'*I. lacustris*, qui vit au fond de nos lacs des Vosges, de l'Auvergne ou des Pyrénées ; l'autre exotique, *I. Coromandalina*, croissant dans les lieux humides après les pluies : une autre espèce également aquatique, *I. setacea*, a été découverte depuis par Delile dans la région méditerranéenne. Mais on était loin de soupçonner qu'il pût exister des *Isoetes* dans les lieux secs, dans les Landes, sur les plateaux des montagnes. En décembre 1840, M. Durieu de Maisonneuve, digne collaborateur de notre confrère M. Cosson, dans la Flore de l'Algérie, faisant une course d'histoire naturelle dans les environs de la Calle, le fusil sur l'épaule selon son habitude, traversait un plateau recouvert d'un gazon ras qui semblait ne promettre au botaniste aucune récolte. Une Perdrix part à ses pieds, il l'abat. Comme M. Levaillant, son collègue, pour la zoologie, dans la commission d'exploration de l'Algérie, l'avait prié, sans doute, à l'instigation de M. Florent

Prévost, de rechercher dans les oiseaux qu'il aurait l'occasion
de tuer, les graines et débris de plantes que leur estomac pouvait
contenir, M. Durieu ouvre le jabot de la Perdrix et le trouve
entièrement rempli de petits tubercules rigides et épineux dont
il ne put parvenir à déterminer la nature. Mais je vais le laisser
parler lui-même : « Trois mois plus tard, le 28 mars 1841,
» traversant le même plateau, où avait été tirée la Perdrix, et
» foulant, sans lui donner attention, un gazon fin et uniforme
» ressemblant à une pelouse de jeunes graminées, j'aperçus
» par hasard un seul pied de *Serapias occultata* qui faisait
» diversion à l'uniformité du gazon. Je ne voulus pas laisser
» passer cet échantillon d'une plante assez rare et je l'enlevai
» avec ma pioche. Mais avec lui j'enlevai une production sin-
» gulière qui m'expliqua tout à coup le mystère de la Perdrix ;
» c'était un *Isoetes*, une espèce des plus étranges, l'*I. Hystrix*
» enfin. Alors je m'aperçus qu'il formait à lui seul tout le gazon,
» et que, depuis plusieurs mois, j'en foulais des tapis sans
» l'avoir remarqué. Dès ce moment, je le rencontrai partout
» jusque sur les flancs et les sommets les plus secs des mon-
» tagnes, quelquefois dans le sable un peu humide, mais jamais
» dans les lieux aquatiques. » L'espèce dont il s'agit a été
nommée *Hystrix* ou Hérisson par M. Durieu, à cause des
écailles courtes, luisantes, terminées par deux cornes subulées
dont son rhizome tuberculeux est chargé ; ces écailles sont les
débris durcis des anciennes feuilles. Le passage qui précède est
extrait d'une publication faite en 1850 par M. Cosson sous le
titre de *Notes sur quelques plantes de France, critiques, rares
et nouvelles*. Dès 1844, Bory de Saint-Vincent avait cité le fait
dans une communication à l'Académie des sciences (Comptes
rendus, juin 1844).

Une fois l'attention des botanistes attirée sur cette plante,
ils ne tardèrent pas à la signaler dans un grand nombre de localités, mais toujours dans les pacages montueux, secs et découverts : en Algérie (à Mascara, au Djebel santo, à l'Eydouh), en
Corse (M. Kralik), dans les Algarves (M. Bourgeau), dans l'île
d'Houat, sur nos côtes de Bretagne (M. Lloyd). Une variété
appelée *subinermis* par M. Al. Braun, trouvée par M. Bourgeau

sur le bord des mares situées entre Oran et la Sénia, semble former, par le demi-avortement de ses écailles comme par sa station ambiguë, la transition avec les epèces dites terrestres. Une de ces dernières franchement bornée aux lieux secs, nommée par Bory de Saint-Vincent *I. Duriæi*, munie comme l'*I. Hystrix* d'écailles luisantes, a été recueillie d'abord en Algérie sur les pentes arides du coteau de Mustapha et sur les pâturages du sommet du Bouzaréah, puis retrouvée aux environs de Gènes par M. de Notaris et en Corse par mon regrettable ami feu Requin, d'Avignon. D'autres espèces aquatiques ont été, à diverses époques, ajoutées à la nomenclature naguère si restreinte du genre *Isoetes*. Nul doute que M. Florent Prévost ne soit pour beaucoup dans ces diverses acquisitions par l'entremise de la Perdrix de La Calle.

Voilà une des nombreuses occasions où la Zoologie et la Botanique, si intimement unies dans l'économie générale de la nature, peuvent tirer profit du rapprochement de leurs études respectives. L'initiative féconde de notre Président les a conviées à se donner la main au sein de la Société d'acclimatation et elles ont répondu à son appel. En effet, une foule de questions que l'on peut qualifier de mixtes sont restées dans le vague, faute d'avoir été traitées dans l'ensemble de leurs rapports avec les deux divisions du règne organique : c'est ce que M. Florent Prévost, pour sa part, avait parfaitement senti ; les botanistes auront beaucoup à gagner à devenir ses auxiliaires, à l'exemple de M. Durieu. Depuis longtemps sans doute, les animaux, considérés comme agents de la dissémination des plantes à la surface de la terre, avaient donné lieu à beaucoup d'observations curieuses qui sont consignées dans tous les traités de botanique. Linné en avait donné le signal dans sa belle dissertation, intitulée *Politia naturæ*. Mais on avait peut-être, en ce qui concerne les Oiseaux, exagéré l'importance du moyen de transport qu'ils fournissent dans la distribution des plantes ; M. Alph. De Candolle, dans son *Traité de géographie végétale*, est porté à restreindre cette part, ainsi qu'il le fait d'ailleurs à l'égard des autres causes naturelles de transport, c'est-à-dire de celles qui sont étrangères à l'homme. Ce fait même de notre *Isoetes* ne présente qu'un cas de dissémination à petite distance dans l'étendue d'une même contrée. Cependant, comme M. Alph. De Candolle admet que le transport des graines et la naturalisation de certaines plantes qui en est la suite peuvent s'exercer avec plus de chances de succès du nord au sud que dans les autres directions; et que le sens des méridiens est précisément celui des migrations des oiseaux; comme d'ailleurs à l'automne, époque de l'année où ils se mettent en route pour les pays méridionaux, les graines sont mûres dans les pays du Nord, ces voyageurs dont les habitudes sont si régulières doivent contribuer avec quelque efficacité au phénomène général de la dissémination : bien entendu, pour que les graines germent et que les plantes se perpétuent là où elles tombent, il faut que ce lieu, par ces diverses conditions physiques, ne soit pas en désaccord avec le lieu d'origine, que, par exemple, l'altitude compense au besoin la décroissance de la latitude.

Le degré de vitalité des graines relativement d'une part au milieu où elles germent ordinairement, d'autre part à leur passage accidentel dans le canal alimentaire des animaux, n'a été encore déterminé que pour un bien petit nombre d'espèces. Parmi les oiseaux notamment, le pouvoir destructeur dont l'estomac est pourvu n'est pas le même dans toutes les familles. Dans quelle mesure les diverses organisations de la graine résistent-elles à cette action? La dissémination si connue des graines visqueuses du Gui fournit à cet égard un bon point de comparaison. Mirbel en a cité un autre qu'il regarde comme bien constaté, c'est celui du *Phytolacca decandra*. Cette plante, introduite en 1770 de la Virginie aux environs de Bordeaux, pour y être employée à colorer les vins, aurait été portée par les oiseaux dans les départements du Midi et jusque dans le fond des vallées des Pyrénées. Dans un ordre d'idées analogues, M. Martins, successeur de Delile dans la chaire de Montpellier, a essayé de déterminer le degré de vitalité des graines dans l'eau de mer, à l'effet d'apprécier la valeur d'une autre cause de dissémination et de naturalisation souvent alléguée, celle qui a pour véhicule les courants marins.

L'instinct des animaux peut fournir d'autres données dont la botanique n'a pas encore tiré un parti suffisant. On sait, en effet, que telle ou telle espèce d'animaux recherche ou refuse certaines espèces de plantes, quelquefois un genre, ou même une famille tout entière : on a reconnu aussi que les diversités ou les analogies qui existent entre les propriétés des végétaux constituent l'un des signes auxquels se mesurent pour le botaniste les affinités dans la méthode si justement appelée naturelle, et ce beau point de vue a été developpé par De Candolle le père, dans un des premiers ouvrages qui ont si justement fondé sa célébrité. Il y a cité deux exemples de ce discernement pour ainsi dire scientifique au moins dans ses effets, qu'on remarque chez les animaux : c'est ainsi que la parenté étroite et évidente pour nous des Astragales avec le resto de la famille des Légumineuses, a été reconnue par la larve de la *Teigne à falbalas*, et que les préférences du *Papilio duplidice* nous auraient au besoin découvert la relation plus obscure et plus éloignée du Réséda avec le Chou. Quelques voyageurs ont-eu soin de recueillir de semblables indications, et la structure intime des plantes comparées entre elles dans le cabinet a démontré de quel secours ces indications pourraient être pour la classification elle-même. Je suis porté à croire qu'un manuel de zoologie botanique rédigé dans ce sens, et mis au niveau des connaissances actuelles, serait très utile; les observateurs s'empresseraient certainement à en remplir les lacunes.

Pour une œuvre de ce genre et d'autres sans doute, la Société d'acclimatation pourrait se mettre en rapport direct avec la Société botanique de France que j'ai l'honneur de présider cette année. Déjà un certain nombre de naturalistes appartiennent aux deux Sociétés et prennent une part assidue aux travaux de l'une et de l'autre. Elles font entre elles l'échange de leurs Bulletins imprimés, gage de relations plus intimes. Les deux Sociétés doivent de plus en plus se soutenir comme deux sœurs; elles continueront à s'éclairer réciproquement dans la voie du progrès qu'elles poursuivent avec un égal dévouement.

II. TRAVAUX ADRESSÉS

ET COMMUNICATIONS FAITES A LA SOCIÉTÉ.

SUR

L'ARRIVÉE EN ÉCOSSE D'UN TROUPEAU DE 39 LAMAS.

LETTRE ADRESSÉE A M. LE PRÉSIDENT
DE LA SOCIÉTÉ IMPÉRIALE ZOOLOGIQUE D'ACCLIMATATION

Par M. VAUVERT DE MÉAN,

Chancelier du Consulat de France à Glasgow,
Membre correspondant du Muséum d'histoire naturelle.

(Séance du 4 juin 1858).

Glasgow, le 24 mai 1858.

Monsieur,

Sachant l'intérêt que vous portez à tout ce qui se rattache à l'importation et acclimatation des Lamas en Europe, j'ai pensé que la communication suivante vous serait agréable à recevoir.

Le navire à vapeur le *New-York* venant de New-York est arrivé à Glasgow il y a quelques jours, ayant à son bord un troupeau de trente-neuf Lamas, importés par M. Benjamin Whitehead Gee, qui les a accompagnés dans leur voyage.

Le troupeau venant du Pérou est arrivé par terre jusqu'à Guyaquil, où il fut embarqué pour Panama, et traversa l'isthme jusqu'à Aspinwall. D'Aspinwall, il fut embarqué sur un petit navire qui le conduisit à Baltimore, de Baltimore à New-York, et de New-York à Glasgow ; durant ce voyage, ces animaux ont parcouru 4000 milles, environ 1333 lieues à pied, la plus grande mortalité a eu lieu dans le parcours de l'isthme de Panama, où il en est mort vingt, par suite du manque de nourriture convenable, scorpions, serpents, chaleur, etc., etc. A bord du petit navire qui les conduisit à Baltimore, deux Agneaux périrent; par contre pendant la traversée de New-York à Glasgow, il y a eu une naissance, et plusieurs des femelles sont en ce moment pleines.

La proportion des sexes dans le troupeau arrivé à Glasgow est ainsi :

Mâles. 13
Femelles 26
Total. 39

Le coût de ce troupeau rendu ici est évalué à 10,000 dollars, environ 50,000 francs.

Ils sont tous dans ce moment dans le meilleur état de santé.

Par suite de la prohibition que le Gouvernement péruvien a mis à l'exportation de ces animaux, on craint que ce troupeau ne soit le premier et le dernier qui aura été importé dans ce pays.

Ce troupeau ne doit pas être divisé, mais j'ignore encore sur quelle partie du pays il sera dirigé.

Dans l'espoir, Monsieur, que cette petite note faite à la hâte vous intéressera, je vous prie d'agréer, etc.

A. VAUVERT DE MÉAN.

P. S. — J'ai appris que ce troupeau avait primitivement été acheté au Pérou par un Français qui comptait l'amener en France; mais par des raisons qui n'ont pas été clairement expliquées, il s'en est défait à New-York, en faveur de M. Gee (1).

(1) Depuis que cette lettre a été écrite, M. Mitchell, délégué de la Société impériale d'acclimatation à Londres, a fait connaître au Conseil que le troupeau de Lamas a été acheté pour l'Australie, où il va être prochainement transporté, et où rien ne sera négligé pour en obtenir l'acclimatement.

R.

III. EXTRAIT DES PROCÈS-VERBAUX
DES SÉANCES DU CONSEIL DE LA SOCIÉTÉ.

SÉANCE DU 30 JUILLET 1858.
Présidence de M. Is. GEOFFROY SAINT-HILAIRE.

Le Conseil admet au nombre des membres de la Société :

MM. BERDIN (Henri), avocat, à Paris.

CHRISTOFLE (Charles), négociant, à Paris.

DEVILLIERS (le docteur), à Paris.

ETTLING, propriétaire, à Madrid (Espagne).

FOULD (S. Exc. M. Achille) Ministre d'État et de la Maison de l'Empereur, sénateur, à Paris.

FRESNE (Eugène de), propriétaire, à Paris.

LA ROQUE (E. de), propriétaire, à Saint-Baudille de la Sylve, près Gigac, par Montpellier (Hérault).

LEFEBVRE (Valère), négociant, à Paris.

MAURICE-ALLARD (Alexandre), à Paris.

QUADT D'ISNY (le comte de), secrétaire de la légation de Bavière, à Paris.

RADIGUET (Prosper-Stanislas), propriétaire, à Paris.

ROBERT (Camille), vice-consul d'Oldenbourg, à Valence (Espagne).

ROUSSET (Léon), avocat, à Paris.

—M. le Président informe le Conseil de la perte que la Société vient de faire en la personne de M. Geoffroy-Château, juge au tribunal de la Seine, dont le concours éclairé et plein de zèle n'avait jamais fait défaut à la Société depuis sa fondation.

M. le Président transmet ensuite les bonnes nouvelles qui lui ont été apportées par notre honorable collègue, M. Ch. Brot, délégué à Milan, sur l'état actuel de la santé de notre illustre confrère, M. Manzoni, dont les journaux avaient annoncé la maladie récente.

— La Société d'agriculture du duché de Nassau adresse ses remercîments pour son admission au titre de Société agrégée, et fait connaître les importations qu'elle a tentées déjà avec succès de races bovines et ovines étrangères; elle demande, en outre, des renseignements sur les moyens d'améliorer la race caprine indigène qu'elle possède. L'examen de cette question sera renvoyé à la première section.

— S. Exc. M. de Royer, Ministre de la justice, par des lettres adressées à M. le président et à M. le secrétaire général, offre ses remercîments pour son admission parmi les membres titulaires de la Société.

Des lettres de remercîments sont également adressées par S. Exc. M. le duc de Rianzarès et par MM. Bailly, Gourdin, Godet de la Ribouillerie, Josse, Gautier (de la Vendée), Legentil (de Pcitiers), Labressierre (de Clermont-Ferrand), Decollard-dès-Hômmes d'Epannes (Deux-Sèvres); Rio de la Loza (de Mexico), le capitaine Harris (de Constantinople), Domenico-Sabatini (de Naples), G. Bonnet (de Lyon), qui donne quelques détails sur le Jardin zoologique récemment créé dans cette ville sur son initiative, et C. Ritter (de Constantinople).

— Dans la même lettre, M. Ritter signale une erreur (*Bulletin*, mars 1858), dans la lettre de madame la princesse de Belgiojoso, sur la Chèvre d'Angora, relativement à la valeur de l'ocque turque. L'ocque, dit M. Ritter, est subdivisé en 400 drammes (et non grammes) et il est, à Constantinople, d'environ 1280 grammes ou 42 onces. Comme il varie d'une province à l'autre, en admettant qu'il soit de 44 onces à Angora, il faudra substituer la rédaction suivante à l'ancienne : « L'ocque, mesure turque, subdivisée en 400 drammes, correspond à environ 44 onces ou 1344 grammes. »

— S. Exc. M. le Ministre de l'intérieur remercie de l'envoi qui lui a été fait des deux Rapports sur le Jardin zoologique d'acclimatation du bois de Boulogne, et donne la nouvelle assurance du haut intérêt qu'il porte aux travaux de la Société.

— S. Exc. M. le général Khérédine, ministre de la marine de S. A. le Bey de Tunis, et membre de la Société, écrit de Tunis, le 18 juillet, pour féliciter la Société de la création du Jardin d'acclimatation, et faire connaître la part directe qu'il veut prendre par sa souscription à la fondation de cet établissement dont il apprécie l'utilité toute pratique (voyez sa lettre, page 359).

— M. le secrétaire donne lecture de plusieurs lettres relatives à un envoi considérable d'animaux, adressés de la Guyane à la Société, par notre zélé confrère, M. Victor Bataille (de Cayenne), par l'intermédiaire du Comité zoologique de la Guyane. Cet envoi est le troisième que M. Bataille ait adressé à la Société, car les animaux expédiés par l'aviso à vapeur, le *Vautour*, parti de Cayenne le 20 août 1857, étaient offerts, aussi bien que les premiers, par notre dévoué et généreux confrère, avec l'entremise du comité de la Guyane.

La lettre de M. Bataille, datée de Cayenne, le 14 juin 1858, annonce qu'il a expédié le 30 mai, pour être embarqués sur le navire mixte l'*Adour*, mouillé aux îles du Salut, les vingt-huit animaux dont il donne la liste et sur lesquels six seulement n'ont pu supporter la traversée. La Société vient donc d'en recevoir vingt-deux, dont sept mammifères, neuf oiseaux et six caïmans (voy. *Bulletin*, n° de juillet, p. 260).

Cette lettre contient en outre des détails et des renseignements très interessants sur ces différents animaux et sur d'autres que M. Bataille se propose encore d'adresser à la Société.

L'importance de cet envoi, dit M. le docteur Chapuis, président du Comité zoologique de la Guyane, dans sa lettre du 29 mai, vous prouvera que le zèle de M. Bataille ne se ralentit pas, et j'ai pris de mon côté toutes les mesures nécessaires pour que ces animaux vous arrivent en bon état.

Le Conseil accepte avec reconnaissance ce précieux envoi et décide que les remercîments de la Société seront adressés à M. Bataille, à qui elle a déjà décerné, dans sa séance du 10 février dernier, une récompense si bien méritée. Des remercîments seront aussi adressés à M. le docteur Chapuis, pour le concours si empressé du comité de la Guyane, ainsi qu'à M. l'amiral Laplace et à S. Exc. M. le Ministre de la marine, pour le transport de ces animaux et les soins bienveillants dont ils ont été l'objet pendant la traversée et après leur débarquement.

Le Conseil décide, en outre, qu'un rapport sera fait à la Société par une Commission spéciale, sur les diverses espèces composant cet envoi remarquable (voyez plus haut, page 425, ce Rapport).

— S. Exc. M. le baron de Waechter, ministre de Wurtemberg, transmet les remercîments de son Souverain pour les graines de *B. cynthia* qui ont été adressées par la Société à Sa Majesté le roi de Wurtemberg.

— M. le docteur Sacc adresse de Wesserling (Haut-Rhin) un certain nombre de Cocons provenant d'une éducation de Vers à soie ordinaire faite par ses soins et exempte de maladie.

Notre savant et zélé collègue envoie en outre une petite caisse contenant un produit nouveau dont l'industrie peut tirer un parti très utile. « Ce produit, dit M. Sacc, est un cryptogame rose vineux, très ramifié, d'apparence gélatineuse et qu'on trouve en amas prodigieux sur les rochers qui bordent les rivages de la mer, à Hong-Kong et à Cantong. Bouillie avec de l'eau, cette plante se change immédiatement en une épaisse gelée incolore qui peut fournir l'épaississement et l'apprêt le meilleur marché.

L'examen de cette substance est renvoyé, pour ce qui concerne chacune d'elles, aux Commissions industrielle et médicale, et en outre, à M. Montagne (de l'Institut).

Des remercîments seront adressés à M. le docteur Sacc pour ces deux intéressantes communications.

— M. le vicomte de Valmer fait parvenir à la Société des échantillons d'Igname de Chine, obtenus par M. Lasnier, jardinier, au Mée près Melun, et qui, cultivés dans un sol peu profond, assis sur un banc de pierre, ont pris une forme arrondie.

— Notre honorable et savant confrère, M. Bernis (d'Alger) accuse réception des graines de coton de Chine, qui lui ont été adressées, et qui provenaient du don fait par la Société, par S. M. l'Empereur. M. Bernis annonce qu'il a distribué ces graines aux agriculteurs qui s'occupent de la culture du coton.

— M. Ch. Jacque fait hommage à la Société d'un exemplaire de son ouvrage intitulé : *Le poulailler, monographie des Poules indigènes et exotiques.*

Des remercîments seront adressés à M. Ch. Jacque.

Le Secrétaire du Conseil,
GUÉRIN-MÉNEVILLE.

I. TRAVAUX DES MEMBRES DE LA SOCIÉTÉ.

SUR LA NATURALISATION DU DROMADAIRE
EN TOSCANE.

LETTRE ADRESSÉE A M. LE PRÉSIDENT
DE LA SOCIÉTÉ IMPÉRIALE ZOOLOGIQUE D'ACCLIMATATION
Par M. Igino COCCHI.

(Séance du Conseil du 20 août 1858.)

Florence, le 1er juillet 1858.

Monsieur le Président,

J'ai laissé passer bien longtemps avant de vous écrire cette lettre sur la naturalisation du Dromadaire en Toscane, car j'espérais pouvoir vous envoyer un mémoire fort détaillé de M. Paul Savi sur ce sujet. Différentes causes ayant obligé M. Savi à suspendre son travail, je vous adresse maintenant cette lettre, dans l'espoir que M. Savi, qui a à sa disposition un grand nombre de matériaux, achèvera dans quelque temps et voudra bien présenter son mémoire à la Société.

L'époque précise de la première introduction des Dromadaires en Toscane n'est pas bien connue. Il paraît certain que la race actuelle a été introduite en 1622, par Ferdinand II, qui en fit venir un certain nombre de Tunis. On pourrait peut-être concilier ce fait avec l'opinion de ceux qui pensent qu'à ladite époque les Dromadaires avaient été déjà naturalisés depuis quelques siècles dans les environs de Pise, en admettant que la race que les Pisans avaient introduite au temps des croisades avait entièrement disparu pendant les guerres et les vicissitudes politiques de cette ville. Il est vraisemblable, du reste, que les Médicis ont été conduits à tenter l'acclimatation du Dromadaire en Toscane par des essais précédemment faits

et par la tradition qui en avait conservé le souvenir. D'après
une communication officielle qui m'a été faite par la direction
générale des domaines de la couronne, en 1622, un Dromadaire fut un objet d'une très grande curiosité à la cour de
Florence, et ce fut alors peut-être que Ferdinand II conçut le
projet de tenter l'acclimatation de ce précieux animal en Toscane. Mais, sans entrer dans des conjectures, il est certain que
la race actuelle compte au moins deux cent trente-cinq ans,
et les documents authentiques existant dans le bureau de la
surintendance générale des domaines de l'État, à qui les Dromadaires de Pise appartiennent, donnent le moyen d'en suivre
en quelque sorte l'histoire pendant tout ce temps. La race
prospéra d'abord ; mais un siècle plus tard, on l'avait tellement
négligée, qu'il n'y avait plus qu'une femelle et quelques mâles,
en tout six individus. Ce fut alors que, pour éviter de la perdre
entièrement et pour ne pas renoncer aux avantages que l'administration retirait de ces animaux, on décida d'en faire venir
un certain nombre de l'Afrique. On les fit acheter à Tunis, et
dans l'espace de deux ans on importa sept mâles et sept femelles.
Alors, d'après la dépêche officielle qui m'a été communiquée
par l'administration générale, le nombre était de vingt, qui
coûtèrent en moyenne, et tout compris, 440 francs par tête.
On fit venir en même temps des chameliers tunisiens pour
garder et soigner le troupeau. On destina les femelles à la
reproduction exclusivement, et on les plaça dans les forêts de
l'État, dans le Mugello, au pied des Apennins, tandis que les
mâles, destinés au travail, continuèrent à vivre dans le domaine
de San-Rossore, près de Pise. Depuis lors, grâce aux soins
qu'on lui donna, le haras prospéra tellement, qu'en 1789, c'est-
à-dire cinquante ans plus tard, il possédait 196 individus. Il
est fort important de remarquer cette rapide multiplication par
des reproducteurs tirés directement de l'Afrique ; car cela
prouve, selon moi, la grande facilité d'acclimater le Dromadaire en Europe. On peut aussi déduire de ce fait combien le
nombre des individus aurait pu augmenter depuis lors en suivant toujours cette progression, si l'on avait pu tirer parti d'un
nombre indéfini de ces animaux sans être obligé à le propor-

tionner aux besoins de l'administration locale. Cependant le haras, si florissant avant la fin du XVIIIe siècle, était en diminution vingt ans plus tard ; il suivit depuis une marche ascendante, jusqu'à compter, en 1838, 178 individus. Voici l'état actuel du haras tel qu'il m'a été communiqué par la direction des domaines de la couronne, par l'entremise de M. Alexandre Ademollo, secrétaire général.

Tableau de l'état actuel du haras des Dromadaires de San-Rossore.

MALES.		FEMELLES.	
Étalons.	1	Adultes.	50
Adultes pour travail.	41	Jeunes de 1 à 3 ans.	7
Jeunes de 3 à 4 ans.	8	— au-dessous d'un an.	1
— de 2 à 3 ans.	3	Total.	58
— de 1 à 2 ans.	6	Total du haras.	122
— au-dessous d'un an.	5		
Total.	64		

Le tableau suivant indique l'état annuel de la race dans les vingt années dernières, et la moyenne des dix années dernières comparée avec les dix précédentes.

Tableau comparatif de vingt ans à partir du 21 mars de chaque année.

De 1839 à 1848.

Années.	Nombre des individus.
1839.	178
1840.	170
1841.	165
1842.	155
1843.	146
1844.	145
1845.	131
1846.	130
1847.	121
1848.	121
Total.	1462
Moyenne.	146 1/5

De 1849 à 1858.

Années.	Nombre des individus.
1849.	117
1850.	114
1851.	114
1852.	117
1853.	112
1854.	114
1855.	118
1856.	112
1857.	112
1858.	122
Total.	1152
Moyenne.	115 1/5

La moyenne des dix dernières années, comparée à la moyenne des dix années précédentes, montre une diminution de 31 ; c'est un peu plus de 21 pour 100. Cette diminution, que je n'ose pas m'expliquer, est à rechercher en dehors du fait de l'acclimatation ; on a vu en effet quelle extraordinaire reproduction et quel état de prospérité ont eu lieu à différentes reprises dans le même haras. Pour bien apprécier ce fait, il faut donc tenir compte des soins plus ou moins nombreux, des gardiens plus ou moins habiles et d'une foule d'autres circonstances. Vous verrez plus tard, Monsieur le Président, à combien de dangers les jeunes nourrissons sont soumis, et que si le climat exerce une influence quelconque sur ces animaux, c'est bien sûrement sur les nouveau-nés que cette influence s'exerce.

Tous les Dromadaires appartenant à l'État sont placés actuellement dans le domaine de San-Rossore, près de Pise, où ils jouissent d'un climat doux, d'un sol sableux, d'une végétation forestière propre à fournir une alimentation abondante, d'un pays enfin qui a beaucoup d'analogie avec celui d'où ils viennent. Les femelles passent toute leur vie dans les prairies et les forêts en pleine liberté ; là elles cherchent leur nourriture, qui consiste principalement en jeunes tiges et pousses vertes ou sèches ; elles aiment les grandes plantes herbacées, surtout desséchées, mais jamais l'herbe des prairies que les vaches et les moutons recherchent. Elles sont cependant surveillées, et quand le moment de mettre bas approche, on les fait rentrer dans des cabanes où elles reçoivent tous les soins nécessaires, aussi bien que les nouveau-nés. Ces troupeaux nomades se composent non-seulement des femelles mères, mais aussi de leurs nourrissons et poulains, et rien n'est plus beau que de voir ces prairies et ces forêts, déjà si pittoresques, peuplées par ces animaux qui donnent au paysage un cachet vraiment oriental. A trois ans les femelles sont propres à la reproduction, mais on a soin d'en retarder l'accouplement jusqu'à quatre ans. Les mâles, dès qu'ils ont atteint l'âge de deux ans, sont séparés des femelles dans des enclos spéciaux où ils restent jusqu'à l'âge de quatre ans. C'est alors qu'ils doivent passer de l'état sauvage à l'état de domesticité, et que leur éducation commence. A cet effet les gardiens s'en emparent, leur mettent une espèce de muserolle, et on les place à l'écurie avec les autres mâles adultes. Peu à peu on les habitue au nouveau genre de vie, à la voix du conducteur, à marcher avec les autres, à s'agenouiller, à recevoir et à porter leur fardeau, et en peu de temps ils sont parfaitement dressés. L'expérience, du reste, a beaucoup appris à nos chameliers le manége de leurs bêtes. On les charge d'abord très peu, mais on augmente la charge peu à peu jusqu'à l'âge de six ou sept ans. C'est alors qu'ils entrent dans leur pleine vigueur, qu'ils conservent jusqu'à vingt-cinq ans et même au delà. Leur charge ordinaire est de 470 et même 500 kilogrammes ; leur marche ordinaire sous cette charge est en raison de 5 kilomètres à l'heure. Ils marchent en ligne droite l'un après l'autre, et chaque chamelier conduit trois Dromadaires ; c'est ce que l'on appelle une *imbasciata*. Le chamelier suffit toujours pour toutes les besognes de son *imbasciata* ; le nombre de ces hommes est par conséquent moindre que celui qu'exigerait autant de voitures traînées par deux chevaux qu'il faudrait pour transporter un poids égal. Il n'y a presque pas de transport qu'on ne puisse opérer avec ces animaux ; mais c'est surtout le transport du bois et des strobiles du *Pinus pinea*, dont la récolte dans ce domaine est immense. Le chargement et le déchargement s'opèrent très promptement, et l'on a en outre l'avantage d'opérer le transport par de mauvais sentiers étroits, et même là où il n'y a pas de route du tout, à travers les champs et au milieu des forêts. Il est bien aisé ainsi de concevoir que dans ces conditions ils peuvent transporter dans un temps donné des charges supérieures à celles qu'un pareil nombre de chevaux pourrait traîner, et que leur emploi devient précieux là où les chevaux ne seraient que d'une petite utilité. Si l'on ajoute à cela que leur entretien est bien peu cher, puisqu'ils n'ont pour nourriture pendant l'hiver que du foin grossier qu'on leur donne à l'écurie, et que, dans la bonne saison, ils vont eux-mêmes chercher leur nourriture dans les champs, après le travail ; si l'on réfléchit à la longue durée de leur vie, à leur santé en général excellente, on aura une somme d'avantages pouvant faire ressortir combien ces animaux rapportent à l'État. Ainsi on a toujours été d'avis que cette race est réellement précieuse pour les vastes domaines de San-Rossore et de Coltano.

La facilité qu'on trouve à domestiquer et à dresser ces animaux permet de remplacer les vieux étalons par d'autres jeunes mâles de choix et de les livrer au travail. Le vieux roi de la forêt vit alors paisiblement au milieu de ses camarades, qu'il surpasse en général, malgré son âge, en force et en vigueur. Le jeune étalon commence à servir pour la monte à six ans ou au delà; avant cet âge il donnerait des produits faibles; à l'âge de dix-huit ou vingt ans on le remplace par un autre, on le dompte et il réussit en bon travailleur jusqu'à l'âge de trente ans. Un mâle suffisant pour toutes les femelles du haras, il vit seul avec celles-ci; deux mâles seraient parfaitement inutiles et même dangereux par les combats qu'ils se livrent et qui compromettent le bon succès du haras. On ne châtre pas les autres, l'expérience ayant démontré que les individus ainsi mutilés perdent beaucoup de leur vigueur et vieillissent beaucoup plus vite. Leurs mœurs sont du reste très paisibles, et ils vivent ensemble en parfaite tranquillité, excepté dans la saison du rut. Ils sont alors portés à se livrer des combats, ils deviennent dangereux même pour les hommes, et il faut prendre des précautions spéciales.

Leur santé en général est bonne, et peu de maladies les atteignent. Les plus communes et celles qui sont dues plus spécialement au travail et à l'agrégation dans les mêmes locaux sont une espèce d'irritation aux voies urinaires qui rend difficile et même impossible la sécrétion de l'urine, et une maladie particulière de la peau. Cette dernière attaque un grand nombre d'individus à la fois et les empêche souvent de travailler. Je ne puis pas dire si cette maladie est due à la présence d'un *acarus*, ou bien si c'est une véritable éruption; mais la propreté et les nettoyages fréquents ont certainement une action bienfaisante contre cette maladie.

Des personnes ont cru que les Dromadaires toscans sont des animaux fort dégénérés; mais on ne peut pas, ce me semble, tirer cette conclusion de ce que j'ai dit et de tout ce qu'on pourrait ajouter. Il n'y a pas de doute que les femelles, vivant libres, sont des animaux superbes, d'une grande taille, très saines et très fécondes. Les mâles peuvent paraître moins beaux à cause du travail continuel et de la nourriture qui peut-être n'est pas assez abondante comme autrefois, à cause des défrichements nombreux. Mais si les Dromadaires du général Carbuccia ne portaient que 200 à 400 kilogrammes (*Bulletin de la Société d'acclimatation*, t. IV, p. 193), si les Dromadaires de Perse portent 500 kilogrammes (*loc. cit.*), si nos Dromadaires portent à peu près autant que ceux de Perse, si leur vie n'est pas plus courte ici qu'ailleurs, si leur vigueur ne se conserve pas moins, car ils travaillent au moins jusqu'à vingt-cinq ans, on ne peut pas admettre qu'ils aient dégénéré dans le climat de l'Italie centrale.

Depuis que le haras a été établi, les services que ces animaux rendent ont été toujours les mêmes; la quantité de travail produite par un individu, à circonstances égales, est restée constante, ce qui ne serait pas, si la race s'était détériorée. Il n'est pas à ma connaissance qu'on ait fait des essais pour s'en servir comme bêtes de travail; ainsi l'utilité qu'on en tire, c'est uniquement pour s'en servir comme bêtes de somme.

L'esquisse que je vous ai tracée de cette race toscane serait bien incomplète si je ne consacrais quelques mots au premier âge de ces animaux, car c'est même l'époque la plus critique de la vie de nos Dromadaires. La gestation n'offre rien de particulier en dehors de ce qui s'observe chez les Dromadaires des différents pays. Les avortements ne paraissent pas fréquents, d'après ce que j'ai pu recueillir; ceux que les gardiens appellent ainsi ne sont que des cas de mort dans les premiers instants de la vie extra-utérine, selon la susdite communication de la direction générale. Le nombre des individus qui meurent dans les premières heures (les deux premiers jours) est considérable. Malheureusement on n'en a pas tenu un compte exact jusqu'ici; on a cependant constaté que ce nombre a été de quatre pour l'année du 31 mars 1856 au 31 mars 1857, et du double pour l'année suivante, ce qui fait une moyenne de six pour deux ans seulement. Je ne saurais point dire à quoi on doit attribuer cette perte énorme. M. Gigli, fermier en chef de San-Rossore, pense que ce fait est en rapport avec la température; plus l'hiver est rigoureux, plus grande est la perte de nouveau-nés. Si cette hypothèse est bien fondée, on doit arriver facilement à empêcher ou à restreindre cette perte. Sans entrer cependant dans des détails, il me semble que ce fait se lie en quelque sorte avec ce que je vais dire. Les petits en naissant sont parfaitement constitués, mais si faibles, qu'ils sont dans l'impossibilité de se servir de leurs jambes et de se tenir debout. Cet état de faiblesse est général, sauf des exceptions très rares, et dure de deux à trois jours. Or, comme la mère se place sur son jeune nourrisson de façon à lui présenter les mamelles, et comme elle l'attend dans cette position sans se courber ou sans lui faciliter d'une manière quelconque le moyen de teter, le gardien est obligé de le prendre sur ses bras, de l'approcher des tetines de la mère (avec des précautions spéciales, bien entendu), de l'aider à sucer le lait et de l'emporter ensuite en lieu sûr. Sans tous ces soins, le petit serait condamné à mourir de faim, ou écrasé par les mouvements brusques de la mère. On voit d'abord que c'est pendant cet état de faiblesse extraordinaire qu'on a à craindre un nombre effrayant de morts. Ensuite il paraît que l'influence du climat n'est pas étrangère à cette faiblesse primordiale propre uniquement à ces animaux dépaysés. On dirait que la Nature, en modifiant la constitution des nouveau-nés sans rien changer aux habitudes de la mère, a voulu mettre un obstacle à la diffusion de cette espèce dans nos climats où peut-être elle se maintient et même prospère par le concours puissant de l'homme. Mais il est des questions qui ne s'éclaircissent pas si promptement ; celle-ci en est une. Il faudrait donc l'étudier avec soin, et vérifier, par exemple, quels sont les éléments du climat qui y influent au plus haut degré, jusqu'à quel point cette influence peut être exercée, et dans quelles limites une pareille faiblesse est conciliable avec les conditions d'existence du petit. Pendant l'allaitement la mortalité est peu considérable ; d'après le tableau qui suit, elle ne dépasse pas en moyenne un par an. La mortalité à cet âge est due principalement aux inflammations des intestins qui atteignent facilement les nourrissons. Une autre maladie est fréquente chez eux : leurs gencives s'ulcèrent, et le petit, ne pouvant se nourrir qu'avec peine, maigrit, souffre beaucoup, mais en général on le guérit facilement.

Tableau de la mortalité des nourrissons de 1839 à 1858.

	Mâles.	Femelles.		Mâles.	Femelles.
1839.	»	»	Report. .	8	4
1840.	1	1	1850.	1	»
1841.	»	1	1851.	1	1
1842.	1	»	1852.	1	»
1843.	»	»	1853.	»	»
1844.	1	1	1854.	»	»
1845.	2	»	1855.	2	»
1846.	»	1	1856.	»	»
1847.	1	»	1857.	»	1
1848.	1	»	1858.	1	»
1849.	1	»	Total. . . .	14 + 6 = 20	
A reporter.	8	4	Moyenne. .	1	

Nous pouvons donc conclure que l'acclimatation du Dromadaire en Toscane est très ancienne, qu'elle a parfaitement réussi sans que ces animaux aient subi aucun changement ou dégénérescence, sans cependant tenir compte des faits dont nous avons parlé, qui suivent ou accompagnent immédiatement la naissance ; que le problème d'obtenir des Dromadaires européens se trouve ainsi résolu depuis longtemps. Ce résultat, à mon avis, devrait engager ceux qui voudraient tenter d'introduire ces animaux ailleurs en Europe, à se procurer ceux de Pise.

En mars 1814, le haras de Pise fournit à la cour de Naples 4 mâles et 12 femelles ; en tout, 16 Dromadaires.

En 1820, un mâle et une femelle furent envoyés à Vienne à l'Empereur d'Autriche, qui eut l'idée de les introduire dans ses domaines.

La même année M. Louis Porte acheta un mâle et trois femelles au prix de 448 francs par tête, et il les plaça dans ses domaines près de Piombino ; je ne sais pas ce qu'ils sont devenus depuis.

En 1830, le Gouvernement français, ayant le projet d'essayer l'introduction de ces animaux dans quelques départements de la France, chargea M. le vicomte de la Noue, chargé d'affaires de Sa Majesté le roi à Florence, de se procurer toutes les notions relatives au haras de Pise ; et M. Bonei, chef du bureau d'administration à Pise, lui rédigea un mémoire accompagné de quelques dessins.

Je vous indiquerai enfin les publications où l'on parle de cette race acclimatée :

1° *Mémoire sur les Chameaux de Pise*, par Santi, dans les *Annales du Muséum*, 1811, t. XVII, p. 320.

2° *Del Cammello toscano*, mémoire de M. L. Porte, dans les *Actes de l'Académie des Géorgophiles*, 1815.

3° *Sulla cosi detta Vesica*, etc., mémoire de M. Paul Savi. Pise, 1824.

4° *Notice sur la race de Dromadaires* existant dans le domaine de San-Rossore, près de Pise, par Jacques Gräberg de Hemsö, dans les *Nouvelles Annales de voyages*. Mars 1840, à Paris.

Le mémoire de M. Gräberg de Hemsö surtout mérite d'être consulté pour un grand nombre d'indications utiles et l'exactitude, en général, des renseignements qu'il donne.

Il ne me reste qu'à vous prier de m'adresser sur ce sujet les questions que vous croirez plus utiles pour le but que la Société se propose.

Veuillez agréer, etc.

Igino Cocchi.

SUR LA REPRODUCTION DU HOCCO

LETTRE ADRESSÉE A M. LE PRÉSIDENT DE LA SOCIÉTÉ IMPÉRIALE
ZOOLOGIQUE D'ACCLIMATATION

Par M. BARTHÉLÉMY-LAPOMMERAYE,

Directeur du Musée d'histoire naturelle de Marseille.

————

(Séance du Conseil du 20 août 1858.)

————

Marseille, le 19 juillet 1858.

Monsieur le Président,

J'ai l'honneur de vous transmettre une nouvelle observation sur le *Hocco mitu,* que j'ai recueillie dans la volière du Jardin zoologique de Marseille. Elle est relative à la ponte, et je ne l'avais pas constatée antérieurement sur une femelle non entièrement adulte. L'état adulte de la femelle de l'espèce dont il s'agit se reconnaît lorsque la partie supérieure du corps est d'un noir foncé, tandis que la partie inférieure de la poitrine, l'abdomen et les couvertures inférieures de la queue sont d'un blanc pur. Dans cet état, les yeux ne sont plus d'un noir uniforme : leur couleur est le brun-marron plus ou moins clair. Enfin la base du bec est entourée d'une cire jonquille non globuleuse et élevée comme chez le mâle.

La femelle au jeune âge, jusqu'à la transition à l'état adulte, présente sur toutes les surfaces noires de son corps des stries ou lisérés blancs onduleux, lesquels s'étendent même aux plumes dont la partie supérieure des tibias est couverte. Le globe oculaire est uniformément noir, et le bec unicolore, plissé à sa base, semi-membraneuse, sans aucune apparence de la cire jonquille.

Telle est la livrée de la Hoccote sur laquelle mon attention s'est portée aussitôt que j'ai vu son premier œuf.

Elle est logée dans le meilleur compartiment de la grande volière exposée au midi plein, et abritée contre le vent du nord-ouest par le tertre boisé auquel le mur de soutenement est adossé.

La Hoccote a pour commensaux les Hoccans à bec rouge-cerise, une paire de Hoccos de grande taille auxquels je ne donnerai pas de nom, dont la femelle, noire en dessus, a le dessous du corps marron vif, pendant que le mâle, noir supérieurement, a ses parties inférieures entièrement blanches. L'un et l'autre ont la queue terminée de blanc. Point de cire au bec, dont la substance est de couleur bleu clair cendré, surtout à la base. Les yeux sont entièrement noirs. On a placé dans le même compartiment quelques Marails, pour lesquels les Hoccos n'ont pas de vives sympathies.

Je n'ai été témoin d'aucun accouplement accompli soit par le Hoccan, soit par le Hocco.

Le premier œuf a été pondu le 9 avril. Il a été becqueté immédiatement par un Marail et mis hors de service.

Une seconde ponte n'a pas été plus heureuse, le 11 avril; quatre autres œufs sont bien venus les 14 avril, 13 et 15 mai et 7 juin.

Somme toute, dix œufs ont été donnés dans un intervalle de cinquante-huit jours par cette jeune femelle, et ceci vient corroborer mes affirmations d'autrefois sur les pontes de ce beau gallinacé qu'on voulait limiter à deux œufs tout au plus.

L'année prochaine me fournira, je l'espère, le sujet d'une nouvelle observation. Puissions-nous, d'ici là, être en possession d'un mâle adulte de l'espèce! Puissé-je démontrer, par l'incubation des œufs avec une mère d'emprunt, la réussite d'une couvée nouvelle, semblable à celles que j'avais tant admirées il y a déjà plus de trente ans!

SUR UNE ÉDUCATION DE VERS A SOIE

(*Bombyx Mylitta*)

FAITE A PONDICHÉRY

Par M. PERROTTET,

Directeur du Jardin botanique de Pondichéry.

(Séance du 15 avril 1858).

Dans une lettre que j'écrivais, il y a un an environ, à notre savant confrère M. Guérin-Méneville, je lui annonçais que j'avais envoyé des gens à la recherche de nouveaux cocons vivants de la larve du *Bombyx Mylitta;* que mon intention était de faire ici une éducation de ces larves et d'en envoyer les cocons à la Société impériale zoologique d'acclimatation, afin de la mettre à même de tenter un nouvel essai sur une plus grande échelle.

J'étais parvenu à réunir ainsi une cinquantaine de forts beaux cocons, desquels ne tardèrent pas à sortir des papillons d'une rare beauté, mais tout d'abord des femelles seulement; ce qui, dans le moment, ne laissa pas que de me contrarier beaucoup; car, comme vous le savez, Monsieur le Président, les femelles de ces Bombyx, comme celles de plusieurs autres, pondent leurs œufs aussitôt après la sortie de leur prison. Toutefois je ne me déconcertai pas, j'avais remarqué, il y a longtemps déjà, que l'armoire rotinée ou treillagée dans laquelle je plaçais habituellement les cocons qui m'étaient apportés du dehors, dès qu'il était né quelques papillons femelles, était envahie le soir par d'autres papillons venant de la campagne, et probablement de bien loin : les papillons dont je parvins à saisir quelques-uns, malgré leur voltigement, se trouvaient être des mâles. J'introduisis ceux-ci au nombre de trois dans l'armoire auprès des femelles qui commençaient déjà à pondre ; mais, renfermés, ils ne s'unirent point à elles et les œufs restèrent inféconds.

Par suite de cette observation, que je considérais comme intéressante, il me vint à la pensée de faire usage du procédé mis en pratique par M. le docteur Chavannes, de Lausanne, dont le n° 6, page 270 de nos **Bulletins** (1857) fait mention, et qui consiste à attacher les femelles, avec de la ficelle, par-dessus le corselet, entre les ailes supérieures et les inférieures. J'attachai de la sorte les quatre premières femelles qui sortirent de leur cocon, non avec de la ficelle, qui me parut trop grosse et trop lourde, mais avec du fil retord ; je fixai l'extrémité opposée de ce fil, dont la longueur était de 2 mètres environ, à un clou enfoncé dans le mur près de la croisée de mon appartement, et je lançai les papillons ainsi retenus sur un mûrier en buisson qui se trouvait en face et près de cette croisée. Quelle ne fut pas ma surprise, le lendemain à mon réveil, de trouver les quatre femelles réunies à des mâles d'une grande beauté, dont la couleur fauve me les fit distinguer à distance des femelles qui, au contraire, étaient d'un jaune pâle ! J'enlevai avec précaution les couples de papillons en coupant avec des ciseaux le fil qui retenait les femelles (le léger mouvement de translation ne les dérangea point), et je les déposai dans l'armoire d'où j'avais la veille sorti les femelles. Là ils restèrent unis toute la journée. Libérées vers le soir seulement, les femelles pondirent une partie de leurs œufs, et l'autre partie le lendemain ou la nuit suivante.

J'eus pendant plusieurs jours consécutivement des naissances de papillons femelles, et bien rarement quelques mâles ; mais je m'en inquiétai peu, certain que j'étais qu'il m'en viendrait du dehors. En effet, attachées comme précédemment et dans le même endroit, mes femelles furent toujours et incessamment accouplées ; je n'en perdis plus aucune.

La quantité d'œufs fécondés que j'obtins de la sorte fut considérable, et leur éclosion, qui eut lieu régulièrement huit à dix jours après, selon le temps plus ou moins frais, fut enfin complète, aussi parfaite qu'on pût le désirer. Je m'attachai avec le plus grand soin à élever les chenilles, que je nourrissais avec les feuilles tendres du *Syzigyum jambolanum*, en plaçant de jeunes rameaux dans des vases à étroite ouverture tenus con-

stamment pleins d'eau. Ces petites larves se promenèrent
longtemps sur ces rameaux en passant d'une feuille à l'autre
avant de se fixer définitivement, se laissant même choir quelquefois. Ce ne fut que vers le soir qu'elles commencèrent à manger
et à rester en place. Dès ce moment elles ne lâchèrent plus les
feuilles qu'elles déchiquetaient avec une incroyable voracité ;
elles ne s'arrêtèrent que pendant les mues, qui, comme on sait,
sont au nombre de quatre, lesquelles s'accomplirent rapidement et sans accident.

Nous nous trouvions alors au mois de septembre, et vers la
fin de la mousson du sud-est, qui ordinairement est la plus
favorable au développement de cette larve comme aussi à la
végétation du *Syzigyum jambolanum*. Celui-ci, en effet, se
trouvait en pleine vigueur, et les feuilles réunissaient toutes
les qualités désirables. Les rameaux qui plongeaient dans les
vases pleins d'eau étaient renouvelés tous les deux à trois
jours, et l'eau tous les jours, afin d'en prévenir la corruption.
La section oblique plongeante des rameaux était également
rafraîchie tous les matins dans le but de faciliter l'aspiration,
l'absorption du liquide. L'âge de ces rameaux, par conséquent
de leurs feuilles, était toujours proportionné à celui des larves
elles-mêmes, c'est-à-dire que la feuille devait se trouver d'autant plus développée, plus mûre, que la larve acquérait plus
de force, arrivait plus près du terme de son existence.

Nourries et soignées de la sorte, les chenilles atteignirent la
fin de leur vie normale quarante-deux jours après leur naissance, et formèrent successivement leurs cocons, qui furent
pour la plupart très gros, très divers, et d'une épaisseur d'étoffe
extrêmement remarquable. Il n'en fallut que cinquante, quinze
jours après le déramage, pour un demi-kilogramme.

Si la saison ne se fût pas trouvée trop avancée (nous étions
alors à la fin de novembre) je me serais empressé de faire parvenir ces cocons à la Société impériale zoologique d'acclimatation, pour laquelle d'ailleurs l'éducation avait été faite ;
mais l'hiver les eût infailliblement surpris, et les chrysalides
se trouvaient exposées à être détruites par la gelée. Je jugeai
donc prudent d'attendre, pour effectuer mon envoi, le mois de

février, qui n'offrirait pas les mêmes chances d'insuccès, et où la température, ici, ne serait pas encore trop élevée pour faire éclore les papillons. Mais quel ne fut pas mon désappointement et ma surprise, tout à la fois, lorsque à peine arrivé vers les premiers jours de décembre, je vis sortir successivement les papillons de leurs cocons et en assez grand nombre chaque jour ! Malgré la saison évidemment trop avancée, je me décidai à faire accoupler ces beaux papillons, afin, s'il était possible, d'en tirer quelque parti. Je procédai à cette opération de la même manière que je l'ai indiqué plus haut, lâchant les mâles après la fixation des femelles en dehors de l'appartement, au fur et à mesure qu'elles sortaient de leurs cocons. Ici je fus amené à faire cette curieuse remarque, à savoir : que ce n'étaient point les mâles sortis de mes cocons qui s'accouplèrent avec ces femelles, mais des mâles venus du dehors et de bien loin peut-être, mâles beaucoup plus vigoureux que ceux provenant de mes éducations privées. J'obtins de ces réunions, de ces accouplements non consanguins, une quantité d'œufs tellement considérable, que j'en fus littéralement embarrassé, car nous nous trouvions, ainsi que je l'ai dit déjà, dans une fort mauvaise saison, précisément à l'époque de la mousson de nord-est, qui est tout à fait contraire à la santé de ces larves comme à celle des autres espèces également fileuses. La température alors s'abaisse à tel point, que le thermomètre centigrade descend la nuit à 16 degrés, et quelquefois même au-dessous. La végétation, par suite, s'arrête complétement, et quelques arbres même se dépouillent de leurs feuilles ; de ce nombre se trouve le *Terminalia catappa*, qui est un de ceux dont se nourrit la larve du *Bombyx Mylitta*. Le *Syzigyum jambolanum*, que cette larve semble préférer, cesse complétement de végéter tout en gardant ses feuilles, mais celles-ci ne sont dès lors plus propres à la nourriture des chenilles, car elles ne contiennent aucun principe nutritif et assimilable. Ce fut dans cette situation fâcheuse que vinrent à éclore mes innombrables œufs : il en sortit des milliers de petites chenilles qui cherchèrent tout de suite à manger. Mais où prendre la feuille appropriée à leur âge, à leur délicatesse ? elle se trouvait partout desséchée et privée de suc. On alla bien visiter tous les arbres de *Syzigyum*, mais vainement : on ne trouva que des feuilles privées de végétation et de suc propre ; les chenilles ne les mangèrent que difficilement et succombèrent toutes les unes après les autres dans l'espace de quelques jours.

A la nourriture qui manquait, il faut ajouter l'agitation et la sécheresse extrême de l'air produites par un vent du nord froid et violent, qui ne cessa ni jour ni nuit. Cette circonstance inattendue me mit dans un grand embarras. Je me voyais dans l'impossibilité de remplir ma promesse envers la Société impériale zoologique d'acclimatation qui comptait sur moi. D'un autre côté, toutes mes peines et mes soins se trouvaient perdus, sans compter la crainte dont j'étais poursuivi que les larves qui vivaient sur les arbres à l'état sauvage en même temps que celles que j'avais cherché à élever à l'état privé, pouvaient avoir éprouvé le même sort que celles-ci, ce qui n'aurait rien certainement de surprenant.

Il me reste bien encore de ma dernière éducation une soixantaine de cocons formés par les vers retardataires ; mais ils ne sont pas très beaux ni peut-être très bons ; dans tous les cas, je les adresse à la Société par le courrier porteur de cette lettre. Ils sont contenus dans une boîte de fer-blanc renfermée elle-même dans une petite caisse de bois. J'y ajoute une petite quantité de la bourre provenant des cocons percés de la même larve, ainsi que de ceux d'une autre espèce formés par la larve qui se nourrit exclusivement des feuilles de l'*Adina Wadier*, arbre de la famille des térébinthacées, et dont le papillon, de couleur bleu de ciel et à ailes prolongées en longue queue, ressemble un peu au grand Paon d'Europe. M. Guérin-Méneville, qui connaît ce papillon, pourra en dire le nom et le faire mieux connaître à la Société. Quelques cocons vivants de la larve de ce Bombyx sont joints à ceux de la larve du *Mylitta*. La boîte ainsi remplie a été fermée et soudée exactement, comme l'avaient fait par inadvertance les domestiques de M. le docteur Collas, chargé du soin de mon premier envoi, qui réussit bien.

J'espère que d'ici au printemps, je me trouverai en mesure de faire parvenir de nouveaux cocons de ces deux espèces de larves. J'ai en ce moment des personnes intelligentes en campagne, qui, je l'espère, ne tarderont pas à m'en apporter quelques-uns. Je continuerai d'ailleurs mes éducations à l'état privé aussitôt que j'en aurai les moyens, et vous ferai parvenir les cocons au fur et à mesure. A cet égard, la Société peut compter sur mon zèle et mon dévouement.

Quant à la bourre qui fait partie de cet envoi, je désirerais qu'on essayât de la faire carder et d'en faire ensuite du filet. Cette matière me paraît réunir à la fois une grande ténacité et beaucoup d'élasticité, qualités précieuses dans la fabrication des tissus. Ici on la file au fuseau sans autre préparation, et l'on en tricote des chaussons, des gants et même des gilets avec manches que l'on porte dans les temps froids et humides. Ces effets à usage durent fort longtemps et semblent acquérir, à chaque lavage, plus de solidité. On pourrait parvenir à se procurer une certaine quantité de cette bourre, surtout de celle produite par la larve qui se nourrit des feuilles de térébinthacées dont je viens de parler, si le placement en était assuré et à de bonnes conditions.

Les quelques cocons qui font partie de mon envoi, qui se ressentent, comme on pourra le juger, de la mauvaise nourriture qu'a eue la chenille pendant la période de sa vie normale, n'éclôront qu'au mois de juillet prochain. Je précise cette époque parce qu'elle est invariable, et en voici la raison : L'arbre sur lequel se nourrit cette larve reste dépouillé de ses feuilles depuis le mois de janvier jusque vers le 10 juillet inclusivement, par conséquent six mois environ. La chrysalide renfermée dans le cocon formé un peu avant la chute totale des feuilles, c'est-à-dire vers la fin tout à fait de décembre, ne se transforme en papillon qu'au moment même où l'arbre est de nouveau en feuilles ; elle reste ainsi engourdie et renfermée pendant les mois, sans contredit, les plus chauds de l'année. Depuis cette époque (mois de juillet) jusqu'à la fin de décembre, l'insecte se reproduit quatre fois ; ainsi quatre générations pendant ce court espace de temps, conséquemment quatre récoltes de cocons. Ce fait est constant, je l'ai vérifié vingt fois depuis que je suis dans l'Inde.

Mais une chose qui me surprend surtout beaucoup, et que je cherche vainement à m'expliquer, c'est de savoir comment les papillons mâles du *Bombyx Mylitta* peuvent découvrir les femelles qui souvent se trouvent à des distances considérables du lieu qui les voit naître, et dans des endroits où il n'existe aucun arbre de la nature de ceux qui servent de nourriture à leur larve. C'est précisément le cas de la magnanerie que j'habite, dans laquelle les accouplements dont j'ai parlé plus haut ont eu lieu.

En terminant, j'ajouterai qu'il ne faudrait pas s'imaginer qu'on ne pût parvenir à faire accoupler les papillons à l'état privé ; j'y avais réussi dès 1847, époque à laquelle je tentai mes premiers essais d'éducation. Je tenais alors mes papillons dans un vaste panier de forme cylindrique, dont j'avais recouvert l'ouverture, qui proportionnellement était très étroite, d'une toile claire. Parmi le grand nombre de papillons qui éclorent, il n'y en eut que quelques-uns qui s'accouplèrent ; ils provenaient de cocons recueillis sur des arbres à l'état sauvage. Ce furent les premiers de l'éducation que je fis à l'état privé. A la seconde éducation, j'en eus un plus grand nombre ; et enfin à la troisième pas un ne resta sans s'unir, tous s'accouplèrent. Dès ce moment, je considérais le succès de la nouvelle ou des trois comme assuré. Il ne fallut rien moins, pour m'y faire renoncer, que l'opinion émise par le Comité des arts et manufactures de Paris, opinion qui consistait dans l'impossibilité de teindre les soies de Vers sauvages.

COMPTE RENDU DE DIVERS ESSAIS
POUR LA PROPAGATION DES ESPÈCES UTILES

Par M. le marquis de VIBRAYE.

(Séance du 19 février 1858.)

SECONDE PARTIE. — *Végétaux conifères* (1).

La Société d'acclimatation me permettra de l'entretenir de mes études toutes spéciales de la famille des conifères au point de vue de la grande culture forestière. L'acceptation quand même des espèces exotiques ne me semble point désirable, mais il faut expérimenter, et presque tout accueillir pour éviter le regret d'avoir négligé quelque utile introduction.

Les plateaux de la Sologne et les anciens lits des affluents de la Loire et du Cher, dont l'élément siliceux forme exclusivement la composition, ne sauraient convenir aux Chênes de nos contrées (*Q. robur* et *pedunculata*); les *Q. cerris* et *tauza* seraient peut-être dans de meilleures conditions, si l'on parvenait à les propager économiquement, et si le climat peut convenir à ces deux essences déjà plus méridionales. J'ai vu sur les plateaux siliceux de très beaux semis de nos espèces communes, mais après un recepage, le Chêne, languissant, cessait de se développer en hauteur, et l'œil exercé reconnaissait bientôt qu'il ne pouvait avoir d'avenir. Cette considération m'a tout naturellement dirigé vers l'étude des conifères, moins dans mon propre intérêt (mon sous-sol étant le plus souvent argileux) que pour me rendre utile à mes compatriotes qui ne pourraient ou ne voudraient expérimenter, et j'ai rêvé pour la Sologne quelques végétaux utiles devant servir ulté-

(1) Pour la première partie, relative à la Pisciculture, voyez le numéro de juin, page 270.

rieurement, et après un long et sérieux examen, à constituer peut-être des forêts avantageuses pour ses plateaux.

J'ai tout d'abord été conduit à considérer le Pin maritime comme une espèce ayant atteint à notre latitude l'extrême limite de son existence possible ou plutôt rationnelle. Je suis loin de le prescrire comme transition, comme moyen d'arriver à un ordre de choses meilleur, mais je l'ai vu disparaître dans la Campine belge, le Morvan, et au nord de la zone parisienne, où il gèle parfois ou tout au moins languit. On me citera le domaine d'Harcourt où sa croissance est, dit-on, satisfaisante, mais il y emprunte au climat marin quelques conditions de meilleure existence. On cite notamment dans la Campine les années d'hivers rigoureux où des massifs entiers de cette essence ont disparu ; le Pin sylvestre l'y remplace aujourd'hui. Le Pin maritime, arbre méridional, ne peut donc nous convenir, notamment au point de vue de l'industrie du gemmage ; et si l'on dit que son rendement en produits résineux est le même que dans les Landes (ce que n'admettraient probablement pas les propriétaires qui ont essayé, qui essayent encore de gemmer en Sologne), ce serait, en tous cas, proportionnellement au volume que peuvent donc alors produire nos arbres chétifs et rabougris (c'est la règle commune). Les massifs un peu plus élevés qu'on nous cite ne sont que la rare exception, et tiennent à des conditions de sol exceptionnelles, ou de meilleures essences auraient pu croître. Je serais donc tenté d'admettre qu'il faut substituer au Pin maritime d'autres espèces ayant un habitat peuplant et un climat plus analogues aux nôtres : c'est à ce point de vue que j'ai préconisé et que je préconise encore aujourd'hui le Pin noir d'Autriche, qu'il faudra se garder de confondre avec le Pin laricio de Corse et quelques-unes de ses prétendues variétés appartenant à la même zone méridionale que le Pin maritime. Je ne m'étendrai pas avec Hoss, le professeur autrichien, sur son arbre de prédilection, le plus résineux de tous entre les conifères d'Europe, et dont il compare la qualité du bois à celle du Mélèze, surtout après le gemmage ; dont il préconise enfin l'extrême sobriété. J'ai visité moi-même les forêts de la basse Autriche, ayant antérieurement rencontré cet arbre dans la forêt illyrienne, impériale et royale de Panowitz, en 1840, époque à laquelle j'ai rapporté les premiers cônes authentiques en France, ainsi que la *Monographie* de Hoss dont j'ai donné depuis quelques extraits. J'ai pu m'assurer que le Pin noir était moins exclusif sur la nature calcaire du terrain que l'auteur de la Monographie voudrait bien le dire ; sans doute, il rend aujourd'hui d'inappréciables services dans les craies arides de la Champagne, où j'ai depuis longtemps préconisé l'utilité de son introduction ; je l'ai planté moi-même sur des sols calcaires, mais j'ai dû l'expérimenter dans toutes les autres natures de terrain. Ce qu'il redoute par-dessus tout ce sont les sols imperméables ; il croît sur des sables arides, mais la moindre trace d'humidité le fait périr. C'est assez dire que les terrains argileux et marneux trop compactes lui sont antipathiques. Je lui ai consacré 15 à 20 hectares.

A côté de cette espèce vient s'en placer une autre que nous ne pouvons encore apprécier, qui s'est presque toujours trouvée chez nous dans de mauvaises conditions de culture, ou en trop petit nombre, ou trop chère pour être suffisamment expérimentée : je veux parler du *P. ponderosa* (Dougl.), originaire des bords du fleuve Spokan-Flathead, et des cataractes du fleuve Columbia dans l'Orégon. Son bois, chargé de résine, ne peut se soutenir à la surface de l'eau ; son habitat semble le rendre, par l'analogie du climat, essentiellement propre à notre zone botanique. Il ne s'agit plus que de trouver la nature du terrain qui lui est propre. A défaut de renseignements de la part des voyageurs, c'est par voie de tâtonnements qu'il nous a fallu procéder, et comme il semble se rapprocher par la richesse de sa résine et ses caractères extérieurs du Pin d'Autriche, j'ai cru devoir le placer dans les mêmes conditions. Quelques pieds plantés d'abord en terre franche, mais compacte, ont assez mal réussi : est-ce l'effet de soins trop minutieux que lui ont prodigués les horticulteurs d'outre-Manche, de qui nous avions reçu ces premiers sujets ? Il y a trois ans, j'ai été assez heureux pour pouvoir me procurer des graines, les semer, élever moi-même les jeunes plants : j'expérimente

aujourd'hui sur plus de cinq cents sujets livrés à la pleine terre.
Sur un sol assez riche et siliceux, les arbres semblent prospérer ; des sujets entremêlés à des Pins noirs d'Autriche sur un
sol calcaire sont loin d'être aussi vigoureux : il faut attendre
quelques années le résultat de ces différentes épreuves.

J'ai planté bien des espèces du genre *Pinus* que je veux
mentionner seulement, et pour être plus court je marquerai
d'une croix celles qui n'ont pu supporter la pleine terre, et
de deux croix celles qui réclament une seconde épreuve.
Quelques-unes des gigantesques espèces de Californie, quoique
parfaitement appropriées à notre climat relativement aux températures isothermes, languissent chez nous, et n'ont répondu
que par des résultats négatifs à de nombreuses et successives
épreuves. J'en citerai pour exemple le *P. Lambertiana*.
Après bien des tentatives de multiplication, et des acquisitions
nombreuses, une seule greffe herbacée pratiquée sur le
P. strobus se développe au milieu de mes bois avec une certaine vigueur. Des espèces californiennes trois seulement
m'ont semblé recommandables savoir : les *P. Coulteri*,
sabiniana, Benthamiana. Je ne possède que trois ou quatre
sujets de cette dernière espèce ; sept *Coulteri*, dont un de 7 à
8 mètres d'élévation, et plus de cinquante *sabiniana*.

Genre PINUS.

TRIBU 1re. — *Cembra* (Thunb.).

  P. cembra.

TRIBU 2. — *Strobus* (Spach).

  †† P. ayacahuite.
     excelsa.
     Lambertiana.
     monticola.
     strobus.

TRIBU 3. — *Pseudo-Strobus* (Endl.).

  †† P. Hartwegi.
  ††   Palla-blanco ?
  ††   Leophylla.
  ††   Rousseliana.
  ††   Montesumæ.

TRIBU 4. — *Tæda* (Spach).

  ? P. abschasica.
     australis.
  ?   Beardsteyi.
     Benthamiana.
  †   californica.
  ††   canariensis.
     Coulteri.
  †   Gerardiana.
  ††   insignis.
  ?   Jeffreyi.
  ††   patula.
     ponderosa.
     radiata.
     rigida.

P. sabiniana.
sinensis.
tæda.
tuberculata.

Tribu 5. — *Pinaster* (Endl.).

P. austriaca.
? Boursieri.
Brutia.
caramanica.
Cortesiana.
halepensis.
inops.
laricio.
calabrica.
Massoniana.

P. mitis.
muricata.
Pallasiana.
pinaster.
? Pithyusa.
pungens.
pyrenaica.
(monspeliensis var.)
rubra.
taurica.

Enfin une espèce rapportée par M. de Verneuil de l'intérieur de l'Espagne (*Sierra Segura*), et qui ne présente encore aucun caractère appréciable.

Dans la grande classe des résineux, les Pins m'avaient semblé devoir être appelés, par leur sobriété comme aussi par l'abondance de leurs produits résineux, à peupler avantageusement les sols maigres de nos plateaux aussi bien que les lacunes de nos anciens bois, mais voilà qu'une effroyable invasion de Scolytes (*Scolytus piniperda*, Latr.) de la tribu des Hytérines a dirigé mes vues d'avenir et mes études comparatives vers l'ordre des Abiétinées, qu'un préjugé trop répandu fait regarder le plus souvent comme exclusivement propre à l'ornement des parcs et des jardins paysagers ou ne devant s'élever en massifs importants que sur les pentes escarpées et la cime des montagnes. On ne se dit pas assez que la famille des Abiétinées renferme un certain nombre d'espèces atteignant des dimensions bien autrement gigantesques que celles des Pins, et tout aussi sobres, tout aussi rustiques, avec le précieux avantage de ne pas rencontrer d'ennemis dangereux parmi les insectes. Pour citer un exemple : Qui pense à planter dans nos plaines en grands massifs l'*Ab. excelsa* (communément *Epicea*)! c'est pourtant un arbre des plus sobres et des plus rustiques, s'accommodant en quelque sorte de tous les sols argileux, siliceux, calcaires et même tourbeux ; terrains frais, terrains marécageux, et même sur des sols assez arides. Planté dans les bruyères, il y *végète* plus longtemps que dans

un terrain bien préparé, mais il finit par les dominer et y
prendre un accroissement rapide. Je multiplie donc en ce
moment l'*Ab. excelsa* par milliers et cent milliers. A côté de
lui viennent se grouper naturellement ses congénères d'importation plus ou moins récente. Après avoir multiplié plusieurs
espèces en assez grand nombre, afin de les juger, l'idée m'est
venue de comparer entre eux tous les membres de cette intéressante famille et de les établir en regard les uns des autres
sur un sol défoncé tout exprès à 1ᵐ,30 de profondeur. J'ai
composé cet *arboretum* des espèces les plus recommandables,
et vous me permettrez de vous en présenter ici la liste avec
les provenances, les dimensions, et l'altitude de leur habitat,
lorsque j'ai pu la connaître.

Genre 1ᵉʳ. — Tsuga.

Brunoniana (Lindl. Wall.), Népaul, 22 à 25 mètres ; arbrisseau, dit-on,
chez nous.

Canadensis (*Ab. canadensis*, Michaux), baie d'Hudson, montagnes Rocheuses,
Caroline boréale, 30 mètres.

Douglasii (Lindl.), montagnes Rocheuses ; bords du fleuve Columbia, 43 à
50 degrés lat. bor. ; Mexique, 60 mètres sur 12.

Hookerii (nouveau), 20 mètres sur 0ᵐ,50.

Genre 2. — Abies.

Amabilis (Forber-Jam.), nord-ouest de l'Amérique septentrionale.

Apollinis (Link), Grèce (monts OEta et Parnasse) ; altitude, 1000 à
1300 mètres ; hauteur, 24 mètres.

Balsamea (Mill.), Amérique septentrionale, Canada, New-York, Nouvelle-
Angleterre ; hauteur, 16 mètres.

Bracteata (Hook. et Arnott), fleuve Columbia, 36 degrés lat. bor. ; altitude,
1160 à 2000 mètres ; hauteur, 24 mètres.

Cephalonica (Loud.), mont Énos en Céphalonie ; altitude, 1400 à
1600 mètres ; hauteur, 20 mètres.

Cilicica (Cacc.), mont Taurus, Asie Mineure ; hauteur, 14 mètres sur 0ᵐ,60
de diamètre.

Fraseri (Lindl.), Broad Mountains, haute Caroline ; Pensylvanie,
10 mètres.

Grandis (Lindl.), montagnes et vallées de la Californie septentrionale ;
hauteur, 70 mètres.

Hudsoni (*Ab. Fraseri* var. *hudsonia*) (Bosc.), var. *nana*.

Nobilis (Lindl.), cataractes du fleuve Columbia ; hauteur, 20 à 25 mètres.

Nordmanniana (Spach), chaînes adschariennes ; altitude, 2000 mètres ;
hauteur, 26 mètres sur 1.

Pectinata (DC.), Pyrénées, Alpes, Caucase, forêt Noire ; altitude, 660 à
1300 mètres ; hauteur, 50 mètres sur 3.

Pindrow (Spach), monts Himalaya, vignobles de la vallée de Setledge ; altitude, 2660 à 3160 mètres ; hauteur, 30 mètres.

Pinsapo (Boiss.), Sierra-Nevada, Benneja, Grenade, Maroc ; altitude, 1160 à
2000 mètres ; hauteur, 24 mètres.

Pattoniana (nouveau).

Webbiana (Lindl.) (*spectabilis* Spach), Himalaya occidental ; altitude,
2130 à 3330 mètres ; hauteur, 30 mètres ; 30 à 32 degrés lat. bor.

Genre 3. — Picea.

Alba (Link.), var. *cærulea*, Amérique septentrionale, Canada, Caroline ;
hauteur, 20 mètres.

Alba (Link.), var. *glauca*, Canada, Caroline ; hauteur, 20 mètres.

Excelsa (Link.), toute l'Europe, de la Norwége aux Pyrénées, Grèce, Caucase ; hauteur, 50 mètres sur 6.

Jesoensis (Sieb. et Zucc.), Japon autour de Yeddo, île Jezo et Karafto.

Kutrow (Royle) *morinda*, Hort.), Himalaya occidental ; altitude, 2166 à
3330 mètres ; hauteur, 30 mètres.

Menziesi (Loud.), Californie septentrionale, nord-ouest de l'Amérique ;
hauteur, 20 mètres.

Nigra (Link), Amérique septentrionale, 44 à 55 degrés lat. bor.; hauteur,
25 mètres sur 0^m,50 ; en Europe, de 8 à 10 mètres.

Nigra (Link), Amérique septentrionale, *id...* (var. *nana*).....

Orientalis (Poir.), environs de Trébizonde, Mingrélie supérieure, environs
des monts Adschariens.

Rubra (Link), Nouvelle-Écosse, Nouveau-Frankland (greffe de l'ancienne
école de Trianon).

Rubra (Link), id., rapporté par Michaux, greffé par M. Vilmorin.

Parmi les espèces figurant dans cette nomenclature, il en
est un certain nombre qui ne peuvent supporter sans abri les
variations de notre température, les écarts en étant ici plus
excessifs qu'au climat de Paris, bien que la moyenne de chaleur y soit plus élevée. De ce nombre sont les *Ab. morinda*,
Webbiana, *cephalonica*, et probablement *Jesoensis* et *Pindrow*. J'ai placé ces dernières espèces à des expositions abritées, mais en dehors de mon école, et sauf un certain nombre
de sujets plantés antérieurement, je ne compte point les multiplier.

Il en est autrement des espèces qui suivent. Je place en première ligne les *Tsuga Douglasii* qu'un non-succès dans les cultures parisiennes tendrait peut-être à faire négliger par les sylviculteurs.

Il est vrai que les premiers sujets introduits ont réussi difficilement. Je crois qu'on doit attribuer l'absence de succès aux soins trop minutieux que les horticulteurs ont cru devoir leur prodiguer dans le jeune âge. J'ai moi-même échoué dans mes premières tentatives ; de tous les sujets achetés, je n'ai pu sauver que deux individus, l'un provenant des cultures de M. Knight, et que j'ai moi-même rapporté de Londres ; l'autre qui me fut envoyé par M. Makoy (de Liége). Ces deux sujets, plantés en 1844, ont aujourd'hui plus de 10 mètres d'élévation. J'ai persévéré, parce que cet arbre est un des plus remarquables que j'aie vus dans les belles cultures du parc de Dropmore près Windsor. Depuis qu'à l'apparition des premiers chatons mâles sur l'un des individus, de quelques chatons femelles sur l'autre, j'ai pu féconder les jeunes cônes artificiellement, je multiplie cette espèce. J'ai déjà planté plus de quarante individus bien venants, j'en ai de plus nombreux sujets en pépinière, et je me suis empressé de le répandre chez mes voisins. J'ai notamment envoyé quelques sujets de près d'un mètre au domaine d'Harcourt appartenant à la Société impériale et centrale d'agriculture.

On peut observer une différence bien sensible entre les deux arbres que je viens de citer : ce sont incontestablement deux variétés bien distinctes. L'une, au feuillage plus touffu et d'un vert plus foncé, laisse apparaître au moment de sa floraison des chatons mâles et femelles d'un vert tendre ; sur l'autre, au feuillage plus grêle et plus glauque, se développent aux premiers jours du printemps des chatons des deux sexes à la teinte purpurine très prononcée. La forme des cônes et de leurs bractées saillantes, des anthères et des pollens, observés au microscope, est la même chez les deux variétés. Seulement la seconde jusqu'à ce jour est la seule, à quelques rares exceptions près, qui nous ait donné des graines fertiles. Cette année de chaleur exceptionnelle et prolongée, les graines des deux individus me semblent beaucoup meilleures que les années précédentes; les arbres, en outre, ont pris de l'âge; je crois toutefois que les graines du second individu conserveront encore leur avantage.

L'*Abies pinsapo* n'a contre lui que d'être difficile à la reprise lorsqu'on le laisse trop vieillir en pépinière, sans l'élever en pots, mais il me semble ne rien laisser à désirer sous le rapport de la sobriété, de la rusticité, de la rapidité de la croissance. C'est une espèce qu'il me semble utile d'expérimenter au point de vue de la sylviculture; aussi j'opère sur environ mille sujets. Mes individus les plus âgés ont développé des chatons mâles au dernier printemps.

J'ai planté cette année de cinquante à soixante *Ab. cilicica;* de plus, un semis du printemps m'a donné de nombreux sujets : mais cet arbre est d'introduction trop récente pour qu'il soit permis de se prononcer à son égard.

Sous-ordre des Séquoiées.

Le sous-ordre des Séquoiées offre à nos expérimentations deux colosses qu'il est intéressant d'étudier, pour en doter, si faire se peut, la sylviculture. Mais, à défaut de données suffisantes, c'est par voie de tâtonnements qu'il nous a fallu procéder.

J'ai commencé par le *Sequoia sempervirens* (Endlicher), que j'ai reçu de Londres en 1844, à l'origine de sa multiplication par M. Knight. Je l'ai d'abord multiplié de boutures, mais depuis quelques années, je récolte des graines de plus en plus fécondes.

Cet arbre a trouvé tour à tour des enthousiastes et des détracteurs, et j'ai moi-même, jusqu'à ce jour, beaucoup varié sur l'opinion que je devais me former à son égard. Si, d'un côté, cette espèce, par la précocité de sa végétation, donne prise aux gelées tardives, il offre d'autres avantages qu'il serait peut-être imprudent de négliger sans avoir persévéré dans les épreuves.

L'absence de documents d'une part, l'analogie de l'autre,

permettent de le rapprocher de la famille des *Taxodium*; aussi dès l'abord avais-je cru devoir le réserver pour des terrains tourbeux, marécageux ou frais tout au moins; mais dans ces conditions j'ai complétement échoué, avec le regret d'avoir opéré sur plusieurs centaines de sujets alors que cette espèce était rare encore. Dans ces conditions, la plupart des plants ont péri; les autres mouraient de la tête et repoussaient languissamment du pied. Dans les terrains argileux, ces arbres se sont un peu mieux comportés, mais seulement sur des douves et plantés en allées. J'ai donc essayé dans des sables meubles, et j'y étais conduit naturellement par la disposition propre à cette essence résineuse de pousser des rejetons vigoureux autour de la principale tige, lorsqu'elle a pris un certain développement en grosseur. J'ai donc élevé des sujets en pépinière; (un certain nombre jusqu'à 2 mètres d'élévation), avant de les mettre en place, de telle sorte qu'au printemps dernier j'avais 2000 arbres de toutes grandeurs, destinés à composer un massif forestier, ce que j'exécutai sans avoir pu prévoir la sécheresse anormale qui vint nous assaillir principalement en Sologne, où depuis Pâques jusqu'à l'Assomption, il n'est pas en quelque sorte tombé d'eau. Les semis de Chênes de plusieurs années, des Pins sylvestres, des Épicéas même de 2, 3 et 4 mètres d'élévation ont péri sur plusieurs points de la Sologne. Les conditions étaient donc on ne peut plus défavorables pour des arbres qui auraient redouté les terrains secs. Tous mes *grands Sequoia* ont pour la plupart séché de la tête, et je me disposais à les remplacer à l'automne par quelque autre essence plus rustique en apparence, lorsque dans ces derniers temps, je me suis aperçu que tous les arbres couronnés drageonnaient du pied, et lorsqu'il s'est agi de les remplacer, on n'a pas pu trouver plus de 75 sujets compromis, encore de ce nombre quelques arbres commençaient à repousser des œilletons du pied : le massif est donc complet, et présentera l'unique exemple d'un *taillis résineux* sous futaie de même essence.

Sequoia gigantea (Lindl.).

Le *Sequoia gigantea* (Lindl.) (*Wellingtonia* d'Endlicher)

ne date en Europe que de 1853. On doit son introduction en Angleterre à M. Loob, et la France en était dotée l'année suivante par M. Boursier de la Rivière. Qualifié par M. Loob de monarque de la Californie; d'une *beauté terrible*, suivant Lindley, sa hauteur totale atteint celle du dôme des Invalides (100 mètres) sur un diamètre de 10 mètres et plus; il habite en Californie, à 1500 mètres environ d'altitude, les sommets de la Sierra-Nevada, vers les sources du San-Antonia, par 38 degrés de latitude boréale. Son introduction récente ne permet pas de le connaître ni de l'apprécier encore suffisamment; quoique la vigueur de sa première végétation, son développement plus normal que son congénère et son habitat plus septentrional doivent le faire considérer *à priori* comme une acquisition précieuse pour nos forêts. Mais afin de résoudre plus promptement le problème, il faut s'efforcer de le multiplier par tous les moyens en notre pouvoir. Jusqu'à ce jour, nous n'en possédons qu'un seul, le bouturage. Ce mode de multiplication réussit à merveille, et je puis assurer, par expérience, que les sujets obtenus de la sorte développent une flèche aussi bien que les sujets de graine, et, sans l'aspect un peu plus grêle des rameaux, se confondraient avec eux pour des yeux moins exercés que ceux des expérimentateurs ayant à leur portée, pour terme de comparaison, des sujets de l'une et de l'autre sorte. Aujourd'hui je possède huit sujets de graine dont le plus fort mesure en pleine terre, et après avoir été rechaussé, $1^m,10$ à $1^m,20$ sur une envergure de près de 1 mètre. J'espère au printemps pouvoir annoncer que j'ai multiplié par *centaines* cette remarquable espèce.

Cryptomeria japonica.

Le *Cryptomeria japonica* (Don), par sa rusticité, mérite une étude toute spéciale. Cité tantôt comme arbre et tantôt comme arbuste, suivant qu'on faisait allusion à la variété naine, originaire du nord de la Chine, introduite en Angleterre par Fortune, ou bien au type de l'espèce peuplant de vastes forêts sur les montagnes du Japon méridional, aussi bien que dans l'île chinoise de Tschousan, cet arbre élevé de 20 à

30 mètres, à bois blanc mais compacte, n'a pas été sérieusement étudié au point de vue de la sylviculture. On lui a fait
tout d'abord le reproche de fructifier trop tôt pour pouvoir
constituer un grand arbre. Il est vrai qu'en même temps on
adressait le même reproche au *Sequoia sempervirens* dont on
ne pouvait pourtant contester les énormes dimensions bien
authentiquement et dûment constatées. Le *Cryptomeria* s'est
donc vu relégué dans les parterres ou les massifs des parcs ou
des jardins paysagers. Planté tantôt à des expositions méridionales, où il a jauni (car il semble redouter essentiellement
le plein soleil), tantôt dans des terrains trop arides, où il a
péniblement végété, on semblait ignorer (et moi tout le premier) qu'il peuplait dans son pays natal les sols humides et
basaltiques, et que probablement chez nous il conviendrait aux
bas-fonds marécageux et tourbeux, où j'en tente aujourd'hui
l'épreuve, grâce aux nombreux sujets obtenus de mes graines
fécondes depuis 1849. Mais j'ai perdu mon temps et mes
soins pendant plusieurs années, à faire du *Cryptomeria japonica* l'arbre des terrains siliceux, des sols arides, ou à ne
voir dans cette espèce, que j'ai plantée par groupes assez
nombreux dans le parc de Cheverny, qu'un modeste et gracieux arbrisseau.

Parmi plusieurs sujets de cette espèce, plantés dans les
cours de l'école de Pontlevoy, l'un d'eux se trouve complétement
abrité du soleil par les hauts édifices de l'église romane de la
paroisse : il mesure plus de 5 mètres, et sa tige a poussé d'un
mètre environ cette année. C'est un arbre provenant de mes
graines et que j'ai fait planter à Pontlevoy.

Libocedrus.

Le *Libocedrus chilensis* (Lindl.) atteint, dit-on, de hautes
dimensions, et cette espèce est indiquée parmi les arbres
pouvant chez nous supporter la pleine terre. Il est originaire
des vallées froides des Andes de la province de Valdivia, dans le
Chili austral. Il y peuple à la fois les montagnes volca-
niques et les lagunes. J'ignore ce qu'on doit en attendre sous

notre latitude septentrionale. L'hiver de 1855 a fait périr le premier sujet que j'ai cru devoir livrer à la pleine terre. Cette année je recommence une seconde épreuve.

Cupressus.

Les *Cupressus* renferment quelques espèces utiles peut-être à propager dans la grande culture, sans parler du *Cupressus horizontalis* (Mill.), qui nous semble jusqu'à ce jour un arbre de pur agrément; du *fastigiata*, qui pourra se rapprocher davantage, sous notre climat, de ses dimensions normales en Orient et dans l'Europe méridionale. Le *torulosa*, dans son jeune âge, s'est montré sensible au froid, son altitude de 2000 mètres ne pouvant apparemment suffire à contre-balancer les conditions de température réclamées par son habitat au Népaul et dans les montagnes du Boutan. Le *funebris* (Endl.), originaire de la Chine dans la province de Che-kiang, semble moins sensible à la rigueur de nos hivers. Fortune, qui l'introduisit en Angleterre en 1848, le considère comme le plus bel arbre résineux des provinces chinoises; le compare au *Pin de l'île de Norfolk, Araucaria (Eutacta) excelsa*, au gracieux saule pleureur de Sainte-Hélène ; lui assigne une tige droite comme celle du *Cryptomeria*, sur une hauteur de 60 pieds anglais (18 mètres).

Le *Cupressus Lambertiana* (Hort.) (*macrocarpa* Hartw.) fut découvert en 1838 par Lambert, sur les montagnes de Californie voisines de Monterey. Hartweg, en 1847, a recueilli dans les mêmes parages une espèce assez analogue à la première. Dans ces deux spécimens faudra-t-il reconnaître deux espèces élevées l'une et l'autre de 15 à 20 mètres, et pouvant également supporter nos hivers ? Dans celui de 1854-1855, des sujets de l'une et de l'autre des deux variétés ont souffert; plusieurs branches ont été gelées, sans que la tige toutefois ait été compromise. J'ai donc jugé nécessaire de ne pas m'arrêter à une première tentative, et de multiplier par la greffe un arbre dont le port, assure M. Carrière, peut rappeler celui du Cèdre du Liban.

Le *Cupressus Knightiana* (Hort.), également désigné sous le nom d'*elegans*, originaire du Mexique, introduit en 1840, ne nous est annoncé que comme un arbrisseau. Pourtant, jusqu'à ce jour, il pousse dans mes cultures avec autant de vigueur que ses congénères, et pourrait bien mériter, lorsqu'il sera mieux connu, d'être classé parmi les espèces intéressantes à propager ; aussi j'ai cru ne devoir point le proscrire avant de l'avoir expérimenté plus longtemps, d'autant qu'il m'a semblé très rustique.

Le *Chamæryparis sphæroidea* (Spach), longtemps connu sous le nom de *Cupressus thuyoides* a tout récemment été préconisé dans les *Annales forestières*, n° de juin 1857, par M. d'Héricourt. Je l'avais expérimenté depuis longtemps sur un assez grand nombre de sujets, et dans les sols tourbeux. Il y porte aujourd'hui des graines, mais sa croissance est lente et ne semble pas présager un arbre devant atteindre les 25 mètres que Michaux lui assigne au Canada. Je suis tenté de supposer que le *Cryptomeria japonica* devra le remplacer avantageusement dans les sols tourbeux, comme j'en fais en ce moment l'épreuve comparative en plantant des *Cryptomeria* à côté des *Chamæryparis* occupant déjà le terrain.

Cedrus.

Le genre *Cedrus* est aujourd'hui représenté chez moi par cinq espèces ou variétés, dont la première appartient au Liban, comme son nom l'indique ; elle est introduite et connue depuis le dernier siècle. Deux autres variétés sont originaires des chaînes de l'Atlas, les *Cedrus atlantica* (*viridis* et *argentea*) ; enfin les deux dernières nous viennent de l'Himalaya, le *Deodora* proprement dit, et sa variété désignée sous le nom de *robusta*. Cet arbre craint les gelées trop intenses lorsqu'il vit isolément ; il réclame des abris ou mieux de vivre en massifs avec lui-même ou mélangé d'autres essences. On prétend sa variété plus, robuste, comme l'indique son nom. Je possède de nombreux sujets des différentes espèces ; quelques-unes sont représentées par centaines, mais à l'exception du

Deodora robusta que je n'ai pas suffisamment expérimenté, les autres me semblent réclamer trop de soins minutieux, trop de façons, trop de guéret, trop de richesse de sol, pour appartenir autrement que par exception à la grande culture forestière, tout au moins en Sologne.

Juniperus.

Les *Juniperus excelsa* (Royle) (*virginiana* L.,) ne m'ont pas donné de résultats assez satisfaisants pour que je songe à les faire sortir du domaine des plantes de pur agrément pour la décoration des jardins paysagers.

Les *Fitzroya patagonica* (Hook.), (*Saxe-Gothœa conspicua*, Lindl., *Cunninghamia sinensis*, R. Br.) (cette dernière espèce expérimentée au nombre de plus de cent sujets de graine provenant des îles Borromées), m'ont semblé des arbres, sinon des arbrisseaux sans avenir et sans valeur.

Je possède quelques beaux sujets de *Taxodium distichum* de 15 à 20 mètres environ d'élévation. Mais les graines de ces arbres ne peuvent jamais mûrir à notre latitude; l'espèce appartient donc à une zone plus méridionale. Les terrains frais, humides et marécageux (mais riches en même temps), lui conviennent exclusivement; elle ne saurait croître dans la généralité des tourbes arides de la Sologne, comme j'en ai renouvelé nombre de fois l'épreuve depuis vingt-cinq à vingt-sept ans.

Les genres *Cephalotaxus* et *Taxus*, qui ne présentent aucun intérêt forestier, non plus que le *Salisburia*, sont chez moi des arbres de pur agrément.

Je m'abstiens de mentionner à côté du *Biota vlicata*, du *Cupressus Lawsoniana* (Lindl.), tant d'autres espèces pour lesquelles des documents précis font défaut, et qui n'ont pu dès lors trouver place ailleurs que dans la serre tempérée ou l'orangerie, jusqu'au jour où leurs dimensions, leurs mérites mieux connus, nous permettront de les livrer à la pleine terre, de les multiplier et de les étudier au point de vue de l'utilité de nos forêts ou de notre industrie nationale.

Thuya gigantea.

Je termine par le *Thuya gigantea* (Nutt.), qui se recommande entre ses congénères par de hautes dimensions (20 à 50 mètres de hauteur sur 6 à 12 mètres de circonférence). Peuplant le nord-ouest de l'Amérique septentrionale, la Californie jusqu'aux montagnes Rocheuses, son habitat est pour nous une première garantie presque suffisante de sa rusticité. Nous avons, en outre, les documents recueillis sur les lieux mêmes par M. Boursier de la Rivière, qui préconise l'excellence de son bois, la vigueur avec laquelle il végète sur toute espèce de sol, aussi bien que sa sobriété. Tout fait donc espérer que le *Thuya-gigantea* devra jouer un rôle important, le plus important peut-être parmi toutes les conifères exotiques, dans le repeuplement de nos forêts. Aussi j'ai cru devoir en planter deux beaux sujets de graines que je tiens de MM. Thibaut et Keteleer, les zélés introducteurs et propagateurs de toutes les belles et importantes espèces, et je m'efforce de multiplier cette espèce au moyen de la greffe sur le *Thuya* commun (*Biota orientalis*, Endl.). Greffé près de terre, j'ai pu tenter de l'affranchir en enterrant la greffe ; mais jusqu'à ce jour les sujets greffés, soit à Liége par M. Makoy, dont je les ai reçus primitivement, soit ultérieurement dans mes cultures en imitation de sa méthode, ne m'avaient procuré que des sujets défectueux, c'est-à-dire ne reformant pas une tête, et je déplorais le retard que ces essais infructueux apportaient à la propagation de l'une des espèces les plus remplies d'avenir, si je ne me fais illusion. Un horticulteur de Blois, M. Duclos, plein de zèle, d'intelligence, et qui s'adonne en grand à la multiplication des conifères depuis qu'il a pu juger la valeur de mes importations, a très judicieusement étudié les espèces qui lui ont semblé présenter de l'avenir au point de vue de l'utilité publique, et ses premières tentatives, fruit de son esprit d'observation, ont été des succès. L'inondation de la Loire avait compromis ses travaux, mais n'a pu refroidir son zèle. Il a réparé promptement ses désastres avec une louable énergie. Depuis cette époque, il opère en grand la multiplication des conifères. Le *Thuya gigantea* lui paraissant comme à moi l'arbre du plus grand avenir, il s'est efforcé de le multiplier vite et bien. Jusqu'à lui, les greffes du *Thuya gigantea* se pratiquaient au moyen de rameaux latéraux entiers divergents et recevaient trop longtemps les soins énervants de l'horticulture. Enfants de la nature sauvage, la plupart des conifères redoutent aussi bien le séjour des villes que celui des serres, et les soins trop assidus. M. Duclos greffe très bas, étouffe jusqu'à la reprise, subdivise le plus possible les ramules. Son premier but fut d'obtenir par ce moyen un plus grand nombre de greffes d'un arbre encore très rare. Cette disposition favorisa merveilleusement l'ascension verticale de la séve, et permit à des greffes pratiquées au mois de mars, et livrées à la pleine terre aussitôt après la reprise (c'est-à-dire un mois ou six semaines après l'opération), de développer immédiatement une tige vigoureuse de 20 centimètres environ, et de procurer des sujets de forme irréprochable en six mois ; ce qui nous permettra d'attendre patiemment sans ajourner les études, et tout en créant de nombreux porte-graine, l'époque plus tardive de la fructification.

L'introduction des Araucariées ne semble se rattacher, pour le centre de la France, à aucune question d'utilité pratique, si ce n'est peut-être pour l'*Araucaria* du Chili (*Araucaria imbricata*, Pav.), de la tribu des *Colymbea*, qui, depuis treize ans chez nous, se montre sobre et rustique, bien que d'une croissance assez lente, j'allais dire presque désespérante. Vous comprendrez toutefois le désir éprouvé par le géologue de placer sous ses yeux et à côté de cette dernière espèce l'*Araucaria brasiliensis* (Rich.), l'*Eutacta Cunninghami* (Ait.), enfin le majestueux *Araucaria* de l'île de Norfolk (*Eutacta excelsa*, R. Br.). Il se plaît à retrouver en eux les derniers représentants d'une famille qui jouait un rôle important dans la splendide végétation des premiers âges du monde.

REMARQUES GÉNÉRALES.

A la suite de la nombreuse énumération qui précède, la Société d'Acclimatation serait en droit de me questionner sur le

but que je me propose, en accueillant indistinctement en quelque sorte les espèces nouvelles qui se présentent? J'établirai
d'abord, comme je l'ai dit plus haut, que, sauf de rares exceptions, je n'admets dans mes cultures que les conifères à
hautes dimensions ou réputées telles, et pouvant supporter la
pleine terre dans notre zone botanique du centre de la France.
A la suite d'une expérimentation d'un certain nombre d'années,
je suis déjà conduit à conclure qu'on ne saurait attacher une
importance bien réelle à la majeure partie des espèces introduites jusqu'à ce jour. C'est le petit nombre qui doit enrichir
la grande culture et s'implanter avec avantage sur notre sol
forestier. Mais comme les documents fournis par les voyageurs
sont le plus souvent obscurs, incomplets, et n'ont pas subi
l'épreuve de la comparaison, les végétaux récemment implantés
sur notre sol ont besoin d'y être remis à l'étude ; et comme une
vie d'homme suffit à peine pour apprendre à connaître et à bien
apprécier les grands végétaux, il m'a semblé prudent, utile et
patriotique, lorsqu'il m'était loisible de le faire, de commencer
une étude comparative de toutes les essences résineuses offrant
une chance d'utilité pour le pays.

Si l'on attend, pour préparer des voies et moyens de reproduction prompts, abondants et faciles, l'époque où la valeur
d'une introduction sera surabondamment démontrée, n'aura-
t-on pas souvent le regret d'avoir laissé s'écouler inutiles des
années précieuses, et de voir disparaître un trésor à l'instant
même où l'on apprend à l'apprécier ? Les importations sont
toujours, il est vrai, plus ou moins onéreuses ou probléma-
tiques ; mais demeurer indéfiniment tributaires d'un pays
étranger répugne à notre patriotisme ; et de plus, comme les
forces physiques de l'homme, sinon sa volonté, son zèle ou
son intelligence, peuvent s'attiédir avec le poids des années, il
nous a semblé prudent et sage de savoir s'entourer de documents faciles, afin de pouvoir demander plus tard à l'expérience de suppléer aux forces physiques lorsqu'elles viendront
à défaillir.

Sans doute un nombre très restreint d'espèces exotiques
pourra prendre avantageusement droit de cité parmi nous,

comme le fit au dernier siècle la famille de *Robinia* parmi tant d'autres introductions, regardées la plupart aujourd'hui comme insignifiantes ou de nulle valeur. Mais depuis quelque cinquante années les recherches ont été plus fructueuses ou faites, pour mieux dire, dans des conditions, des limites et des milieux climatériques plus appropriés aux exigences de notre climat du centre de la France. D'ailleurs l'habitat et les possibilités d'existence peuvent se restreindre ou s'étendre suivant les genres et même les espèces. Si, d'autre part, nous pouvons préparer des ressources ou des richesses aux zones botaniques les plus rapprochées des nôtres, nous ne devons pas négliger, tout en ne les acceptant pas pour nous-mêmes, de reculer certaines essences exotiques, utiles à introduire, jusqu'à l'extrême limite de leur croissance possible, si par ce moyen nous parvenons à découvrir leurs aptitudes et leur milieu. Nos expériences, pour être négatives, n'en seront pas moins utiles et profitables, si nos efforts affranchissent la moindre portion de notre territoire de quelque tribut onéreux, ou peuvent contribuer à la doter de quelque précieuse conquête.

ESSAIS

DE CULTURE DE PLUSIEURS VÉGÉTAUX

INTRODUITS DE CHINE

Par M. Frédéric JACQUEMART.

(Séance du 8 avril 1858.)

1° *Igname de la Chine.*

Messieurs,

Nous venons, comme l'année dernière, de déposer sur votre Bureau 500 Ignames d'un an de plantation. Elles ont pour première origine les bulbilles distribués par la Société d'Acclimatation, mais elles proviennent directement de tronçons de tubercules plantés en avril 1857, dans le canton de la Fère (département de l'Aisne).

Nous avons cherché à constater le rapport qui existe entre la grosseur des rondelles plantées et le poids des tubercules produits.

A cet effet, nous avons employé trois séries de rondelles de 1, 2 et 3 centimètres d'épaisseur, provenant de la partie voisine du collet, de la partie moyenne et de la partie inférieure des tubercules.

Ces trois séries, formant neuf échantillons, ont été plantées en avril 1857, sur neuf lignes parallèles. Nous venons d'arracher la moitié de cette plantation pour en apprécier les produits.

Les tubercules de chaque ligne ont été séchés au soleil pendant vingt-quatre heures, nettoyés avec soin, puis pesés au nombre de 50 pour chaque ligne.

Les poids moyens des tubercules ont été, après une année de plantation :

Pour ceux provenant du collet et de rondelles de :

Gram.

1 centimètre	20	100
2 centimètres.	30 1/2	150
3 centimètres.	62	310

Pour ceux provenant de la partie moyenne et de rondelles de :

Gram.

1 centimètre	28 1/2	140	100
2 centimètres.	48 1/2	240	171
3 centimètres.	74	370	254

Pour ceux provenant du gros bout et de rondelles de :

Gram.

1 centimètre	20	100
2 centimètres.	22	110
3 centimètres.	42	210

Ces résultats indiquent que pour des rondelles prises dans la même partie de la plante, la grosseur du tubercule croît avec l'épaisseur de la rondelle, sans qu'il y ait exacte proportionnalité ;

Que les parties voisines du collet produisent proportionnellement plus que les autres, si l'on tient compte de l'importance de la semence ;

Que la partie moyenne produit d'une manière absolue un peu plus que le collet, et beaucoup plus que le gros bout ;

Que le gros bout du tubercule paraît heureusement peu propre à la plantation. Nous disons heureusement, parce que c'est lui qui fournit la portion la plus considérable de la substance alimentaire.

2° *Ortie blanche de la Chine.*

En 1856, nous avons semé des graines d'Ortie blanche de la Chine dans trois localités différentes et en plates-bandes.

Ces graines, très fines, n'ont levé que sur un seul point, à Versailles, sur une terre un peu forte. A l'automne suivant, chaque plante avait fourni plusieurs tiges de 80 centimètres environ.

Les souches de ces Orties, transplantées au printemps de 1857, ont poussé vigoureusement et produit chacune plusieurs tiges d'une hauteur de 1 mètre au moins. Quelques-unes ont porté des graines dont on essaye aujourd'hui la qualité.

Au printemps de 1857, nous avons fait deux nouveaux semis avec de la graine de Chine, mais sur des couches chaudes. Ils ont parfaitement levé, et les plants ont été repiqués lorsqu'ils avaient atteint une hauteur de 10 centimètres environ.

Le repiquage a très bien réussi à Paris, sur une terre légère, et dans le département de l'Aisne sur une terre plus forte. Les plantes ont atteint dans la saison une hauteur de 80 centimètres à 1 mètre. Quelques-unes, à Paris, vers la fin de septembre, portaient une petite floraison de couleur rose, mais qui n'a pas fructifié.

En novembre, après les premières gelées, les tiges furent coupées, et les plates-bandes recouvertes de 8 centimètres de feuilles, pour mettre les souches à l'abri des gelées. Cette précaution n'était probablement pas inutile ; nous nous en assurerons pendant l'hiver prochain.

Depuis la fin de mars 1858, le plant de Paris commence à végéter ; chaque pied fournit plusieurs pousses qui paraissent très vigoureuses et hautes aujourd'hui de 8 centimètres.

Le plant du département de l'Aisne, moins avancé que celui de Paris, commence aussi à végéter.

D'après les renseignements que M. l'abbé Bertrand a adressés à la Société sur l'Ortie blanche, et qui devront désormais servir de base à tous ceux qui cultiveront cette plante, on propagera principalement l'Ortie blanche avec des éclats de souches.

L'année prochaine nous mettrons à la disposition de la Société toutes celles dont nous pourrons disposer ; nous possédons déjà plus de deux cents pieds.

M. l'abbé Bertrand nous a appris aussi que l'écorce filamenteuse était détachée de l'Ortie lorsque la tige était encore verte ; mais ce renseignement nous est parvenu trop tard. Nous avions déjà récolté les tiges, qui présentent une résistance considérable à la rupture, et nous ne pouvions plus les traiter à la façon des Chinois.

Il restera à examiner quelles sont les quantités et la qualité des produits à retirer d'une surface donnée.

3° *Loza.*

Nous avons aussi, au printemps de 1857, semé sur une couche chaude des graines du Loza, arbuste qui produit, dit-on, la belle couleur verte végétale de la Chine.

Nous avons obtenu deux sujets à Paris et douze dans le département de l'Aisne. Ils ont atteint dans l'année 20 à 30 centimètres de hauteur.

Ceux de Paris, mis en pleine terre dès 1857, ont passé l'hiver sous une cloche supportée par des cales. Ils n'ont pas gelé et sont couverts de feuilles depuis quelques jours.

Sur les douze sujets du département de l'Aisne, huit ont été mis en pot à l'automne dernier et ont passé l'hiver dans une serre tempérée. Ils sont aussi couverts de feuilles.

Les quatre sujets restés en pleine terre, sans aucun abri, ont résisté aux gelées, et leurs tiges portent de nombreux bourgeons près de s'épanouir.

II. EXTRAIT DES PROCÈS-VERBAUX
DES SÉANCES DU CONSEIL DE LA SOCIÉTÉ.

SÉANCE DU 20 AOUT 1858.
Présidence de M. Is. GEOFFROY SAINT-HILAIRE.

Le Conseil admet au nombre des membres de la Société :

MM. BONNET (le docteur), membre correspondant de l'Institut, professeur de clinique à l'École de médecine de Lyon.

HOFMANN (F.-W.), conseiller d'économie, à Vienne (Autriche).

IRISSON, notaire honoraire, à Oradour, près Pierrefort (Cantal).

LECOINTE, juge au tribunal de Corbeil (Seine-et-Oise), à Paris.

MEUSNIER, juge de paix, à Clermont (Oise).

NIZA (le marquis de), pair du royaume de Portugal, à Lisbonne (Portugal).

VILCOQ, propriétaire, à Courbevoie (Seine).

— S. Exc. M. Fould, Ministre d'État et de la Maison de l'Empereur ; MM. de Buor, de la Roque, Hœring, directeur de la Pépinière du gouvernement à Bône ; S. Exc. Mihran bey, et MM. Géraud, Mathieu Plessy et Moreau-Duchon, de Constantinople, adressent leurs remercîments pour leur admission au nombre des membres de la Société.

— M. le Président donne lecture d'une lettre qui lui a été adressée par S. A. I. le Prince chargé du ministère de l'Algérie et des Colonies, et par laquelle Son Altesse veut bien assurer à la Société, qu'elle a constamment honorée de sa haute bienveillance, le puissant concours de son administration. Le Conseil, se faisant l'interprète de la Société tout entière, décide que l'expression de sa gratitude sera offerte à Son Altesse Impériale.

— M. le général Daumas, dans une lettre adressée à M. le Président, annonce qu'il est sur le point de quitter la direction des affaires de l'Algérie, mais que son concours n'en restera pas moins assuré à la Société, et qu'il suivra toujours ses travaux avec le plus grand intérèt. Le Conseil invite M. le Président à transmettre ses remercîments à notre honorable confrère qui a déjà donné à la Société tant de témoignages de son zéle si bienveillant et si éclairé.

— M. le Président dépose les copies des procès-verbaux de la séance de la 2e Section du 5 juin, et celle de la Commission permanente de cette section du 6 juillet, qui lui ont été adressées par M. Davelouis, secrétaire. Dans la séance du 5 juin, la 2e Section avait approuvé le rapport que M. Davelouis a présenté ultérieurement, en son nom, à la Société, sur le concours agricole régional de Versailles.

— Des communications faites à la séance de la Commission permanente de la 2e Section, il résulte que l'incubation des œufs de Perdrix Gambra reçus d'Afrique a réussi d'une manière assez satisfaisante. La Commission s'est en outre occupée de plusieurs questions intéressantes dans l'ordre des études dont elle s'est chargée.

M. Davelouis a en outre adressé un rapport, fait au nom de la Commission permanente de la section, sur les animaux que la Société vient de recevoir de Cayenne, et qui lui ont été envoyés par M. Bataille. (Ce rapport a été inséré au Bulletin).

— M. le Président communique l'extrait d'une lettre de M. Poucel, l'un des premiers membres honoraires de la Société, qui annonce le prochain envoi d'un mémoire sur les Ruminants à laine des Cordillères, et d'un certain nombre de femelles de Lamas qu'il a fait venir à Buenos-Ayres.

— M. le docteur Lacourt, résidant à la Conception (Chili), par une lettre du 25 juin dernier, annonce qu'il possède un nombreux troupeau d'Alpacas, de Vigognes et de Guanacos dont il désire faire l'envoi en France, et demande l'intervention de la Société auprès de S. M. l'Empereur, pour obtenir le transport de ces animaux par un navire de l'État. Sa lettre renfermait une pétition adressée à S. Exc. M. le Ministre de l'agriculture ; cette pièce a été transmise à M. le Ministre.

— M. le Président annonce ensuite l'arrivée des Bouquetins

des Alpes, qui ont été amenés jusqu'à Paris par M. Exinger et déposés au Muséum d'histoire naturelle. Il signale à cette occasion le zèle avec lequel notre honorable confrère M. Dolisie (de Strasbourg) a prêté le concours le plus empressé pour l'expédition de ces animaux.

— M. Milliot adresse de Souliard (Cantal) un rapport sur la situation des Chèvres d'Angora confiées à M. Dauban, membre de la Société, à Campnac (Aveyron), qu'il avait été chargé de visiter. Sur les conclusions de ce rapport, et conformément à l'avis que M. Richard (du Cantal) a bien voulu faire parvenir à ce sujet, le Conseil décide que ces animaux seront réunis au troupeau d'expérimentation installé à la ferme de Souliard.

— M. le Président donne ensuite communication de la lettre par laquelle M. Richard (du Cantal) lui fait connaître l'état satisfaisant des animaux récemment amenés en Auvergne.

— M. Igino Cocchi, membre de la Société, adresse un rapport sur l'acclimatation du Dromadaire en Toscane et sur les services importants qu'il y rend depuis longtemps comme bête de somme. La statistique des naissances et des décès témoigne de la facilité avec laquelle ces animaux se sont acclimatés et reproduits. Ce travail intéressant est renvoyé au Comité de publication pour être inséré au Bulletin (voy. plus haut, page 473).

— M. le docteur Dareste, transmet au nom de la 1re Section, dont il est secrétaire, l'avis qu'elle a émis sur la proposition de créer un prix pour la propagation de la race Mérinos Mauchamp. Cette proposition sera soumise à la Commission des récompenses qui sera instituée pour la prochaine session.

— M. le Secrétaire donne lecture d'une lettre par laquelle MM. les administrateurs du Muséum d'histoire naturelle offrent leurs remercîments à la Société pour la peau du jeune taureau Yack mort récemment en Auvergne. Cette peau, qui leur avait été offerte, leur est parvenue en très bon état.

— Notre confrère, M. Barthélemy-Lapommeraye, directeur scientifique du Jardin zoologique de Marseille, fait parvenir des observations sur le Hocco et la Bartavelle grecque. Ce travail est renvoyé au comité de publication (voy. page 433).

— M. Des Nouhes de la Cacaudière adresse une demande de variétés nouvelles de céréales, de Pois oléagineux, de Pêches de Tullins, et donne quelques renseignements qu'il promet de compléter sur les résultats de ses travaux de pisciculture.

— M. le Président de la Société des sciences naturelles et archéologiques de la Creuse, qui est depuis longtemps admise au nombre de nos sociétés agrégées, adresse un rapport sur les résultats obtenus dans ce département pour les essais de culture des graines et semences distribuées par la Société, et après avoir renouvelé l'offre de son concours, il demande de nouveaux sujets d'acclimatation des espèces végétales et animales utiles.

— M. A. Berez, chirurgien de la marine impériale, aide-major de l'escadron des spahis du Sénégal, adresse de Saint-Louis (Sénégal) un travail en réponse au questionnaire sur l'Autruche, rédigé par notre savant confrère M. le docteur Gosse (de Genève), à qui cette communication est renvoyée avec prière d'en rendre compte à la Société. Les remercîments du Conseil seront transmis à M. Berez.

— M. le docteur Sacc fait parvenir une boîte de cocons vivants de Ver à soie ordinaire, provenant d'une éducation exempte de maladie qu'il a faite lui-même à Wesserling (Haut-Rhin). Des remercîments seront adressés à M. Sacc, et le Conseil décide que ces cocons seront confiés à M. Guérin-Méneville, qui veut bien se charger d'en surveiller l'éclosion et d'en recueillir la graine.

— Un rapport adressé par notre savant confrère M. Émile Cornalia, à M. Brot, délégué à Milan, sur la campagne séricicole de 1858 en Lombardie, est également remis à M. Guérin-Méneville, qui est prié d'en rendre compte à la Société.

— Une demande de graine de *Bombyx Pernyi* et de Pêches de Tullins est adressée par notre confrère M. Guillemot, de Thiers (Puy-de-Dôme).

— M. Brierre, membre de la Société, dont le zèle a été déjà

tant de fois signalé pour ses consciencieux essais de culture des végétaux introduits par la Société, fait parvenir un dessin à l'huile de grandeur naturelle, d'un plant de Loza de Chine, dont la végétation lui a donné les résultats les plus satisfaisants. Les remercîments de la Société seront transmis à M. Brierre pour cette intéressante communication qui vient s'ajouter à la collection déjà nombreuse des dessins qu'il a adressés.

— M. le docteur Turrel, de Toulon, accuse réception des graines de coton de Chine qui lui ont été envoyées, et demande des graines de Loza.

— M. le Secrétaire dépose sur le Bureau plusieurs ouvrages offerts à la Société depuis la dernière séance, parmi lesquels il fait remarquer :

1° Une brochure grand in-4° ayant pour titre : *Hortus Donatensis*, renfermant le catalogue des plantes cultivées dans les serres de S. Exc. M. le prince A. de Démidoff, à San-Donato, près Florence, publié en 1856 par M. J.-E. Planchon, et accompagné d'un atlas.

2° Le second volume de la traduction en vers des Comédies de Térence, offert par l'auteur, M. le major Taunay, qui fait observer qu'il n'a pas oublié de mentionner les travaux de la Société dans une note sur l'état de l'agriculture chez les anciens.

3° Deux Mémoires de M. le baron de Dumast (de Nancy), sur les Chèvres d'Angora, l'Hémion, le Dauw et l'Ane.

4° Plusieurs ouvrages allemands sur l'agriculture, offerts par l'auteur, M. Hofmann, admis au commencement de la séance parmi les membres de la Société.

Les remercîments de la Société seront adressés aux auteurs de ces ouvrages.

Le Secrétaire du Conseil,

GUÉRIN-MÉNEVILLE.

BULLETIN DES ÉCHANGES

PROPOSÉS PAR LES MEMBRES DE LA SOCIÉTÉ IMPÉRIALE D'ACCLIMATATION.

	OFFERTS.	DEMANDÉS.
MM. CHOUIPPE, à Paris.	Poules Brahma-pootra, anim. et œufs — Cochinchinoises jaunes, id. — — blanches, id. — Crèvecœur croisé de Cochinchine blanche, œufs. — ombrées, dites Coucou, grosse espèce, œufs. — Bantam argentées, animaux et œufs. — Bantam dorées, anim. et œufs.	
Le prince A. de DEMIDOFF, à San-Donato, près Florence.	MAMMIFÈRES. Zébu de l'Inde (né à Pise en 1849), 1 mâle. Antilopes Nil-Gaults (nées à San-Donato), 2 femelles. Antilope Bubale (née à San-Donato), 1 m. Mouflons à manchettes, 3 m., 1 f. Cerfs de Bohême, 1 m., 2 f. Cerfs Axis, 1 m., 1 f. Chèvres d'Afrique, 2 m. Chèvres croisées d'Afrique et d'Angora, 1 m., 1 f. Kangurou Van Bennett, 1 m. OISEAUX. Faisans argentés, 4 m., 2 f. — dorés, 2 m., 2 f. Cygnes noirs, 1 m., 2 f. Autruches, 2 m.	MAMMIFÈRES. Zébu de Guinée, 1 mâle. Antilope pourpre, 1 m. Lama, 1 f. Alpacas, 1 m., 1 f. Chèvres de Nubie, 1 m., 1 f. Kangurou Van Bennett, 1 f. OISEAUX. Poules sultanes, 1 m., 1 f. Oie de Guinée, 1 m. Casoar, 1 m. Oie d'Égypte, 1 f. Canards mandarins, 1 m., 1 f. Colins Houis, 1 m., 1 f. — de Californie, 1 m., 1 f.
Louis MÉGE, au château de Kerserho, près Morlaix (Finistère).	Poules Brahma-pootra. — Cochinchinoises jaunes. — Crèvecœur. — Métis Brahma et Crèvecœur.	Faisans dorés. — Faisans argentés. — Canards de la Caroline. — Can. siffleurs. — Can. mandarins. — Poules de Bulgarie. — Poules de Varna.
DE BURGAT, à Dracy-le-Fort, près Givry-sur-Orbyse (Saône-et-Loire).		Poules de Cochinchine, m. et f., ou des œufs.
L. KIENTZY, à Wildenstein (Haut-Rhin).		Id. Id.
LAMBOT-MIRAVAL, à Miraval, près Brignoles (Var).	Chèvres du Liban, 1 m., 1 f. — de Nubie.	Moutons de Karamanie, 1 m. Lamas, 1 m. et 1 f. Kangurous, 1 m. et 1 f.
Le marquis de SELVE.	Chèvres d'Angora, 1 m., 1 f.	Oiseaux de chasse.

EXTRAVAUX DES MEMBRES DE LA SOCIÉTÉ.

NOTICE COMPLÉMENTAIRE

SUR LES

LAMAS ET CONGÉNÈRES DU PÉROU ET DU CHILI

(Rédigée sur les notes fournies par M. E. Roehn),

Par M. BARTHÉLEMY-LAPOMMERAYE,

Directeur du Musée d'histoire naturelle de Marseille.

(Séance du 18 juin 1858.)

Les mots *Rhuna-Lama*, réunis par les Indiens, pour la désignation du Lama péruvien, et qu'il faut prononcer *Rhouna Liama*, signifient séparément : *Rhuna*, indien, *Lama*, nom d'espèce. Sur d'autres points de la chaîne des Andes, ce ruminant prend le nom d'*Oveja de la tierra*, ou Mouton du pays.

Bien que les qualités qui recommandent les Lamas et congénères aient été consignées dans bien des écrits, et notamment dans notre Mémoire sur cette matière, en 1848, il me semble utile d'y revenir pour compléter cet historique par quelques traits intéressants, sinon entièrement nouveaux.

Le Rhuna-Lama, pris pour type, présente dans son état primitif, c'est-à-dire dans l'exercice de sa liberté, des proportions de taille de 1 mètre à 1ᵐ,80, prises des pieds de devant au garrot. Sa grosseur est en raison du développement de la taille.

Il est entièrement adulte à trois ans et a obtenu toute sa croissance.

Les Lamas observés par M. Eugène Roehn dans les Andes péruviennes sont au nombre de cinq, dont les type et point extrême sont, d'une part le Rhuna-Lama, et de l'autre la Vigogne.

Le Guanaco, l'un de ces animaux, vit en troupes, à l'état sauvage, dans les hauteurs des Andes du Chili. Il est le plus commun et le plus abondant. Il se distingue par une taille supérieure, étant plus haut sur jambes. Il porte sa tête d'une manière plus noble et plus fine, attachée à un cou plus robuste et gracieusement cambré.

L'Alpaca provient du croisement du Lama proprement dit et de la Vigogne. Il est haut sur jambes, moins fortement charpenté, moins pourvu en chair.

La Vigogne (*Vicugna*, prononcez *Vicounia*) est plus petite que les précédents, à charpente osseuse, plus ramassée, recouverte d'une chair musculaire abondante. Il y a des Alpa-Lamas et des Alpa-Vigognes.

Ces animaux se trouvent en plus grande abondance vers le 45e degré sud et 10e degré nord, à une hauteur comprise entre 2000 et 4200 mètres, par conséquent dans des climats qui varient en raison du plus ou moins d'élévation.

CARACTÈRES ZOOLOGIQUES.

Les Rhunas-Lamas et congénères ont pour caractères communs :

Tête légère, fine, osseuse ; yeux grands, vifs, saillants, entourés de cils serrés et longs ; narines écartées ; lèvre supérieure fendue, l'inférieure fermant exactement la bouche ; oreilles moyennement longues, légèrement arrondies, toujours pointées en avant quand l'animal est en bonne santé, singulièrement mobiles, selon les émotions diverses qu'il éprouve. Membres antérieurs quelque peu arqués, terminés par des pieds fourchus, ainsi que les membres postérieurs, armés de deux onglons et pourvus d'une sole charnue et ferme.

QUALITÉS DIVERSES.

1. *Pelage*. — Le pelage du Rhuna-Lama varie du brun (café brûlé), au noir, au roux et au gris. La couleur blanche se rencontre aussi communément que les autres, selon les localités.

Le pelage est presque laineux chez le Rhuna-Lama proprement dit, plutôt pileux chez le Guanaco, l'Alpaca et la Vigogne. On y trouve fort peu de suint.

Cette laine ou ces poils varient en finesse, en longueur, en abondance, selon les animaux et les localités qu'ils habitent. La Vigogne l'emporte à tous égards sur les divers ruminants ses congénères. Le poil le plus fin se trouve sur les épaules et le dos. Sa longueur est de 20 à 24 centimètres.

Le Rhuna-Lama adulte peut fournir de 12 à 14 livres, exceptionnellement 20 livres, de toison par tonte annuelle.

Chaque année, ils doivent être tondus après la saison froide. Sans cela, vers novembre et décembre, ils rejettent leur toison en se roulant sur le sol ou en se frottant avec persistance contre des buissons épineux.

Cuir. — Le cuir qu'on retire de ces animaux est particulièrement élastique, et présente les qualités réunies du cuir de veau et de la peau de mouton. La partie du cou est la plus épaisse. On en fait d'excellentes bottes souples, à peu près imperméables. Les autres parties du corps se prêtent à divers emplois, notamment à la confection de harnais légers.

M. Roehn a constaté qu'à travers les grandes distances par lui parcourues dans cette contrée appelée par les Indiens *Tierra caliente* (terre chaude), il n'y avait, sur la peau des Rhunas-Lamas, aucun indice sensible de transpiration.

Chair. — La chair du Rhuna-Lama et de ses congénères est abondante, savoureuse, d'une digestion facile. Les Indiens n'en consomment pas d'autre. Ils la réduisent en *Iasajo*, c'est-à-dire qu'ils la divisent en lambeaux soumis à la dessiccation, ainsi que cela se pratique pour la chair des bœufs des pampas de Buenos-Ayres.

Lait. — Le lait sécrété par la femelle du Lama est concret, moyennement abondant, d'un bon goût, et possède des qualités nutritives bien développées. Il arrive à des mamelles peu saillantes, dont les trayons, au nombre de quatre, s'allongent, pendant l'allaitement, par la succion du petit.

Fécondité. — Les femelles des Rhunas-Lamas et congénères produisent un petit par portée annuelle, rarement deux. La gestation est de onze mois. Elles sont bonnes mères, et ce qui est remarquable, c'est qu'elles n'hésitent pas à donner à teter à plusieurs petits qui leur sont étrangers.

Une particularité à signaler, c'est que, peu de temps après le part, la femelle recherche le mâle, et que la saillie a lieu immédiatement. Cet état de choses qui semble indiquer, par avance, un allaitement très limité, fournit aux Indiens un indice à peu près sûr de la fécondation ou non des femelles. Qu'il s'agisse de leur imposer un fardeau, dans les conditions de poids voulues, si l'une d'elles refuse la charge, c'est un signe certain de non-gestation. Si elle s'y soumet spontanément, sans hésitation, c'est qu'elle a conçu !

Saillie. — Le mâle Rhuna-Lama et congénères est très lascif. Un seul suffit à dix femelles. En bonne santé, on le trouve toujours disposé à la monte. C'est donc à tort que certains auteurs ont avancé que les mois d'octobre et de novembre étaient l'époque du rut.

La femelle reçoit l'approche du mâle après s'être accroupie à terre, les quatre membres repliés sous le corps.

Quand un mâle essaye ses entreprises amoureuses auprès d'une femelle pleine, celle-ci s'y refuse énergiquement et le repousse par des coups de pieds portés en vache. En dernière ressource elle lui crache aux yeux sa salive âcre et visqueuse.

Part. — Lorsque la femelle est au moment de mettre bas, elle se couche le plus commodément possible, ayant soin de chercher un lieu parsemé d'herbes courtes et sèches, ou à défaut, un terrain sec et sablonneux, aux seules fins que le petit nouveau-né puisse, en se frottant sur ce lit ainsi aménagé ou sur le sable graveleux, se débarrasser, presque immédiatement, de la membrane qui l'enveloppe. Elle se relève ensuite deux ou trois fois, et expulse d'un seul jet l'arrière-faix. Souvent, au milieu du travail de délivrance, la femelle rumine ou absorbe quelques parcelles de nourriture placée à sa portée. Dès que le petit est né, elle le flaire sans le lécher jamais.

Quelques jeunes femelles, chez lesquelles le sentiment de la maternité n'est pas suffisamment développé, refusent d'allaiter leur petit. Quand on possède un troupeau, il faut peu s'inquiéter de cet abandon, puisque, comme il a été dit plus haut, on trouve des femelles déjà plusieurs fois mères, qui adoptent et nourrissent les petits délaissés.

Alimentation. — La sobriété des Rhunas-Lamas et congénères n'a d'égale que celle du Dromadaire et du Chameau dont ils sont les représentants dans le nouveau monde.

Il est constant qu'ils peuvent vivre d'une manière commode là où nos Moutons ne sauraient exister.

Dans les Andes, la plante dont ils se nourrissent de préférence et qui croît en abondance dans toute la zone où les Lamas sont placés, est appelée *Sicce* (prononcez *Siccé*) par les montagnards indiens. Elle pousse des touffes épaisses et séparées. Ses racines sont longues et filandreuses. Elle monte en tiges hautes, effilées et solides comme la paille de nos céréales, mais plates et rugueuses, vertes à leur naissance et jaunes à leur extrémité. Cette plante n'existe plus au delà de 3500 mètres.

Les Lamas boivent rarement. On peut ne leur donner de l'eau qu'une ou deux fois par mois, sans qu'ils souffrent le moins du monde de la soif. Ils ingurgitent par gorgées répétées de six à huit, et s'arrêtent. Ils flairent l'eau avant d'y toucher et ne préfèrent pas toujours la plus limpide. A défaut d'eau, ils mordent sur la neige.

Mœurs, habitudes. —Les mœurs de ces ruminants sont naturellement sauvages, mais, en raison de leur disposition très grande à la domestication, elles s'assouplissent en peu de temps. La patience et la douceur des Indiens à l'égard de ces animaux est remarquable. M. Roehn a observé que les femmes indiennes, douées de ces qualités à un plus haut degré que l'homme, sont essentiellement aptes à les familiariser.

Ce sont en effet des Indiennes qu'il a préposées à la conduite de ses troupeaux, dans les grandes pérégrinations opérées jusqu'au port d'embarquement.

Les Rhunas-Lamas et leurs congénères vivant à l'état libre, on ne peut s'en procurer qu'en les poursuivant dans leur course rapide, et en se servant du *lasso*, comme pour les bœufs et les chevaux sauvages des Pampas. Lorsqu'un troupeau est en fuite dans une direction donnée, si quelques chasseurs alertes et vigoureux, placés en embuscade, peuvent se dresser subitement, en tendant devant lui un lasso dans toute sa longueur, le troupeau tout entier est arrêté. Il suffit alors qu'une ou plusieurs femelles soient entravées et fixées au sol pour maintenir sur place la totalité des fuyards.

Comme tous les animaux en général, les Rhunas-Lamas et congénères ont entre eux des débats qui dégénèrent parfois en violences et en voies de fait. Ils s'attaquent des pieds de derrière et des dents. Leurs muscles sputateurs lancent dans la direction des yeux des adversaires mis en présence l'un de l'autre cette salive âcre et spumeuse dont il a été parlé, mêlée à des débris d'aliments amenés dans la bouche par une rumination pour ainsi dire incessante. Ils s'aveugleraient inévitablement, si le gardien ne s'empressait de leur laver les yeux avec de l'eau légèrement arrosée de vinaigre. C'est aussi à cette lotion qu'il convient de recourir si l'homme recevait à la face des jets de cette salive désagréable dont il faut se garder de provoquer l'explosion.

C'est au moment de la mise en charge des Lamas qu'il importe de n'être exigeant à leur égard qu'avec une juste mesure. Le poids qu'ils peuvent porter, selon leur taille, leur âge et leur degré de forces, varie entre 80 et 180 livres. S'il est surchargé, le Lama refuse de se relever. Si l'on insiste, si on le maltraite, après avoir opposé les moyens de résistance qui lui sont naturels, il arrive que, dans un suprême effort, il se tue par asphyxie immédiate, en se renversant en arrière, le cou replié sous la masse du corps.

Conduite. — Les Rhunas-Lamas et congénères soumis à la domestication s'attachent singulièrement à leurs conducteurs, et font avec eux tête de colonne. Ils les suivent avec constance et fidélité, quelque grandes que puissent être les distances à parcourir. M. Eugène Roehn en a fait une double expérience de la manière la plus satisfaisante.

On a assisté à New-York au spectacle nouveau et curieux d'un grand troupeau de Rhunas-Lamas suivant docilement par les rues populeuses de cette ville immense les Indiens qui le précédaient de quelques pas.

Maladies. — La sobriété, la rusticité des Rhunas-Lamas sont la raison essentielle qui les met à l'abri du plus grand nombre des maladies dont les ruminants sont atteints. Si la gale les atteint, il suffit d'oindre les parties affectées avec de l'axonge de porc frais à laquelle on ajoute du camphre et de la coloquinte.

La période la plus longue de la vie des Lamas et congénères est de dix-huit à vingt ans.

Choix des lieux pour l'acclimatation. —En tenant compte de l'habitat de ces ruminants dans la chaîne des Andes, il tombe sous les sens que les régions élevées conviennent le mieux à leur hygiène ; j'ajouterai : si ces régions sont froides et humides.

En nivelant d'un coup d'œil les hauteurs montagneuses des diverses contrées de l'Europe, on reconnaît que Rhunas-Lamas, Guanacos, Alpacas et Vigognes (1), peuvent être implantés sur un très grand nombre de points, au nord, à l'est et même au sud, sur le continent et dans les îles, avec des chances à peu près égales de succès. Il ne faut pas exclure de ces conditions l'Algérie, car elle possède dans le haut Atlas et le Djurjura des sites d'une parfaite convenance pour ces essais d'acclimatation.

Les considérations qu'on vient de lire ne font-elles pas une loi de l'importation de ces animaux; d'une importation d'un seul jet, de telle sorte que leur irradiation s'opère rapidement, et permette, le plutôt possible, des moyens de comparaison d'après lesquels une opinion définitive pourra être arrêtée.

La France (l'Algérie et la Corse comprises), la Russie, le Danemark, la Suède et la Norwége, la Suisse et le Piémont, dans leurs Alpes refroidies, sont conviés à ces essais intéressants dont il appartient à M. Eugène Roehn de fournir les premiers éléments, et qu'il peut aider avantageusement par le concours de son expérience longuement et péniblement acquise.

(1) Il est convenable de faire quelques réserves à l'égard de la Vigogne, d'une domestication et d'un transport plus difficiles.

SUR LE MOUTON DE PADOUE.

LETTRE ADRESSÉE A M. LE PRÉSIDENT

DE LA SOCIÉTÉ IMPÉRIALE ZOOLOGIQUE D'ACCLIMATATION

Par M. le docteur SACC,

Délégué de la Société à Wesserling.

(Séance du Conseil du 9 juillet 1858.)

Le Mouton de Padoue ou de Bergame est une des races les plus fixes et les plus remarquables ; elle s'étend, plus ou moins loin, depuis le royaume de Naples, dans toute l'Italie, une partie de la Suisse, le Tyrol et jusqu'au sud de la Bavière. Partout cette espèce est facile à reconnaître à sa grande taille, qui lui a justement mérité le nom de Mouton géant. Un bélier de dix-huit mois pesait, après la tonte, 68 kilogrammes, mesurait $0^m,88$ du sol au garrot, sur $0^m,89$ de la poitrine aux fesses ; sa toison pesait brute 5300 grammes.

Une brebis de deux ans pèse 59 kilogrammes ; un agneau né le 23 février de cette année, 26 kilogrammes, et une agnelle née le 18 février, 28 1/2 kilogrammes.

Le poids des toisons brutes des brebis varie de **3** à **4** kilogrammes ; la moyenne est de 3 1/4 kilogrammes.

Quoique la laine, longue de $0^m,15$, ne soit pas fine, elle est assez recherchée pour qu'on la paye ici **3** fr. 25 c. le kilogr. ; en Italie, elle ne vaut guère plus de 2 francs en moyenne.

Le Mouton de Padoue porte bien la tête ; il est fortement membré, ce qui ne l'empêche pas de donner en moyenne 50 kilogrammes de viande nette. La chair est bonne, quoiqu'un peu moins délicate que celle de l'espèce commune.

La fécondité de cette race est grande ; elle donne généralement deux agneaux, souvent trois, et fournit pendant huit à neuf mois environ 1 litre d'excellent lait chaque jour. Ce lait est employé à la confection des fromages lorsqu'il n'est pas consommé en nature, ce qui est partout le cas aux environs des villes.

La rapidité du développement de cette race est inouïe, puisque les agneaux nés en février de cette année pèsent au 25 juin de 26 à 28 kilogrammes, et mesurent $0^m,64$ à $0^m,74$ de hauteur au garrot, sur $0^m,63$ à $0^m,69$ de long. C'est cette précieuse qualité qui nous engage à appeler sur le Mouton de Padoue l'attention de la Société d'acclimatation, parce que nous pensons que cette race peut rendre de grands services en France, soit pure, soit par des croisements bien entendus avec les espèces communes auxquelles elle donnera une partie de sa grande rusticité.

Les brebis font la première portée à un an, et sont abattues à trois ans, lorsque la chair est encore tendre et abondante ; les béliers sont généralement abattus plus tôt, parce qu'ils deviennent trop lourds et méchants ; ces moutons valent ici, bien en chair, mais non pas gras, de 47 à 60 francs.

Ces Moutons sont gros mangeurs, mais pas difficiles à alimenter ; tout leur convient : leur ration d'entretien est de 2 kilogrammes de bon foin. Leur caractère est doux, leur santé robuste.

Le plus beau troupeau que nous ayons rencontré de cette gigantesque race se trouve actuellement chez notre confrère, M. Emile Witz, à Cernay, à l'obligeance duquel nous devons la plupart des données numériques de cette notice.

EXTRAITS DU RAPPORT

SUR LES ESPÈCES ORNITHOLOGIQUES

FIGURANT AU CONCOURS AGRICOLE DE VERSAILLES,

Commissaires : MM. BERRIER-FONTAINE,

et **DAVELOUIS, rapporteur.**

———

(Séance du 18 juin 1858.)

I. — *Gallinacés.*

L'espèce galline se présentait au concours avec un développement remarquable, comparativement aux autres. Les différentes races se répartissaient de la manière suivante :

Cochinchinoises, 35 lots ; Brahma, 19 ; Padoue, 14 ; Bantam, 12 ; Dorking, 9 ; Crèvecœur, 8. — Race espagnole et andalouse, de combat, Houdan et Bréda, chacune 4 lots. — Races de Hambourg, Nigrisse, de la Flèche, Bruges et Gange, chacune 3 lots. — Races polonaise, anglaise, du Mans, malaise, hollandaise, de Gournay, de Pavilly, normande, chinoise, indienne, courtes pattes. — Race croisée, Brahma, Houdan, Crèvecœur et Bruges, croisée anglaise, chacune 1 lot.

Nous donnons ces indications pour satisfaire à l'usage généralement reçu ; car il y a dans l'énumération précédente, des sous-races incontestables, qu'on ne distingue pas à tort. Notre seul but ici est de faire concevoir quelle était la nature du concours et la manière dont on pouvait envisager les races qui y figuraient.

Le relevé précédent permet, en effet, d'établir deux divisions, dont l'une comprend les races dont on s'occupe beaucoup aujourd'hui, et l'autre celles qui sont moins connues, moins élevées, ou auxquelles on accorde peu d'attention dans la région dont les animaux figuraient au concours de Versailles.

Dans la première division se présentaient les races cochinchinoises, Padoue et Bantam. Le Dorking, qui s'y rattachait, était en réalité intermédiaire avec la suivante, commencée par la race de Crèvecœur. Cette seconde division se terminait par des races plutôt à l'état d'essai qu'à celui d'élève.

Nos remarques s'appliquèrent spécialement aux animaux de la première division, abstraction faite du Bantam, qui est une race d'ornement.

Les lots de Cochinchinoises présentaient toute la réunion des teintes, depuis le rouge jusqu'au noir et au blanc. Les sous-races, accusées par les couleurs, se distribuaient ainsi : Cochinchinoises jaune, 12 lots ; noir, 7 ; blanc, 5 ; perdrix, 3 ; rouge, coucou et fauve, un lot de chaque ; sans désignation, 4 lots. Deux lots nous ont échappé.

Cette répartition parlera assez par elle-même. Aussi, sans y insister, nous signalerons les faits qu'elle présentait.

Les races tirant sur le jaune sont les variétés naturelles, tandis que les races noires et coucou sont des résultats de croisements. Il semblerait donc que ces dernières, plus difficiles à obtenir, devaient se présenter au concours avec une infériorité absolue ou relative, susceptible d'amélioration, comparativement aux premières, qui, pour être conservées ou améliorées, nécessitent simplement la sélection. Or, ce fait très remarquable, c'est précisément le contraire qui a dû être reconnu.

Nous avons vu 2 lots de Cochinchinoises noires magnifiques et 1 lot de Cochinchinoises coucou très beau. Pour ceux-ci, les soins des éleveurs avaient été parfaitement dirigés. Mais, en face de ce résultat, ce qui existait pour les races à teintes jaunes laissait beaucoup à désirer.

Sauf 1 lot de Cochinchinoises perdrix qui était hors ligne, presque tous les autres présentaient, dans les animaux, une sensible dénaturation de la race, provenant certainement d'un mélange de sang étranger.

Il est impossible d'expliquer autrement ce fait. La vigueur reconnue du type cochinchinois n'a pu être abattue par l'influence des circonstances extérieures pendant les quatorze années qui se sont écoulées depuis l'époque où les premiers individus ont paru en Angleterre. Au concours de Versailles, on retrouvait ce qui existe manifestement chez la plupart des animaux élevés dans les basses-cours, lorsqu'on n'a pas fait attention aux croisements possibles ou à ceux qui résultent d'une mauvaise direction. Pour être cochinchinois en apparence, les animaux n'ont plus la pureté de leur race, lorsqu'un œil exercé les examine, et ce qui est plus grave, ils ont perdu une grande partie de la vigueur qui caractérise les sujets purs.

Les Brahma nous ont offert quelque chose d'analogue, mais d'une manière moins tranchée, et par suite moins significative. Dans un lot dont la pureté de la descendance indienne nous était connue, on voyait la distribution du noir, du gris et du blanc faite d'une manière très caractéristique et homogène chez les différents individus. Un second lot, dont nous ignorions la provenance, reproduisait le même fait. En dehors de ces deux cas, le plus grand nombre des animaux figurant au concours présentait un envahissement remarquable du blanc, tellement que le système de coloration typique avait considérablement ou même entièrement disparu sur certaines régions du corps.

Il est difficile d'expliquer par quelles causes ce phénomène a pu se produire, mais il est certain qu'on le voit aujourd'hui sur un nombre considérable de Brahma. Vient-il de ce qu'il existe plusieurs races dans l'Inde, ou de ce que les premiers individus arrivés en Europe le présentaient déjà ? Nous manquons de renseignements à ce sujet. Ce fait accuse-t-il une dégénérescence ou des modifications ? Cette explication est peu probable. La seule chose que nous sachions, c'est que certains éleveurs, pour élever la taille de leurs Brahma, les ont croisés avec des Cochinchinois blancs. Nous ne pourrions cependant pas affirmer que le fait soit général. Toujours est-il que l'affinité qui existe entre les deux races explique parfaitement l'emploi de ce croisement, et rendrait compte, en même temps, de ce fait remarquable, que chez le Brahma les altérations ont porté sur le plumage, tandis que chez les Cochinchinoises le mélange avec des races très différentes a altéré des caractères beaucoup plus fixes.

La race de Padoue était généralement belle, et la variété chamois occupait incontestablement le premier rang.

Parmi les Dorking un seul lot était remarquable.

Relativement aux races gallines de la 2ᵉ division, nous parlerons seulement de quelques-unes d'entre elles.

La race du Gange, introduite en France par notre confrère M. Johnson, figurait à l'Exposition. Sur les 3 lots un seul était très beau. Si les autres laissaient à désirer, on reconnaissait que ce fait provenait d'un manque de soins suffisants, et nullement d'une influence de croisements ; ce qui s'explique par le peu d'extension que l'élève de cette race présente aujourd'hui.

Les races malaise et du Brésil, qu'il faut considérer avec M. Chouippe comme connexes, ont été pour nous l'objet d'un examen attentif. Elles figuraient au concours de Versailles avec plus d'importance qu'au concours universel de Paris en 1856. Dans cette dernière, nous avons constaté un seul lot de la race du Brésil, comprenant la variété rougeâtre. A Versailles, outre celle-ci, on voyait les variétés dorées et argentées.

Mais à Versailles la race malaise figurait aussi, ce qui n'avait pas eu lieu à Paris en 1856. En examinant les animaux, nous avons pu nous convaincre que ceux possédés par la Société sont infiniment plus beaux. Quoique ceux de Versailles fussent plus jeunes que les individus provenant de l'île de la Réunion et donnés à la Société par S. Exc. le Ministre de la marine, nous pouvons affirmer qu'ils ne seront jamais ni aussi grands ni aussi forts que ces derniers.

En dehors de ces races, nous en mentionnerons seulement quatre autres.

Les Crèvecœurs commençaient la série décroissante des lots, ce qui s'explique par l'élève peu considérable de cette race dans notre région, résultant de la difficulté qu'on éprouve à les dépayser et du régime spécial auquel ils sont soumis en Normandie. Les Houdan étaient en petit nombre. Cette race importante se dénature et va se perdant dans un grand nombre de localités. Le concours de Versailles nous en a offert une preuve, car sur un lot composé de cinq individus, quatre ne présentaient pas les cinq doigts, signe caractéristique de la race, et le dernier, bien que les possédant, n'avait pas les pattes blanches, caractère qui doit accompagner le premier.

Un seul lot nous a présenté un admirable spécimen de la race hollandaise, encore peu répandue en France, mais bien digne de figurer parmi les animaux d'ornement, en attendant que l'expérience ait prononcé sur la valeur de ses produits.

Quant à la race russe, tant vantée il y a vingt-cinq ans, elle ne figurait presque au concours que pour mémoire.

Nous serons brefs sur les autres espèces de Gallinacés.

Les Dindons, en petit nombre, appartenaient aux variétés ordinaires. Nous n'avons vu aucun spécimen de Dindons sauvages, qui seraient cependant si utiles pour régénérer, au moins partiellement, notre race qui se dénature de plus en plus par la tendance actuelle, laquelle pousse ces animaux à la dégénérescence lymphatique, en voulant obtenir de la chair tendre.

Les Pintades comprenaient la race ordinaire et les Pintades blanches du Sénégal.

Parmi les Faisans se trouvaient l'espèce indienne et l'espèce blanche d'Afrique, animaux d'ornement encore peu répandus.

Dans les Colins, on voyait l'espèce de la Californie et la pseudo-race obtenue par M. Gérard, il y a peu de temps, laquelle est si remarquable par son plumage, et offre, en même temps, matière à études, comme hybride.

Les Colins Houï n'étaient pas représentés.

II. — *Palmipèdes.*

Le concours de Versailles a accusé la tendance qu'on a à se porter aujourd'hui vers l'étude des Palmipèdes, qu'on avait jusqu'à ce jour trop délaissée.

Les lots de Canards se répartissaient ainsi pour les animaux de France : Canards gris et de Rouen, 3 lots de chaque ; Canards sauvages et de Normandie, 1 lot de chaque. Pour les espèces moins élevées ou moins connues : Canards polonais,

2 lots ; de l'Inde, du Labrador, siffleurs et Millouin, 1 lot de chaque.

Pour ces espèces, c'était plutôt la réunion que le nombre qui accusait la tendance. Mais cette première conclusion se trouvait confirmée par ce qui existait pour les Oies.

Pour celles-ci, on trouvait les Oies de Toulouse en petite quantité (2 lots seulement), ce qui s'explique par le faible développement présenté dans notre région par l'élève de ces animaux. Mais à côté figuraient : l'Oie d'Égypte, pour 3 lots ; celle de Guinée, du Canada et les Bernaches, représentées chacune par 2 lots, enfin l'Oie de Cravant comprenant 1 lot.

L'existence des Oies d'Égypte et des Bernaches indiquerait à elle seule un progrès remarquable dans l'attention accordée aux Palmipèdes. Pour les Bernaches, à l'Exposition universelle de Paris en 1856, on n'en trouvait qu'un seul lot. La difficulté offerte pour la reproduction de cette espèce, qui n'a encore donné des produits que chez le prince de Wagram, explique leur rareté actuelle.

Nous ne disons rien des Sarcelles, qui, jusqu'à ce jour, ne paraissent pas présenter une grande utilité, mais qui faisaient nombre au concours pour accuser la tendance dont nous parlons.

Les Canards mandarin et de la Caroline ne figuraient pas au concours, quoique indiqués par le catalogue ; un renseignement verbal nous a permis de savoir que les exposants qui les avaient annoncés n'avaient pas voulu exposer leurs animaux aux effets de la chaleur. Nous devons remarquer à cette occasion que, malgré les améliorations introduites au concours dans la disposition des loges, celles destinées aux Palmipèdes, laissant encore à désirer, justifiaient en partie cette abstention.

III. — *Pigeons.*

Le manque de numéros dont il a été question ne nous a pas permis de relever plus de 4 lots. D'après le catalogue, leur nombre semblerait devoir être porté à 9, quantité encore très faible comparativement aux autres familles.

Les 4 lots comprenaient des Pigeons romains, bleus, rouges et gris piqués (2 lots pour ces derniers).

En présence de ces faits, il est incontestable que l'élève du Pigeon a beaucoup perdu dans la région dont les produits figuraient au concours. Il y a une trentaine d'années, on aurait pu réunir facilement des variétés beaucoup plus nombreuses, et la faiblesse numérique des lots accuse un abandon de l'élève du Pigeon, qui peut tenir à plusieurs causes et n'est peut-être que momentané.

Nous devons ajouter aux remarques présentées par nous une observation qui se rattache indirectement au concours de Versailles, mais qui se lie essentiellement au rapport que nous avions à faire.

C'est que ce concours a accusé une fois de plus les faits que nous avons remarqués dans les ventes successives de cette année. Le nombre de celles-ci s'est considérablement accru, comparativement à l'année précédente, mais les espèces ornithologiques ne s'y sont pas succédé dans un ordre arbitraire. Les Gallinacés se trouvaient toujours au premier rang, les Palmipèdes au second, en quantités qui ont été successivement croissantes, et les Pigeons au dernier, en nombre relativement faible. Le concours a donc résumé ce qui s'était passé dans les mois précédents, et, en ce sens, on peut le considérer comme l'expression fidèle du mouvement qu'on reconnaissait en dehors de lui.

RAPPORT

SUR LE PROJET DE VOYAGE EN CHINE

DE MM. LES COMTES CASTELLANI ET FRESCHI.

AYANT POUR OBJET

D'ÉTUDIER LES VERS A SOIE DANS CE PAYS

ET D'Y FAIRE FAIRE DE LA GRAINE

POUR ESSAYER DE RÉGÉNÉRER NOS RACES
ATTEINTES DEPUIS QUELQUES ANNÉES PAR L'ÉPIDÉMIE DE LA GATTINE.

Commissaires : MM. DROUYN DE LHUYS, président ; DEBRAUZ, DELON, l'abbé HUC, JACQUEMART, MOQUIN-TANDON, l'abbé PERNY, DE QUATRE-FAGES, Natalis RONDOT, TASTET,

et GUÉRIN-MÉNEVILLE, secrétaire-rapporteur.

———

M. Drouyn de Lhuys, vice-président de la Société, et M. le chevalier Debrauz, conseiller de S. M. l'Empereur d'Autriche et membre de la Société, ayant fait connaître à M. le Président le désir exprimé par MM. les comtes Castellani et Freschi d'obtenir l'appui de la Société pour l'expédition scientifique qu'ils vont entreprendre en Chine, dans le but d'essayer de régénérer la graine de Ver à soie, une commission a été nommée d'urgence, et elle s'est réunie le 17 septembre 1858.

MM. les comtes Castellani et Freschi, ainsi que M. le chevalier Debrauz, ont été invités à se rendre à cette séance pour y exposer leur projet. M. le comte Freschi, en son nom et au nom de M. le comte Castellani, a donné lecture d'un mémoire remarquable, dans lequel ces honorables et savants séricicul-teurs exposent clairement la situation déplorable de l'industrie de la soie. Ils ont fait connaître le plan de leur voyage en Chine, afin d'y étudier cette importante industrie et d'y faire faire de la graine sur une assez grande échelle pour régénérer nos races, s'ils reconnaissent que celles de Chine sont exemptes de l'épidémie régnante et peuvent donner de bons résultats en Europe.

Cette expédition, entreprise par les deux savants italiens avec un grand dévouement et beaucoup de courage, se fait sous les auspices de S. A. S. l'Archiduc Ferdinand Maximilien d'Autriche, gouverneur général du royaume Lombardo-Vénitien, et avec l'appui des gouvernements français et anglais, qui ont compris toute son utilité en présence de l'immense calamité qui sévit sur une industrie agricole dont les produits font vivre des populations entières.

Si MM. Castellani et Freschi n'avaient eu pour objet que d'acheter beaucoup de graine de Vers à soie en Chine et de l'apporter en Europe dans l'espoir d'assurer la récolte de soie, si gravement compromise depuis quelques années, la Société Impériale d'Acclimatation, tout en s'intéressant d'une manière générale à cette spéculation, n'aurait pu que faire des vœux pour sa réussite. L'expédition actuelle a un tout autre caractère, car elle est en même temps scientifique et pratique, et rentre complétement dans l'ordre des travaux de la Société. Comme le disent MM. Castellani et Freschi, c'est peu de chose que d'apporter de la graine : il faut savoir quelle est cette graine, il faut apporter avec elle toutes les observations pratiques qui peuvent aider à sa bonne réussite, à l'acclimatation des Vers à soie qu'elle donnera. Là où il y a une expérience de quarante siècles, il y a beaucoup à apprendre et bien des études à faire sur un insecte qui paraît ne devoir prospérer qu'à certaines conditions. S'il n'y a rien de nouveau sous le soleil, ne se pourrait-il pas que, dans ce pays, on eût connu autrefois l'atrophie, et qu'elle y eût été vaincue par quelqu'une de ces pratiques que nous sommes, peut-être trop légèrement, portés à considérer comme superstitieuses? Il faut, par conséquent, suivre sur les lieux mêmes l'éducation des Vers à soie, étudier les usages des sériciculteurs de ces pays, observer les rapports de ces usages avec les conditions physiques et météorologiques, élever même des Vers à soie avec nos méthodes pour faire des comparaisons utiles, appliquer les principes de la science à la conservation et surtout au transport de la graine, etc., etc.

C'est pour atteindre ce but que MM. les comtes Castellani

et Freschi se sont décidés à diriger personnellement l'entreprise. Tous deux grands propriétaires et magnaniers consommés, également riches de connaissances scientifiques et
pratiques, ils ont pensé, avec beaucoup de raison, que ces
études devaient être faites sur une large échelle, et qu'ils devaient importer assez de graine pour qu'elle pût être expérimentée dans toutes les contrées séricicoles de l'Europe, en y
portant des germes d'avenir, si les résultats qu'elle donnera
sont enfin favorables. En rendant cette vaste expérience pratique accessible à un grand nombre d'éducateurs, ils veulent
la rendre aussi décisive que possible, tout en mettant de prudentes bornes à chaque commission particulière. Ils n'ont donc
pas l'intention d'apporter de l'Asie les grandes masses de
graines qui seraient nécessaires pour élever les Vers à soie
dans la mesure des besoins ordinaires, car cela serait impossible. Ils veulent seulement offrir les moyens de régénérer les
races, ce qui serait déjà beaucoup. Nous ne pouvons pas oublier,
disent-ils avec beaucoup de raison, que, quoique d'une réussite
presque certaine, c'est toujours un essai que nous faisons, et
que la nature même d'un essai demande qu'il soit fait par les
cultivateurs en petites proportions. C'est pourquoi nous nous
sommes décidés à borner les commissions des particuliers de
une à cinq onces, ce qui suffit pour qu'ils essayent et entrent
en race si l'essai réussit; ce qui suffit aussi toujours pour
qu'ils retrouvent au moins leurs avances, s'il y a un résultat
quelconque, et ne peut par conséquent les gêner sérieusement,
quand même tout espoir serait trompé.

Dans ces sages et prudentes conditions, l'entreprise de
MM. les comtes Castellani et Freschi appelle les sympathies de
l'agriculture et de l'industrie européennes, de toutes les associations qui s'occupent de ces grandes questions et des gouvernements. En France, les chambres de commerce de Lyon,
Nîmes, Saint-Etienne, etc., viendront certainement en aide à
ces intrépides voyageurs, car elles sont plus directement inté-
ressées à la réussite de leur généreuse entreprise. On ne peut
douter, non plus, que l'Institut, la Société impériale et centrale
d'agriculture, la Société d'encouragement et les Sociétés et

Comices agricoles de nos départements producteurs de la soie ne leur apportent aussi un concours efficace.

Quant à la Société Impériale d'Acclimatation, elle a déjà montré, à plusieurs reprises et dès son début, le vif intérêt qu'elle prend à cette grave question, car elle n'a jamais hésité à lui consacrer, avec tout son appui moral, des sommes en rapport avec les ressources dont elle peut disposer pour cet objet, tant elle la regarde comme importante pour une grande industrie agricole qui intéresse beaucoup de ses membres dans tous les pays (1).

En conséquence, et après une discussion approfondie dans laquelle votre rapporteur a fait connaître les résultats négatifs des nombreuses tentatives faites en France avec des graines envoyées de Chine, tentatives qui n'avaient pas été faites dans les conditions favorables où se trouvent MM. les comtes Castellani et Freschi ; après avoir entendu les observations de M. Delon, si compétent dans ces matières, et surtout de M. l'abbé Huc, qui n'a pas dissimulé à ces courageux voyageurs toutes les difficultés de leur entreprise, en leur donnant des renseignements précieux sur le pays et les avis les plus sages résultant de sa profonde connaissance de la Chine et des mœurs de ses habitants, M. le président Drouyn de Lhuys a résumé la discussion avec une grande lucidité, et a mis aux voix les propositions suivantes, que la commission décide de soumettre au Conseil et à la Société :

1° Recommander particulièrement MM. les comtes Castellani et Freschi à tous les membres de la Société et à tous les agents du gouvernement qui résident dans les pays qu'ils vont visiter, et surtout à notre illustre confrère M. de Montigny, consul général de France à Chang-haï et membre honoraire de la Société.

2° Leur donner des lettres particulières pour les recommander à nos vénérables et zélés confrères des Missions étrangères, et spécialement :

A M. le procureur des Missions étrangères, à Hong-kong,

A M. le procureur des Missions des jésuites, à Chang-haï,

Et à M. le procureur des Lazaristes, à Ning-po ;

(1) Voyez entre autres le Bulletin de 1855, pages 6 et 137.

3° A Mgr l'évêque de Bombay et aux missionnaires catholiques des autres pays de l'Inde ;

4° A notre confrère M. Perrottet, membre honoraire de la Société, directeur des cultures du gouvernement à Pondichéry.

Outre cet appui moral que la commission demande à la Société pour ces deux zélés sériciculteurs, elle pense qu'elle pourrait encore manifester toute la confiance qu'elle a dans leurs vastes connaissances séricicoles et dans l'utilité pratique de leur tentative, en s'adjoignant aux nombreux agriculteurs, aux sociétés, aux académies et aux gouvernements qui vont s'associer à cette grande expérience (1). A cet effet, la commission lui propose de souscrire, dans la mesure de ses moyens, pour une certaine quantité d'onces de la graine qu'ils feront ainsi en Chine, si les études scientifiques et pratiques auxquelles ils vont préalablement se livrer avec cette profonde connaissance du sujet dont ils ont déjà donné tant de preuves, leur démontrent que cette graine peut avoir des chances de succès en Europe.

Une fois en possession de cette graine, la Société aviserait aux moyens de la placer avantageusement parmi ses membres de tous les pays, de la faire essayer à la magnanerie expérimentale de Sainte-Tulle, mise à sa disposition par notre confrère M. Eugène Robert, et dans la magnanerie modèle qu'elle va instituer dans son jardin zoologique du bois de Boulogne, afin d'assurer autant que possible une expérience dont les résultats peuvent avoir une influence immense sur la plus belle industrie agricole et manufacturière que l'on connaisse.

(1) S. Exc. M. le Ministre du commerce, de l'agriculture et des travaux publics de France, vient d'adresser une circulaire aux Chambres de commerce, ainsi qu'aux Sociétés et Comices agricoles, pour les inviter à prendre part à la souscription, en les prévenant que les Sociétés savantes et agricoles pourraient souscrire à un nombre illimité d'onces de cette graine, mais que les particuliers ne pourraient en obtenir que de 1 à 5 onces.

La souscription est fixée à 20 francs par once, dont la moitié sera versée immédiatement, et l'autre à l'époque où les souscripteurs recevront la graine.

Les souscriptions devront être adressées à M. le chevalier Debrauz, depuis le 1er jusqu'au 31 décembre de l'année courante 1858.

La commission a décidé, en outre, qu'il ne serait pas donné d'instruction à MM. les comtes Castellani et Freschi, dont les vastes connaissances et les travaux séricicoles sont connus de tous, et qui peuvent mieux que personne juger de ce qu'il est le plus opportun de faire dans une semblable expédition. Cependant, pour répondre au désir de ces messieurs, qui se sont mis si généreusement à la disposition de la Société pour toutes les questions séricicoles à étudier pendant leur voyage, la commission m'a chargé de rédiger pour eux un *desiderata* que je joins à ce rapport, et pour lequel j'ai profité des avis de plusieurs des membres présents à la séance et d'une note pleine d'excellentes idées pratiques sur le sujet, que notre confrère M. Delon a remise à M. le président de la commission.

Le Conseil d'administration, dans sa séance du 6 octobre 1858, a adopté les propositions de ce rapport par un vote unanime.

Desiderata de la Société Impériale d'Acclimatation relativement aux Vers à soie du mûrier, du chêne, du frêne, du ricin, du fagara, et autres espèces domestiques ou sauvages. Par M. F.-E. GUÉRIN-MÉNEVILLE.

Ver à soie du mûrier.

Comme la Chine possède tous les climats connus, les méthodes d'éducation des Vers à soie doivent varier autant que ces climats.

La description de ces méthodes diverses, faite par des magnaniers consommés comme le sont MM. les comtes Castellani et Freschi, serait d'un grand intérêt.

Il serait très utile de savoir enfin si l'on élève en Chine, au moins dans certaines contrées, les Vers à soie du mûrier en plein air, ou si cette assertion de quelques écrivains ne résulte pas de la confusion que des voyageurs peu versés dans la sériciculture auront faite en parlant des éducations du Ver à soie du mûrier et de celles des Vers à soie appelés sauvages

Quelles sont les diverses variétés ou races de Vers à soie du mûrier élevées en Chine ?

Dans les régions méridionales il doit y avoir des races semblables à celles qui donnent jusqu'à cinq récoltes au Bengale, telles que celles qu'on nomme dans ce pays *Dessée, Chines, Nistry*. C'est à une de ces races qu'appartenaient des Vers à soie qui ont été élevés à la magnanerie expérimentale de Sainte-Tulle, et qui ont donné jusqu'à trois éducations de cocons jaunes et blancs mêlés, dans la même année.

Dans les régions tempérées on doit élever des races annuelles.

Il serait utile d'apporter pour les *Collections d'histoire naturelle appliquée et comparée* de la Société, des Vers à soie conservés dans l'esprit-de-vin, des cocons, des soies gréges et des tissus provenant bien authentiquement de chacune de ces races ou variétés, avec de bonnes notes et observations à leur sujet.

MM. les comtes Castellani et Freschi sont priés d'étudier sérieusement la manière dont on alimente les Vers à soie du mûrier, et particulièrement les méthodes qui consistent à saupoudrer la feuille avec de la farine de riz cuit, avec une poudre impalpable faite avec des feuilles de mûrier séchées, etc., etc.

Il est à peine nécessaire de recommander à des sériciculteurs comme **MM.** les comtes Castellani et Freschi des études sur les divers modes de culture des mûriers suivant les climats, sur les espèces ou variétés de cet arbre qui sont appropriées à ces climats, etc., etc.

De même, il est certain qu'ils observeront mieux que personne les modes de conservation, de transport et d'éclosion des œufs dans les diverses contrées qu'ils pourront parcourir. Ils étudieront et noteront certainement tout ce qui a trait aux soins que l'on donne aux Vers à chaque mue, au mode d'encabanage et de coconières, au choix des papillons reproducteurs, etc., etc., en appréciant ainsi ce qui a été publié à ce sujet dans la traduction de M. Stanislas Jullien, pour nous faire savoir si ces méthodes sont encore usitées en Chine ou si on les a modifiées depuis.

Quant à l'étude des maladies des Vers à soie et des moyens de les guérir ou de les prévenir, il est inutile d'insister ici sur la nécessité de s'y livrer et sur l'importance que la Société attachera aux observations qui pourront être recueillies sur un aussi grave sujet.

Une recommandation importante qu'il est nécessaire de faire à ces sériciculteurs zélés, c'est de bien distinguer, dans leurs notes, ce qu'ils verront de leurs propres yeux, de ce qui leur sera rapporté, soit par les vénérables missionnaires qui les accueilleront, soit par les Chinois chrétiens, soit par les idolâtres.

Vers à soie dits sauvages.

Dans un rapport qui lui a été fait en mai 1854, au nom d'une commission, sur les Vers à soie sauvages de la Chine, la Société d'Acclimatation a signalé à MM. les Missionnaires les recherches qu'il serait utile de faire. Ce rapport, suivi d'un questionnaire très détaillé, a déjà procuré à la Société d'excellents documents que nous devons à deux missionnaires apostoliques en Chine, MM. les abbés Bertrand et Perny, et qui sont publiés dans nos Bulletins, tome V, pages 272 et 317. Ces observations portent sur le Ver à soie du chêne, et seront précieuses pour nous guider quand nous recevrons des cocons vivants envoyés en assez grand nombre et dans d'assez bonnes conditions pour qu'il nous soit possible d'arriver enfin à acclimater cette espèce. Il suffit donc de renvoyer MM. les comtes Castellani et Freschi à ces documents pour qu'ils soient mis complétement au courant de l'état où en est arrivée cette question, et jugent mieux que nous ce qu'il leur reste à faire pour doter l'Europe de cette précieuse espèce.

Ils verront, dans l'extrait du journal du père d'Incarville, placé à la suite de ce rapport, combien sont vagues les renseignements que ce missionnaire a pu donner sur les Vers à soie du frêne et du fagara, et ils chercheront certainement à nous éclairer sur ces deux espèces, dont l'histoire est encore très embrouillée, et sur lesquelles on n'a pu rien apprendre depuis.

Ce qu'il y a à faire aujourd'hui, c'est de nous faire bien connaître ce que c'est que le fagara et le Bombyx qui vit de cet arbre ; de tâcher d'envoyer des graines de ce végétal, des cocons vivants de son Ver à soie, que l'on soupçonne être le gigantesque *Bombyx Atlas* des auteurs, et d'y joindre des cocons secs et de la soie bien certainement obtenue avec les cocons de cette espèce, qui est le géant des Vers à soie.

Quant au Ver à soie du frêne, il est certain aujourd'hui que c'est le vrai *Bombyx Cynthia* des auteurs, que j'ai introduit cette année en France, grâce au zèle de M. le missionnaire Fantoni, et de MM. Griseri et Comba, de Turin, à qui il avait envoyé des cocons vivants de cette espèce (1). Il sera utile de vérifier en Chine si l'arbre que le père d'Incarville a appelé une espèce de frêne, est bien le vernis du Japon (*Ailantus glandulosa*), et d'indiquer les autres végétaux dont on nourrit ce Ver à soie, qui est polyphage comme la plupart des Bombyx.

Il va sans dire que des renseignements détaillés sur l'éducation en plein air ou autrement de ces diverses espèces, et sur le mode de culture des fagaras, des frênes ou ailantes, et des autres arbres dont les feuilles nourrissent ces Vers à soie, seront recueillis, ainsi que tout ce que l'on pourra apprendre sur les qualités des soies qu'on en obtient, sur l'importance de ces récoltes, sur le mode de dévidage ou de cardage et de filage en filoselle de leurs cocons, et que des échantillons nombreux et soigneusement étiquetés de tous ces objets seront envoyés à la Société.

En terminant, je dois dire que le *desiderata* de la Société Impériale d'Acclimatation s'applique également aux espèces de Vers à soie de l'Inde anglaise et des autres contrées que MM. les comtes Castellani et Freschi visiteront. Les questions et instructions que j'ai remises à la commission du 26 mai 1854, et qui ont été publiées dans le rapport de M. Tastet, suffiront pour leur signaler ce qu'il conviendrait de faire, et leur grande habitude de la sériciculture suppléera largement à ce que je puis avoir oublié dans ce *desiderata*.

(1) J'ai publié deux courtes notices sur cette espèce dans les *Comptes rendus des séances de l'Académie des sciences*, t. XLVII, pages 22 et 288, et dans ma *Revue et Magasin de zoologie pure et appliquée*, 21ᵉ année, 1858, page 371.

SUR LA CULTURE DES IGNAMES

EN 1857,

A LA PÉPINIÈRE CENTRALE DU GOUVERNEMENT A ALGER,

Par M. HARDY,

Directeur de la Pépinière centrale du Gouvernement, à Hamma.

(Séance du Conseil du 25 juin 1858.)

Les Ignames dont la culture comparative a été faite à la Pépinière centrale en 1857 sont au nombre de dix-huit espèces ou variétés : six espèces y existaient antérieurement; quatre espèces et huit variétés ont été introduites au commencement de l'année par les envois de M. de Montigny, de Siam et du Camboge.

La plantation de toutes ces espèces et variétés a été disposée en planches de 7 mètres de longueur sur 1^m,50 de largeur, y compris le sentier. Il n'y avait qu'une ligne par planche, et les plantes se trouvaient placées à 0^m,50 sur la ligne. Chaque planche avait une superficie de 10^m,50. Toutes les plantes ont été ramées, moins quelques-unes pour point de comparaison.

1° Igname ailée à tubercules violets, *Dioscorea alata violacea* (Pépinière).

Les tubercules, au moment de la plantation (avril), avaient déjà des bourgeons développés à leur sommet; ils ont été divisés en fragments. Les fragments qui portaient des pousses, et ceux qui ne les indiquaient pas encore, c'est-à-dire ceux appartenant à la base et à la partie moyenne des tubercules, ont été plantés séparément. L'arrachage eut lieu le 3 décembre.

Huit planches plantées avec des fragments de tubercules portant des pousses ont donné 199^{kil},500 de tubercules. C'est 24^{kil},937 par planche, 2^{kil},375 par mètre superficiel, et 23 750 kilogrammes par hectare.

Six tubercules choisis parmi les plus gros ont donné :

Nᵒˢ 1. . .   5 kilogrammes.
    2. . .   5
    3. . .   4^{kil},500.
    4. . .   4
    5. . .   4
    6. . .   3
    ────────────────
    Total. . 25^{kil},500.   Moyenne, 4^{kil},250.

Neuf planches plantées avec des fragments dont les bourgeons n'étaient même pas encore apparents ont donné 224 500 kil. de tubercules. C'est 24^{kil},944 par planche, 2^{kil},376 par mètre superficiel, et 23 760 kilogr. à l'hectare. D'où il suit qu'il est indifférent que les fragments de tubercules aient des germes développés ou non au moment de la plantation, et que toutes les parties des tubercules, douées de la propriété d'émettre des bourgeons, sont indifféremment propres à la reproduction.

Six tubercules choisis ont pesé :

Nᵒˢ 1. . . .   7 kilogrammes.
    2. . . .   6
    3. . . .   4^{kil},500.
    4. . . .   4^{kil},500.
    5. . . .   4^{kil},500.
    6. . . .   3^{kil},500.
    ────────────────
    Total. . . . 30 kilogrammes.   Moyenne, 5 kilogr.

Ce mode de plantation a présenté des tubercules plus volumineux que le premier.

Une planche qui, à dessein, n'a pas été ramée, placée au milieu de celles dont il vient d'être parlé, a donné 13 kilogrammes de tubercules. C'est 1^{kil},338 par mètre et 13 800 kilogrammes à l'hectare : c'est presque moitié moins que les plantes ramées. C'est indiquer suffisamment qu'il faut élever les tiges de ces végétaux en l'air au moyen de supports.

Toutes ces plantes ont reçu des irrigations proportionnées à leurs besoins. Une planche qui, à dessein, n'a été ni arrosée ni ramée, a donné 1^{kil},500 de tubercules maigres et chétifs. C'est un produit plus que médiocre de 142 grammes par mètre superficiel et 1420 kilogrammes à l'hectare.

Cette expérience démontre que l'on ne peut compter obtenir de beaux produits à tiges ailées, ainsi que des autres espèces du reste, sans le secours des irrigations.

Les Ignames de cette variété, arrosées et ramées, ont donné des tiges vigoureuses de 4 à 5 mètres de développement, chargées d'un ample et abondant feuillage. Ces parties aériennes, coupées sur huit planches à la file et sans choix, ont donné un poids de 205 kilogrammes. C'est 25^{kil},625 par planche, 2^{kil},440 par mètre superficiel, et 24400 kilogrammes à l'hectare, poids un peu supérieur au produit souterrain. Ces feuilles sont mangées avec avidité par les chèvres, les moutons, les bœufs, les porcs et les autruches. Il y a là une ressource précieuse pour l'alimentation du bétail, et qui ne devra pas être négligée dans l'appréciation de la culture de cette plante.

2° Igname ailée à tubercules blancs, *Dioscorea alata alba* (Pépinière).

Quatre planches de cette variété ont donné 52 kilogrammes de tubercules. C'est 13 kilogrammes par planche, 1^{kil},238 par mètre superficiel, et 12380 kilogrammes à l'hectare. Le plus gros tubercule pesait 4 kilogrammes.

3° Igname ailée jambe d'éléphant (M. de Montigny), *Dioscorea alata elephantipes*.

Trois planches ont donné 116^{kil},700 de tubercules énormes, s'enfonçant assez profondément dans le sol, et qui exigent un travail considérable pour l'extraction. Le rendement a été de 38^{kil},900 par planche, de 3^{kil},704 par mètre superficiel, et de 37040 kilogrammes par hectare.

Six tubercules des plus gros ont donné le poids suivant :

Nos 1. . . . 10^{kil},200.
2. . . . 7
3. . . . 5^{kil},300.
4. . . . 5^{kil},200.
5. . . . 5
6. . . . 5
____
Total. . . . 37^{kil},700.   Moyenne, 6^{kil},283.

4° Dans l'envoi de M. de Montigny se trouvait un tubercule de forme palmée, de couleur violette, dont une demi-planche a été plantée, et qui n'avait aucune désignation. J'ai donné à cette variété le nom de *Patte de tortue* (*Dioscorea alata testudinipes.*) Cette demi-planche a donné 39 kilogrammes de tubercules, soit 7^{kil},420 par mètre superficiel et 74 280 kilogrammes par hectare. De deux tubercules des plus gros, l'un pesait 8^{kil},500 et l'autre 7 kilogrammes. Ce rendement devra être contrôlé de nouveau dans les prochaines cultures expérimentales qui seront faites.

5° Les variétés ci-après de l'Igname à tiges ailées, envoyées également par M. de Montigny, et désignées sous les noms de *Petit cierge* et *Corne de bœuf*, ont donné des résultats bien inférieurs à ceux qui viennent d'être indiqués ; il n'y avait du reste que quelques plantes de chacune, et il n'a pas été possible, pour cette fois, d'en apprécier exactement le rendement.

6° L'Igname des oiseaux (M. de Montigny) a donné des tiges grêles, semi-ligneuses, à feuilles étroites, lancéolées, et n'a formé aucun tubercule.

7° L'Igname patte de tigre (M. de Montigny), *Dioscorea aculeata*, n'a donné que de rares tubercules, très petits, à l'extrémité de longs filets déliés, partant du pied de la plante. Cette espèce, ainsi que la précédente, ne paraît pas présenter d'intérêt en culture.

8° L'Igname très grosse (M. de Montigny), *Dioscorea trifoliata*, présente des feuilles composées de trois folioles et des tiges armées d'aiguillons ; elle diffère essentiellement des autres espèces. Les quelques tubercules reçus, ayant été divisés, ont suffi à planter une planche. Cette planche a produit 17^{kil},500, soit 1^{kil},666 par mètre et 16 660 kilogrammes à l'hectare.

9° Igname cultivée, *Dioscorea sativa* (Pépinière). Vingt-deux plantes, occupant deux planches, ont donné 22 kilogrammes de tubercules, soit 2^{kil},095 par mètre et 20 950 kilogrammes à l'hectare. Ces tubercules ont une densité plus grande que les autres espèces, et pèsent beaucoup plus à volume égal.

10° Igname de la Nouvelle-Zélande (Pépinière), *Dioscorea Piddingtonii*, Moq. Les deux énormes tubercules obtenus l'année dernière, dont l'un pesait 10^{kil},500, et l'autre 7 kilogrammes, furent divisés en fragments, et à l'aide de quelques tubercules plus petits, et quelques bulbilles obtenus à la dernière récolte, une planche entière put être complantée de cette espèce.

Les tubercules obtenus cette année furent beaucoup moins gros que les deux de l'année dernière. Je crois pouvoir attribuer cette différence à ce que les gemmes de la semence employée étaient moins développés et moins vigoureux que sur les deux gros bulbilles qui arrivaient de leur pays natal.

La planche (toujours de 1^m,50 superficiels) donna 25 kilogrammes de tubercules, petits et gros. C'est 2^{kil},380 par mètre et 23800 kilogrammes par hectare.

Trois tubercules des plus gros donnèrent les poids suivants :

<pre>
         Nos 1. . .   5 kilogrammes.
             2. . .   4
             3. . .   4
                     ___
         Total. . . 13 kilogrammes.   Moyenne, 4kil,333.
</pre>

Cette planche donna 7 kilogrammes de bulbilles, dont plusieurs avaient le volume d'un très gros œuf de poule. Cette sorte de fructification est beaucoup plus abondante que l'année dernière, et il est évident qu'il s'opère des modifications dans les habitudes de ce végétal, et qu'il s'acclimate.

11° Igname da Costa du Brésil, *Dioscorea altissima*. Décidément cette Dioscorée ne donne pas de produits souterrains. Les bulbilles seuls peuvent être envisagés comme devant constituer la récolte, et le rendement, ainsi que la qualité du produit, sont assez médiocres.

12° Igname de la Chine. Je n'ai rien à ajouter sur ce que j'ai dit précédemment du rendement de cette plante. Les pieds femelles, portant de la graine, ont été multipliés. Il est bon de rappeler que c'est l'établissement du Hamma qui a le premier possédé les deux sexes de l'Igname de la Chine, et le premier qui en ait obtenu la graine. C'est de là que les pieds femelles se sont répandus en France au moyen des bulbilles que la Pépinière centrale a distribués. L'établissement a également distribué une certaine quantité de graine par l'inter-

médiaire de diverses Sociétés savantes. Des semis sont poursuivis dans l'établissement, en vue d'améliorer la forme de ces
racines et de tenter d'en faire une plante plus agricole.

Résumé.

En rapportant à la surface d'un hectare les produits obtenus
des diverses Ignames qui ont été expérimentées en 1857, on
trouve les chiffres suivants :

1°	Igname ailée violette.	23,760
2°	—	— blanche.	12,330
3°	—	— jambe d'éléphant.	37,140
4°	—	— patte de tortue. . .	74,280
5°	—	trifoliée.	16,660
6°	—	cultivée.	20,950
7°	—	de la Nouvelle-Zélande.	23,800
8°	—	de la Chine.	33,000

Il paraît certain que l'Algérie peut tirer un très grand parti
de la culture de ces diverses espèces d'Ignames sous le rapport
alimentaire et pour la nourriture du bétail. Il serait utile d'en
faire, dans le courant de la prochaine campagne, l'analyse
comparative, afin de reconnaître la somme des principes assi-
milables que chaque espèce peut donner.

Les cultures qui seront continuées en 1858 vont multiplier
ces végétaux utiles de manière à permettre de les répandre
largement dans la colonie pour la campagne de 1859.

II. EXTRAIT DES PROCÈS-VERBAUX
DES SÉANCES DU CONSEIL DE LA SOCIÉTÉ.

SÉANCE DU 14 SEPTEMBRE 1858.
Présidence de M. RICHARD (du Cantal), vice-président.

Le Conseil admet au nombre des membres de la Société :

MM. BEAUMONT-VASSY (le vicomte de), ancien préfet, au château
de Semilly, près Laon (Aisne).

BESSON (Auguste), maire de Guise, membre du Conseil
général de l'Aisne, à Guise (Aisne).

BOCHET, avoué, à Paris.

CAMPEAU (de), ancien receveur général, à Laon (Aisne).

CHANTIN, horticulteur-pépiniériste, à Montrouge (Seine).

COURVAL (le vicomte de), membre du Conseil général de
l'Aisne, au château de Pinon (Aisne).

DUCHESNE, maire de Vervins, membre du Conseil général
de l'Aisne, à Vervins (Aisne).

HÉBERT, député, membre du Conseil général de l'Aisne,
maire de Chauny (Aisne).

IMÉCOURT (le comte de), membre du Conseil général de
l'Aisne, au château de Roussy, près Neufchâtel (Aisne).

LAISNÉ, membre du Conseil général de l'Aisne, directeur au
ministère de l'intérieur, à Paris.

MADRID (le vicomte de), membre du Conseil général de
l'Aisne, à le Héric-la-Viéville, canton de Sains (Aisne)

MERCIER (Emmanuel-Prosper), suppléant de la justice de
paix, propriétaire, à Napoléon-Vendée.

POILLY (le baron de), membre du Conseil général de l'Aisne,
au château de Folembray (Aisne), et à Paris.

RICHARD (le docteur Adolphe), chirurgien des hôpitaux,
professeur agrégé à l'École de médecine, à Paris.

RIVOCET (de), membre du Conseil général de l'Aisne, au
château de Fontenay, arrondissement de Soissons (Aisne).

MM. Rivolet, avocat à la Cour impériale, membre du Conseil
de l'ordre, à Paris.

Treuille (Edmond), propriétaire, à Châtellerault (Vienne).

Vidal (le docteur Ignacio), professeur de zoologie et de
minéralogie à l'université de Valence (Espagne).

Viéville (Luzin), membre du Conseil général de l'Aisne,
à Pouilly, canton de Crécy-sur-Serre (Aisne).

Wagner, propriétaire, à Courcelles, près Braine (Aisne).

— M. Scheel, de Drammen (Norwége), adresse ses remercîments pour son admission au nombre des membres de la
Société.

— Le bureau des Comités d'acclimatation de Moscou, par
une lettre officielle du 14 août, annonce que S. A. I. le grand-
duc Nicolas a bien voulu se mettre à la tête de ces comités en
acceptant le titre de protecteur et de membre honoraire de la
Société d'acclimatation de Moscou. M. A. Bogdanoff, secrétaire
général des Comités, dans une lettre particulière adressée à
M. le Président, fait ressortir toute l'importance de cet heureux
événement pour la Société de Moscou et pour les progrès qu'il
assure à l'acclimatation en Russie ; il ajoute que les Comités
qui ont pris déjà une extension très rapide, ont ouvert le
13 septembre une exposition d'animaux utiles à laquelle
Son Altesse Impériale et la grande-duchesse d'Oldenbourg ont
envoyé des produits. Les Comités s'occupent présentement de
la création d'un jardin d'acclimatation.

— S. Exc. M. le Ministre du Brésil en France transmet une
lettre de S. Exc. M. le marquis d'Olinda, et exprime de nouveau le désir que les Chameaux qui doivent être introduits
dans ce vaste empire, par les soins de la Société, arrivent à
leur destination du mois de juin au mois d'août.

— M. le docteur Gosse, de Genève, rend compte d'un Mémoire en réponse au questionnaire sur l'Autruche, adressé à la
Société par M. A. Berg, chirurgien de la marine impériale,
aide-major de l'escadron des spahis du Sénégal, et qui avait
été soumis à l'examen de notre savant collègue et délégué à
Genève. Ce rapport est renvoyé au Comité de publication ; et

conformément aux conclusions du rapporteur, des remercîments seront adressés à M. Berg.

— M. le docteur Turrel, de Toulon, dans une lettre du 4 septembre, propose de faire venir de l'île de la Réunion des œufs fécondés de l'espèce de Crustacé dont M. le vicomte de Kerveguen a signalé à la Société l'existence dans les eaux douces de cette île, et qu'il a conseillé d'introduire dans les cours d'eau de la France. Cette proposition est renvoyée à la 4ᵉ Section.

— M. le Maire de Crest (Drôme) transmet une lettre de M. Bernard-Durand, moulinier-filateur à Aouste, près Die, qui demande que la Société lui envoie une certaine quantité de cocons du *Bombyx Cynthia*. M. Bernard-Durand assure qu'il possède depuis dix ans le moyen de filer les cocons de ce Ver à soie, qui n'ont pu jusqu'ici être utilisés que par le cardage, et qu'il en obtient une soie excellente dont il désire pouvoir soumettre un échantillon à la Société.

— Notre zélé confrère, M. Brierre, de Riez (Vendée), adresse de nouveaux renseignements sur ses cultures, et annonce le prochain envoi d'un dessin de l'Igname de Chine dans toutes les phases de sa végétation. Sa lettre est accompagnée de diverses pièces qui témoignent des progrès de ses cultures, dont il propage gratuitement chaque année les graines qu'il a obtenues.

SÉANCE DU 6 OCTOBRE 1858.

Présidence de M. Is. GEOFFROY SAINT-HILAIRE.

M. le Président communique au Conseil une lettre en date du 21 septembre, par laquelle M. Drouyn de Lhuys lui fait connaître, d'après l'avis qu'il en a reçu de notre honorable collègue M. le chevalier de Brauz, conseiller de S. M. l'Empereur d'Autriche, que S. A. I. Mᵍʳ l'archiduc FERDINAND-MAXIMILIEN, gouverneur général du royaume lombardo-vénitien, a bien voulu autoriser l'inscription de son nom sur la liste des membres de la Société. Le Conseil décide qu'une lettre de remercîments sera adressée à Son Altesse Impériale.

Le Conseil admet au nombre des membres de la Société :

MM. Bach (S. Exc. le baron Alexandre de), conseiller intime actuel, Ministre de l'intérieur en Autriche, à Vienne.

Blanche (Alfred), secrétaire général du ministère de l'Algérie et des colonies, à Paris.

Bruch (S. Exc. le baron Charles de), conseiller intime actuel, Ministre des finances en Autriche, à Vienne.

Burger (S. Exc. le baron Frédéric de), conseiller intime actuel, gouverneur de la Lombardie, etc., à Milan (Lombardie).

Castellani (le comte Jean-Baptiste), à Casalta, près Lucignano (Toscane).

Citadella Vigodarzere (S. Exc. le comte André), grand maître de la cour de S. A. I. et R. l'archiduchesse Charlotte, à Milan (Lombardie).

Croy (V. de), membre du Conseil général d'Indre-et-Loire, au château de Crémault, par Vouneuil (Vienne).

Czoernig de Czernhausen (le baron Charles de), chef de section au ministère I. R. du commerce et des travaux publics d'Autriche, à Vienne.

Freschi (le comte Gérard), à San-Vito (Frioul).

Gourdin (Aristide), notaire, membre du Conseil d'arrondissement et maire, à Rom, par Melle (Deux-Sèvres).

Guitton (Henri-Ernest), notaire, à Napoléon-Vendée (Vendée).

Hautpoul (le comte d'), à Trouville-sur-Mer (Calvados).

Lasnonnier (Eugène), avocat et membre du Conseil général des Deux-Sèvres, à Niort (Deux-Sèvres).

Poisson (le docteur Jean-Baptiste), à Vieillevigne (Loire-Inférieure).

Pouyer-Quertier, membre du Corps législatif, membre du Conseil général de l'Eure, propriétaire, à Rouen.

Revoltella (le chevalier P.), vice-président du Conseil municipal de Trieste, banquier, à Trieste (Autriche).

Rivocet (Paul de), auditeur au Conseil d'État, à Paris.

Wodianer (Maurice de), banquier, directeur de la banque nationale d'Autriche, à Vienne.

— M. le docteur A. Richard adresse ses remercîments pour sa récente admission au nombre des membres de la Société.

— M. Nicolas Annenkow, conseiller d'État en Russie, adresse ses remercîments pour la grande médaille d'or qui lui a été décernée le 10 février dernier, et s'excuse d'avoir été empêché par son absence de faire parvenir plus tôt à la Société l'expression de sa reconnaissance pour cette honorable distinction qu'il n'a connue qu'à son retour d'un long voyage.

— M. Hubaine, secrétaire particulier de S. A. I. Mgr le prince Napoléon, écrit à M. le Président que S. A. I. l'a chargé de lui annoncer qu'Elle recevra avec plaisir les membres des commissions de l'Algérie et des colonies, et que le concours de son administration est assuré à la Société.

— S. Exc. M. Ottenfels, chargé d'affaires d'Autriche, fait connaître à M. le secrétaire général que la caisse d'échantillons et d'étoffes confectionnés par M. Davin avec la laine Mérinos-Mauchamp, qui avait été offerte par la Société à S. M. I. et R. Apostolique, est parvenue à sa haute destination. Nous croyons devoir citer le passage suivant de la lettre de M. le Ministre d'Autriche : « L'Empereur, appréciant les louables efforts de la Société d'Acclimatation et les beaux résultats qu'elle a déjà obtenus, a agréé avec plaisir l'hommage de ces échantillons, et m'a chargé, Monsieur le Comte, de vous exprimer sa haute satisfaction pour cet intéressant envoi. Sa Majesté a en même temps destiné à M. Davin une médaille d'or à son effigie, que je vous prie de vouloir bien lui remettre. »

— S. Exc. M. le Ministre de Prusse, à Paris, informe M. le Président que S. A. R. le prince Frédéric-Guillaume de Prusse a accueilli avec un vif intérêt les rapports dont la Société impériale d'Acclimatation lui a fait hommage. M. le Ministre ajoute qu'il a été chargé d'exprimer à la Société le haut intérêt que Son Altesse Royale veut bien prendre à ses travaux d'une utilité universelle.

— M. I. Miguel Arroyo, secrétaire de la Société mexicaine de géographie et de statistique, dont l'existence date de l'année 1839, exprime par une lettre, du 30 août dernier, la vive sympathie de la Société mexicaine et son désir de voir s'établir entre ces deux institutions un échange réciproquement utile de leurs travaux et de leurs publications. Il annonce en outre l'envoi immédiat de six volumes publiés par la Société de géographie et de statistique.

— M. le Président communique au Conseil les passages suivants d'une lettre qui lui a été adressée par notre honorable et zélé vice-président M. Drouyn de Lhuys, le 21 septembre dernier : « M. le chevalier Debrauz, membre de la Société et spécialement de la Commission permanente de l'Étranger, m'annonce que M. le comte Freschi et M. le comte Castellani viennent d'organiser une expédition scientifique en Chine et dans l'Hindoustan, pour chercher les moyens de régénérer la graine de Vers à soie.

» S. A. I. l'archiduc Ferdinand-Maximilien, gouverneur général du royaume lombardo-vénitien, accorde à cette entreprise sa haute protection. Par ordre de l'Empereur Napoléon, nos agents diplomatiques devront prêter leurs bons offices pour le succès de cette mission.

» S. A. l'archiduc, par l'organe de M. Debrauz, a bien voulu m'exprimer le désir que la Société impériale d'Acclimatation secondât cette importante expédition. »

M. le Président annonce ensuite qu'une Commission ayant été immédiatement nommée pour examiner cette proposition, elle s'est réunie le 27 septembre. Cette Commission était ainsi composée : M. Drouyn de Lhuys, président, Mgr Perny, MM. Debrauz, Delon, Guérin-Méneville, l'abbé Huc, Frédéric Jacquemart, Moquin-Tandon, de Quatrefages, N. Rondot, Tastet et le docteur Yvan.

Conformément aux conclusions du Rapport présenté au nom de cette Commission par M. Guérin-Méneville, le Conseil décide qu'une somme de 2000 francs sera mise à la disposition de MM. Freschi et Castellani, en échange de la graine qu'ils s'engagent à rapporter à la Société.

M. J. J. Teixeira Leite, membre de la Société, sur le point de retourner au Brésil, sa patrie, écrit pour offrir ses services à la Société et assurer son concours tout dévoué. Des remerciments seront adressés à notre zélé confrère.

— M. Richard (du Cantal) présente un Rapport sur le troupeau d'expérimentation d'Yaks et de Chèvres d'Angora établi par ses soins à la ferme de Souliard, où il est confié à la surveillance de M. Milliot. De ce rapport, qui est accompagné d'un état nominatif de ces animaux dressé par M. Milliot, il résulte que le troupeau est dans les conditions les plus satisfaisantes. En terminant notre honorable et savant vice-président exprime son regret de ne pouvoir continuer la mission dont il s'était chargé, parce que des affaires importantes ne lui permettent pas de suivre plus longtemps cette expérience, mais il se met à la disposition de la Société pour donner toutes les indications nécessaires à la personne à laquelle la Société confiera le soin de continuer les études commencées.

Le Conseil, au nom de la Société tout entière, prie M. Richard (du Cantal) d'agréer ses remercîments pour le zèle si éclairé et si désintéressé avec lequel il a présidé à la création de ce troupeau d'expérimentation institué sur son initiative.

— M. Jobez, par une lettre du 23 septembre, annonce la mort du Taureau Yak qu'il avait conservé avec une femelle, à Syam (Jura), et qui a succombé après une quinzaine de jours de maladie, malgré tous les soins dont il a été l'objet.

— M. le docteur Sacc adresse un Mémoire sur les *Chèvres d'Angora*, qui est renvoyé au Comité de publication.

— Notre honorable collègue M. Monnier, délégué à Nancy, adresse un Rapport sur la situation du troupeau de Chèvres d'Angora confié à la Société régionale du Nord-Est, et partagé par elle en trois lots représentant ensemble trois Boucs et cinq Chèvres de différents âges. Quelques-uns de ces animaux, placés près d'Épinal, ne paraissent pas devoir réussir, dit M. Monnier, à cause du climat rude et humide des Vosges. Le Conseil décide que de nouveaux renseignements seront demandés, afin que la Société puisse prendre les mesures qu'elle croira les plus utiles à la prospérité du troupeau confié à la Société de Nancy.

— M. Duméril est adjoint à la Commission qui s'est déjà occupée des moyens de destruction du Serpent fer-de-lance (*Bothrops lanceolatus*), et à laquelle est renvoyé l'examen d'un travail adressé sur ce sujet par M. Rozan, d'Orthez, et de notes relatives à la même question, remises à M. le Président par M Moreau de Jonnès.

— M. le docteur Sacc, par une lettre du 15 septembre, annonce l'envoi qu'il se propose de faire d'une collection de plantes vivantes, et entre autres des deux variétés rouge et blanche de la Patate précoce du Japon, de tubercules du Cerfeuil bulbeux, de pieds de Chervis et de *Polygonum Sieboldii*, excellent pour former des prairies artificielles dans les terres humides, où il donne six à sept coupes par an.

La Société a reçu cet envoi, pour lequel ses remercîments seront transmis à M. le docteur Sacc, et ces plantes ont été immédiatement distribuées.

— M. Giot, cultivateur à Brie-Comte-Robert (Seine-et-Marne), fait connaître l'heureux succès de ses essais d'acclimatation des Maïs exotiques dans ses propriétés.

— M. Danican adresse à la Société une traduction du Mémoire publié en espagnol sur la culture et les produits du Sorgho par notre confrère Don Juan Pellon y Rodriguez. Ce travail est renvoyé à la Section des végétaux.

— M. Chagot aîné écrit le 18 septembre pour annoncer qu'il a l'intention de se rendre à Anvers, afin d'assister aux ventes d'animaux qui doivent avoir lieu au Jardin zoologique les 21 et 22, et se mettre à la disposition de la Société pour les achats qu'elle pourrait juger utile de faire. Cette lettre est accompagnée d'une copie du catalogue des animaux à vendre. Des remercîments seront adressés à M. Chagot pour cette offre qui témoigne de nouveau de son empressement et de son zèle si désintéressé.

SÉANCE DU 22 OCTOBRE 1858.

Présidence de M. Is. GEOFFROY SAINT-HILAIRE.

Le Conseil admet au nombre des membres de la Société :

M. HENNEQUIN, chef de bureau de l'inscription maritime de la police de la navigation et des pêches, au ministère de la marine, à Paris.

MM. Lemaistre-Chabert, président du Comice agricole de
l'arrondissement de Strasbourg, à Achenheim près
Strasbourg (Bas-Rhin).

Pahud (S. Exc. M.), gouverneur général des Indes néerlandaises, à Batavia (île de Java).

Plantamour (Philippe), propriétaire, à Genéve.

Prado y Falon (don Camille Diez de), colonel du génie,
professeur de l'Académie, commandeur de l'ordre royal
de Charles III, etc., etc., à Guadalajara, près Madrid
(Espagne).

Saint-Vanne (Jean-Baptiste-Jules de), architecte, à Paris.

Serrano (S. Exc. M. le Maréchal Don Francisco), sénateur d'Espagne, à Madrid (Espagne).

— M. le marquis de Niza (de Lisbonne), M. Mercier (de
Napoléon-Vendée), M. Revoltella de Trieste), et M. de Wodianer (de Vienne) adressent leurs remercîments pour leur récente
admission au nombre des membres de la Société.

— M. le Président dépose les procés-verbaux des séances de
la 2e Section du 8 juin, du 6 juillet, du 3 août et du 7 septembre,
qui lui ont été adressés par M. Davelouis, secrétaire de cette
section.

— Sur la proposition de M. F. Jacquemart, le Conseil, par
un vote unanime, nomme M. Theillier-Desjardins son délégué
à Saint-Quentin (Aisne).

— M. Bouteille, secrétaire général de la Société zoologique
des Alpes, écrit de Grenoble pour annoncer la naissance d'un
Yak mâle, qui a eu lieu le 17 août dernier. M. Bouteille fait
remarquer que les deux Vaches remises par M Cuënot ont
ainsi donné chacune deux produits en vingt-trois mois.

— M. le docteur Sacc transmet de nouveaux renseignements
sur la situation des Chévres d'Angora confiées à la Société
régionale de Nancy. Cette lettre est renvoyée, avec celle de
M. Monnier sur le même sujet, à l'examen d'une commission
qui est priée par le Conseil de lui faire le plus tôt possible un
rapport sur cette question.

— M. Richard (du Cantal), par une lettre du 9 octobre,

fait connaître qu'en son absence, notre honorable confrère,
M. Irisson veut bien se charger de la surveillance du dépôt
d'animaux établi à Souliard. Sur la proposition de M. Richard,
le Conseil décide qu'un couple de Chèvres d'Angora sera confié
aux conditions ordinaires à M. Irisson, qui a témoigné le désir
de recevoir deux de ces animaux en dépôt.

— M. P. Poydenot, par une lettre adressée à M. le Président, le 15 octobre, offre à la Société un Mouton de Fernambouc
(Brésil), qui a été déposé à la ménagerie du Muséum d'histoire
naturelle. Les remerciments de la Société seront adressés à
M. Poydenot.

— M. le Président communique une lettre par laquelle
M. Hébert, agent général de la Société, lui offre dix-huit Perdrix Gambras et six Gangas qu'il a rapportés d'Algérie. L'expérience de ce premier essai m'a démontré, dit M. Hébert, qu'il
serait très facile de faire venir d'Afrique, sans trop de frais,
autant de Perdrix Gambras, qu'on en pourrait désirer. M. Hébert annonce en même temps que M. le général Gastu, commandant la division de Constantine, a bien voulu le charger
d'offrir, en son nom, à la Société dont il est membre, deux
Autruches adultes qui ont été élevées dans les jardins du palais
et sont tout à fait privées. M. le général Gastu, qui porte un
très grand intérêt aux travaux de la Société, et en particulier
à l'établissement si éminemment utile du Jardin d'acclimatation projeté au bois de Boulogne, dont il est un des premiers souscripteurs, espère qu'elles pourront trouver place dans
ce jardin; elles en seront certainement un des plus beaux ornements.

— La Société accepte avec reconnaissance les animaux qui
lui sont offerts, et le Conseil décide que ses remerciments
seront transmis à M. le général Gastu et à M. Hébert.

— M. P. Letrone adresse à M. le secrétaire général, délégué du Conseil près la deuxième Section, un travail très
étendu sur les races gallines dont il a fait une étude spéciale.
Ce travail est renvoyé à l'examen de la seconde Section.

— M. Gaguin, président d'une commission de pisciculture
instituée par la Société d'agriculture de Louhans, fait connaître

que, sur la proposition de cette Société, le Conseil général du département de Saône-et-Loire a voté, à titre d'encouragement à la pisciculture, une somme de 1000 francs.

— M. le docteur Chavannes, délégué de la Société à Lausanne, adresse 189 œufs de *Saturnia Mylitta*, provenant d'une femelle qu'il est parvenu à faire accoupler avec un mâle éclos en même temps qu'elle. Notre savant collègue donne ensuite sur les Chenilles de cette espèce, dont il poursuit l'éducation, des détails qui seront consignés dans un rapport plus complet qu'il doit envoyer prochainement à la Société.

— Mademoiselle de Susini adresse de Sartène (Corse), le 18 octobre, de nouveaux renseignements sur les résultats de ses essais d'éducation de Vers à soie de la race Trevoltini, essais qui jusqu'à présent n'ont pas eu le succès qu'elle en espérait. Mademoiselle de Susini, dont le zèle a déjà été signalé plusieurs fois à la Société, annonce en outre qu'une autre personne de Sartène, madame Valentin, est parvenue à faire réussir cette année une troisième éducation de graine de cette espèce qu'elle lui avait donnée.

— Son Exc. M. le Ministre de l'agriculture accuse réception de la lettre par laquelle la Société lui faisait connaître le projet d'expédition scientifique organisée dans l'intérêt de la sériciculture par MM. les comtes Castellani et Freschi. M. le Ministre annonce ensuite que, pour répondre au vœu exprimé par la Société, il a adressé aux Chambres de commerce et aux Sociétés d'agriculture des pays séricicoles une circulaire qui a pour but de recommander aux sériciculteurs cette utile entreprise, et dont un exemplaire est joint à la lettre de Son Excellence.

— M. Louis Althammer écrit au nom de la Société d'acclimatation récemment fondée à Roveredo (Tyrol), pour demander de la graine du *Bombyx Cynthia*, dont cette Société veut essayer l'introduction dans le Tyrol méridional.

— M. le docteur Chatin adresse à la Société mille noyaux de pêches de Tullins, destinés à être distribués aux membres qui en feront la demande. Il est important, dit notre savant confrère, que les noyaux soient conservés dans du sable, à l'abri des gelées, jusqu'au moment de la plantation, qui peut être avantageusement faite à la fin de l'hiver. Des remercîments seront adressés à M. Chatin.

— M. A. de Cès-Caupenne fait parvenir quelques bulbes de Zétoutt qui a été cultivé avec succès dans le département des Landes, ce qui prouve qu'il peut réussir en France, et il en recommande la culture dans les départements du Midi.

— M. le Président dépose diverses graines de végétaux alimentaires offertes à la Société par M. Jules Poinsard, qui les a rapportées du Texas, et qui adresse en même temps un ouvrage intitulé : *Army meteorological Register*, et un autre ayant pour titre : *Reports upon the Purchase, Importation and Use of Camels and Dromedaries*, par le major Henry C. Wayne, de l'armée régulière des États-Unis. Des remercîments seront adressés à M. Poinsard.

— M. Villemot annonce qu'il tient à la disposition de la Société du plant de Pyrèthre du Caucase, récolté en France pour la première fois. Cette offre est acceptée avec reconnaissance.

— M. David Richard, dans une lettre datée de Stephansfeld, le 8 octobre, annonce que l'asile départemental des aliénés, dont il est le directeur, a obtenu une mention honorable et quatre premiers prix à l'exposition agricole de Haguenau, pour les produits de ses cultures représentant pour la plupart des végétaux introduits et propagés par la Société.

— M. Sacc (de Wesserling) et M. Brierre (de Riez) adressent un Rapport sur les résultats de leurs cultures en 1858, et M. Sacc fait parvenir en même temps des graines de diverses espèces récoltées chez lui, et des tubercules de Patates du Japon, dont il recommande tout particuliérement la culture.

— M. A. Vattemare, directeur fondateur de l'Agence centrale des échanges internationaux, présente, au nom de la Société d'agriculture de l'État de New-York, le compte rendu des travaux de cette Société pour 1856, avec six paquets de graines des meilleures variétés de Maïs, cultivées dans l'État de New-York ; et au nom de la Société agricole de l'Ohio, les prix et règlements de la neuvième exposition annuelle de cette Société pour 1858. Des remercîments seront adressés à M. Vattemare.

— M. Denis Graindorge, horticulteur à Bagnolet, fait parvenir à la Société des grappes de diverses variétés de Cépages du Midi, dont il a essayé avec succès l'introduction sous le climat de Paris : ces grappes sont parvenues à complète maturité, et quelques-unes sont remarquables par leur poids et la grosseur peu commune de leurs grains. Notre honorable confrère a joint à cet envoi une liste de diverses espèces de végétaux qu'il offre en échange ou qu'il tient à la disposition des membres de la Société qui désireraient s'en procurer. Cette liste renferme, entre autres, 50 variétés de Fraisiers, 20 de Groseilliers, 7 de Framboisiers, et 10 de Vignes des meilleures espèces. Des remercîments seront adressés à M. Graindorge.

— M. Guérin-Méneville offre à la Société, au nom de M. Lucas et au sien, des cocons vivants du *Bombyx Prometheus*, provenant d'une éducation faite à Paris, sous leur direction, par M. Vallée.

M. Guérin-Méneville offre ensuite pour les collections de la Société des cadres renfermant les Papillons et les cocons des *Bombyx Arrindia*, *Cynthia* et *Prometheus*. Les remercîments de la Société seront transmis à M. Lucas et à M. Guérin-Méneville.

— Sur la proposition de M. F. Jacquemart, qui fait remarquer la nécessité de ne pas laisser interrompue la mission dont M. Richard (du Cantal) avait bien voulu se charger pour la surveillance des animaux appartenant à la Société, le Conseil, par un vote unanime, décide que M. Albert Geoffroy-Saint-Hilaire sera chargé de remplacer pendant son absence notre honorable vice-président.

Le Secrétaire du Conseil,

GUÉRIN-MÉNEVILLE.

III. FAITS DIVERS ET EXTRAITS DE CORRESPONDANCE.

La Société reprendra ses séances générales le vendredi 10 décembre prochain, à trois heures.

— Le Conseil d'administration, dans sa séance du 22 octobre, a été informé par M. Hébert, agent général de la Société, que M. le général Gastu, commandant la division de Constantine, membre de la Société, a bien voulu lui offrir, pour son Jardin zoologique d'acclimatation du bois de Boulogne, deux Autruches adultes, élevées en domesticité dans les jardins du palais à Constantine, et parfaitement privées, qui seront expédiées à la Société au printemps prochain.

— M. Hébert a, de plus, fait don à la Société de 6 Gangas et de 18 Perdrix Gambras vivantes qu'il a rapportées de son dernier voyage en Algérie. Ces oiseaux ont été immédiatement confiés, sur l'avis de la seconde Section, à ceux des membres de la Société qui avaient témoigné le désir d'en tenter l'acclimatation.

— Nos lecteurs se rappellent que M. le duc de Montebello, notre ambassadeur à Saint-Pétersbourg, membre de la Société, avait bien voulu se charger de demander pour elle au gouvernement russe une collection de graines précieuses, et en très grand nombre, provenant du jardin de la mission russe à Péking, d'où elles ont été rapportées par M. Constantin Skatschkoff. M. le baron de Meyendorff a mis le plus bienveillant empressement à satisfaire au désir exprimé par M. le duc de Montebello, et M. Stanislas Julien a fait connaître à M. le président que M. Skatschkoff vient de lui annoncer le prochain envoi de ces graines, étiquetées et emballées sous ses yeux avec le plus grand soin.

— M. le secrétaire général vient de recevoir de M. de Montigny, consul général de France à Chang-hai et Ning-po (Chine), une lettre datée du 20 septembre, par laquelle notre honorable et zélé collègue, à qui la Société doit déjà tant de dons précieux, lui annonce l'envoi de douze variétés de graines de la Chine dont il donne la liste. M. de Montigny transmet en même temps une lettre du révérend docteur Macgowan, missionnaire protestant américain à Ning-po, membre de la Société, qui nous envoie des graines d'*Abies Kœmpferi* (*Golden Pine*), récoltées par lui sur la demande de la Société d'horticulture et d'agriculture de l'Inde, et dont il pense que l'acclimatation sera facile dans le midi de l'Europe, ou tout au moins en Algérie.

— Les membres de la Société n'ont pas oublié les essais d'introduction des Vers à soie querciens de la Chine, dont le Bulletin les a entretenus à diverses reprises. Ils apprendront sans doute avec tout l'intérêt qui s'attache à cette importante question, que Monseigneur Perny, dont le nom rappelle le principal envoi fait à la Société de ces Vers à soie sauvages, et qui n'a cessé de prendre une part active aux travaux de la commission de sériciculture pendant son séjour à Paris, a bien voulu se charger de faire venir de la Chine un grand nombre de cocons vivants. Sur le rapport de la commission, la Société vient d'expédier à M. Rousseille, vice-procureur des missions étrangères à Hong-kong, des appareils de deux espèces, d'une construction particulière, destinés à un double envoi de ces cocons. La disposition de ces appareils, confectionnés sur les données et par les soins de MM. Frédéric Jacquemart et Réveil, membres de la commission, permet d'espérer qu'ils nous parviendront en parfait état de conservation, et que par cette double expérience la Société réussira à se procurer cette précieuse espèce.

— M. le docteur Sacc, délégué de la Société à Wesserling (Haut-Rhin), a fait parvenir à la Société une certaine quantité de filés très remarquables obtenus par nos habiles confrères MM. Ch. de Jongh et Henri Schlumberger, avec les cocons du Ver à soie du ricin, provenant des éducations faites à la Pépinière d'Alger par M. Hardy, et au Muséum par M. Vallée. La qualité, ainsi que le brillant de ces fils qui ont fait l'objet d'une communication très intéressante à l'Académie des sciences, a été reconnue au moins égale à celle des fils de bourre de soie ordinaire connus sous le nom de *galette*; et l'on peut être assuré dès à présent qu'ils trouveront un emploi très avantageux dans l'industrie qui fait de cette matière une consommation considérable. Le rapport préparé pour la Société par sa commission de sériciculture, d'après les documents transmis par M. Sacc sur les heureux résultats des travaux de MM. de Jong et Schlumberger, fera connaître la valeur réelle des cocons du *Bombyx Cynthia* et les avantages que peut offrir à l'agriculture l'éducation industrielle de ce nouveau Ver à soie.

— La lettre suivante a été adressée à M. Drouyn de Lhuys, vice-président de la Société, par S. Exc. M. Pahud, gouverneur général des Indes néerlandaises :

« Batavia, le 20 août 1858.

» Monsieur,

» J'ai pris connaissance avec le plus vif intérêt du *Bulletin de la Société impé-*
» *riale d'Acclimatation*, que M. Édouard Jacobsen (de Rotterdam) m'a fait parvenir
» dernièrement. Cette vaste entreprise, dont l'utilité est si généralement recon-
» nue, mérite, à juste titre, la sympathie de tout homme éclairé, et le succès re-
» marquable obtenu en peu d'années est un garant de sa constante prospérité.

» Désirant m'associer à une œuvre aussi utile, en devenant membre de la So-
» ciété sus-mentionnée, je prends la liberté de m'adresser directement à vous,
» Monsieur le vice-président, en vous priant de m'accorder votre coopération
» bienveillante à cet effet, et de me faire connaître en quoi je pourrais être utile
» à la Société.

» Je saisis avec empressement cette occasion pour vous prier, Monsieur, d'a-
» gréer l'assurance de ma haute considération.

» PAHUD,
» Gouverneur général des Indes néerlandaises. »

Le Secrétaire du Conseil,
GUÉRIN-MÉNEVILLE.

OUVRAGES OFFERTS A LA SOCIÉTÉ.

Séance du 30 juillet 1858.

COMPTE RENDU de l'assemblée générale du 18 avril 1858 de la Société zoologique d'acclimatation pour la région des Alpes.

MÉMOIRES DE LA SOCIÉTÉ D'AGRICULTURE, COMMERCE, SCIENCES ET ARTS du département de la Marne (année 1858).

TRAVAUX DE LA SOCIÉTÉ D'AGRICULTURE, DES BELLES-LETTRES, SCIENCES ET ARTS de Rochefort. (Année 1856-1857.)

TRAVAUX DE LA SOCIÉTÉ NANTAISE D'HORTICULTURE, de 1852 à 1855.

ANNALES DE LA SOCIÉTÉ D'AGRICULTURE, ARTS ET COMMERCE du département de la Charente (novembre et décembre 1857).

MÉMOIRES DE LA SOCIÉTÉ IMPÉRIALE ÉCONOMIQUE de Saint-Pétersbourg (années 1857 et 1858, 6 livraisons).

THE ATLANTIS : A Register of Literature and Science (N° 2, juillet 1858).

REVUE THÉRAPEUTIQUE DU MIDI (N° du 15 juin 1858).

NOUVELLES CONSIDÉRATIONS sur la nécessité d'augmenter la production de la soie en France, etc., par M. Émile Nourrigat. Offert par l'auteur.

DE LA MUSCARDINE, et des moyens d'en prévenir les ravages dans les magnaneries, par M. le docteur Montagne (de l'Institut).

NOTE SUR LE SOUFRAGE appliqué aux Vers à soie atteints de gattine et de muscardine, par M. le docteur N. Joly (de Toulouse).

ÉTUDES ENTOMOLOGIQUES, par M. V. de Motschulsky (6ᵉ année, 1857).

ATTI DELLA SOCIETA D'INCORAGGIAMENTO D'ARTI E MESTIERI, relazione della commissione per gli studii sulla malattia dei Bachi (Milan, 1858).

L'ALGÉRIE à l'Exposition universelle de 1855. Offert par M. Bouvy.

HISTOIRE NATURELLE AGRICOLE DU MOUTON, par M. F. Pouchet.

LE POULAILLER, monographie des Poules indigènes et exotiques, par M. Ch. Jacque (1 vol. gr. in-8, 1858). Offert par l'auteur.

MONOGRAPHIE DE LA CANNE A SUCRE DE LA CHINE, DITE SORGHO A SUCRE, par M. le docteur A. Sicard (2ᵉ édition, 1858). Offert par l'auteur.

MÉMORIA SOBRE LA DESCRIPCION, CULTIVO Y APROVECHIAMENTO DE LAS PLANTAS SACARINAS, par don J. Pellon y Rodriguez (Madrid, 1858).

L'ART DES JARDINS, par M. le comte de Choulot (1858).

MALADIE DE LA VIGNE, par M. V. Chatel (Angers, 5 juillet 1858).

DES HABITATIONS RURALES, par M. le docteur L. A. Gosse (Genève, 1858).

PROJET DE SOCIÉTÉ D'ÉDUCATION NATURELLE PAR LA CRÈCHE CHRÉTIENNE, par M. Lamarche (1854).

Séance du 20 août.

ACTES DE LA SOCIÉTÉ LINNÉENNE DE BORDEAUX (3ᵉ série, t. I, 1858).

RESSOURCES EN CHEVAUX que la colonie d'Afrique offre à la consommation de l'armée, par M. P.-E. Géraud (1855).

SUR L'HÉMION, LE DAUW ET L'ANE, par M. le baron de Dumast (1858).

DES CHÈVRES D'ANGORA, par le même.

LES COLINS, par M. Pierre Pichot (1858).

LA CULTURE DE LA MER APPLIQUÉE AUX BAIES DU LITTORAL DE LA FRANCE, par M. F.-M.-A. Chauvin (1858).

HORTUS DONATENSIS. Catalogue des plantes cultivées dans les serres de S. Exc. le prince A. de Demidoff, à San-Donato, près Florence, par M. J.-E. Planchon (1 vol. in-4° avec atlas, Paris, 1854-1858).

SOUVENIRS DE MES CHASSES ET PÊCHES DANS LE MIDI DE LA FRANCE, par M. le vicomte L. de Dax (1 vol. in-12, Paris, 1858).

TERENTIUS, traduit en vers français par M. le major Taunay (2 vol. in-12, Paris, 1859).

ANNUAIRE DES INVENTEURS ET DES FABRICANTS, par M. Gardinal (1858).

Séance du 22 octobre.

MÉMOIRES DE LA SOCIÉTÉ D'AGRICULTURE, DES SCIENCES, ARTS ET BELLES-LETTRES du département de l'Aube (N°° 45 et 46, 1858).

TRAVAUX de l'Académie impériale de Reims (XXV° et XXVI° volume, année 1856-1857).

ANNALES DE LA SOCIÉTÉ D'ÉMULATION des Vosges (t. IX, 3° cahier, 1857).

TRAVAUX de la Société d'agriculture d'Autun pendant l'année 1857.

MÉMOIRES DE LA SOCIÉTÉ DES SCIENCES DE CHERBOURG (années 1853 à 1857, 5 volumes).

ARMY METEOROLOGICAL REGISTER, pour douze années, de 1853 à 1854 (Washington, 1855).

REPORTS UPON THE PURCHASE, IMPORTATION AND USE OF CAMELS AND DROMEDARIES to be employed for Military Purposes (1855, 56-57-Washington). Ces deux derniers ouvrages ont été offerts par M. Jules Poinsard.

TRANSACTIONS OF THE NEW-YORK STATE AGRICULTURAL SOCIETY (XVI° vol., 1856, Albany, 1856).

PREMIUMS AND REGULATIONS FOR THE NINTH ANNUAL FAIR OF THE OHIO STATE BOARD OF AGRICULTURE to be held in the City of Sandusky (Columbus, 1858). Ces deux derniers ouvrages ont été offerts par l'entremise de M. Vattemare, conformément au système d'échange international.

NOTICE POMOLOGIQUE, par M. J. de Liron d'Airoles (tomes I et II, livraisons de 1 à 13).

RAPPORT SUR L'ÉTAT SANITAIRE DU CAMP DE CHALONS, sur le service de santé de la garde impériale, etc., par M. le docteur baron Larrey.

LES RIVES DE LA VIENNE, légendes du Poitou, par M. le comte R. de Croy (Paris, 1857).

MÉMOIRE SUR LA COMBUSTION DE LA FUMÉE ET DES GAZ COMBUSTIBLES, par M. Petitpierre-Pellion (1858).

I. TRAVAUX DES MEMBRES DE LA SOCIÉTÉ.

EXAMEN
DES DIVERSES OPINIONS ÉMISES ET SURTOUT DES EXPÉRIENCES
FAITES
SUR L'HISTOIRE NATURELLE,
L'ACCLIMATATION ET L'UTILITÉ DES CHÈVRES D'ANGORA

Par M. le docteur SACC,
Délégué de la Société à Wesserling (Haut-Rhin).

(Séance du Conseil du 6 octobre 1858.)

I. — *Histoire naturelle.*

Un membre de la Société d'Acclimatation a publié (p. 563 du *Bulletin* de 1856) que la Chèvre d'Angora dérive du magnifique Bouquetin de Falconer, qui habite les hautes montagnes du Thibet. Cette hypothèse, que rend très probable la ressemblance de ces deux espèces de Chèvres, est appuyée aussi par la diffusion de la Chèvre d'Angora tout autour des montagnes du Thibet, et même au delà des plaines centrales de l'Asie, depuis l'Arménie jusque dans la Tartarie chinoise, où sa laine est manufacturée ou exportée en nature par le port de Chang-haï. D'autre part, M. Ramon de la Sagra rapporte (p. 23 du *Bulletin* de 1854) avoir vu, à l'exposition de Londres, de la laine angora provenant du pays des Kalmouks du Don, situé entre la mer Noire et la mer Caspienne, au nord du Caucase. Cette espèce est donc répandue sur toute la surface de l'Asie, d'où elle n'est arrivée en Asie Mineure que du xie au xiie siècle, avec les Turcs, suivant M. Pierre Tchihatcheff (p. 411 du *Bulletin* de 1855).

La Chèvre d'Angora était totalement inconnue aux anciens. Belon est le premier naturaliste qui, au xvie siècle, fasse mention de la Chèvre à laine, dont la toison, fine comme la soie et blanche comme la neige, sert à fabriquer le camelot.

M. P. de Tchihatcheff, bien compétent en pareille matière, regarde la Chèvre d'Angora comme une espèce absolument distincte de la Chèvre commune, dont elle diffère essentiellement par ses cornes contournées en spirale, verticale chez le Bouc et horizontale chez la Chèvre. La longueur, de la pointe du museau à celle de la queue, est de 1^m,33; la hauteur au garrot, de 0^m,68 pour les Boucs; la longueur est de 0^m,75 pour les Chèvres sur une hauteur de 0^m,60. Les mamelles sont hémisphériques. Le poil laineux est très long, puisqu'il mesure jusqu'à 0^m,75; il est en tire-bouchons, fin, blanc et brillant comme de la soie; il recouvre le poil proprement dit, qui, blanc aussi, mais rude et court, est couché sur la peau. La laine se détache spontanément au commencement de l'été, ce qui la rapproche de celle des Chèvres du Thibet, et l'éloigne, au contraire, de celle des Moutons, dont la croissance est continue. La voix, toute différente de celle des Chèvres communes, ressemble un peu à celle des Moutons; le lait est plus gras; l'odeur du Bouc, moins forte et moins désagréable. Enfin la Chèvre d'Angora prend la graisse au moins aussi facilement que le Mouton. Un dernier caractère tiré des croisements va prouver jusqu'à l'évidence qu'il n'y a pas de rapports entre la Chèvre d'Angora et la Chèvre commune. M. de la Tour d'Aigues, qui a mieux et plus longtemps que personne examiné cette précieuse espèce, affirme qu'après la *sixième* génération, le poil des métis obtenus en croisant un Bouc angora avec des Chèvres communes reste poil, quoiqu'il se soit allongé, et ne peut être filé. On a opposé à ce fait la prétendue expérience des Asiatiques qui régénèrent leurs Chèvres à laine en les croisant avec des Chèvres communes et noires d'Angora; mais ces Chèvres, pour être communes en Asie, n'en sont pas moins de la même espèce que celles d'Angora, dont elles ne diffèrent que par la couleur et par la taille. De là vient que dès la troisième génération les produits issus de cette union sont pur sang. Cette expérience prouve de la façon la plus nette l'identité de ces deux espèces prétendues différentes, surtout à présent qu'il est bien établi que, malgré leur proche parenté, il est *impossible* de transformer par croisement le Mouton commun en Mouton mérinos. En effet, M. Lœhner soutient, dans son remarquable *Anleitung zur Schafzucht*, que même après neuf générations successives, le type commun reparaît aussitôt qu'on cesse d'employer des Béliers mérinos pur sang. L'opinion de M. Lœhner, bien puissante déjà par elle-même, devient irréfragable lorsqu'on songe que son excellent livre, publié par l'ordre et aux frais de la Société d'agriculture de Bohème, est l'expression de l'avis unanime des plus grands éleveurs de Moutons à laine fine de ce pays.

L'identité des deux Chèvres blanches et noires d'Angora est établie d'ailleurs par une observation aussi habile que consciencieuse. Notre savant confrère M. Bourlier, qui a observé les Angoras dans leur patrie, dit qu'on rencontre partout, en Asie Mineure, la Chèvre kurde à longs poils noirs, et qu'elle ressemble beaucoup à l'Angora blanche, dont elle ne diffère que par la couleur, la taille de 1/5e environ plus forte, et la toison plus grossière, plus longue et plus lourde, puisqu'elle mesure 0^m,02 de plus et qu'elle pèse de 4 à 5 kilogrammes.

Il n'y a donc pas utilité de créer des troupeaux d'Angoras par le métissage avec des Chèvres communes, il faut se borner à conserver cette espèce bien pure, et s'attacher à la perfectionner par elle-même, comme on l'a fait pour les mérinos si justement célèbres de Rambouillet.

II. — *Éducation et produits à Angora.*

Tournefort, et beaucoup de savants après lui, dépeignent Angora et ses environs comme un pays aride et sec, à été très chaud, à hiver très froid, et avec une atmosphère toujours excessivement sèche. L'hiver ne dure que trois ou quatre mois, durant lesquels le froid est assez vif pour descendre de 20 degrés au-dessous de glace ; ce n'est que lorsque le thermomètre descend à 10 degrés centigrades, qu'on rentre les Chèvres dans de mauvaises bergeries ; elles passent tout le reste de l'année dehors, au pâturage, qui est très sec, parce qu'il ne tombe pendant tout l'été ni pluie ni rosée. Les vents y sont aussi communs que violents, et causent de fréquentes maladies de poitrine aux frêles Angoras, qui y sont constamment exposées parce qu'elles se tiennent toujours sur les collines pelées, en évitant avec le plus grand soin les plaines, les vallées, ainsi que le voisinage des forêts.

On emploie un seul Bouc pour cent Chèvres.

Tous les auteurs s'accordent à représenter cette espèce comme très délicate ; mais il y a loin de là à affirmer, comme l'a fait M. Aubé, qu'elle ne peut subsister par elle-même ; depuis quatre ans que nous l'avons en France, on a vu partout les descendants plus vigoureux que leurs parents. Il en est de même des Moutons mérinos, auxquels on faisait les mêmes reproches à l'origine du troupeau de Rambouillet.

Ces mêmes voyageurs soutiennent encore que les Chèvres à laine qu'on élève à Angora dégénèrent dès qu'on les en éloigne ; l'expérience directe a prouvé que cette dégénérescence apparente est un effet de l'âge, et non pas du changement de lieu ou de régime. Admirablement fine chez les bêtes d'un an, puisqu'on la paye 11 francs le kilogramme, la laine l'est déjà moins la seconde, se maintient assez belle jusqu'à la troisième, déchoit rapidement à partir de la quatrième année, où elle ne vaut plus que 6 francs le kilogramme ; perd peu à peu totalement sa finesse et s'allonge, à six ans, en longues boucles ondoyantes : elle est alors absolument mauvaise. Aussi est-ce à cet âge qu'on abat les Chèvres, qui ne vivent d'ailleurs pas au delà de neuf à dix ans.

La frisure de la laine est une preuve infaillible de sa finesse ; aussi ne la remarque-t-on chez les jeunes individus que lorsqu'ils sont de sang très pur ; en sorte qu'il faudra rejeter du troupeau, et avec le plus grand soin, comme n'étant pas de race pure, tous les Boucs dont la laine n'est pas nettement frisée.

M. P. de Tchihatcheff (p. 306 du *Bulletin* de 1855) évalue entre 4 à 500 000 têtes le chiffre total des troupeaux de Chèvres à laine du district d'Angora, et à 500 000 kilogram. celui de la laine qu'ils produisent annuellement : et alors 10 000 kilogrammes sont employés dans le pays à la confection d'étoffes fortes pour hommes, fines pour les femmes, de bas et de gants ; le reste, exporté tel quel, va tout entier en Angleterre.

Cette évaluation du produit des troupeaux est au-dessous de
la vérité ; celle de M. le baron Rousseau, qui est double, est
conforme au chiffre de l'importation en Angleterre. La différence vient sans doute de l'estimation du poids des toisons
que M. de Tchihatcheff fixe à 1 kilogramme, tandis que Tournefort déjà l'envisage comme double, chiffre que les expériences
faites en France ont prouvé être seul vrai. Du reste, M. le baron Rousseau (*Bulletin* de 1854, p. 356) dit que le poids des
toisons varie de 1250 à 2500 grammes.

La tonte se fait en avril, et le poil est emballé tel quel ; Angora seule en fournit près d'un million de kilogrammes à
5 francs l'un, pris en place.

La chair des Angoras est fort estimée, et vaut infiniment
mieux que celle des Chèvres communes. Les Chèvres pèsent
de 15 à 20 kilogrammes, et donnent si peu de lait, qu'en général on ne les trait pas.

Ces animaux sont mal soignés ; il en meurt beaucoup en
hiver, où on leur donne cependant un peu d'orge quand il
tombe de la neige. En été, les Angoras reçoivent un peu
de sel.

Ces Chèvres portent cinq mois et ne font que rarement deux
petits.

A Angora même, les Chèvres valent 40 francs, et les
Boucs 60.

III. — *Importation, éducation et produits en Europe.*

Dès le moment où les publications de Belon, et surtout
celles de Tournefort, eurent fait connaître à l'Europe l'existence des précieuses Chèvres d'Angora, on chercha à les y importer à plusieurs reprises. La première tentative vint du
gouvernement espagnol, qui importa en 1765 un troupeau
d'Angoras, qui paraît avoir disparu ; ensuite vint celle du
président de la Tour d'Aigues qui introduisit en 1787 quelques
centaines de Chèvres dans les Basses-Alpes, sur la chaîne du
Léberon, où elles prospérèrent admirablement, sous la conduite de leurs gardiens turcs venus avec elles, afin d'enseigner

aux Français l'art d'en filer et d'en tisser la laine. La tonte s'effectuait à la fin de mars, et l'on avait soin d'éviter alors toutes chances de refroidissement aux Chèvres, en les tenant à la bergerie, jusqu'à ce que leur laine commençât à repousser ; tout refroidissement étant mortel pour elles.

Leur chair était préférée à celle des Moutons et leur lait aussi abondant que celui des Chèvres communes ; on les payait grasses, et pour la boucherie, 35 livres l'une. Leur peau était mégie en laine et servait à faire de superbes manchons fort à la mode à cette époque.

Les toisons n'étant pas partout de la même finesse, on les assortissait avant de les filer, et l'on obtenait, en moyenne, trois livres de *fil* par tête.

C'est aussi vers la fin du siècle passé que l'infortuné Louis XVI importa les Angoras à Rambouillet ; que le marquis de Ginore les introduisit en Toscane, et Jonas Atstsœmer en Suède. Nous ne savons rien sur la destinée de ces trois troupeaux ; mais tout donne à croire que celui d'Atstsœmer n'a pas supporté le climat de la Suède.

Le roi d'Espagne Ferdinand VII ayant acheté en 1830 cent Chèvres d'Angora, il les établit d'abord au parc d'El Retiro, où elles multiplièrent si rapidement, qu'il fallut bientôt les transporter sur les montagnes de l'Escurial, où leur troupeau existait en 1849 ; il était, après deux générations entières, de deux cents bêtes dont la laine, à ce qu'assure M. Graells (*Bulletin* de 1856, p. 407), est aussi fine, aussi abondante et aussi longue que celle des individus de récente importation.

En 1849, M. le docteur J.-B. Davis fit venir pour ses terres de la Caroline méridionale, six Chèvres et deux Boucs Angora, qui y ont tellement prospéré, qu'en 1855 son troupeau comptait cinquante individus de race pure.

Enfin, le 24 mars 1854, la Société impériale d'Acclimatation décida qu'un nouvel essai devait être fait pour doter la France des Chèvres d'Angora, et, le 7 décembre de la même année, elle recevait en don de S. Exc. le Maréchal Vaillant, un superbe troupeau de seize têtes dont l'émir Abd-el-Kader lui avait fait hommage. Plus tard, la Société ayant acheté encore soixante-seize Chèvres dont six noires, elle put en faire de nombreuses distributions, sur divers points de l'empire, où elles réussirent parfaitement; toutes les Chèvres ont régulièrement mis bas un petit, rarement deux, chaque année, et fort peu d'entre elles ont succombé à l'inflammation d'entrailles, seule maladie grave qui les ait atteintes jusqu'ici.

Dans le Jura, M. Jobez, qui avait reçu un Bouc et quatre Chèvres, a vu, l'année suivante, son troupeau augmenté de quatre têtes, par la naissance d'un petit Bouc et de trois Chevrettes; elles n'y ont *jamais* été malades.

Dans le département de la Drôme, M. Alvier affirme que la laine des Angoras nées en France est plus fine que celle de leurs parents, et qu'elles y sont d'un produit plus avantageux que les Moutons.

Notre zélé et savant confrère M. Hardy assure qu'en Algérie les Angoras se portent très bien, qu'elles y sont vives, gaies et très grasses. Le troupeau pâture pendant le jour, et passe la nuit à la bergerie. Ces Chèvres sont plus robustes et moins difficiles pour la nourriture que les communes. La toison des Boucs pèse 1200 grammes, celle des Chèvres de 600 à 800 grammes, et celle des jeunes d'un an de 250 à 320 grammes.

Le troupeau, composé en 1855 de onze Chèvres et un Bouc, a produit en 1856 cinq Boucs et trois Chevrettes; trois Chèvres sont restées stériles. En 1857, M. Bernis nous informe (*Bulletin* de 1858, p. 165) qu'il est né sept Boucs et six Chèvres; en 1858, enfin, six Boucs et dix Chèvres : en sorte que ce joli troupeau compte en ce moment quarante-sept têtes dont dix-huit Boucs et vingt-neuf Chèvres. Il n'y a eu encore qu'un seul décès, celui d'une vieille Chèvre atteinte de marasme.

Le climat a apporté à l'époque du rut un singulier change-ment que nous avons observé aussi, dans les Vosges : en 1855, il a eu lieu en novembre, tandis qu'en 1856, il a commencé en septembre et s'y est maintenu dès lors.

Aucune dégénérescence n'a été observée de la qualité de la laine, sauf celle qu'amène l'âge.

En Alsace, nous avons été moins heureux que partout ail-leurs, à cause de l'humidité du sol et de l'air; nous y avons perdu deux Chèvres adultes et six Chevreaux, sous l'influence de cette terrible inflammation d'entrailles qui les emporte en quelques heures.

La Société d'Acclimatation avait envoyé, en mai 1855, à Wesserling, trois Boucs et six Chèvres, dont trois seulement ont mis bas, le même mois, un Bouc et deux Chevrettes.

La laine a commencé à se détacher le 15 juin, ce qui a forcé de la couper ; les Chèvres ont fourni, en moyenne, un peu plus de 2 kilogrammes par tête ; elle repoussait déjà le 25 juin, et mesurait 0^m,06 le 14 juillet.

Le lait est peu abondant, mais très gras ; les Chèvres en ont fourni 1/4 de litre par jour, pendant six à huit mois, suivant la force des sujets.

La nourriture a consisté en foin que les Chèvres préfèrent au vert ; elles mangent volontiers la paille et même les branches de sapin les plus sèches, telles que celles qui ont servi à garantir les espaliers contre les rigueurs de l'hiver. Une fois par jour, elles recevaient chacune 250 grammes de son délayé avec fort peu d'eau et une pincée de sel, et, de plus, quelques poignées d'avoine à l'époque de la monte et pendant toute la durée de l'allaitement. Elles boivent beaucoup, souvent, et exigent de l'eau très limpide ; on doit la faire tiédir en hiver, parce qu'elles la refusent lorsqu'elle est très froide.

Les Chèvres d'Angora ne redoutent pas plus l'excessive chaleur que les froids les plus vifs ; sauf immédiatement après la tonte, moment où le moindre refroidissement peut les tuer, et cause, dans tous les cas, l'avortement des portières. Ce que ces bêtes craignent par-dessus tout, c'est l'humidité, tant dans le fourrage que dans les bergeries et dans l'atmosphère ; elles prennent sous son influence la pourriture, ou cachexie aqueuse si bien décrite par madame la princesse de Belgiojoso (p. 89 du *Bulletin* de 1858). Cette maladie lui a enlevé plusieurs Chèvres de son troupeau en Anatolie même.

En 1856, la toison d'une Chèvre de trois ans pesait 3625 gr. ; celle d'une autre, de sept ans, seulement 1140 grammes, et celle d'un Bouc de cinq ans, 4 kilogrammes.

Le poids des Boucs variait de 50 à 75 kilogrammes ; celui

des Chèvres, de 27 à 36 kilogrammes ; l'une d'elles, vieille et grasse, pesait 60 kilogrammes.

La croissance des jeunes est si rapide, qu'à sept mois un Chevreau pesait déjà 20 kilogrammes et une Chevrette 15 ; la toison du premier pesait 860 grammes, et celle de la seconde 750. Cette dernière, qui fait actuellement partie du troupeau de S. M. le roi de Wurtemberg, est un admirable type de finesse et d'intensité de frisure.

La constitution de ces animaux est lymphatique, molle ; leur naturel doux et confiant. Le rut commence à la fin d'octobre, et les petits naissent en avril. La mise bas est facile, parce que les Chevreaux sont très petits ; mais ils se développent, en échange, avec une extraordinaire rapidité.

Depuis le moment où nos Chèvres tenues constamment à la bergerie n'ont plus reçu de fourrage vert, elles y ont admirablement prospéré, et n'ont plus connu d'autres incommodités que celle d'être couvertes de gros poux blancs, que nous avons fait disparaître, après la tonte, par des applications d'huile de colza, suivies, trois heures après, de lavages à l'eau de savon vert, et enfin à l'eau tiède.

Les toisons de notre troupeau, ainsi que celles de tous les autres actuellement existants en France, ont été soumises à l'examen de MM. Deneux et Lelièvre, commissionnaires pour les laines d'Angora, à Amiens, qui ont déclaré que la laine angora indigène ne différait en rien de celle d'Asie, et que celle des Chèvres nées en Europe est la plus belle et la plus fine qu'ils aient jamais vue ; en sorte qu'on peut être assuré que *la laine des Chèvres d'Angora s'est déjà améliorée en France.*

IV. — *Emploi de la laine, de la chair et de la peau des Angoras.*

Pendant de longues années, les laines d'Angora filées et tissées sur place ne s'exportaient que sous forme de camelot, dont cette ville vendait encore, en 1844, environ 35 000 pièces à l'Europe.

A la fin du siècle passé, Angora exportait déjà ses filés, qui servaient à la confection des velours d'Utrecht ; puis, à mesure que les Anglais apprirent à filer mécaniquement ce précieux lainage, les Asiatiques le vendirent en nature, en sorte qu'en ce moment ils n'en filent presque plus. L'exportation annuelle des laines brutes d'Angora atteint un million de kilog., valant 5 millions de francs, avec lesquels on produit seulement 500 000 kilogrammes de filés, parce qu'à la filature il y a 50 pour 100 de déchet ; mais ces filés représentent une valeur d'au moins 7 millions de francs, puisque les plus fins valent 21 francs le kilogr., tandis qu'on ne paye que 7 francs les plus grossiers. De ces 500 000 kilogr. de filés, il en faut la moitié pour Amiens, qui tisse avec eux 25 000 pièces de velours d'Utrecht ; le reste est employé à Roubaix, Elbeuf et ailleurs, à la confection des camelots et de diverses étoffes à la mode.

On a vu, dans un autre chapitre, que la chair des Angoras est excellente, que ces animaux se développent rapidement et qu'ils s'engraissent aussi facilement que les Moutons ; c'est là une bien précieuse indication pour les agriculteurs, qui en tireront sans doute bon parti. Au prix actuel de la terre, en France, la laine des Angoras ne suffit pas pour en payer l'alimentation, qui sera largement soldée avec bénéfice si à cette source de revenus on ajoute leur lait, leur fumier, leur viande et leur peau. En engraissant tous les Boucs inutiles, après les avoir coupés, toutes les Chèvres âgées de quatre ans, on produira une masse considérable de chair aussi bonne que saine qui se vendra sans peine, et produira un bénéfice d'autant plus net, que la peau avec sa laine paye en général l'animal qui la portait, puisqu'elle vaut, suivant sa grandeur, de 30 à 75 francs. C'est avec ces peaux en laine qu'on fabrique des tapis de pied aussi brillants qu'inusables, et dont le poil a l'inappréciable avantage sur la laine, de ne jamais se couper ni se feutrer.

V. — *Conclusion.*

Pour conserver à la France les 7 millions qu'elle paye chaque année à l'Angleterre pour les filés d'Angora nécessaires à son industrie, il faut d'abord qu'elle produise l'angora, et ensuite qu'elle la file.

Voyons d'abord quels sont les frais d'entretien des Chèvres d'Angora à l'étable :

Consommation.	730 kilogr. de foin, à 6 fr. les 100 kilogr.	43 fr.	80 c.
	4 — de sel à 20 fr. —	»	80
	200 — de paille à 5 fr. —	10	»
	Logement et berger.	5	40
	Total de la dépense.	60 fr.	» c.
Produit. . . .	2 kilogr. de laine à 6 fr. le kilogr. . .	12 fr.	»
	45 litres de lait à 15 cent. l'un.	6	75
	1200 kilogr. de fumier à 5 fr. les 100 kilogr.	60	»
	1 Chevreau.	5	»
	Total de la recette.	83 fr.	75 c.
	D'où soustrayant la dépense	60	»
	Il reste en bénéfice net.	23 fr.	75 c.

Si l'élève des Chèvres d'Angora est avantageuse à la bergerie, comme nous venons de le prouver, elle le sera bien plus encore dans les pays secs où l'on pourra les laisser paître en liberté, comme c'est le cas pour l'Espagne, l'Algérie, la Nouvelle-Hollande, le Brésil, mais surtout pour le Pérou et le Chili. Il est donc bien vrai que la Société impériale d'Acclimatation a rendu un immense service à l'agriculture française en lui donnant la Chèvre d'Angora, qui lui apporte, avec une nouvelle source de viande et de suif à bon marché, un lainage qui manque à ses manufactures, et dont l'usage va croissant sans cesse.

Jetons maintenant un coup d'œil sur le parti que l'industrie nationale a tiré de la laine angora. Depuis le commencement de ce siècle, trois tentatives ont été faites en France pour filer l'angora ; elles ont été malheureuses toutes les trois, parce qu'aussitôt que leurs produits ont paru sur le marché, les filateurs anglais, en baissant leurs prix de 20 et même 25 pour 100, ont rendu la lutte impossible. En ce moment, MM. Zeigler et Frei, de Guebwiller, osent essayer encore une fois d'acquérir cette belle industrie à la France : puissent-ils réussir ! puisse le Gouvernement les soutenir dans cette noble et périlleuse entreprise !

Quoi qu'il en soit de l'avenir de la filature des laines angora en France, il n'en est pas moins vrai que, pour le moment, il est impossible de faire filer les laines des troupeaux indigènes ailleurs qu'en Angleterre où il est aisé de les envoyer par l'obligeante entremise de MM. Deneux et Lelièvre à Amiens. On doit avoir soin de faire des balles de 50 kilogr. au moins, afin que les frais de transport s'amoindrissent en se répartissant sur un chiffre plus considérable. Malgré cet inconvénient, tout momentané, du reste, l'élève des Angoras n'en est pas moins encore plus lucrative que celle des Moutons, dont la laine n'atteint jamais un poids ni un prix si élevé ; surtout lorsque l'on considère qu'en abattant, en automne, les bêtes âgées de quatre ans, on en tire un profit d'environ 30 francs pour la viande et 30 francs au moins pour la peau ; soit 60 francs en tout, chiffre que n'atteint jamais un mouton à l'abattoir.

La consommation de la laine angora allant en s'étendant sans cesse, tandis que sa production n'augmente point, il est naturel que sa laine ait haussé, en dix ans, de 3 à 6 francs le kilogr. ; mais ce n'est pas assez encore, et il n'y a pas de doute, qu'avec des soins on n'affine assez la laine des Angoras pour l'amener à valoir 10 francs le kilogr., ou même 11 francs, comme celle de la Chevrette que possède actuellement S. M. le roi de Wurtemberg.

Pour atteindre sûrement et rapidement les deux buts que la Société impériale d'Acclimatation a eus en vue en important les Angoras, nous pensons qu'elle devrait :

1° Créer un troupeau de perfectionnement.

2° Primer chaque année les toisons les plus fines et les plus lourdes, ainsi que les Boucs et les Chèvres grasses du poids le plus élevé.

3° Primer les industriels qui fileront sur le continent, avec des toisons indigènes, le n° 50 anglais, valant 21 francs et mesurant 25,000 mètres.

4° Primer les mégissiers qui présenteraient les plus beaux tapis d'Angora en laine.

COMPTE RENDU

DE LA

NOTICE SUR L'AUTRUCHE DU SÉNÉGAL

ADRESSÉE A LA SOCIÉTÉ

PAR M. BERG,

Chirurgien de la marine impériale au Sénégal.

LETTRE ADRESSÉE A M. LE PRÉSIDENT
DE LA SOCIÉTÉ IMPÉRIALE ZOOLOGIQUE D'ACCLIMATATION

Par M. le docteur GOSSE,

Délégué de la Société à Genève.

———

(Séance du Conseil du 14 septembre 1858.)

———

Monsieur le Président,

J'ai lu avec un vif intérêt le Mémoire que M. A. Berg, chirurgien de 2ᵉ classe de la marine impériale, aide-major de l'escadron des spahis du Sénégal, vient d'adresser, en date du 1ᵉʳ mars 1858, et en réponse au Questionnaire sur l'Autruche, à la Société impériale d'Acclimatation, sous le titre modeste de *Note sur l'Autruche du Sénégal*, mémoire qui m'a paru contenir un grand nombre de détails pratiques et de faits bien étudiés, propres à compléter l'histoire de cet animal et à favoriser sa domestication.

L'auteur, joignant l'action à la parole, s'est empressé en outre d'expédier à M. le docteur Le Prestre, notre délégué à Caen, un couple de jeunes Autruches, afin d'entreprendre leur acclimatation en France, et des œufs d'Autruche du Sénégal à M. le professeur Duméril. Un pareil zèle mérite à juste titre la reconnaissance de la Société, et je ne mets pas en doute que vous ne lui en ayez déjà fait parvenir l'expression.

Tout en regrettant que son travail ne puisse être publié *in extenso*, je pense que les lecteurs de notre Bulletin ne seront pas fâchés de connaître quelques-uns des points de vue nouveaux ou controversés qu'il a signalés, et dont je me fais un devoir de vous donner des extraits.

M. Berg s'attache d'abord à prouver qu'il n'existe qu'une espèce d'Autruche dans toute l'Afrique, mais en même temps il montre qu'elle est essentiellement nomade, et que ses habitudes peuvent varier suivant les climats, les saisons et les localités où elle se trouve. Ainsi, quoiqu'il admette que l'incubation puisse avoir lieu de jour et de nuit au nord et au sud de ce continent, il ne croit pas qu'il en soit de même dans la partie centrale à laquelle appartient la Sénégambie. Ici la température atmosphérique est très élevée et assez égale dans la saison de la ponte, l'incubation n'a point lieu dans le jour, et tout au plus dans la nuit où règne beaucoup d'humidité. Il pense donc que le soleil, et surtout le vent du désert (vent de l'est ou plutôt du nord-est), sont pour beaucoup dans l'éclosion des œufs au Sénégal. Les conditions d'alimentation varient aussi nécessairement suivant les différentes latitudes, et cependant l'oiseau s'y prête avec la plus grande facilité.

Les Autruches vivent en troupeaux sur les deux rives du Sénégal, sans jamais s'approcher des bouches du fleuve à moins de vingt-cinq lieues environ. On les rencontre dans le contour des marigots, des lacs ou des flaques d'eau formées par les débordements du fleuve, mais rarement sur les bords de ce dernier.

Elles quittent à chaque changement de saison les lieux qu'elles habitent, dans le double but de pourvoir à leur nourriture et pour fuir les intempéries atmosphériques. Or, au Sénégal, la saison des pluies et des inondations, qui constitue ce qu'on appelle l'hivernage, dure du 15 juillet au 15 novembre, tandis qu'elle cesse plus tôt dans l'intérieur des terres, et que, par exemple, à Bakel, situé à deux cents lieues à l'est de Saint-Louis, l'hivernage finit en octobre et même plus tôt. Les Autruches ne paraissent jamais dans le bas Sénégal à l'époque de l'hivernage; car elles redoutent les variations brusques de température, les orages, les tornades avec leurs accidents météoriques, les temps lourds et électriques. Mais elles y arrivent en décembre, après les grandes pluies, ou les sui-

vant de près, et y restent jusqu'au mois de mars, intervalle
de quatre mois où il ne pleut jamais. Vers cette dernière
époque, le soleil et le vent brûlant du désert ayant desséché
les marécages formés par les inondations, et calciné, pour ainsi
dire, le sol argilo-sablonneux de la basse Sénégambie, les Autruches, privées de pâture, regagnent l'intérieur du continent,
où elles retrouvent des conditions atmosphériques et d'alimentation plus favorables. M. Berg a été à même de vérifier ce
fait. « Passant au mois d'avril, au milieu des plaines d'Oualo,
province récemment conquise, où le sol est une pâte argilo-
salifère gardant l'empreinte profonde des pas ou des pieds,
j'ai vu des traces d'Éléphants, de Sangliers, d'Antilopes, d'Autruches, etc. Je remarquai que les traces des autres animaux prenaient des directions différentes, tandis que de distance en distance, l'empreinte bien caractéristique des pieds
d'Autruche indiquait la marche vers l'intérieur. Les indigènes interrogés m'ont tous répondu que l'*herbe étant devenue
trop sèche, les Autruches avaient regagné les contrées qu'elles
avaient quittées quelques mois auparavant pour la même
raison.* »

La saison des amours commence au Sénégal au mois de
janvier, et se termine vers le mois d'avril ou la fin de
mars.

L'Autruche y est polygame, car le nombre des femelles domine constamment dans les troupeaux. Quand dans une
troupe de vingt Autruches environ, il y a plus de six mâles,
ceux de ces derniers qui sont de trop sont chassés par les
autres, absolument comme chez les Éléphants. Toutes les fois
donc qu'on rencontre une Autruche isolée, on peut être à peu
près sûr que c'est un mâle chassé du troupeau.

La ponte, à la connaissance de M. Berg, n'a lieu qu'une fois
l'année dans le bas Sénégal, mais il pense qu'elles pondent
une seconde fois après avoir émigré dans l'intérieur, où elles
retrouvent les mêmes conditions atmosphériques.

Les femelles ne commencent à pondre qu'à l'âge de quatre
ans. Les premières couvées sont moins nombreuses et moins
fécondes ; la quantité moyenne des œufs, dans les couvées sub-

séquentes, est de quinze à dix-huit; leur nombre ne dépasse pas trente, et même se réduit souvent à dix.

Les nids sont toujours placés sur des plateaux, jamais dans les bas-fonds ou dans les ravins; ils sont éloignés les uns des autres, à une grande distance des habitations, et cachés dans de hautes herbes sèches. « On a trouvé, au mois de janvier dernier, un nid d'Autruches à 2 kilomètres environ du village de Richard-Toll; il y avait douze œufs posés sur le sable, les uns à côté des autres, sur une de leurs faces, et non le petit bout en bas, perpendiculaire au sol, comme on l'a dit. On n'a jamais trouvé d'œufs enfouis dans le sable.... Les œufs que l'on rencontre aux environs du nid sont vraisemblablement des œufs clairs et stériles, et ils ne servent pas à la nourriture des petites Autruches qui viennent d'éclore, car du jour au lendemain elles sont en état de marcher et de chercher leur nourriture. Les plus petites que j'aie vues avaient 15 centimètres de hauteur : le noir qui me les apportait me dit qu'elles venaient d'éclore ; je les ai mises par terre, et elles n'ont pas été embarrassées pour chercher leur nourriture.

» Les Maures réussissent à produire l'éclosion artificielle des œufs, en les enfermant dans un sac au milieu des graines de coton, qui, en germant, établissent une chaleur favorable. » M. Berg a lui-même essayé l'incubation artificielle dans un four, mais sans succès, n'ayant aucune donnée sur la température convenable.

Il reconnaît que les œufs composent une bonne nourriture, et qu'ils se conservent frais pendant assez longtemps; mais il est moins bien disposé en faveur de la chair de l'animal, qui a un *goût sauvage*, et que les Maures administrent à leurs malades dans la convalescence. Les Autruches tuées à la chasse donnent en moyenne vingt litres de graisse par individu ; cette graisse est surtout employée comme médicament par les marabouts, concurremment avec le *falagé* (séné).

Quant aux plumes, le commerce en est presque nul au Sénégal, car la chasse de l'Autruche, qui y est pratiquée par les Maures à cheval et au fusil, ne l'est pas dans un but lucratif, mais seulement comme objet de distraction.]

M. Berg a observé que les plumes blanches n'y sont jamais pures, mais qu'on trouve toujours un petit point noir à l'extrémité. M. Le Marchilier, agent de la maison Chagot aîné, à Saint-Louis, et qui y réside depuis plus de quatre ans, a fait la même remarque. Les indigènes sont d'opinion que les plumes arrachées à l'oiseau vivant ont bien plus de valeur que celles qui proviennent d'Autruches tuées à la chasse. Ces dernières se détériorent toujours plus facilement et ont moins de souplesse. Pour arracher les plumes à une Autruche, il faut attendre qu'elle ait au moins quatre ans, et ne pratiquer cette opération qu'une fois par an, sans quoi elle serait très nuisible à l'oiseau.

« D'après ce qui précède on peut voir que les populations du Sénégal ne tirent pas un grand parti de l'Autruche. Je me suis informé si on ne l'avait pas employée comme monture ou bête de somme; on m'a raconté qu'un Maure était allé à la Mecque monté sur une Autruche, qu'il en était revenu, et que cet homme, connu depuis sous le nom de Boun-Ahmed (l'homme de l'Autruche), était mort l'année dernière dans le Cagor, tout près de Saint-Louis. Bien que ce fait m'ait été raconté par une personne très digne de foi (un officier indigène de spahis), rien n'est moins prouvé pour moi. »

Malgré cela, beaucoup de villages de noirs de la rive gauche du Sénégal, et la plupart des camps de Maures sur la rive droite, comptent parmi leurs hôtes indispensables au moins un couple d'Autruches. Ces oiseaux ne sont pas destinés à être un objet de commerce, on ne les tue jamais, ils font partie de la tribu ou du village. Les noirs, avec l'insouciance qui est le point dominant de leur caractère, n'ont jamais songé à les exploiter. Les Maures, à l'époque déjà éloignée où ils avaient le monopole de tout le commerce du fleuve, échangeaient quelquefois des plumes aux escales des traitants, mais ces plumes provenaient d'Autruches tuées à la chasse, et non des oiseaux domestiques. Ceux-ci sont généralement recueillis très jeunes, quelquefois ils sont nés sous la tente par les moyens artificiels indiqués plus haut. On leur donne pour nourriture du son de mil humecté d'eau, environ 500 grammes par jour; quand les petites Autruches ont six mois, on ne s'en occupe plus, elles vont elles-mêmes chercher leur nourriture dans les pâturages voisins : or les camps de Maures sont toujours dressés aux environs des cours d'eau ou des lacs. L'Autruche sait parfaitement se trouver près des tentes aux heures des repas, et quand elle s'absente chaque jour, c'est pour revenir invariablement le soir.

L'attachement de cet oiseau est particulier. Élevé dès le bas âge par la même personne, il obéit à sa voix, perd sa timidité naturelle et suit son maître comme un chien domestique. Quand une Autruche captive s'égare, elle regagne toujours l'habitation, ne cessant de marcher qu'elle ne la retrouve.

Quand arrive la saison des amours, les femelles domestiques abandonnent le camp et vont pondre au loin ; on n'a jamais vu des nids d'Autruche domestique dans les environs d'une habitation. Comme il n'y a qu'un seul mâle pour plusieurs femelles, celles-ci ne pondent pas toutes à la fois ; d'un autre côté, toutes ne sont pas fécondées, de sorte qu'il reste toujours quelques Autruches dans le camp. Quant à celles qui sont parties, elles ne reviennent généralement pas. Le mâle s'absente tous les jours à cette époque plus qu'à toute autre, mais il revient tous les soirs.

M. Berg ajoute des remarques intéressantes sur les maladies et les habitudes des Autruches. D'après ses observations, la plupart de leurs maladies auraient leur origine dans le système nerveux, qui s'exalte très facilement, ou bien seraient causées par des écarts de régime. Il cite des exemples de leur voracité, entre autres celui d'une Autruche adulte qui avala une énorme clef de magasin au fort de Richard-Toll. Elle mourut vingt jours après ; on en fit l'ouverture, et l'on trouva la clef dans les intestins : elle n'avait pas diminué de volume, mais était tordue sur elle-même. Si les mouvements de l'Autruche sont gênés par une cause quelconque, elle tremble et s'agite en tous sens ; et si un lien serre ses jambes, elle fait des soubresauts tels, que quelquefois une fracture peut se produire : c'est ainsi qu'il a vu perdre quelques Autruches qu'on avait attachées par les jambes pour être transportées d'un point à un autre. Malgré la facilité que l'on a de les nourrir, elles sont avant tout herbivores, et l'absence de pâturages leur est éminemment nuisible. C'est ce qui fait qu'elles ne peuvent vivre sur l'île entièrement sablonneuse de Saint-Louis. Un essai malheureux de ce genre, fait par M. Le Marchilier, est venu confirmer cette opinion. Il eut l'idée de tenir ses Autruches captives dans un enclos à Guetn'dar, village situé au bord de la mer, sur la langue de sable qu'on nomme *Pointe de Barbarie*. Il dépensait beaucoup pour leur nourriture (chaque Autruche lui coûtait 5 francs par jour en son de mil), les entourait de soins pour les préserver du vent d'ouest soufflant de la mer ; mais malgré tout, il en perdit un assez grand nombre, et se décida à les mettre en liberté dans une île du fleuve où elles trouvent des pâturages. L'eau saumâtre, surtout après un usage prolongé, leur est aussi préjudiciable.

Dans la saison chaude au Sénégal, elles se baignent fréquemment, mais ne savent pas nager.

Bien que cet oiseau ne soit pas d'une propreté extrême, puisqu'on le voit se reposer sur le sol, sans distinction de lieux choisis, on ne rencontre jamais sur lui ces insectes parasites, si communs chez les autres oiseaux. M. Berg ayant disséqué une Autruche et ayant recherché la présence de vers intestinaux, n'en aperçut aucun, quoique se servant d'un microscope.

M. Berg s'élève aussi contre l'assertion d'Adanson, admise plus tard par Cuvier et Milne Edwards, savoir, que les Autruches savent lancer avec une grande vigueur des pierres en arrière, pour se soustraire à la poursuite de leurs ennemis. Il a poursuivi à cheval des Autruches pendant son séjour à Podor, et il les a toujours vues fuir rapidement sans songer à se défendre ; mais ce qui l'a frappé surtout, et ce dont il a eu des preuves nombre de fois, c'est la peur qu'éprouve instinctivement le cheval à l'approche de l'Autruche. Toutes les fois qu'il a poursuivi une Autruche et qu'il est parvenu à la forcer, son cheval a fait un bond de côté et n'a pas voulu l'approcher.

L'auteur termine par les conseils suivants, dans le but de favoriser la domestication de l'Autruche en France :

1° Essayer d'abord l'acclimatation des adultes, en les faisant venir d'Algérie vers le commencement de mai, et, si elle réussit, entreprendre celle des jeunes sujets, bien préférables sous le rapport de la domestication.

2° Mettre les Autruches, en commençant, dans un vaste enclos, si elles sont grandes, et, si elles sont petites, se contenter de les tenir enfermées pendant quelques jours, puis leur rendre la liberté. Elles ne s'éloigneront jamais au delà d'un certain rayon, et dans tous les cas reviendront tous les soirs.

3° Les mettre à proximité des pâturages et de bassins d'eau peu profonds.

4° Donner aux petites 500 grammes de son par jour. Leur donner toujours de l'eau douce à boire.

5° Que le nombre des femelles surpasse au moins de quatre celui des mâles.

6° Apprivoiser l'Autruche par la douceur, autant que possible. Que la même personne distribue la nourriture aux petites, celles-ci s'y attacheront et obéiront à sa voix, et que cette nourriture soit donnée à des heures réglées, pour attacher l'animal à son habitation.

7° En hiver leur ménager une habitation, un réduit quelconque où le thermomètre marque au moins + 12° centigr.

En résumé, il croit que l'acclimatation de l'Autruche est possible en France, et cela sans qu'on ait besoin de prendre des précautions minutieuses.

Tels sont, monsieur le Président, quelques-uns des articles du Mémoire de M. Berg qui m'ont paru le mieux répondre au but que se propose notre Bulletin.

S'il m'était permis d'ajouter une réflexion aux conseils proposés par l'auteur, je dirais que, quoique l'expérience ait prouvé la possibilité de l'acclimatation de l'Autruche en Europe, même sous une température par moments inférieure à 0°, la réussite de la domestication me paraît devoir surtout dépendre des résultats que l'on obtiendra de l'incubation des œufs, soit naturelle, soit artificielle. Sous ce rapport, je désirerais que M. Berg pût entrer dans plus de détails sur l'incubation artificielle telle qu'elle se pratique chez les Maures.

NOTE SUR DIVERS MODES

DE

CULTURE DE L'IGNAME DE CHINE

EXPÉRIENCES DE 1858.

Par M. Henri de CALANJAN,

de Saint-Vallier-sur Rhône (Drôme).

———

(Séance du 10 décembre 1858.)

A la fin de l'année 1857, j'eus l'honneur d'adresser à la Société impériale d'Acclimatation le résultat de mes essais sur la culture de l'Igname de Chine, ainsi que sur celle des graines de Riz sec que j'avais reçues d'elles. Je m'empresse, cette année, de compléter ce travail par un rapport sur les résultats que j'ai obtenus en 1858.

Ce rapport est extrait du journal où sont consignées toutes mes expériences agricoles avec une parfaite exactitude.

J'ai persisté dans ma culture de l'Igname, parce que j'ai cru, dès le début de son importation, que ce tubercule était destiné à rendre de très grands services partout où il serait possible de le cultiver ; je le crois encore, et plus que jamais.

Malheureusement, et en France peut-être plus que partout ailleurs, on s'engoue très facilement des nouveautés ; mais il est rare qu'on ait la patience nécessaire d'attendre ; on ne veut point se donner la peine de recourir à une nouvelle épreuve.

Ce n'est point ainsi qu'on doit procéder en agriculture ; car ce ne peut être que par des essais comparatifs, et par conséquent très longs, qu'on parvient à asseoir un jugement certain, basé sur des faits positifs.

Il en est ainsi de la culture de l'Igname de Chine. Son acclimatation est aujourd'hui hors de toute contestation ; toutefois il reste à s'assurer s'il y a avantage à la propager et à la cultiver, surtout si l'on parvient à modifier sa forme. Tout porte à croire que les personnes qui s'occupent de cette amélioration réussiront dans leurs tentatives persévérantes.

Voici, monsieur le Président, le relevé de mes notes, que je transcris textuellement; elles seront suivies de mes observations prises à peu près jour par jour.

En 1857, la Société impériale d'Acclimatation eut l'obligeance de me confier 30 petits rhizomes et 80 bulbilles; sur ce nombre, je cédai à mes amis 3 rhizomes et 20 bulbilles.

Malgré cela, au mois de décembre, mon avoir se composait de 55 rhizomes arrachés, 40 rhizomes provenant de mes bulbilles, plus, de 2000 bulbilles récoltés.

Je consommai ou donnai, sur mon approvisionnement, 25 rhizomes et 500 bulbilles. Il me restait donc pour mes semis ou pour mes plantations 30 rhizomes et 1500 bulbilles, plus mes 60 rhizomes de bulbilles, que je laissai en terre pour y passer l'hiver, et que je ne voulus recouvrir d'aucun engrais préservatif contre la gelée.

C'est avec ce minime fonds de reproduction que j'ai continué ma culture d'expérimentation sur l'Igname. Les résultats de cette année dépassent toutes mes espérances, et je ne croyais pas être en 1858 dans la situation, avec le peu de semence que j'avais, de pouvoir, en 1859, ensemencer 26 à 28 ares de terrain.

Le 14 décembre 1857, je plantai 114 fragments de rhizomes dans un sol travaillé l'année précédente (1856) à un mètre de profondeur, qui avait été occupé pendant l'été par des plantations de Choux cœur-de-bœuf. Mes rhizomes furent divisés en tronçons de 4 à 7 centimètres de longueur, et plantés à 40 centimètres les uns des autres, les lignes étant espacées de 33 centim.; on les recouvrit de 6 centim. de terre au plus.

Cette plantation hâtive avait pour but de m'assurer si les tronçons de l'Igname résisteraient à l'action des froids et des gelées de l'hiver, et si leur végétation serait plus précoce au printemps que celle des tronçons que je devais planter plus tardivement.

Pour me convaincre de la rusticité de l'Igname, je n'employai aucun engrais, et le sol fut laissé à son état naturel.

Le 10 février, la température s'étant un peu réchauffée, je

sortis de la cave, où je les conservais, une partie des rhizomes qui me restaient ; je les trouvai parfaitement sains, mais je remarquai qu'ils avaient diminué de poids et de volume, et que l'épiderme était assez fortement gercé : un seul était en pourriture ; je n'ai pu me rendre compte des causes de cet accident.

Je divisai mes rhizomes en 154 tronçons de 4 à 5 centimètres chacun ; ils furent placés dans un sol qui avait eu précédemment des plants de Sorgho, et plantés à 50 centimètres les uns des autres, les lignes distancées de 33 à 35 centimètres ; je les couvris de 4 à 7 centimètres de terre.

Le 13 février, je déterrai mes collets de rhizomes qui avaient été conservés en pleine terre ; tous étaient intacts, ils me donnèrent 30 tronçons ayant 8 à 10 centimètres de longueur, qui furent plantés dans les mêmes conditions que mes tronçons de rhizomes.

Je semai également le même jour 800 bulbilles qui avaient passé l'hiver dans ma chambre et n'avaient éprouvé aucune altération. Mon semis occupait une surface de 40 mètres carrés. Les lignes étaient distancées de 33 centimètres, et les bulbilles placés à 12 et 15 centimètres les uns des autres.

Le 28 février, je semai encore 250 bulbilles dans les conditions des premiers semés ; je n'employai point d'engrais pour mes semis.

Enfin le 6 mars, j'employai mes derniers rhizomes, qui étaient au nombre de 5 : je les avais mis à part pour mes plantations du printemps ; je les trouvai tous avariés et ne parvins qu'à en extraire 17 tronçons, que je plantai, comme tous les autres, sans aucune fumure.

J'avais donc en terre au 4 mars, 315 tronçons d'Ignames, 60 rhizomes de bulbilles année 1857, 3 rhizomes année 1856, et 1050 bulbilles provenant de ma récolte.

Dès les premiers jours du mois de mars, j'espérais que les premiers tronçons plantés au mois de décembre sortiraient de terre ; ne les voyant point paraître, et craignant qu'ils n'eussent été altérés par les froids de l'hiver, j'en fis visiter quelques-uns, je les trouvai tous intacts, mais l'œil ne donnait encore aucun signe de végétation.

Le 6 avril, le thermomètre marquait 10 à 15 degrés : mes tronçons d'Ignames ne paraissaient point encore. J'en fis déterrer 10 à 12 ; sur ce nombre, il s'en trouvait deux qui étaient en pourriture. Je ne puis attribuer cet accident aux gelées de l'hiver, car les autres tronçons étaient parfaitement sains et se trouvaient à une profondeur égale de terrain.

Le 18 avril, j'aperçus mes premières tiges d'Ignames, elles provenaient de mes rhizomes de bulbilles de l'année 1857. Les tiges sortaient fortes et vigoureuses, de couleur marron très foncé. Dans l'espace de dix-huit heures, quelques-unes de ces tiges prirent une hauteur de 10 centimètres, et en quatre jours elles atteignaient 40 centimètres d'élévation : le thermomètre marquait 10 à 15 degrés Réaumur.

Le même jour, l'eau pénétrait dans mes plantations ; elles furent inondées, et l'eau dut arriver jusqu'au rhizome. Cet arrosage eut lieu à mon insu.

Mes semis et plantations avaient été déjà sarclés, binés deux fois. J'avais donné l'ordre de les tenir toujours vides de mauvaises herbes.

Je voulus, le 24 avril, savoir à quoi m'en tenir sur l'arrosage du tubercule, s'il lui était favorable ou désavantageux ; je fis donc arroser partiellement mes semis et mes plantations.

Le 28 avril, pendant l'espace de neuf jours, quelques tiges s'élevaient à 1 mètre d'élévation ; leur croissance était de 11 centimètres par vingt-quatre heures.

Trois tiges de tronçons étaient sorties de terre, et quelques bulbilles apparaissaient ; le 3 mai, j'en comptais 160. Je remarquai quelques-unes de ces petites tiges coupées par les limaçons.

Le 4 mai, j'avais 220 plantes de bulbilles ; le 5 mai, 257. La vigueur des plantes me paraît être en raison de la grosseur des bulbilles (j'avais eu la précaution de les classer et planter par ordre de leur grosseur).

Du 6 au 9 mai, la température étant plus froide (8 à 9 degrés), je ne comptais que 360 bulbilles. Il y avait donc temps d'arrêt par suite des nuits fraîches, des vents du nord qui régnaient et des pluies incessantes qui les inondaient. Je remarquai que les limaçons n'attaquaient plus mes plantes.

Le 10 mai, il nous survint une forte gelée; je croyais mes plantes perdues; je reconnus, à ma grande surprise, que mes semis n'avaient point souffert, mais que quelques-unes de mes tiges de rhizomes avaient leurs têtes gelées : j'en comptai 7 sur 45; elles ne furent atteintes que dans les extrémités, à 40 centimètres au-dessus du sol.

Du 11 au 14 mai, le thermomètre variait de 8 à 12 degrés, et je comptais 420 bulbilles; le 15 mai, 670.

Mes tronçons d'Ignames se trouvaient en retard; craignant qu'ils ne fussent tous gelés, je les fis visiter de nouveau, et je trouvai l'œil qui commençait à bourgeonner.

Mes rhizomes de l'année passée continuaient toujours à sortir de terre. Je n'ai pu m'expliquer cette différence dans leur végétation, puisque les tubercules se trouvaient absolument dans les mêmes conditions de culture et de sol; il y avait vingt-six jours de distance des premières aux dernières.

Je remarquai que mes premières plantes de bulbilles provenaient des premiers bulbilles semés (le terrain avait 8 à 9 centimètres au-dessus du semis en planche); je trouvai les quatre cinquièmes de mes bulbilles hors de terre, tandis que les autres, semés en planches et dans de petits sillons ayant 9 à 10 centimètres de profondeur, ne me donnaient qu'un quart de bulbilles sortis de terre.

Le 16 mai, plusieurs plantes de tronçons sortaient, ainsi que de nouvelles plantes de mes rhizomes.

Du 16 au 18 mai, le nombre de mes plantes de bulbilles s'élève à 747.

Du 19 au 21 mai, la chaleur augmentant, j'en comptais 800 plantes; leurs petites tiges prenaient plusieurs feuilles.

J'observai avec surprise que plusieurs plantes de bulbilles étaient sorties dans un carré adjacent à celui qui avait contenu mes rhizomes de l'an passé. Ces plantes étaient vigoureuses et avaient prospéré au milieu de Scorsonères; elles étaient au nombre de 100. Je les laissai sur place, afin de savoir si, malgré les racines au milieu desquelles elles se trouvaient, les rhizomes parviendraient à se former ; j'en fis cependant arracher quelques-unes : les bulbilles commençaient à s'allonger, je les transplantai à côté de mes semis.

Le 22 mai, mes plantes de tronçons sortent nombreuses ; le terrain étant très sec, je le fis arroser pour faciliter la sortie des autres plantes.

Le 24 mai, j'avais hors de terre 900 plantes de bulbilles sur 1050 qui avaient été semées.

Quelques jours auparavant, ayant 3 à 4 hectogrammes d'engrais d'hirondelle, je voulus en faire l'expérience sur quelques-unes de mes plantes ; je les vis après beaucoup plus vigoureuses que les autres, et leurs pailles étaient d'un vert plus noir ; mais quatre ou cinq d'entre elles furent brûlées par cet engrais, que j'avais trop rapproché de la plante.

Le 27 mai, je comptais 940 tiges de bulbilles. Le vent du nord régnait depuis plusieurs jours et fatiguait énormément mes plantes de semis ; il faisait tourner la paille sur les tiges, et finissait par la détacher. Il y en eut un très grand nombre qui furent coupées, mais je m'aperçus, un jour ou deux après, que cet accident n'était point nuisible à la plante.

Mes tiges d'Ignames qui avaient été gelées le 10 mai se trouvaient très en retard. Ainsi, le 10 mai, j'avais des plantes qui n'avaient que 9 à 10 centimètres d'élévation, mais que la gelée n'avait point atteintes, et en 17 jours elles avaient dépassé mes tiges gelées. Cependant je remarquai que ces plantes qui avaient souffert se couvraient de nouvelles branches plus abondantes. La végétation, au lieu de se porter à l'extrémité de la tige, avait pris plusieurs directions. La mère tige n'en souffrit point plus tard, car de nouvelles branches s'élancèrent et finirent par regagner le temps que la plante avait perdu.

Le 2 juin, 970 plantes de bulbilles étaient hors de terre, et j'apercevais encore deux nouvelles plantes de rhizomes de l'année dernière, venues six semaines après les premières.

La chaleur est si favorable à l'Igname, la végétation si active, que j'ai mesuré plusieurs fois des tiges ayant eu une croissance de 33 centimètres dans l'espace de vingt-quatre heures.

Les tiges de tronçons n'ont pas la vigueur de celles des rhizomes laissés en terre. J'en avais au 5 juin 120 plantes seulement, sur 315 tronçons plantés.

Un arrosage imprévu me survint le 7 juin. L'eau avait fait irruption dans mes semis et plantations ; elle pénétra au moins à 1 mètre de profondeur.

Quelques tiges d'Ignames atteignaient une élévation de 4 mètres 50 centimètres. Je les dirigeai sur des arbres fruitiers (plein vent). Toutes mes tiges reçurent des tuteurs plus élevés que les premiers donnés.

J'avais fait l'essai des boutures, mais je n'avais qu'un mauvais résultat.

Le 15 juin, je comptais hors de terre 290 plantes de tronçons et 980 bulbilles. A partir de cette époque, je n'en ai plus aperçu de nouvelles. Les tiges atteignaient 5 mètres 80 centimètres d'élévation ; elles étaient luxuriantes de végétation.

Le 17 juin, les fleurs commencèrent à paraître aux aisselles des feuilles. Quelques feuilles jaunissaient (j'attribuai cela aux arrosages trop fréquents qui avaient eu lieu).

La floraison eut lieu en même temps et sur mes tiges de rhizomes et sur celles des tronçons.

Mes semis de bulbilles, loin de souffrir de la chaleur, étalaient des feuilles épaisses d'un beau vert noirâtre ; leurs petites tiges commençaient à couvrir le sol.

Le 2 juillet, toutes mes tiges étaient chargées de fleurs. (Les plantes provenant des collets de l'Igname ne sont sorties de terre que du 2 au 15 juillet.)

Le 15, j'apercevais de petits bulbilles qui se formaient aux aisselles des feuilles, partout où il y avait des fleurs.

Le 20, les fleurs s'épanouissaient, dégageant un parfum très prononcé de cannelle, qui s'épanchait au loin ; je croyais que ces fleurs produiraient de la graine, mais le 30 juillet, je m'apercevais de mon erreur, deux tiges de rhizomes du semis de mes bulbilles de l'année passée se couvraient de fleurs de toute espèce, qui étaient celles qui devaient produire de la graine. Les premières fleurs sont, je crois, les fleurs des bulbilles.

Je remarquai que les deux tiges se couvrant de fleurs à

graines avaient en même temps les fleurs qui précèdent les bulbilles, et que les bulbilles s'y formaient également.

Le 7 août, le thermomètre marquait 20 degrés Réaumur, cette chaleur était, constante depuis plusieurs jours ; malgré cela, alors que tout souffrait et dépérissait, la végétation de mes semis et de mes plantations d'Ignames, seule, était magnifique. J'avais pris des précautions pour que l'eau ne pût les incommoder, ayant reconnu qu'elle était plutôt nuisible qu'avantageuse.

Du 7 août au 6 septembre, mes tiges se couvraient de bulbilles ; il y en avait partout où il y avait des fleurs, mais quelques bulbilles se formaient sur des tiges n'ayant pas de fleurs.

Le 9 septembre, je fis arracher quelques bulbilles de l'année pour m'assurer de la formation des rhizomes ; ils avaient une racine de 35 centimètres, soit 20 centimètres de collet et 15 centimètres pour le tubercule.

Je fis également arracher une de mes plantes de tronçons des collets, qui déjà me donnait une racine ayant 65 centimètres de longueur ; le collet 35 centimètres, le tubercule 30 centimètres, avec une circonférence de 15 centimètres.

Le 22 septembre, je récoltais 500 bulbilles qui s'étaient détachés seuls des tiges, et que je ramassai sur le sol.

Quelques feuilles de mes plantes commençaient à jaunir.

Le 13 octobre, je fis arracher 40 petits rhizomes des bulbilles semés accidentellement et sortis du milieu de Scorsonères très épaisses : ces rhizomes avaient atteint une longueur de 60 centimètres, soit 30 centimètres de collet, 30 centimètres de tubercule ayant une circonférence de 10 centimètres.

Quelques-uns de ces tubercules étaient arrondis, je ne sais encore s'ils conserveront cette forme ; plusieurs de ces rhizomes avaient deux et trois tubercules partant du même collet.

Du 23 septembre au 20 octobre, j'ai récolté 12 000 bulbilles. La récolte principale a été faite du 10 octobre au 19 ; j'en ai eu pour ces neuf jours 8 000 environ.

Du 1er au 20 octobre, j'ai fait planter 400 petits rhizomes obtenus de mes semis de bulbilles, et semer 2500 bulbilles.

Je n'ai point conservé mes premières distances ; les rhizomes

ont été plantés à 20 centimètres les uns des autres, et les bulbilles semés à 10 centimètres de distance, les lignes étant seulement à 20 centimètres d'intervalle. (Essai.)

Me voici arrivé au terme de ma petite culture. Le résultat
pour cette seconde année me paraît assez encourageant pour la
continuer sur une plus vaste échelle et pour essayer de la propager dans le canton de Saint-Vallier ; c'est ce à quoi je m'ap-
pliquerai, et en cela je crois accomplir le but de notre société.

Malgré la longueur de ces minutieux détails, il me reste
à rapporter mes observations faites pendant le courant de l'année 1858 sur cette plante nouvelle dont l'acclimatation et la
culture se sont si rapidement propagées en France.

Le sol où j'ai cultivé l'Igname a été remué à 70 centimètres
de profondeur ; une nature de terre légère et un peu sablonneuse me paraît, jusqu'à présent, essentiellement lui convenir,
mais elle exige un sol fertile. La rusticité de l'Igname est telle,
qu'elle peut dans certains terrains se cultiver même sans engrais. Mes expériences de cette année me le prouvent, et mes
plus beaux rhizomes ont été obtenus dans un sol sans fumure ;
il est vrai d'ajouter que ce sol est propre à toute culture et un
peu exceptionnel.

Pour les plantations du rhizome ou des tronçons de rhizome,
la distance de 40 à 50 centimètres d'un tubercule à l'autre me
paraît suffisante, les lignes étant espacées de 40 centimètres ;
8 à 10 centimètres de terre suffisent pour les recouvrir.

Le travail d'arrachage peut se faire assez facilement en ouvrant sur une première ligne un fossé longitudinal qui arrive
jusqu'à l'extrémité des tubercules ; on les met dès lors à nu,
on les enlève avec facilité ; on déverse la terre de la seconde
ligne des tubercules à arracher dans le premier fossé ouvert,
et l'on continue de la même manière pour les autres. Cet arrachage est un peu long et dispendieux, mais un terrain ainsi
remué est évidemment propre à recevoir toute plante ou toute
semence que l'on voudra lui confier.

La culture de l'Igname par ados rend peut-être l'arrachage
un peu plus facile ; cependant je crois la main-d'œuvre de
l'établissement de l'ados équivalente à la différence que l'on

peut trouver dans l'arrachage de la plante cultivée par planches.

Le mode de l'ados me paraît ne devoir être employé que dans les localités où il n'y aurait pas profondeur de sol, et où il deviendrait nécessaire d'augmenter la profondeur de la terre végétale d'une manière factice; car jusqu'à présent tous mes essais et ceux que j'ai fait expérimenter par d'autres personnes me prouvent que l'Igname ne prospère qu'autant qu'elle peut pénétrer facilement dans un sol profond. D'après cela, tant qu'on ne sera point parvenu à remplacer la forme allongée du rhizome, il sera indispensable pour lui d'avoir la profondeur de terre nécessaire à son développement. C'est le seul inconvénient ou désavantage de cette plante que j'aie pu remarquer.

Dès que les tiges sont sorties de terre, il est très essentiel de sarcler le sol avec soin et de ne pas le laisser se couvrir de mauvaises herbes; on peut aussi les biner facilement avant que les tiges soient ramées ou qu'elles aient été laissées rampantes sur la terre.

L'arrosage facilite et active un peu la végétation des semis, mais il doit être peu abondant et rare ; quatre ou cinq arrosages sont suffisants pour des années comme celle que nous venons de traverser.

Un ou deux arrosages pour les rhizomes est tout ce qu'il faut, et à la rigueur ils peuvent s'en passer, car étant très avant en terre, ils se défendent de la sécheresse et trouvent toujours un sol assez humide. Dans tous les cas l'arrosage doit être fait à fond. Les plantes qui ont eu des arrosages fréquents me paraissaient contrariées par ce régime, les feuilles jaunissaient, et ce n'est qu'en les discontinuant que mes plantes ont repris leur vigueur première.

La chaleur me paraît être favorable à l'Igname, et j'ai pu constater cette année que plus la chaleur était vive et intense, plus sa végétation était active. Les tiges ne croissaient rapidement qu'à partir des chaleurs des mois de juin et de juillet.

Une des bizarreries de cette plante est l'inégalité de sa végétation. Ainsi dans les mêmes plates-bandes ayant même nature de sol, même exposition, les plantes semées ou plantées à profondeur égale sont sorties de terre dès le mois d'avril (18), et les autres n'apparurent que dans les premiers jours de juin, ayant 50 à 52 jours d'intervalle. A quoi cela tient-il ? Je l'ignore.

La grosseur du rhizome augmente toujours en terre ; mais lorsqu'il est parvenu à sa troisième année, je ne pense pas que son augmentation de poids et de volume soit en raison du temps qu'il y reste : le rhizome s'enfonce, prend un peu plus de longueur, mais lentement.

Les tiges provenant des tronçons sortent tardivement de terre ; celles des collets de l'Igname sont encore plus retardées : j'attribue cette lenteur végétative au fractionnement du rhizome. Les tronçons n'ayant que 4 à 5 centimètres n'ont pas la vigueur nécessaire à leur germination ; il serait plus avantageux de les porter à 8 ou 9 centimètres, et mieux encore de ne planter que de petits rhizomes provenant des semis de bulbilles.

J'avais des tronçons ayant 14 à 16 centimètres de longueur; les rhizomes que j'en ai obtenus étaient plus beaux que ceux fournis par les tronçons n'ayant que 4 à 5 centimètres.

Les semis de bulbilles m'ont donné de très bons résultats, j'ai puisé là un nombre assez considérable de petits rhizomes qui se forment aux nœuds des tiges ; ils atteignent une longueur de 9 à 12 centimètres, et peuvent être plantés en automne. Les semis ont cet avantage, qu'indépendamment du rhizome, ils produisent d'autres petits rhizomes et des bulbilles ayant racines ; c'est donc du temps de gagné pour l'année suivante. 30 mètres carrés de semis m'ont donné 400 petits rhizomes et 1000 bulbilles ayant des racines.

Plus le rhizome est volumineux, plus les tiges sont fortes et vigoureuses, plus elles ramifient et produisent une récolte abondante de bulbilles. J'avais trois rhizomes de l'année passée, qui m'ont fourni 3000 bulbilles. 60 rhizomes de bulbilles semés en 1857 m'ont donné 3000 bulbilles, les tiges étaient très belles ; tandis que 290 tiges de tronçons ne m'ont fourni que 3500 bulbilles, les tiges en étaient très frêles.

Mes semis de bulbilles ont produit 400 petits rhizomes et 1900 bulbilles.

La forme des rhizomes varie beaucoup : j'en ai trouvé, parmi les petits que j'ai obtenus de mes semis de bubilles de l'année, qui me donnent l'espoir de pouvoir vous adresser en 1859 des tubercules moins allongés ; un assez grand nombre de ces rhizomes avaient une longueur de collet de 14 à 15 centimètres, autour duquel était une petite pomme parfaitement ronde, ayant une circonférence de 5 à 6 centimètres.

Les plantes de l'Igname apparaissent au mois de juin et dans la première quinzaine du mois de juillet ; ces plantes, étant séchées, cèdent la place à des bulbilles ; cependant quelques tiges donnent encore des fleurs dans les premiers jours de septembre : les mêmes plantes fournissent ce fait de végétation.

Vers la fin de juillet surviennent les fleurs à graines. Les bulbilles commencent à être mûrs dans les premiers jours du mois de septembre, mais la récolte principale n'a lieu que du 1ᵉʳ au 20 octobre. Ainsi j'ai récolté 3000 bulbilles du 22 septembre au 1ᵉʳ octobre, et 9000 du 1ᵉʳ octobre au 20.

A partir des premiers jours d'octobre, les graines de l'Igname parviennent à maturité ; les tiges commencent à se dessécher et les feuilles jaunissent. Toute végétation extérieure a cessé vers la fin du même mois. C'est, je crois, l'époque de l'arrachage du rhizome.

Pendant tout le cours de l'année, il m'a été permis de constater que nul insecte n'attaquait ni tiges, ni feuilles, ni bulbilles.

Les rhizomes laissés en terre l'hiver, ainsi que les tronçons, n'ont pas été attaqués par les vers blancs ou par les mulots.

Les semis de bulbilles n'ont pas été touchés par les rats, tandis qu'à côté, des petits Pois que j'avais semés ont été complétement dévorés. Cette répugnance de nos insectes à attaquer l'Igname durera-t-elle ? Je ne sais. C'était un fait à constater, je le constate.

L'acclimatation de l'Igname et sa rusticité sont telles que déjà elle se reproduit chez moi presque sans aucuns soins ; mes notes en fournissent la preuve. Je ne crois pas que beaucoup de plantes pussent prospérer comme l'ont fait les bulbilles semés naturellement au milieu d'un carré de Scorsonères excessivement touffues.

J'ajouterai un autre fait à celui-ci. Je découvris dans le courant du mois de septembre une splendide plante d'Igname, venue seule dans un carré très épais de Haricots de Soissons. Je ne savais d'où elle pouvait provenir; ce n'est que quelques jours après qu'il me fut possible d'expliquer sa présence : un fragment d'Igname avait été jeté dans les immondices de la cuisine, et de là porté à l'engrais qui fut transporté dans une terre où il fut employé. Ce tronçon avait prospéré aussi bien que ceux que je cultivais avec tant de précautions.

Je n'ai eu que deux tiges d'Ignames qui aient produit de la graine; ces deux tiges provenaient des bulbilles semés l'an passé. J'ai remarqué que ces mêmes tiges à graines portaient les fleurs présentant les bulbilles, et que les bulbilles s'y formaient comme sur les autres tiges dépourvues de graines.

La reproduction de l'Igname par boutures exige beaucoup de soins; j'en ai voulu faire l'essai, il ne m'a point réussi: je crois ce mode de reproduction très long et très chanceux pour la grande culture. Un jardinier pourrait peut-être se permettre cette fantaisie, mais l'agriculteur doit y renoncer et donner la préférence aux plantations par tronçons, par tubercules et aux emis de bubilles.

Quelques-unes de mes tiges d'Ignames avaient été dirigées sous des arbres fruitiers à plein vent, elles en ont atteint les branches les plus élevées, soit 4^m,50; elles se sont chargées de fleurs et de bulbilles au point de faire plier sous leur poids les branches de l'arbre qu'elles enlaçaient : les bulbilles provenant de ces tiges étaient magnifiques, je vous en remets quelques-uns pour échantillon.

La vigueur de végétation de l'Igname est prodigieuse, j'ai constaté plusieurs fois une croissance de 30 à 33 centimètres dans l'espace de vingt-quatre heures.

Les fleurs et les bulbilles ne se forment le plus ordinairement qu'aux extrémités des tiges; les premiers bulbilles ne se montrent guère qu'à 1 mètre au-dessus du sol pour les plantes ayant reçu des rames ; ces bulbilles sont ordinairement plus gros que ceux qui viennent aux extrémités des tiges.

Ce sont les semis qui produisent les bulbilles les plus forts et en même temps les plus formés. Les tiges des semis n'ont pas de fleurs et elles ont donné beaucoup de bulbilles.

Quelques tiges de rhizomes ont également produit des bulbilles qui n'avaient point été précédés par la fleur.

Ce sont là des bizarreries qui n'appartiennent qu'à cette plante. Les bulbilles provenant des semis ont une tendance remarquable à s'enfouir en terre ; quelques-uns d'entre eux, suspendus à 3 et 4 centimètres au-dessus du sol, avaient des bourgeons très développés qui tous se dirigeaient vers la terre, et pour peu que le bulbille la joignît, il y prenait racine et le rhizome se formait.

La forme des bulbilles de semis est différente de celle des bulbilles venus sur des tiges : celle des semis est le plus souvent oblongue, et de couleur moins grise ; celle des tiges est ronde et sa couleur très grise.

Les rhizomes entiers qui ont passé l'hiver en terre sont plus précoces que ceux de tronçons et sortent un mois avant eux.

La végétation des rhizomes est très inégale ; j'ai vu des tiges qui ne sont sorties de terre que trois mois après l'apparition des premières. Celle des bulbilles est plus prompte et plus régulière, il n'y a qu'un mois de distance des premières plantes sorties aux dernières.

Le collet du rhizome se forme très vite, mais la formation du rhizome est plus lente ; il ne croît rapidement et ne grossit que dans le mois de septembre, c'est ce dont j'ai pu me convaincre.

Le collet du rhizome est excessivement vivace ; j'ai extrait un tronçon qui était encore attenant au tubercule qu'il avait donné, il était resté parfaitement intact après un séjour de neuf mois en terre. Je l'ai replanté pour m'assurer s'il ne reproduirait pas une seconde racine.

L'Igname s'approprie la terre avec voracité ; ce tubercule est recouvert de petites racines fort nombreuses qui fournissent l'alimentation nécessaire à une végétation aussi vigoureuse qu'elle doit être appauvrissante probablement pour le sol.

On doit éviter de récolter trop hâtivement le bubille, il faut attendre qu'il se détache seul des tiges. Les bulbilles que l'on récolterait trop tôt n'étant point parvenus à maturité, seraient impropres à la reproduction ; au surplus ils sèchent, se durcissent si on les cueille dans cet état. La maturité se reconnaît très bien à la couleur grise qu'ils prennent et à leur chute naturelle. Dès qu'ils sont arrivés à ce point, on secoue les tiges, les bulbilles s'en détachent très facilement.

Le meilleur mode de conservation des bulbilles serait, je crois, de les mettre dans le sable pour éviter le desséchement ; mais il serait préférable, suivant moi, de les semer tout de suite, puisque le froid ne les atteint point et que les insectes ne les attaquent pas. C'est ce que j'ai fait cette année pour une grande partie de ma semence.

Quoi qu'il en soit, il serait essentiel de les conserver dans un endroit un peu frais, pour éviter l'inconvénient que j'ai signalé.

Les bulbilles pourront être semés à une très petite distance les uns des autres ; mes semis de cette année n'ont que 4 à 5 centimètres d'un bulbille à l'autre et les lignes ne sont distancées que de 25 centimètres. Les rhizomes que j'obtiendrai seront replantés en 1859.

Il me reste enfin à établir les états de ma culture pour 1858.

J'avais au printemps :

>   3 rhizomes ayant deux années de terre;
>   60 rhizomes ayant une année ;
>   215 tronçons d'Ignames plantés qui m'ont fourni 290 rhizomes ;
> 1050 bulbilles semés qui m'ont donné 989 rhizomes.

Mon avoir se compose aujourd'hui de 2003 rhizomes et de 12000 bulbilles.

Je ferai observer qu'ayant donné et distribué la première année un tiers de ma provision, j'aurais pu à la rigueur, si j'eusse tout gardé, avoir un tiers de plus dans le résultat que j'ai obtenu ; soit 2700 rhizomes et 16000 bulbilles.

Ainsi en 1857, 27 petits rhizomes et 60 bulbilles me donnent, après avoir sacrifié le tiers de ma semence, de quoi ensemencer, à la fin de 1858, 27 à 28 ares de terrain ; en 1859, qui serait ma troisième année de culture, j'aurais de quoi ensemencer ou planter plusieurs hectares pour 1860.

Voici le tableau du rendement de l'Igname par mètre carré :

	Kilogr.	
Rhizomes de trois ans.	6	par mètre carré.
— de deux ans.	7	id.
Tronçons d'Ignames 1re année. . . .	4,3	id.
— du collet de l'Igname. . .	4	id.
Semis de bulbilles de l'année.	5	id.

Tableau comparatif du rendement de la Pomme de terre et du Topinambour, par rapport à l'Igname :

	Kilogr.	
Pomme de terre Chardon.	2,4	par mètre carré.
Grosse Quarantaine Lyonnaise	4	id.
Quarantaine du pays et autres. . . .	1,6	id.
Topinambours.	9	id.

Progression suivie relativement à la surface. — Je trouve que l'Igname me donne pour : 1re année, 12 mètres carrés occupés ; 2e année, 120 mètres carrés ; 3e année, 2800 mètres carrés environ.

Pomme de terre Chardon. — 1re année, 10 mètres carrés ; 2e année, 400 mètres carrés ; 3e année, semence pour un hectare, soit 80 000 mètres carrés.

Topinambour. — 1re année, 40 mètres carrés qui m'ont donné 6 hectolitres pouvant ensemencer 50 ares, 5000 mètres carrés, la 2e année ; pour la 3e année, j'aurais la semence de plusieurs hectares.

Les rendements par hectare seraient donc :

Rhizomes de trois ans.	60,000 kilogr. par hectare.
— de deux ans.	70,000
— de bulbilles 1re année.	50,000
— du tronçon de l'Igname.	43,000
— du tronçon, collet de l'Igname. . .	40,000

Celui des Pommes de terre et des Topinambours :

Pomme de terre Chardon. . . . .   28,000 kilogr. par hect.
Grosse Quarantaine Lyonnaise.   40,000
Pomme de terre du pays.   16,000
Topinambours.   90,000

Le rendement considérable de l'Igname de la 2e année s'explique par la proximité des tubercules qui proviennent de semis de bulbilles à 30 centimètres les uns des autres, tandis que les Ignames de trois ans étaient plantées à 50 centimètres. Tout comme le produit des semis de bulbilles, qui paraît excessif, ne doit ce résultat qu'à la multiplicité des plantes qui sont très rapprochées (10 à 15 centimètres les unes des autres).

D'après mes calculs, le rhizome planté dans des conditions ordinaires donnerait en moyenne une augmentation de poids équivalent à 4 hectogrammes par année, non compris le poids de la 1re année, qui n'est que de 1 hectogramme.

L'arrachage de l'Igname est dispendieux ; je trouve qu'il est cinq fois plus considérable que celui des Pommes de terre. La journée d'homme comptée à 1 fr. 50 et celle de femme à 1 fr., l'arrachage de l'Igname me coûte 2 centimes et demi par mètre carré, l'arrachage de la Pomme de terre un demi-centime par mètre carré ; soit 250 francs par hectare pour l'Igname, et 50 francs pour la Pomme de terre.

II. EXTRAIT DES PROCÈS-VERBAUX
DES SÉANCES GÉNÉRALES DE LA SOCIÉTÉ.

SÉANCE DU 10 DÉCEMBRE 1858.
Présidence de M. Is. GEOFFROY SAINT-HILAIRE.

M. le Président déclare ouverte la Session de 1858-59,
puis annonce qu'il n'y a pas de procès-verbal à lire, celui de
la dernière séance de juin ayant été, selon les règlements,
soumis à l'approbation du Conseil dans sa séance qui a suivi
celle de la clôture de la précédente Session.

— Il annonce que S. M. le roi d'Espagne et S. A. I. Mgr. l'archiduc Ferdinand-Maximilien, gouverneur général du royaume
Lombardo-Vénitien, ont bien voulu autoriser l'inscription de
leurs noms sur la liste des membres de notre Société.

— Il proclame ensuite les noms des membres admis par le
Conseil dans ses séances du 12 et du 26 novembre, et dont la
liste n'a point encore paru dans le Bulletin. Ce sont :

MM. BARRALLIER (le docteur), professeur à l'École de médecine
      navale, à Toulon (Var).

    BOURBEAU, ancien représentant, professeur à la Faculté
      de droit, avocat près la Cour d'appel, à Poitiers (Vienne).

    BRETONNEAU (le docteur), membre correspondant de l'Insti-
      tut, associé national de l'Académie impériale de méde-
      cine, à Tours (Indre-et-Loire).

    BROGLIE (le prince Raymond de), au château de Saint-
      Georges, près Aulnay (Calvados).

    CASTEL-BRANCO (P. de), membre de la Société des sciences
      médicales de Lisbonne, à Funchal (Madère) et à Paris.

    CHANCEL (Ausone de), sous-préfet, à Blidah (Algérie).

    CLOS (Dominique), professeur à la Faculté des sciences et
      directeur du jardin des Plantes, à Toulouse.

    DAUGER (le comte de), à Menneval par Bernay (Eure).

    DEGOVE (Jules), receveur général des finances, à Poitiers.

MM. Espierre, membre du Conseil d'arrondissement de et à Fontenay-le-Comte (Vendée).

Eynard (Gabriel), propriétaire, à Val-Ombré, près Vevey (Suisse).

Foltz (le général), commandant de l'École d'état-major, à Paris.

Fréville (Eugène), propriétaire, à Paris.

Germain (A.), avoué, aux Sables-d'Olonne (Vendée).

Gohin (Eugène-Arthur), propriétaire, à Paris.

Guérie (P.), propriétaire agriculteur, à Longpré par Bernay (Eure).

Hétet (le docteur), professeur à l'École de médecine navale, à Toulon (Var).

Lafaulotte (Ernest de), propriétaire, à Paris.

Lainné, propriétaire, à Braine (Aisne).

La Mare-Koeler (Rodrigo de), propriétaire et planteur, à Rio-de-Janeiro (Brésil).

Manigault (Louis). à Charleston (Caroline du Sud).

Martins (le docteur Ch.), professeur à la Faculté de médecine et directeur du Jardin botanique, à Montpellier.

Paltschikoff (Alexandre), propriétaire, conseiller d'État et gentilhomme de la chambre de S. M. l'Empereur de Russie, à Saint-Pétersbourg.

Philippe, jardinier en chef du Jardin botanique de l'École de médecine navale, à Saint-Mandrier, près Toulon.

Poirson (Louis), naturaliste, à Bar-le-Duc (Meuse).

Poisson (le baron), propriétaire, à Paris.

Saint-Cricq (le vicomte Arthur de), à Paris.

Schlumberger (Jules), négociant, à Guebwiller (Haut-Rhin).

Vaillant (Léon), propriétaire, à Paris.

— M. le Président fait connaître que le nombre des membres est aujourd'hui de 1850 et qu'il y a 10 *Sociétés affiliées* et 40 *Sociétés agrégées.*

— Il informe de la perte toute récente que la Société vient de faire en la personne de l'habile chirurgien de Lyon, M. le docteur A. Bonnet, correspondant de l'Académie des sciences.

— M. le Président expose ensuite sommairement les résultats jusqu'à ce jour obtenus pour la fondation du Jardin d'acclimatation sur le terrain du bois de Boulogne concédé par la ville de Paris.

— Des lettres de remercîment pour leur admission dans la Société sont adressées par MM. le docteur A. Barrailler; Basagoytia, qui, au moment de retourner au Pérou, fait hommage de son Rapport sur le Guano des îles Chincha, et promet son concours empressé; le docteur Clos, professeur à la Faculté des sciences de Toulouse et directeur du Jardin botanique; de Croy, Gourdin, Jules Lecointe, A. Lemaistre-Chabert, Robillard; le professeur Ignacio Vidal, de Valence (Espagne), et S. Exc. le maréchal Don Fr. Serrano, sénateur d'Espagne.

— M. Louis Althammer annonce la création à Roveredo (Tyrol méridional) d'une Société d'acclimatation dont il est fondateur, et l'intention de cette société de solliciter l'affiliation à la nôtre.

— M. Armange aîné, capitaine au long cours, fait hommage de 300 graines d'une espèce particulière de Baquois appartenant à la famille des Pandanées, voisine de celle des Aroïdées, le *Pandanus utilis*. Il y ajoute des échantillons de trente-quatre autres espèces de graines. Des remercîments seront transmis à M. Armange.

— M. le général d'Orgoni, membre de la Société, au moment de retourner dans la Birmanie où se trouvent, dit-il, presque toutes les plantes et presque tous les animaux des régions indo-chinoises, adresse ses offres de services.

— M. Albert Geoffroy Saint-Hilaire, désigné par le Conseil pour remplacer M. Richard (du Cantal) momentanément éloigné de nos travaux, dans la surveillance à exercer sur le troupeau d'Yaks et de Chèvres d'Angora maintenant établi sur les montagnes de l'Auvergne (*Bulletin*, p. 564), annonce qu'il accepte cette surveillance, et qu'il tâchera de faire en sorte d'être toujours à la disposition du Conseil pour les inspections qu'on aurait à lui confier. Il remercie en même temps du choix dont il a été l'objet.

— Notre confrère, M. Thuillier, déclare qu'il accepte avec

plaisir les fonctions de délégué de la Société, à Saint-Quentin.

— S. A. I. le Prince Napoléon (Jérôme), chargé du ministère de l'Algérie et des Colonies, transmet une copie de la circulaire envoyée à MM. les gouverneurs des Antilles pour l'organisation à la Martinique et à la Guadeloupe de *Comités* semblables à ceux qui sont déjà formés à la Guyane française, ainsi qu'à l'île de la Réunion, et destinés à correspondre avec la *Commission permanente des colonies*. Dans cette circulaire, le Prince insiste sur le grand avantage qui résulterait pour nos établissements d'outre-mer de rapports suivis avec notre Société dont les ramifications s'étendent sur le monde entier, et qui peut les doter d'espèces précieuses empruntées aux régions les plus diverses du globe. « Je serai heureux, ajoute-t-il, de voir accueillir avec empressement par nos colons une idée qui doit être féconde en bons résultats. »

— La Société reçoit par les soins du même ministère une boîte de graines d'*Icama* (*Dolichos bulbosus?*) avec une Note de M. Villamus, consul général de Quito sur le tubercule alimentaire que cette plante fournit et dont le poids varie entre 1 ou 2 hectogrammes et 6 à 7 kilogrammes. Ce végétal lui a paru susceptible d'être acclimaté dans la région du Maïs, c'est-à-dire dans le midi de la France et dans nos possessions du nord de l'Afrique. Le tubercule, par sa forme et par sa couleur, ressemble beaucoup à celui des Dahlias ; il a une saveur sucrée qu'il acquiert surtout par son exposition à l'air, et paraît même contenir plus de sucre que la Betterave. Il se mange cru et pourrait servir à la fabrication de l'alcool.

La graine de l'*Icama* est attaquée par un insecte que M. Guérin-Méneville a étudié et sur lequel il donne quelques détails. C'est un parasite d'espèce nouvelle (*Bruchus Pachymenus Icamæ*, G. M.). Il a décrit et figuré ce Coléoptère après avoir reconnu qu'il n'appartient à aucune des 275 espèces du grand genre *Bruchus* de Linné.

— M. le Directeur des affaires civiles au ministère de l'Algérie et des Colonies fait parvenir trois exemplaires du *Catalogue* des végétaux et graines mis en livraison à la Pépinière centrale d'Alger, pendant la campagne 1858-1859. Les membres qui auraient l'intention de se procurer des graines ou végétaux indiqués dans ce Catalogue sont prévenus qu'ils doivent faire parvenir directement leurs demandes à M. le Préfet d'Alger, qui est chargé de leur donner la suite convenable.

Des remercîments seront adressés au ministère en raison de ces diverses communications.

— Notre confrère, M. Adrien Séneclauze, fait hommage à la Société d'un exemplaire du dernier *Catalogue* de son établissement horticole de Bourg-Argental (Loire), ainsi que d'un Discours prononcé au Congrès scientifique de Grenoble sur les inondations et les moyens de les prévenir.

— M. de Calanjan envoie de Saint-Vallier, avec un Rapport très détaillé sur ses cultures de cette année, une caisse de tubercules d'Igname de Chine et de plantes provenant des graines que la Société lui avait confiées.

— M. Louis de Clercq, secrétaire de la Commission permanente de l'Étranger, fait parvenir de la graine de Cerfeuil bulbeux de Sibérie (*Chærophyllum Prescottii*) provenant de l'Altaï même ; elle est due au directeur du Jardin botanique de Saint-Pétersbourg. Cette graine doit être semée immédiatement, sur couche et en place, comme la graine de Carotte. (Voy. *Bulletin*, t. V, p. 227.)

— M. Sacc envoie une Notice sur la Bardane comestible (*Lappa edulis*, Siéb.), transportée du Japon en Europe, où elle vit très bien et donne une excellente racine alimentaire, ainsi qu'un fourrage fertilisant, destiné à utiliser les terres sèches et profondes de la même manière que le Trèfle utilise les terres profondes et fraîches. Cette plante peut, d'ailleurs, donner trois coupes chaque année.

— Dans la lettre qui accompagne cette Notice, M. Sacc demande un pied du Pyrèthre du Caucase et insiste sur les avantages que cette plante présente comme fournissant une excellente poudre insecticide. M. le Président ajoute que notre confrère M. Ad. d'Eichthal en a obtenu de très heureux résultats, et MM. Aug. Duméril et Guérin-Méneville parlent en termes favorables de son efficacité.

— M. le Président annonce que M. Chatin a mis un millier

de noyaux de Pêches de Tullins à la disposition de la Société, et M. le docteur Aubé insiste sur l'indispensable nécessité de stratifier dès à présent les noyaux jusqu'au moment où l'on doit les mettre en terre. Il ajoute qu'un de ses parents a obtenu de bons résultats de la précaution qu'il avait eue de briser les noyaux avant de les planter.

— M. Debeauvoys, membre de la Société, appelle l'attention dans une note détaillée sur les ressources que pourraient offrir comme aliment les tubercules de certaines Orchidées de notre pays dont il serait facile de faire un Salep indigène. Renvoi à la 5e Section.

— M. Louis Vilmorin fait déposer sur le bureau, au nom de M. H. S. Olcott, l'un des organes les plus influents, dit-il, de la presse agricole aux États-Unis, des échantillons de sucre cristallisé du Sorgho sucré obtenus par M. Lovering de Philadelphie. A ces échantillons, M. Olcott joint la 6e édition de l'ouvrage qu'il a publié sur ce précieux végétal de la Chine, et dans lequel j'ai vu avec grand plaisir, ajoute notre confrère, les confirmations des espérances que, dès 1854, j'avais conçues de la culture de cette plante en Amérique.

— M. le docteur Sicard, poursuivant ses travaux sur cette utile graminée, expédie de Marseille deux exemplaires du t. II de sa *Monographie* de la Canne à sucre de la Chine. Notre confrère informe, en même temps, qu'une grande quantité de graines mises en vente est viciée, et qu'il s'occupe dans ce moment de la rédaction d'un travail sur ce sujet.

— Plusieurs Rapports sont parvenus à la Société depuis quelques semaines sur la culture des Pommes de terre de Sainte-Marthe, dont l'envoi, dû aux soins de notre confrère, M. A. du Courthial, alors vice-consul de France dans ce pays, a été sollicité par le Conseil à la suite du travail d'une Commission composée de MM. Cosson, Drouyn de Lhuys et Moquin-Tandon.

Ces Rapports sont dus à MM. de Mas et Laffiley, l'un président, et l'autre membre de la Société d'agriculture de Melun, ainsi qu'à MM. Henri Lecoq, de Clermont-Ferrand, Jules Lecreux et Teyssier des Farges. Ces différents membres sont

unanimes pour reconnaître la vigueur de la végétation, ainsi
que l'insuffisance des résultats obtenus jusqu'ici quant au
nombre et au volume des tubercules, ce qu'ils attribuent à
l'époque trop tardive à laquelle a eu lieu, cette année, la plantation, dont ils espèrent un meilleur produit en 1859, parce
qu'elle pourra être faite plutôt.

A l'occasion de ces Rapports, M. David mentionne le succès
que lui a procuré un essai fait avec un seul tubercule, qui en
a produit soixante, et M. Bourgeois rappelle ses anciennes tentatives pour l'introduction en France de la Pomme de terre
des Cordillères, qu'il n'a pas pu conserver.

— M. Brierre adresse un Rapport sur différents végétaux
qui lui ont été confiés, et un nouveau dessin à l'huile représentant une Igname de la Chine à sa quatrième année, quand
elle est en fleur.

— M. le Directeur des affaires civiles de l'Algérie, au ministère de l'Algérie et des Colonies, informe qu'il a reçu de la
Pépinière centrale du gouvernement à Alger 164000 cocons
vides du Bombyx du ricin, pesant ensemble 35 kilogr. Sur le
désir manifesté par la Société, ces cocons ont été mis à sa
disposition par le gouvernement, et elle les a distribués par
portions importantes à des filateurs pour de nouveaux essais
de mise en œuvre de la soie.

Au Brésil, les éducations se poursuivent avec succès par les
soins de M. Brunet, qui a déjà pu envoyer quelques kilogr. de
cocons. (Voir pour ses tentatives, *Bullet.*, t. V, p. 40, et
p. xcv, à l'occasion de la médaille de 1re classe qui lui a été
décernée.)

— M. Sacc expédie deux pièces de tissu fabriqué avec la soie
de ce papillon. L'une de ces pièces, mesurant 16^m,20, est du
damas teint en rouge par la cochenille et le chloride stannique ; elle contient 2^{kil},60 de soie dont le prix est de 52 fr.
80 cent., ce qui, avec 6 fr. pour le tissage mécanique, porte
à 3 fr. 62 cent. le mètre de cette solide et brillante étoffe.
L'autre pièce est du foulard uni écru, de 0^m,82 de large, et
dont le tissage a marché avec la plus grande rapidité, parce
que les fils sont d'une force telle, que pas un seul ne s'est

brisé pendant l'opération conduite à toute vitesse, comme pour le simple calicot. La pièce, mesurant $28^m,40$, a exigé pour sa fabrication $2^{kil},10$ de soie coûtant 42 fr. ; le coût du tissage a été de 4 fr. : en tout 46 fr., ou 1 fr. 62 le mètre. « Il est impossible, dit notre confrère, que ce tissu si fort, si brillant, prenant si bien toutes les couleurs, ne joue pas bientôt un rôle important dans notre industrie, et ce résultat obtenu est assez encourageant pour engager la Société à persévérer dans la voie où elle est entrée, en favorisant par tous les moyens à sa disposition l'acclimatation du Ver à soie du ricin en Algérie. »

— M. Sacc transmet de la part de la *Société industrielle* de Mulhouse une demande de Vers à soie du ricin adressée par M. A. Michely de l'île de Cayenne, qui obtient déjà les plus heureux résultats avec l'espèce qui vit sur le mûrier, comme l'indique une lettre imprimée qu'il a écrite au directeur de l'intérieur de la Guyane française, afin de provoquer la création, par l'État, d'une filature qui permettrait d'étendre beaucoup, et avec fruit, ces éducations.

— M. Bourlier, revenu de son voyage dans l'Asie Mineure, où il avait reçu, de la Société, la mission de se procurer de la graine de Vers à soie du mûrier provenant d'animaux exempts de maladie, adresse 43 onces de cette graine recueillie à la suite d'une éducation faite sous ses yeux et par ses soins, et dans d'excellentes conditions sanitaires. Il serait possible, dit notre confrère, de faire, dans maintes localités de l'Orient où la maladie n'a pas sévi, des quantités considérables de graine d'excellente qualité ; mais pour l'obtenir parfaitement saine, et éviter les fraudes de la spéculation, il serait nécessaire que le gouvernement la fît recueillir par des personnes étrangères au commerce. M. Bourlier, en outre, annonce de prochaines communications se rattachant au but essentiel de nos travaux, et qui ont été l'objet de ses études particulières pendant son séjour dans l'Asie Mineure, où il a importé et cultivé avec succès la Pomme de terre, la Luzerne, le Sorgho sucré, et le Pavot œillette, qui donne l'opium le plus riche en morphine.

— M. Guérin-Méneville présente à l'assemblée des cocons de Vers à soie des deux espèces du ricin et du vernis du Japon, provenant de deux éducations faites avec le plus grand soin et avec le plus heureux succès par madame Drouyn de Lhuys, qui adresse en même temps un journal circonstancié de ces éducations. Les remercîments de la Société seront transmis à madame Drouyn de Lhuys pour le concours bienveillant et empressé qu'elle a bien voulu lui prêter et pour la communication de ce journal, qui présente le travail le plus détaillé et le plus complet que la Société ait encore reçu sur ces éducations.

— Notre confrère fait connaître l'appui que Son Exc. M. le Ministre de l'agriculture, du commerce et des travaux publics, ainsi que Son Exc. M. de Cavour, Ministre de l'intérieur en Piémont, accordent à MM. les comtes Freschi et Castellani. (Voir le *Rapport* sur ce projet de voyage, par M. Guérin-Méneville, au nom d'une commission nommée par le Conseil, *Bulletin*, 1858, p. 537.)

— Le même membre fait hommage à la Société, au nom de l'auteur, d'un opuscule de M. A. Levert, préfet du département de l'Ardèche, ayant pour titre : *De la maladie des Vers à soie dans l'Ardèche en* 1858.

— Notre confrère M. Lamiral écrit pour appeler de nouveau l'attention de la Société sur les travaux qu'il a entrepris depuis 1846, afin de faire servir le bateau plongeur, dont il est l'inventeur avec M. Payerne, à l'acclimatation et à la culture au fond des mers françaises des Éponges, du Corail, des Huîtres, et pour faciliter le placement des frayères artificielles à Poissons et à Crustacés.

— M. de Maude, durant des explorations qu'il a faites dans l'Europe septentrionale, a recueilli des détails sur les pêcheries du Hareng, de la Morue et du Saumon. Il les adresse à la Société sous forme d'une *Notice*.

— Il est donné communication d'un Rapport adressé par M. de Morny sur l'état très satisfaisant de la paire d'Yaks qui lui a été confiée. La femelle a eu deux jeunes du sexe mâle, dont l'un s'est tué en s'élançant contre une grille.

— Notre collègue, M. Mitchell, secrétaire de la Société zoologique de Londres et délégué de notre Société dans cette ville, adresse une *Note* sur l'acclimatation en Angleterre d'une grande et belle espèce d'Antilope à cornes en spirale, de l'Afrique du Sud, et dont la chair est excellente, le Canna (*Boselaphus Orcas*). Plus de vingt individus déjà sont nés en Angleterre.

— De nouveaux renseignements sur le prochain transport au Brésil des Dromadaires que l'empereur veut y introduire et y acclimater sont transmis par M. Capanema notre délégué à Rio-de-Janeiro, et par M. Marquès Lisboa, envoyé du Brésil en France. Ces communications ont pour but de tenir la Société au courant de cette affaire, à laquelle elle a pris une part importante par les directions qu'elle a données et qui lui avaient été demandées par le gouvernement brésilien. A cette occasion, M. le Président fait observer que les retards survenus dans la conclusion de cette affaire ont été complétement indépendants de la volonté du Conseil.

— M. le major H. Wayne, en réponse à une lettre que lui avait adressée M. le Président pour obtenir de lui des renseignements sur l'expérience, qui a si bien réussi, du transport du Dromadaire aux États-Unis, envoie de nombreux détails sur les précautions à prendre pour le voyage et pour tout ce qui concerne les soins à donner à ces animaux.

— Une lettre relative à tout ce qui se rapporte à l'acquisition et au transport en France des Lamas et des Alpacas de race tout à fait pure, dont le gouvernement du Pérou a permis la sortie en faveur de notre Société, est transmise par M. Viollier, qui l'a reçue de M. Braillard, son correspondant à Arequipa.

— M. Eug. Roehn, qui s'est chargé dans les années 1856 et 1857 du transport de nombreux troupeaux de Lamas des Andes de l'Amérique du Sud à la Havane, aux États-Unis, et à Glasgow (Écosse), adresse à la Société ses offres de services.

— Notre confrère M. le docteur Vavasseur, informe que M. Benjamin Poucel, membre de la Société et fondateur des bergeries du Pichinango dans l'Uruguay, a obtenu une mention honorable à l'exposition des produits agricoles qui a eu lieu à Buenos-Ayres. Cette récompense lui a été décernée à l'occasion de la naissance dans cette ville de plusieurs Lamas du Pérou.

Cette même lettre annonce la continuation heureuse du voyage à travers les Cordillères de M. Ledger, qui, avec son troupeau de 460 Lamas, Alpacas et Vigognes, restés en parfait état de santé, malgré tout ce que la caravane a eu à souffrir des neiges et des pluies, se dirige vers le port d'embarquement d'où il doit partir pour l'Australie.

M. Vavasseur fait connaître l'arrivée en France, chez notre confrère M. Ch. Christofle, à Soulnis près Brunoy, de quatre Lamas (deux mâles et deux femelles), envoyés par M. B. Poucel. Ce dernier, d'après les renseignements fournis par M. Ledger, et d'après ses propres indications, donne dans sa lettre à M. Vavasseur des détails sur l'importance que pourrait présenter dans divers pays l'introduction du Chinchilla, qui tend à disparaître dans l'Amérique du Sud, à cause de la guerre impitoyable que lui font les Indiens pour se procurer sa précieuse fourrure. Son acclimatation, d'ailleurs, réussirait très probablement, dit-il, à cause de la facilité avec laquelle il s'apprivoise, et M. Ledger, qui en possède un assez grand nombre, compte les transporter en Australie.

M. le Président ajoute que, selon lui, l'importation dans notre pays de cette remarquale espèce de Rongeur serait très utile, comme il l'a dit dans son *Rapport général sur la domestication et la naturalisation des animaux utiles* (3ᵉ édit., 1854, p. 47), puisque la France manque presque complétement d'animaux à fourrure. Il est porté à penser, d'après les observations qu'il a pu faire sur cet animal vivant, que les essais tentés dans cette direction auraient un heureux résultat, parce qu'il se trouverait certainement sous notre climat des localités favorables.

— M. Chavannes (de Lausanne) adresse de nouvelles observations sur les avantages que présenterait l'introduction aux Antilles du Hérisson comme destructeur du serpent fer-de-lance (*Bothrops lanceolatus*).

La lettre de notre confrère est renvoyée, ainsi que la Note relative au Chinchilla, à l'examen de la 1ʳᵉ Section.

— M. Ramon de la Sagra, en offrant à la Société, à la fin de la session dernière, son grand ouvrage sur l'île de Cuba, a annoncé l'intention d'en extraire tout ce qui se rapporte à l'objet de nos études, afin de faire voir les ressources que peut offrir cette île par l'importation d'un assez grand nombre de ses animaux et surtout de ses végétaux dans différents pays. Il commence aujourd'hui cette exposition par la lecture d'une Note sur le climat de Cuba.

— Parmi les pièces imprimées, on remarque : 1° une allocution de M. Grasset aîné à MM. les membres du Comice agricole de l'arrondissement de Cosne (Nièvre), prononcée en septembre dernier, et dans laquelle notre confrère insiste avec force sur l'utilité des travaux de la Société ; 2° un article sur notre œuvre, inséré dans le journal *l'Investigateur* ; 3° d'importants ouvrages américains transmis par les soins de M. A. Vattemare, et 4° des pièces imprimées envoyées par M. Demond, lauréat de la Société et directeur de l'École municipale supérieure d'Orléans. Ces pièces sont relatives aux résultats obtenus dans ses expériences agricoles faites à cet établissement.

SÉANCE DU 24 DÉCEMBRE 1858.

Présidence de M. Is. GEOFFROY SAINT-HILAIRE.

M. le Président proclame les noms des membres nouvellement admis :

MM. ALTHAMMER, ornithologiste, membre fondateur de la Société d'acclimatation du Tyrol, à Roveredo (Tyrol)

BELLET, avocat et propriétaire, à Saint-Gervais, près Magny en Vexin (Seine-et-Oise).

BOURGUIN, ancien magistrat, à Paris.

BUREAU, juge de paix, à Mortagne-sur-Sèvre (Vendée).

CORCELLES (de), ancien député, à Essai (Orne).

DUBIED (Gustave), propriétaire, à Saint-Sulpice, canton de Neuchâtel (Suisse).

ESNAULT-PELTERIE (Paul-Eugène), négociant, à Paris.

HÉRISSÉ, agriculteur, au château de la Revétision, par Beauvoir-sur-Niort (Deux-Sèvres).

HOCHEDÉ DU TREMBLAY, propriétaire à Rubelles, près Melun.

MM. LECKNER (le docteur Alexandre von), directeur de la section entomologique du Comité zoologique d'acclimatation de Moscou, à Moscou.

LEEMANS (Émile), propriétaire, à Paris.

LIZOT (Edmond), docteur en droit, à Argentan (Orne).

LOMBARD (Henri), négociant, à Nîmes (Gard).

MONTMORT (le marquis Jean de), au château de Rouvres, par Auberive (Haute-Marne).

ROY (le docteur), inspecteur de colonisation, à Alger.

— Il fait connaître ensuite les deux pertes regrettables que la Société vient de faire en la personne de M. le docteur Gaimard, membre du Conseil, dont il était le Secrétaire pour l'étranger, et médecin en chef de la marine en retraite, qui, après avoir fait deux voyages autour du monde, avait été chargé de la direction scientifique de deux expéditions à la recherche de Blosseville dans les mers polaires ; et de M. le docteur A. Thierry Valdajou, membre de la Commission municipale et départementale de la Seine.

— Conformément à l'ordre du jour de cette séance, l'assemblée est appelée à voter sur une demande d'affiliation, adressée par le Comité d'acclimatation de Poitiers, qui est admis, à l'unanimité, au nombre de nos Sociétés affiliées, et sur la formation proposée d'un Comité à Alger. Ces propositions sont unanimement approuvées.

— S. A. R. Mgr le prince Eugène de Savoie-Carignan fait savoir que, comme témoignage de sa haute approbation des projets de la Société du Jardin d'acclimatation du bois de Boulogne, et de son désir de contribuer à la prospérité de ce futur établissement, il désire que son nom figure sur la liste des souscripteurs.

— M. le Président annonce qu'il apprend à l'instant que nos collègues MM. Davin, Debains, Drouyn de Lhuys, le comte d'Éprémesnil et Frédéric Jacquemart doublent le nombre déjà important de leurs actions.

— Des lettres de remercîment pour leur admission dans la Société sont adressées par S. Exc. le baron Charles de

Bruch, ministre des finances en Autriche; et par MM. P. de Castel-Branco ; Hennequin, chef de bureau au ministère de la marine ; Hétet, professeur à l'École de médecine navale de Toulon ; le docteur Ch. Martins, directeur du Jardin des plantes de Montpellier et professeur à la Faculté de médecine de cette ville ; John Scott Lillie, et le comte André Citadella Vigodarzere.

— Il est donné communication des diverses pièces officielles adressées d'Espagne, et relatives à la présentation à S. M. le Roi de la grande médaille d'or qui lui a été décernée le 10 février dernier, ainsi qu'à son entrée dans la Société.

On lit une lettre du grand chambellan de Sa Majesté, le duc de Baylen, par laquelle S. Exc. transmet les remercîments de la Reine pour l'envoi des tissus fabriqués par M. Davin avec le poil du Chameau et la laine des Mérinos Graux de Mauchamp. Il fait savoir en même temps qu'il a exprimé à la Reine le désir manifesté par la Société de voir les animaux de cette dernière race introduits en Espagne parmi les troupeaux royaux.

—M. An. Bogdanow, professeur de zoologie à l'université de Moscou et secrétaire du Comité zoologique d'acclimatation, donne des nouvelles satisfaisantes des travaux de ce Comité, fondé, en même temps qu'un Comité d'acclimatation des végétaux, au sein de la Société impériale de cette ville. Une exposition récente d'Oiseaux de basse-cour, organisée par les soins du Comité, a obtenu un grand succès.

— M. Kaufmann adresse, de Berlin, des détails intéressants sur la séance générale que notre Société affiliée d'acclimatation pour le royaume de Prusse a tenue à Berlin, le 22 octobre, sous la présidence de M. Dieterici.

Dans cette lettre, notre confrère appelle l'attention sur les services rendus à la sériciculture en Prusse, par le soin que M. Burchardi, conseiller de la chancellerie au ministère des affaires étrangères, a pris de faire venir de Chang-haï des semences de Mûrier.

— M. le docteur de Rode, médecin sanitaire à Latakié (Syrie), donne quelques détails sur certaines productions de ce pays, et en particulier sur l'Artémise qui fournit le *semen-*

contra et sur la Scammonée. Renvoi à la Commission médicale.

— Cette Commission, qui s'est réunie le 18 décembre, sous la présidence de M. J. Cloquet, adresse, par les soins de son secrétaire, M. le docteur Soubeiran, un extrait du procès-verbal de cette séance, dans laquelle elle a formulé des vœux, dont l'examen est déféré au Conseil par M. le Président. Ainsi :

1° M. O. Réveil, en présence des heureux résultats obtenus dans les Landes par l'*Hydrocotyle asiatica*, dans la maladie connue sous le nom de *pellagre*, exprime le désir que la Société tente l'acclimatation de cette plante en France.

2° M. le professeur Chatin, dans le but d'appeler l'attention de la Société sur les fébrifuges qu'il pourrait être utile de chercher à introduire, émet le vœu que le Conseil demande à notre confrère, M. Aubry-Lecomte, de nous communiquer des échantillons aussi considérables que possible des diverses substances préconisées dans nos colonies comme antipériodiques. On pourrait ainsi instituer des expériences sur la valeur thérapeutique de celles qui proviendraient de végétaux dont l'acclimatation semblerait pouvoir être tentée. M. Jules Cloquet a rappelé, à cette occasion, que le Baobab (*Adansonia digitata*), dont l'écorce est en grand usage parmi les nègres pour combattre la fièvre, a été introduit à la Guadeloupe par le Gouvernement, sur la demande qui en a été faite par les nègres transportés à cette colonie ; et enfin, M. le baron Larrey dit que les Arabes de l'Algérie, ne possédant aucun fébrifuge indigène, des tribus entières reçoivent de nous le sulfate de quinine.

— M. A. Zablotsky, directeur du département de l'Économie rurale en Russie, écrit de Saint-Pétersbourg pour annoncer un envoi de semences de plantes céréales et potagères, ainsi que d'arbres fruitiers provenant d'une collection faite à Pékin par M. Skatschkoff, attaché à la mission impériale russe en Chine. Les remercîments de la Société pour ce don seront transmis à M. Zablotsky.

— M. Salomon, inspecteur de colonisation à Tlemcen (Algérie), annonce qu'il vient d'expédier une caisse renfermant, en assez grand nombre, des boutures d'une variété d'Ypréau, ou Peuplier blanc à petites feuilles et à branches pendantes comme celles du Saule pleureur. Cette variété, selon notre correspondant, pourra produire, dans un temps relativement court, de grands arbres utiles par la qualité du bois et comme moyen de décoration des jardins paysagers.

A cette occasion, M. Becquerel dit que la transformation subie par le Peuplier blanc, et d'où résulte la ressemblance que cet arbre présente, en Algérie, avec le Saule pleureur, est due, suivant lui, à l'action bien connue que le courant d'air chaud qui, dans ce pays, se fait sentir à une certaine distance du sol, exerce sur les arbres non indigènes. Leur cime, en effet, se dessèche, et, par suite, ils croissent en largeur plus qu'en hauteur.

Dans sa lettre, M. Salomon informe qu'il a publié, dans les *Annales de la colonisation* (novembre 1858), un Mémoire sur l'Ortie de Chine, dont les usages ainsi que diverses tentatives d'acclimatation ont déjà, à diverses reprises, occupé la Société.

— M. Hétet, professeur à l'École de médecine navale de Toulon, fait connaître les résultats thérapeutiques tentés par lui chez l'homme et les animaux avec l'oléo-résine que contiennent l'écorce et les feuilles du Vernis du Japon (*Ailantus glandulosa*). Il a constaté que cette substance est un éméto-cathartique doué d'une action spéciale sur le Ténia ou Ver solitaire. La note où sont consignés ces faits est renvoyée à l'examen de la Commission médicale.

M. Hétet donne ensuite quelques détails sur différents arbres exotiques acclimatés depuis plusieurs années au Jardin botanique de la marine, à Saint-Mandrier, près Toulon, par les soins de M. Philippe, jardinier-botaniste en chef de la marine, et chargé de la direction des cultures de cet établissement.

— M. Hébert, agent général de la Société, dépose sur le bureau des échantillons obtenus par lui aux Bordes d'Isle-Aumont (Aube), des deux variétés de la Pomme de terre de Sainte-Marthe. Il joint à ces échantillons une Note relative aux détails de sa culture, qui lui a donné des résultats assez satisfaisants.

— M. Fouchez, jardinier chez M. le prince Marc de Beauvau, adresse un Rapport détaillé sur les résultats qu'il a obtenus au château de Sainte-Assise, près Seineport (Seine-et-Marne), dans ses cultures, de douze variétés de Sorgho à sucre, du Chanvre siamois, de la Pomme de terre de Sainte-Marthe, des Haricots de la Chine, et enfin sur cinq modes d'essais qu'il a tentés pour l'amélioration de l'Igname de la Chine. Ce Rapport, ainsi que la Note de M. Hébert, est renvoyé à l'examen de la 5e Section.

— M. le Président y renvoie également :

1° Un Rapport de M. Léonard de Glatigny sur ses cultures aux Pâtis, près Rouvray (Indre-et-Loire), de différents végétaux étrangers qui lui ont été confiés par la Société.

2° Un Rapport de M. Drouyn de Lhuys sur les résultats que lui a fournis la culture des Pommes de terre d'Australie et de Sibérie, dont les tubercules contiennent, pour la première espèce, d'après l'analyse de M. Vilmorin, 15,52 pour 100 de fécule, et 13,89, d'après l'analyse de M. Leconte, pour la seconde espèce. Il résulte de ces analyses que les deux Pommes de terre dont il s'agit ont donné un produit abondant, mais de qualité moyenne, si on les compare à la variété dite *Patraque jaune*, qui, d'après les chiffres publiés par M. Payen, contient 20 pour 100 de fécule.

3° Une Note de notre confrère M. E. Durand, membre de l'Académie des sciences de Philadelphie, relative à la Pyrulaire oléagineuse (*Pyrularia pubera*, Michaux ; *Hamiltonia oleifera*, Muhlenberg).

Cet arbrisseau, qui croît principalement sur la lisière des forêts, dans la région des Alleghanys, depuis la Pensylvanie, sa limite boréale, jusqu'à l'extrémité de la chaîne de ces montagnes, porte des fruits connus dans le pays sous le nom de *Noix à huile*, dont les semences contiennent en abondance un liquide oléagineux d'excellente qualité. Il peut supporter, sans périr, un froid de 25 degrés. Cette note est transmise par notre confrère M. de Lentilhac, qui vient d'en rapporter, de la part de M. Durand, des plants pour la Société, ainsi que des plants d'un autre arbuste propre à servir d'ornement (*Buckleya distichophylla*, Torrey).

— M. Becquerel communique à l'assemblée des détails sur ses cultures de cépages du Midi à Châtillon-sur-Loing (Loiret), et sur les procédés à l'aide desquels il obtient de ces vignes, ainsi acclimatées dans le centre de la France, des fruits avec lesquels il peut fabriquer des vins de très bonne qualité.

— Mademoiselle Caroline de Susini, qui a reçu en 1857 une Mention honorable pour ses habiles éducations de Vers à soie, adresse de Sartène (Corse) un nouveau Rapport sur ses essais avec la race dite Trevoltini.

— M. Davelouis, en sa qualité de secrétaire de la 2e Section, transmet les procès-verbaux des séances tenues par la Commission permanente de cette Section, les 5 octobre et 9 novembre. Dans la première, M. Davelouis a donné connaissance de quelques faits résultant des recherches auxquelles il s'est livré, sur l'invitation de la Section, pour préparer l'examen de la question des parasites des Oiseaux appartenant soit à la classe des Insectes proprement dits, soit à celle des Arachnides. Il a également compris dans ses études les Helminthes et les Végétaux cryptogames, et a pu déduire de ses premiers travaux sur ce vaste sujet quelques conclusions qu'il soumettra plus tard, dans leur ensemble, à la Société.

Dans la séance du 9 novembre, la Commission permanente s'est occupée de l'examen d'un ouvrage sur les races gallines, publié en Allemagne par M. Hamm, dans lequel sont indiqués des faits qu'il serait utile de porter à la connaissance de la Société. A cette occasion, la Commission a émis le vœu que les membres de la Section fussent invités à indiquer tous les faits relatifs à l'objet de ses travaux, qui leur seraient fournis par leurs lectures.

Dans cette même séance, M. Davelouis a soumis à la Commission, à l'occasion d'un travail de M. Letronne, dont il a déjà été question, intitulé *Étude sur la basse-cour*, un Rapport dont elle a adopté les conclusions suivantes : 1° remercier l'auteur, et 2° appeler l'attention du Comité de publication sur certaines parties de ce Mémoire, qui lui sembleraient devoir utilement prendre place dans le Bulletin.

— M. Le Pelletier de Glatigny informe la Société de ses

tentatives de croisement de brebis de Mérinos Mauchamp et de brebis écossaises avec des béliers de la race Southdown.

— M. le docteur Turrel, secrétaire du Comice agricole de Toulon, adresse un Rapport sur les Moutons à grosse queue de la Caramanie, confiés aux soins du Comice, et sur son troupeau d'Angoras, qui se compose actuellement de 2 boucs et 7 chèvres, dont la laine, qui a pu être filée par les soins de M. Sacc, sera payée par ce dernier au prix de 6 francs le kilogramme.

Ce prix, suffisamment rémunérateur, comme M. Turrel le fait observer, pourra encourager l'élève de cette race, dont le Comice va s'efforcer d'augmenter la propagation, soit en race pure, soit en métis. A ces détails, M. Turrel joint un Rapport détaillé sur les résultats de la culture de différents végétaux étrangers (Haricots, Pois oléagineux, Araucaria du Brésil, Prunier de Sibérie, Bardane comestible du Japon, etc.). Ce Rapport est renvoyé à la 5ᵉ Section.

— M. Davelouis commence la lecture d'un travail sur le Buffle.

— Parmi les pièces imprimées reçues par la Société, on remarque une brochure de M. Philippe, de Toulon, ayant pour titre : *Guide des arrosements des plantes de serre*, et un Rapport de M. Jules Cloquet à l'Académie des sciences, sur un Mémoire de notre confrère M. le professeur N. Guillot, relatif au *Développement des dents et des mâchoires*.

Le Secrétaire des séances.

Aug. Duméril.

III. FAITS DIVERS ET EXTRAITS DE CORRESPONDANCE.

FONDATION D'UN JARDIN ZOOLOGIQUE D'ACCLIMATATION
AU BOIS DE BOULOGNE.

Clôture de la Souscription le 25 janvier 1859.

(Actions de 250 francs.)

Dans la séance du 10 décembre 1858, M. le Président, après avoir exposé sommairement la situation de la souscription ouverte au siége de la Société et chez M. le baron de Rothschild, pour la fondation d'un Jardin zoologique au bois de Boulogne, a rappelé les conditions de cette souscription (voy. au Bulletin, mai et juin 1858, pages 153 et 233, les Rapports présentés à la Société). Il a ensuite annoncé que, par décision du Conseil, la souscription sera close le 25 janvier 1859. En conséquence MM. les Membres de la Société qui voudraient souscrire sont invités à faire connaître leur intention le plus tôt possible en s'adressant à M. l'Agent général, au siége de la Société.

Comités régionaux de la Société impériale zoologique d'Acclimatation à Poitiers et à Alger.

Sur la proposition de MM. les Membres de la Société résidant à Poitiers, transmise par M. le docteur Hollard, délégué du Conseil, la Société, dans sa séance du 24 décembre 1858, a autorisé l'établissement à Poitiers d'un Comité, régional analogue à celui qui a déjà été créé en 1856 à Bordeaux.

MM. les Membres du Comité de Poitiers, réunis le 16 juillet 1858, à l'hôtel de la préfecture, ont procédé à l'élection des membres du bureau du Comité, qui est ainsi composé pour 1859 :

Président d'honneur : M. Paulze d'Yvoi, préfet de la Vienne.

Président : M. HOLLARD, professeur à la Faculté des sciences, délégué de la Société impériale d'Acclimatation, à Poitiers.

Vice-président : M. BARDY, conseiller à la Cour impériale de Poitiers.

Secrétaire : M. MAUDUYT, pharmacien.

Trésorier : M. le docteur CONSTANTIN.

— Dans la même séance, M. le Président a communiqué à l'assemblée, au nom du Conseil, une lettre qui lui a été adressée d'Algérie par M. Richard (du Cantal), l'un des vice-présidents de la Société, et qui lui fait connaître le projet de création d'un Comité régional zoologique d'acclimatation, à Alger, avec le concours et sous la présidence de M. le Préfet. La Société a également ment autorisé l'institution de ce Comité, qui doit se réunir très prochainement pour se constituer définitivement.

Le Secrétaire du Conseil,
GUÉRIN-MÉNEVILLE.

ÉTATS DES ANIMAUX VIVANTS,

PLANTS, GRAINES ET SEMENCES DE VÉGÉTAUX, OBJETS DE COLLECTION, PRODUITS
INDUSTRIELS, ET OBJETS D'ART, DONNÉS A LA SOCIÉTÉ IMPÉRIALE
ZOOLOGIQUE D'ACCLIMATATION

Du 1er janvier au 31 décembre 1858 (1).

NOMS DES DONATEURS.	OBJETS DONNÉS.	RENVOI au BULLETIN.
	1° ANIMAUX VIVANTS.	
MM. BARBEY, armateur, membre de la Société.	Deux Lamas du Pérou.	47, 98, 103, 222
BATAILLE, membre de la Société, à Cayenne.	Quatre Agoutis, un Cabiai (Capiaye); deux Tapirs maï-pouris, mâle et femelle; un Pécari (Cochon marron) privé; quatre Pénélopes yacous; sept Ibis rouges (Flamants); un Héron honoré; un Savacou huppé (Rappa); un Jabiru.	360,425, 429, 471
BOURGEOIS, membre de la Société.	Graines de Vers à soie (*B. mori*) élevés en liberté sur les mûriers.	220
BOURLIER, membre de la Société.	Quarante-trois onces de graines de Vers à soie (*Bombyx mori*) provenant d'éducations faites par lui en Syrie.	614
Mme DROUYN DE LHUYS.	Cocons vivants de Vers à soie du ricin et du vernis du Japon provenant d'éducations faites par elle, à Amblainvilliers (Seine-et-Oise).	614
EXINGER, naturaliste, à Vienne (Autriche).	Un couple de Bouquetins des Alpes.	359,420, 517
Général GASTU, commandant la subdivision de Constantine, membre de la Société.	Deux Autruches élevées en domesticité.	561, 565

(1) Pour les livres, voyez les pages 48, 112, 152, 296, 424, 567.

NOMS DES DONATEURS.	OBJETS DONNÉS.	RENVOI au BULLETIN.
MM. Girard, capitaine du 100ᵉ de ligne.	Une boîte de cocons d'une Araignée fileuse.	109
Guérin - Méneville, membre de la Société, et H. Lucas, aide-naturaliste d'entomologie au Muséum d'histoire naturelle.	Cocons vivants du *Bombyx Prometheus*, provenant d'une éducation faite à Paris.	564
Hébert, agent général de la Société.	Dix-huit Perdrix Gambra et six Gangas d'Algérie.	564, 565
Lieutenant Joyeux, commandant les puisatiers du sud, à Géryville (Algérie).	Deux Outardes, mâle et femelle, nées en captivité en Algérie.	359, 420
Jules Laverrière, membre de la Société, à Mexico.	Graines de Vers à soie (*Bombyx mori*) provenant d'éducation faites au Mexique.	424
H. Lucas, aide-naturaliste d'entomologie au Muséum d'histoire naturelle.	Quatorze cocons vivants du *Bombyx* ou *Saturnia Polyphemus*, provenant d'une éducation faite à Paris.	360, 420
Dʳ Peixoto, de Rio-de-Janeiro (Brésil).	Deux Tapirs d'Amérique, mâle et femelle.	359, 420
Mᵍʳ Perny, vicaire apostolique en Chine, membre honoraire de la Société.	Cocons vivants de Vers à soie sauvages du chêne (*Bombyx Pernyi*).	111
Perrottet, directeur du Jardin botanique de Pondichéry, membre honoraire de la Société.	Cocons vivants de *Bombyx Mylitta* et du Ver à soie de l'*Adina Wadier*.	229, 489
Poydenot, à St-Cloud.	Un Mouton de Fernambouc (Brésil).	564
Capitaine Ritter, chef du bureau arabe de Médéah, memb. de la Société.	Une caisse d'œufs de Perdrix Gambra d'Algérie.	292

NOMS DES DONATEURS.	OBJETS DONNÉS.	RENVOI au BULLETIN.
MM. Dr Sacc, délég. de la Soc. à Wesserling (H.-Rhin).	Un couple de Cochons de Chine.	141
Le même.	Cocons de Vers à soie (*Bombyx mori*) élevés à Wesserling (Haut-Rhin).	472, 518

2° VÉGÉTAUX.

PLANTES, GRAINES ET SEMENCES.

NOMS DES DONATEURS.	OBJETS DONNÉS.	RENVOI au BULLETIN.
S. M. l'Empereur.	Un ballot de graines de Coton courte soie (*Jo-tan*) du nord de la Chine, envoyé à Sa Majesté par M. De Montigny, consul général de France à Chang-hai.	340
S. A. I. le Prince Napoléon, chargé du ministère de l'Algérie et des Colonies	Une boîte de graines d'Icama (*Dolichos bulbosus*).	609
S. Exc. M. le Ministre des domaines de Russie.	Une caisse de quatre cent quatre-vingt-quinze échantillons de Plantes cultivées à Pékin dans le Jardin de la mission russe, par M. Skatschkoff, attaché au département asiatique.	283, 565
S. Exc. M. le baron de Manderstroem, ministre de S. M. le Roi de Suède.	Graines de Cerfeuil bulbeux de Sibérie (*Chærophyllum Prescottii*).	282
La Société d'acclimatation pour les États royaux de Prusse, à Berlin.	Un kilogramme de graines de Cerfeuil bulbeux (*Chærophyllum bulbosum*).	289
Le Comité botanique d'acclimatation de Moscou.	Une collection de graines de la Sibérie orientale, du Caucase et de la Chine.	107
Le même Comité.	Une nouvelle collection de graines diverses.	446
Armange aîné, capitaine au long cours, à Nantes.	Graines de *Pandanus utilis* et de plusieurs autres espèces de végétaux.	608

NOMS DES DONATEURS.	OBJETS DONNÉS.	RENVOI au BULLETIN.
MM. Aguillon, membre de la Société et son délégué à Toulon.	Graines de Néflier du Japon.	351
Belhomme, chef du Jardin botanique de Metz.	Graines de *Lathyrus platyphyllus* et d'une Cucurbitacée de l'Inde.	352
H. De Calanjan, membre de la Société, à St-Vallier-sur-Rhône (Drôme).	Une caisse de tubercules et graines d'Igname et d'échantillons de diverses autres espèces de végétaux.	589
A. De Cès-Caupenne, membre de la Société, à la Safia (Algérie).	Bulbes de Zetoutt (*Iris juncea*).	563
Victor Chatel, membre de la Société, à Angers (Maine-et-Loire).	Tubercules de Pommes de terre d'Australie.	147
Dr Chatin, directeur du Jardin botanique de l'École de pharmacie, membre de la Société.	Treize cent vingt-cinq noyaux de Pêches de Tullins.	39, 562 611
Du Courthial, consul de France, à Sainte-Marthe (Amérique).	Deux caisses de Pommes de terre des Cordillères.	47, 149
David, ancien ministre plénipotentiaire, membre de la Société.	Graines de *Mielga* d'Espagne.	290
R. P. Furet, missionnaire apostolique en Chine, membre honoraire de la Société.	Graines d'Arbre à suif.	448
Hardy, directeur de la Pépinière centrale du Gouvernement, à Alger, membre de la Société.	Graines d'Igname de Chine récoltées à la Pépinière centrale du gouvernement, à Alger.	284

NOMS DES DONATEURS.	OBJETS DONNÉS.	RENVOI au BULLETIN.
MM. Fr. JACQUEMART, membre de la Société.	Cinq cents tubercules d'Igname de Chine d'un an de plantation.	219
Dʳ KLOTZSCH, membre de l'Académie royale des sciences de Berlin.	Deux nouvelles variétés de Pommes de terre, dont l'une provenant de croisement du *Solanum tuberosum* avec le *Solanum utile* du Mexique.	289
DE LENTILHAC, membre de la Société.	Plants vivants de Pyrulaire oléagineuse et de *Buckleya dysticophylla* des États-Unis.	622
Dʳ MACGOWAN, missionnaire protestant en Chine, membre de la Société, à Ning-po.	Graines d'*Abies Kœmpferi* (*Golden pine*) de Chine.	565
DE MONTIGNY, consul général de France, à Chang-hai et Ning - po (Chine), membre hon. de la Société.	Une collection de graines de diverses espèces de végétaux alimentaires et autres de Chine.	565
Mᵍʳ PERNY, vicaire apostolique en Chine, membre honoraire de la Société.	Plants et graines de l'Arbre à vernis, de plantes alimentaires ou tinctoriales de la Chine.	111
A. PETETIN, membre de la Société.	Vingt litres d'Avoine de Sibérie.	279, 283
PIDDINGTON, membre de la Société et son délégué à Calcutta.	Plants vivants de *Chaulmoogra odorata* et graines de *Dracocephalum Royleanum*.	39, 220
J. POINSARD.	Une petite collection de graines de diverses espèces de végétaux alimentaires du Texas.	563
Baron S. DE ROTHSCHILD, membre de la Société.	Racines tuberculeuses du Souchet comestible (*Cyperus edulis*).	346
Dʳ SACC, délég. de la Soc. à Wesserling (Haut-Rhin).	Dix litres de Lupin jaune.	82, 138

NOMS DES DONATEURS.	OBJETS DONNÉS.	RENVOI au BULLETIN.
MM. Dr SACC, délégué de la Société à Wesserling.	Graines de Cerfeuil bulbeux et de Terre noix (*Bunium bulbotanum*).	107
Le même.	Une petite caisse d'une espèce de Cryptogame des côtes de la mer de Chine.	472
Le même.	Tubercules de deux variétés de Patates précoces du Japon et de Cerfeuil bulbeux, de pieds de Chervis, de *Polygonum Sieboldii* et de Bardane du Japon (*Lappa edulis*).	341,559, 563
J. SCHULTZ, fils, membre de la Société, à Blotzheim (Haut-Rhin).	Un échantillon d'Orge d'Égypte (*Hordeum distichum nudum*).	227
SOCIÉTÉ D'AGRICULTURE de l'État de New-York, par M. Vattemare, direct. de l'agence centrale des échanges internationaux.	Six paquets de graines des meilleures variétés de Maïs cultivées dans l'État de New-York.	563
Vicomte VALLAT, consul de France à Saint-Pétersbourg.	Un échantillon de graines de Cerfeuil bulbeux de Sibérie (*Chærophyllum Prescottii*).	227
VILLEMOT.	Plusieurs pieds de Pyrèthre du Caucase récoltée en France pour la première fois.	563, 611

3° OBJETS DE COLLECTION.

PRODUITS INDUSTRIELS, ET OBJETS D'ART.

NOMS DES DONATEURS.	OBJETS DONNÉS.	RENVOI au BULLETIN.
S. A. I. le prince NAPOLÉON, chargé du ministère de l'Algérie et des Colonies.	Trente-six kilogrammes de cocons vides de Ver à soie du ricin (*Bombyx Cynthia*) provenant des éducations faites par M. Hardy, à la Pépinière centrale du Gouvernement, à Alger.	612

NOMS DES DONATEURS.	OBJETS DONNÉS.	RENVOI au BULLETIN.
MM. S. Exc. le Ministre de la guerre.	Une collection de toisons de Chèvres d'Angora, provenant du troupeau de Chéraga (Algérie).	348
Brierre, membre de la Société, à Riez (Vendée).	Divers dessins de végétaux nouvellement introduits par la Société et cultivés par lui à Riez (Vendée).	239,351, 417,519, 554
Brunet, professeur d'histoire naturelle, à Fernambouc (Brésil).	Deux balles de cocons de *Bombyx Cynthia*, produits de ses éducations faites au Brésil.	613
Du Courthial, consul de France à Sainte-Marthe (Amérique).	Échantillons de Poissons desséchés au soleil, à Sainte-Marthe.	222
Fréd. Davin, manufacturier, membre de la Société.	Une carte d'échantillons de laine soyeuse de cachemire Graux de Mauchamp, et de tissus divers fabriqués par lui avec cette matière.	151
Comte de Galbert, membre de la Société, à la Buisse, près Voiron (Isère).	Un échantillon de poils de Lapin d'Angora, pour la fabrication du feutre, et une bouteille de Vin de Sorgho.	138
Albert Geoffroy Saint-Hilaire, membre de la Société.	Une collection d'échantillons de laines d'Algérie.	103
Guérin - Méneville, membre de la Société.	Cadres renfermant une série complète de cocons et de papillons des diverses espèces de Vers à soie connus et élevés en France, et des espèces étrangères dont la Société a tenté l'introduction, avec la matière première et les produits industriels obtenus.	564
Comte de Kercado, membre de la Société, à Bordeaux.	Un cadre contenant des papillons et des cocons de Ver à soie du ricin (*Bombyx Cynthia*) élevés par lui, à Bordeaux.	95

NOMS DES DONATEURS.	OBJETS DONNÉS.	RENVOI au BULLETIN.
MM. Olivier de LALANDE.	Échantillons de cire animale recueillie par lui au Brésil.	342
LECOQ, directeur de l'École impériale vétérinaire de Lyon, délégué de la Société.	Échantillons d'un remède contre la rage, rapporté de Chine par Mgr Perny, et de graines d'une espèce de Datura, employées comme remède curatif de la même maladie.	295
LUCY, membre de la Société, à Marseille.	Un bocal contenant deux Truites, de l'Oued-el-Abaïch, rivière de Kabylie, où elles ont été trouvées par M. le colonel Lapasset.	416, 444
MACÉ, membre de la Société, à Beblenheim (Haut-Rhin).	Une peau tannée de Cochon de Chine.	110
H. S. OLCOTT.	Échantillons de sucre cristallisé de Sorgho.	611
Mgr PERNY, vicaire apostolique, en Chine, membre honoraire de la Société.	Divers échantillons de cire animale et de l'Insecte qui la produit, et de divers autres objets provenant de Chine et intéressant l'acclimatation, l'agriculture et l'industrie.	111
PIDDINGTON, membre honoraire de la Société et son délégué à Calcutta.	Quatre bouteilles d'huile de *Chaulmoogra odorata*, employée comme remède curatif de la lèpre.	391
ROUX, aux îles du Salut.	Une tête préparée de Cabiai adulte, envoyée des îles du Salut.	420
Dr SACC, membre de la Société et son délégué à Wesserling (Haut-Rhin).	Échantillons teints de diverses couleurs d'étoffe fabriquée avec la soie du Ver sauvage du chêne (*Bombyx Pernyi*).	95
Le même.	Une paire de gants et une paire de bas tricotés avec la soie du Ver sauvage du chêne (*B. Pernyi*).	101

NOMS DES DONATEURS.	OBJETS DONNÉS.	RENVOI au BULLETIN.
MM. Dr Sacc, délégué de la Société à Wesserling.	Deux pièces d'étoffes fabriquées avec la soie du Ver du ricin (*Bombyx Cynthia*) par MM. H. Schlumberger et Ch. de Jong, membres de la Société.	139
Le même.	Un échantillon d'étoffe tissée avec des filés provenant des toisons de ses Chèvres d'Angora.	4
Salomon, inspecteur de la Colonisation, à Tlemcen (Algérie).	Boutures d'Ypréau, ou Peuplier blanc à petites feuilles, d'Algérie.	621
Dr A. Sicard, membre de la Société, à Marseille.	Échantillon de soie du *Bombyx Cynthia* teinte en différentes nuances avec les matières colorantes extraites du Sorgho, et échantillons de soie produite par les Chenilles processionnaires du pin.	42
Le même.	Échantillons de chocolat au sucre de Sorgho, de vermicelle fabriqué avec la farine de Sorgho, et d'esquisses dessinées avec les couleurs extraites de cette même plante.	351

INDEX ALPHABÉTIQUE DES ANIMAUX

MENTIONNÉS DANS CE VOLUME.

INDEX ALPHABÉTIQUE DES VÉGÉTAUX

MENTIONNÉS DANS CE VOLUME.

TABLE DES MATIÈRES.

SÉANCE PUBLIQUE ANNUELLE DU 10 FÉVRIER.

GÉNÉRALITÉS.

MAMMIFÈRES.

OISEAUX.

POISSONS, CRUSTACÉS, ANNÉLIDES ET ZOOPHYTES.

INSECTES.

VÉGÉTAUX.

EXTRAITS DES PROCÈS-VERBAUX.

Procès-verbaux des séances générales de la Société.

Procès-verbaux des séances du Conseil.

DOCUMENTS RELATIFS A LA SOCIÉTÉ IMPÉRIALE D'ACCLIMATATION.

FAITS DIVERS ET EXTRAITS DE CORRESPONDANCE.

Paris. — Imprimerie de L. Martinet, rue Mignon, 2.